#정종대
산업안전산업기사 필기 기본서로
효율적으로 학습하자!

1 최신 개정 법령 완벽 반영!

2025.07.22. 시행 최신 개정 산업안전보건법령 완벽 반영!

2 혼자 공부해도 막힘 없이! 전 과목 무료강의

빈출개념부터 2025, 2024년 주요 기출문항 설명까지!
과목별 핵심 특강 제공

※ 본 무료강의는 2025년 10월 이내로 순차적으로 업로드될 예정입니다.

youtube.com/@TV-mi2xt
유튜브(Youtube) ◐ 검색 [정종대TV]

3 2025 기출변형 모의고사 3회 제공!

합격을 위한 완벽한 마무리를 위해
2025 산업안전산업기사 필기 기출변형 모의고사 제공

4 궁금할 땐 바로바로! 1:1 빠른 답변 서비스

혼자 공부하며 생기는 궁금증,
실시간 빠르고 자세한 답변으로 즉시 해결

sdedu.co.kr/book
시대에듀 ◐ 고객센터 ◐ 1:1 문의

산업안전산업기사 자격증 A to Z

✔ 산업안전산업기사란?

산업안전산업기사는 생산관리에서 안전을 제외하고는 생산성 향상이 불가능하다는 인식 속에서 산업현장의 근로자를 보호하고 근로자들이 안심하고 생산성 향상에 주력할 수 있는 작업환경을 만들기 위하여 전문적인 지식을 가진 기술인력을 양성하고자 제정된 자격 제도입니다.

✔ 산업안전산업기사 수행직무

산업안전산업기사는 제조 및 서비스업 등 각 산업현장에 배속되어 산업재해 예방계획의 수립에 관한 사항을 수행하며, 작업환경의 점검 및 개선에 관한 사항, 유해 및 위험방지에 관한 사항, 사고사례 분석 및 개선에 관한 사항, 근로자의 안전교육 및 훈련에 관한 업무를 수행합니다.

✔ 산업안전산업기사 진로 및 전망

산업안전산업기사는 기계, 금속, 전기, 화학, 목재 등 모든 제조업체, 안전관리 대행업체, 산업안전관리 정부기관, 한국산업안전공단 등에 진출할 수 있습니다.

우리나라는 아직 산업재해율이 높은 편에 속하며, 이를 줄이기 위한 지속적인 투자의 필요성에 대한 사회적 인식이 점차 높아지고 있습니다. 프레스나 용접기 같은 기계·기구뿐만 아니라 각종 방호장치까지 안전인증 대상으로 확대됨에 따라, 산업안전보건법 시행규칙 개정으로 인한 고용 창출 효과도 기대되고 있습니다.

또한, 경제 회복 국면과 동시에 안전보건 조직이 축소되는 추세로 인해 산업재해 증가가 우려되는 상황입니다. 이에 따라 정부는 보다 적극적인 재해 예방 정책을 추진하고 있으며, 이와 함께 관련 자격증 보유자에 대한 인력 수요도 증가할 것으로 예상됩니다.

✔ 산업안전산업기사 취득방법

시행처	한국산업인력공단
관련학과	대학 및 전문대학의 안전공학, 산업안전공학, 보건안전학 관련학과
시험과목	• 필기: 산업재해 예방 및 안전보건교육, 인간공학 및 위험성 평가·관리, 기계·기구 및 설비 안전관리, 전기 및 화학설비 안전관리, 건설공사 안전관리 • 실기: 산업안전관리 실무
검정방법	• 필기: 객관식 4지 택일형, 과목당 20문항(과목당 30분) • 실기: 복합형[필답형(1시간, 55점) + 작업형(약 1시간, 45점)]
합격기준	• 필기: 100점을 만점으로 하여 과목당 40점 이상, 전과목 평균 60점 이상 • 실기: 100점을 만점으로 하여 60점 이상

✔ 최근 3개년 산업안전산업기사 [필기] 시험일정

구분		필기원서접수 (인터넷)(휴일제외)	필기시험	필기합격 (예정자) 발표
2025년	정기 1회	2025.01.13. ~ 2025.01.16.	2025.02.07. ~ 2025.03.04.	2025.03.12.
	정기 2회	2025.04.14. ~ 2025.04.17.	2025.05.10. ~ 2025.05.30.	2025.06.11.
	정기 3회	2025.07.21. ~ 2025.07.24.	2025.08.09. ~ 2025.09.01.	2025.09.10.
2024년	정기 1회	2024.01.23. ~ 2024.01.26.	2024.02.15. ~ 2024.03.07.	2024.03.13.
	정기 2회	2024.04.16. ~ 2024.04.19.	2024.05.09. ~ 2024.05.28.	2024.06.05.
	정기 3회	2024.06.18. ~ 2024.06.21.	2024.07.05. ~ 2024.07.27.	2024.08.07.
2023년	정기 1회	2023.01.10. ~ 2023.01.19.	2023.02.13. ~ 2023.03.15.	2023.03.21.
	정기 2회	2023.04.17. ~ 2023.04.20.	2023.05.13. ~ 2023.06.04.	2023.06.14.
	정기 3회	2023.06.19. ~ 2023.06.22.	2023.07.08. ~ 2023.07.23.	2023.08.02.

※ 원서접수시간은 원서접수 첫날 10:00부터 마지막 날 18:00까지임
※ 필기시험 합격예정자 및 최종합격자 발표시간은 해당 발표일 09:00임
※ 시험일정은 종목별, 지역별로 상이할 수 있음
※ 접수 일정 전에 공지되는 해당 회별 수험자 안내(Q-net 공지사항 게시) 참조 필수

✔ 산업안전산업기사 [필기] 응시 절차

**필기
원서접수**

- 원서접수는 온라인(인터넷, 모바일앱)에서만 가능
- 접수 시 사진(6개월 이내 촬영한 3.5cm×4.5cm 칼라) 첨부
- 응시료: 19,400원　　　　　　· 시험장소 본인 선택(선착순)

필기시험

- 수험표, 신분증, 필기구, 공학용계산기(필요시) 지참
- CBT형(시험 종료 즉시 합격 여부 발표)

최종

- 필기 합격자 발표

PASSED

산업안전산업기사 [필기] 개편 사항

☑ 산업안전산업기사 [필기] 과목개편

2024년 1월 1일부터 산업안전산업기사 필기시험의 과목이 아래와 같이 개편되었습니다. 본 교재는 과목별 개편 사항을 모두 적용하여 구성하였습니다.

구분	변경 전(2023.12.31.까지)	변경 후(2024.01.01.부터)
1과목	산업안전관리론	산업재해 예방 및 안전보건교육
2과목	인간공학 및 시스템안전공학	인간공학 및 위험성 평가 · 관리
3과목	기계위험방지기술	기계 · 기구 및 설비 안전관리
4과목	전기 및 화학설비위험방지기술	전기 및 화학설비 안전관리
5과목	건설안전기술	건설공사 안전관리

☑ 과목면제 사항 변경

산업안전산업기사 자격증 취득 시, 응시가 면제되었던 건설안전산업기사 필기시험의 '산업안전관리론', '인간공학 및 시스템안전공학', '건설안전기술' 과목면제가 2024년 1월 1일부터 종료되었습니다. 이에 따라 산업안전산업기사 자격증 취득 후 건설안전산업기사 자격증을 취득하고자 하는 수험생들은 건설안전산업기사 필기시험과 내용이 중복되는 산업안전산업기사 필기시험의 1과목 '산업재해 예방 및 안전보건교육', 2과목 '인간공학 및 위험성 평가 · 관리', 5과목 '건설공사 안전관리'를 더욱 집중하여 공부하는 것이 좋습니다.

기존 취득 자격	법개정에 따른 면제 종료과목(2024.01.01.부터)
산업안전산업기사	(종목) 건설안전산업기사 (과목) 산업안전관리론, 인간공학 및 시스템안전공학, 건설안전기술

산업안전보건법령 주요 개정 사항 (2026년 시험 적용)

✅ 산업안전보건기준에 관한 규칙

구분	주요 개정 사항

폭염관련 기준 마련 (25년 7월 17일 시행)	1. "폭염"이란 근로자에게 열경련·열탈진 또는 열사병 및 그 밖의 건강장해를 유발할 수 있는 더운 온도의 기상현상을 말한다.
	2. "폭염작업"이란 폭염으로 인한 체감온도(바닥으로부터 1.2m~1.5m에서 측정한 온도)가 31도 이상이 되는 작업장소에서의 장시간 작업을 말한다.
	3. 폭염작업 시 사업주 조치사항(25년 7월 17일 시행)
	  (1) 냉방 또는 통풍 등을 위한 적절한 온도·습도 조절장치의 설치·가동
	  (2) 작업시간대의 조정 등 폭염 노출을 줄일 수 있는 조치
	  (3) 폭염작업으로 인한 건강장해 예방을 위하여 필요한 적절한 휴식시간의 부여
	4. 사업주는 근로자가 「기상법」 제13조의2제1항에 따른 폭염특보의 기준이 되는 체감온도 33도 이상인 작업장소에서 폭염작업을 하는 경우에는 매 2시간 이내에 20분 이상의 휴식을 주어야 한다. 다만, 작업의 성질상 휴식을 부여하기 매우 곤란하여 개인용 냉방 또는 통풍장치를 지급·가동하거나 개인용 보냉장구를 지급·착용하게 하는 등으로 근로자의 체온 상승을 줄일 수 있는 조치를 한 경우에는 그렇지 않다.
	5. 고열·폭염장해 예방 조치
	  (1) 근로자를 새로 배치할 경우에는 고열에 순응할 때까지 고열작업시간을 매일 단계적으로 증가시키는 등 필요한 조치를 할 것
	  (2) 근로자가 온도·습도를 쉽게 알 수 있도록 온도계 등의 기기를 작업장소에 상시 갖추어 둘 것
	  (3) 근로자에게 고열작업에 따른 건강장해의 증상 및 예방조치, 응급조치 요령 등에 관한 사항을 고열작업 전에 미리 알릴 것
	6. 사업주는 폭염작업으로 인한 건강장해를 예방하기 위하여 다음 각 호의 조치를 해야 한다.
	  (1) 폭염작업이 예상되는 작업장소에 온·습도계 등 온도·습도를 측정하는 기기를 상시 갖추어 둘 것
	  (2) 근로자에게 폭염작업에 따른 건강장해의 증상 및 예방조치, 응급조치 요령 등에 관한 사항을 폭염작업 전에 미리 알릴 것
	  (3) 폭염작업이 이루어진 작업장소에서 측정한 체감온도와 조치사항을 폭염작업이 이루어진 일자별로 기록하고, 그 내용을 폭염작업이 있었던 해당 연도 12월 31일까지 보관할 것

✔ 산업안전보건법 시행규칙

구분	주요 개정 사항
안전보건대장 개선 (26년 6월 26일 시행)	1. 기본안전보건대장에는 다음 각 호의 사항이 포함되어야 한다. 〈개정 2024. 6. 28.〉 (1) 건설공사 계획단계에서 예상되는 공사내용, 공사규모 등 공사 개요 (2) 공사현장 제반 정보 (3) 건설공사에 설치·사용 예정인 구조물, 기계·기구 등 고용노동부장관이 정하여 고시하는 유해·위험요인과 그에 대한 안전조치 및 위험성 감소방안 (4) 산업재해 예방을 위한 건설공사발주자의 법령상 주요 의무사항 및 이에 대한 확인 2. 설계안전보건대장에는 다음 각 호의 사항이 포함되어야 한다. (1) 안전한 작업을 위한 적정 공사기간 및 공사금액 산출서 (2) 건설공사 중 발생할 수 있는 유해·위험요인 및 시공단계에서 고려해야 할 유해·위험요인 감소방안 (3) 산업안전보건관리비의 산출내역서 3. 공사안전보건대장에 포함하여 이행여부를 확인해야 할 사항은 다음 각 호와 같다. (1) 설계안전보건대장의 유해·위험요인 감소방안을 반영한 건설공사 중 안전보건 조치 이행계획 (2) 유해·위험방지계획서의 심사 및 확인결과에 대한 조치내용 (3) 건설공사용 기계·기구의 안전성 확보를 위한 배치 및 이동계획 (4) 건설공사의 산업재해 예방 지도를 위한 계약 여부, 지도결과 및 조치내용
안전검사대상에 혼합기, 파쇄기 또는 분쇄기 추가 (26년 6월 26일 시행)	혼합기, 파쇄기 또는 분쇄기가 안전검사 대상 기계·기구 등에 포함됨에 따라 혼합기, 파쇄기 또는 분쇄기에 대하여 사업장에 설치가 끝난 날부터 3년 이내에 최초 안전검사를 실시하되, 그 이후부터 2년마다 실시하도록 안전검사의 주기를 규정함.

2026 최신간

정종대

산업안전
산업기사

필기

1권

(1과목 + 2과목 + 3과목)

과목별 '핵심이론 + 5개년 중복소거 기출' 구성

시대에듀 #

합격력 끌어올림!

이 책의 구성

STEP 1 과목별 특성 확인!

● **과목별 체크 포인트**
각 과목에서 중점적으로 유의해야 할 점을 파악할 수 있게 정리하였습니다.

>>> 정종대쌤이 짚어주는 1과목 체크 포인트

#**반드시 고득점** 달성!
#**기본내용은 암기** 필수!
#**전체내용은 이해** 필수!

1과목
산업재해 예방 및 안전보건교육

✓ 과목별 기출 수록!
✓ 5개년 기출 중복소개!
✓ 문항별 기출연도 표기!

>>> **최근 5개년 개념별 출제 비중**

	비중
01 산업재해예방 계획수립	33%
02 안전보호구 관리	13%
03 산업안전심리	1%
04 인간의 행동과학	29%
05 안전보건교육의 내용 및 방법	24%

핵심이론	최신 5개년 기출 (2025~2021년)
01 산업재해예방 계획수립	01 산업재해예방 계획수립
02 안전보호구 관리	02 안전보호구 관리
03 산업안전심리	03 산업안전심리
04 인간의 행동과학	04 인간의 행동과학
05 안전보건교육의 내용 및 방법	05 안전보건교육의 내용 및 방법
	Bonus! 틀리라고 낸 문제

● **최근 5개년 개념별 출제 비중**
2025~2021년의 개념별 출제 비중을 한눈에 알아볼 수 있도록 막대그래프 형태로 수록하였습니다.

● **과목별 '핵심이론+최신 5개년 기출' 구성**
이론 학습 후, 5개년 기출 문항 풀이를 바로 이어서 진행하여 학습의 효율을 극대화할 수 있도록 구성하였습니다.

STEP 2 시험에 꼭 나오는 핵심이론 학습!

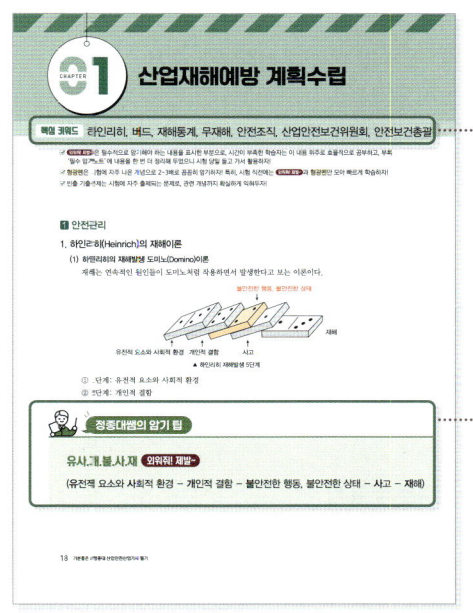

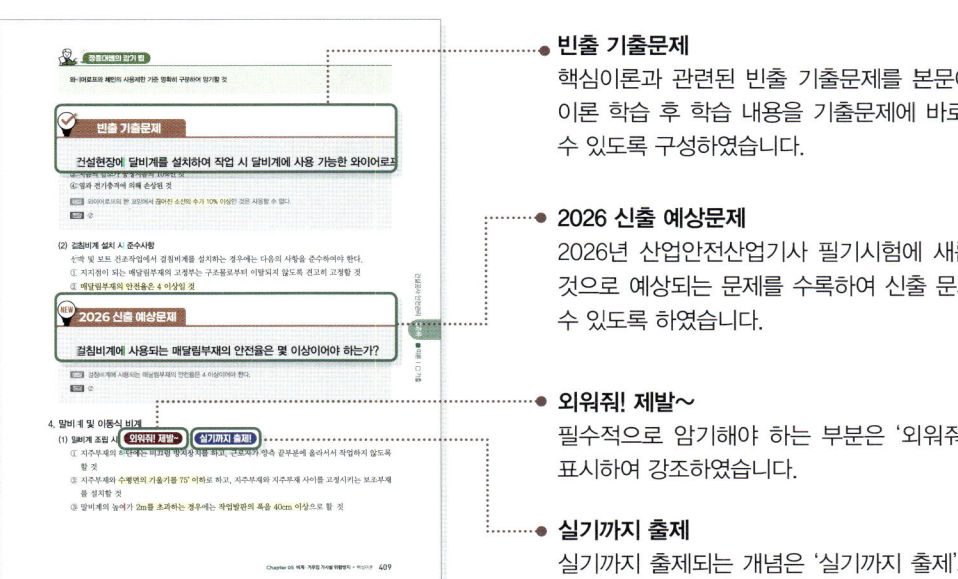

챕터별 핵심 키워드
각 챕터에서 가장 핵심이 되는 키워드를 수록하여, 이론 학습 시 참고할 수 있게 정리하였습니다.

정종대쌤의 암기 팁
정종대쌤의 노하우가 담긴 암기 팁을 수록하여 내용을 암기하는 데 도움이 될 수 있게 구성하였습니다.

빈출 기출문제
핵심이론과 관련된 빈출 기출문제를 본문에 수록하여 이론 학습 후 학습 내용을 기출문제에 바로 적용해 볼 수 있도록 구성하였습니다.

2026 신출 예상문제
2026년 산업안전산업기사 필기시험에 새롭게 출제될 것으로 예상되는 문제를 수록하여 신출 문제에 대비할 수 있도록 하였습니다.

외워줘! 제발~
필수적으로 암기해야 하는 부분은 '외워줘! 제발~'로 표시하여 강조하였습니다.

실기까지 출제
실기까지 출제되는 개념은 '실기까지 출제'로 표시하여 한 번 더 짚고 넘어갈 수 있게 하였습니다.

이 책의 구성

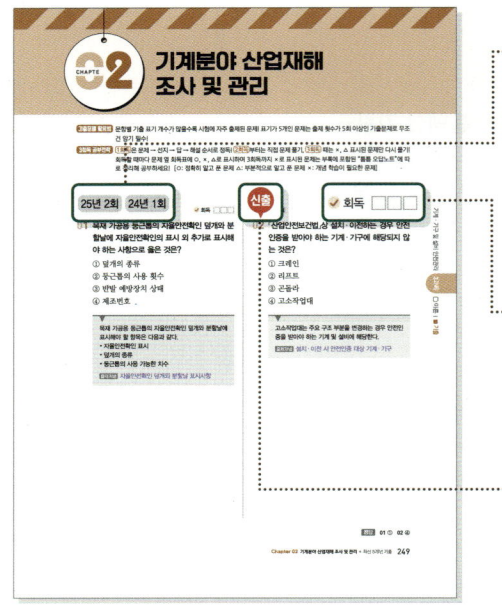

● **중복문항 소거 및 문항별 기출연도 표기**
여러 번 출제되었던 기출문제는 한 번에 정리하여 중복
문항으로 인해 시간을 낭비하지 않도록 구성하였습니다.
각 문항에 기출연도를 표기하여 빈출도를 직관적으로
확인할 수 있게 하였습니다.

● **기출 3회독 체크표**
3회독 공부전략을 통해 놓치는 문제 없이 꼼꼼하게 학
습할 수 있도록 구성하였습니다.

● **2025 신출문제 표기**
2025년에 새롭게 출제된 신출문제를 표기하여 더욱 집중
하여 학습하고 넘어갈 수 있게 구성하였습니다.

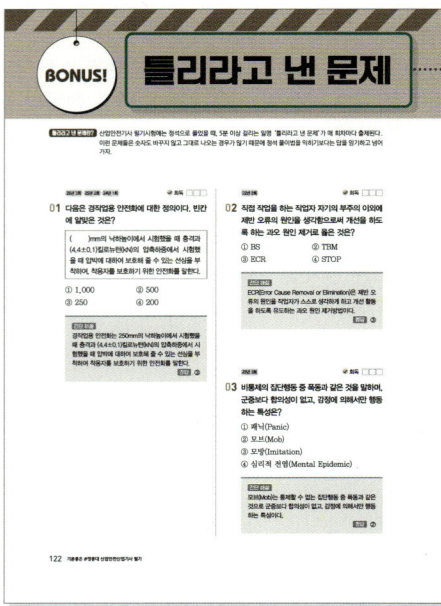

● **틀리라고 낸 문제**
산업안전산업기사 필기시험에는 정석으로 풀었을 때, 5
분 이상이 걸리는 일명 '틀리라고 낸 문제'가 매 회차마
다 출제됩니다.
이런 문제는 정석 풀이법을 익히기보다는 답을 암기하
고 넘어가는 것이 좋기 때문에 따로 선별하여 정리하였
습니다.

STEP 4 기출을 변형하여 구성한 모의고사 3회!

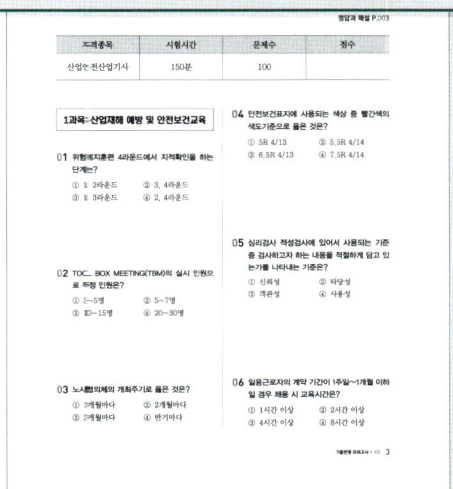

기출변형 모의고사 3회분

합격을 위한 완벽한 마무리를 위해 최신 기출 모의고사를 변형하여 구성한 기출변형 모의고사 3회를 수록하였습니다.

STEP 5 시험장 필수템! 초핵심 개념만 담은 필수 암기노트! & 틈틈 오답노트!

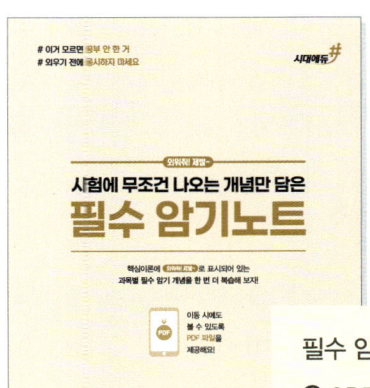

필수 암기노트 PDF 다운 받기

❶ QR코드 스캔 또는 URL 입력

❷ 로그인 → 도서업데이트

❸ 제목 검색 [정종대 산업안전산업기사 필기]

sdedu.co.kr/book

차례&학습 계획

- #정종대 산업안전산업기사 필기 기본서로 효율적으로 학습하자!
- 산업안전산업기사 자격증 A to Z
- 산업안전산업기사 필기 개편 사항
- 산업안전보건법령 주요 개정 사항
- #정종대 산업안전산업기사 필기 | 이 책의 구성
- #정종대 산업안전산업기사 필기 | 차례&학습 계획

> "
> 하루하루 계획대로 공부하면,
> 어느새 합격이 가까워져 있을 거예요.
> 학습을 시작하기 전에, 학습할 내용의 분량을 먼저 살펴보고,
> 자신에게 맞는 공부 기간을 계획해 보세요.
> "

단원명			차례	학습 계획
1과목 산업재해 예방 및 안전보건교육	핵심이론	01. 산업재해예방 계획수립	18~39쪽	__월 __일
		02. 안전보호구 관리	40~50쪽	__월 __일
		03. 산업안전심리	51~52쪽	__월 __일
		04. 인간의 행동과학	53~61쪽	__월 __일
		05. 안전보건교육의 내용 및 방법	62~68쪽	__월 __일
	최신 5개년 기출 (2025~2021년)	01. 산업재해예방 계획수립	72~89쪽	__월 __일
		02. 안전보호구 관리	90~96쪽	__월 __일
		03. 산업안전심리	97쪽	__월 __일
		04. 인간의 행동과학	98~110쪽	__월 __일
		05. 안전보건교육의 내용 및 방법	111~121쪽	__월 __일
		★Bonus! 틀리라고 낸 문제	122~123쪽	__월 __일

단원명			차례	학습 계획
2과목 인간공학 및 위험성 평가 · 관리	핵심이론	01. 안전과 인간공학	126~130쪽	__월 __일
		02. 위험성 파악 · 결정	131~137쪽	__월 __일
		03. 위험성 감소대책 수립 · 실행	138~141쪽	__월 __일
		04. 근골격계질환 예방관리	142~144쪽	__월 __일
		05. 유해요인 관리	145~146쪽	__월 __일
		06. 작업환경 관리	147~154쪽	__월 __일
	최신 5개년 기출 (2025~2021년)	01. 안전과 인간공학	158~168쪽	__월 __일
		02. 위험성 파악 · 결정	169~180쪽	__월 __일
		03. 위험성 감소대책 수립 · 실행	181~183쪽	__월 __일
		04. 근골격계질환 예방관리	184~188쪽	__월 __일
		05. 유해요인 관리	189~192쪽	__월 __일
		06. 작업환경 관리	193~205쪽	__월 __일
		★Bonus! 틀리라고 낸 문제	206~208쪽	__월 __일
3과목 기계 · 기구 및 설비 안전관리	핵심이론	01. 기계공정의 안전	212~213쪽	__월 __일
		02. 기계분야 산업재해 조사 및 관리	214~219쪽	__월 __일
		03. 기계설비 위험요인 분석	220~234쪽	__월 __일
		04. 기계안전시설 관리	235~238쪽	__월 __일
		05. 설비진단 및 검사	239~240쪽	__월 __일
	최신 5개년 기출 (2025~2021년)	01. 기계공정의 안전	244~248쪽	__월 __일
		02. 기계분야 산업재해 조사 및 관리	249~250쪽	__월 __일
		03. 기계설비 위험요인 분석	251~283쪽	__월 __일
		04. 기계안전시설 관리	284~286쪽	__월 __일
		05. 설비진단 및 검사	287쪽	__월 __일
		★Bonus! 틀리라고 낸 문제	288쪽	__월 __일

차례&학습 계획

	단원명		차례	학습 계획
4과목 전기 및 화학설비 안전관리	**핵심이론**	01. 전기안전관리 업무수행	292~293쪽	__월 __일
		02. 감전재해 및 방지대책	294~301쪽	__월 __일
		03. 정전기 장·재해 관리	302~306쪽	__월 __일
		04. 전기방폭 관리	307~311쪽	__월 __일
		05. 전기설비 위험요인 관리	312~316쪽	__월 __일
		06. 화재·폭발 검토	317~324쪽	__월 __일
		07. 화학물질 안전관리 실행	325~333쪽	__월 __일
		08. 화공 안전운전·점검	334~335쪽	__월 __일
	최신 5개년 기출 (2025~2021년)	01. 전기안전관리 업무수행	338쪽	__월 __일
		02. 감전재해 및 방지대책	339~349쪽	__월 __일
		03. 정전기 장·재해 관리	350~354쪽	__월 __일
		04. 전기방폭 관리	355~357쪽	__월 __일
		05. 전기설비 위험요인 관리	358~360쪽	__월 __일
		06. 화재·폭발 검토	361~371쪽	__월 __일
		07. 화학물질 안전관리 실행	372~377쪽	__월 __일
		08. 화공 안전운전·점검	378~382쪽	__월 __일
		★Bonus! 틀리라고 낸 문제	383쪽	__월 __일

	단원명		차례	학습 계획
5과목 건설공사 안전관리	핵심이론	01. 건설공사 특성분석	386~390쪽	__월 __일
		02. 건설공사 위험성	391~393쪽	__월 __일
		03. 건설업 산업안전보건관리비 관리	394~397쪽	__월 __일
		04. 건설현장 안전시설 관리	398~404쪽	__월 __일
		05. 비계 · 거푸집 가시설 위험방지	405~416쪽	__월 __일
		06. 공사 및 작업 종류별 안전	417~430쪽	__월 __일
	최신 5개년 기출 (2025~2021년)	01. 건설공사 특성분석	434~435쪽	__월 __일
		02. 건설공사 위험성	436쪽	__월 __일
		03. 건설업 산업안전보건관리비 관리	437~439쪽	__월 __일
		04. 건설현장 안전시설 관리	440~446쪽	__월 __일
		05. 비계 · 거푸집 가시설 위험방지	447~458쪽	__월 __일
		06. 공사 및 작업 종류별 안전	459~476쪽	__월 __일
		★Bonus! 틀리라고 낸 문제	477~481쪽	__월 __일

부록 7 출변형 모의고사 3회

부록 끝수 암기노트 + 틈틈 오답노트

 **≫ 정종대쌤이 짚어주는 1과목 체크 포인트**

#반드시 고득점 달성!
#기본내용은 암기 필수!
#전체내용은 이해 필수!

≫ 최근 5개년 개념별 출제 비중

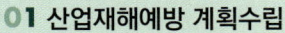

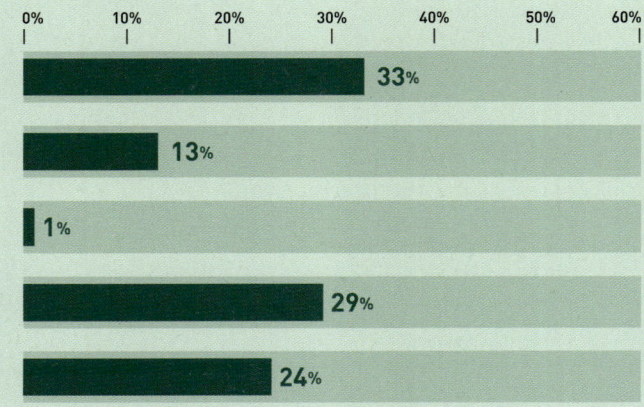

	0%	10%	20%	30%	40%	50%	60%
01 산업재해예방 계획수립				33%			
02 안전보호구 관리		13%					
03 산업안전심리	1%						
04 인간의 행동과학				29%			
05 안전보건교육의 내용 및 방법			24%				

1 과목

산업재해 예방 및 안전보건교육

✔ 과목별 기출 수록!
✔ 5개년 기출 중복소거!
✔ 문항별 기출연도 표기!

핵심이론

- 01 산업재해예방 계획수립
- 02 안전보호구 관리
- 03 산업안전심리
- 04 인간의 행동과학
- 05 안전보건교육의 내용 및 방법

최신 5개년 기출 (2025~2021년)

- 01 산업재해예방 계획수립
- 02 안전보호구 관리
- 03 산업안전심리
- 04 인간의 행동과학
- 05 안전보건교육의 내용 및 방법
- Bonus! 틀리라고 낸 문제

CHAPTER 01

산업재해예방 계획수립

핵심 키워드 하인리히, 버드, 재해통계, 무재해, 안전조직, 산업안전보건위원회, 안전보건총괄책임자, 안전관리자

☑ **외워줘! 제발~**은 필수적으로 암기해야 하는 내용을 표시한 부분으로, 시간이 부족한 학습자는 이 내용 위주로 효율적으로 공부하고, 부록 '필수 암기노트'에 내용을 한 번 더 정리해 두었으니 시험 당일 들고 가서 활용하자!

☑ **형광펜**은 시험에 자주 나온 개념으로 2~3배로 꼼꼼히 암기하자! 특히, 시험 직전에는 **외워줘! 제발~**과 **형광펜**만 모아 빠르게 학습하자!

☑ 빈출 기출문제는 시험에 자주 출제되는 문제로, 관련 개념까지 확실하게 익혀두자!

1 안전관리

1. 하인리히(Heinrich)의 재해이론

(1) 하인리히의 재해발생 도미노(Domino)이론

재해는 연속적인 원인들이 도미노처럼 작용하면서 발생한다고 보는 이론이다.

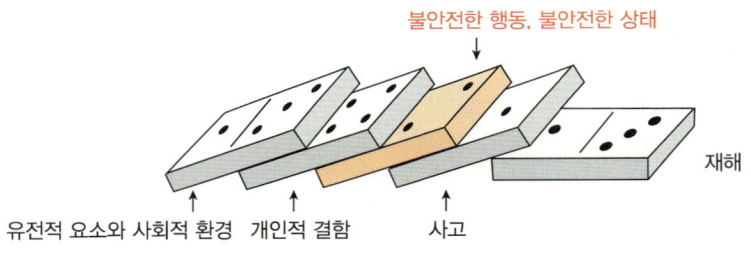

▲ 하인리히 재해발생 5단계

① 1단계: 유전적 요소와 사회적 환경
② 2단계: 개인적 결함
③ 3단계: 불안전한 행동, 불안전한 상태(핵심단계) → 제거(＝재해 방지)
④ 4단계: 사고
⑤ 5단계: 재해

 정종대쌤의 암기 팁

유사.개.불.사.재 **외워줘! 제발~**

(유전적 요소와 사회적 환경 – 개인적 결함 – **불**안전한 행동, 불안전한 상태 – **사**고 – **재**해)

빈출 기출문제

불안전한 상태와 불안전한 행동을 제거하는 안전관리의 시책에는 적극적인 대책과 소극적인 대책이 있다. 다음 중 소극적인 대책에 해당하는 것은?

① 보호구의 사용
② 위험공정의 배제
③ 위험물질의 격리 및 대체
④ 위험성 평가를 통한 작업환경 개선

해설 안전관리 대책에는 위험을 제거, 대체하는 방법이 가장 먼저 고려되어야 한다. 그다음 공학적 대책과 관리적 대책을 고려하고 마지막으로 보호구를 사용하는 것에 대한 검토가 필요하다. 다시 말해 보호구는 안전대책의 가장 마지막 수단으로써 사용되어야 한다.

정답 ①

(2) 하인리히의 재해발생비율 외워줘! 제발~

중상 또는 사망 사고 1건이 발생하기 전에는 이미 29건의 경상해와 300건의 무상해 사고가 있었음을 의미한다. 이때 중상은 3주 이상의 치료를 요하는 부상, 경상은 3주 미만의 치료를 요하는 부상을 의미한다.

▲ 하인리히의 사고 삼각형

 빈출 기출문제

하인리히의 재해구성비율에 의하면 무상해 사고가 600건일 때, 경상해는 몇 건으로 추정되겠는가?

① 58건
② 64건
③ 600건
④ 631건

해설 위와 같은 문제는 비례식을 사용하여 풀이하면 된다. 하인리히는 330건의 재해를 분석하여 경상해 : 무상해 사고 = 29 : 300의 발생비율을 제시하였으므로 문제에서는 경상해 : 무상해 사고 = 58 : 600의 발생비율이 된다. 따라서 경상해는 58건으로 추정된다.

정답 ①

(3) 하인리히의 산업재해예방 4원칙 외워줘! 제발~

하인리히는 재해를 예방하기 위해 알아야 할 4가지 원칙을 제시하였고 이 원칙은 특히 안전관리업무를 수행하는 사람이 유의해야 할 원칙이다.

① 예방가능의 원칙: 천재지변을 제외한 모든 재해는 예방할 수 있다.

② <mark>손실우연의 원칙</mark>: 재해로 인한 손실의 크기는 사고 당시의 조건에 따라 우연히 달라질 수 있다.

③ <mark>원인연계(계기)의 원칙</mark>: 모든 재해는 우연히 발생한 것이 아니라 반드시 원인이나 계기가 존재한다.

④ <mark>대책선정의 원칙</mark>: 재해를 막기 위한 대책은 반드시 있으므로 적절한 대책을 찾아서 실행해야 한다.

 정종대쌤의 암기 팁

예.손.원.대

(예방가능의 원칙 – 손실우연의 원칙 – 원인연계(계기)의 원칙 – 대책선정의 원칙)

(4) 하인리히의 사고예방대책 5단계

사업장의 사고를 예방하려면 먼저 안전조직을 구성하고 작업을 점검·분석·평가한 후, 위험요소를 찾아내어 그에 맞는 시정책을 선정하고 적용해야 한다.

1단계	조직	조직구성, 안전보건관리계획 수립
2단계	사실의 발견	작업분석, 안전점검, 안전검사
3단계	분석, 평가	재해조사, 재해분석, 위험성 평가, 작업환경 측정
4단계	시정책의 선정	대책선정, 개선안 수립
5단계	시정책의 적용	기술적·교육적·관리적(3E) 대책 적용

 정종대쌤의 암기 팁

조.사.분.시.시 `외워줘! 제발~`

(조직 – 사실의 발견 – 분석, 평가 – 시정책의 선정 – 시정책의 적용)

(5) 하인리히의 재해비용(＝재해코스트)

총재해비용＝직접비＋간접비(직접비 : 간접비＝1 : 4) `외워줘! 제발~`

① 직접비(산재보험에서 지급되는 비용)

ⓐ 휴업급여   ⓑ 장해보상일시금 또는 장해보상연금
ⓒ 간병급여   ⓓ 유족보상일시금 또는 유족보상연금
ⓔ 상병보상연금   ⓕ 장의비
ⓖ 직업재활급여   ⓗ 진폐보상연금, 진폐유족연금

② 간접비(산재보험에서 지급되지 않는 비용)

ⓐ 인적 손실   ⓑ 물적 손실
ⓒ 생산손실   ⓓ 기타손실

하인리히 방식의 재해코스트 산정에서 직접비에 해당되지 않는 것은?

① 휴업보상비　　　　　　　　　② 병상위문금
③ 장해특별보상비　　　　　　　 ④ 상병보상연금

해설 직접비는 산재보험에서 지급되는 비용이다. 산재보험에서는 위문금을 주지 않으므로 병상위문금은 간접비로 판단하여야 한다.

정답 ②

(6) 재해발생 메커니즘

관리결함으로 인해 불안전한 행동과 불안전한 상태가 생기고, 이 상태에서 작업자와 가해물이 접촉되면 결국 재해가 발생한다.

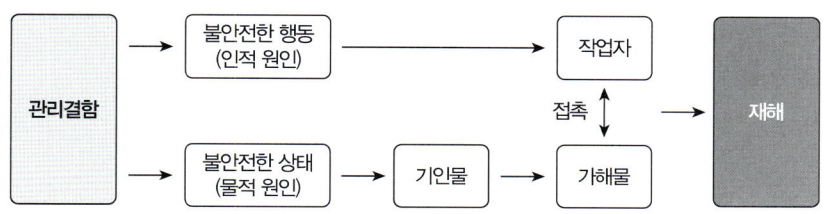

① 기인물: 재해의 원인이 되거나 영향을 미친 에너지원을 지닌 기계, 장치, 환경 등(예 미끄러운 바닥)
② 가해물: 작업자(사람)에게 직접적으로 상해를 입힌 기계, 장치, 환경 등(예 부딪친 구조물)

2. 버드(Bird)의 재해이론

(1) 버드의 재해발생 신도미노이론

① 1단계: 통제의 부족　(관리)
② 2단계: 기본 원인　　(기원)
③ 3단계: 직접 원인　　(징후)
④ 4단계: 사고　　　　(접촉)
⑤ 5단계: 재해　　　　(손실)

 정종대쌤의 암기 팁

통.기.직.사.재 외워줘! 제발~

(통제의 부족 − 기본 원인 − 직접 원인 − 사고 − 재해)

(2) 버드의 재해발생비율(하인리히 이론+아차사고) 외워줘! 제발~

중상 또는 사망 사고 1건이 발생했다는 것은 이미 10건의 경상, 30건의 무상해 사고, 600건의 아차사고(무상해 무사고)가 있었음을 의미한다.

▲ 버드의 사고 삼각형

3. 기타 재해이론

(1) 아담스의 재해발생 5단계

① 1단계: 관리구조

② 2단계: 작전적 에러

③ 3단계: 전술적 에러

④ 4단계: 사고

⑤ 5단계: 재해

 정종대쌤의 암기 팁

아.관.작.전.사.재

(아담스의 재해발생 - 관리구조 - 작전적 에러 - 전술적 에러 - 사고-재해)

(2) 웨버의 재해발생 5단계(=하인리히의 도미노이론)

① 1단계: 유전과 환경

② 2단계: 인간의 결함

③ 3단계: 불안전한 행동, 불안전한 상태

④ 4단계: 사고

⑤ 5단계: 재해

(3) 자베타키스의 재해발생 5단계

① 1단계: 개인과 환경

② 2단계: 불안전한 행동, 불안전한 상태

③ 3단계: 에너지의 예기치 못한 폭주(기준이탈)

④ 4단계: 사고

⑤ 5단계: 구호

개.불.에.사.구

(개인과 환경 – 불안전한 행동, 불안전한 상태 – 에너지의 예기치 못한 폭주 – 사고 – 구호)

(4) 시몬즈의 재해비용

$$재해코스트 = 보험코스트 + 비보험코스트 \quad \text{외워줘! 제발~}$$

① 보험코스트: 보험을 통해 보상되는 비용
② 비보험코스트: 보험으로 처리되지 않는 비용

$$비보험코스트 = A \times 휴업상해건수 + B \times 통원상해건수 + C \times 응급조치건수 + D \times 무상해건수$$

(A: 휴업상해 평균비용, B: 통원상해 평균비용, C: 응급조치 평균비용, D: 무상해 평균비용)

4. 재해발생 형태

구분	설명
떨어짐	사람이 인력에 의하여 건축물, 구조물, 가설물, 수목, 사다리 등의 높은 장소에서 떨어지는 것
넘어짐	사람이 거의 평면 또는 경사면, 층계 등에서 구르거나 넘어지는 경우
깔림 · 뒤집힘	기대어져 있거나 세워져 있는 물체 등이 쓰러져 깔린 경우 및 지게차 등의 건설기계 등이 운행 또는 작업 중 뒤집힌 경우
부딪힘 · 접촉	재해자 자신의 움직임 · 동작으로 인하여 기인물에 접촉 또는 부딪히거나 물체가 고정부에서 이탈하지 않은 상태로 움직임 등에 의하여 부딪히거나 접촉한 경우
맞음	구조물, 기계 등에 고정되어 있던 물체가 중력, 원심력, 관성력 등에 의하여 고정부에서 이탈하거나 설비 등으로부터 물질이 분출되어 사람을 가해하는 경우
끼임	두 물체 사이의 움직임에 의하여 일어난 것으로 직선 운동하는 물체 사이의 끼임, 회전부와 고정체 사이의 끼임, 롤러 등 회전체 사이에 물리거나 회전체 · 돌기부 등에 감긴 경우
무너짐	토사, 적재물, 구조물, 건축물, 가설물 등이 전체적으로 허물어져 내리거나 주요 부분이 꺾어져 무너지는 경우
이상온도 접촉	고 · 저온 환경 또는 물체에 노출 · 접촉된 경우
화학물질 누출 · 접촉	유해 · 위험물질에 노출 · 접촉 또는 흡입한 경우
빠짐 · 익사	수중에 빠지거나 익사한 경우
절단 · 베임 · 찔림	사람과 물체 간의 직접적인 접촉에 의한 것으로서 칼 등 날카로운 물체의 취급 또는 톱 · 절단기 등의 회전날 부위에 접촉되어 신체가 절단되거나 베어진 경우

산소결핍	유해물질과 관련 없이 산소가 부족한 상태 · 환경에 노출되었거나 이물질 등에 의하여 기도가 막혀 호흡기능이 불충분한 경우
화재	가연물에 점화원이 가해져 비의도적으로 불이 일어난 경우를 말하며, 방화는 의도적이기는 하나 관리할 수 없으므로 화재에 포함
폭발 · 파열	건축물, 용기 내 또는 대기 중에서 물질의 화학적 · 물리적 변화가 급격히 진행되어 열, 폭음, 폭발압이 동반하여 발생하는 경우
감전	전기설비의 충전부 등에 신체의 일부가 직접 접촉하거나 유도전류의 통전으로 근육의 수축, 호흡곤란, 심실세동 등이 발생한 경우 또는 특별고압 등에 접근함에 따라 발생한 섬락 접촉, 합선 · 혼촉 등으로 인하여 발생한 아크에 접촉된 경우

5. 상해의 종류

구분	설명
골절	뼈가 부러진 상해
동상	저온물 접촉으로 생긴 동상 상해
부종	국부의 혈액순환 이상으로 몸이 퉁퉁 부어오르는 상해
찔림(자상)	칼날 등 날카로운 물건에 찔린 상해
타박상(좌상)	타박 · 충돌 · 추락 등으로 피부 표면보다는 피하조직 또는 근육부를 다친 상해
절상	신체 부위가 절단된 상해
중독, 질식	음식 · 약물 · 가스 등에 의한 중독이나 질식된 상해
찰과상	스치거나 문질러서 벗겨진 상해
베임(창상)	창, 칼 등에 베인 상해
화상	화재 또는 고온물 접촉으로 인한 상해
뇌진탕	머리를 세게 맞았을 때 장해로 일어난 상해
청력장해	청력이 감퇴 또는 난청이 된 상해
시력장해	시력이 감퇴 또는 실명된 상해

6. 재해사례연구순서 외워줘! 제발~

(1) 정의

유사한 재해사례를 분석하여 재해를 예방하기 위한 연구순서를 말한다.

(2) 순서

① 전제조건: 재해 상황의 파악

② 1단계: 사실의 확인

③ 2단계: 문제점의 발견

④ 3단계: 근본적 문제점의 결정

⑤ 4단계: 대책수립

7. 산업재해 발생 시 조치순서

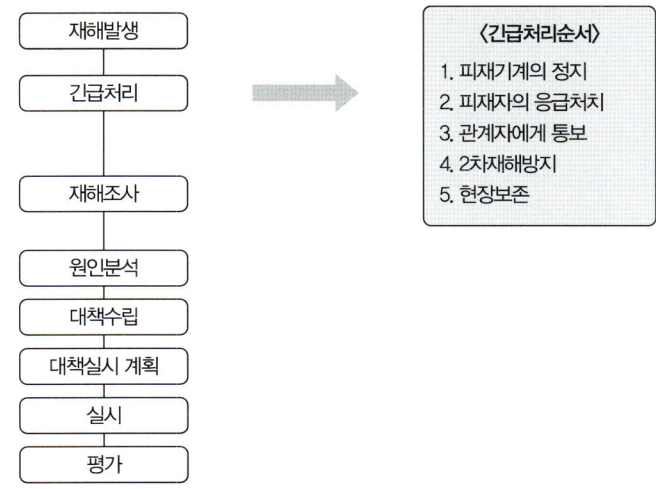

```
재해발생
  ↓
긴급처리  ⟹  〈긴급처리순서〉
              1. 피재기계의 정지
              2. 피재자의 응급처치
              3. 관계자에게 통보
              4. 2차재해방지
              5. 현장보존
  ↓
재해조사
  ↓
원인분석
  ↓
대책수립
  ↓
대책실시 계획
  ↓
실시
  ↓
평가
```

 빈출 기출문제

산업현장에서 재해발생 시 조치순서로 옳은 것은?

① 긴급처리 → 재해조사 → 원인분석 → 대책수립 → 실시계획 → 실시 → 평가
② 긴급처리 → 원인분석 → 재해조사 → 대책수립 → 실시 → 평가
③ 긴급처리 → 재해조사 → 원인분석 → 실시계획 → 실시 → 대책수립 → 평가
④ 긴급처리 → 실시계획 → 재해조사 → 대책수립 → 평가 → 실시

해설 산업현장에서 재해가 발생한 경우 긴급상황이므로 당황하지 말고 단계에 맞게 긴급조치를 실시하는 게 가장 중요하다. 그다음에 재해조사를 통해 원인을 찾고 대책을 수립하여 재발방지를 위한 개선을 실시해야 한다.

정답 ①

8. 재해통계의 종류 외워줘! 제발~ 실기까지 출제!

(1) 재해율

$$재해율 = \frac{재해자\ 수}{산재보험적용\ 근로자\ 수} \times 100$$

① 재해자 수: 근로복지공단의 유족급여가 지급된 사망자 및 근로복지공단에 최초요양신청서를 제출한 재해자 중 요양승인을 받은 자를 말한다. 다만, 통상의 출퇴근으로 발생한 재해는 제외한다.
② 산재보험적용 근로자 수: 「산업재해보상보험법」이 적용되는 근로자 수를 말한다.

(2) 사망만인율

$$사망만인율 = \frac{사망자\ 수}{산재보험적용\ 근로자\ 수} \times 10,000$$

① 사망자 수: 근로복지공단의 유족급여가 지급된 사망자 수를 말하며, 산재 미보고 적발사망자를 포함한다. 다만, 사업장 밖의 교통사고, 체육행사, 폭력행위, 통상의 출퇴근에 의한 사망, 사고발생일로부터 1년을 경과하여 사망한 경우는 제외한다.

② 산재보험적용 근로자 수: 「산업재해보상보험법」이 적용되는 근로자 수를 말한다.

(3) 휴업재해율

$$휴업재해율 = \frac{휴업재해자\ 수}{임금근로자\ 수} \times 100$$

① 휴업재해자 수: 근로복지공단의 휴업급여를 지급받은 재해자 수를 말한다. 다만, 사업장 밖의 교통사고, 체육행사, 폭력행위, 통상의 출퇴근으로 발생한 재해는 제외한다.

② 임금근로자 수: 통계청의 경제활동 인구조사상 임금근로자 수를 말한다.

(4) 연천인율: 근로자 1,000명당 재해자 수를 말한다.

$$연천인율 = \frac{재해자\ 수}{연평균\ 근로자\ 수} \times 1,000$$

(5) 도수율(=빈도율): 근로시간 1,000,000시간당 재해건수를 말한다.

$$도수율 = \frac{재해건수}{연근로시간\ 수} \times 1,000,000$$

 빈출 기출문제

다음 조건을 참고하여 도수율을 구하시오.

> 1. 연간 재해건수: 80건
> 2. 근로자 수: 1,000명
> 3. 주당 근로시간: 48시간/1인, 52주/연
> 4. 결근율: 재해와 관련 없는 사유로 3% 결근

① 31.06   ② 32.05   ③ 33.04   ④ 34.03

해설 $도수율 = \dfrac{재해건수}{연근로시간\ 수} \times 1,000,000 = \dfrac{80}{1,000 \times 48 \times 52 \times 0.97} \times 1,000,000 = 33.04$

정답 ③

(6) **강도율**: 근로시간 1,000시간당 총 요양근로손실일수를 말한다.

$$강도율 = \frac{총\ 요양근로손실일수}{연근로시간\ 수} \times 1,000$$

● 장애등급에 따른 요양근로손실일수: 요양근로손실일수를 계산할 때 휴업일수나 의사 진단일수는 100% 인정을 하지 않는다는 것에 유의하여야 한다. 휴업일수나 의사 진단일수가 문제에서 주어졌을 경우에는 $\frac{300}{365}$을 곱하여 근로손실일수로 산정하여 식에 대입하여야 한다.

장애등급	1~3	4	5	6	7	8	9	10	11	12	13	14
근로손실일수	7,500	5,500	4,000	3,000	2,200	1,500	1,000	600	400	200	100	50

 빈출 기출문제

근로손실일수 산출에 있어서 사망으로 인한 근로손실연수는 보통 몇 년을 기준으로 산정하는가?

① 30　　　　　　　② 25　　　　　　　③ 15　　　　　　　④ 10

해설 우리나라 사망자의 평균 연령은 35세로 보고, 정년을 60세로 산정하였을 때 25년을 더 일할 수 있으므로 근로손실연수는 보통 25년을 기준으로 산정한다.

정답 ②

(7) **종합·재해지수(FSI)**: 재해빈도 및 상해 강도를 종합하여 나타낸 것으로 강도율과 도수율을 동시에 고려한 재해지수를 말한다.

$$종합재해지수 = \sqrt{강도율 \times 도수율}$$

(8) **안전활동률**: 근로시간 1,000,000시간당 안전활동건수를 말한다.

$$안전활동률 = \frac{안전활동건수}{총\ 근로시간\ 수} \times 1,000,000$$

(9) **환산강도율**: 한 사람의 근로자가 평생근로하는 동안 재해로 인한 근로손실일수를 말한다. 이때, 한 사람의 평생근로시간은 100,000시간을 기준으로 한다.

$$환산강도율 = 강도율 \times 100$$

(10) **환산도수율**: 한 사람의 근로자가 평생근로하는 동안 당할 수 있는 재해건수를 말한다. 이때, 한 사람의 평생근로시간은 100,000시간을 기준으로 한다.

$$환산도수율 = 도수율 \div 10$$

9. 재해통계분석 외워줘! 제발~

(1) **파레토도**: 재해 발생 원인을 발생빈도가 높은 항목 순서대로 도식화하여 분석하는 방법

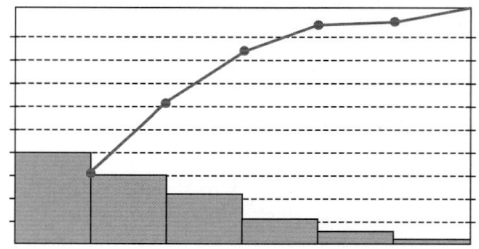

(2) **특성요인도**: 문제의 원인과 결과를 어골상으로 정리하여 원인을 체계적으로 분석하는 방법

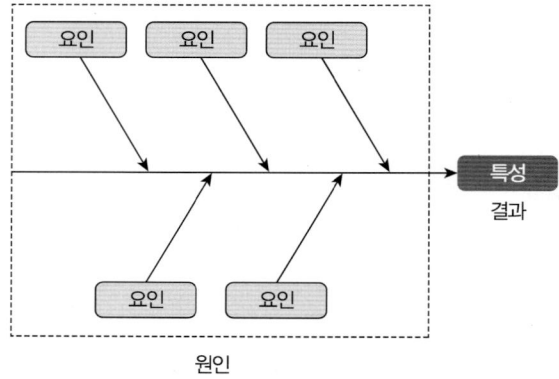

(3) **클로즈 분석도**: 2개 이상의 요인을 교차시켜 관계를 파악하고 시각적으로 분석하는 방법

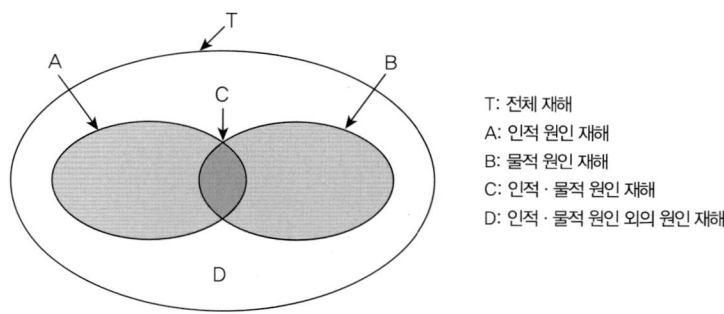

(4) **관리도**: 하한관리선과 상한관리선을 설정하여 목표 추이를 파악하고 분석하는 방법

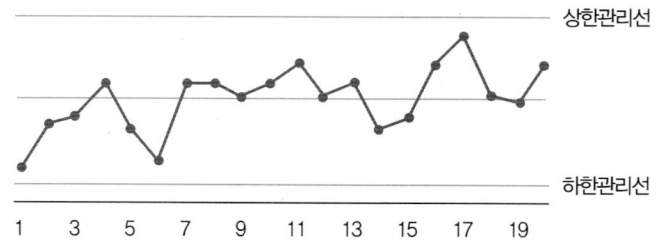

빈출 기출문제

재해통계를 작성하는 필요성에 대한 설명으로 틀린 것은?

① 설비상의 결함요인을 개선 및 시정시키는 데 활용한다.

② 재해의 구성요소를 알고 분포상태를 알아 대책을 세우기 위함이다.

③ 근로자의 행동결함을 발견하여 안전 재교육 훈련자료로 활용한다.

④ 관리책임 소재를 밝혀 관리자의 인책 자료로 삼는다.

해설 재해통계를 작성하는 이유는 동종업종 및 유사업종에서 빈발하는 재해 유형을 파악하여 동종재해 및 유사재해를 방지하기 위한 자료로 사용하기 위함이다.

정답 ④

10. 안전관리활동

(1) 안전점검의 종류 `외워줘! 제발~`

① 일상점검: 작업 전·중·후, 수시로 실시하는 점검

② 정기점검: 일정 기간을 정하여 실시하는 점검

③ 특별점검: 설비고장 발생 시, 태풍 등 천재지변 발생 시, 안전강조 기간에 실시하는 점검

④ 임시점검: 설비이상 발생 시 실시하는 점검

 빈출 기출문제

안전점검의 종류 중 태풍이나 폭우 등의 천재지변이 발생한 후에 실시하는 기계, 기구 및 설비 등에 대한 점검의 명칭은?

① 정기점검   ② 수시점검

③ 특별점검   ④ 임시점검

해설 태풍이나 폭우 등의 천재지변이 발생한 후에 실시하는 기계, 기구 및 설비 등에 대한 점검은 특별점검이다. 설비고장 발생 시에는 특별점검, 설비이상 발생 시에는 임시점검이라는 점에 유의해야 한다. 이때 설비이상은 고장이 나지 않았더라도 소음이나 진동이 평소와 다르게 증가한 경우 등을 의미한다.

정답 ③

(2) 안전관리의 4사이클(P-D-C-A)

계획－실시－검토－조치 단계를 순환하여 지속적으로 안전수준을 향상시키는 과정이다.

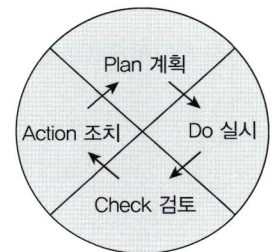

(3) 산업재해

① 산업재해발생 보고: 산업재해로 사망자 또는 **3일 이상의 휴업**을 요하는 부상을 입거나 질병에 걸린 자가 발생 시 발생한 날부터 1개월 이내에 산업재해조사표를 작성하여 관할 지방고용노동관서의 장에게 제출해야 한다.

② 산업재해기록 보존 `외워줘! 제발~`

    ⓐ 사업장의 개요 및 근로자의 인적사항

    ⓑ 재해발생의 일시 및 장소

    ⓒ 재해발생의 원인 및 과정

    ⓓ 재해 재발방지 계획

(4) 중대재해 `외워줘! 제발~`

① 사망자가 1명 이상 발생한 재해

② 3개월 이상의 요양이 필요한 부상자가 동시에 2명 이상 발생한 재해

③ 부상자 또는 직업성 질병자가 동시에 10명 이상 발생한 재해

(5) 중대재해 보고사항 `외워줘! 제발~`

중대재해가 발생한 사실을 알게 된 때에는 지체 없이 관할 지방노동관서의 장에게 아래의 사항을 보고한다.

① 발생개요 및 피해 상황

② 조치 및 전망

③ 기타 중요한 사항

(6) 무재해운동

① 3원칙 `외워줘! 제발~`

    ⓐ 무의 원칙: 사고 재해를 일으키는 위험요인을 사전에 발견하여 없애야 한다.

    ⓑ 선취의 원칙: 무재해·무질병을 이루기 위해 행동하기 전에 위험요인을 발견하고, 해결해야 한다.

    ⓒ 참가의 원칙: 전원이 무재해운동에 적극 참여해야 한다.

② 3기둥(＝3요소) `외워줘! 제발~`

    ⓐ 최고경영자의 안전경영 자세: 경영자는 확고한 안전 리더십을 바탕으로, 안전을 기업의 최우선 가치로 삼아야 한다.

    ⓑ 라인에서의 철저한 안전보건 실천: 관리감독자는 현장의 책임자로서, 라인(지휘체계)을 중심으로 안전보건 활동을 적극적이고 철저하게 실천해야 한다.

    ⓒ 자율활동의 활성화: 근로자는 스스로 안전의식을 가지고, 자율적으로 안전활동에 참여해야 한다.

(7) 무재해운동 추진 중 사고나 재해가 발생하여도 무재해로 인정되는 경우

① 출·퇴근 도중에 발생한 재해

② 운동경기 등 각종 행사 중 발생한 재해

③ 업무시간 외에 발생한 재해

④ 업무수행 중에 천재지변으로 발생한 사고

(8) 위험성 평가

① 실시 절차

ⓐ 사전준비: 위험성 평가 실시규정 작성, 평가대상 선정, 평가에 필요한 각종 자료를 수집한다.

ⓑ 유해·위험요인 파악: 사업장 순회 점검 및 안전보건 체크리스트 등을 활용하여 사업장 내 유해·위험요인을 파악한다.

ⓒ 위험성 결정: 유해·위험요인별 위험성 추정 결과와 사업장에서 설정한 허용 가능한 위험성의 기준을 비교하여 추정된 위험성 크기가 허용 가능한지 판단한다.

ⓓ 위험성 감소대책 수립 및 실행: 위험성 평가 결과, 허용할 수 없는 수준의 위험이 있는 경우, 그 위험을 줄이기 위한 구체적인 조치(감소대책)를 세우고 실행한다.

ⓔ 기록 및 공유: 위험성 평가 결과와 그에 따른 조치 내용을 문서로 남기고, 관련자들과 적절히 공유하여 안전활동의 연속성과 실효성을 확보한다. 보존 기간은 최소 3년 이상이어야 한다.

② 위험성 평가의 종류 〔외워줘! 제발~〕

ⓐ 최초평가: 사업장의 설립일로부터 1년 이내에 실시한다.

ⓑ 정기평가: 최초평가 이후 매년 실시한다.

ⓒ 수시평가: 건설물의 설치·이전·변경, 작업방법 변경, 설비변경, 재해발생, 정비 보수작업 등을 실시한다.

ⓓ 상시평가: 매월 유해·위험요인을 파악하여 대책을 마련하고, 매주 원·하청 합동 안전점검의 개최와 이행상황을 점검하며, 매일 위험성 평가 결과를 작업 전 안전점검회의(TBM: Tool Box Meeting) 등을 통해서 근로자에게 공유하는 절차를 이행하면 정기평가와 수시평가가 면제된다.

(9) 인간에러 배후요인(재해발생 기본원인, 4M) 〔외워줘! 제발~〕

① Man: 본인 이외의 주변 사람

② Machine: 설비의 결함

③ Media: 작업정보

④ Management: 관리, 감독

 빈출 기출문제

산업재해의 기본원인 중 '작업정보, 작업방법 및 작업환경' 등이 분류되는 항목은?

① Man　　　　② Machine　　　　③ Media　　　　④ Management

〔해설〕 산업재해의 기본원인 중 '작업정보, 작업방법 및 작업환경' 등이 분류되는 항목은 Media이다. 한편 산업재해의 기본원인에서는 Man이 본인 이외의 작업자라는 것에 특히 유의해야 한다.

〔정답〕 ③

(10) **위험예지훈련의 4라운드(문제해결 4단계)**

작업에 대한 다양한 위험요인을 찾고 그 위험요인 중 핵심 위험요인을 결정한다. 결정된 위험요인을 개선하기 위한 여러 대책을 말하며 그중 가장 효율적인 대책을 행동목표로 결정한다.

구분	내용
1R 현상파악	모든 위험요인을 찾는다.
2R 본질추구	핵심 위험요인을 결정한다.
3R 대책수립	다양한 개선 대책을 기술한다.
4R 목표설정	가장 효율적인 대책을 행동목표로 결정한다.

 정종대쌤의 암기 팁

현.본.대.목

(현상파악 – 본질추구 – 대책수립 – 목표설정)

✓ **빈출 기출문제**

위험예지훈련의 문제해결 4라운드에 속하지 않는 것은?

① 현상파악　　　　② 본질추구　　　　③ 원인결정　　　　④ 대책수립

해설　위험예지훈련의 문제해결 4단계는 현상파악, 본질추구, 대책수립, 목표설정이다.

정답　③

(11) **브레인스토밍(Brain Storming)의 4원칙(BS 4원칙)**

① 비판금지: 다른 사람의 의견을 비판하지 않는다.

② 자유분방: 자유로운 분위기에서 편하게 이야기할 수 있도록 한다.

③ 대량발언: 가능한 많은 말을 하도록 한다.

④ 수정발언: 다른 사람 의견에 내용을 덧붙여 수정한 뒤에 발언하도록 한다.

 정종대쌤의 암기 팁

비.자.대.수 외워줘! 제발~

(비판금지 – 자유분방 – 대량발언 – 수정발언)

빈출 기출문제

다음 중 브레인스토밍(Brain Storming)의 4원칙으로 옳은 것은?

① 자유분방, 비판금지, 대량발언, 수정발언　　② 비판자유, 소량발언, 자유분방, 수정발언
③ 대량발언, 비판자유, 자유분방, 수정발언　　④ 소량발언, 자유분방, 비판금지, 수정발언

해설　브레인스토밍의 4원칙은 자유분방, 비판금지, 대량발언, 수정발언이다.

정답　①

(12) 터치앤콜(Touch and Call)

작업현장에서 동료끼리 서로의 피부를 맞대고 느낌을 교류하는 것이다. 즉, 피부를 맞대고 같이 소리치는 행동은 일종의 스킨십으로 팀의 일체감, 연대감을 조성할 수 있고 동시에 대뇌 구피질에 좋은 이미지를 불어 넣어 안전행동을 하도록 한다.

빈출 기출문제

무재해운동 추진 기법의 하나로, 스킨십(Skinship)에 바탕을 두고 팀 전원의 일체감, 연대감을 느끼게 하며 안전태도 형성에 도움이 되는 기법은?

① Touch and Call　　　　　　　　② Brain Storming
③ Error Cause Removal　　　　　④ Safety Training Observation Program

해설　스킨십을 기반으로 한 무재해운동 기법은 Touch and Call이다. 문제에서 '스킨십'이라는 단어가 제시되었을 때는 이 기법을 연상하는 것이 핵심이다.

정답　①

(13) Tool Box Meeting(TBM) 외워줘! 제발~

① 정의: 작업 전 안전점검회의라고도 하며, 작업 시작 전, 작업현장에서 현장의 실제 상황을 반영하여 즉시 위험을 예측하고 대응하는 훈련이다. 현장 사무실에서 팀별로 5~15분 정도 실시하는 것이 효율적이다.

② 단계
　ⓐ 도입 단계: 상호인사
　ⓑ 점검 단계: 건강, 복장, 안전보호구, 수공구 장비
　ⓒ 작업지시 단계: 작업내용과 각자의 임무 지시 및 상호 연락사항 확인
　ⓓ 위험예지 단계: 당일 작업의 위험예측, 전원 돌아가면서 한가지씩 위험요인 발표
　ⓔ 지적확인 단계: 가장 큰 위험요소에 대해서 지적확인

작업현장에서 그때 그 장소의 상황에 즉응하여 실시하는 위험예지훈련은?

① 자문자답 위험예지훈련   ② T.B.M 위험예지훈련

③ 시나리오 역할연기훈련   ④ 1인 위험예지훈련

해설 TBM은 즉시즉응법이라고도 불리며 현장에서 작업 전 실시하는 위험예지훈련이다. 한편, 역할연기훈련은 롤플레잉
(Role-Playing)으로, 실제로 연기를 해봄으로써 실수나 에러를 파악하고 개선하는 방법이다.

정답 ②

② 안전보건관리 체제 및 운용

1. 안전조직의 종류 외워줘! 제발~

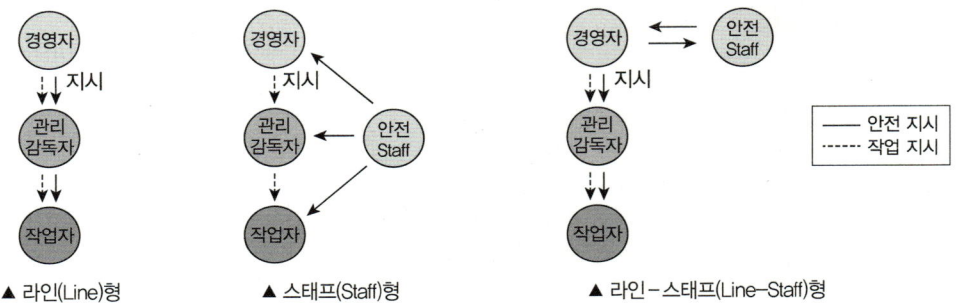

▲ 라인(Line)형   ▲ 스태프(Staff)형   ▲ 라인-스태프(Line-Staff)형

(1) 라인형(직계형) 조직

① 100명 이하의 소규모사업장에 주로 적용된다.

② 안전에 관한 명령이나 지시가 신속하게 전달된다.

③ 안전부서가 없어 안전지식이나 정보수집에 어려움이 있다.

(2) 스태프형(참모형) 조직

① 100~500명 이하의 중규모사업장에 적용된다.

② 안전지식과 정보수집이 용이한 편이다.

③ 생산부서에는 안전에 대한 책임이 없어 안전부서와 마찰이 발생할 우려가 있다.

④ 안전부서에 재해발생 책임이 주어진다.

(3) 라인-스태프형(혼합형) 조직

① 500명 이상의 대규모사업장에 적용된다.

② 생산부서와 안전부서 모두에게 책임이 부여되어 안전에 적극적인 조직이 된다.

③ 안전부서는 총괄부서의 역할을 수행하고 현장의 안전은 현장에 배치된 안전담당자에 의해 추진
된다.

라인(Line)형 안전관리조직에 대한 설명으로 옳은 것은?

① 명령계통과 조언이나 권고적 참여가 혼동되기 쉽다.
② 생산부서와의 마찰이 일어나기 쉽다.
③ 명령계통이 간단명료하다.
④ 생산부서에는 안전에 대한 책임과 권한이 없다.

해설 라인형 또는 직계형 안전조직은 소규모사업장에 적용하기에 적합하며 안전에 대한 명령이나 지시가 신속하게 전달된다. 소규모사업장이다 보니 안전부서를 운영하기 부담스러운 사업장에 적용되는 안전조직이다. 안전을 전담하는 부서가 없으므로 생산부서에 안전에 대한 책임과 권한이 부여된다.

정답 ③

안전조직 중에서 라인-스태프(Line-Staff)형 조직의 특징으로 옳지 않은 것은?

① 라인형과 스태프형의 장점을 취한 절충식 조직형태이다.
② 100명 이상 500명 미만의 중규모사업장에 적합하다.
③ 라인의 관리감독자에게도 안전에 관한 책임과 권한이 부여된다.
④ 안전활동과 생산업무가 분리될 가능성이 낮기 때문에 균형을 유지할 수 있다.

해설 라인-스태프(Line-Staff)형 조직은 500명 이상의 대규모사업장에 적용되며 안전을 총괄 관리하는 부서를 두고 생산현장에도 안전담당자를 배치하는 방식의 안전조직이다.

정답 ②

2. 안전보건관리체계

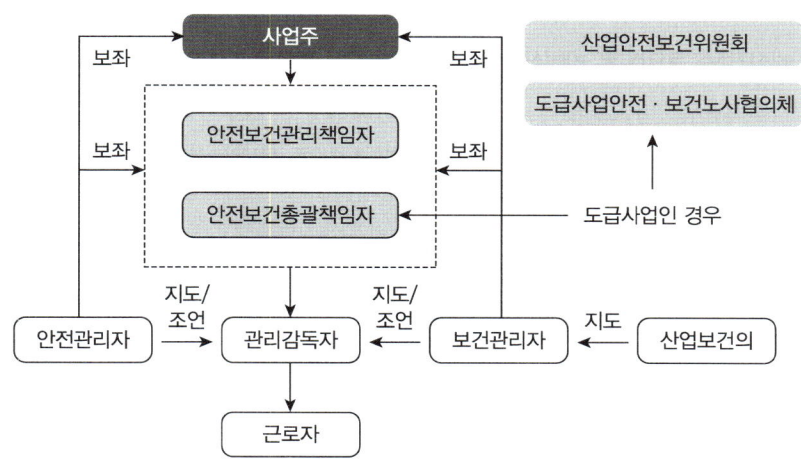

(1) 산업안전보건위원회

    ① 위원회의 구성(사용자위원과 근로자위원 동수) `외워줘! 제발~`

        ⓐ 사용자위원

            ㉠ 사업의 대표자(안전보건관리책임자)

            ㉡ 안전관리자(안전관리전문기관의 해당사업장 담당자)

            ㉢ 보건관리자(보건관리전문기관의 해당사업장 담당자)

            ㉣ 산업보건의(선임된 경우)

            ㉤ 사업의 대표자가 지명하는 9인 이내의 부서장

        ⓑ 근로자위원

            ㉠ 근로자 대표

            ㉡ 명예산업안전감독관

            ㉢ 근로자 대표가 지명하는 9인 이내의 근로자

    ② 위원회의 운영 `외워줘! 제발~`

        ⓐ 정기회의 개최주기: 분기마다 실시

        ⓑ 회의록 작성

            ㉠ 개최 일시 및 장소

            ㉡ 출석위원

            ㉢ 심의내용 및 의결 결정사항

            ㉣ 그 밖의 토의사항

    ③ 산업안전보건위원회 심의·의결사항 `외워줘! 제발~`

        ⓐ 산업재해예방계획의 수립에 관한 사항

        ⓑ 안전보건관리규정의 작성 및 변경에 관한 사항

        ⓒ 안전·보건 교육에 관한 사항

        ⓓ 작업환경측정 등 작업환경의 점검 및 개선에 관한 사항

        ⓔ 근로자의 건강진단 등 건강관리에 관한 사항

        ⓕ 산업재해의 원인조사 및 재발방지대책수립에 관한 사항(중대재해만 해당)

        ⓖ 산업재해에 관한 통계의 기록 및 유지에 관한 사항

        ⓗ 유해하거나 위험한 기계·기구 설비를 도입한 경우 안전 및 보건 관련 조치에 관한 사항

        ⓘ 그 밖에 해당 사업장 근로자의 안전 및 보건을 유지·증진시키기 위하여 필요한 사항

 빈출 기출문제

산업안전보건법령상 산업안전보건위원회의 구성에서 사용자위원 구성원이 아닌 것은? (단, 해당 위원이 사업장에 선임되어 있는 경우에 한한다.)

① 안전관리자   ② 보건관리자   ③ 산업보건의   ④ 명예산업안전감독관

`해설` 명예산업안전감독관은 근로자 중에서 고용노동부장관이 위촉하는 명예직으로, 근로자위원에 해당한다.

`정답` ④

(2) 안전보건관리책임자 심의·의결사항 `외워줘! 제발~`

① 산업재해예방계획의 수립에 관한 사항

② 안전보건관리규정의 작성 및 변경에 관한 사항

③ 안전·보건 교육에 관한 사항

④ 작업환경측정 등 작업환경의 점검 및 개선에 관한 사항

⑤ 근로자의 건강진단 등 건강관리에 관한 사항

⑥ 산업재해의 원인조사 및 재발방지대책수립에 관한 사항

⑦ 산업재해에 관한 통계의 기록 및 유지에 관한 사항

⑧ 안전장치 및 보호구 구입 시 적격품 여부 확인에 관한 사항

⑨ 그 밖에 근로자의 유해·위험 방지조치에 관한 사항(위험성 평가 실시에 관한 사항과 안전보건규칙
　에서 정하는 근로자의 위험 또는 건강장해의 방지에 관한 사항)

(3) 안전보건총괄책임자

① 선임대상: 관계수급인에게 고용된 근로자를 포함한 상시 근로자가 100명 이상인 사업이나 관계수
　급인의 공사금액을 포함한 해당 공사의 총공사금액이 20억 원 이상인 건설업(단, 선박 및 보트 건조
　업, 1차 금속 제조업 및 토사석 광업의 경우에는 50명)

② 안전보건총괄책임자의 직무 `외워줘! 제발~`

　ⓐ 작업의 중지

　ⓑ 도급 시 산업재해 예방조치

　ⓒ 산업안전보건관리비의 관계수급인 간의 사용에 관한 협의·조정 및 그 집행의 감독

　ⓓ 안전인증대상 기계·기구 등과 자율안전확인대상 기계·기구 등의 사용 여부 확인

　ⓔ 위험성 평가의 실시에 관한 사항

(4) 노사협의체 설치대상 기업 및 정기회의 개최주기 `외워줘! 제발~`

① 설치대상 기업: 공사금액 120억 원(토목공사업은 150억 원) 이상의 건설업

② 정기회의 개최주기: 2개월마다

(5) 안전관리자의 업무 `외워줘! 제발~`

① 산업안전보건위원회 또는 안전·보건에 관한 노사협의체에서 심의·의결한 업무와 해당 사업장의
　안전보건관리규정 및 취업규칙에서 정한 업무

② 안전인증대상 기계·기구 등과 자율안전확인대상 기계·기구 등 구입 시 적격품의 선정에 관한 보좌
　및 조언·지도

③ 위험성 평가에 관한 보좌 및 조언·지도

④ 해당 사업장 안전교육계획의 수립 및 안전교육 실시에 관한 보좌 및 조언·지도

⑤ 사업장 순회점검·지도 및 조치의 건의

⑥ 산업재해 발생의 원인 조사·분석 및 재발 방지를 위한 기술적 보좌 및 조언·지도

⑦ 산업재해에 관한 통계의 유지·관리·분석을 위한 보좌 및 조언·지도

⑧ 법 또는 법에 따른 명령으로 정한 안전에 관한 사항의 이행에 관한 보좌 및 조언·지도

⑨ 업무수행 내용의 기록·유지

⑩ 그 밖에 안전에 관한 사항으로서 고용노동부장관이 정하는 사항

「산업안전보건법」상 안전관리자가 수행해야 할 업무가 아닌 것은?

① 사업장 순회점검 · 지도 및 조치의 건의

② 산업재해에 관한 통계의 유지 · 관리 · 분석을 위한 보좌 및 조언 · 지도

③ 작업장 내에서 사용되는 전체 환기장치 및 국소 배기장치 등에 관한 설비의 점검

④ 해당 사업장 안전교육계획의 수립 및 안전교육 실시에 관한 보좌 및 지도

해설 작업장 내에서 사용되는 전체 환기장치 및 국소 배기장치 등에 관한 설비의 점검은 보건관리자의 업무이다.

정답 ③

(6) 안전보건관리규정 포함사항

① 규정 작성대상: 상시근로자 100명 이상(농업, 어업, 서비스업 등은 300명 이상)

② 포함사항 외워줘! 제발~

  ⓐ 안전 및 보건에 관한 관리조직과 그 직무에 관한 사항

  ⓑ 안전보건교육에 관한 사항

  ⓒ 작업장의 안전 및 보건 관리에 관한 사항

  ⓓ 사고 조사 및 대책 수립에 관한 사항

  ⓔ 그 밖에 안전 및 보건에 관한 사항

(7) 안전관리자의 선임기준

사업의 종류		규모	수
1. 토사석 광업 2. 식료품 제조업, 음료 제조업 3. 섬유제품 제조업: 의복 제외 4. 목재 및 나무제품 제조업: 가구 제외 5. 펄프, 종이 및 종이제품 제조업 6. 코크스, 연탄 및 석유정제품 제조업 7. 화학물질 및 화학제품 제조업 8. 의료용 물질 및 의약품 제조업 9. 고무 및 플라스틱제품 제조업 10. 비금속 광물제품 제조업 11. 1차 금속 제조업 12. 금속가공제품 제조업: 기계 및 가구 제외 13. 전자부품, 컴퓨터, 영상, 음향 및 통신 장비 제조업 14. 의료, 정밀, 광학기기 및 시계 제조업 15. 전기장비 제조업	16. 기타 기계 및 장비 제조업 17. 자동차 및 트레일러 제조업 18. 기타 운송장비 제조업 19. 가구 제조업 20. 기타제품 제조업 21. 산업용 기계 및 장비수리업 22. 서적, 잡지 및 기타 인쇄물출판업	상시근로자 500명 이상	2명 이상
	23. 폐기물수집 운반처리 및 원료 재생업 24. 환경 정화 및 복원업 25. 자동차 종합 수리업, 자동차 전문 수리업 26. 발전업 27. 운수 및 창고업	상시근로자 50명 이상 500명 미만	1명 이상

28. 농업, 임업 및 어업 29. 제2호부터 제19호까지의 사업을 제외한 제조업 30. 전기, 가스, 증기 및 공기조절 공급업 31. 수도, 하수 및 폐기물 처리, 원료재생업 32. 도매 및 소매업 33. 숙박 및 음식점업 34. 영상·오디오 기록물 제작 및 배급업 35. 라디오, 텔레비전 방송업 36. 우편 및 통신업 37. 부동산업 38. 임대업 39. 연구개발업 40. 사진처리업	41. 사업시설 관리 및 조경 서비스업 42. 청소년 수련시설 운영업 43. 보건업 44. 예술, 스포츠 및 여가 관련 서비스업 45. 개인 및 소비용품수리업 46. 기타 개인 서비스업	상시근로자 1,000명 이상 → 2명 이상
	47. 공공행정(청소, 시설관리, 조리 등 현업업무에 종사하는 사람) 48. 교육서비스업 중 초·중·고, 특수학교, 외국인학교, 대안학교(청소, 시설관리, 조리 등 현업업무에 종사하는 사람)	상시근로자 50명 이상 1,000명 미만 → 1명 이상

 정종대쌤의 암기 팁

제조업은 500명 기준, 기타업종은 1,000명 기준으로 기억하세요.

CHAPTER 02

안전보호구 관리

핵심 키워드 안전모, 안전화, 안전장갑, 방진마스크, 방독마스크, 송기마스크, 전동식 호흡보호구, 안전대, 귀마개

☑ **외워줘! 제발~** 은 필수적으로 암기해야 하는 내용을 표시한 부분으로, 시간이 부족한 학습자는 이 내용 위주로 효율적으로 공부하고, 부록 '필수 암기노트'에 내용을 한 번 더 정리해 두었으니 시험 당일 들고 가서 활용하자!

☑ **형광펜**은 시험에 자주 나온 개념으로 2~3배로 꼼꼼히 암기하자! 특히, 시험 직전에는 **외워줘! 제발~** 과 **형광펜**만 모아 빠르게 학습하자!

☑ 빈출 기출문제는 시험에 자주 출제되는 문제로, 관련 개념까지 확실하게 익혀두자!

1 보호구 및 안전장구 관리

1. 추락 및 감전 위험방지용 안전모

(1) 안전모의 종류 외워줘! 제발~

종류(기호)	사용구분	비고
AB	물체의 낙하 또는 비래 및 추락에 의한 위험을 방지 또는 경감시키기 위한 것	
AE	물체의 낙하 또는 비래에 의한 위험을 방지 또는 경감하고, 머리 부위 감전에 의한 위험을 방지하기 위한 것	내전압성*
ABE	물체의 낙하 또는 비래 및 추락에 의한 위험을 방지 또는 경감하고, 머리 부위 감전에 의한 위험을 방지하기 위한 것	내전압성

* 내전압성이란 7,000V 이하의 전압에 견디는 것을 말한다.

(2) 안전모의 시험성능기준 외워줘! 제발~

항목	시험성능기준
내관통성	AE, ABE종 안전모는 관통거리가 9.5mm 이하이고, AB종 안전모는 관통거리가 11.1mm 이하여야 한다.
충격흡수성	최고전달충격력이 4,450N을 초과해서는 안 되며, 모체와 착장체의 기능이 상실되지 않아야 한다.
내전압성	AE, ABE종 안전모는 교류 20kV에서 1분간 절연파괴 없이 견뎌야 하고, 이때 누설되는 충전전류는 10mA 이하여야 한다.
내수성	AE, ABE종 안전모는 질량증가율이 1% 미만이어야 한다.
난연성	모체가 불꽃을 내며 5초 이상 연소되지 않아야 한다.
턱끈풀림	150N 이상 250N 이하에서 턱끈이 풀려야 한다.

안전모의 시험성능기준 항목으로 옳지 않은 것은?

① 니열성   ② 턱끈풀림   ③ 내관통성   ④ 충격흡수성

해설   안전모의 성능시험의 종류에는 내관통성 시험, 충격흡수성 시험, 내전압성 시험, 내수성 시험, 난연성 시험, 턱끈풀림 시험 등이 있다.

정답   ①

2. 안전화

(1) 안전화의 종류 외워줘! 제발~

종류	성능구분
가죽제안전화	물체의 낙하, 충격 또는 날카로운 물체에 의한 찔림 위험으로부터 발을 보호하기 위한 것
고무제안전화	물체의 낙하, 충격 또는 날카로운 물체에 의한 찔림 위험으로부터 발을 보호하고 내수성을 겸한 것
정전기안전화	물체의 낙하, 충격 또는 날카로운 물체에 의한 찔림 위험으로부터 발을 보호하고 정전기의 인체 대전을 방지하기 위한 것
발등안전화	물체의 낙하, 충격 또는 날카로운 물체에 의한 찔림 위험으로부터 발 및 발등을 보호하기 위한 것
절연화	물체의 낙하, 충격 또는 날카로운 물체에 의한 찔림 위험으로부터 발을 보호하고 저압의 전기에 의한 감전을 방지하기 위한 것
절연장화	고압에 의한 감전을 방지 및 방수를 겸한 것
화학물질용 안전화	물체의 낙하, 충격 또는 날카로운 물체에 의한 찔림 위험으로부터 발을 보호하고 화학물질로부터 유해위험을 방지하기 위한 것

(2) 가죽제안전화의 성능시험

① 내답발성 시험   ② 내압박성 시험   ③ 내충격성 시험
④ 박리저항 시험   ⑤ 내유성 시험   ⑥ 내부식성 시험
⑦ 인장강도 및 신장율 시험   ⑧ 은면결렬 시험   ⑨ 인열강도 시험

3. 안전장갑 외워줘! 제발~

내전압용 절연장갑 등급	최대사용전압		비고
	교류(V, 실효값)	직류(V)	
00	500	750	갈색
0	1,000	1,500	빨간색
1	7,500	11,250	흰색
2	17,000	25,500	노랑색
3	26,500	39,750	녹색
4	36,000	54,000	등색(주황색)

4. 방진마스크

(1) 방진마스크의 종류

① 전면형 방진마스크: 분진 등으로부터 안면부 전체(입, 코, 눈)를 덮을 수 있는 구조의 방진마스크를 말한다.

② 반면형 방진마스크: 분진 등으로부터 안면부의 입과 코를 덮을 수 있는 구조의 방진마스크를 말한다.

분리식				안면부 여과식
격리식 전면형	격리식 반면형	직결식 전면형	직결식 반면형	반면형

▲ 방진마스크의 종류

(2) 방진마스크의 등급 **외워줘! 제발~**

구분	특급	1급	2급
사용장소	• 베릴륨 등과 같이 독성이 강한 물질들을 함유한 분진 등 발생장소 • 석면 취급장소	• 특급마스크 착용장소를 제외한 분진 등 발생장소 • 금속흄 등과 같이 열적으로 생기는 분진 등 발생장소 • 기계적으로 생기는 분진 등 발생장소	특급 및 1급 마스크 착용장소를 제외한 분진 등 발생장소
유의사항	배기밸브가 없는 안면부 여과식 마스크는 특급 및 1급 장소에 사용해서는 안 된다.		

(3) 등급에 따른 분진포집효율 외워줘! 제발~

안면부 내부의 이산화탄소 농도가 부피분율 1% 이하여야 한다.

형태 및 등급		포집효율
분리식	특급	99.95 이상
	1급	94.0 이상
	2급	80.0 이상
안면부 여과식	특급	99.0 이상
	1급	94.0 이상
	2급	80.0 이상

 빈출 기출문제

석면 취급장소에서 사용하는 방진마스크의 등급으로 옳은 것은?

① 특급   ② 1급   ③ 2급   ④ 3급

해설 석면, 베릴륨과 같은 독성분진이 발생하는 장소에서는 특급 방진마스크를 사용한다.

정답 ①

 빈출 기출문제

다음의 방진마스크 형태로 옳은 것은?

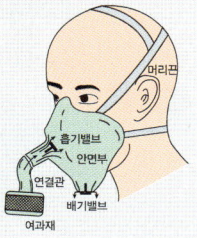

① 직결식 전면형   ② 직결식 반면형
③ 격리식 전면형   ④ 격리식 반면형

해설 연결관이 있으면 격리식이고, 그림에서 눈 부위를 덮지 않았으므로 반면형에 해당한다.

정답 ④

5. 방독마스크

(1) **파과**: 정화통 내부의 흡착제가 포화상태가 되어 흡착능력을 상실한 상태

(2) **파과시간**: 일정농도의 유해물질 등을 포함한 공기가 일정 유량으로 정화통에 통과하기 시작한 때부터 파과가 보일 때까지의 시간

(3) **파과곡선**: 파과시간과 유해물질 등에 대한 농도의 관계를 나타낸 곡선

(4) **복합용 방독마스크**: 두 종류 이상의 유해물질 등에 대한 제독능력이 있는 방독마스크

(5) **겸용 방독마스크**: 방독마스크의 성능에 방진마스크의 성능이 포함된 방독마스크

(6) **안전인증 방독마스크의 안전인증 표시 외에 추가 표시사항** 외워줘! 제발~

　① 파과곡선도

　② 사용시간 기록카드

　③ 정화통 외부측면의 표시색

종류	표시색
유기화합물용 정화통*	갈색
할로겐용 정화통	회색
황화수소용 정화통	
시안화수소용 정화통	
아황산용 정화통	노랑색
암모니아용 정화통	녹색
복합용 및 겸용의 정화통	• 복합용의 경우: 해당가스 모두 표시(2층 분리) • 겸용의 경우: 백색과 해당가스 모두 표시(2층 분리)

* 증기밀도가 낮은 유기화합물 정화통의 경우, 색상표시 및 화학물질명 또는 화학기호를 표기

　④ 사용상의 주의사항

(7) **방독마스크의 종류별 시험가스 종류** 외워줘! 제발~

종류	시험가스
유기화합물용	시클로헥산(C_6H_{12})
	디메틸에테르(CH_3OCH_3)
	이소부탄(C_4H_{10})
할로겐용	염소가스 또는 증기(Cl_2)
황화수소용	황화수소가스(H_2S)
시안화수소용	시안화수소가스(HCN)
아황산용	아황산가스(SO_2)
암모니아용	암모니아가스(NH_3)

산업안전보건법령상 유기화합물용 방독마스크의 시험가스로 옳지 않은 것은?

① 이소부탄 ② 시클로헥산
③ 디메틸에테르 ④ 염소가스 또는 증기

해설 유기화합물용 방독마스크의 시험가스는 <mark>시클로헥산, 디메틸에테르, 이소부탄</mark>으로 세 가지이다.

정답 ④

6. 송기마스크

(1) 용도

송기마스크는 산소농도가 18% 미만인 산소결핍우려가 있는 장소에서 사용한다.

(2) 종류

① 호스마스크
② 에어라인마스크
③ 복합식 에어라인마스크

 빈출 기출문제

「산업안전보건법」상 방독마스크 사용이 가능한 공기 중 최소 산소농도 기준은 몇 % 이상인가?

① 14% ② 16% ③ 18% ④ 20%

해설 방진마스크, 방독마스크는 산소결핍장소에서는 사용이 금지된다. 산소결핍장소는 공기 중 산소 농도가 <mark>18% 미만인 장소</mark>이다. 이때 산소결핍장소에서는 송기마스크가 권장된다.

정답 ③

7. 전동식 호흡보호구

(1) 원리

전동식 보호구는 사용자의 몸에 전동기를 착용한 상태에서 전동기 작동에 의해 여과된 공기가 호흡호스를 통하여 안면부에 공급되는 형태이다.

(2) 종류

① 전동식 방진마스크
② 전동식 방독마스크
③ 전동식 후드 및 전동식 보안면

8. 보호복

(1) 방열복

① 방열복은 고온 작업환경에서 극심한 열로부터 작업자의 신체를 안전하게 보호하기 위해 설계된 보호복이다.

② 방열복의 질량 외워줘! 제발~

종류	질량(단위: kg)
방열상의	3.0
방열하의	2.0
방열일체복	4.3
방열장갑	0.5
방열두건	2.0

(2) 화학물질용 보호복

① 투과: 화학물질이 보호복 재료의 외부표면에 접촉된 후 내부로 확산하여 내부표면으로부터 탈착되는 현상이다.

② 파과시간: 투과시험 시 시험화학물질이 보호복 재료 표면에 닿기 시작해서 다른 쪽 면에 규정된 파과농도로 검출될 때까지 경과된 시간이다.

9. 안전대 외워줘! 제발~

종류	사용구분
벨트식과 안전그네식 모두 적용	1개 걸이용
	U자 걸이용
안전그네식만 적용가능	추락방지대
	안전블록

10. 차광보안경 외워줘! 제발~

종류	사용구분
자외선용	자외선이 발생하는 장소
적외선용	적외선이 발생하는 장소
복합용	자외선 및 적외선이 발생하는 장소
용접용	산소용접작업 등과 같이 자외선, 적외선 및 강렬한 가시광선이 발생하는 장소

11. 용접용 보안면

용접작업 시 머리와 안면을 보호하기 위한 것으로, 통상적으로 지지대를 이용하여 고정하며 적합한 필터를 통해서 눈과 안면을 보호하는 보호구이다.

12. 방음용 귀마개 또는 귀덮개

(1) **음압수준**: 음압을 데시벨(㏈) 단위로 나타낸 값으로, 적분평균소음계 또는 소음계의 'C' 특성을 기준으로 한다. 외워줘! 제발~

(2) **백색소음**: 20㎐ 이상 20,000㎐ 이하의 가청범위 전체에 걸쳐 연속적으로 균일하게 분포된 주파수를 갖는 소음이다.

(3) **종류** 외워줘! 제발~

종류	등급	기호	성능
귀마개	1종	EP-1	저음부터 고음까지 차음하는 것
	2종	EP-2	주로 고음을 차음하고 저음(회화음영역)은 차음하지 않는 것
귀덮개	–	EM	저음부터 고음까지 차음하는 것

빈출 기출문제

방음용 보호구 중 고음을 차음하고, 저음은 차음하지 않는 방음보호구의 기호는?

① NRR　　　　　② EM　　　　　③ EP-1　　　　　④ EP-2

해설 고음은 차단하고 저음은 차단하지 않는 방음용 보호구는 귀마개 2종 EP-2이다.

정답 ④

13. 안전인증제품 표시사항 외워줘! 제발~

(1) **형식 또는 모델명**
(2) **규격 또는 등급 등**
(3) **제조자명**
(4) **제조번호 및 제조연월**
(5) **안전인증번호**

14. 안전인증대상 보호구 종류(12종) `외워줘! 제발~`

(1) 추락 및 감전 위험방지용 안전모
(2) 안전화
(3) 안전장갑
(4) 방진마스크
(5) 방독마스크
(6) 송기마스크
(7) 전동식 호흡보호구
(8) 보호복
(9) 차광 및 비산물 위험방지용 보안경
(10) 안전대
(11) 방음용 귀마개 또는 귀덮개
(12) 용접용 보안면

15. 자율안전확인대상 보호구 종류(3종)

(1) 안전모
(2) 보안경
(3) 보안면

16. 보호구의 지급 `외워줘! 제발~`

다음의 어느 하나에 해당하는 작업을 하는 근로자에 대해서는 그 작업조건에 맞는 보호구를 작업하는 근로자 수 이상으로 지급하고 착용하도록 하여야 한다.

(1) 물체가 떨어지거나 날아올 위험 또는 근로자가 추락할 위험이 있는 작업: 안전모
(2) 높이 또는 깊이 2m 이상의 추락할 위험이 있는 장소에서 하는 작업: 안전대
(3) 물체의 낙하·충격, 물체에의 끼임, 감전 또는 정전기의 대전에 의한 위험이 있는 작업: 안전화
(4) 물체가 흩날릴 위험이 있는 작업: 보안경
(5) 용접 시 불꽃이나 물체가 흩날릴 위험이 있는 작업: 보안면
(6) 감전의 위험이 있는 작업: 절연용 보호구
(7) 고열에 의한 화상 등의 위험이 있는 작업: 방열복
(8) 선창 등에서 분진이 심하게 발생하는 하역작업: 방진마스크
(9) −18℃ 이하인 급냉동어창에서 하는 하역작업: 방한모·방한복·방한화·방한장갑
(10) 물건을 운반하거나 수거·배달하기 위하여 이륜자동차를 운행하는 작업: 승차용 안전모

17. 안전인증심사의 종류 `외워줘! 제발~`

(1) 예비심사: 7일
(2) 서면심사: 15일
(3) 기술능력 및 생산체계심사: 30일
(4) 제품심사
    ① 개별 제품심사: 15일
    ② 형식별 제품심사: 30일

❷ 안전보건표지

1. 안전보건표지의 종류 외워줘! 제발~

▲ 안전보건표지의 종류와 형태(출처: 산업안전보건공단)

빈출 기출문제

안전보건표지의 종류 중 경고표지의 기본모형(형태)이 다른 것은?

① 폭발성물질 경고   ② 방사성물질 경고
③ 매달린 물체 경고   ④ 고압전기 경고

해설 폭발성물질 경고표지는 마름모형이며, 방사성물질 경고, 매달린 물체 경고, 고압전기 경고표지는 삼각형이다. 이때 마름모형 경고표지의 바탕색은 백색이 아닌 무색임을 유의해야 한다.

정답 ①

2. 안전보건표지의 색도기준과 용도 외워줘! 제발~

색채	색도기준	용도	사용례
빨강	7.5R 4/14	금지	정지신호, 소화설비 및 그 장소, 유해행위의 금지
		경고	화학물질 취급장소에서의 유해·위험 경고
노랑	5Y 8.5/12	경고	화학물질 취급장소에서의 유해·위험 경고 외의 위험 경고, 주의표지 또는 기계방호물
파랑	2.5PB 4/10	지시	특정 행위의 지시 및 사실의 고지
녹색	2.5G 4/10	안내	비상구 및 피난소, 사람 또는 차량의 통행표지
흰색	N 9.5	–	파란색 또는 녹색의 보조색
검은색	N 0.5	–	문자 및 빨간색 또는 노랑색의 보조색

 빈출 기출문제

특정행위의 지시 및 사실의 고지에 사용되는 안전보건표지의 색도기준은?

① 2.5G 4/10   ② 2.5PB 4/10
③ 5Y 8.5/12   ④ 7.5R 4/14

해설 특정행위의 지시 및 사실의 고지에 사용되는 안전보건표지는 지시표지이며, 지시표지의 색채는 파랑, 색도기준은 2.5PB 4/100이다.

정답 ②

CHAPTER 03

산업안전심리

핵심 키워드 심리검사, 안전심리

☑ **외워줘! 제발~**은 필수적으로 암기해야 하는 내용을 표시한 부분으로, 시간이 부족한 학습자는 이 내용 위주로 효율적으로 공부하고, 부록 '필수 암기노트'에 내용을 한 번 더 정리해 두었으니 시험 당일 들고 가서 활용하자!

☑ **형광펜**은 시험에 자주 나온 개념으로 2~3배로 꼼꼼히 암기하자! 특히, 시험 직전에는 **외워줘! 제발~**과 **형광펜**만 모아 빠르게 학습하자!

☑ 빈출 기출문제는 시험에 자주 출제되는 문제로, 관련 개념까지 확실하게 익혀두자!

1 산업심리와 심리검사

1. 산업안전심리의 5요소 **외워줘! 제발~**

(1) 종류

① 동기 ② 기질

③ 감정 ④ 습성

⑤ 습관

(2) 특징

동기, 기질, 감정은 습성을 결정하고 동기, 기질, 감정, 습성은 습관을 결정한다.

2. 심리검사의 기준 **외워줘! 제발~**

(1) 타당성(적절성): 검사(측정)하고자 하는 내용을 정확하게 측정하는가?

(2) 객관성(무오염성): 검사 결과가 평가자나 채점자의 주관적인 판단에 영향을 받지 않고, 일관된 기준으로 평가되는가?

(3) 신뢰성(반복성, 재현성): 검사 결과가 일관되고 안정적으로 나오는가?

(4) 사용성: 검사가 실제 현장에서 사용하기 쉽고, 짧은 시간 안에 결과를 알 수 있는가?

 빈출 기출문제

산업안전심리의 5대 요소에 포함되지 않는 것은?

① 습관 ② 동기 ③ 감정 ④ 지능

해설 산업안전심리 5요소는 동기, 기질, 감정, 습성, 습관이다.

정답 ④

2 인간의 특성과 안전의 관계

1. 착시현상 외워줘! 제발~

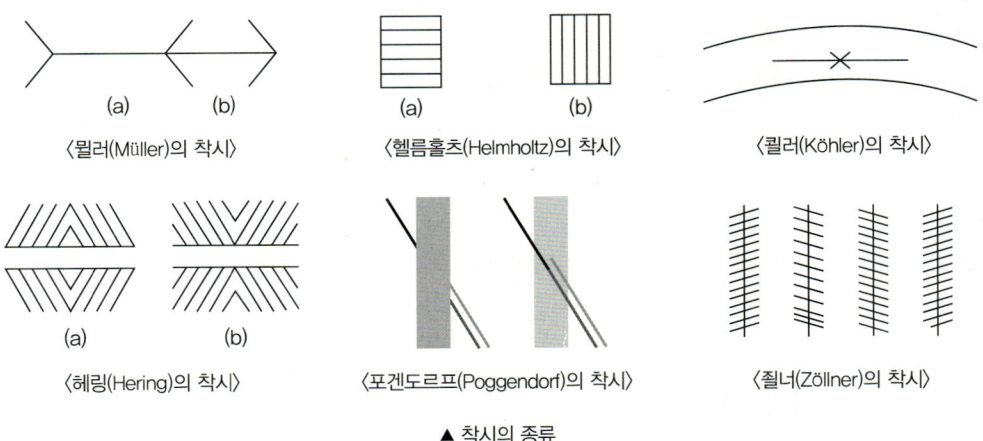

〈뮐러(Müller)의 착시〉　〈헬름홀츠(Helmholtz)의 착시〉　〈퀼러(Köhler)의 착시〉

〈헤링(Hering)의 착시〉　〈포겐도르프(Poggendorf)의 착시〉　〈죌너(Zöllner)의 착시〉

▲ 착시의 종류

 **정종대쌤의 암기 팁**

그림과 함께 착시를 발견한 사람의 이름을 기억해야 합니다.

2. 착각현상

(1) **α 운동**: 뮐러의 착시현상
(2) **β 운동(가현 운동)**: 영화영상 기법으로 정지된 사진을 연속적으로 빨리 이동시키면 마치 움직이는 것처럼 보이는 현상
(3) **유도운동**: 기차를 타고있을 때 정지해 있는 배경이 움직이는 것으로 착각하는 현상
(4) **자동운동**: 암실에서 작은 점을 계속 보면 움직이고 있는 것처럼 보이는 현상(예 도깨비불)

핵심 키워드 적응기제, 레빈의 행동법칙, 재해누발자, 주의, 부주의, 리더십, 바이오리듬

☑ **외워줘! 제발~**은 필수적으로 암기해야 하는 내용을 표시한 부분으로, 시간이 부족한 학습자는 이 내용 위주로 효율적으로 공부하고, 부록 '필수 암기노트'에 내용을 한 번 더 정리해 두었으니 시험 당일 들고 가서 활용하자!

☑ **형광펜**은 시험에 자주 나온 개념으로 2~3배로 꼼꼼히 암기하자! 특히, 시험 직전에는 **외워줘! 제발~**과 **형광펜**만 모아 빠르게 학습하지!

☑ 빈출 기출문제는 시험에 자주 출제되는 문제로, 관련 개념까지 확실하게 익혀두자!

1 조직과 인간행동

1. 적응기제 **외워줘! 제발~**

(1) **방어기제:** 조직의 비난이나 비판으로부터 자신을 보호하기 위한 심리이다.

　① 보상: 자신의 결함과 무능에 의하여 생긴 열등감이나 긴장을 해소시키기 위해 장점으로 그 결함을 보충하려는 행동이다.

　② 합리화: 자기의 실패나 약점을 그럴듯한 이유나 변명을 통해 남에게 비난받지 않도록 하거나 정당화하려는 행동이다.

　③ 투사: 자신의 불만이나 불안을 해소시키기 위해서 남에게 뒤집어씌우는 행동이다.

　④ 동일화: 다른 사람의 행동 양식이나 태도를 받아들이거나 다른 사람에게서 자신과 비슷한 것을 찾아 함께 어울리고자 하는 행동이다.

　⑤ 승화: 억압당한 욕구를 다른 가치 있는 목적으로 실현하도록 노력함으로써 욕구를 충족하는 행동이다.

(2) **도피기제:** 현 상황에 적응이 어려워 현실을 피하고 싶은 심리이다.

　① 고립: 자신이 없을 때 현실로부터 벗어남으로써 곤란한 상황과의 접촉을 피하여 자기 내부로 도피하는 행동이다.

　② 퇴행: 발달단계를 역행함으로써 욕구를 충족하려는 행동이다.

　③ 억압: 불쾌한 생각, 감정 등을 눌러서 의식 밑바닥으로 가라앉게 하고, 의식에 떠오르지 않도록 하는 행동이다.

　④ 백일몽: 현실적으로 도저히 이루어지지 않는 희망이나 공상의 세계 속에서 만족을 얻으려는 행동이다.

(3) **공격기제**

　① 직접적인 공격기제: 폭행, 싸움, 기물파괴 등

　② 간접적인 공격기제: 욕설, 비난, 조소 등

빈출 기출문제

적응기제의 종류 중 도피적 기제(행동)에 해당하지 않는 것은?

① 고립   ② 퇴행   ③ 억압   ④ 합리화

해설 도피적 기제에는 고립, 퇴행, 억압, 백일몽이 있다.

정답 ④

빈출 기출문제

적응기제의 형태 중 방어적 기제에 해당하지 않는 것은?

① 고립   ② 보상   ③ 승화   ④ 합리화

해설 방어적 기제에는 보상, 합리화, 투사, 동일화, 승화가 있다.

정답 ①

빈출 기출문제

인간관계의 메커니즘 중 다른 사람의 행동 양식이나 태도를 투입시키거나 다른 사람 가운데서 자기와 비슷한 것을 발견하는 것은?

① 동일화   ② 일체화   ③ 투사   ④ 공감

해설 동일화란 다른 사람의 행동 양식이나 태도를 받아들이거나 다른 사람에게서 자신과 비슷한 것을 찾아 함께 어울리고자 하는 심리이다.

정답 ①

2. 레빈의 행동법칙 외워줘! 제발~

인간의 행동은 개체와 심리적 환경에 의해 결정되고 나타난다는 이론이다.

$$B = f(P \cdot E)$$

(1) B(Behavior): 인간의 행동
(2) P(Person): 개체(지능, 경험, 연령 등)
(3) E(Environment): 환경(인간관계에 의한 심리적 환경)
(4) f(Function): 함수관계

3. 인간의 행동특성 외워줘! 제발~

(1) **간결성의 원리**: 목표에 빨리 도달하고자 생략행위를 수반하는 현상으로 사고의 원인이 된다.
(2) **주의의 일점집중현상**: 갑작스러운 사태에 접했을 때 멍해지는 현상으로 신속한 대응이 어렵다.

(3) **인간의 대피방향**: 오른손, 오른발잡이는 좌측으로 대피하기가 용이하다.

(4) **Risk Taking**: 위험을 자신이 부담하고 무리한 행동을 한다.

　　(**예** 빨간신호등인데 횡단보도를 건너는 행위)

(5) **감각차단현상**: 단조로운 업무를 장시간 수행 시 의식수준이 저하되는 현상이다.

　　(**예** 졸음)

② 재해빈발성 및 행동과학

1. 재해누발자의 종류 　외워줘! 제발~

(1) **미숙성 누발자(미숙설)**: 작업이 미숙하여 재해를 빈발하는 경향의 사람이다.

(2) **상황성 누발자(기회설)**: 작업이 어려워서, 근심 걱정이 있어서, 설비의 결함 때문에 재해를 일으키는 사람이다.

(3) **습관성 누발자(암시설)**: 재해를 당한 경험으로 인해 슬럼프에 빠져 재해를 빈발하는 경향의 사람이다.

(4) **소질성 누발자(경향설)**: 다혈질, 급한 성격, 저지능, 비도덕성 등과 같은 소질이 사고를 일으킬 수 있는 성향이 강한 사람이다.

빈출 기출문제

다음 중 상황성 누발자의 재해유발원인으로 옳지 않은 것은?

① 작업의 난이성　　　　　　　② 기계설비의 결함

③ 도덕성의 결여　　　　　　　④ 심신의 근심

해설 상황성 누발자(기회설)는 작업이 어려워서, 근심 걱정이 있어서, 설비의 결함 때문에 재해를 일으키는 사람이다.

정답 ③

2. 주의와 부주의

(1) **주의의 3특성** 　외워줘! 제발~

① 변동성: 주의는 장시간 지속될 수 없다.

② 선택성: 주의는 한 곳에만 집중할 수 있다.

③ 방향성: 주의집중하는 곳의 주변 주의는 떨어진다.

(2) **부주의의 원인** 　외워줘! 제발~

① 의식의 우회: 근심 걱정거리가 있어 주의가 다른 곳으로 쏠리는 현상

② 의식의 과잉: 특정한 것에 주의를 과도하게 집중하여 나머지 상황을 놓치는 현상

③ 의식의 단절: 수면상태 또는 의식을 잃어버린 상태

④ 의식의 혼란: 경미한 자극에 의해 주의력이 흐트러지는 현상

⑤ 의식수준의 저하: 단조로운 업무를 장시간 수행 시 몽롱해지는 현상

빈출 기출문제

주의의 특성에 해당되지 않는 것은?

① 선택성   ② 변동성   ③ 가능성   ④ 방향성

해설   주의의 3특성은 선택성, 변동성, 방향성이다.

정답   ③

빈출 기출문제

부주의의 발생원인에 포함되지 않는 것은?

① 의식의 단절   ② 의식의 우회

③ 의식수준의 저하   ④ 의식의 지배

해설   의식의 단절, 의식의 우회, 의식수준의 저하, 의식의 혼란, 의식의 과잉 등이 부주의의 원인이다.

정답   ④

3. 의식레벨의 단계   외워줘! 제발~

(1) Phase 0단계: 무의식상태, 수면상태(의식의 단절상태)

(2) Phase Ⅰ단계: 졸음, 감각차단현상

(3) Phase Ⅱ단계: 일상작업·보통작업을 수행할 때의 상태

(4) Phase Ⅲ단계: 정밀·위험·중요한 작업을 수행할 때의 상태(신뢰도가 가장 높은 단계)

(5) Phase Ⅳ단계: 과긴장상태, 일점집중현상(의식의 과잉)

빈출 기출문제

주의의 수준이 Phase 0인 상태에서의 의식상태는?

① 무의식상태   ② 의식의 이완상태

③ 명료한 상태   ④ 과긴장상태

해설   Phase 0단계는 무의식상태, 수면상태(의식의 단절상태)의 단계이다.

정답   ①

❸ 집단관리와 리더십

1. 리더십

(1) 리더십의 정의 [Leadership＝f(L, S, F)]

리더십이란 주어진 상황 속에서 추종자들을 어떤 방식으로 이끌어 가는가를 말한다.

① L: Leader(리더)

② S: Situation(상황)

③ F: Follower(추종자)

(2) 리더십의 권한 외워줘! 제발~

① 보상적 권한(상부): 조직의 규율로 정해진 보상을 해줄 수 있는 권한

② 위임된 권한(하부): 부하직원들로부터 위임받은 권한

③ 전문성 권한(리더 자신이 부여): 리더 자신이 스스로 부여한 전문성을 가져야 한다는 권한

④ 강압적 권한(상부): 조직에 피해를 입힌 구성원에게 조직의 규율에 따라 불이익을 줄 수 있는 권한

⑤ 합법적 권한(상부): 리더로서 규율에 따라 권한을 행사할 수 있는 권한

(3) 리더십의 종류

① 권위주의적 리더십: 리더가 의사결정을 하고 추종자를 이끌어 가는 방식

② 민주주의적 리더십: 구성원의 의견을 수렴하여 조직을 이끌어 가는 방식

③ 자유방임적 리더십: 리더가 개입하지 않고 구성원의 결정으로 이끌어 가는 방식

2. 헤드십

(1) 헤드십의 정의

리더십과 비교되는 용어로 사용되며 리더는 선출된 사람인 반면 헤더는 임명된 사람을 말한다. 임명된 사람의 조직지배 또는 통솔하는 마인드를 헤드십이라 한다.

(2) 헤드십의 특성

① 헤드십은 권위적이며 강압적 특성을 갖는다.

② 헤드십은 부하직원과의 사회적 간격이 넓다. 즉, 인간관계에 큰 비중을 두지 않는다.

③ 인간관계보다는 성과에 치중한 관리방식을 가지고 있다.

4 생체리듬과 피로

1. 생체리듬 그래프

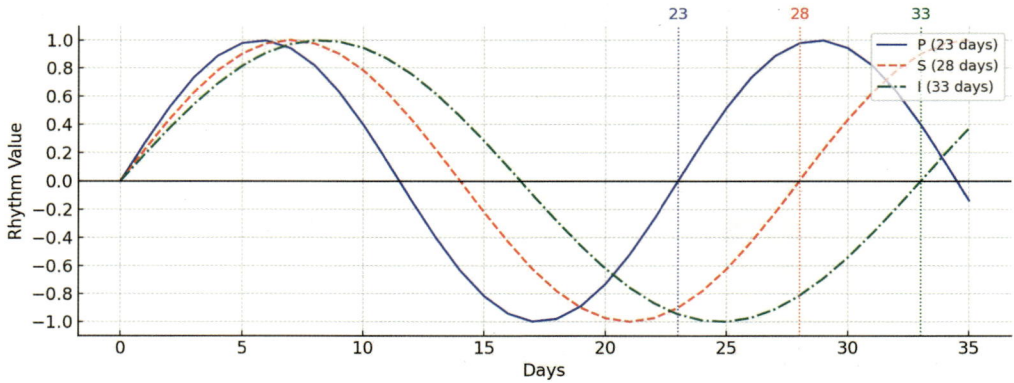

2. 생체리듬 종류와 주기 외워줘! 제발~

(1) **육체적 리듬(P)**: 23일 주기, 청색 실선으로 표시한다.

(2) **감성적 리듬(S)**: 28일 주기, 적색 점선으로 표시한다.

(3) **지성적 리듬(I)**: 33일 주기, 녹색 일점쇄선으로 표시한다.

 빈출 기출문제

생체리듬에 대한 설명으로 틀린 것은?

① 야간에는 체중이 감소한다.

② 야간에는 말초운동기능이 저하된다.

③ 체온, 혈압, 맥박수는 주간에 상승하고 야간에 감소한다.

④ 혈액의 수분과 염분량은 주간에 증가하고 야간에 감소한다.

해설 ① 야간에는 음식물 섭취가 적으므로 체중이 감소한다.
　　　② 야간에는 말초운동기능이 저하한다.
　　　③ 주간에는 활동을 하므로 체온, 혈압, 맥박수는 증가한다.
　　　④ 주간에 일하므로 혈액의 수분과 염분량은 주간에 감소하고 야간에 증가한다.

정답 ④

 빈출 기출문제

생체리듬 중 33일을 주기로 반복되며, 상상력, 사고력, 기억력 등과 깊은 관련성을 갖는 리듬은?

① 육체적 리듬　　　　② 지성적 리듬　　　　③ 감성적 리듬　　　　④ 생활리듬

해설 주기가 33일인 생체리듬은 지성적 리듬이다.

정답 ②

5 동기부여이론 외워줘! 제발~

매슬로우(Maslow) 5단계	알더퍼(Alderfer) ERG	맥그리거(McGregor)	허즈버그(Herzberg)
1 생리적 욕구	생존욕구(Existence)	X이론	위생요인
2 안전의 욕구			
3 사회적 욕구	관계욕구(Relation)	Y이론	동기요인
4 존경의 욕구	성장욕구(Growth)		
5. 자아실현의 욕구			

1. 매슬로우의 욕구 5단계이론

자아실현의 욕구

존경의 욕구

사회적 욕구

안전의 욕구

생리적 욕구

(1) **정의**: 인간의 욕구를 5단계로 나누고, 하위 단계의 욕구가 충족되어야 상위 단계의 욕구가 동기부여의 요인이 된다는 이론이다.

(2) **의미**

　① 제1단계 생리적 욕구: 배고픔, 배설, 수면 등의 욕구

　② 제2단계 안전의 욕구: 병들거나 다치는 등의 위험에서 벗어나고자 하는 욕구

　③ 제3단계 사회적 욕구: 가족, 친구, 조직의 구성원으로 생활하고자 하는 욕구

　④ 제4단계 존경의 욕구: 존경받고자 하는 욕구

　⑤ 제5단계 자아실현의 욕구: 자신의 잠재력과 능력을 최대한 발휘하여 성취와 성장, 자기개발을 추구하려는 최상위 단계의 욕구

빈출 기출문제

매슬로우의 욕구단계이론 중 자기의 잠재력을 최대한 살리고 자기가 하고 싶었던 일을 실현하려는 인간의 욕구에 해당하는 것은?

① 생리적 욕구　　　　　　　　　② 사회적 욕구
③ 자아실현의 욕구　　　　　　　④ 안전의 욕구

해설　자기의 잠재력을 최대한 발휘하고, 하고 싶었던 일을 실현하려는 욕구는 자아실현의 욕구이다.

정답　③

2. 알더퍼의 ERG이론

(1) **정의**: 매슬로우의 욕구 단계를 E, R, G 세 가지로 축소하여 제시한 이론이다.

(2) **의미**

① E(Exist, 존재욕구): 살아남고 싶은 욕구

② R(Relation, 관계욕구): 가족을 구성하고 친구를 사귀며 조직생활을 하고 싶은 욕구

③ G(Growth, 성장욕구): 존경받고 싶고 자아실현을 이루고자 하는 욕구

3. 맥그리거의 X, Y이론

(1) **정의**

① X이론: 성악설에 근거하여 노동자를 수동적이고 일하기 싫어하는 존재로 보고, 철저한 통제 중심의 관리방식이 필요하다고 본다.

② Y이론: 성선설에 근거하여 노동자를 자율적이고 즐기며 일하는 존재로 보고, 자율성과 책임을 중시하는 관리방식이 필요하다고 본다.

(2) **X이론과 Y이론 비교**

구분	X이론	Y이론
인간관	성악설	성선설
태도	수동적	능동적
관리방식	관리 · 감시 필요	자율관리
유형	저개발국형	선진국형

 빈출 기출문제

맥그리거(McGregor)의 X이론에 대한 관리처방으로 볼 수 없는 것은?

① 직무의 확장　　　　　　　　　② 권위주의적 리더십의 확립

③ 경제적 보상체제의 강화　　　　④ 면밀한 감독과 엄격한 통제

[해설] 직무의 확장은 Y이론 관리방식으로 업무의 범위를 넓혀 작업자의 자율성과 동기부여를 높이는 방법이다.

[정답] ①

4. 허즈버그의 위생－동기이론

(1) **위생요인**: 임금, 지위, 안전, 관리, 감독, 환경 등과 같이 충족되지 않으면 불만족을 초래하지만 충족된다고 하더라도 직무 만족으로 이어지지는 않는 요인을 나타낸다.

(2) **동기요인**: 책임감, 도전감, 성취감과 같이 일 자체에서 만족을 느끼고 일하려는 욕구를 유발하는 만족요인을 나타낸다.

허즈버그의 일을 통한 동기부여 원칙으로 틀린 것은?

① 새롭고 어려운 업무의 부여　　　② 교육을 통한 간접적 정보제공

③ 자기과업을 위한 작업자의 책임감 증대　　④ 작업자에게 불필요한 통제를 배제

> **해설**　교육을 통한 간접적인 정보제공도 동기부여의 한 방법이지만, 일을 통한 동기부여가 아닌 교육을 통한 동기부여에 속한다.
>
> ① 반복되는 일의 지루함을 없애기 위해 조금은 어려운 새 업무를 부여하는 동기부여의 원칙
>
> ③ 자신의 업무에 대해 책임감을 가지게 하는 동기부여의 원칙
>
> ④ 작업에 자율권을 부여하는 동기부여의 원칙
>
> **정답**　②

5. 데이비스의 동기부여이론 외워줘! 제발~

(1) 등식

① 지식×기능=능력

② 상황×태도=동기유발

③ 능력×동기유발=인간의 성과

④ 인간의 성과×물질의 성과=경영의 성과

(2) 풀이

① 능력은 지식과 기능을 고루 갖춘 상태를 의미한다.

② 동기유발은 상황에 따른 올바른 태도에서 결정된다.

③ 인간의 성과는 능력과 동기유발 정도에 따라 달라진다.

④ 경영의 성과에는 물질적 성과뿐만 아니라 인간의 성과도 포함된다.

 빈출 기출문제

데이비스(Davis)의 동기부여이론 중 동기유발의 식으로 옳은 것은?

① 지식×기능　　　　　② 지식×태도

③ 상황×기능　　　　　④ 상황×태도

> **해설**　상황×태도=동기유발
>
> **정답**　④

CHAPTER 05 안전보건교육의 내용 및 방법

1 교육방법

1. 교육의 3요소

(1) **주체**: 강사

(2) **객체**: 수강자

(3) **매개체**: 교재

2. 학습목적의 3요소 **외워줘! 제발~**

(1) 주제

(2) 정도

(3) 목표

3. 교육 3단계 **외워줘! 제발~**

(1) **1단계 지식교육**: 도입 – 제시 – 적용 – 확인

(2) **2단계 기능교육**: 작업준비 – 작업설명 – 실습 – 평가

(3) **3단계 태도교육**: 청취 – 이해납득 – 모범 – 평가

 빈출 기출문제

안전보건교육의 단계에 해당하지 않는 것은?

① 지식교육　　　　② 기초교육　　　　③ 태도교육　　　　④ 기능교육

해설 안전보건교육의 단계는 지식 – 기능 – 태도교육 순이다.

정답 ②

4. 하버드학파의 5단계 교습법 외워줘! 제발~

(1) **1단계**: 준비시킨다.

(2) **2단계**: 교시한다.

(3) **3단계**: 연합한다.

(4) **4단계**: 총괄한다.

(5) **5단계**: 응용시킨다.

5. 토의식 교육방법의 종류 외워줘! 제발~

(1) **패널디스커션(Panel Discussion)**: 특정 주제에 대하여 서로 의견을 달리하는 3~5명의 참가자들이 사회자의 진행에 따라 청중학습자 앞에서 토의하는 방식이다.

(2) **포럼(Forum)**: 새로운 자료를 제시하고 약 25명 이상의 집단구성원과 1명 이상의 전문가나 자원인사가 사회자의 진행 하에 대체로 15~60분 동안 공개적으로 토의를 진행하는 방식이다.

(3) **심포지엄(Symposium)**: 2~5명의 전문가가 동일한 주제 혹은 상호 관련된 소주제에 대해서 각자의 전문적인 견해를 제시하는 방식이다.

(4) **버즈세션(=6-6회의, Buzz Session)**: 전체집단을 몇 개의 소집단으로 나누어 분과(6인)형태의 토의를 6분간 진행하고, 최종적으로 집단구성원 전체가 다시 모여 분과토의 결과를 종합·정리하고 결론을 도출해 내는 방식이다.

 빈출 기출문제

학습지도의 형태 중 토의법에 해당되지 않는 것은?

① 패널디스커션(Panel Discussion)   ② 포럼(Forum)

③ 구안법(Project Method)   ④ 버즈세션(Buzz Session)

해설 구안법(Project Method)은 학습자 스스로 계획하고 학습하며 생활 속에서 학습이 이루어져야 한다고 주장한 진보주의 교육 실천가인 킬패트릭이 제시한 활동 중심 교육과정으로 토의법과 구분된다.

정답 ③

6. 학습원리

(1) **파블로프의 조건반사설 학습원리** 외워줘! 제발~

개를 통한 학습으로 학습원리를 규정하였다.

① **시간의 원리**: 종소리는 먹이보다 먼저 또는 동시에 주어져야 한다.

② **강도의 원리**: 음식물은 종소리보다 그 강도가 강하거나 동일하여야 한다.

③ **일관성의 원리**: 종소리는 일관된 자극이어야 한다.

④ **계속성의 원리**: 자극과 반응의 결합이 많이 반복될수록 조건화가 더 확실하게 형성된다.

(2) 손다이크의 시행착오설 `외워줘! 제발~`

① **준비성의 법칙**: 학습할 준비가 되어있어야 효과가 좋다는 법칙이다.

② **연습의 법칙**: 학습은 연습을 통해 향상되고 장기간 유지된다는 법칙이다.

③ **효과의 법칙**: 학습의 성취와 동시에 보상을 줌으로써 효과가 강화된다는 법칙이다.

(3) 학습지도의 원리

① 자발성의 원리: 학습자 스스로가 능동적으로 학습활동에 의욕을 가지고 참여하도록 하는 원리이다.

② 개별화의 원리: 학습자를 존중하고, 학습자 개개인의 능력, 소질, 성향 등 모든 발달가능성을 신장시키려는 원리이다.

③ 목적의 원리: 학습자는 학습목표가 분명하게 인식되었을 때 자발적이고 적극적인 학습활동을 하게 된다는 원리이다.

④ 사회화의 원리: 공동학습을 통해서 협력적이고 우호적인 학습을 통해 사회화를 돕는 원리이다.

⑤ 통합화의 원리: 학습자를 전체적 인격체로 보고 내재하여 있는 모든 능력을 조화롭게 발달시키기 위한 생활 중심의 통합교육을 원칙으로 하는 원리이다.

⑥ 직접 경험의 원리: 구체적인 사물을 학습자가 직접 경험해 봄으로써 학습의 효과를 높일 수 있다는 원리이다.

② 안전보건교육

1. 산업안전보건법령상 안전보건교육시간 `외워줘! 제발~`

(1) 근로자 안전보건교육시간

구분	대상자	교육시간
정기교육	사무직	매 반기 6시간 이상
	판매업무	매 반기 6시간 이상
	기타근로자	매 반기 12시간 이상
채용 시 교육	일용근로자(1주일 이하 계약)	1시간 이상
	일용근로자(1주일 초과 1개월 이하 계약)	4시간 이상
	그 밖의 근로자	8시간 이상
작업내용 변경 시 교육	일용근로자(1주일 이하 계약)	1시간 이상
	그 밖의 근로자	2시간 이상
특별교육	일용근로자(1주일 이하 계약)	2시간 이상
	일용근로자(타워크레인 신호수)	8시간 이상
	그 밖의 근로자	16시간 이상 (단기간 또는 간헐적 작업인 경우 2시간 이상)
건설업 기초안전보건교육	건설일용근로자	4시간 이상

(2) 관리감독자 안전보건교육시간

구분	교육시간
정기교육	연간 16시간 이상
채용 시 교육	8시간 이상
작업내용 변경 시 교육	2시간 이상
특별교육	16시간 이상 (최초 작업 전 4시간 이상 실시하고, 12시간은 3개월 이내에 분할 실시 가능)
	단기간 또는 간헐적 작업인 경우 2시간 이상

 빈출 기출문제

산업안전보건법령상 작업내용 변경 시 교육을 할 때 일용근로자를 제외한 근로자의 교육시간으로 옳은 것은?

① 1시간 이상　　　　　　　　② 2시간 이상
③ 4시간 이상　　　　　　　　④ 8시간 이상

해설 작업내용 변경 시 근로자의 교육시간은 다음과 같다.

작업내용 변경 시	일용근로자(1주일 이하 계약)	1시간 이상
	그 밖의 근로자	2시간 이상

정답 ②

(3) 안전보건관리책임자 등의 직무교육시간 `외워줘! 제발~`

교육대상	교육시간	
	신규교육	보수교육
안전보건관리책임자	6시간 이상	6시간 이상
안전관리자, 안전관리 전문기관의 종사자	34시간 이상	24시간 이상
보건관리자, 보건관리 전문기관의 종사자	34시간 이상	24시간 이상
건설재해예방 전문지도기관의 종사자	34시간 이상	24시간 이상
석면조사기관의 종사자	34시간 이상	24시간 이상
안전보건관리담당자	–	8시간 이상
안전검사기관, 자율안전검사기관 종사자	34시간 이상	24시간 이상

2. 산업안전보건법령상 안전보건교육 내용

(1) 근로자 정기안전보건교육 내용 `외워줘! 제발~`

① 산업안전 및 산업재해 예방에 관한 사항
② 산업보건 및 건강장해 예방에 관한 사항
③ 위험성 평가에 관한 사항
④ 직무스트레스 예방 및 관리에 관한 사항

⑤「산업안전보건법령」및 산업재해보상보험 제도에 관한 사항

⑥ 직장 내 괴롭힘, 고객의 폭언 등으로 인한 건강장해 예방 및 관리에 관한 사항

⑦ 유해·위험 작업환경 관리에 관한 사항

⑧ 건강증진 및 질병 예방에 관한 사항

(2) **근로자 채용 및 작업내용 변경 시 안전보건교육 내용** 외워줘! 제발~

① 산업안전 및 산업재해 예방에 관한 사항

② 산업보건 및 건강장해 예방에 관한 사항

③ 위험성 평가에 관한 사항

④ 직무스트레스 예방 및 관리에 관한 사항

⑤「산업안전보건법령」및 산업재해보상보험 제도에 관한 사항

⑥ 직장 내 괴롭힘, 고객의 폭언 등으로 인한 건강장해 예방 및 관리에 관한 사항

⑦ 기계·기구의 위험성과 작업의 순서 및 동선에 관한 사항

⑧ 작업 개시 전 점검에 관한 사항

⑨ 정리정돈 및 청소에 관한 사항

⑩ 사고 발생 시 긴급조치에 관한 사항

⑪ 물질안전보건자료에 관한 사항

(3) **관리감독자 정기안전보건교육 내용** 외워줘! 제발~

① 산업안전 및 산업재해 예방에 관한 사항

② 산업보건 및 건강장해 예방에 관한 사항

③ 위험성 평가에 관한 사항

④ 직무스트레스 예방 및 관리에 관한 사항

⑤「산업안전보건법령」및 산업재해보상보험 제도에 관한 사항

⑥ 직장 내 괴롭힘, 고객의 폭언 등으로 인한 건강장해 예방 및 관리에 관한 사항

⑦ 작업공정의 유해·위험과 재해 예방대책에 관한 사항

⑧ 비상시 또는 재해발생 시 긴급조치에 관한 사항

⑨ 유해·위험 작업환경 관리에 관한 사항

⑩ 표준안전 작업방법 결정 및 지도·감독 요령에 관한 사항

⑪ 사업장 내 안전보건관리체제 및 안전·보건조치 현황에 관한 사항

⑫ 현장근로자와의 의사소통능력 및 강의능력 등 안전보건교육 능력 배양에 관한 사항

⑬ 그 밖의 관리감독자의 직무에 관한 사항

(4) **관리감독자 채용 및 작업내용 변경 시 교육 내용** 외워줘! 제발~

① 산업안전 및 산업재해 예방에 관한 사항

② 산업보건 및 건강장해 예방에 관한 사항

③ 위험성 평가에 관한 사항

④ 직무스트레스 예방 및 관리에 관한 사항

⑤「산업안전보건법령」및 산업재해보상보험 제도에 관한 사항

⑥ 직장 내 괴롭힘, 고객의 폭언 등으로 인한 건강장해 예방 및 관리에 관한 사항

⑦ 기계·기구의 위험성과 작업의 순서 및 동선에 관한 사항

⑧ 작업 개시 전 점검에 관한 사항

⑨ 물질안전보건자료에 관한 사항

⑩ 표준안전 작업방법 결정 및 지도·감독 요령에 관한 사항

⑪ 사업장 내 안전보건관리체제 및 안전·보건조치 현황에 관한 사항

⑫ 비상시 또는 재해발생 시 긴급조치에 관한 사항

⑬ 그 밖의 관리감독자의 직무에 관한 사항

(5) 건설업 기초안전보건교육 내용 【외워줘! 제발~】

① 건설공사의 종류(건축·토목) 및 시공 절차(1시간)

② 산업재해 유형별 위험요인 및 안전보건조치(2시간)

③ 안전보건관리체제 현황 및 산업안전보건 관련 근로자 권리·의무(1시간)

 빈출 기출문제

산업안전보건법령상 관리감독자 대상 정기안전보건교육의 교육 내용으로 옳은 것은?

① 작업 개시 전 점검에 관한 사항

② 정리정돈 및 청소에 관한 사항

③ 작업공정의 유해·위험과 재해 예방대책에 관한 사항

④ 기계·기구의 위험성과 작업의 순서 및 동선에 관한 사항

해설 작업공정의 유해·위험과 재해 예방대책에 관한 사항을 제외한 나머지 항목은 근로자 채용 시, 작업내용 변경 시 교육 내용에 해당한다.

정답 ③

 2026 신출 예상문제

건설업 기초안전보건교육 내용으로 맞지 않는 것은?

① 건설공사의 종류 및 시공 절차

② 산업재해 유형별 위험요인 및 안전보건조치

③ 안전보건관리체제 현황 및 산업안전보건 관련 근로자 권리·의무

④ 물질안전보건자료에 관한 사항

해설 건설업 기초안전보건교육 내용에 물질안전보건자료에 관한 사항은 포함되어 있지 않다.

정답 ④

3. 현장교육

(1) O.J.T 와 OFF.J.T 외워줘! 제발~

① O.J.T(사업장 내 훈련)

 ⓐ 강사는 직장상사이다.

 ⓑ 개별 교육형태로 진행된다.

 ⓒ 사업장의 상황에 따라 교육이 변경되기 쉽다.

 ⓓ 실무에 직접 적용할 수 있다.

② OFF.J.T(사업장 외 훈련)

 ⓐ 강사는 초빙강사이다.

 ⓑ 집체 교육형태로 진행된다.

 ⓒ 교육에 전념할 수 있다.

 ⓓ 신기술, 신기계설비에 접할 수 있는 계기가 된다.

✔ 빈출 기출문제

교육훈련 방법 중 OJT(On the Job Training)의 특징으로 옳지 않은 것은?

① 동시에 다수의 근로자를 조직적으로 훈련이 가능하다.
② 개개인에게 적절한 지도 훈련이 가능하다.
③ 훈련효과에 의해 상호 신뢰 및 이해도가 높아진다.
④ 직장의 실정에 맞게 실제적 훈련이 가능하다.

해설 동시에 다수의 근로자를 조직적으로 훈련이 가능한 것은 OFF.J.T의 특징에 해당된다.

정답 ①

---

(2) TWI(Training Within Industry, 기업 내 초급 감독자 훈련) 교육 내용 외워줘! 제발~

① J.I.T(Job Instruction Training): 작업지도법

② J.M.T(Job Method Training): 작업개선법

③ J.R.T(Job Relations Training): 부하통솔법(＝인간관계법)

④ J.S.T(Job Safety Training): 작업안전법

어제보다 나은 오늘을 만드는 것,
그게 가장 확실한 성장이다.
그리고 당신은, 지금 그걸 해내고 있다.

#나를위한위로 #나만의목적지

정종대쌤이 말하는
100% 합격 기출 공부법

▶ 과목별 기출로 학습! ◀

- 이론 학습 후, 바로 기출문제를 학습함으로써 기억에 더 오래 남을 수 있도록 과목 및 출제개념별로 기출문제를 구성했습니다.
- 과목별 기출문제를 풀고, 문항별 개념까지 한 번 더 체크해 보세요.

▶ 중복소거된 5개년 기출 학습! ◀

- 산업안전산업기사 필기시험의 경우, 문제은행 방식으로 출제되어 매 시험마다 이전에 출제되었던 문제들이 일부 중복되어 재출제됩니다.
- 공부시간을 단축할 수 있도록 중복 출제된 기출문제들은 소거하여 수록하였습니다.

▶ 문항별 기출연도 확인! ◀

- 문항별 기출연도를 표기하여 빈출 정도를 한눈에 확인할 수 있게 하였습니다.
- 문항별 기출연도 표기 개수가 많을수록 시험에 자주 출제된 문제이며, 표기가 5개인 문제는 출제 횟수가 5회 이상인 기출문제로 집중 학습이 필요한 문제입니다.

최신 5개년 기출

2025~2021년

※ 본 기출문제는 최신 5개년(2025~2021년) 기출문제들로 구성되어 있습니다.

※ 2022년 3회~2025년 문제는 CBT 기출복원문제로, 수험생들의 복원을 토대로 문제를 구성하였습니다.

※ 기출복원문제는 실제 기출문제와 동일하지 않을 수 있습니다.

※ 법령 개정 이전의 내용을 포함하고 있는 문항은 개정사항을 반영하여 수록하였습니다.

산업재해예방 계획수립

23년 1회 21년 1회   ✔ 회독 ☐☐☐

01 어느 사업장에서 당해연도에 330명의 재해자가 발생하였다. 무상해 사고는 몇 명인가? (단, 하인리히의 법칙을 적용한다.)

① 29명
② 30명
③ 300명
④ 329명

> 하인리히 법칙에 따르면 중상 또는 사망 사고 1:경상해 29:무상해 사고 300의 비율로 사고가 발생한다. 비율의 합은 330으로 문제에서 제시한 총 재해자 수 330명과 일치한다. 따라서 무상해 사고자는 300명이다.
>
> **출제개념** 하인리히의 재해구성비율

23년 3회 25년 1회 24년 2회   ✔ 회독 ☐☐☐

02 하인리히의 재해구성비율에 따라 경상 사고가 87건 발생하였다면 무상해 사고는 몇 건이 발생 하였겠는가?

① 300건
② 600건
③ 900건
④ 1,200건

> 하인리히 법칙에 따르면 중상 또는 사망 사고 1:경상해 29:무상해 사고 300의 비율로 사고가 발생한다. 경상 사고 87건은 29건의 3배이므로 무상해 사고도 300건의 3배로 증가해야 하므로 900건이다.
>
> **출제개념** 하인리히의 재해구성비율

정답 **01** ③   **02** ③

03 하인리히의 사고방지 5단계 중 제1단계 안전조직의 내용이 아닌 것은?

① 경영자의 안전목표 설정
② 안전관리자의 선임
③ 안전활동의 방침 및 계획 수립
④ 안전회의 및 토의

▼

안전회의 및 토의는 제2단계에 해당한다. 하인리히의 사고방지 제1단계, 제2단계는 다음과 같다.
- 제1단계 안전관리조직: 경영자의 참여, 안전관리자 임명, 안전의 라인 및 참모 조직 구성, 안전활동 방침 및 계획 수립, 조직을 통한 안전활동
- 제2단계 사실의 발견: 안전회의, 사고조사, 사고 및 안전 관련 기록 검토, 작업 분석, 안전점검 및 진단

출제개념 하인리히의 사고방지 5단계

04 하인리히(H. W. Heinrich)의 안전사고 연쇄성이론의 5대 요소 중 가장 문제가 되는 것은?

① 사회적 환경 결함
② 불안전한 행위 및 상태
③ 개인 결함
④ 안전사고와 재해

▼

하인리히 연쇄성이론의 5대 요소 중 핵심은 불안전한 행위 및 상태로, 사고 원인의 대부분을 차지하며 이를 제거하면 사고를 예방할 수 있다고 본다.

출제개념 하인리히의 안전사고 연쇄성이론

05 우리나라에서 어떤 한 해의 산업재해로 인한 경제적 직접손실액(산재보상금 지급액)이 2조 원으로 집계되었다. 하인리히의 직접비와 간접비의 비율을 적용해 볼 때 총 경제적 손실 추정액은 얼마인가?

① 4조 원　　　　② 6조 원
③ 8조 원　　　　④ 10조 원

▼

총재해비용
= 직접비+간접비 (직접비:간접비＝1:4)
= 2조 원+8조 원=10조 원

출제개념 하인리히의 재해비용

06 재해코스트에서 직접비는 다음 중 어느 것인가?

① 회사 내의 직접적인 손실비
② 보험에서 지급되는 비용
③ 재해자의 재해발생 시 인건비
④ 행정손실에 따른 발생비용

▼

직접비는 산재보험에서 지급되는 비용이다.

출제개념 하인리히의 재해비용, 직접비

정답　**03** ④　**04** ②　**05** ④　**06** ②

산업재해 예방 및 안전보건교육

1과목 ☐ 이론 ▮ 기출

07 재해손실비용 중 직접비에 해당되는 것은?

① 인적손실
② 생산손실
③ 산재보상비
④ 특수손실

▼

직접비는 산재보험에서 지급되는 비용이다.

출제개념 재해비용, 직접비

---

08 재해손실비의 평가방식 중 시몬즈 방식에 의한 계산방법으로 옳은 것은?

① 직접비＋간접비
② 공동비용＋개별비용
③ 보험코스트＋비보험코스트
④ (휴업상해건수×관련비용 평균치)＋(통원상해건수×관련비용 평균치)

▼

시몬즈 재해코스트＝보험코스트＋비보험코스트

출제개념 시몬즈의 재해비용

---

09 다음 중 재해방지 기본원칙에 해당되지 않는 것은?

① 대책선정 원칙
② 손실우연 원칙
③ 예방가능 원칙
④ 통계의 원칙

▼

하인리히의 산업재해예방 4원칙에는 예방가능의 원칙, 손실우연의 원칙, 원인연계(원인계기)의 원칙, 대책선정의 원칙이 해당된다.

출제개념 산업재해예방의 4원칙

---

10 산업재해예방의 4원칙 중 '재해발생에는 반드시 원인이 있다.'라는 원칙은?

① 대책선정의 원칙
② 원인계기의 원칙
③ 손실우연의 원칙
④ 예방가능의 원칙

▼

재해에는 반드시 원인이 존재한다는 원칙은 원인계기의 원칙(원인연계의 원칙)에 관한 설명이다.

출제개념 산업재해예방의 4원칙

정답 **07** ③ **08** ③ **09** ④ **10** ②

11 사고예방대책의 기본 원리 5단계 중 '시정책의 적용'에 있어서 3E에 해당되지 않는 것은?

① Enforcement　　　② Engineering

③ Education　　　　④ Energy

▼

3E는 Engineering(기술적 대책), Education(교육적 대책), Enforcement(관리적 대책)를 의미한다.

`출제개념` 사고 예방대책의 원리, 3E

---

12 다음 중 버드(Bird)의 사고발생 도미노이론에서 직접 원인은 무엇이라고 하는가?

① 통제　　　　　② 징후

③ 손실　　　　　④ 위험

▼

버드의 5단계 재해이론에서 직접 원인은 징후에 해당한다.

`출제개념` 버드의 사고발생 도미노이론

---

13 다음 중 버드(Bird)의 사고발생 도미노이론에서 1단계에 해당하는 것은?

① 직접 원인　　　② 기본 원인

③ 통제부족　　　　④ 사고

▼

버드의 사고발생 도미노이론 제1단계는 통제의 부족(관리)에 해당한다.

`출제개념` 버드의 사고발생 도미노이론

---

14 다음 중 사고의 직접 원인은 어느 것인가?

① 개인적 결함

② 사회적 환경

③ 유전적 요소

④ 불안전한 상태

▼

사고의 직접 원인은 바로 사고로 이어지는 요인으로 불안전한 행동 및 불안전한 상태가 해당된다.

`출제개념` 사고의 직접 원인

---

15 안전관리에 관한 계획에서 실시에 이르기까지 모든 권한이 포괄적이며 하향적으로 행사되며, 전문 안전담당 부서가 없는 안전관리조직은?

① 직계식 조직

② 참모식 조직

③ 직계 – 참모식 조직

④ 안전보건 조직

▼

직계식(Line) 조직은 전문 안전부서가 없어 안전 전문성을 확보하기 어렵지만, 명령 체계가 단순하고 신속하여 주로 소규모사업장에 적용된다.

`출제개념` 안전관리조직

`정답`　11 ④　12 ②　13 ③　14 ④　15 ①

16 다음 중 안전관리조직에 해당되지 않는 것은?

① 직렬 조직
② 참모식 조직
③ 수평 조직
④ 직렬 및 참모식 조직

> 안전관리 조직 유형에는 직렬식(Line), 참모식(Staff), 직렬 및 참모식(Line-Staff) 조직이 해당된다.
>
> **출제개념** 안전관리조직

17 다음 중 라인식 안전조직의 특성이 아닌 것은?

① 규모가 작은 사업장에 적용된다.
② 참모식 조직보다 경제적인 조직이다.
③ 안전관리 전담 요원을 별도로 지정한다.
④ 모든 명령은 생산 계통을 따라 이루어진다.

> 라인식 안전조직은 안전관리 전담 요원을 별도로 지정하지 않아도 된다.
>
> **출제개념** 라인식 조직

18 다음 중 평균 근로자 수가 1,000명 이상의 대규모 사업장에 가장 적합한 안전조직은?

① 라인(Line)형 안전조직
② 스태프(Staff)형 안전조직
③ 라인-스태프(Line-Staff)형 혼합조직
④ 생산부서장의 안전책임자 겸직조직

> 라인-스태프형 혼합조직은 500명 이상 대규모사업장에 적합하다.
>
> **출제개념** 안전조직의 유형

19 안전관리조직의 형태 중 라인-스태프형에 대한 설명으로 틀린 것은?

① 안전스탭은 안전에 관한 기획·입안, 조사·검토 및 연구를 행한다.
② 안전업무를 전문적으로 담당하는 스탭 및 생산라인의 각 계층에도 겸임 또는 전임의 안전담당자를 둔다.
③ 모든 안전관리업무를 생산라인을 통하여 직선적으로 이루어지도록 편성된 조직이다.
④ 대규모 사업장(1,000명 이상)에 효율적이다.

> 모든 안전관리업무를 생산라인을 통해 직선적으로 수행하도록 편성된 조직은 라인형 조직이다.
>
> **출제개념** 안전조직의 유형

정답 16 ③　17 ③　18 ③　19 ③

20 근로시간 1,000시간당 재해에 의해서 상실되는 근로손실일수를 뜻하고 있는 재해율은?

① 강드율 ② 도수율
③ 연천인율 ④ 종합재해지수

> 강도율은 근로시간 합계 1,000시간당 요양재해로 인한 근로손실일수를 뜻한다.
>
> 출제개념 **강도율**

21 재해율 중 재직근로자 1,000명당 1년간 발생하는 재해자 수를 나타내는 것은?

① 연천인율 ② 도수율
③ 강도율 ④ 종합재해지수

> 연천인율은 근로자 1,000명당 연간 발생한 재해자 수를 나타내는 비율이다.
>
> 출제개념 **연천인율**

22 도수율이 0.5, 강도율이 1.5인 사업장의 종합재해지수(FSI)는 약 얼마인가?

① 0.173
② 0.356
③ 0.866
④ 2.151

> 종합재해지수 $= \sqrt{강도율 \times 도수율}$
> $= \sqrt{1.5 \times 0.5} \fallingdotseq 0.866$
>
> 출제개념 **종합재해지수(FSI) 계산**

23 연간 근로 총 시간 수가 58만 시간이고 이 기간 중에 휴업재해가 7건 발생했다. 이때의 도수율은 약 얼마인가?

① 10.90
② 11.76
③ 12.07
④ 12.86

> 도수율 $= \dfrac{재해건수}{연근로시간 수} \times 1,000,000$
> $= \dfrac{7}{580,000} \times 1,000,000 \fallingdotseq 12.07$
>
> 출제개념 **도수율 계산**

24 B기업체에서 1,000명의 노동자가 1주간 40시간, 연간 50주를 노동하는데 1년에 80건의 재해가 발생하였다. 이 가운데 노동자들이 질병 기타 이유로 인하여 총 근로시간 중 5%를 결근하였다. 이 기업체의 도수율은 약 얼마인가?

① 35.05
② 42.11
③ 57.21
④ 68.35

> 도수율 $= \dfrac{재해건수}{연근로시간 수} \times 1,000,000$
> $= \dfrac{80}{(1,000 \times 40 \times 50 \times 0.95)} \times 1,000,000$
> $\fallingdotseq 42.105$
>
> 출제개념 **도수율 계산**

정답 **20** ① **21** ① **22** ③ **23** ③ **24** ②

25 상시근로자 수가 75명인 사업장에서 1일 8시간 씩 연간 320일을 작업하는 동안에 4건의 재해가 발생하였다면 이 사업장의 도수율은 약 얼마인가?

① 17.68

② 19.67

③ 20.83

④ 22.8

도수율 $= \dfrac{\text{재해건수}}{\text{연근로시간 수}} \times 1,000,000$

$= \dfrac{4}{(75 \times 8 \times 320)} \times 1,000,000 \fallingdotseq 20.83$

출제개념 **도수율 계산**

26 S공장에서 500명의 종업원이 1년간 작업하는 가운데 신체장해 1급 1명, 9급 3명, 12급 5명이 발생하였다. 강도율은 약 얼마인가?

① 0.684

② 0.958

③ 6.84

④ 9.58

장애등급에 따른 근로손실일수는 다음과 같다.

장애등급	1~3급	9급	12급
근로손실일수	7,500	1,000	200

일반적인 연근로시간 수는 8시간×300일=2,400시간이다. 이를 토대로 강도율을 구하는 식은 다음과 같다.

강도율 $= \dfrac{\text{총 요양근로손실일수}}{\text{연근로시간 수}} \times 1,000$

$= \dfrac{7,500 + 1,000 \times 3 + 200 \times 5}{500 \times 8 \times 300} \times 1,000 \fallingdotseq 9.58$

출제개념 **강도율 계산**

27 연간 근로시간이 240,000시간인 A공장에서 지난해 5건의 재해가 발생하여 총 330일의 휴업일수가 발생하였다면 이 공장의 강도율은 약 얼마인가?

① 1.03

② 1.13

③ 1.23

④ 1.33

강도율 $= \dfrac{\text{총 요양근로손실일수}}{\text{연근로시간 수}} \times 1,000$

휴업일수, 가료일수, 진단일수는 300/365을 곱해서 근로손실일수에 대입해야 하므로

$= \dfrac{330 \times \dfrac{300}{365}}{240,000} \times 1,000 \fallingdotseq 1.13$

출제개념 **강도율 계산**

28 국제노동기구(ILO)에서 구분한 '일시 전 노동 불능'에 관한 설명으로 옳은 것은?

① 부상의 결과로 근로기능을 완전히 잃은 부상

② 부상의 결과로 신체의 일부가 근로기능을 완전히 상실한 부상

③ 의사의 소견에 따라 일정 기간 동안 노동에 종사할 수 없는 상해

④ 의사의 소견에 따라 일시적으로 근로시간 중 치료를 받는 정도의 상해

일시 전 노동불능은 의사의 소견에 따라 일정 기간 동안 노동에 종사할 수 없는 상해를 의미한다.

출제개념 **일시 전 노동 불능**

정답　**25** ③　**26** ④　**27** ②　**28** ③

✔ 회독 ☐☐☐

29 다음 중 휴업재해율을 구하는 공식으로 옳은 것은?

① 휴업재해율 $= \dfrac{\text{휴업재해자 수}}{\text{임금근로자 수}} \times 100$

② 휴업재해율 $= \dfrac{\text{휴업재해자 수}}{\text{정규근로자 수}} \times 100$

③ 휴업재해율 $= \dfrac{\text{휴업재해자 수}}{\text{임금근로자 수}} \times 100$

④ 휴업재해율 $= \dfrac{\text{휴업재해건수}}{\text{정규근로자 수}} \times 100$

▼

휴업재해율 $= \dfrac{\text{휴업재해자 수}}{\text{임금근로자 수}} \times 100$

출제개념 **휴업재해율**

23년 1회 32년 3회

✔ 회독 ☐☐☐

30 도수율 13.0, 강도율 1.20의 사업장이 있다. 환산도수율은?

① 1.3회
② 3.1회
③ 13.0회
④ 17.2회

▼

환산도수율 = 도수율 ÷ 10
= 13.0 ÷ 10 = 1.3

출제개념 **환산도수율 계산**

21년 1회

✔ 회독 ☐☐☐

31 다음 중 재해발생 시 가장 먼저 해야 할 일은?

① 재해자의 구조
② 상급 부서의 보고
③ 현장 보존
④ 2차 재해의 방지

▼

재해 발생 시 긴급처리순서는 다음과 같다.
피재기계 정지 → 피재자 구조 및 응급처치 → 관계자
통보 → 2차 재해방지 → 현장 보존

출제개념 **재해발생 시 긴급처리순서**

25년 1회 24년 3회

✔ 회독 ☐☐☐

32 직접 사람에 접촉되어 위해를 가한 물체를 무엇이라고 하는가?

① 낙하물
② 비례물
③ 기인물
④ 가해물

▼

가해물은 근로자(사람)에게 직접적으로 상해를 입힌 기계, 장치, 환경 등을 말하고, 기인물은 재해를 유발하거나 영향을 끼친 에너지원을 지닌 기계, 장치, 환경 등을 뜻한다.

출제개념 **가해물**

정답 **29** ① **30** ① **31** ① **32** ④

33 다음의 재해사례에서 기인물에 해당하는 것은?

> 기계작업에 배치된 작업자가 반장의 지시를 받기 전에 정지된 선반을 운전시키면서 변속치차의 덮개를 벗겨내고 치차를 저속으로 운전하면서 급유하려고 할 때 오른손이 변속치차에 맞물려 손가락이 절단되었다.

① 덮개 ② 급유
③ 변속치차 ④ 선반

> 기인물은 재해를 유발한 에너지원을 지닌 주체로, 이 사례에서는 선반이 기인물에 해당한다.
>
> 출제개념 기인물

34 다음 중 불안전한 행동에 속하지 않는 것은?

① 보호구 미착용
② 부적절한 도구 사용
③ 방호장치 미설치
④ 안전장치 기능 제거

> 불안전한 행동에는 작업자의 실수, 부주의, 안전수칙 미준수, 보호구 미착용, 안전장치 기능 제거 등이 있다. 한편, 설비결함, 방호장치 미설치, 작업환경 결함, 보호구 결함 등은 불안전한 상태에 해당된다.
>
> 출제개념 불안전한 행동 및 상태

35 다음 중 산업재해의 원인으로 간접적 원인에 해당되지 않는 것은?

① 기술적 원인
② 물적 원인
③ 관리적 원인
④ 교육적 원인

> 간접적 원인에는 관리적 원인, 교육적 원인, 기술적 원인 등이 해당된다.
>
> 출제개념 산업재해의 원인

36 산업재해 발생의 직접 원인에 해당하지 않는 것은?

① 안전수칙의 오해
② 물 자체의 결함
③ 위험장소의 접근
④ 불안전한 속도 조작

> 안전수칙의 오해는 간접적 원인 중 교육적 원인에 해당한다.
>
> 출제개념 산업재해의 원인, 간접 원인과 직접 원인

정답 33 ④ 34 ③ 35 ② 36 ①

37 다음 중 「산업안전보건법」상 용어의 정의가 잘못 설명된 것은?

① '사업주'란 근로자를 사용하여 사업을 하는 자를 말한다.

② '근로자대표'란 근로자의 과반수로 조직된 노동조합이 없는 경우에는 사업주가 지정하는 자를 말한다.

③ '산업재해'란 노무를 제공하는 사람이 업무에 관계되는 건설물·설비, 원재료, 가스, 증기, 분진 등에 의하거나 작업 또는 그 밖의 업무로 인하여 사망 또는 부상하거나 질병에 걸리는 것을 말한다.

④ '안전보건진단'이란 산업재해를 예방하기 위하여 잠재적 위험성을 발견하고 그 개선대책을 수립할 목적으로 조사·평가하는 것을 말한다.

▼

'근로자대표'란 근로자의 과반수로 조직된 노동조합이 있는 경우에는 그 노동조합을, 근로자의 과반수로 조직된 노동조합이 없는 경우에는 근로자의 과반수를 대표하는 자를 말한다.

출제개념 「산업안전보건법」상 용어의 정의

38 다음 중 「산업안전보건법」상 용어의 정의가 잘못 설명된 것은?

① '근로자대표'란 근로자의 과반수로 조직된 노동조합이 있는 경우에는 그 노동조합을, 근로자의 과반수로 조직된 노동조합이 없는 경우에는 근로자의 과반수를 대표하는 자를 말한다.

② '중대재해'란 노무를 제공하는 사람이 업무에 관계되는 건설물, 설비, 원재료, 가스, 증기, 분진 등에 의하거나 작업 또는 그 밖의 업무로 인하여 사망 또는 부상하거나 질병에 걸리는 것을 말한다.

③ '관계수급인'이란 도급이 여러 단계에 걸쳐 체결된 경우에 각 단계별로 도급받은 업주 전부를 말한다.

④ '안전보건진단'이란 산업재해를 예방하기 위하여 잠재적 위험성을 발견하고 그 개선대책을 수립할 목적으로 조사·평가하는 것을 말한다.

▼

• '산업재해'란 노무를 제공하는 사람이 업무에 관계되는 건설물, 설비, 원재료, 가스, 증기, 분진 등에 의하거나 작업 또는 그 밖의 업무로 인하여 사망 또는 부상하거나 질병에 걸리는 것을 말한다.
• '중대재해'란 산업재해 중 사망 등 재해 정도가 심하거나 다수의 재해자가 발생한 경우로서 고용노동부령으로 정하는 재해를 말한다.

출제개념 「산업안전보건법」상 용어의 정의

정답 **37** ② **38** ②

39 재해발생의 주요 원인 중 불안전한 상태로 볼 수 있는 것은?

① 불안전한 설계
② 불안전한 자세
③ 권한 없이 행한 조작
④ 위험한 장소에서의 작업

▼
불안전한 설계는 불안전한 상태에 해당하며, 불안전한 자세, 권한 없이 행한 조작, 위험한 장소에서의 작업 등은 불안전한 행동에 해당한다.

출제개념 **불안전한 상태 및 행동**

41 산업재해의 발생유형으로 볼 수 없는 것은?

① 지그재그형
② 집중형
③ 연쇄형
④ 복합형

▼
산업재해의 발생유형에는 집중형, 연쇄형, 복합형 등이 있다.

출제개념 **산업재해의 발생유형**

40 재해발생의 주요 원인 중 불안전한 상태에 해당하지 않는 것은?

① 기계설비 및 장비의 결함
② 부적절한 조명 및 환기
③ 작업장소의 정리 정돈 불량
④ 보호구 미착용

▼
보호구 미착용은 불안전한 행동에 해당한다.

출제개념 **불안전한 상태 및 행동**

42 현장에서 작업자가 건축물, 비계 등에서 떨어지는 재해가 발생한 경우 재해발생 형태의 종류는?

① 넘어짐
② 부딪힘
③ 끼임
④ 떨어짐

▼
사람이 건축물, 구조물, 가설물, 수목, 사다리 등의 높은 장소에서 떨어지는 재해는 떨어짐으로 분류한다.

출제개념 **재해발생 형태**

정답　**39** ①　**40** ④　**41** ①　**42** ④

43 재해발생 형태별 분류 중 구조물 등에 고정되어 있던 물체가 고정부에서 이탈하여 사람을 가해하는 경우에 해당되는 것은?

① 떨어짐
② 넘어짐
③ 부딪힘
④ 맞음

구조물, 기계 등에 고정되어 있던 물체가 중력, 원심력, 관성력 등에 의하여 고정부에서 이탈하거나 설비 등으로부터 물질이 분출되어 사람을 가해하는 재해는 맞음으로 분류한다.

출제개념 재해발생 형태

44 다음 중 재해사례연구에 관한 설명으로 틀린 것은?

① 재해사례연구는 주관적이며 정확성이 있어야 한다.
② 문제점과 재해요인의 분석은 과학적이고, 신뢰성이 있어야 한다.
③ 재허사례를 과제로 하여 그 사고와 배경을 체계적으로 파악한다.
④ 재허요인을 규명하여 분석하고 그에 대한 대책을 세운다.

재해사례연구는 객관적이며 정확성이 있어야 한다.

출제개념 재해사례연구

45 다음 중 산업안전보건법령상 안전관리자를 증원하거나 개임을 해야 하는 경우가 아닌 것은?

① 해당 사업장의 연간 재해율이 동종업종 평균 재해율의 3배인 경우
② 작업환경 불량, 화재·폭발 또는 누출사고 등으로 사회적 물의를 일으킨 경우
③ 중대재해가 연간 3건 발생한 경우
④ 안전관리자가 질병의 이유로 6개월 동안 직무를 수행할 수 없게 된 경우

안전관리자를 증원하거나 개임해야 하는 경우는 다음과 같다.
• 연간 재해율이 같은 업종의 평균 재해율의 2배 이상 발생
• 중대재해 연간 2건 이상 발생
• 관리자의 질병 등으로 3개월 이상 직무 수행 불가
• 화학적 인자로 인한 직업성 질병자가 연간 3명 이상 발생

출제개념 안전관리자 증원 및 교체

46 재해의 원인과 결과를 연계하여 상호관계를 파악하기 위해 도표화하는 분석방법은?

① 관리도
② 파레토도
③ 특성요인도
④ 크로스분류도

특성요인도는 문제의 원인과 결과를 어골 형태로 시각화하여 원인을 체계적으로 분석하는 방법이다.

출제개념 재해통계분석

정답 **43** ④ **44** ① **45** ② **46** ③

47 재해통계적 원인 분석방법 중 파레토도에 대한 설명으로 옳은 것은?

① 재해분류 항목의 빈도가 큰 순서대로 도표화한 분석법으로 문제나 목표를 이해하는 데 편리하다.

② 월별로 재해발생 건수 등의 추이를 파악하며, 목표관리가 가능한 분석법이다.

③ 2개 이상 항목이나 요인의 상호관계를 분석할 때 사용되는 분석법이다.

④ 특성과 요인관계를 도표로 어골상 세분화한 분석법으로 재해 원인과 그 요인과의 인과관계만 결부시켜 작성한다.

▼

파레토도는 재해분류 항목의 빈도가 큰 순서대로 도식화하여 분석하는 방법이다.

출제개념 재해통계분석, 파레토도

48 다음 중 「산업안전보건법」에 따라 안전·보건진단을 받아 안전보건개선계획을 수립·시행하도록 명할 수 있는 사업장에 해당하지 않는 것은?

① 직업병에 걸린 사람이 연간 1명 발생한 사업장

② 산업재해발생률이 같은 업종 평균 산업재해발생률의 3배인 사업장

③ 작업환경 불량, 화재·폭발 또는 누출사고 등으로 사회적 물의를 일으킨 사업장

④ 산업재해율이 같은 업종의 규모별 평균 산업재해율보다 높은 사업장 중 사업주가 안전·보건조치 의무를 이행하지 아니하여 중대재해 발생 사업장

▼

안전·보건진단을 받아 안전보건개선계획을 수립하도록 명할 수 있는 사업장은 다음과 같다.
• 산업재해율이 같은 업종 평균 산업재해율의 2배 이상인 사업장
• 사업주가 필요한 안전조치 또는 보건조치를 이행하지 아니하여 중대재해가 발생한 사업장
• 직업성 질병자가 연간 2명 이상(상시근로자 1천명 이상 사업장의 경우 3명 이상) 발생한 사업장
• 작업환경 불량, 화재·폭발 또는 누출사고 등으로 사업장 주변까지 피해가 확산된 사업장

출제개념 안전보건개선계획 수립·제출대상 사업장

정답 **47** ① **48** ①

49 「산업안전보건법」상 중대재해에 해당하지 않는 것은?

① 추락으로 인하여 1명이 사망한 재해
② 건물의 붕괴로 인하여 15명의 부상자가 동시에 발생한 재해
③ 화재로 인하여 4개월의 요양이 필요한 부상자가 동시에 3명 발생한 재해
④ 근로환경으로 인하여 직업성 질병자가 동시에 5명 발생한 재해

> 부상자 또는 직업성 질병자가 동시에 10명 이상 발생한 재해가 중대재해에 해당된다.
>
> 출제개념 중대재해

50 재해 빈발자에 대한 분류 중 작업이 어렵거나 설비의 결함 때문에 발생되는 재해자는 다음 중 어느 유형에 해당되는가?

① 소질성 빈발자
② 상황성 빈발자
③ 습관성 빈발자
④ 미숙성 빈발자

> 상황성 빈발자는 작업이 어렵거나 설비의 결함 때문에 발생되는 재해자를 뜻한다.
>
> 출제개념 재해누발자

51 다음 중 무재해운동 추진 3요소가 아닌 것은?

① 최고경영자의 경영자세
② 재해 상황분석 및 해결
③ 직장 소집단의 자주활동 활성화
④ 관리감독자에 의한 안전보건의 추진

> 무재해운동 추진 3요소는 최고경영자의 경영자세, 직장 자주활동의 활성화, 라인감독자에 의한 안전보건 추진이다.
>
> 출제개념 무재해운동의 3요소

52 무재해운동의 추진을 위한 3요소에 속하지 않는 것은?

① 작업조건의 기술적 개선
② 톱(Top)의 엄격한 안전경영자세
③ 안전활동의 라인(Line)화
④ 직장 자주안전활동의 활성화

> 무재해운동의 추진을 위한 3요소는 톱(Top)의 엄격한 안전경영자세, 안전활동의 라인(Line)화, 직장 자주안전활동의 활성화이다.
>
> 출제개념 무재해운동의 3요소

정답 49 ④ 50 ② 51 ② 52 ①

53 다음 중 무재해운동의 이념 3원칙에 해당하지 않는 것은?

① 무의 원칙
② 자주활동의 원칙
③ 참가의 원칙
④ 선취해결의 원칙

> 무재해운동의 3원칙은 무의 원칙, 선취해결의 원칙, 참가의 원칙이다.
>
> 출제개념 무재해운동의 3원칙

54 위험예지훈련 4R 중 라운드(Round)별 내용이 올바르게 연결된 것은?

① 1R – 목표설정
② 2R – 본질추구
③ 3R – 현상파악
④ 4R – 대책수립

> 위험예지훈련은 '1R 현상파악 → 2R 본질추구 → 3R 대책수립 → 4R 목표설정' 순으로 진행된다.
>
> 출제개념 위험예지훈련의 4라운드

55 위험예지훈련 문제해결 4단계 중 문제점 발견 및 중요 문제를 결정하는 단계는 다음 중 어느 것인가?

① 대책수립 단계
② 현상파악 단계
③ 본질추구 단계
④ 행동목표설정 단계

> 문제해결 4단계 중 2R 본질추구 단계에서는 핵심 위험 요인을 찾아내고 그 중요성을 결정한다.
>
> 출제개념 위험예지훈련의 4라운드

56 위험예지훈련 기초 4라운드법의 진행에서 '위험의 포인트'를 결정하여 전원이 지적확인을 하는 단계로 가장 적절한 것은?

① 제1라운드: 현상파악
② 제2라운드: 본질추구
③ 제3라운드: 대책수립
④ 제4라운드: 목표달성

> 2R 본질추구 단계에서는 핵심 위험의 포인트를 결정하여 전원이 지적확인을 한다.
>
> 출제개념 위험예지훈련의 4라운드

정답 **53** ② **54** ② **55** ③ **56** ②

57 브레인 스토밍의 4원칙에 해당하지 않는 것은?

① 자유분방
② 대량발언
③ 수정발언
④ 비평가능

> 브레인스토밍 4원칙은 비판금지, 자유분방, 대량발언, 수정발언이다.
>
> **출제개념** 브레인스토밍의 4원칙

58 다음 중 안전관리에 있어 관리사이클(PDCA)에 해당하지 않는 것은?

① 계획(Plan)
② 실시(Do)
③ 검토(Check)
④ 분석(Analysis)

> 안전관리의 4사이클 P-D-C-A는 Plan-Do-Check-Acion이다.
>
> **출제개념** 안전관리의 4사이클(P-D-C-A)

59 다음 중 「산업안전보건법」상 안전보건관리규정에 반드시 포함되어야 할 내용이 아닌 것은?

① 안전보건교육에 관한 사항
② 생산성과 품질향상에 관한 사항
③ 작업장 안전관리에 관한 사항
④ 안전보건 관리조직과 그 직무에 관한 사항

> 「산업안전보건법」상 안전보건관리규정에 반드시 포함되어야 할 내용은 다음과 같다.
> • 안전 및 보건에 관한 관리조직과 그 직무에 관한 사항
> • 안전보건교육에 관한 사항
> • 작업장의 안전 및 보건 관리에 관한 사항
> • 사고 조사 및 대책 수립에 관한 사항
> • 그 밖에 안전 및 보건에 관한 사항
>
> **출제개념** 안전보건관리규정의 포함사항

60 「산업안전보건법」상 안전보건관리규정을 작성하여야 할 사업 중에 소프트웨어 개발 및 공급업의 상시근로자 수는 몇 명 이상인가?

① 100명
② 200명
③ 300명
④ 400명

> 상시근로자 수가 100명 이상인 경우 안전보건관리규정을 작성해야 할 대상에 해당하며, 소프트웨어 개발 및 공급업은 상시근로자 수가 300명 이상이어야 한다.
>
> **출제개념** 안전보건관리규정 작성 대상

정답 57 ④ 58 ④ 59 ② 60 ③

61 산업안전보건법령에 따라 보건관리자와 안전관리자의 직무를 분류할 때 보건관리자의 업무에 해당되지 않는 것은?

① 물질안전보건자료의 게시 또는 비치에 관한 보좌 및 지도·조언
② 사업장 순회점검, 지도 및 조치 건의
③ 해당 사업장 안전교육계획의 수립 및 안전교육 실시에 관한 보좌 및 지도·조언
④ 위험성 평가에 관한 보좌 및 지도·조언

▼

해당 사업장 안전교육계획의 수립 및 안전교육 실시에 관한 보좌 및 지도·조언은 안전관리자의 업무이다. ①은 보건관리자 업무에만 해당하고, ②, ④는 안전관리자와 보건관리자의 공통업무에 해당한다.

출제개념 보건관리자와 안전관리자의 업무

62 산업안전보건법령상 안전관리자가 수행하여야 할 업무가 아닌 것은? (단, 그 밖에 안전에 관한 사항으로서 고용노동부장관이 정하는 사항은 제외한다.)

① 위험성 평가에 관한 보좌 및 조언·지도
② 물질안전보건자료의 게시 또는 비치에 관한 보좌 및 조언·지도
③ 사업장 순회점검, 지도 및 조치 건의
④ 산업재해에 관한 통계의 유지·관리·분석을 위한 보좌 및 조언·지도

▼

물질안전보건자료의 게시 또는 비치에 관한 보좌 및 조언·지도는 보건관리자의 직무에 해당하며, 나머지 항목들은 안전관리자와 보건관리자의 공통직무에 해당한다.

출제개념 보건관리자와 안전관리자의 직무

63 도급사업의 합동 안전·보건점검 실시횟수가 2개월에 1회 이상인 대상 사업은?

① 농업
② 선박 및 보트 건조업
③ 보건업
④ 토사석 광업

▼

도급사업의 합동 안전·보건점검은 건설업과 선박 및 보트 건조업의 경우 2개월에 1회 이상 실시해야 하며, 그 외 사업의 경우 분기에 1회 이상 실시한다.

출제개념 도급사업의 합동 안전·보건점검

64 안전관리의 4M 가운데 Media에 관한 내용으로 가장 올바른 것은?

① 인간과 기계를 연결하는 매개체
② 인간과 관리를 연결하는 매개체
③ 기계와 관리를 연결하는 매개체
④ 인간과 작업환경을 연결하는 매개체

▼

4M은 유해·위험 요인을 Man(인적), Machine(기계적), Media(물질·환경적), Management(관리적)의 네 가지로 구분해 점검하는 위험성 평가기법이다. 이 중 Media는 인간과 기계를 연결하는 매개체를 의미하며, 물질·환경적 요인을 포함하는 개념이다.

출제개념 안전관리 4M

정답 **61** ③ **62** ② **63** ② **64** ①

65 위험성 평가 작성 절차에 포함되지 않는 것은?

① 위험성 결정

② 위험성 평가 비용

③ 위험 감소대책 수립

④ 유해위험요인 도출

▼

위험성 평가 절차는 '사전준비 → 유해·위험요인 파악 → 위험성 결정 → 위험성 감소대책 수립 및 실행 → 기록 및 공유' 순으로 진행된다.

출제개념 위험성 평가 절차

66 KOSHA Guide를 제·개정하고 있는 기관은?

① 국가법령정보센터

② 한국산업안전보건공단

③ 고용노동부

④ 한국건설기술인협회

▼

KOSHA Guide(코샤 가이드)는 한국산업안전보건공단 (KOSHA)에서 제·개정하는 기술지침으로, 법적 강제력은 없으나 사업장 안전·보건 확보를 위한 권고적 성격의 지침이다.

출제개념 KOSHA Guide

안전보호구 관리

23년 1회 　　　　　　　　 ✔회독 ☐☐☐

01 다음 중 산업안전보건법령상 안전인증대상 보호구의 안전인증제품에 안전인증을 표시하여야 할 사항과 가장 거리가 먼 것은?

① 안전인증 번호

② 형식 또는 모델명

③ 제조번호 및 제조연월

④ 물리적·화학적 성능기준

> 안전인증제품의 표시사항에는 형식 또는 모델명, 규격 또는 등급, 제조자명, 제조번호 및 제조연월, 안전인증번호가 포함된다.
>
> **출제개념** 안전인증제품 표시사항

25년 1회 24년 2회 　　　　　 ✔회독 ☐☐☐

02 보호구 관련 규정에 따른 안전모의 착장체 구성요소에 해당되지 않는 것은?

① 머리턱끈　　　② 머리받침끈

③ 머리고정대　　④ 머리받침고리

> 안전모의 착장체는 머리받침끈, 머리고정대, 머리받침고리로 구성된다.
>
> **출제개념** 안전모의 착장체

25년 3회 24년 1회 23년 1회 22년 2회 22년 1회 ✔회독 ☐☐☐

03 다음 중 안전모의 성능시험 항목이 아닌 것은?

① 내관통성　　② 충격흡수성

③ 내구성　　　④ 난연성

> 안전모의 성능시험에는 내관통성시험, 충격흡수성시험, 내수성시험, 내전압성시험, 난연성시험, 턱끈풀림시험이 있다.
>
> **출제개념** 안전모의 성능시험

정답 01 ④ 02 ① 03 ③

04 산업안전보건법령상 안전모의 종류 중 사용 구분에서 '물체의 낙하 또는 비래 및 추락에 의한 위험을 방지 또는 경감하고, 머리부위 감전에 의한 위험을 방지하기 위한 것'으로 옳은 것은?

① A   ② AB
③ AE   ④ ABE

ABE형은 물체의 낙하 또는 비래 및 추락에 의한 위험을 방지 또는 경감하고, 머리부위 감전에 의한 위험을 방지하기 위한 안전모이다.

출제개념 안전모의 종류

05 주로 고음을 차음하고 회화음영역인 저음은 차음하지 않는 것은? (단, EP: Ear Plug, EM: Ear Muff를 의미한다.)

① EP-1   ② EP-2
③ EM   ④ EM-1

EP-2는 주로 고음을 차음하고 저음(회화음영역)은 차음하지 않은 귀마개이다.

출제개념 귀 보호구의 종류

06 보호구 안전인증 고시상 안전인증 방독마스크의 정화통 종류와 외부 측면의 표시색이 잘못 연결된 것은?

① 할로겐용 – 회색
② 황화수소용 – 회색
③ 암모니아용 – 회색
④ 시안화수소용 – 회색

암모니아용 정화통의 외부 측면 표시색은 녹색이다.

출제개념 방독마스크의 정화통 종류와 외부 측면 표시색

07 산업안전보건법령상 보호구 안전인증 대상 방독마스크의 유기화합물용 정화통 외부 측면 표시색으로 옳은 것은?

① 갈색
② 녹색
③ 회색
④ 노랑색

유기화합물용 정화통은 갈색으로 표시한다.

출제개념 방독마스크 정화통의 외부 측면 표시색

정답 **04** ④ **05** ② **06** ③ **07** ①

08 다음 중 유기가스 중 방독마스크의 정화통 색은?

① 녹색

② 갈색

③ 적색

④ 백색

> 방독마스크의 유기화합물용 정화통의 외부 측면 표시색은 갈색을 사용한다.
>
> 출제개념 방독마스크 정화통의 외부 측면 표시색

09 방독마스크의 흡수제의 종류와 사용조건이 옳게 연결된 것은?

① 보통가스용 – 산화금속

② 유기가스용 – 활성탄

③ 일산화탄소용 – 알칼리제제

④ 암모니아용 – 산화금속

> 방독마스크의 사용조건에 따른 흡수제의 종류는 다음과 같다.
>
> | 사용조건 | 흡수제 |
> | --- | --- |
> | 유기가스용 | 활성탄 |
> | 일산화탄소용 | 산화금속 (호프카라이트, 큐프라마이트) |
> | 산성가스용 | 알칼리제제 |
>
> 출제개념 방독마스크의 흡수제

10 송기마스크 관련 용어에 대한 설명이다. 다음 중 옳지 않은 것은?

① "안면부 등"이란 안면부, 페이스실드 및 후드를 말한다.

② "디맨드밸브"란 흡기 때 열리고 흡기를 정지시켰을 때 및 배기할 때 닫히는 밸브를 말한다.

③ "공급밸브"란 디맨드밸브와 압력디맨드밸브를 말한다.

④ "AL마스크"란 호스마스크와 에어라인 마스크를 말한다.

> AL마스크란 에어라인 마스크와 복합식 에어라인 마스크를 말한다.
>
> 출제개념 송기마스크 관련 용어

11 「산업안전보건법」상 자율안전확인대상 보호구 중 사용구분에 따른 보안경의 종류에 해당하지 않는 것은?

① 차광보안경

② 유리보안경

③ 플라스틱 보안경

④ 도수렌즈 보안경

> 차광보안경은 안전인증대상 보호구로 자율안전확인 대상에는 포함되지 않는다.
>
> 출제개념 자율안전확인대상 보안경

정답 08 ② 09 ② 10 ④ 11 ①

23년 1회 ✔ 회독 ☐☐☐

12 안전인증대상 보호구 중 차광보안경의 사용구분에 따른 종류가 아닌 것은?

① 보정용

② 용접용

③ 복합용

④ 적외선용

▼

안전인증대상 보호구 중 차광보안경에는 용접용·복합용·적외선용·자외선용 차광보안경이 있다.

출제개념 안전인증대상 차광보안경

25년 3회 25년 2회 24년 2회 ✔ 회독 ☐☐☐

14 산업안전보건법령상 안전보건표지의 종류에 있어 다음 그림은 어떤 표지에 해당하는가?

① 와이어로프 경고

② 매달린 물체 경고

③ 해지장치 경고

④ 양중기 경고

▼

제시된 그림은 매달린 물체 경고표지에 해당한다.

출제개념 안전보건표지, 경고표지

23년 2회 ✔ 회독 ☐☐☐

15 산업안전표지에서 안내표지 중 비상구의 기본 모형 형태는?

① 사각형   ② 마름모형

③ 삼각형   ④ 원형

▼

비상구 안내표지는 다음과 같이 사각형 형태로 표기한다.

406
비상구

출제개념 안전보건표지, 안내표지

21년 1회 ✔ 회독 ☐☐☐

13 다음 중 자율안전확인대상 보안경의 사용구분에 따른 종류에 해당하지 않는 것은?

① 유리보안경

② 자외선용 보안경

③ 플라스틱 보안경

④ 도수렌즈 보안경

▼

자율안전확인대상 보안경의 사용구분에 따른 종류에는 유리보안경, 플라스틱 보안경, 도수렌즈 보안경이 포함된다.

출제개념 자율안전확인대상 보안경

정답 12 ① 13 ② 14 ② 15 ①

☑ 회독 ☐☐☐

16 산업안전표지의 종류 및 기본모형과 색채에서 사용되는 예로서 안내표지 중 세안장치의 기본모형 형태는?

① 사각형　　② 원형
③ 삼각형　　④ 마름모형

안내표지인 세안장치는 다음과 같이 사각형으로 표시한다.

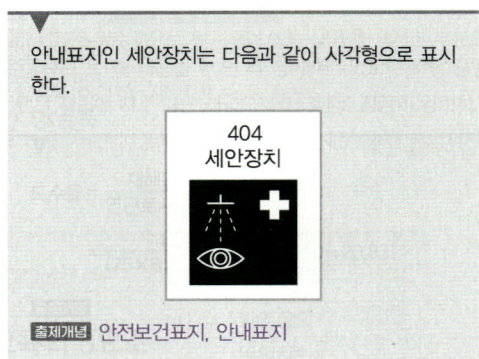

404
세안장치

출제개념 안전보건표지, 안내표지

☑ 회독 ☐☐☐

17 산업안전보건법령상 안전보건표지에 사용하는 색채 가운데 비상구 및 피난소, 사람 또는 차량의 통행표지 등에 사용하는 색채는?

① 흰색
② 녹색
③ 노란색
④ 파란색

비상구 및 피난소, 사람 또는 차량의 통행표지는 안내 용도이며, 사용하는 색채와 색도기준은 녹색(2.5G 4/10)이다.

출제개념 안전보건표지, 안내표지 색상

☑ 회독 ☐☐☐

18 흰색 바탕에 빨간색 기본모형의 안전·보건 표지판의 종류는 어느 것인가?

① 지시　　② 금지
③ 경고　　④ 안내

금지표지는 다음과 같이 흰색 바탕에 빨간색 원형에 대각선 금지선으로 표시한다.

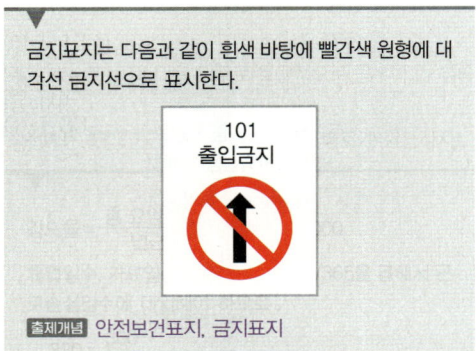

101
출입금지

출제개념 안전보건표지, 금지표지

☑ 회독 ☐☐☐

19 산업안전보건법령상 안전보건표지의 종류 중 지시표지에 포함되지 않는 것은?

① 안전모 착용　　② 안전화 착용
③ 방호복 착용　　④ 방독마스크 착용

방호복 착용은 지시표지에 포함되지 않는다.

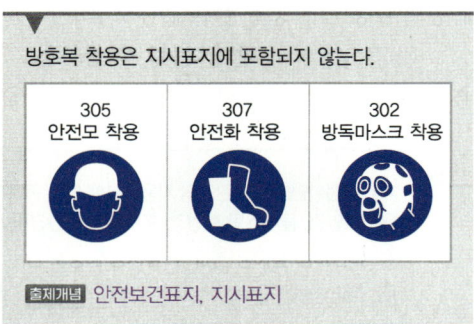

| 305 안전모 착용 | 307 안전화 착용 | 302 방독마스크 착용 |

출제개념 안전보건표지, 지시표지

정답　**16** ①　**17** ②　**18** ②　**19** ③

20 다음 그림에 해당하는 「산업안전보건법」상 안전보건표지의 종류로 옳은 것은?

① 부식성물질 경고
② 산화성물질 경고
③ 인화성물질 경고
④ 폭발성물질 경고

액체가 손에 닿아 부식되는 그림은 부식성물질 경고표지이다.

205
부식성물질 경고

출제개념 안전보건표지, 부식성물질 경고표지

21 다음 그림에 해당하는 산업안전보건법상 안전보건표지의 종류로 옳은 것은?

① 위험장소 경고
② 낙하물 경고
③ 몸균형 상실 경고
④ 떨어짐 경고

그림은 몸균형 상실 경고표지이다.

212
몸균형 상실 경고

출제개념 안전보건표지, 몸균형 상실 경고표지

정답 **20** ① **21** ③

22 산업안전보건법령상 안전보건표지의 종류와 형태 중 그림과 같은 경고표지는?

① 인화성물질 경고
② 폭발성물질 경고
③ 부식성물질 경고
④ 급성독성물질 경고

그림은 인화성물질 경고표지이다.

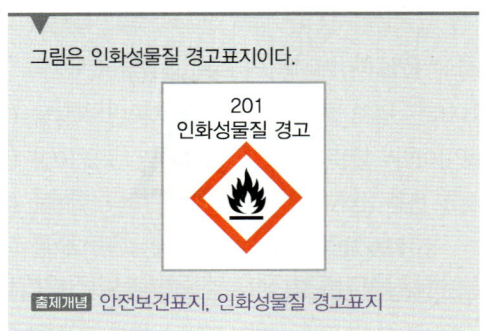

201
인화성물질 경고

출제개념 안전보건표지, 인화성물질 경고표지

---

23 산업안전보건법령상 안전·보건표지의 색채별 색도기준이 올바르게 연결된 것은?

① 빨간색 – 5R 4/13
② 노란색 – 2.5Y 8/12
③ 파란색 – 7.5PB 2.5/7.5
④ 녹색 – 2.5G 4/10

색채별 색도기준에 따라 녹색은 2.5G 4/10이 옳은 기준이다. 그 외에 제시된 색채별 색도기준은 다음과 같다.

색채	색도기준
빨강	7.5R 4/14
노랑	5Y 8.5/12
파랑	2.5PB 4/10

출제개념 안전보건표지의 색채별 색도기준

---

24 산화성물질 경고표지의 색채에 관한 설명으로 옳은 것은?

① 바탕은 파란색, 관련 그림은 흰색
② 바탕은 무색, 기본모형은 빨간색
③ 바탕은 흰색, 기본모형 및 관련 부호는 녹색
④ 바탕은 노란색, 기본모형, 관련 부호 및 그림은 검은색

경고표지의 바탕은 노란색, 기본모형과 관련 부호 및 그림은 검은색으로 나타내나 산화성물질경고의 경우 바탕색은 무색, 기본도형은 빨간색으로 나타냄을 기준으로 한다.

출제개념 안전보건표지의 표지별 색채 기준

정답 **22** ① **23** ④ **24** ②

CHAPTER 03 산업안전심리

기출문제 활용법 문항별 기출 표기 개수가 많을수록 시험에 자주 출제된 문제! 표기가 5개인 문제는 출제 횟수가 5회 이상인 기출문제로 무조건 암기 필수!

3회독 공부전략 1회독은 문제 → 선지 → 답 → 해설 순서로 정독! 2회독부터는 직접 문제 풀기, 3회독 때는 ×, △ 표시된 문제만 다시 풀기! 회독할 때마다 문제 옆 회독표에 ○, ×, △로 표시하여 3회독까지 ×로 표시된 문제는 부록에 포함된 "틈틈 오답노트"에 따로 정리해 공부하세요! [○: 정확히 알고 푼 문제 △: 부분적으로 알고 푼 문제 ×: 개념 학습이 필요한 문제]

24년 3회 23년 1회   ✔ 회독 ☐ ☐ ☐

01 '그림에서 선 ab와 선 cd는 그 길이가 동일한 것이지만, 시각적으로는 선 ab가 선 cd보다 길어 보인다.'에서 설명하는 착시현상과 관계가 깊은 것은?

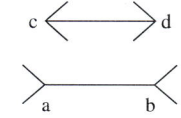

① 핼돌쯔의 착시
② 휠러의 착시
③ 뮐러 – 라이어의 착시
④ 포겐도르프의 착시

> 뮐러 – 라이어의 착시는 방향이 다른 화살표가 부착된 선들이 실제로는 길이가 같음에도 다르게 보이는 착시현상을 의미한다.
>
> 출제개념 착시현상

CHAPTER 04

인간의 행동과학

기출문제 활용법 문항별 기출 표기 개수가 많을수록 시험에 자주 출제된 문제! 표기가 5개인 문제는 출제 횟수가 5회 이상인 기출문제로 무조건 암기 필수!

3회독 공부전략 **1회독**은 문제 → 선지 → 답 → 해설 순서로 정독! **2회독**부터는 직접 문제 풀기, **3회독** 때는 ×, △ 표시된 문제만 다시 풀기! 회독할 때마다 문제 옆 회독표에 ○, ×, △로 표시하여 3회독까지 ×로 표시된 문제는 부록에 포함된 "틈틈 오답노트"에 따로 정리해 공부하세요! [○: 정확히 알고 푼 문제 △: 부분적으로 알고 푼 문제 ×: 개념 학습이 필요한 문제]

23년 3회 22년 2회 21년 2회 ✔ 회독 ☐☐☐

01 다음 중 매슬로우(Maslow)가 제창한 인간의 욕구 5단계 이론을 단계별로 옳게 나열한 것은?

① 생리적 욕구 → 안전의 욕구 → 사회적 욕구 → 존경의 욕구 → 자아실현의 욕구

② 안전의 욕구 → 생리적 욕구 → 사회적 욕구 → 존경의 욕구 → 자아실현의 욕구

③ 사회적 욕구 → 생리적 욕구 → 안전의 욕구 → 존경의 욕구 → 자아실현의 욕구

④ 사회적 욕구 → 안전의 욕구 → 생리적 욕구 → 존경의 욕구 → 자아실현의 욕구

> 매슬로우의 욕구 5단계는 '생리적 욕구 → 안전의 욕구 → 사회적 욕구 → 존경의 욕구 → 자아실현의 욕구' 순이다.
> **출제개념** 매슬로우의 욕구 5단계

23년 1회 22년 2회 21년 2회 ✔ 회독 ☐☐☐

02 다음 중 알더퍼(Alderfer)의 ERG이론에 해당하지 않는 것은?

① 생존욕구
② 관계욕구
③ 안전욕구
④ 성장욕구

> 알더퍼의 ERG이론은 존재(생존)욕구, 관계욕구, 성장욕구로 이루어져 있으며, 안전욕구는 해당하지 않는다.
> **출제개념** 알더퍼의 ERG이론

25년 3회 24년 1회 ✔ 회독 ☐☐☐

03 Aldefer의 ERG이론 중 생존(Existence)욕구에 해당되는 Maslow의 욕구단계는?

① 자아실현의 욕구
② 존경의 욕구
③ 사회적 욕구
④ 생리적 욕구

> ERG이론은 Maslow의 5단계 욕구이론을 세 가지로 재구성한 것으로, 생존욕구는 생리적 욕구와 안전의 욕구에 해당한다.
> **출제개념** 알더퍼의 ERG이론, 매슬로우의 욕구 5단계 이론

정답 **01** ① **02** ③ **03** ④

04 맥그리거의 X이론에 따른 관리처방이 아닌 것은?

① 목표에 의한 관리
② 권위주의적 리더십 확립
③ 경제적 보상체제의 강화
④ 면밀한 감독과 엄격한 통제

목표에 의한 관리는 구성원의 자율성과 책임감을 전제로 하는 Y이론에 해당하는 관리처방이다.

출제개념 맥그리거의 X, Y이론

05 맥그리거(McGregor)의 Y이론에 해당되는 것은?

① 인간은 서로 믿을 수 없다.
② 인간은 태어나서부터 악하다.
③ 인간은 정신적 욕구를 우선시한다.
④ 인간은 통제에 의한 관리를 받고자 한다.

Y이론에서 인간은 일을 즐기고 책임을 다하는 선한 존재로, 강압적 통제보다는 자율성과 자기통제를 통한 동기부여를 강조한다. 따라서 생리적 욕구보다 정신적·사회적 욕구와 자아실현의 욕구를 중시한다고 보는 관점이다.

출제개념 맥그리거의 X, Y이론

06 맥그리거(McGregor)의 Y이론과 관계가 없는 것은?

① 직무확장
② 인간관계 관리방식
③ 권위주의적 리더십
④ 책임감과 창조력

권위주의적 리더십은 X이론에 해당한다.

출제개념 맥그리거의 X, Y이론

07 맥그리거(McGregor)의 인간해석 중 Y이론의 관리처방은?

① 면밀한 감독과 엄격한 통제
② 분권화와 권한의 위임
③ 경제적 보상체제의 강화
④ 권위주의적 리더십의 확립

Y이론에서는 인간의 자율성을 중시하기에 분권화와 권한의 위임을 통한 관리방이 적절하다.

출제개념 맥그리거의 X, Y이론

정답 04 ① 05 ③ 06 ③ 07 ②

23년 3회 22년 1회 ✔회독 ☐☐☐

08 안전을 위한 동기부여로 옳지 않은 것은?

① 안전목표를 명확히 설정하여 주지시킨다.
② 상벌제도를 합리적으로 시행한다.
③ 경쟁과 협동을 유도한다.
④ 기능을 숙달시킨다.

> ▼
> 기능 숙달은 작업 수행 능력을 향상시키는 기술적 훈련으로 안전을 위한 동기부여에 직접적인 영향을 주지 못한다.
>
> 출제개념 안전을 위한 동기부여

25년 1회 22년 1회 ✔회독 ☐☐☐

09 주의의 특성으로 볼 수 없는 것은?

① 변동성
② 선택성
③ 방향성
④ 통합성

> ▼
> 주의의 3특성은 변동성, 선택성, 방향성이다.
>
> 출제개념 주의의 3특성

24년 3회 ✔회독 ☐☐☐

10 주의(Attention)의 특징 중 여러 종류의 자극을 자각할 때, 소수의 특정한 것에 한하여 주의가 집중되는 것을 무엇이라 하는가?

① 선택성
② 방향성
③ 변동성
④ 검출성

> ▼
> 선택성은 여러 자극 중 일부에만 주의가 집중되는 것을 의미한다.
>
> 출제개념 주의의 3특성, 선택성

21년 3회 ✔회독 ☐☐☐

11 다음의 내용은 주의의 특징 중 어느 것을 의미하는가?

> 주의에는 리듬이 있으며, 언제나 일정 수준을 유지할 수는 없다.

① 선택성
② 방향성
③ 변동성
④ 일정 집중성

> ▼
> 주의는 일정하게 오래 지속되지 않고, 시간에 따라 강약의 리듬을 보이며 변하는 특성이 있다. 이러한 특성을 주의의 변동성이라고 한다.
>
> 출제개념 주의의 3특성, 변동성

정답 08 ④ 09 ④ 10 ① 11 ③

12 주의으 특성에 관한 설명 중 틀린 것은?

① 한 지점에 주의를 집중하면 다른 곳에의 주의는 약해진다.
② 장시간 주의를 집중하려 해도 주기적으로 부주의의 리듬이 존재한다.
③ 의식이 과잉상태인 경우 최고의 주의집중이 가능해진다.
④ 여러 자극을 지각할 때 소수의 현란한 자극에 선택적 주의를 기울이는 경향이 있다.

▼

의식의 과잉상태는 오히려 부주의의 원인이 된다.

출제개념 주의의 3특성

13 부주의 현상으로 볼 수 없는 것은?

① 의식의 단절
② 의식수준의 지속
③ 의식의 과잉
④ 의식의 우회

▼

부주의 현상에는 의식의 단절·과잉·우회 등이 있으며, 의식수준의 지속은 부주의 현상이 아니다.

출제개념 부주의의 원인

14 단조로운 업무가 장시간 지속될 때 작업자의 감각기능 및 판단 능력이 둔화 또는 마비되는 경우의 의식수준은?

① Phase 0
② Phase Ⅰ
③ Phase Ⅱ
④ Phase Ⅲ

▼

Phase Ⅰ은 졸음 및 감각차단 상태로, 단조로운 업무가 장시간 지속될 때 작업자의 감각기능 및 판단 능력이 둔화 또는 마비되는 의식수준을 의미한다.

출제개념 의식레벨의 단계

15 단조로운 업무가 장시간 지속될 때 작업자의 감각기능 및 판단 능력이 둔화 또는 마비되는 현상을 무엇이라 하는가?

① 감각차단현상
② 망각현상
③ 피로현상
④ 착각현상

▼

감각차단현상은 부주의의 원인 중 의식수준의 저하에 해당하며, 단조로운 업무를 장시간 수행 시 몽롱해지는 현상을 의미한다.

출제개념 부주의의 원인

정답　**12** ③　**13** ②　**14** ②　**15** ①

25년 2회 24년 2회 ✔ 회독 ☐☐☐

16 의식이 명석하고 사물을 적극적으로 받아들이려고 하는 상태인 의식의 레벨(Phase)은?

① Phase 0
② Phase Ⅰ
③ Phase Ⅱ
④ Phase Ⅲ

> ▼
> Phase Ⅲ는 정밀하고 중요한 작업을 수행할 때에 적합하며, 신뢰도가 가장 높은 단계이다.
> 출제개념 의식레벨의 단계

24년 3회 ✔ 회독 ☐☐☐

17 의식의 상태에서 작업 중 걱정, 고민, 욕구불만 등에 의하여 정신을 빼앗기는 것을 무엇이라 하는가?

① 의식의 과잉
② 의식의 파동
③ 의식의 우회
④ 의식수준의 저하

> ▼
> 의식의 우회는 근심, 걱정 등 개인의 내적 문제에 의하여 작업에 집중하지 못하게 되는 현상이다.
> 출제개념 부주의의 원인

25년 3회 24년 3회 ✔ 회독 ☐☐☐

18 의식수준 5단계 중 신뢰도가 가장 높은 것은?

① Ⅰ
② Ⅱ
③ Ⅲ
④ Ⅳ

> ▼
> Phase Ⅲ는 정밀하고 중요한 작업을 수행할 수 있는 가장 신뢰도가 높은 의식 단계이다.
> 출제개념 의식레벨의 단계

22년 1회 ✔ 회독 ☐☐☐

19 인간의 의식수준 중 중요하거나 위험한 작업을 안전하게 수행하기 위하여 근로자는 몇 단계의 수준에서 작업하는 것이 바람직한가?

① 1단계
② 2단계
③ 3단계
④ 4단계

> ▼
> Phase Ⅲ는 신뢰도가 가장 높은 단계로, 중요하거나 위험한 작업을 안전하게 수행할 수 있는 의식단계이다.
> 출제개념 의식레벨의 단계

정답 **16** ④ **17** ③ **18** ③ **19** ③

20 다음 증 바이오리듬의 설명 중 맞는 것은?

① 체온은 주간에 상승, 야간에 감소한다.

② 혈액의 수분량은 주간에 증가, 야간에 감소한다.

③ 피르의 자각증상은 주간에 증가, 야간에 감소한다.

④ 체중은 주간에 감소, 야간에 증가한다.

체온은 주간에 활동함에 따라 상승하고, 야간에는 휴식 중이므로 감소한다. 이 외에 바이오리듬의 설명은 다음과 같다.
- 주간 감소, 야간 증가: 혈액의 수분·염분량
- 주간 증가, 야간 감소: 체온, 혈압, 맥박수
- 야간: 체중 감소, 소화불량 증상 강화, 말초신경기능 저하, 피로의 자각증상 증대

출제개념 바이오리듬

21 인간항동과 인간의 조건 및 환경조건의 관계를 레빈은 $B=f(P \cdot E)$로 표시했다. f를 설명한 것은?

① 함수관계

② 작업환경적 조건

③ 인간의 성격적 조건

④ 심리적 환경

---

f는 B(행동)가 P(개인)와 E(환경)에 의존하는 함수관계임을 의미한다.

출제개념 레빈의 행동법칙

22 인간의 행동 특성에 관한 레빈(Lewin)의 법칙에서 각 인자에 대한 내용으로 틀린 것은?

$$B=f(P \cdot E)$$

① B: 행동

② f: 함수관계

③ P: 개체

④ E: 기술

레빈의 공식 $B=f(P \cdot E)$에서 E는 환경(Environment)을 의미한다.

출제개념 레빈의 행동법칙

23 인간관계 메커니즘 중에서 다른 사람으로부터의 판단이나 행동을 무비판적으로 논리적·사실적 근거 없이 받아들이는 것을 무엇이라 하는가?

① 모방(Imitation)

② 암시(Suggestion)

③ 투사(Projection)

④ 동일화(Identification)

암시(Suggestion)는 타인의 의견이나 행동을 비판 없이 논리적·사실적 근거 없이 수용하는 것이다.

출제개념 인간관계 메커니즘

정답   **20** ①   **21** ①   **22** ④   **23** ②

24 에너지 대사율(RMR)이 높은 작업의 경우 사고 예방 대책은 어느 것인가?

① 작업시간 연장
② 휴식시간 증가
③ 임금의 증액
④ 작업강도의 증가

▼

에너지 대사율(RMR)이 높은 작업은 에너지 소모가 크고 힘든 작업이기 때문에 휴식시간이 증가해야 사고 예방에 효과적이다.

출제개념 에너지 대사율(RMR)

25 방어적 기제(Defense Mechanism) 중 다음 설명에 해당하는 것은?

자기의 행동이 정당하며 실제의 행위나 상태보다도 훌륭하게 평가되기 위하여 사회적으로 인정되는 구실을 적용하여 증명하고자 하는 행위

① 보상
② 합리화
③ 동일시
④ 승화

▼

합리화는 자기의 행동을 정당화하는 기제로, 자신의 행동이 실제보다 훌륭하게 평가되기 위하여 사회적으로 인정되는 구실을 적용하여 증명하고자 하는 행위이다.

출제개념 방어적 기제

26 적응기제(Adjustment Mechanism) 중 방어적 기제(Defence Mechanism)에 해당하는 것은?

① 고립(Isolation)
② 퇴행(Regression)
③ 억압(Suppression)
④ 보상(Compensation)

▼

보상은 자신의 약점을 다른 영역의 장점으로 보충하려는 방어적 기제이며, 고립, 퇴행, 억압은 도피적 기제에 해당한다.

출제개념 적응기제, 방어적 기제

27 인간의 적응기제에 포함되지 않는 것은?

① 갈등(Conflict)
② 억압(Repression)
③ 공격(Aggression)
④ 합리화(Rationalization)

▼

갈등은 적응기제를 유발하는 원인에 해당한다. 이외에 억압은 도피적 기제, 공격은 공격적 기제, 합리화는 방어적 기제로 모두 적응기제에 해당한다.

출제개념 인간의 적응기제

정답 24 ② 25 ② 26 ④ 27 ①

✔ 회독 ☐☐☐

28 인간관계 메커니즘 중 다른 사람의 행동 양식이나 태도를 투입시키거나 다른 사람 가운데서 자기와 비슷한 것을 발견하는 것은?

① 투사
② 모방
③ 암시
④ 동일화

동일화란 다른 사람의 행동 양식이나 태도를 받아들이거나 다른 사람에게서 자신과 비슷한 것을 찾아 함께 어울리고자 하는 심리이다.

출제개념 인간관계 메커니즘

25년 3회 25년 2회 24년 3회 23년 1회

✔ 회독 ☐☐☐

29 다음 중 리더십(Leadership)의 특성으로 볼 수 없는 것은?

① 민주주의적 지휘 형태
② 부하와의 넓은 사회적 간격
③ 밑으로부터의 위임된 권한 부여
④ 개인적 영향에 의한 부하와의 관계 유지

리더십은 부하와의 사회적 간격이 좁고, 신뢰와 협력을 기반으로 관계를 유지하는 특성을 가진다.

출제개념 리더십의 특성

✔ 회독 ☐☐☐

30 다음 중 헤드십에 관한 내용으로 볼 수 없는 것은?

① 권한의 부여는 조직으로부터 위임받는다.
② 권한에 대한 근거는 법적 또는 규정에 의한다.
③ 부하와의 사회적 간격이 좁다.
④ 지휘의 형태는 권위주의적이다.

헤드십은 조직으로부터 공식적으로 권한을 위임받아 행사하는 것으로 부하와의 사회적 간격이 넓다.

출제개념 헤드십의 특성

신출 25년 3회

✔ 회독 ☐☐☐

31 다음 중 조직이 리더에게 부여하는 권한으로 볼 수 없는 것은?

① 보상적 권한
② 강압적 권한
③ 합법적 권한
④ 위임된 권한

위임된 권한은 부하의 자발적인 신뢰와 지지에서 발생하는 권한이다.

출제개념 리더십의 권한

정답 28 ④ 29 ② 30 ③ 31 ④

산업재해 예방 및 안전보건교육 / 1과목 □ 이론 ■ 기출

32 관리 그리드 이론에서 인간관계 유지에는 낮은 관심을 보이지만 과업에 대해서는 높은 관심을 가지는 리더십의 유형에 해당하는 것은?

① (1.1)형
② (1.9)형
③ (9.1)형
④ (9.9)형

> (9.1)형은 과업에는 높은 관심을 가지나, 인간관계에는 낮은 관심을 가지는 과업 중심형이다. 이를 포함한 관리 그리드 이론에 따른 리더십 유형은 다음과 같다.
> • (1.1)형: 일에도, 인간관계에도 관심이 없는 리더
> • (1.9)형: 일에는 관심이 없고, 인간관계에는 높은 관심이 있는 리더
> • (9.1)형: 일에는 관심이 높지만, 인간관계에는 낮은 관심이 있는 리더
> • (9.9)형: 일에도 인간관계에도 높은 관심이 있는 리더
>
> 출제개념 관리 그리드 이론

33 리더십의 유형에 해당되지 않는 것은?

① 권위형
② 민주형
③ 자유방임형
④ 혼합형

> 리더십의 유형은 권위형, 민주형, 자유방임형이 있다.
>
> 출제개념 리더십의 유형

34 Hershey A.B의 피로대책의 원칙 중 단조로움 · 권태감에 의한 피로대책은?

① 작업교대를 실시하는 일
② 용의주도한 작업계획 수립 이행
③ 불필요한 마찰을 배제하는 일
④ 일의 가치를 가르치는 일

> 단조로움이나 권태감은 맡은 일에 너무 익숙해질 때 발생하므로, 작업교대를 통해서 새로운 과업을 부여하는 것이 효과적인 피로대책이 된다.
>
> 출제개념 피로대책

35 피로에 영향을 주는 기계측의 인자가 아닌 것은?

① 기계의 색
② 기계의 중량
③ 기계의 종류
④ 조작부분의 배치

> 기계의 중량은 사용자가 직접 느끼는 요소가 아니므로 피로와 무관하다.
>
> 출제개념 피로요인, 기계측 인자

정답 **32** ③ **33** ④ **34** ① **35** ②

36 작업에 수반되는 피로의 예방과 대책으로서의 수단이 아닌 것은?

① 작업부하를 크게 할 것
② 정적 동작을 피할 것
③ 작업정도를 적절하게 할 것
④ 운등시간을 적당히 할 것

▼

피로를 줄이기 위해서는 작업부하를 줄이는 것이 중요하다.

출제개념 피로의 예방과 대책

37 생산의 양과 질의 저하를 지표로 하여 알 수 있는 피로는?

① 주관적 피로
② 생리적 피로
③ 정신적 피로
④ 객관적 피로

▼

객관적 피로는 자신은 피로감을 느끼지 못하나, 생산량 하락이나 품질의 저하 등 외부 지표로 나타나는 피로를 말한다.

출제개념 피로의 종류

38 피로측정방법 중 정신적 변화를 이용한 측정방법은?

① 반사기능
② 감각기능
③ 대사물의 질량변화
④ 자세의 변화

▼

정식적 피로는 주의력 저하, 집중력 감소, 자세 변화 등에서 나타나므로 자세의 변화를 관찰하는 것은 정신적 피로를 측정하는 방법에 해당한다.

출제개념 피로측정방법, 정신적 변화

39 인지과정 착오의 요인이 아닌 것은?

① 정서불안정
② 감각차단 현상
③ 작업자의 기능 미숙
④ 생리·심리적 능력의 한계

▼

인지과정 착오의 요인에는 감각차단 현상, 정보량 저장 한계, 정서불안정, 생리적·심리적 능력의 한계 등이 있다.

출제개념 인지과정 착오의 요인

정답　**36** ①　**37** ④　**38** ④　**39** ③

21년 3회

✔ 회독 ☐☐☐

40 안전점검의 순서로 맞는 것은?

① 실태 파악 → 결함의 발견 → 대책 결정 →
대책 실시

② 실태 파악 → 결함의 발견 → 대책 실시 →
대책 결정

③ 결함의 발견 → 실태 파악 → 대책 결정 →
대책 실시

④ 결함의 발견 → 실태 파악 → 대책 실시 →
대책 결정

> 안전점검은 '실태 파악 → 결함의 발견 → 대책 결정 →
> 대책 실시' 순으로 진행된다.
>
> 출제개념 안전점검의 순서

22년 2회

✔ 회독 ☐☐☐

41 일상점검 전에 수행되는 내용과 가장 거리가 먼
것은?

① 주변의 정리·정돈
② 생산품질의 이상 유무
③ 주변의 청소 상태
④ 설비의 방호장치 점검

> 생산품질 이상 유무는 실제 생산 과정이 진행된 후에 확인
> 할 수 있으므로, 일상점검 이전에 수행되는 내용과 거리가
> 멀다.
>
> 출제개념 일상점검 전 조치사항

22년 2회

✔ 회독 ☐☐☐

42 태풍, 지진 등의 천재지변이 발생한 경우나 이상
상태 발생 시 기능상 이상 유무에 대한 안전점검
의 종류는?

① 일상점검
② 정기점검
③ 수시점검
④ 특별점검

> 특별점검은 태풍이나 지진 등의 천재지변이 발생한 경
> 우나 설비·기계 등을 신설·변경하는 경우에 실시한
> 다. 한편, 임시점검은 설비의 갑작스런 이상 발견 시
> 실시하는 점검을 뜻하므로 둘을 구분하여 이해해야
> 한다.
>
> 출제개념 안전점검의 종류

25년 1회 24년 3회 23년 2회

✔ 회독 ☐☐☐

43 다음 중 안전점검 종류에 있어 점검주기에 의한
구분에 해당하는 것은?

① 육안점검
② 수시점검
③ 형식점검
④ 기능점검

> 점검주기에 의한 안전점검은 일상점검(수시점검), 정기
> 점검, 특별점검, 임시점검 등으로 구분된다.
>
> 출제개념 점검주기별 안전점검의 종류

정답 40 ① 41 ② 42 ④ 43 ②

44 다음 중 안전점검 체크리스트 작성 시 유의해야 할 사항과 관계가 가장 적은 것은?

① 사업장에 적합한 독자적인 내용으로 작성한다.

② 점검 항목은 전문적이면서 간략하게 작성한다.

③ 관계자의 의견을 통하여 정기적으로 검토·보완하여 작성한다.

④ 위험성이 높고, 긴급을 요하는 순으로 작성한다.

▼

점검 항목은 이해하기 쉽고 구체적으로 작성해야 한다.

출제개념 안전점검 체크리스트 작성 시 유의사항

45 안전검사 대상 유해·위험기계 중 크레인의 경우 사업장에 설치가 끝난 날부터 몇 년 이내에 최초 안전검사를 실시하여야 하는가? (단, 이동식 크레인, 이삿짐운반용 리프트는 제외한다.)

① 6개월 ② 1년

③ 2년 ④ 3년

▼

크레인은 설치 후 3년 이내에 최초 안전검사를 받아야 하며, 이후 2년마다 정기검사를 실시해야 한다.

출제개념 크레인의 안전검사

46 산업안전보건법령상 건설현장에서 사용하는 크레인, 리프트 및 곤돌라의 안전검사의 주기로 옳은 것은? (단, 이동식 크레인, 이삿짐운반용 리프트는 제외한다.)

① 최초로 설치한 날부터 6개월마다

② 최초로 설치한 날부터 1년마다

③ 최초로 설치한 날부터 2년마다

④ 최초로 설치한 날부터 3년마다

▼

건설현장에서 사용하는 크레인, 리프트, 곤돌라는 6개월마다 안전검사를 받아야 한다.

출제개념 건설기계의 안전검사 주기

47 산업안전보건법령상 안전검사 대상 유해·위험기계 등이 아닌 것은?

① 원심기

② 프레스

③ 리프트

④ 연삭기

▼

연삭기는 안전검사 대상 유해·위험기계에 포함되지 않는다.

출제개념 안전검사 대상 유해·위험기계

정답 44 ② 45 ④ 46 ① 47 ④

48 다음 중 산업안전보건법령상 자율안전확인 대상에 해당하는 방호장치는?

① 압력용기 압력방출용 파열관
② 보일러 압력방출용 안전밸브
③ 교류아크용접기용 자동전격방지기
④ 방폭구조 전기기계·기구 및 부품

> 교류아크용접기용 자동전격방지기는 자율안전확인 대상 방호장치이다. 이를 포함하여 자율안전확인 대상 방호장치의 종류는 다음과 같다.
> • 아세틸렌 용접장치용 또는 가스집합 용접장치용 안전기
> • 교류아크용접기용 자동전격방지기
> • 롤러기 급정지장치
> • 연삭기 덮개
> • 목재가공용 둥근톱 반발예방장치와 날접촉 예방장치
> • 동력식 수동대패용 칼날접촉 방지장치
> • 추락·낙하 및 붕괴 등의 위험방지 및 보호에 필요한 가설기자재
>
> 출제개념 **자율안전확인 대상 방호장치**

49 다음 중 Super. D. E의 역할이론에 포함되지 않는 것은?

① 역할갈등
② 역할기대
③ 역할조성
④ 역할유지

> Super. D. E의 역할이론은 역할연기, 역할기대, 역할조성, 역할갈등 4요소로 구성된다.
>
> 출제개념 **Super. D. E의 역할이론**

50 자율검사프로그램의 인정을 취소하거나 인정받은 자율검사프로그램의 내용에 따라 검사를 하도록 하는 등 시정을 명할 수 없는 것은?

① 자율검사프로그램을 인정받고도 검사를 하지 아니한 경우
② 인정받은 자율검사프로그램의 내용에 따라 검사를 하지 아니한 경우
③ 고용노동부령으로 정하는 안전에 관한 성능검사와 관련된 자격 및 경험을 가진 사람 또는 자율안전검사기관이 검사를 하지 아니한 경우
④ 임의로 설정한 방법으로 자율검사프로그램을 실시한 경우

> 임의로 설정한 방법으로 실시한 경우는 관련 법상 시정 대상이 아닌 것으로 간주한다. 자율검사프로그램의 인정을 취소하거나 인정받은 자율검사프로그램의 내용에 따라 검사를 하도록 하는 등 시정을 명할 수 있는 상황은 다음과 같다.
> • 거짓이나 그 밖의 부정한 방법으로 자율검사프로그램을 인정받은 경우(이 경우에는 인정을 취소해야 함)
> • 자율검사프로그램을 인정받고도 검사를 하지 아니한 경우
> • 인정받은 자율검사프로그램의 내용에 따라 검사를 하지 아니한 경우
> • 자율안전검사기관이 검사를 하지 아니한 경우
>
> 출제개념 **자율검사프로그램 시정 상황**

정답 **48** ③ **49** ④ **50** ④

안전보건교육의 내용 및 방법

24년 3회 　　　　　　　　　✔ 회독 □□□

01 다음 중 조건반사설에 의거한 학습이론의 원리가 아닌 것은?

① 강도의 원리　　② 일관성의 원리
③ 계속성의 원리　　④ 시행착오의 원리

> ▼
> 파블로프의 조건반사설에 의거한 학습이론의 원리로는 시간의 원리, 강도의 원리, 일관성의 원리, 계속성의 원리가 있으며, 시행착오의 원리는 손다이크의 이론에 해당한다.
>
> 출제개념 파블로프의 조건반사설 학습원리

25년 2회 24년 1회 21년 1회 　　　✔ 회독 □□□

02 다음 중 안전교육의 종류에 포함되지 않는 것은?

① 태도교육　　② 지식교육
③ 직무교육　　④ 기능교육

> ▼
> 안전교육은 지식교육, 기능교육, 태도교육 3단계로 구성된다.
>
> 출제개념 안전교육의 3단계

24년 1회 23년 3회 22년 1회 　　　✔ 회독 □□□

03 기억의 과정 중 과거의 학습경험을 통해서 학습된 행동이 현재와 미래에 지속되는 것을 무엇이라 하는가?

① 기명(Memorizing)
② 파지(Retention)
③ 재생(Recall)
④ 재인(Recognition)

> ▼
> 파지는 획득된 행동이나 내용이 지속되는 것을 의미한다.
>
> 출제개념 기억의 과정, 파지

정답　**01** ④　**02** ③　**03** ②

04 '파지'에 대한 설명으로 가장 올바른 것은?

① 사물의 인상을 마음속에 간직하는 것
② 획득된 행동이나 내용이 지속되는 것
③ 사물의 보존된 인상을 다시 의식으로 떠오르는 것
④ 과거의 경험이 어떤 형태로 미래의 행동에 영향을 주는 작용

> 파지는 획득한 행동이나 내용이 지속되는 것을 뜻한다. 그 밖에 ①은 기명, ③은 재생, ④는 재인에 대한 설명이다.
>
> [출제개념] 파지의 정의

05 하버드학파의 5단계 교수법에 해당되지 않는 것은?

① 교시(Presentation)
② 연합(Association)
③ 추론(Reasoning)
④ 총괄(Generalization)

> 하버드학파의 5단계 교수법에는 준비, 교시, 연합, 총괄, 응용이 해당된다.
>
> [출제개념] 하버드학파의 5단계 교수법

06 하버드학파의 5단계 교수법 순서가 옳게 나열된 것은?

① 준비 – 교시 – 연합 – 총괄 – 응용
② 준비 – 연합 – 교시 – 응용 – 총괄
③ 총괄 – 연합 – 교시 – 응용 – 준비
④ 응용 – 준비 – 연합 – 총괄 – 교시

> 하버드학파의 5단계 교수법은 '준비 → 교시 → 연합 → 총괄 → 응용' 순으로 진행된다.
>
> [출제개념] 하버드학파의 5단계 교수법

07 강의식 교육지도에서 가장 시간이 많이 할당되는 단계는?

① 도입단계
② 제시단계
③ 적용단계
④ 확인단계

> 강의식 교육은 주요내용을 제시하는 데 가장 많은 시간이 소요된다. 한편, 토의식 교육은 기본 지식이 있는 경우에 주로 사용되므로 적용단계에서 가장 많은 시간이 필요하다.
>
> [출제개념] 강의식 교육법

정답 04 ② 05 ③ 06 ① 07 ②

08 안전교육 중 제2단계로 시행되며 같은 것을 반복하여 개인의 시행착오에 의해서만 점차 그 사람에게 형성되는 교육은?

① 안전기술의 교육
② 안전지식의 교육
③ 안전기능의 교육
④ 안전태도의 교육

▼

안전기능의 교육은 반복을 통해 익히는 교육으로, 안전교육 2단계에 해당된다.

출제개념 안전교육 3단계

09 다음 중 교육의 3대 요소가 아닌 것은?

① 평가
② 강사
③ 교육자
④ 교육자료

▼

교육의 3대 요소는 강사(주체), 수강자(객체), 교재(매개체)이다.

출제개념 교육의 요소

10 다음 중 교육의 주체(Subject of Education)는?

① 강사
② 수강자
③ 교재
④ 교육방법

▼

교육의 주체는 강사이며, 객체는 수강자, 매개체는 교재이다.

출제개념 교육의 요소

11 안전관리자가 안전교육의 효과를 높이기 위해서 안전퀴즈대회를 열어 정답자에게 상을 주었다면 이는 어떤 학습원리를 학습자에게 적용한 것인가?

① Thorndike의 연습의 법칙
② Thorndike의 준비성의 법칙
③ Pablov의 강도의 원리
④ Skinner의 강화의 원리

▼

Skinner의 강화의 원리는 여러 행동 중 보상을 받은 행동이 강화되어 학습되는 원리를 뜻한다.

출제개념 학습의 원리

정답 08 ③ 09 ① 10 ① 11 ④

12 다음 중 안전교육자의 자세로서 바람직하지 못한 것은?

① 상대방의 입장이 되어서 가르칠 것
② 쉬운 것에서 어려운 것으로 가르칠 것
③ 가능한 한 전문용어를 사용하여 가르칠 것
④ 중요한 것은 반복해서 가르칠 것

> 안전교육자는 가능한 한 쉬운 용어를 사용하여 수강자의 이해를 돕는 것이 바람직하다.
>
> 출제개념 안전교육자의 바람직한 자세

13 다음 중 교육훈련 평가의 4단계를 올바르게 나열한 것은?

① 학습 → 반응 → 행동 → 결과
② 학습 → 행동 → 반응 → 결과
③ 행동 → 반응 → 학습 → 결과
④ 반응 → 학습 → 행동 → 결과

> 교육훈련 효과의 평가 4단계는 '반응 → 학습 → 행동 → 결과' 순으로 진행된다.
>
> 출제개념 교육훈련 평가의 4단계

14 학습의 전이에 영향을 주는 조건과 관련이 없는 것은?

① 학습자의 지능 요인
② 학습정도의 요인
③ 학습자의 태도 요인
④ 학습장소의 요인

> 학습의 전이에 영향을 주는 요인은 학습자의 지능 요인, 학습정도의 요인, 학습자의 태도 요인, 학습내용의 유사성 등이다.
>
> 출제개념 학습의 전이 요인

15 O.J.T(On the Job Training)에 관한 설명으로 옳은 것은?

① 집합 교육형태의 훈련이다.
② 다수의 근로자에게 조직적 훈련이 가능하다.
③ 직장의 실정에 맞게 실제적 훈련이 가능하다.
④ 전문가를 강사로 활용할 수 있다.

> O.J.T는 현장에서 직장상사가 직접 개별로 지도하기 때문에 직장의 실정에 맞게 실제적 훈련이 가능하다.
>
> 출제개념 O.J.T의 특징

정답 **12** ③ **13** ④ **14** ④ **15** ③

16 OFF.J.T의 설명으로 틀린 것은?

① 다수의 근로자에게 조직적 훈련이 가능하다.

② 훈련에만 전념하게 된다.

③ 효과가 곧 업무에 나타나며 훈련의 좋고 나쁨에 따라 개선이 쉽다.

④ 교육훈련 목표에 대해 집단적 노력이 흐트러질 수 있다.

▼

효과가 곧 업무에 나타나며 훈련의 좋고 나쁨에 따라 개선이 쉬운 것은 O.J.T의 특징이다.

출제개념 OFF.J.T의 특징

17 O.J.T(On the Job Training)의 특징이 아닌 것은?

① 훈련에 필요한 업무의 계속성이 끊어지지 않는다.

② 교육효과가 업무에 신속히 반영된다.

③ 다수의 근로자들을 대상으로 동시에 조직적 훈련이 가능하다.

④ 개개인에게 적절한 지도훈련이 가능하다.

▼

다수를 대상으로 동시에 조직적 훈련이 가능한 것은 OFF.J.T의 특징이다.

출제개념 O.J.T의 특징

18 OFF.J.T(OFF the Job Training)의 특징이 아닌 것은?

① 전문가를 초빙하여 강사로 활용이 가능하다.

② 많은 지식·경험을 교류할 수 있다.

③ 다수의 근로자들에게 조직적 훈련이 가능하다.

④ 직장의 실정에 맞게 실제적 훈련이 가능하다.

▼

직장의 실정에 맞게 실제적 훈련이 가능한 것은 O.J.T(사업장 내 훈련)의 특징이다.

출제개념 OFF.J.T의 특징

19 STOP 기법의 설명으로 옳은 것은?

① 안전교육의 추진방법

② 관리감독자 안전관찰 훈련

③ 위험예지훈련

④ 교육훈련의 평가방법

▼

STOP 기법은 관리감독자 안전관찰 훈련을 뜻한다.

출제개념 STOP 기법

정답 **16** ③ **17** ③ **18** ④ **19** ②

20 교육훈련 방법 중 사례연구법의 장점은?

① 학습의 속도가 빠르다.
② 의사결정의 중요성을 알린다.
③ 준비가 간단하고 어디서나 가능하다.
④ 현실적인 문제의 학습이 가능하며 관찰, 분석력이 향상된다.

> 사례연구법(케이스 메소드)은 실제 발생했던 사례연구를 통해 문제해결 능력과 의사결정 능력을 키우는 방식이다. 이러한 특징으로 현실적인 문제를 학습할 수 있으며, 학습 과정에서 관찰력과 분석력이 향상된다는 장점이 있다.
>
> **출제개념** 교육훈련법, 사례연구법

21 안전한 작업방법을 알고는 있으나 시행하지 않는 것에 대한 교육으로 옳은 것은?

① 안전지식 교육
② 작업환경 교육
③ 안전태도 교육
④ 안전기능 교육

> 알고는 있으나 시행하지 않는 것은 마음가짐과 몸가짐의 문제로, 태도교육이 필요하다.
>
> **출제개념** 안전교육

22 토의 방식 중 참가자가 다수인 경우에 전원을 토의에 참가시키기 위하여 소집단으로 구분하고, 각각 자유토의를 행하여 의견을 종합하는 방식은?

① 포럼(Forum)
② 심포지엄(Symposium)
③ 버즈세션(Buzz Session)
④ 패널 디스커션(Panel Discussion)

> 버즈세션은 6명씩 소그룹으로 나누어 6분간 토의하는 방법으로 6-6회의라고도 하며, 많은 인원을 모두 토의에 참여시키기에 효과적인 방식이다.
>
> **출제개념** 토의법, 버즈세션

23 다음 중 TWI(Training Within Industry)의 교육 내용이 아닌 것은?

① Job Support
② Job Method
③ Job Relation
④ Job Instruction

> TWI는 초급관리자 대상 교육으로 작업지도(JI), 작업개선(JM), 부하통솔(JR), 작업안전(JS)이 포함된다.
>
> **출제개념** TWI 교육내용

정답 　**20** ④ 　**21** ③ 　**22** ③ 　**23** ①

24 관리감독자를 대상으로 작업지도방법, 작업개선방법, 대인관계능력 등을 가르치는 교육은?

① TWI(Training Within Industry)
② ATT(American Telephone & Telegram Co.)
③ MTP(Management Training Program)
④ CCS(Civil Communication Section)

TWI는 기업 내 초급감독자를 대상으로 한 교육으로, 작업지도법(JIT), 작업개선법(JMT), 부하통솔법(JRT), 작업안전법(JST) 등을 가르친다.

출제개념 TWI

25 어떤 상황의 판단 능력과 사실의 분석 및 문제의 해결 능력을 키우기 위하여 먼저 사례를 조사하고, 문제적 사실들과 그의 상호관계에 대하여 검토하고, 대책을 토의하도록 하는 교육방식은 무엇인가?

① 심포지엄(Symposium)
② 롤 플레잉(Role Playing)
③ 케이스 메소드(Case Method)
④ 패널 디스커션(Panel Discussion)

케이스 메소드(Case Method)는 실제 발생했던 사례 연구를 통해 문제해결 능력과 의사결정 능력을 키우는 방식이다.

출제개념 교육방식

26 안전교육의 3요소(3단계)가 아닌 것은?

① 지식교육
② 기능교육
③ 태도교육
④ 실습교육

안전교육 3단계는 '지식교육 → 기능교육 → 태도교육' 순이다.

출제개념 안전교육 3단계

27 교육대상은 TWI보다 높은 관리자 계층으로 2시간씩 20회 40시간 훈련하는 교육은?

① CCS(Civil Communication Section)
② MTP(Management Training Program)
③ TWI(Training Within Industry)
④ ATT(American Telephone & Telegram Co.)

MTP는 TWI보다 높은 계층인 중간관리자를 대상으로 진행되는 교육훈련 프로그램이며, 보통 2시간씩 20회, 총 40시간 과정으로 운영된다.

출제개념 TWI, MTP

정답 24 ① 25 ③ 26 ④ 27 ②

28 토의법의 유형 중 다음에 설명하는 것은?

> 교육과제에 정통한 전문가 4~5명이 피교육자 앞에서 자유로이 토의를 실시한 다음에 피교육자 전원이 참가하여 사회자의 사회에 따라 토의하는 방법

① 포럼(Forum)
② 패널 디스커션(Panel Discussion)
③ 심포지엄(Symposium)
④ 버즈세션(Buzz Session)

> 패널 디스커션(Panel Discussion)은 특정 주제에 대하여 서로 의견을 달리하는 4~5명의 참가자가 사회자의 진행에 따라 청중학습자 앞에서 토의하는 방식이다.
>
> 출제개념 토의법, 패널 디스커션

29 기업 내 정형교육 중 대상으로 하는 계층이 한정되어 있지 않고, 한 번 훈련을 받은 관리자는 그 부하인 감독자에 대해 지도원이 될 수 있는 교육방법은?

① TWI(Training Within Industry)
② MTP(Management Training Program)
③ CCS(Civil Communication Section)
④ ATT(American Telephone & Telegram Co.)

> ATT는 계층에 제한 없이 교육을 한 번 받은 관리자는 그 부하인 감독자를 포함하여 직급에 관계 없이 아직 훈련을 받지 않은 자에 대해 지도원이 될 수 있는 교육방법이다.
>
> 출제개념 ATT

30 자극과 반응(S-R)이론을 주장한 사람은?

① 하인리히
② 손다이크
③ 버드
④ 파블로프

> 에드워드 손다이크(Edward Thorndike)는 S-R(자극-반응)이론의 창시자로, 특정 자극에 대한 반응의 결합으로 학습이 일어난다고 주장하였다.
>
> 출제개념 손다이크의 자극과 반응(S-R)이론

31 학습의 전개단계에서 주제를 논리적으로 체계화함에 있어 필요한 사항이 아닌 것은?

① 간단한 것에서 복잡한 것으로
② 부분적인 것에서 전체적인 것으로
③ 미리 알려져 있는 것에서 미지의 것으로
④ 많이 사용하는 것에서 적게 사용하는 것으로

> 학습의 전개는 전체적인 것에서 부분적인 것으로 구성하는 것이 원칙이다.
>
> 출제개념 학습의 전개단계

정답 **28** ② **29** ④ **30** ② **31** ②

32 학습지도의 형태 중 몇 사람의 전문가가 주제에 대한 견해를 발표하고 참가자로 하여금 의견을 내거나 질문을 하게 하는 토의방식은?

① 포럼(Forum)

② 심포지엄(Symposium)

③ 버즈세션(Buzz Session)

④ 자유토의법(Free Discussion Method)

▽

심포지엄은 2~5명의 전문가가 동일한 주제 혹은 상호 관련된 소주제에 대해서 각자의 전문적인 견해를 제시하는 토의방식이다.

출제개념 토의법

33 작업태도 분석에 의한 동기 파악방법의 연구과정은?

① 요인 – 태도 – 결과

② 태도 – 결과 – 요인

③ 결과 – 요인 – 태도

④ 태도 – 요인 – 결과

▽

동기 파악방법의 연구는 '요인 – 태도 – 결과' 과정으로 이루어진다.

출제개념 동기 파악방법의 연구과정

34 안전 · 보건교육 중 근로자 채용 시 교육내용과 가장 거리가 먼 것은?

① 산업안전 및 산업재해 예방에 관한 사항

② 현장 안전개선방법 및 조사방법에 관한 사항

③ 기계 · 기구의 위험성과 작업의 순서 및 동선에 관한 사항

④ 직무스트레스 예방 및 관리에 관한 사항

▽

현장 안전개선방법 및 조사방법에 관한 사항은 근로자 채용 시 안전 · 보건교육에 포함되지 않는다.

출제개념 근로자 채용 시 안전 · 보건교육내용

35 「산업안전보건법」상 사업 내 안전 · 보건교육에 있어 관리감독자 정기안전 · 보건교육에 해당하는 것은? (단, 「산업안전보건법」 및 일반관리에 관한 사항은 제외한다.)

① 정리정돈 및 청소에 관한 사항

② 작업개시 전 점검에 관한 사항

③ 작업공정의 유해 · 위험과 재해 예방대책에 관한 사항

④ 기계 · 기구의 위험성과 작업의 순서 및 동선에 관한 사항

▽

작업공정의 유해 · 위험과 재해 예방대책에 관한 사항은 관리감독자 정기안전 · 보건교육에 포함된다.

출제개념 관리감독자 정기안전 · 보건교육

정답 32 ② 33 ① 34 ② 35 ③

36 산업안전보건법령상 근로자 안전·보건교육 중 채용 시의 교육 및 작업내용 변경 시의 교육사항으로 옳은 것은?

① 물질안전보건자료에 관한 사항
② 건강증진 및 질병 예방에 관한 사항
③ 유해·위험 작업환경 관리에 관한 사항
④ 표준안전작업방법 및 지도 요령에 관한 사항

▼
채용 시의 교육 및 작업내용 변경 시의 교육사항에는 작업에 필요한 유해화학물질 정보를 제공하는 물질안전보건자료(MSDS) 교육이 포함된다.

출제개념 근로자 채용 시 및 작업내용 변경 시 안전·보건교육내용

37 「산업안전보건법」상 사업 내 안전·보건교육 교육과정이 아닌 것은?

① 특별교육
② 양성교육
③ 작업내용 변경 시의 교육
④ 건설업 기초 안전·보건교육

▼
안전·보건교육 과정에는 정기교육, 채용 시 교육, 작업내용 변경 시 교육, 특별교육, 건설업 기초 안전·보건교육이 있다.

출제개념 안전·보건교육의 교육과정

38 산업안전보건법령상 사업 내 안전·보건교육에서 근로자 정기안전·보건교육의 교육내용에 해당하지 않는 것은? (단, 기타 「산업안전보건법」 및 일반관리에 관한 사항은 제외한다.)

① 건강증진 및 질병 예방에 관한 사항
② 산업보건 및 건강장해 예방에 관한 사항
③ 유해·위험 작업환경 관리에 관한 사항
④ 작업공정의 유해·위험과 재해 예방대책에 관한 사항

▼
작업공정의 유해·위험과 재해 예방대책에 관한 사항은 관리감독자의 정기 교육내용이다.

출제개념 근로자 정기안전·보건교육내용

39 산업안전보건법령상 안전보건관리책임자 등에 대한 교육시간 기준으로 틀린 것은?

① 보건관리자, 보건관리자전문기관의 종사자 보수교육: 24시간 이상
② 안전관리자, 안전관리전문기관의 종사자 신규교육: 34시간 이상
③ 안전보건관리책임자 보수교육: 6시간 이상
④ 건설재해예방 전문지도기관의 종사자 신규교육: 24시간 이상

▼
건설재해예방 전문지도기관 종사자의 신규교육은 34시간 이상이다.

출제개념 안전보건관리책임자 등 교육시간

정답 **36** ① **37** ② **38** ④ **39** ④

25년 2회 24년 1회 ✔회독 □□□

40 「산업안전보건법」상 관리감독자의 안전보건교육 중 정기교육에 대한 교육시간으로 옳은 것은?

① 매반기 6시간 이상
② 매반기 12시간 이상
③ 연간 12시간 이상
④ 연간 16시간 이상

▼

관리감독자의 정기교육은 연간 16시간 이상 실시해야 한다.

출제개념 관리감독자 정기안전보건교육 시간

25년 1회 24년 3회 24년 2회 ✔회독 □□□

41 산업안전보건법령상 사업 내 안전·보건교육에 있어 근로자 채용 시의 교육내용에 해당하지 않는 것은?

① 위험성 평가에 관한 사항
② 유해·위험 작업환경 관리에 관한 사항
③ 산업안전 및 산업재해 예방에 관한 사항
④ 기계·기구의 위험성과 작업의 순서 및 동선에 관한 사항

▼

유해·위험 작업환경 관리에 관한 사항은 근로자 채용 시 교육항목에 포함되지 않는다.

출제개념 근로자 채용 시 안전·보건교육내용

신출 25년 3회 ✔회독 □□□

42 밀폐된 장소에서 용접작업을 하는 근로자를 대상으로 한 특별안전·보건교육 내용으로 옳지 않은 것은?

① 작업순서, 안전작업방법 및 수칙에 관한 사항
② 유해·위험 작업환경 관리에 관한 사항
③ 질식 시 응급조치에 관한 사항
④ 작업환경 점검에 관한 사항

▼

밀폐된 장소에서 하는 용접작업 또는 습한 장소에서 하는 전기용접 작업 시 특별안전·보건교육 내용은 다음과 같다.
• 작업순서, 안전작업방법 및 수칙에 관한 사항
• 환기설비에 관한 사항
• 전격 방지 및 보호구 착용에 관한 사항
• 질식 시 응급조치에 관한 사항
• 작업환경 점검에 관한 사항
• 그 밖에 안전보건관리에 필요한 사항

출제개념 특별안전·보건교육대상 작업

틀리라고 낸 문제

틀리라고 낸 문제란? 산업안전산업기사 필기시험에는 매 회차마다 정석으로 풀었을 때, 5분 이상 걸리는 일명 '틀리라고 낸 문제'가 출제된다. 이런 문제들은 숫자도 바꾸지 않고 그대로 나오는 경우가 많기 때문에 정석 풀이법을 익히기보다는 답을 암기하고 넘어가자.

25년 3회 25년 2회 24년 1회 　　　✔회독 ☐☐☐

01 다음은 경작업용 안전화에 대한 정의이다. 빈칸에 알맞은 것은?

> (　　　)mm의 낙하높이에서 시험했을 때 충격과 (4.4±0.1)킬로뉴턴(kN)의 압축하중에서 시험했을 때 압박에 대하여 보호해 줄 수 있는 선심을 부착하여, 착용자를 보호하기 위한 안전화를 말한다.

① 1,000 　　　　② 500
③ 250 　　　　　④ 200

> **간단 해설**
> 경작업용 안전화는 250mm의 낙하높이에서 시험했을 때 충격과 (4.4±0.1)킬로뉴턴(kN)의 압축하중에서 시험했을 때 압박에 대하여 보호해 줄 수 있는 선심을 부착하여 착용자를 보호하기 위한 안전화를 말한다.
> **정답** ③

22년 2회 　　　　　　　　　✔회독 ☐☐☐

02 직접 작업을 하는 작업자 자기의 부주의 이외에 제반 오류의 원인을 생각함으로써 개선을 하도록 하는 과오 원인 제거로 옳은 것은?

① BS 　　　　　② TBM
③ ECR 　　　　　④ STOP

> **간단 해설**
> ECR(Error Cause Removal or Elimination)은 제반 오류의 원인을 작업자가 스스로 생각하게 하고 개선 활동을 하도록 유도하는 과오 원인 제거방법이다.
> **정답** ③

23년 3회 　　　　　　　　　✔회독 ☐☐☐

03 비통제의 집단행동 중 폭동과 같은 것을 말하며, 군중보다 합의성이 없고, 감정에 의해서만 행동하는 특성은?

① 패닉(Panic)
② 모브(Mob)
③ 모방(Imitation)
④ 심리적 전염(Mental Epidemic)

> **간단 해설**
> 모브(Mob)는 통제할 수 없는 집단행동 중 폭동과 같은 것으로 군중보다 합의성이 없고, 감정에 의해서만 행동하는 특성이다.
> **정답** ②

04 다음 중 리더십 유형과 의사결정의 관계를 올바르게 연결한 것은?

① 개방적 리더 – 리더 중심
② 개성적 리더 – 종업원 중심
③ 민주적 리더 – 전체집단 중심
④ 독재적 리더 – 전체집단 중심

간트 해설

민주적 리더는 구성원의 의견을 반영해 전체집단 중심으로 의사결정을 한다.

정답 ③

05 우선 평행의 호를 보고 이어 직선을 본 경우에 직선은 호와의 반대방향에 보이는 착시현상은?

① 동화착오　　　　② 분할착오
③ 윤곽착오　　　　④ 방향착오

간단 해설

윤곽착오는 우선 평행한 곡선을 보고 직선을 보면, 직선이 곡선과 반대방향으로 휘어져 보이는 착시현상이다.

정답 ③

06 다음 중 산업안전보건법령상 특별안전·보건교육의 대상 작업에 해당하지 않는 것은?

① 석면해체·제거작업
② 밀폐된 장소에서 하는 용접작업
③ 화학설비 취급품의 검수·확인작업
④ 2m 이상의 콘크리트 인공구조물의 해체작업

간단 해설

화학설비 중 반응기, 교반기·추출기의 사용 및 세척작업이 특별안전·보건교육대상 작업에 해당된다.

정답 ③

07 산업안전보건법령상 거푸집 및 동바리의 조립 또는 해체작업 시 특별교육내용이 아닌 것은? (단, 그 밖에 안전·보건관리에 필요한 사항은 제외한다.)

① 비계의 조립순서 및 방법에 관한 사항
② 조립 해체 시의 사고 예방에 관한 사항
③ 동바리의 조합방법 및 작업 절차에 관한 사항
④ 조립재료의 취급방법 및 설치기준에 관한 사항

간단 해설

비계의 조립순서 및 방법에 관한 사항은 비계 조립·해체·변경작업에 관한 특별교육내용이다.

정답 ①

08 「산업안전보건법」상 전압이 75V 이상인 정전 및 활선작업자에게 특별안전·보건교육을 시키고자 할 때의 교육내용이 아닌 것은?

① 작업환경 점검에 관한 사항
② 전기의 위험성 및 전격 방지에 관한 사항
③ 절연용 보호구, 절연용 방호구 및 활선작업용 기구 등의 사용에 관한 사항
④ 정전작업·활선작업 시의 안전작업방법 및 순서에 관한 사항

간단 해설

전압이 75V 이상인 정전 및 활선작업 특별안전·보건교육 내용은 다음과 같다.
• 전기의 위험성 및 전격 방지에 관한 사항
• 해당 설비의 보수 및 점검에 관한 사항
• 정전작업·활선작업 시의 안전작업방법 및 순서에 관한 사항
• 절연용 보호구, 절연용 방호구 및 활선작업용 기구 등의 사용에 관한 사항
• 그 밖에 안전·보건관리에 필요한 사항

정답 ①

 **정종대쌤이 짚어주는 2과목 체크 포인트**

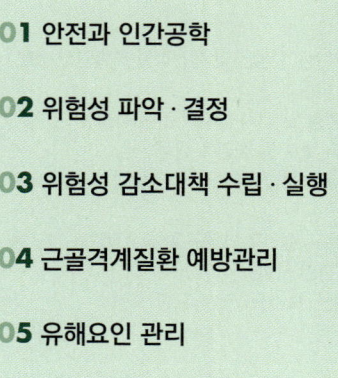
#위험성 평가 종류와 용도 암기 필수

#과락주의 과목

#신뢰도 등 계산문제 이해 중요

»» 최근 5개년 개념별 출제 비중

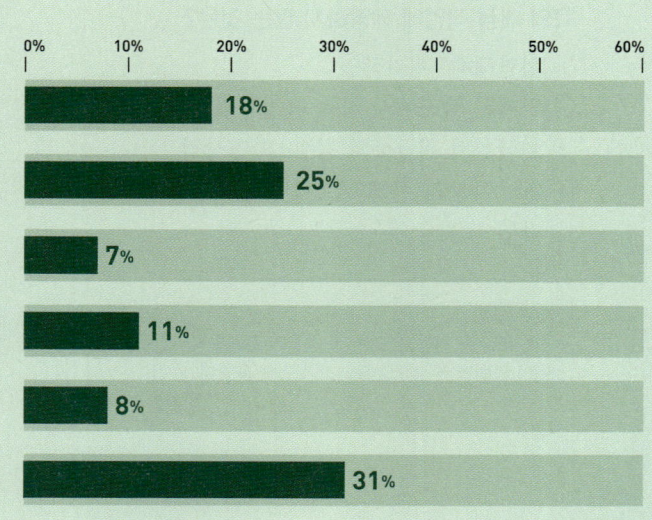

01 안전과 인간공학	18%
02 위험성 파악·결정	25%
03 위험성 감소대책 수립·실행	7%
04 근골격계질환 예방관리	11%
05 유해요인 관리	8%
06 작업환경 관리	31%

2과목

인간공학 및 위험성 평가 · 관리

✔ 과목별 기출 수록!
✔ 5개년 기출 중복소거!
✔ 문항별 기출연도 표기!

핵심이론

- 01 안전과 인간공학
- 02 위험성 파악 · 결정
- 03 위험성 감소대책 수립 · 실행
- 04 근골격계질환 예방관리
- 05 유해요인 관리
- 06 작업환경 관리

최신 5개년 기출 (2025~2021년)

- 01 안전과 인간공학
- 02 위험성 파악 · 결정
- 03 위험성 감소대책 수립 · 실행
- 04 근골격계질환 예방관리
- 05 유해요인 관리
- 06 작업환경 관리
- Bonus! 틀리라고 낸 문제

CHAPTER 01

안전과 인간공학

핵심 키워드 인간공학의 정의, 인간-기계체계, 기계설비고장, 인간의 오류모형, 심리적 분류

☑ **외워줘! 제발~** 은 필수적으로 암기해야 하는 내용을 표시한 부분으로, 시간이 부족한 학습자는 이 내용 위주로 효율적으로 공부하고, 부록 '필수 암기노트'에 내용을 한 번 더 정리해 두었으니 시험 당일 들고 가서 활용하자!

☑ **형광펜**은 시험에 자주 나온 개념으로 2~3배로 꼼꼼히 암기하자! 특히, 시험 직전에는 **외워줘! 제발~** 과 **형광펜**만 모아 빠르게 학습하자!

☑ 빈출 기출문제는 시험에 자주 출제되는 문제로, 관련 개념까지 확실하게 익혀두자!

1 인간공학

1. 인간공학의 정의

인간의 특성을 고려하여 작업과 환경을 설계함으로써 편리함, 효율성, 안전성 등을 향상시키기 위한 학문이다. 일반적으로 Ergonomics, Human Engineering 또는 Human Factors로 표현하기도 한다.

2. 인간공학의 궁극적 목적 **외워줘! 제발~**

(1) 작업자의 안전성 향상

(2) 작업능률 향상

(3) 직무만족도 향상

(4) 노사 간의 신뢰 회복

(5) 쾌적한 작업환경 조성

 빈출 기출문제

인간공학에 대한 설명으로 틀린 것은?

① 인간이 사용하는 물건·설비·환경의 설계에 적용된다.

② 인간을 작업과 기계에 맞추는 설계 철학이 바탕이 된다.

③ 인간-기계 시스템의 안전성과 편리성, 효율성을 높인다.

④ 인간의 생리적·심리적인 면에서의 특성이나 한계점을 고려한다.

해설 기계에 인간을 맞추는 것이 아니라, 인간에게 작업과 기계를 맞추는 설계 철학이 바탕이 된다.

정답 ②

인간공학의 궁극적인 목적과 가장 관계가 깊은 것은?

① 경제성 향상

② 인간 능력의 극대화

③ 설비의 가동률 향상

④ 안전성 및 효율성 향상

해설 인간공학은 안전성 및 효율성 향상, 쾌적한 작업환경을 위해 필요하다.

정답 ④

❷ 인간－기계체계

1. 인간－기계 통합시스템의 기본기능 4가지

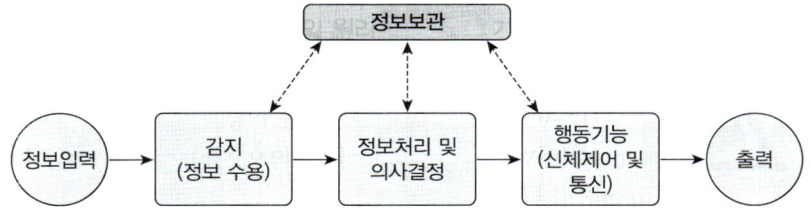

2. 인간과 기계의 특징

(1) 인간의 특징

① 인간은 일반적으로 <mark>귀납적 추리</mark>를 한다.

② 인간은 많은 양의 정보를 장기간 기억할 수 있다.

③ 인간은 경험을 통해 스스로 향상 및 보완된다.

(2) 기계의 특징

① 기계는 일반적으로 <mark>연역적 추리</mark>를 한다.

② 인간보다 큰 힘을 발휘할 수 있다.

③ 기계는 암호화된 정보를 짧은 시간에 대량 저장할 수 있다.

④ 반복 작업을 장시간 수행할 수 있다.

3. 인간과 기계체계의 종류 외워줘! 제발~

(1) **수동체계**: <mark>인간이 동력원</mark> 역할을 하며 도구나 기구를 사용하여 작업한다.

(2) **반자동체계(＝기계화체계)**: 기계가 동력원 역할을 하며 <mark>인간은 운전, 정비</mark> 등을 수행한다.

(3) **자동체계**: 기계가 동력원 및 운전을 자동으로 실시하며 <mark>인간은 감시, 정비, 프로그램 입력 등의 역할</mark>을 한다.

4. 체계설계 시 인간기준

(1) **인간성능 척도**: 감각활동, 정신활동, 근육활동 등에 의해서 판단한다.
(2) **생리학적 지표**: 혈압, 맥박수, 뇌파, 혈액성분, 전기피부반응(GSR) 등으로 판단한다.
(3) **주관적 반응**: 개인적으로 느끼는 감정, 만족도, 편안함, 스트레스 등의 심리적·정서적 평가를 중심으로 판단한다.
(4) **사고빈도**: 사고발생 빈도를 기준으로 판단한다.

5. 기계설비고장

(1) **고장률곡선(욕조곡선)**

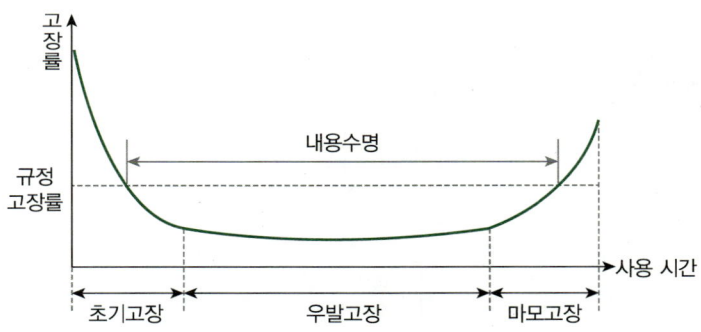

(2) **고장의 종류** 외워줘! 제발~

① **초기고장**: 시운전 등을 통해 고장을 수리하고 고장률을 낮추는 구간으로 감소형 고장이다.
  ⓐ **디버깅(Debugging) 기간**: 설비의 결함을 발견하여 **고장률**을 낮추는 기간
  ⓑ **번인(Burn-in) 기간**: 설비를 가동하여 발생한 **고장**을 수리하는 기간
② **우발고장**: 설비의 고장을 예측하기 어렵고, 대책을 마련하기 곤란한 일정형 고장이다.
③ **마모고장**: 설비 부품의 수명이 다해 발생하는 증가형 고장으로 고장률이 증가하는 구간이다. 이 구간에서는 **설비진단, 예방보전**을 통해 고장을 예방할 수 있다.

 빈출 기출문제

초기고장과 마모고장 각각의 고장형태와 그 예방대책에 관한 연결로 틀린 것은?

① 초기고장 - 감소형 - 번인(Burn-in)
② 마모고장 - 증가형 - 예방보전(PM)
③ 초기고장 - 감소형 - 디버깅(Debugging)
④ 마모고장 - 증가형 - 스크리닝(Screening)

해설 마모고장 - 증가형 - 예방보전이 올바른 연결이다.

정답 ②

빈출 기출문제

기계설비고장 유형 중 기계의 초기결함을 찾아내 고장률을 안정시키는 기간은?

① 마모고장 기간   ② 우발고장 기간

③ 에이징(Aging) 기간   ④ 디버깅(Debugging) 기간

해설 디버깅(Debugging) 기간은 설비의 결함을 발견하여 고장률을 낮추는 기간이고, 번인(Burn-in) 기간은 설비를 가동하여 발생한 고장을 수리하는 기간이다. 이 두 가지를 확실하게 구분해야 한다.

정답 ④

③ 체계설계와 인간요소

1. 인간-기계 시스템 설계과정 6단계 `외워줘! 제발~`

(1) **시스템 목표 및 성능명세 결정**: 시스템의 개발 목표를 결정한다.

(2) **시스템의 정의**: 목표 달성을 위한 시스템의 기능 등을 정의한다.

(3) **기본설계**: 작업설계, 직무분석, 기능할당 등 목표 달성을 위한 설계를 한다.

(4) **인터페이스 설계**: 화면 설계, 버튼 설계 등 계면 설계를 한다.

(5) **촉진물 설계**: 기능이나 사용을 촉진하기 위한 보조 기능 및 장치를 설계한다.

(6) **시험 및 평가**: 수정, 보완, 평가를 실시한다.

④ 인간요소와 휴먼에러

1. 인간의 오류모형 `외워줘! 제발~`

(1) **실수(Slip)**: 진의를 오해하지 않았지만, 본의 아니게 발생한 오류

(2) **착오(Mistake)**: 진의를 오해하여 일어난 오류

(3) **건망증(Lapse)**: 기억해야 할 정보를 잊어버리는 오류

(4) **위반(Violation)**: 정해진 규칙이나 기준에서 의도적으로 벗어나서 생긴 오류

 빈출 기출문제

인간의 오류모형에서 '알고 있음에도 의도적으로 따르지 않거나 무시한 경우'를 무엇이라 하는가?

① 실수(Slip)   ② 착오(Mistake)

③ 건망증(Lapse)   ④ 위반(Violation)

해설 위반(Violation)은 정해진 규칙이나 기준에서 의도적으로 벗어나서 생긴 오류를 의미한다.

정답 ④

2. 스웨인의 심리적 분류(＝독립행동에 따른 분류) 외워줘! 제발~

(1) **수행적 과오(Commission Error)**: 필요한 작업을 불확실하게 수행하여 발생한 과오
(2) **생략적 과오(Omission Error)**: 필요한 작업을 수행하지 않아 발생한 과오
(3) **순서적 과오(Sequence Error)**: 필요한 작업의 순서가 잘못되어 발생한 과오
(4) **시간적 과오(Timing Error)**: 필요한 작업의 시간 지연으로 발생한 과오
(5) **과잉작업 과오(Extraneous Error)**: 불필요한 작업의 수행으로 인해 발생한 과오

 빈출 기출문제

인간의 실수 중 수행해야 할 작업 및 단계를 생략하여 발생하는 오류는?

① Omission Error　　　　　　② Commission Error
③ Sequence Error　　　　　　④ Timing Error

해설　생략적 과오(Omission Error)는 필요한 작업을 수행하지 않아 발생한 오류이다.

정답　①

3. 인간에러의 레벨적 분류

(1) **1차 에러(Primary Error)**: 작업자의 실수로 인해 발생한 에러
(2) **2차 에러(Secondary Error)**: 작업조건, 작업환경에 의해 발생한 에러
(3) **지시 에러(Command Error)**: 실행하고자 하여도 필요한 물질 에너지의 공급이 없어 작업자가 행동할 수 없는 상태에서 발생한 에러

CHAPTER 02 위험성 파악 · 결정

핵심 키워드 결함수분석, 안전성 평가, HAZOP, 예비위험분석, MORT, 사상수분석, THERP

☑ **외워줘! 제발~**은 필수적으로 암기해야 하는 내용을 표시한 부분으로, 시간이 부족한 학습자는 이 내용 위주로 효율적으로 공부하고, 부록 '필수 암기노트'에 내용을 한 번 더 정리해 두었으니 시험 당일 들고 가서 활용하자!

☑ **형광펜**은 시험에 자주 나온 개념으로 2~3배로 꼼꼼히 암기하자! 특히, 시험 직전에는 **외워줘! 제발~**과 **형광펜**만 모아 빠르게 학습하자!

☑ 빈출 기출둔제는 시험에 자주 출제되는 문제로, 관련 개념까지 확실하게 익혀두자!

1 위험성 평가

1. FTA(결함수분석법) 외워줘! 제발~

(1) 개요

① FTA(Fault Tree Analysis)는 재해 및 시스템 고장의 원인을 연역적인 방법으로 분석하는 안전성 평가 방법이다.

② 1962년 미국 벨 전화 연구소에 의해서 고안됐다.

③ 논리기호를 사용하여 Top-Down 방식으로 정량적 · 연역적 분석을 행하는 기법이다.

④ 기본사상(Basic Event)이 발생할 확률이 정확할수록 정상사상(Top Event)이 발생할 가능성이 정확하게 평가될 수 있다.

 빈출 기출문제

결함수분석(FTA)에 관한 설명으로 틀린 것은?

① 연역적 방법이다.

② 버텀-업(Bottom-up) 방식이다.

③ 기능적 결함의 원인을 분석하는 데 용이하다.

④ 정량적 분석이 가능하다.

해설 버텀-업(Bottom-up) 방식이 아닌 탑-다운(Top-Down) 방식이다.

정답 ②

(2) FTA의 장점 외워줘! 제발~

① 사고원인 규명의 간편화

② 사고원인 분석의 일반화

③ 사고원인 분석의 정량화

(3) FTA 작성 절차 외워줘! 제발~

① 정상사상(Top Event) 설정

② 재해원인 목록 작성

③ FT도 작성

④ 개선계획 수립

(4) FTA 사상기호 및 논리게이트 외워줘! 제발~

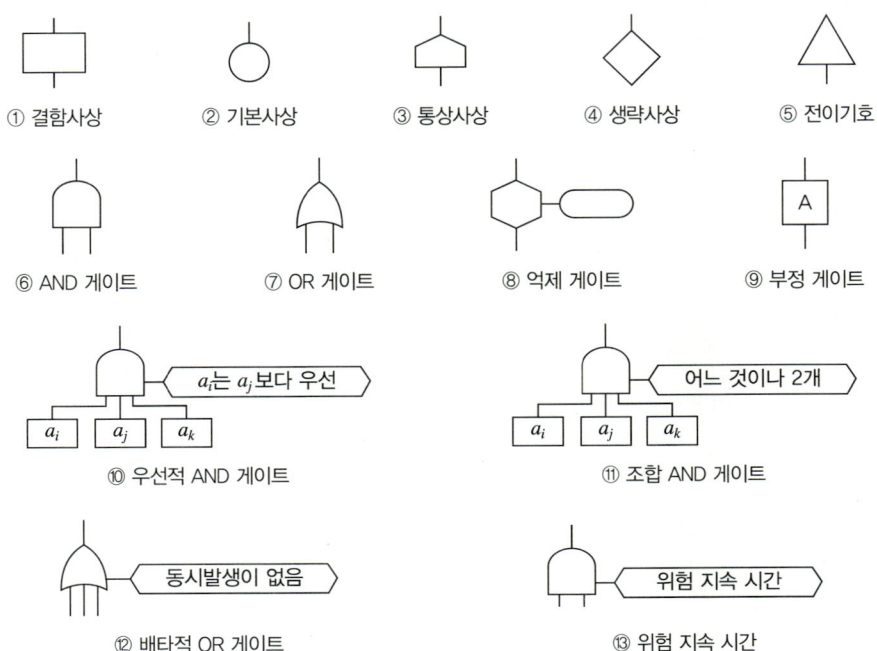

① 결함사상　②기본사상　③통상사상　④생략사상　⑤전이기호

⑥ AND 게이트　⑦ OR 게이트　⑧ 억제 게이트　⑨ 부정 게이트

a_i는 a_j보다 우선
a_i　a_j　a_k
⑩ 우선적 AND 게이트

어느 것이나 2개
a_i　a_j　a_k
⑪ 조합 AND 게이트

동시발생이 없음
⑫ 배타적 OR 게이트

위험 지속 시간
⑬ 위험 지속 시간

FT도에 사용하는 기호에서 3개의 입력현상 중 임의의 시간에 2개가 발생하면 출력이 생기는 기호의 명칭은?

① 억제 게이트   ② 조합 AND 게이트

③ 비타적 OR 게이트   ④ 우선적 AND 게이트

> **해설**   3개의 입력현상 중 임의의 시간에 2개가 발생하면 출력이 생기는 기호는 조합 AND 게이트이다.
> - 배타적 OR 게이트: 입력사상 중 1개의 입력이 있을 경우에만 출력한다.
> - 우선적 AND 게이트: 입력사상이 정해진 순서대로 입력되었을 때 출력한다.

정답 ②

2. 정성적, 정량적 분석

(1) 확률사상의 계산 `외워줘! 제발~`

① AND 게이트: 직렬시스템으로 계산한다.

$$R = R_1 \times R_2 \cdots$$

② OR 게이트: 병렬시스템으로 계산한다.

$$R = 1 - (1 - R_1)(1 - R_2) \cdots$$

③ 블 대수의 정리

    ⓐ 연산 기호의 의미: +는 합집합(논리합), ·는 교집합(논리곱)을 의미한다.

    ⓑ 기본 항등법칙: $A + 0 = A$, $A \cdot 1 = A$

    ⓒ 지배법칙: $A + 1 = 1$, $A \cdot 0 = 0$

    ⓓ 멱등법칙(동일법칙): $A + A = A \cup A = A$, $A \cdot A = A \cap A = A$

    ⓔ 보완법칙: $A + \overline{A} = 1$, $A \cdot \overline{A} = 0$

    ⓕ 분배법칙: $A \cdot (B + C) = A \cdot B + A \cdot C$, $A + (B \cdot C) = (A + B) \cdot (A + C)$, $A + \overline{A}B = A + B$

    ⓖ 흡수법칙: $A + AB = A \cup (A \cap B) = A$, $A(A + B) = A \cap (A \cup B) = A$

④ 드 모르간의 법칙

$$\overline{A + B} = \overline{A} \cdot \overline{B}$$
$$\overline{A \cdot B} = \overline{A} + \overline{B}$$

(2) 컷셋과 패스셋 외워줘! 제발~

① 컷셋(Cut Set) : 정상사상(Top Event)을 일으키는 기본사상(Basic Event)들의 집합
② 최소 컷셋(Minimal Cut Set)
    ⓐ 정상사상을 일으키기 위한 기본사상들의 최소 집합
    ⓑ 컷셋 중 타 컷셋을 포함하고 있는 것을 배제하고 남은 컷셋들
    ⓒ 시스템의 위험성을 의미
③ 패스셋(Path Set) : 정상사상을 일으키지 않는 기본사상들의 집합
④ 최소 패스셋(Minimal Path Set)
    ⓐ 시스템의 고장을 일으키지 않는 기본사상들의 최소 집합
    ⓑ 포함된 기본사상이 일어나지 않을 때 정상사상이 일어나지 않는 기본사상들의 집합
    ⓒ 시스템의 신뢰도를 의미

✔ 빈출 기출문제

다음 FT도에서 최소 컷셋(Minimal Cut Set)으로만 올바르게 나열한 것은?

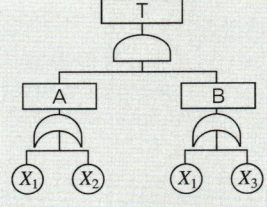

① [X₁]
② [X₁], [X₂]
③ [X₁, X₂, X₃]
④ [X₁, X₂], [X₁, X₃]

① $[X_1]$
② $[X_1]$, $[X_2]$
③ $[X_1, X_2, X_3]$
④ $[X_1, X_2]$, $[X_1, X_3]$

해설 AND 게이트는 논리곱이므로 곱하기로 표기하고, OR 게이트는 논리합이므로 더하기로 표기하여 전개하면 다음과 같다.
$T = A \times B = [X_1 + X_2] \times [X_1 + X_3] = [X_1 \, X_1] + [X_1 \, X_3] + [X_2 \, X_1] + [X_2 \, X_3]$
   $= [X_1] + [X_1 \, X_3] + [X_2 \, X_1] + [X_2 \, X_3]$
여기서 +를 지우면 남는 괄호가 컷셋이다.
컷셋 $= [X_1]$, $[X_1 \, X_3]$, $[X_2 \, X_1]$, $[X_2 \, X_3]$
문제는 최소 컷셋을 구하라고 하였으므로 제일 작은 집합인 $[X_1]$을 포함하고 있는 $[X_1 \, X_3]$, $[X_2 \, X_1]$을 삭제하고 남은 집합을 최소 컷셋으로 결정한다.
최소 컷셋 $= [X_1]$, $[X_2 \, X_3]$
보기에서는 정확하게 최소 컷셋을 제시한 게 없으므로 하나라도 맞은 ①을 답으로 한다.

정답 ①

3. 안전성 평가 6단계 외워줘! 제발~

(1) **1단계**: 관계 자료의 정비검토
(2) **2단계**: <mark>정성적 평가 → 입지조건, 소방설비, 공장 내 배치, 건조물 등</mark>
(3) **3단계**: <mark>정량적 평가 → 온도, 용량, 조작, 취급물질, 압력</mark>
(4) **4단계**: 안전대책 수립
(5) **5단계**: 재해 정보에 의한 평가
(6) **6단계**: FTA에 의한 재평가

 정종대쌤의 암기 팁

자, 정성량.대.평가

자료－정성－정량－대책－재평가

 빈출 기출문제

화학설비의 안전성 평가단계 중 4단계에 해당하는 것은?

① 안전대책 수립　　　② 정성적 평가　　　③ 정량적 평가　　　④ 재평가

해설　안전성 평가단계 중 4단계는 안전대책 수립이다.

정답　①

빈출 기출문제

화학설비에 대한 안정성 평가(Safety Assessment)에서 정량적 평가 항목이 아닌 것은?

① 습도　　　　② 온도　　　　③ 압력　　　　④ 용량

해설　3단계인 정량적 평가에는 온도, 용량, 조작, 취급물질, 압력이 포함된다. 한편, 2단계인 정성적 평가에는 입지조건, 소방설비, 공장 내 배치, 건조물 등이 포함된다.

정답　①

4. 기타 시스템분석기법

(1) 위험성 및 운전성분석(HAZOP)기법

① 정의: 공정 전문가 집단을 중심으로 팀을 구성하여 화학공장 설비공정의 위험성과 운전성을 파악하고 개선하는 기법이다.

② 가이드워드(＝유인어) **외워줘! 제발~**

가이드워드	의미
AS WELL AS	성질상의 증가
PART OF	성질상의 감소
OTHER THAN	완전한 대체의 사용
REVERSE	설계의도의 논리적인 역
LESS	양의 감소
MORE	양의 증가
NO, NOT	설계의도의 완전한 부정

(2) 예비위험분석(PHA) **외워줘! 제발~**

① 정의: 시스템 안전 프로그램의 최초단계인 구상단계에서 실시되는 위험분석기법으로 정성적 분석을 한다.

② 미국방성 위험성 평가의 위험도 분류

ⓐ Ⅰ단계: 파국(생명 또는 가옥의 손실)

ⓑ Ⅱ단계: 중대(작업 수행의 실패)

ⓒ Ⅲ단계: 한계(활동의 지연)

ⓓ Ⅳ단계: 무시가능(영향 없음)

 정종대쌤의 암기 팁

밑에서부터 무.한.중.국

(무시 – 한계 – 중대 – 파국)

(3) 결함위험분석(FHA): 여럿이 분담 설계한 서브시스템 간 인터페이스의 안전성을 평가하는 방법이다. **외워줘! 제발~**

(4) 관찰자 실수위험분석(MORT): 원자력 산업 등에서 고도의 안전 달성을 목표로 만들어진 기법으로, FTA와 같은 논리기호를 사용하며 관리, 생산, 설계, 보전 등 광범위에 사용된다. **외워줘! 제발~**

원자력 산업과 같이 상당한 안전이 확보되어 있는 장소에서 추가적인 고도의 안전 달성을 목적으로 하고 있으며, 관리, 설계, 생산, 보전 등 광범위한 안전을 도모하기 위하여 개발된 분석기법은?

① DT   ② FTA   ③ THERP   ④ MORT

해설 관찰자 실수위험분석(MORT)은 원자력 산업 등에서 고도의 안전 달성을 목표로 만들어진 기법이다.

정답 ④

(5) 사상수분석(ETA): 요소의 신뢰도를 파악하여 이분논리 방식을 이용하고, 성공과 실패로 전개하여 시스템의 신뢰도를 귀납적·정량적으로 평가하는 기법이다. 외워줘! 제발~

(6) 고장형태와 영향분석(FMEA): 고장형태에 따른 시스템의 영향을 분석하는 기법으로 정성적이며 귀납적인 방법이다. 외워줘! 제발~

① 치명도해석(CA): FMEA에 고위험 고장에 대한 정량적 성질을 부여하기 위해 실시하는 분석기법이다.

$$FMEA + CA = FMECA$$

② 평가요소

    ⓐ C_1: 기능적 고장 영향의 중요도

    ⓑ C_2: 영향을 미치는 시스템의 범위

    ⓒ C_3: 고장발생의 빈도

    ⓓ C_4: 고장방지의 가능성

    ⓔ C_5: 신규설계의 정도

③ β값의 영향 외워줘! 제발~

    ⓐ 치명결함(Actual Loss): $\beta = 1$

    ⓑ 중결함(Probable Loss): $0.1 < \beta < 1$

    ⓒ 경결함(Possible Loss): $0.0 < \beta < 0.1$

    ⓓ 비결함(No Loss): $\beta = 0$

(7) 인간과오율 예측기법(THERP): 인간의 실수확률을 예측하는 기법으로 인간의 실수를 1,000,000시간당 실수확률로 나타낸다. 외워줘! 제발~

(8) 리스크 처리기술 외워줘! 제발~

① 위험회피(Avoidance)

② 위험경감(Reduction)

③ 위험보유(Retention)

④ 위험분담(Transfer)

CHAPTER 03

위험성 감소대책 수립·실행

핵심 키워드 설비보전, 고장률, 신뢰도, 계의 수명

☑ 외워줘! 제발~은 필수적으로 암기해야 하는 내용을 표시한 부분으로, 시간이 부족한 학습자는 이 내용 위주로 효율적으로 공부하고, 부록 '필수 암기노트'에 내용을 한 번 더 정리해 두었으니 시험 당일 들고 가서 활용하자!

☑ 형광펜은 시험에 자주 나온 개념으로 2~3배로 꼼꼼히 암기하자! 특히, 시험 직전에는 외워줘! 제발~과 형광펜만 모아 빠르게 학습하자!

☑ 빈출 기출문제는 시험에 자주 출제되는 문제로, 관련 개념까지 확실하게 익혀두자!

① 위험성 감소대책 수립 및 실행

1. 설비보전의 유형 외워줘! 제발~

(1) **예방보전**: 설비의 고장을 방지하기 위해 설비의 사용시간, 마모상태 등을 점검하여 고장 발생 전에 정비, 수리 등을 실시하는 보전활동을 말한다.
 ① 시간기준 예방보전
 ② 상태기준 예방보전
 ③ 분해점검보전

(2) **사후보전**: 설비의 고장이 발생한 후 정비, 수리 등을 실시하는 보전활동을 말한다.

(3) **개량보전**: 부품 고장 시 정비, 수리과정에서 부품의 수명연장과 품질향상을 수반하는 보전활동을 말한다.

(4) **보전예방**: 설비의 신뢰성, 보전성, 경제성, 안전성 등을 고려하여 보전활동을 최소화하기 위한 것으로, 궁극적으로는 보전이 필요 없는 설비를 지향하는 보전활동을 말한다.

 빈출 기출문제

다음 설명에 해당하는 설비보전 방식의 유형은?

> 설비보전 정보와 신기술을 기초로 신뢰성, 조작성, 보전성, 안전성, 경제성 등이 우수한 설비의 선정, 조달 또는 설계를 통하여 궁극적으로 설비의 설계, 제작 단계에서 보전활동이 불필요한 체제를 목표로 한 설비보전 방법을 말한다.

① 개량보전　　　　② 보전예방　　　　③ 사후보전　　　　④ 일상보전

해설 보전예방이란 보전활동이 불필요한 체제를 목표로 한 설비보전 방법이다.

정답 ②

2. 설비보전의 신뢰성 지표 외워줘! 제발~

(1) MTBF(Mean Time Between Failure)

설비가 고장난 시점부터 다음 고장까지 운전된 평균시간을 의미하며, 평균고장간격이라 한다.

$$MTBF = \frac{가동시간}{고장건수}$$

(2) MTTR(Mean Time To Repair)

설비가 고장난 후 이를 수리하여 정상상태로 복구하기까지 걸리는 평균시간을 의미하며, 평균수리시간이라 한다.

$$MTTR = \frac{전체고장시간}{고장건수}$$

(3) MTTF(Mean Time To Failure)

운전을 시작한 시점부터 처음 고장이 발생할 때까지의 평균시간을 의미하며, 평균고장수명이라 한다.

 빈출 기출문제

설비보전에서 평균수리시간의 의미로 맞는 것은?

① MTTR ② MTBF ③ MTTF ④ MTBP

해설 설비보전에서 평균수리시간은 MTTR(Mean Time To Repair)로, 설비의 고장 발생 후 수리하는 데 걸리는 평균시간을 뜻한다.

정답 ①

3. 기계의 신뢰도 외워줘! 제발~

(1) 고장률(λ) $= \dfrac{고장건수}{총가동시간}$

(2) 평균고장간격(MTBF) $= \dfrac{1}{고장률}$

(3) **기계설비의 신뢰도**: $R = e^{-\lambda t}$

 빈출 기출문제

프레스에 설치된 안전장치의 수명은 지수분포를 따르면 평균수명이 100시간이다. 새로 구입한 안전장치가 50시간 동안 고장 없이 작동할 확률(A)과 이미 100시간을 사용한 안전장치가 앞으로 100시간 이상 견딜 확률(B)은 약 얼마인가?

① A: 0.368, B: 0.368 ② A: 0.607, B: 0.368
③ A: 0.368, B: 0.607 ④ A: 0.607, B: 0.607

해설 A: $R = e^{-\lambda t} = e^{-\frac{1}{100} \times 50} = 0.607$, B: $R = e^{-\lambda t} = e^{-\frac{1}{100} \times 100} = 0.368$

정답 ②

4. 직렬·병렬 시스템의 신뢰도

(1) **직렬 시스템**: 각 요소의 신뢰도를 곱해서 계산한다.

$R = R_1 \times R_2 \cdots$

(2) **병렬 시스템**: 각 요소의 신뢰도를 다음과 같이 계산한다.

$R = 1 - (1 - R_1)(1 - R_2) \cdots$

빈출 기출문제

인간의 신뢰도가 0.6, 기계의 신뢰도가 0.9이다. 인간과 기계가 직렬체제로 작업할 때의 신뢰도는?

① 0.32　　　　② 0.54　　　　③ 0.75　　　　④ 0.96

해설 $R = R_1 \times R_2 = 0.6 \times 0.9 = 0.54$

정답 ②

빈출 기출문제

그림과 같이 7개의 부품으로 구성된 시스템의 신뢰도는 약 얼마인가? (단, 네모 안의 숫자는 각 부품의 신뢰도이다.)

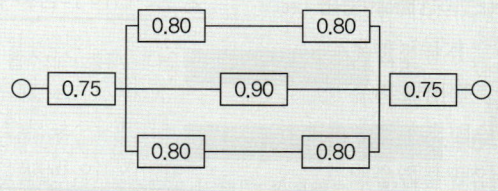

① 0.5552　　　　② 0.5427　　　　③ 0.6234　　　　④ 0.9740

해설 $R = 0.75 \times \{1 - (1 - 0.8 \times 0.8)(1 - 0.9)(1 - 0.8 \times 0.8)\} \times 0.75 = 0.5552$

정답 ①

빈출 기출문제

병렬 시스템에 대한 특성이 아닌 것은?

① 요소의 수가 많을수록 고장의 기회는 줄어든다.

② 요소의 중복도가 늘어날수록 시스템의 수명은 길어진다.

③ 요소의 어느 하나라도 정상이면 시스템은 정상이다.

④ 시스템의 수명은 요소 중에서 수명이 가장 짧은 것으로 정해진다.

해설 시스템의 수명은 요소 중에서 수명이 가장 긴 것으로 정해진다.

정답 ④

5. 계의 수명 외워줘! 제발~

(1) **직렬 시스템**: 부품의 수명을 부품의 개수로 나누어서 계산한다.

$$MTTF \times \frac{1}{n}$$

(2) **병렬 시스템**: 부품의 수명을 다음과 같이 계산한다.

$$MTTF \times \left[1 + \frac{1}{2} + \frac{1}{3} + \frac{1}{4} + \cdots\cdots + \frac{1}{n}\right]$$

빈출 기출문제

n개의 요소를 가진 병렬 시스템에 있어 요소의 수명(MTTF)이 지수분포를 따를 경우 이 시스템의 수명을 구하는 식으로 맞는 것은?

① $MTTF \times n$

② $MTTF \times \frac{1}{n}$

③ $MTTF\left(1 + \frac{1}{2} + \cdots + \frac{1}{n}\right)$

④ $MTTF\left(1 \times \frac{1}{2} \times \cdots \times \frac{1}{n}\right)$

해설 • 직렬 시스템: $MTTF \times \frac{1}{n}$

• 병렬 시스템: $MTTF \times \left[1 + \frac{1}{2} + \frac{1}{3} + \frac{1}{4} + \cdots + \frac{1}{n}\right]$

정답 ③

CHAPTER 04

근골격계질환 예방관리

핵심 키워드 근골격계질환의 원인, 휴식시간, 인간공학적 유해요인 평가방법

☑ 외워줘! 제발~ 은 필수적으로 암기해야 하는 내용을 표시한 부분으로, 시간이 부족한 학습자는 이 내용 위주로 효율적으로 공부하고, 부록 '필수 암기노트'에 내용을 한 번 더 정리해 두었으니 시험 당일 들고 가서 활용하자!

☑ 형광펜은 시험에 자주 나온 개념으로 2~3배로 꼼꼼히 암기하자! 특히, 시험 직전에는 외워줘! 제발~ 과 형광펜만 모아 빠르게 학습하자!

☑ 빈출 기출문제는 시험에 자주 출제되는 문제로, 관련 개념까지 확실하게 익혀두자!

1 근골격계 유해요인

1. 근골격계질환의 원인 외워줘! 제발~

(1) 반복적인 작업

(2) 부적절한 작업 자세

(3) 과도한 힘 사용

(4) 날카로운 면과의 신체접촉

(5) 진동 및 온도

> **정종대쌤의 암기 팁**
>
> **복.부적.과.접.진**
>
> 반복 – 부적절 – 과도 – 접촉 – 진동

2. 레이노드 병(Raynaud's Phenomenon)

추위나 스트레스에 의해 손가락이나 발가락, 코, 귀 등의 말초혈관이 일시적으로 수축하면서 혈류가 감소하는 질환을 말한다.

> **빈출 기출문제**
>
> 국소진동에 지속적으로 노출된 근로자에게 발생할 수 있으며, 말초혈관 장해로 손가락이 창백해지고 동통을 느끼는 질환의 명칭은?
>
> ① 레이노드 병(Raynaud's Phenomenon)　② 파킨슨병(Parkinson's Disease)
> ③ 규폐증(Silicosis)　④ C5-dip 현상
>
> **해설** 말초혈관이 수축을 일으키거나 혈액순환 장애를 일으키는 것은 레이노드 병이다.
>
> **정답** ①

3. 에너지 대사율(RMR) 외워줘! 제발~

$$RMR = \frac{노동대사량}{기초대사량} = \frac{작업\ 시\ 소비에너지 - 안정\ 시\ 소비에너지}{기초대사량}$$

(1) 0~1RMR: 경작업

(2) 2~4RMR: 중간작업

(3) 4~7RMR: 무거운 작업

(4) 7RMR 이상: 기계화해야 하는 작업

 빈출 기출문제

작업의 강도는 에너지 대사율(RMR)에 따라 분류된다. 분류 기준 중, 중(中)작업(보통작업)의 에너지 대사율은?

① 0~1RMR ② 2~4RMR
③ 4~7RMR ④ 7~9RMR

해설 중간작업의 에너지 대사율은 2~4RMR에 해당한다.

정답 ②

4. 휴식시간 산출 외워줘! 제발~

$$휴식시간(min) = \frac{60(E-4)}{E-1.5} \ or \ \frac{60(E-5)}{E-1.5}$$

(1) 60: 1시간인 60분

(2) E: 실작업 시 소모에너지(Kcal/min)

(3) 4 또는 5: 작업에 대한 평균 소모에너지(Kcal/min) (단, Murrell 방법 적용 시, 5로 계산한다.)

(4) 1.5: 휴식 시의 소모에너지(Kcal/min)

 빈출 기출문제

전신육체적 작업에 대한 개략적 휴식시간의 산출공식으로 맞는 것은? (단, R은 휴식시간(분), E는 작업의 에너지 소비율(kcal/분)이다.)

① $R = E \times \frac{60-4}{E-2}$ ② $R = 60 \times \frac{E-4}{E-1.5}$

③ $R = 60 \times (E-4) \times (E-2)$ ④ $R = 60 \times (60-4) \times (E-1.5)$

해설 $휴식시간(min) = \frac{60(E-4)}{E-1.5}$

정답 ②

8시간 근무를 기준으로 남성작업자 A의 대사량을 측정한 결과, 산소소비량이 1.3L/min으로 측정되었다. Murrell 방법으로 계산 시, 8시간의 총 근로시간에 포함되어야 할 휴식시간은?

① 124분 ② 134분 ③ 144분 ④ 154분

해설 위 문제는 Murrell 방법으로 계산하라는 조건에 따라 작업에 대한 평균 소모에너지(Kcal/min)는 5로 적용한다. 또한, 산소소비량이 주어졌을 경우에는 E=산소소비량(L/min)×5kcal/L로 계산하여야 한다. 즉, 산소 1L 소모 시 에너지가 5kcal/L라는 것을 기억하고 있어야 한다. 문제에서 산소소비량이 주어지지 않을 경우에는 간단히 식에 E값과 4를 적용하여 계산하면 된다.

$$휴식시간(min) = \frac{60(E-5)}{E-1.5} = \frac{60(1.3 \times 5 - 5)}{(1.3 \times 5) - 1.5} = 18min$$

따라서 18분은 1시간 작업 시 휴식시간이므로 8시간 전체의 휴식시간은 18min/시간×8시간=144분이다.

정답 ③

❷ 인간공학적 유해요인 평가방법 외워줘! 제발~

1. OWAS 평가

팔, 다리, 허리 자세 및 무게 등을 고려하여 작업의 위험 수준을 평가한다.

2. RULA 평가

어깨, 손목, 목 등 어깨부터 팔 부분인 상지에 초점을 맞추어서 작업 자세로 인한 작업부하를 쉽고 빠르게 평가한다.

3. REBA 평가

전체적인 신체에 대한 부담 정도로 평가하며, 작업요소로는 반복성, 정적 작업, 힘, 작업 자세, 연속작업 시간 등을 종합적으로 고려한다.

CHAPTER 05

유해요인 관리

핵심 키워드 소음

☑ **외워줘! 제발~** 은 필수적으로 암기해야 하는 내용을 표시한 부분으로, 시간이 부족한 학습자는 이 내용 위주로 효율적으로 공부하고, 부록 '필수 암기노트'에 내용을 한 번 더 정리해 두었으니 시험 당일 들고 가서 활용하자!

☑ 형광펜은 시험에 자주 나온 개념으로 2~3배로 꼼꼼히 암기하자! 특히, 시험 직전에는 **외워줘! 제발~** 과 형광펜만 모아 빠르게 학습하자!

☑ 빈출 기출문제는 시험에 자주 출제되는 문제로, 관련 개념까지 확실하게 익혀두자!

1 소음

1. 소음작업 **외워줘! 제발~**

(1) 정의: 1일 8시간 작업을 기준으로 85dB(데시벨) 이상의 소음이 발생하는 작업이다.

(2) 강렬한 소음작업

① 90dB 이상의 소음이 1일 8시간 이상 발생하는 작업

② 95dB 이상의 소음이 1일 4시간 이상 발생하는 작업

③ 100dB 이상의 소음이 1일 2시간 이상 발생하는 작업

④ 105dB 이상의 소음이 1일 1시간 이상 발생하는 작업

⑤ 110dB 이상의 소음이 1일 30분 이상 발생하는 작업

⑥ 115dB 이상의 소음이 1일 15분 이상 발생하는 작업

 정종대쌤의 암기 팁

5데시벨의 법칙

5데시벨이 증가할 때마다 노출시간이 절반씩 줄어든다.

(3) 충격소음작업: 소음이 1초 이상의 간격으로 발생하는 작업으로서 다음에 해당하는 작업이다.

① 120dB을 초과하는 소음이 1일 10,000회 이상 발생하는 작업

② 130dB을 초과하는 소음이 1일 1,000회 이상 발생하는 작업

③ 140dB을 초과하는 소음이 1일 100회 이상 발생하는 작업

2. 청력보존 프로그램

(1) 정의: 소음노출 평가, 소음노출에 대한 공학적 대책, 청력보호구의 지급과 착용, 소음의 유해성 및 예방 관련 교육, 정기적 청력검사, 청력보존 프로그램 수립 및 시행 관련 기록·관리체계, 그 밖에 소음성

난청 예방·관리에 필요한 사항이 포함된 소음성 난청을 예방·관리하기 위한 종합적인 계획이다.

(2) **프로그램의 수립 및 시행**: 다음 중 어느 하나에 해당하는 경우 청력보존 프로그램을 수립하여 시행해야 한다.

① 근로자가 소음작업, 강렬한 소음작업 또는 충격소음작업에 종사하는 경우

② 소음으로 인하여 근로자에게 건강장해가 발생한 사업장인 경우

3. 주파수에 따른 구분 외워줘! 제발~

(1) **초음파**: 20,000Hz 초과

(2) **가청주파수**: 20~20,000Hz 이하

(3) **청력손실이 가장 큰 주파수**: 4,000Hz

(4) **장거리용 신호로 사용되는 주파수**: 1,000Hz 이하

(5) **칸막이가 설치된 장소의 장거리용 주파수**: 500Hz 이하

✓ 빈출 기출문제

경계 및 경보신호의 설계지침으로 틀린 것은?

① 주의를 환기시키기 위하여 변조된 신호를 사용한다.
② 배경소음의 진동수와 다른 진동수의 신호를 사용한다.
③ 귀는 중음역에 민감하므로 500~3,000Hz의 진동수를 사용한다.
④ 300m 이상의 장거리용으로는 1,000Hz를 초과하는 진동수를 사용한다.

`해설` 장거리용 신호로 사용되는 주파수는 1,000Hz 이하이다.

`정답` ④

---

4. 소음 대책 외워줘! 제발~

(1) **음원 대책**: 방음 커버 설치, 건물에 부속하는 외부 음원 대책, 자동차 소음의 저감 대책, 기타 건물에 있는 외부 음원에 대한 대책을 들 수 있다.

(2) **경로 대책**: 음원에서의 거리 및 장애물에 의한 음의 감쇠의 성질을 이용하여 건물의 배치 계획, 평면이나 단면 계획, 지형의 이용, 방음벽이나 건물 등 인공 장애물을 설치하는 방법이 있다.

(3) **수음자 대책**: 음원이나 경로 대책으로 불충분할 경우 차음이나 흡음에 의한 방지계획을 말한다. 방음용 보호구를 착용하는 것도 하나의 방법이다.

✓ 빈출 기출문제

소음방지 대책에 있어 가장 효과적인 방법은?

① 음원에 대한 대책
② 수음자에 대한 대책
③ 전파경로에 대한 대책
④ 거리감쇠와 지향성에 대한 대책

`해설` 가장 근본적인 대책을 먼저 고려한다면 음원－경로－수음자 순으로 대책을 마련할 수 있다.

`정답` ①

CHAPTER 06

작업환경 관리

핵심 키워드 인체계측, 양립성, 암호체계, 청각적 표시장치와 시각적 표시장치, 통제표시비, 동작경제의 3원칙, 부품배치의 원칙

☑ **외워줘! 제발~** 은 필수적으로 암기해야 하는 내용을 표시한 부분으로, 시간이 부족한 학습자는 이 내용 위주로 효율적으로 공부하고, 부록 '필수 암기노트'에 내용을 한 번 더 정리해 두었으니 시험 당일 들고 가서 활용하자!

☑ **형광펜**은 시험에 자주 나온 개념으로 2~3배로 꼼꼼히 암기하자! 특히, 시험 직전에는 **외워줘! 제발~** 과 **형광펜**만 모아 빠르게 학습하자!

☑ 빈출 기출문제는 시험에 자주 출제되는 문제로, 관련 개념까지 확실하게 익혀두자!

① 인체계측 및 체계제어

1. 인체계측 자료의 응용 3원칙 **외워줘! 제발~**

(1) **조절범위에 의한 설계**: 여러 사용자에게 맞추기 위해 조절 가능하도록 한 설계(5~95%가 사용)

(2) **최대치수와 최소치수 기준 설계(=극한치에 대한 설계)**: 최댓값 또는 최솟값(상위 5%, 하위 5%)을 기준으로 설계

(3) **평균치 기준 설계**: 평균적인 신체지수를 기준으로 설계

2. 양립성 **외워줘! 제발~**

(1) **정의**: 체계에 주어지는 자극이나 반응들이 인간의 기대와 모순되지 않는 것을 말한다.

(2) **종류**

① 개념적 양립성: 온수 손잡이는 빨간색, 냉수 손잡이는 파란색이 연상되는 것

② 공간적 양립성: 오른쪽 버튼을 누르면, 오른쪽 기계가 작동하는 것

③ 운동적 양립성: 자동차 핸들 조작 방향으로 바퀴가 회전하는 것

④ 양식 양립성: 기계가 특정 음성에 대해 정해진 반응을 하는 것

 빈출 기출문제

양립성의 종류에 포함되지 않는 것은?

① 공간 양립성
② 형태 양립성
③ 개념 양립성
④ 운동 양립성

해설 형태 양립성이 아니라 **형식 또는 양식 양립성**이다.

정답 ②

인간공학 및 위험성 평가·관리 / 2과목 / 이론 · 기출

3. 암호체계 외워줘! 제발~

(1) **암호의 검출성**: 암호가 오류나 변조를 쉽게 검토할 수 있어야 한다.

(2) **암호의 변별성**: 서로 다른 암호들이 명확하게 구분 가능해야 한다.

(3) **암호의 표준화**: 암호체계가 국제적 또는 산업적 기준에 따라 통일되어 있어야 한다.

(4) **다차원 암호의 사용**: 암호가 2차원 이상의 구조로 구성되어 있어야 한다.

(5) **부호의 양립성**: 서로 다른 암호체계 간 상호 운용 가능성이 있어야 한다.

✓ 빈출 기출문제

암호체계의 사용상에 있어서, 일반적인 지침에 포함되지 않는 것은?

① 암호의 검출성   ② 부호의 양립성

③ 암호의 표준화   ④ 암호의 단일 차원화

해설   암호체계 사용 시 일반적으로 고려되는 지침에는 2가지 이상의 신호를 사용하여야 전달확률이 높아지기 때문에 다차원 암호의 사용이 포함된다. 따라서 암호의 단일 차원화는 포함되지 않는다.

정답   ④

---

4. 정량적 표시장치

(1) **정침동목형**: 바늘은 정지, 눈금이 움직이는 형태

(2) **동침정목형**: 눈금이 고정, 바늘이 움직이는 형태

(3) **계수형**: 숫자로 나타내는 형태

5. 정성적 표시장치

제공되는 정보의 대략적인 값이나 변화의 추세, 변화율 등을 알고자 할 때 사용된다.

✓ 빈출 기출문제

정성적 표시장치의 설명으로 틀린 것은?

① 정성적 표시장치의 근본 자료 자체는 정량적인 것이다.

② 전력계에서와 같이 기계적 혹은 전자적으로 숫자가 표시된다.

③ 색채 부호가 부적합한 경우에는 계기판 표시 구간을 형상 부호화하여 나타낸다.

④ 연속적으로 변하는 변수의 대략적인 값이나 변화추세, 변화율 등을 알고자 할 때 사용된다.

해설   기계적 혹은 전자적으로 숫자가 표시되는 것은 정량적 표시장치 중 계수형이다.

정답   ②

---

6. 청각적 표시장치와 시각적 표시장치의 비교 외워줘! 제발~

(1) 청각적 표시장치가 유리할 때: 휴대전화를 사용하는 것이 유리한 경우

　① 긴급한 내용을 전달하는 경우

　② 시각계통이 과부하인 경우

　③ 어두운 곳에 있는 경우

(2) 시각적 표시장치가 유리할 때: 팩스를 보내는 것이 유리한 경우

　① 청각적 표시장치가 과부하인 경우

　② 공간적인 사상을 다루는 경우

　③ 전언이 긴 경우

빈출 기출문제

시각적 표시장치보다 청각적 표시장치의 사용이 바람직한 경우는?

① 전언이 복잡한 경우　　　　　　　　② 전언이 재참조되는 경우

③ 전언이 즉각적인 행동을 요구하는 경우　④ 직무상 수신자가 한곳에 머무는 경우

　해설　전언이 즉각적인 행동을 요구하는 경우는 전화와 같은 청각적 표시장치가 유리하다.

　정답　③

7. 부호의 유형 3가지

(1) 묘사적 부호: 해골, 뼈 등으로 위험을 나타낸 부호

(2) 추상적 부호: 약간의 유사성으로 나타낸 부호

(3) 임의적 부호: 이미 고안된 것으로 배워야 알 수 있는 부호

8. 통제표시비

(1) 설계 시 고려사항 외워줘! 제발~

　① 계기의 크기

　② 공차

　③ 목측거리

　④ 조작시간

　⑤ 방향성

(2) 통제표시비 계산 외워줘! 제발~

$$\frac{C}{D} = \frac{조종장치의\ 이동거리}{표시장치의\ 이동거리}$$

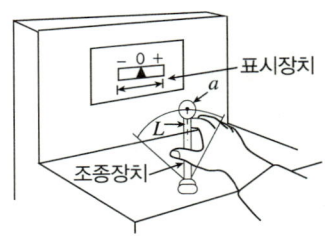

9. 동작경제의 3원칙 외워줘! 제발~

(1) **작업자 신체사용에 관한 원칙**: 작업자의 신체를 효율적으로 활용하는 방법에 관한 원칙

(2) **작업장 배치에 관한 원칙**: 도구, 부품, 자료 등을 합리적으로 배치하는 방법에 관한 원칙

(3) **기구, 공구 등의 설계에 관한 원칙**: 작업 도구와 장비를 신체와 동작에 맞게 설계

 정종대쌤의 암기 팁

신체, 배치, 설계

10. 부품배치의 원칙 외워줘! 제발~

(1) **중요성의 원칙**: 중요도가 높은 부품이나 도구는 가장 사용하기 쉬운 위치에 배치해야 함

(2) **사용빈도의 원칙**: 자주 사용하는 부품이나 도구는 가까이에 배치해야 함

(3) **기능별 배치의 원칙**: 같은 기능이나 목적을 가진 부품끼리 그룹화하여 배치해야 함

(4) **사용순서의 원칙**: 작업이나 조립의 진행 순서에 따라 부품을 배치해야 함

 정종대쌤의 암기 팁

중.사.기.사

(**중**요성의 원칙–**사**용빈도의 원칙–**기**능별 배치의 원칙–**사**용순서의 원칙)

11. 작업개선의 4원칙(ECRS) 외워줘! 제발~

(1) **배제(Eliminate)**: 불필요한 작업이나 절차를 과감히 제거하여 낭비를 없앰

(2) **결합(Combine)**: 유사하거나 관련된 작업은 통합하여 간소화

(3) **재배치(Rearrange)**: 작업의 순서나 위치를 변경하여 효율성 향상

(4) **간소화(Simplify)**: 작업을 쉽고 간단하게 변경하여 시간과 비용 절감

작업개선을 위하여 도입되는 원리인 ECRS에 포함되지 않는 것은?

① Combine   ② Standard   ③ Eliminate   ④ Rearrange

해설 작업개선의 4원칙 ECRS의 S는 Simplify다.

정답 ②

12. 의자의 설계원칙

(1) **몸통의 안정**: 사용자가 등을 기대었을 때 몸통이 안정적으로 지지되어야 함

(2) **의자 좌판의 높이**: 좌판 높이는 사용자의 다리 길이에 맞춰 조절 가능해야 함

(3) **의자 좌판의 깊이와 폭**: 깊이는 앉았을 때 허리를 등받이에 붙이고 무릎 뒤에 2~3cm 여유공간이 있도록, 폭은 엉덩이보다 너무 좁지 않게, 좌우로 약간의 여유가 있도록 해야 함

(4) **체중분포**: 좌판은 체중이 고르게 분산되도록 설계되어야 함

13. 작업공간

(1) **정상작업역**: 상지가 자연스러운 자세에서 팔뚝과 손만으로 도달할 수 있는 범위

(2) **최대작업역**: 상지 전체를 뻗어 도달할 수 있는 범위

2 작업환경

1. 온도 (외워줘! 제발~)

(1) **실효온도(=감각온도)의 결정요소**

    ① 온도

    ② 습도

    ③ 기류

(2) **옥스퍼드지수(=습건지수)**

$$WD = 0.85W + 0.15D$$

(* W=습구온도, D=건구온도)

(3) **습구흑구온도지수(WBGT)** (외워줘! 제발~)

    ① 옥외(태양광선이 내리쬐는 장소)

$$WBGT(℃) = 0.7 \times 자연습구온도 + 0.2 \times 흑구온도 + 0.1 \times 건구온도$$

② 옥내 또는 옥외(태양광선이 내리쬐지 않는 장소)

$$\text{WBGT(℃)} = 0.7 \times \text{자연습구온도} + 0.3 \times \text{흑구온도}$$

 빈출 기출문제

온도와 습도 및 공기 유동이 인체에 미치는 열효과를 하나의 수치로 통합한 경험적 감각지수로, 상대습도 100%일 때의 건구온도에서 느끼는 것과 동일한 온감을 의미하는 온열조건의 용어는?

① Oxford 지수 ② 발한율 ③ 실효온도 ④ 열압박지수

해설 온도와 습도 및 공기 유동이 인체에 미치는 열효과를 하나의 수치로 통합한 경험적 감각지수는 실효온도이다.

정답 ③

 빈출 기출문제

쾌적 환경에서 추운 환경으로 변화 시 신체의 조절작용이 아닌 것은?

① 피부온도가 내려간다. ② 직장온도가 약간 내려간다.
③ 몸이 떨리고 소름이 돋는다. ④ 피부를 경유하는 혈액 순환량이 감소한다.

해설 추운 환경에서는 신체 내부의 온도인 직장온도를 올리기 위해 혈액이 몸의 중심으로 이동한다. 따라서 피부온도는 낮아지고 피부를 경유하는 혈액량은 감소하게 된다.

정답 ②

2. 조도

(1) 작업면의 조도기준 외워줘! 제발~

① 초정밀작업: 750lux(럭스) 이상
② 정밀작업: 300lux 이상
③ 보통작업: 150lux 이상
④ 그 밖의 작업: 75lux 이상

 빈출 기출문제

「산업안전보건기준에 관한 규칙」상 작업장의 작업면에 따른 적정 조명수준은 초정밀작업에서 (㉠)lux 이상이고, 보통작업에서는 (㉡)lux 이상이다. ( ) 안에 들어갈 내용은?

① ㉠: 650, ㉡: 150 ② ㉠: 650, ㉡: 250
③ ㉠: 750, ㉡: 150 ④ ㉠: 750, ㉡: 250

해설 초정밀작업은 750lux 이상, 보통작업은 150lux 이상이다.

정답 ③

(2) 조도 공식 외워줘! 제발~

$$조도 = \frac{광도}{거리^2}$$

✔ **빈출 기출문제**

점광원으로부터 0.3m 떨어진 구면에 비추는 광량이 5Lumen일 때, 조도는 약 몇 럭스인가?

① 0.06   ② 16.7   ③ 55.6   ④ 83.4

해설 $조도 = \dfrac{광도}{거리^2} = \dfrac{5}{0.3^2} = 55.6$

정답 ③

(3) 옥내 최적 반사율 외워줘! 제발~

① 천정 : 80~90%

② 벽 : 40~60%

③ 가구 : 25~45%

④ 바닥 : 20~40%

✔ **빈출 기출문제**

다음과 같은 실내 표면에서 일반적으로 추천 반사율의 크기를 맞게 나열한 것은?

| ㉠ 바닥 | ㉡ 천정 | ㉢ 가구 | ㉣ 벽 |

① ㉠ < ㉣ < ㉢ < ㉡   ② ㉣ < ㉠ < ㉡ < ㉢

③ ㉠ < ㉢ < ㉣ < ㉡   ④ ㉣ < ㉡ < ㉠ < ㉢

해설   부등호에 유의해야 한다. 반사율이 낮은 것부터 큰 순으로 나열된 것을 찾는다.

정답 ③

(4) 반사율(%) 외워줘! 제발~

$$반사율 = \frac{광속발산도}{소요조명} \times 100$$

반사율이 60%인 작업 대상물에 대하여 근로자가 검사작업을 수행할 때 휘도(Luminance)가 90fL라면 이 작업에서의 소요조명(fc)은 얼마인가?

① 75 　　　　　 ② 150 　　　　　 ③ 200 　　　　　 ④ 300

해설　반사율 $= \dfrac{광속발산도}{소요조명} \times 100$

소요조명 $= \dfrac{광속발산도}{반사율} \times 100 = \dfrac{90}{60} \times 100 = 150$

정답　②

(5) 대비 공식 　외워줘! 제발~

$$대비 = \frac{배경의\ 반사율 - 타겟의\ 반사율}{배경의\ 반사율}$$

뿌리 튼튼한 날개를 가지세요.
어떤 힘듦과 절망이 나를 통과해도
단단하게, 자유롭게.

정종대쌤이 말하는
100% 합격
기출 공부법

▶ 과목별 기출로 학습! ◀

- 이론 학습 후, 바로 기출문제를 학습함으로써 기억에 더 오래 남을 수 있도록 과목 및 출제개념별로 기출문제를 구성했습니다.
- 과목별 기출문제를 풀고, 문항별 개념까지 한 번 더 체크해 보세요.

▶ 중복소거된 5개년 기출 학습! ◀

- 산업안전산업기사 필기시험의 경우, 문제은행 방식으로 출제되어 매 시험마다 이전에 출제되었던 문제들이 일부 중복되어 재출제됩니다.
- 공부시간을 단축할 수 있도록 중복 출제된 기출문제들은 소거하여 수록하였습니다.

▶ 문항별 기출연도 확인! ◀

- 문항별 기출연도를 표기하여 빈출 정도를 한눈에 확인할 수 있게 하였습니다.
- 문항별 기출연도 표기 개수가 많을수록 시험에 자주 출제된 문제이며, 표기가 5개인 문제는 출제 횟수가 5회 이상인 기출문제로 집중 학습이 필요한 문제입니다.

최신 5개년 기출

2025~2021년

※ 본 기출문제는 최신 5개년(2025~2021년) 기출문제들로 구성되어 있습니다.

※ 2022년 3회~2025년 문제는 CBT 기출복원문제로, 수험생들의 복원을 토대로 문제를 구성하였습니다.

※ 기출복원문제는 실제 기출문제와 동일하지 않을 수 있습니다.

※ 법령 개정 이전의 내용을 포함하고 있는 문항은 개정사항을 반영하여 수록하였습니다.

CHAPTER 01

안전과 인간공학

기출문제 활용법 문항별 기출 표기 개수가 많을수록 시험에 자주 출제된 문제! 표기가 5개인 문제는 출제 횟수가 5회 이상인 기출문제로 무조건 암기 필수!

3회독 공부전략 (1회독)은 문제 → 선지 → 답 → 해설 순서로 정독! (2회독)부터는 직접 문제 풀기, (3회독) 때는 ×, △ 표시된 문제만 다시 풀기! 회독할 때마다 문제 옆 회독표에 ○, ×, △로 표시하여 3회독까지 ×로 표시된 문제는 부록에 포함된 "틈틈 오답노트"에 따로 정리해 공부하세요! [○: 정확히 알고 푼 문제 △: 부분적으로 알고 푼 문제 ×: 개념 학습이 필요한 문제]

`21년 3회`   ✔회독 ☐☐☐

01 인간-기계체계 설계 시 인간공학적 해석방법이 아닌 것은?

① 링크해석법
② 웨이트식 중요빈도법
③ 공간지수법
④ 워크샘플링법

> 워크샘플링법은 작업자를 무작위로 관찰하여 특정 활동에 실제 소비하는 시간의 비율을 추정하고 이에 근거하여 시간 표준을 설정하여 생산성 향상을 목적으로 쓰이며, 인간공학적 해석방법에는 해당되지 않는다.
>
> **출제개념** 인간-기계체계 인간공학적 해석방법

`25년 2회` `22년 3회`   ✔회독 ☐☐☐

02 다음 중 체계분석 및 설계에 있어서의 인간공학의 가치와 가장 거리가 먼 것은?

① 성능의 향상
② 훈련비용의 증가
③ 사용자의 수용도 향상
④ 생산 및 보전의 경계성 증대

> 인간공학은 훈련비용을 증가시키는 것이 아니라 오히려 감소시키는 효과가 있다.
>
> **출제개념** 인간공학의 가치

`정답` **01** ④ **02** ②

03 다음 중 인간공학에 대한 설명으로 틀린 것은?

① 인간－기계 시스템의 안전성, 편리성, 효율성을 높인다.

② 인간을 작업과 기계에 맞추는 설계철학이 바탕이 된다.

③ 인간이 사용하는 물건, 설비, 환경의 설계에 적용된다.

④ 인간의 생리적, 심리적인 면에서의 특성이나 한계점을 고려한다.

▼

인간공학은 인간을 작업과 기계에 맞추는 설계철학이 바탕이 되는 것이 아니라 작업과 기계를 인간에게 맞추도록 하는 것이다.

출제개념 인간－기계 시스템

04 인간공학의 연구방법에서 인간－기계 시스템을 평가하는 척도로서 인간기준이 아닌 것은?

① 사고 빈도 ② 인간성능 척도

③ 객관적 반응 ④ 생리학적 지표

▼

체계 설계 시 인간기준에는 사고 빈도, 인간성능 척도, 생리학적 지표, 주관적 반응이 포함되며 객관적 반응은 이에 해당하지 않는다.

출제개념 인간－기계 시스템 인간기준

05 인간공학적 수공구의 설계에 관한 설명으로 옳은 것은?

① 수공구 사용 시 무게 균형이 유지되도록 설계한다.

② 손잡이 크기를 수공구 크기에 맞추어 설계한다.

③ 힘을 요하는 수공구의 손잡이는 직경을 60mm 이상으로 한다.

④ 정밀작업용 수공구의 손잡이는 직경을 5mm 이하로 한다.

▼

수공구 설계 시 손잡이는 작업자의 손 크기에 맞추어 설계해야 하며, 힘이 필요한 수공구의 손잡이는 직경 50~60mm가, 정밀작업용 수공구의 손잡이는 직경 5~12mm가 적절하다.

출제개념 인간공학적 수공구의 설계

06 인간오류의 분류 중 원인에 의한 분류의 하나로, 작업자 자신으로부터 발생하는 에러로 옳은 것은?

① Command Error

② Secondary Error

③ Primary Error

④ Third Error

▼

작업자의 실수로 인해 발생한 에러는 1차 에러(Primary Error)이며, 작업조건이나 작업환경에 의해 발생한 에러는 2차 에러(Secondary Error)이다.

출제개념 인간오류의 원인에 의한 분류

정답 **03** ② **04** ③ **05** ① **06** ③

07 인간오류의 분류에 있어 원인에 의한 분류 중 작업의 조건이나 작업의 형태 중에서 다른 문제가 생겨 그 때문에 필요한 사항을 실행할 수 없는 오류(Error)를 무엇이라고 하는가?

① Secondary Error
② Primary Error
③ Command Error
④ Commission Error

▼

작업조건이나 환경요인으로 인해 필요한 작업을 수행할 수 없는 오류는 Secondary Error이다.

`출제개념` 인간오류의 원인에 의한 분류

08 휴먼에러에 있어 작업자가 수행해야 할 작업을 잘못 수행하였을 경우 오류를 무엇이라 하는가?

① Omission Error
② Sequence Error
③ Time Error
④ Commission Error

▼

Commission Error는 작업자가 해야 할 작업을 잘못 수행하여 발생한 과오로, 수행적 과오라고도 한다.

`출제개념` 휴먼에러, 스웨인의 심리적 분류

09 다음 중 인간에러(Human Error)에 관한 설명으로 틀린 것은?

① Omission Error: 필요한 작업 또는 절차를 수행하지 않는 데 기인한 에러
② Commission Error: 필요한 작업 또는 절차의 수행 지연으로 인한 에러
③ Extraneous Error: 불필요한 작업 또는 절차를 수행함으로써 기인한 에러
④ Sequential Error: 필요한 작업 또는 절차의 순서 착오로 인한 에러

▼

Commission Error는 필요한 작업 또는 절차를 잘못 수행하여 발생하는 에러로, 수행적 과오라고도 한다.

`출제개념` 휴먼에러

10 다음 중 인간-기계 통합체계의 유형으로 볼 수 없는 것은?

① 자동체계　　　② 제어체계
③ 기계화체계　　④ 수동체계

▼

인간-기계체계 유형에는 수동체계, 기계화(반자동)체계, 자동체계가 있으며 제어체계는 포함되지 않는다.

`출제개념` 인간-기계체계의 종류

`정답` **07** ① **08** ④ **09** ② **10** ②

24년 2회
✔ 회독 □□□

11 선반 작업처럼 힘은 기계가 내고 제어는 인간이 하는 시스템은?

① 기계화체계
② 수동체계
③ 자동체계
④ 제어체계

> 기계가 동력원 역할을 하고 인간이 운전이나 정비를 수행하는 시스템은 기계화체계(반자동체계)이다.
>
> 출제개념 인간-기계체계의 종류

22년 2회
✔ 회독 □□□

12 일반적인 인간-기계 시스템의 형태 중 인간이 사용자나 동력원으로 기능하는 것은?

① 기계화체계
② 수동체계
③ 자동체계
④ 반자동체계

> 수동체계는 인간이 직접 동력원 역할을 하며 도구나 기구를 사용하여 작업하는 시스템이다.
>
> 출제개념 인간-기계체계의 종류

23년 3회
✔ 회독 □□□

13 다음 중 인간-기계 시스템을 3가지로 분류한 설명으로 틀린 것은?

① 자동 시스템에서는 인간 요소를 고려하여야 한다.
② 자동 시스템에서 인간은 감시, 정비유지, 프로그램 등의 작업을 담당한다.
③ 수동 시스템에서 기계는 동력원을 제공하고 인간의 통제하에서 제품을 생산한다.
④ 기계 시스템에서는 동력기계화 체계와 고도로 통합된 부품으로 구성된다.

> 수동 시스템에서 인간은 동력원이 되어 도구를 사용하고, 반자동(기계화)체계에서 기계가 동력원을 제공하고 인간이 운전·정비 등을 수행한다.
>
> 출제개념 인간-기계체계의 종류

23년 2회 23년 1회
✔ 회독 □□□

14 인간-기계 통합체계에서 인간 또는 기계에 의해서 수행되는 4가지 기본기능 중 다른 세 가지 기능 모두와 상호작용하는 것은?

① 행동 기능
② 정보처리 및 의사결정
③ 감지
④ 정보보관

> 정보보관 기능은 감지(정보수용), 정보처리 및 의사결정, 행동 기능(신체제어 및 통신)과 모두 연계되어 상호작용한다.
>
> 출제개념 인간-기계 통합시스템의 기본기능 4가지

정답 **11** ① **12** ② **13** ③ **14** ④

15 인간-기계 기능계 체계에서 기능의 형태에 속하지 않는 것은?

① 경고신호
② 행동기능
③ 감지
④ 정보저장

경고신호는 인간-기계 기능계 체계의 기능에 포함되지 않는다.

출제개념 인간-기계 기능계 체계의 기능

17 인간이 현존하는 기계를 능가하는 기능은?

① 귀납적 추리를 한다.
② 주위가 소란하여도 효율적으로 작동한다.
③ 암호화된 정보를 신속하게 대량으로 보관한다.
④ 입력신호에 대해 신속하고 일관성 있는 반응을 한다.

인간은 일반적으로 귀납적 추리에 강점이 있다.

출제개념 인간과 기계의 비교

16 다음 중 기계가 감지, 정보보관, 정보처리 및 의사결정, 행동을 포함한 모든 임무를 수행하는 체계를 무엇이라 하는가?

① 수동체계
② 기계화체계
③ 자동체계
④ 반자동체계

자동체계에서 기계는 동력원 및 운전 등 모든 임무를 자동으로 실시하며, 인간은 주로 감시나 정비, 프로그램 입력 등의 역할을 한다.

출제개념 인간-기계체계의 종류

18 다음 중 인간이 기계보다 능가하는 기능이라고 할 수 없는 것은?

① 완전히 새로운 해결책을 찾아내는 기능
② 반복적인 작업을 신뢰성 있게 수행하는 기능
③ 관찰을 통해서 일반화하여 귀납적으로 추리하는 기능
④ 불시에 발생한 부적절한 일에 대하여 능숙하게 진행시키는 기능

반복적인 작업은 기계가 인간보다 더 정확하고 신뢰성 있게 수행한다.

출제개념 인간과 기계의 비교

정답 **15** ① **16** ③ **17** ① **18** ②

✔ 회독 ☐☐☐

19 인간-기계체계에서 인간과 기계가 만나는 면을 무엇이라고 하는가?

① 계면
② 포락면
③ 의사결정면
④ 인체설계면

▼

계면(인터페이스)은 인간과 기계가 만나는 면을 뜻한다.

출제개념 인간-기계체계, 계면

✔ 회독 ☐☐☐

20 인간공학의 중요한 연구과제인 계면(Interface) 설계에 있어서 다음 중 계면에 해당되지 않는 것은?

① 작업공간 ② 표시장치
③ 조종장치 ④ 조명장치

▼

계면은 인간과 기계 또는 시스템 사이의 상호작용 지점을 의미하며, 작업공간, 표시장치, 조종장치 등은 모두 인간이 시스템과 상호작용하는 데 사용되는 계면에 해당한다.

출제개념 계면

✔ 회독 ☐☐☐

21 Human Error의 배경요인 중 4M이 아닌 것은?

① 인간(Man)
② 기계(Machine)
③ 재료(Material)
④ 관리(Management)

▼

4M은 Man(인간), Machine(기계), Media(작업정보), Management(관리)로 구성되며, Material은 포함되지 않는다.

출제개념 휴먼에러의 배경요인(4M)

✔ 회독 ☐☐☐

22 휴먼에러의 배후요소 중 작업방법, 작업순서, 작업정도, 작업환경과 가장 관련이 깊은 것은?

① Man
② Machine
③ Media
④ Management

▼

작업정보(Media)는 작업방법, 작업순서, 작업환경 등 작업수행에 필요한 정보와 밀접한 연관이 있다.

출제개념 휴먼에러의 배후요인(4M)

정답 **19** ① **20** ④ **21** ③ **22** ③

23 인간-기계 시스템 설계과정의 주요 6단계를 올바른 순서로 나열한 것은?

> ㉠ 기본설계
> ㉡ 시스템 정의
> ㉢ 목표 및 성능명세 결정
> ㉣ 인간-기계 인터페이스(Human-Machine Inter-face) 설계
> ㉤ 보조물 설계
> ㉥ 시험 및 평가

① ㉠ → ㉢ → ㉡ → ㉣ → ㉤ → ㉥
② ㉡ → ㉠ → ㉢ → ㉤ → ㉥ → ㉣
③ ㉢ → ㉡ → ㉠ → ㉣ → ㉤ → ㉥
④ ㉢ → ㉠ → ㉡ → ㉤ → ㉣ → ㉥

> 인간-기계 시스템 설계 6단계는 목표 및 성능명세 결정 → 시스템 정의 → 기본설계 → 인간-기계 인터페이스 설계 → 보조물 설계 → 시험 및 평가 순이다.
>
> 출제개념 인간-기계 시스템 설계과정 6단계

24 '음의 높이, 무게 등 물리적 자극을 상대적으로 판단하는 데 있어 특정 감각기관의 변화 감지역은 표준자극에 비례한다.'는 법칙을 발견한 사람은?

① 웨버(Weber)
② 호프만(Hofmann)
③ 체핀(Chaffin)
④ 핏츠(Fitts)

> 웨버의 법칙은 음의 높이, 무게 등 물리적 자극을 상대적으로 판단하는 데 있어 특정 감각기관의 변화 감지역은 표준자극에 비례한다는 법칙이다.
>
> 출제개념 웨버의 법칙

25 다음 중 자동차의 가속 페달과 브레이크 페달 간의 브레이크 폭 등을 결정하는 데 사용할 수 있는 가장 적합한 인간공학이론은?

① Miller의 법칙
② Fitts의 법칙
③ Weber의 법칙
④ Wickens의 모델

> Fitts의 법칙은 자동차의 가속 페달과 브레이크 페달 간의 브레이크 폭 등을 결정하는 데 쓰이는 가장 적합한 인간공학이론이다.
>
> 출제개념 핏츠의 법칙

26 인지과정 착오의 요인이 아닌 것은?

① 정서불안정
② 감각차단현상
③ 작업자의 기능 미숙
④ 생리·심리적 능력의 한계

> 인지과정 착오의 요인에는 감각차단현상, 정서불안정, 능력의 한계 등이 포함되며, 작업자의 기능 미숙은 포함되지 않는다.
>
> 출제개념 인지과정 착오의 요인

정답 23 ③ 24 ① 25 ② 26 ③

27 다음 중 판단과정의 착오 원인이 아닌 것은?

① 자신과신
② 능력부족
③ 정보부족
④ 감각차단현상

▼

감각차단현상은 인지과정의 착오 요인에 해당하며, 판단과정의 착오 요인은 정보부족, 자기과신, 합리화 등이 있다.

출제개념 판단과정 착오의 요인

28 제조나 생산과정에서의 품질관리 미비로 생기는 고장으로 점검작업이나 시운전으로 예방할 수 있는 고장은?

① 우발고장
② 마모고장
③ 초기고장
④ 평상고장

▼

초기고장은 제품의 사용 초기에 발생하는 고장으로 시운전을 통해 고장을 수리하고 고장률을 낮추는 기간이다.

출제개념 고장의 종류

29 시스템의 수명곡선에 고장의 발생형태가 일정하게 나타나는 기간은?

① 초기고장 기간
② 우발고장 기간
③ 마모고장 기간
④ 피로고장 기간

▼

고장률이 일정한 시기를 우발고장 기간이라 한다.

출제개념 고장의 종류

30 일반적으로 연구조사에 사용되는 기준 중 기준 척도의 신뢰성이 의미하는 것으로 옳은 것은?

① 보편성　　　　② 적절성
③ 반복성　　　　④ 객관성

▼

신뢰성(반복성, 재현성)은 반복 측정하였을 때 측정된 검사 결과가 일관되고 안정적으로 나오는지를 의미한다.

출제개념 인간공학적 연구의 기준척도

정답　27 ④　28 ③　29 ②　30 ③

31 다음 중 연구 기준의 요건에 대한 설명으로 옳은 것은?

① 적절성: 반복실험 시 재현성이 있어야 한다.
② 신뢰성: 측정하고자 하는 변수 이외의 다른 변수의 영향을 받아서는 안 된다.
③ 무오염성: 의도된 목적에 부합하여야 한다.
④ 민감도: 피실험자 사이에서 볼 수 있는 예상 차이점에 비례하는 단위로 측정해야 한다.

인간공학적 연구의 기준척도에 대한 올바른 설명은 다음과 같다.
• 적절성(타당성)은 검사(측정)하고자 하는 내용을 정확하게 측정하는가를 판단하는 기준이다.
• 신뢰성(반복성, 재현성)은 검사 결과가 일관되고 안정적으로 나오는가를 판단하는 기준이다.
• 무오염성(객관성)은 검사 결과가 평가자나 채점자의 주관적인 판단에 영향을 받지 않고 일관된 기준으로 평가되는가를 판단하는 기준이다.

출제개념 인간공학적 연구의 기준척도

32 인간관계가 작업 및 작업공간 설계에 못지않게 생산성에 큰 영향을 끼친다는 것을 암시하는 것을 무엇이라 하는가?

① 인간욕구 5단계
② X, Y이론
③ 인적자원 개발효과
④ 호손효과

호손효과는 인간관계가 작업 및 작업공간 설계에 못지않게 생산성에 큰 영향을 끼친다는 것을 밝혀낸 실험으로, 인간관계의 중요성을 강조한다.

출제개념 호손효과

33 인간에 대한 감시(Monitoring)방법 중 간접적인 방법은?

① 생리학적 감시방법
② 시각적 감시방법
③ 반응에 대한 감시방법
④ 환경의 감시방법

간접적으로 인간을 감시하는 방법은 환경의 감시방법이다.

출제개념 간접적 감시방법

34 인간과 기계능력에 대한 실효성 한계의 내용과 거리가 먼 것은?

① 일반적인 인간-기계 비교가 항상 적용된다.
② 상대적인 비교는 항상 변하기 마련이다.
③ 기능의 수행이 유일한 기준은 아니다.
④ 최선의 성능을 마련하는 것이 항상 중요한 것은 아니다.

인간과 기계의 비교는 상황에 따라 달라지므로 항상 적용되지 않는다.

출제개념 인간-기계 시스템의 실효성 한계

정답 **31** ④ **32** ④ **33** ④ **34** ①

35 기계의 통제기능이 아닌 것은?

① 개계에 의한 것

② 양의 조절에 의한 것

③ 반응에 의한 것

④ 자동제어에 의한 것

> 기계의 통제기능은 개폐에 의한 것, 양의 조절에 의한 것, 반응에 의한 것이 있으며, 자동제어에 의한 것은 포함되지 않는다.

출제개념 기계의 통제기능

---

36 동작자의 태도를 보고 동작자의 상태를 파악하는 감시방법은?

① Self Monitoring

② Visual Monitoring

③ 생리학적 Monitoring

④ 반응에 의한 Monitoring

> Visual Monitoring은 동작자의 태도를 보고 동작자의 상태를 파악하는 감시방법이다.

출제개념 감시방법

---

37 기계가 갖고 있는 제한점이 아닌 것은?

① 기계는 유동적이지 못하다.

② 기계는 임기응변을 하지 못한다.

③ 기계는 물리적 힘을 빠르고 지속적으로 적용하지 못한다.

④ 기계는 과거의 경험으로부터 아무런 도움을 얻지 못한다.

> 기계는 사람보다 물리적 힘을 빠르고 지속적으로 적용할 수 있다.

출제개념 기계의 제한점

---

38 작업자의 요구나 관심이 한 가지에 집중되는 의식우회의 문제를 지닌 작업자에 대한 감독자의 적절한 조치는?

① 규제

② 통제

③ 카운슬링(Counseling)

④ 처벌

> 의식우회의 문제를 지닌 작업자는 면담이나 상담을 통해 해결 방안을 모색하는 것이 적절하다.

출제개념 의식우회의 문제 조치

정답 35 ④ 36 ② 37 ③ 38 ③

39 다음 중 안전가치분석의 특징으로 틀린 것은?

① 기능 위주로 분석한다.

② 그룹 활동은 전원의 중지를 모은다.

③ 특정 위험의 분석을 위주로 한다.

④ 왜 비용이 드는가를 분석한다.

> 안전가치분석은 전체적인 위험을 체계적으로 분석하고 개선하는 활동을 통해 안전한 작업환경을 조성한다.
>
> 출제개념 안전가치분석의 특징

CHAPTER 02 위험성 파악 · 결정

기출문제 활용법 문항별 기출 표기 개수가 많을수록 시험에 자주 출제된 문제! 표기가 5개인 문제는 출제 횟수가 5회 이상인 기출문제로 무조건 암기 필수!

3회독 공부전략 1회독은 문제 → 선지 → 답 → 해설 순서로 정독! 2회독부터는 직접 문제 풀기, 3회독 때는 ×, △ 표시된 문제만 다시 풀기! 회독할 때마다 문제 옆 회독표에 ○, ×, △로 표시하여 3회독까지 ×로 표시된 문제는 부록에 포함된 "틈틈 오답노트"에 따로 정리해 공부하세요! [○: 정확히 알고 푼 문제 △: 부분적으로 알고 푼 문제 ×: 개념 학습이 필요한 문제]

24년 1회 23년 3회 23년 1회　　　　✔ 회독 ☐☐☐

01 시스템의 성능 저하가 인원의 부상이나 시스템 전체에 중대한 손해를 입히지 않고 제어가 가능한 상태의 위험강도는?

① 범주1: 파국적

② 범주2: 위기적

③ 범주3: 한계적

④ 범주4: 무시

▼

미국방성의 위험성 평가의 위험도 분류에 따르면 위험강도는 I 단계 파국, II 단계 중대, III 단계 한계, IV 단계 무시로 나뉜다. 한계적 위험은 활동의 지연을 유발하지만 전체에 중대한 손해를 입히지 않고 제어가 가능한 상태의 위험강도이다.

출제개념 미국방성의 위험성 평가의 위험도 분류

25년 3회 21년 1회　　　　✔ 회독 ☐☐☐

02 시스템 안전분석기법 중 시스템 디자인 단계에서 처음으로 사용되는 것은?

① FTA　　　　② FHA

③ PHA　　　　④ OHA

▼

예비위험분석(PHA)은 시스템 안전 프로그램의 최초단계인 구상단계에서 실시되는 정성적 위험분석기법이다.

출제개념 예비위험분석(PHA)

25년 2회 25년 1회 22년 1회　　　　✔ 회독 ☐☐☐

03 시스템의 구상단계에서 시스템 고유의 위험상태를 식별하고 예상되는 재해의 위험 수준을 결정하는 시스템 안전분석기법은?

① FTA　　　　② PHA

③ FMEA　　　　④ ETA

▼

예비위험분석(PHA)은 시스템의 구상단계에서 시스템 고유의 위험상태를 식별하고 예상되는 재해의 위험 수준을 결정하는 시스템 안전분석기법이다.

출제개념 예비위험분석(PHA)

정답 **01** ③ **02** ③ **03** ②

인간공학 및 위험성 평가 · 관리 | 2과목 | ☐ 이론 | 기출

04 다음 중 시스템 내의 위험요소가 어떤 상태에 있는가를 정성적으로 분석·평가하는 가장 첫 번째 단계에서 실시하는 위험분석기법은?

① 결함수분석
② 예비위험분석
③ 결함위험분석
④ 운용위험분석

> 예비위험분석(PHA)은 정성적 평가기법으로 시스템의 초기단계에서 전체적인 위험요소의 식별과 평가를 위한 가장 첫 번째 단계에서 실시하는 분석기법이다.
>
> 출제개념 예비위험분석(PHA)

05 다음 중 예비위험분석(PHA)에서 위험의 정도를 분류하는 4가지 범주에 속하지 않는 것은?

① Catastrophic
② Critical
③ Control
④ Marginal

> 예비위험분석(PHA)에서 사용하는 위험강도 4단계는 Catastrophic(파국), Critical(중대), Marginal(한계), Negligible(무시)이며, Control은 포함되지 않는다.
>
> 출제개념 예비위험분석(PHA), 미국방성의 위험성 평가의 위험도 분류

06 FTA의 용도와 거리가 먼 것은?

① 고장의 원인을 연역적으로 찾을 수 있다.
② 시스템의 전체적인 구조를 그림으로 나타낼 수 있다.
③ 시스템에서 고장이 발생할 수 있는 부분을 쉽게 찾을 수 있다.
④ 구체적인 초기사건에 대하여 상향식(Bottom-Up) 접근방식으로 재해경로를 분석하는 정량적 기법이다.

> FTA(Fault Tree Analysis)는 하향식(Top-Down) 접근방식으로 재해경로를 분석하는 정량적 기법이다.
>
> 출제개념 결함수분석법(FTA)

07 다음 중 FT도에서 컷셋(Cut Set)에 관한 설명으로 틀린 것은?

① 시스템의 약점을 표현한 것이다.
② 정상사상(Top Event)을 발생시키는 조합이다.
③ 시스템이 고장나지 않도록 하는 사상의 조합이다.
④ 일반적으로 Fussell Algorithm을 이용한다.

> 시스템이 고장나지 않도록 하는 사상의 조합은 패스셋(Path Set)에 관한 설명이다.
>
> 출제개념 FT도, 컷셋

정답 **04** ② **05** ③ **06** ④ **07** ③

08 다음 중 결함수분석기법(FTA)에 관한 설명으로 틀린 것은?

① 최츠로 Watson이 군용으로 고안하였다.
② 미니멀 패스셋(Minimal Path Set)을 구하기 위해 미니멀 컷셋(Minimal Cut Set)의 상대성을 이용한다.
③ 정상사상의 발생확률을 구한 다음 FT도를 작성한다.
④ 게이트의 확률 계산은 입력사상의 곱으로 한다.

▼

먼저 FT도를 작성한 후 정상사상의 발생확률을 구하여야 한다.

출제개념 결함수분석법(FTA)

09 다음에 의한 재해사례 연구의 순서를 올바르게 나열한 것은?

> ㉠ 목표사상 선정
> ㉡ FT도 작성
> ㉢ 사상마다 재해원인 규명
> ㉣ 개선계획 작성

① ㉠ → ㉢ → ㉡ → ㉣
② ㉢ → ㉡ → ㉠ → ㉣
③ ㉡ → ㉣ → ㉢ → ㉠
④ ㉣ → ㉢ → ㉡ → ㉠

▼

FTA 작성 절차는 목표사상 선정 → 사상마다 재해원인 규명 → FT도 작성 → 개선계획 작성 순으로 진행된다.

출지개념 FTA에 의한 재해사례 연구순서

10 FTA의 논리게이트 중에서 3개 이상의 입력사상 중 2개가 일어나면 출력이 나오는 것은?

① 억제 게이트
② 조합 AND 게이트
③ 배타적 OR 게이트
④ 우선적 AND 게이트

▼

조합 AND 게이트는 3개 이상의 입력사상 중 2개가 일어나면 출력하는 논리게이트이다.

출제개념 FTA 논리게이트

11 FT도에 사용되는 다음 기호의 명칭으로 맞는 것은?

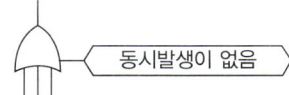

① 억제 게이트
② 부정 게이트
③ 배타적 OR 게이트
④ 우선적 AND 게이트

▼

배타적 OR 게이트는 입력사상이 둘 이상 발생하면 출력이 발생하지 않는 게이트이다.

출제개념 FTA 논리게이트

정답 08 ③ 09 ① 10 ② 11 ③

12 다음 기호의 명칭으로 알맞은 것은?

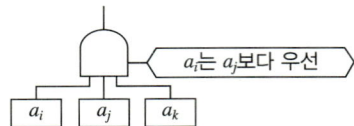

① 억제 게이트
② 부정 게이트
③ 배타적 OR 게이트
④ 우선적 AND 게이트

> 주어진 기호의 명칭은 우선적 AND 게이트이다.
>
> `출제개념` FTA 논리게이트

13 다음 중 입력사상이 정해진 순서대로 입력되었을 때 출력이 발생하는 게이트는?

① 억제게이트
② 부정게이트
③ 배타적 OR 게이트
④ 우선적 AND 게이트

> 입력사상이 정해진 순서대로 입력되었을 때 출력이 발생하는 게이트는 우선적 AND 게이트이다. 우선적 AND 게이트는 여러 입력이 동시에 들어와도 정해진 순서(우선권)에 따라야만 출력이 발생한다.
>
> `출제개념` FTA 논리게이트

14 FT도 작성 시 논리게이트에 속하지 않는 것은 무엇인가?

① OR 게이트
② 억제 게이트
③ AND 게이트
④ 동등 게이트

> OR 게이트, 억제 게이트, AND 게이트는 FT도 작성 시 사용되는 논리게이트이지만, 동등 게이트는 해당하지 않는다.
>
> `출제개념` FTA 논리게이트

15 FT도에 사용되는 기호 중 입력현상이 생긴 후 일정시간이 지속된 때에 출력이 생기는 것을 나타내는 것은?

① 위험지속기호
② 억제 게이트
③ OR 게이트
④ 배타적 OR 게이트

> 위험지속기호는 입력현상이 생긴 후 일정시간 상태가 지속될 때 출력이 발생하는 사상기호이다.
>
> `출제개념` FTA 사상기호 및 논리게이트

`정답` **12** ④　**13** ④　**14** ④　**15** ①

16 FT도에서 사용하는 다음 사상기호에 대한 설명으로 맞는 것은?

① 시스템 분석에서 좀 더 발전시켜야 하는 사상
② 시스템의 정상적인 기동상태에서 일어날 것이 기대되는 사상
③ 불충분한 자료로 결론을 낼 수 없어 더 이상 전개할 수 없는 사상
④ 주어진 시스템의 기본사상으로 고장원인이 분석되었기 때문에 더 이상 분석할 필요가 없는 사상

생략사상은 불충분한 자료로 결론을 낼 수 없어 더 이상 전개할 수 없는 사상을 의미한다.

출제개념 FTA 사상기호

17 결함수에서 입력현상이 발생하여 일정시간이 지속된 후 출력이 발생하는 기호는?

① 전이기호
② 위험지속기호
③ 시간단축기호
④ 작업변경기호

위험지속기호는 입력현상이 발생하고 일정시간이 지속된 후에 출력이 발생하는 사상기호이다.

출제개념 FTA 사상기호

18 결함수분석법에 있어 정상사상이 발생하지 않게 하는 기본사상들의 집합을 무엇이라고 하는가?

① 컷셋(Cut Set)
② 페일셋(Fail Set)
③ 트루셋(Truth Set)
④ 패스셋(Path Set)

패스셋(Path Set)은 정상사상을 일으키지 않는 기본사상들의 집합이다.

출제개념 FTA, 패스셋

19 결함수분석(FTA)에서 지면부족 등으로 인하여 다른 페이지 또는 부분에 연결시키기 위해 사용되는 기호는?

① 　　　②

③ 　　　④

전이기호는 지면부족 등으로 인하여 다른 페이지 또는 부분에 연결시키기 위해 사용되는 기호이다.

출제개념 FTA 사상기호

정답 **16** ③ **17** ② **18** ④ **19** ④

20 다음 FT도의 최소 컷셋(Minimal Cut Set)으로 옳은 것은?

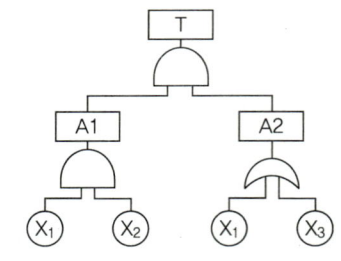

① (X₁, X₂)   ② (X₁, X₃)
③ (X₂, X₃)   ④ (X₁, X₂, X₃)

> $T = A1 \times A2 = (X_1 \times X_2) \times (X_1 + X_3)$
> $= (X_1 X_1 X_2) + (X_1 X_2 X_3) = (X_1 X_2) + (X_1 X_2 X_3)$보
> 여기서 최소 컷셋은 최소한의 집합이므로 $(X_1 X_2 X_3)$보다 포함 요소가 적은 (X_1, X_2)가 최소 컷셋이 된다.
>
> 출제개념 FT도, 최소 컷셋

21 그림의 FT도에서 최소 컷셋(Minimal Cut Set)으로 옳은 것은?

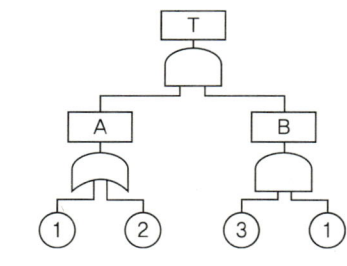

① {1, 2}   ② {1, 3}
③ {2, 3}   ④ {1, 2, 3}

> $T = A \times B = \{1 + 2\} \times \{1 \times 3\}$
> $= \{1\ 1\ 3\} + \{2\ 1\ 3\} = \{1\ 3\} + \{2\ 1\ 3\}$
> 여기서 +를 지우고 남는 괄호가 컷셋이다. 최소 컷셋은 {1, 3}이다.
>
> 출제개념 FT도, 최소 컷셋

22 FT도에 의한 컷셋이 다음과 같이 구해졌을 때 최소 컷셋(Minimal Cut Set)으로 맞는 것은?

> {X₃, X₄} {X₁, X₃, X₄}
> {X₂, X₃, X₄} {X₁, X₂, X₃, X₄}

① {X₃, X₄}
② {X₁, X₃, X₄}
③ {X₂, X₃, X₄}
④ {X₂, X₃, X₄}와 {X₃, X₄}

> 최소 컷셋이란 필요 최소한의 집합을 말한다. 따라서 {X₃, X₄}가 가장 작은 조합이므로 최소 컷셋이다.
>
> 출제개념 FT도, 최소 컷셋

23 그림과 같은 FT도에서 정상사상 T의 발생확률은? (단, X_1, X_2, X_3의 발생확률은 각각 0.1, 0.15, 0.1이다.)

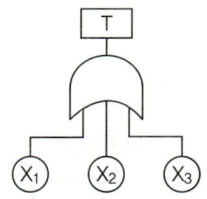

① 0.3115   ② 0.35
③ 0.496   ④ 0.9985

> AND 게이트는 직렬시스템으로 계산해야 하고, OR 게이트는 병렬시스템으로 계산해야 하므로 식은 다음과 같다.
> $T = 1 - (1 - X_1)(1 - X_2)(1 - X_3)$
> $= 1 - (1 - 0.1)(1 - 0.15)(1 - 0.1) = 0.3115$
>
> 출제개념 FT도, 정상사상 발생확률 계산

정답 **20** ① **21** ② **22** ① **23** ①

24 그림의 FT도에서 신뢰도를 구하면?

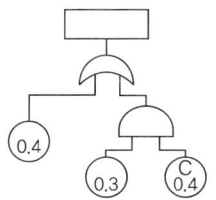

① 0.528
② 0.428
③ 0.328
④ 0.228

FT도에서의 정상사상의 발생확률은 불신뢰도의 의미를 갖는다. 신뢰도를 구하기 위해서는 발생확률을 구한 다음 1에서 발생확률을 빼주어야 한다.

발생확률 $= 1 - (1 - 0.4)(1 - 0.3 \times 0.4)$
$= 1 - (0.6 \times 0.88) = 0.472$

신뢰도 $= 1 - 0.472 = 0.528$

[출제개념] FT도, 신뢰도

25 다음 중 안전성 평가의 기본원칙 6단계에 해당되지 않는 것은?

① 정성적 평가
② 관계 자료의 정비검토
③ 안전대책 수립
④ 작업조건의 평가

안전성 평가 6단계는 관계 자료의 정비 검토 → 정성적 평가 → 정량적 평가 → 안전대책 수립 → 재해 정보에 의한 평가 → FTA에 의한 재평가이며, 작업조건의 평가는 포함되지 않는다.

[출제개념] 안전성 평가 6단계

26 화학설비의 안전성을 평가하는 방법 중 제3단계에 해당하는 것은?

① 안전대책 수립
② 정량적 평가
③ 관계 자료의 정비검토
④ 정성적 평가

화학설비의 안전성 평가의 제3단계는 정량적 평가로, 온도, 압력, 용량, 조작, 취급물질 등 수치적 자료에 기반한 분석을 하는 단계를 말한다.

[출제개념] 안전성 평가 6단계

27 불(Boole) 대수의 정리를 나타낸 관계식으로 틀린 것은?

① $A \cdot A = A$
② $A + \overline{A} = 0$
③ $A + AB = A$
④ $A + A = A$

+는 합집합, ·는 교집합을 의미한다. 이를 통해 나타낸 관계식은 다음과 같다.

① $A \cdot A = A \cap A = A$
② $A + \overline{A} = A \cup \overline{A} = 1$
③ $A + AB = A \cup (A \cap B) = A$
④ $A + A = A \cup A = A$

[출제개념] 불 대수의 정리

[정답] 24 ① 25 ④ 26 ② 27 ②

인간공학 및 위험성 평가·관리 2과목 ☐이론 ■기출

✔회독 ☐☐☐

28 화학공장(석유화학사업장 등)에서 가동문제를 파악하는 데 널리 사용되며, 위험요소를 예측하고, 새로운 공정에 대한 가동문제를 예측하는 데 사용되는 위험성 평가방법은?

① SHA

② EVP

③ CCFA

④ HAZOP

▼
HAZOP은 화학공장 설비공정의 위험성과 운전성을 파악하고 개선하는 위험성 평가방법이다.

출제개념 HAZOP

✔회독 ☐☐☐

29 위험 및 운전성 검토(HAZOP)에서 성질상의 감소를 나타내는 유인어(Guide Words)는?

① MORE/LESS

② PART OF

③ AS MORE AS

④ MUCH LESS

▼
PART OF는 성질상의 감소를 의미하는 유인어이다.

출제개념 HAZOP, 가이드워드

✔회독 ☐☐☐

30 다음 중 HAZOP기법에서 사용되는 가이드워드와 그 의미가 잘못 연결된 것은?

① As well as: 성질상의 증가

② More/Less: 정량적인 증가 또는 감소

③ Part of: 성질상의 감소

④ Other than: 기타 환경적인 요인

▼
Other than은 완전한 대체를 의미하는 유인어이다.

출제개념 HAZOP, 가이드워드

✔회독 ☐☐☐

31 시스템에 영향을 미치는 모든 요소의 고장을 형태별로 분석하여 그 영향을 검토하는 분석기법은?

① FTA

② Check List

③ FMEA

④ Decision Tree

▼
FMEA는 고장형태에 따른 시스템의 영향을 분석하는 정성적이며 귀납적인 분석기법이다.

출제개념 고장형태와 영향분석(FMEA)

정답 **28** ④ **29** ② **30** ④ **31** ③

32 고장형태 및 영향분석(FMEA: Failure Mode and Effect Analysis)에서 평가요소에 해당되지 않는 것은?

① C_1: 기능적 고장 영향의 중요도
② C_2: 영향을 미치는 시스템의 범위
③ C_3: 고장발생의 빈도
④ C_4: 고장의 영향 크기

▼

C_4는 고장방지의 가능성을 나타낸다.

출제개념 FMEA의 평가요소

---

33 시스템 안전해석방법 중 고장이 직접 시스템의 손실과 인명의 사상에 연결되는 높은 위험도를 가진 요소나 고장의 형태에 따른 분석법은?

① CA
② ETA
③ PHA
④ FMEA

▼

CA(치명도해석)는 위험도가 높은 고장이나 요소를 대상으로 한 정량적으로 분석하는 기법으로, FMEA에 치명도해석을 결합한 형태가 FMECA이다.

출제개념 치명도해석(CA)

---

34 다음 중 귀납적이고 정량적인 위험분석방법은?

① FMEA
② ETA
③ TFRP
④ MORT

▼

사상수분석(ETA)은 요소의 신뢰도를 파악하여 이분논리 방식을 이용하고, 성공과 실패로 전개하여 시스템의 신뢰도를 귀납적·정량적으로 평가하는 기법이다.

출제개념 사상수분석(ETA)

---

35 시스템안전을 위한 일반적인 분석기법이 아닌 것은?

① 고장형태와 영향분석(FMEA)
② 결함수분석(FTA)
③ 사상수분석(ETA)
④ 고장률분석

▼

고장률분석은 고장나는 확률을 분석하는 방법으로, 일반적인 안전을 위한 분석기법이 아니다.

출제개념 시스템안전분석기법

정답 32 ④ 33 ① 34 ② 35 ④

36 다음의 시스템 안전해석에 대한 설명으로 옳은 것은?

① 해석의 수리적 방법에 따라 귀납적 · 연역적 방법이 있다.
② 해석의 논리적 견지에 따라 정성적 · 연역적 방법이 있다.
③ FTA는 연역적 · 정량적 분석이 가능한 방법이다.
④ FMEA를 인간과오율 추정법이라 한다.

FTA는 재해 및 시스템 고장의 원인을 연역적 · 정량적으로 분석할 수 있는 안전성 평가방법이다.
① 해석의 수리적 방법에 따라 정량적 · 정성적 방법이 있다.
② 해석의 논리적 견지에 따라 귀납적 · 연역적 방법이 있다.
④ FMEA를 고장형태와 영향분석이라 한다.

출제개념 시스템 안전해석

---

37 시스템의 구상단계에서 시스템 고유의 위험상태를 식별하고 예상되는 재해의 위험 수준을 결정하는 시스템 안전분석기법은?

① FTA
② PHA
③ FMEA
④ ETA

시스템의 구상단계에서 시스템 고유의 위험상태를 식별하고 예상되는 재해의 위험 수준을 결정하는 시스템 안전분석기법은 PHA이다.

출제개념 안전분석기법

---

38 시스템 수명주기 단계 중 이전 단계들에서 발생되었던 사고 또는 사건으로부터 축적된 자료에 대해 실증을 통한 문제를 규명하고 이를 최소화하기 위한 조치를 마련하는 단계는?

① 구상단계
② 정의단계
③ 생산단계
④ 운전단계

운전단계는 이전 단계들에서 발생한 사고 또는 사건으로부터 축적된 자료에 대해 실증을 통한 문제를 규명하고 이를 최소화하기 위한 조치를 마련하는 단계이다. 시스템 수명주기 단계는 다음과 같다.
구상단계 → 정의단계 → 개발단계 → 생산단계 → 운전단계

출제개념 시스템 수명주기 단계

---

39 다음 중 인간의 과오를 평가하기 위한 정량적 해석방법은?

① THERP
② FTA
③ CA
④ PHA

인간과오율 예측기법(THERP)은 인간의 실수확률을 1,000,000시간당 실수확률로 나타내는 예측기법이다.

출제개념 인간과오율 예측기법(THERP)

정답 36 ③ 37 ② 38 ④ 39 ①

40 인간오류의 확률을 이용하여 시스템의 위험성을 평가하는 기법은?

① PHA

② THERP

③ OHA

④ HAZOP

> 인간과오율 예측기법(THERP)은 인간오류의 확률을 이용하여 시스템 위험성을 평가하는 기법이다.
>
> 출제개념 인간과오율 예측기법(THERP)

41 산업재해예방에 필요한 인간실수 예방기법이 아닌 것은?

① FMEA

② 작업환경 개선

③ 요원변경

④ 체계의 영향감소

> FMEA는 고장형태와 영향분석으로 인간실수 예방보다는 고장에 따른 시스템의 영향을 분석하는 기법에 해당한다
>
> 출제개념 인간실수 예방기법

42 다음 중 인간실수 확률에 대한 추정기법이 아닌 것은?

① 고장형과 영향해석

② 위급사건기법

③ 직무위급도 분석

④ 조작자 행동나무

> 인간실수 확률에 대한 추정기법은 위급사건기법, 직무위급도 분석, 조작자 행동나무 등이며, 고장형과 영향해석(FMEA)은 해당하지 않는다.
>
> 출제개념 인간실수 예방기법

43 검사공정의 작업자가 제품의 완성도에 대한 검사를 하고 있다. 어느 날 10,000개의 제품에 대한 검사를 실시하여 200개의 부적합품을 발견하였으나 이 로드에는 실제로 500개의 부적합품이 있었다. 이때 인간과오확률(Human Error Probability)은 얼마인가?

① 0.02   ② 0.03

③ 0.04   ④ 0.05

> 인간과오확률(HEP) = 과오개수/검사개수
> $$= (500-200)/10,000 = 0.03$$
>
> 출제개념 인간과오확률(HEP) 계산

정답 **40** ② **41** ① **42** ① **43** ②

✅ 회독 ☐☐☐

44 5,000개의 베어링을 품질검사하여 400개의 불량품을 처리하였으나 실제로는 1,000개의 불량 베어링이 있었다면 이러한 상황의 HEP(Human Error Probability)는?

① 0.04   ② 0.08
③ 0.12   ④ 0.16

인간과오확률(HEP)=과오개수/검사개수
$$=(1,000-400)/5,000$$
$$=600/5,000=0.12$$

출제개념 인간과오확률(HEP) 계산

기출문제 활용법 문항별 기출 표기 개수가 많을수록 시험에 자주 출제된 문제! 표기가 5개인 문제는 출제 횟수가 5회 이상인 기출문제로 무조건 암기 필수!

3회독 공부전략 **1회독**은 문제 → 선지 → 답 → 해설 순서로 정독! **2회독**부터는 직접 문제 풀기, **3회독** 때는 ×, △ 표시된 문제만 다시 풀기! 회독할 때마다 문제 옆 회독표에 ○, ×, △로 표시하여 3회독까지 ×로 표시된 문제는 부록에 포함된 "틈틈 오답노트"에 따로 정리해 공부하세요! [○: 정확히 알고 푼 문제 △: 부분적으로 알고 푼 문제 ×: 개념 학습이 필요한 문제]

25년 1회 23년 2회 22년 3회 ✔ 회독 ☐☐☐

01 시스템을 가동시키기 시작하면서부터 최초의 고장까지를 평균고장시간이라고 하는데 다음 중 평균고장시간을 나타내는 용어는?

① MTTF ② MTBF
③ MTTR ④ MTBR

> MTTF(Mean Time To Failure)는 운전을 시작한 시점부터 처음 고장이 발생할 때까지의 평균시간을 의미하며, 평균고장수명이라 한다.
>
> **출제개념** 설비보전의 신뢰성 지표, MTTF

22년 2회 21년 2회 ✔ 회독 ☐☐☐

03 다음 중 직렬계의 특성이 아닌 것은?

① 요소 중 어느 하나가 고장이면 계는 고장이다.
② 요소의 수가 적을수록 신뢰도는 높아진다.
③ 요소의 수가 많을수록 수명이 짧아진다.
④ 계의 수명은 요소 중에서 수명이 가장 긴 것으로 정하여진다.

> 직렬계의 수명은 요소 중에서 수명이 가장 짧은 것으로 정하여진다.
>
> **출제개념** 직렬계의 특성

21년 1호 ✔ 회독 ☐☐☐

02 일반적으로 가장 신뢰도가 높은 시스템은?

① 직렬구조 ② 병렬구조
③ 단일부품구조 ④ 직 · 병렬 혼합구조

> 병렬구조는 부품 모두가 고장나면 전체가 고장나는 구조이므로 가장 신뢰도가 높은 구조이다.
>
> **출제개념** 시스템 구조의 신뢰성

25년 2회 24년 1회 21년 3회 ✔ 회독 ☐☐☐

04 어떤 공장에서 1만 시간 가동하는 동안 부품 15,000개 중 15개의 불량품이 발생하였다. 평균고장간격(MTBF)은?

① 1×10^6시간 ② 2×10^6시간
③ 1×10^7시간 ④ 2×10^7시간

> 평균고장간격(MTBF) = 가동시간/고장건수
> = (10,000×15,000)/15
> = 1×10^7시간
>
> **출제개념** 평균고장간격(MTBF) 계산

정답 **01** ① **02** ② **03** ④ **04** ③

인간공학 및 위험성 평가·관리 **2과목** ☐이론 ┃ ☐기출

05 다음 시스템의 신뢰도는 약 얼마인가? (단, A와 B의 신뢰도는 0.90이고, C와 D의 신뢰도는 0.8이다.)

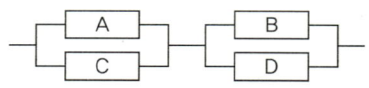

① 0.60
② 0.72
③ 0.84
④ 0.96

$R = \{1-(1-A)(1-C)\} \times \{1-(1-B)(1-D)\}$
$= \{1-(1-0.9)(1-0.8)\} \times \{1-(1-0.9)(1-0.8)\}$
$= 0.9604$

출제개념 병렬-직렬 혼합 시스템의 신뢰도 계산

06 다음과 같은 시스템의 신뢰도를 구하면? (단, 기계의 신뢰도는 0.99이다.)

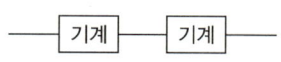

① 0.9999
② 0.9801
③ 1.98
④ 0.9701

직렬 구조는 $R = R1 \times R2$와 같이 모든 요소를 곱하여 신뢰도를 구한다.
$R = 0.99 \times 0.99 = 0.9801$

출제개념 직렬 시스템의 신뢰도 계산

07 그림의 부품 A, B, C로 구성된 시스템의 신뢰도는? (단, 부품 A의 신뢰도는 0.85, 부품 B와 C의 신뢰도는 각각 0.90이다.)

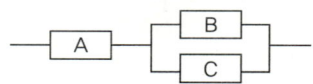

① 0.8415
② 0.8425
③ 0.8515
④ 0.8525

$R = 0.85 \times \{1-(1-0.9)(1-0.9)\}$
$= 0.85 \times (1-0.01)$
$= 0.85 \times 0.99 = 0.8415$

출제개념 직렬-병렬 혼합 시스템의 신뢰도 계산

08 그림과 같은 시스템의 신뢰도로 옳은 것은? (단, 그림의 숫자는 각 부품의 신뢰도이다.)

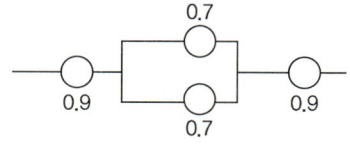

① 0.6336
② 0.7371
③ 0.8481
④ 0.9591

$R = 0.9 \times \{1-(1-0.7)(1-0.7)\} \times 0.9$
$= 0.9 \times 0.91 \times 0.9 = 0.7371$

출제개념 직렬-병렬 혼합 시스템의 신뢰도 계산

09 평균고장시간(MTTF)이 6×10^5시간의 요소 2개가 직렬계를 이루었을 때 계(System)의 수명은?

① 2×10^5시간

② 3×10^5시간

③ 9×10^5시간

④ 18×10^5시간

직렬 시스템의 수명$= MTTF \times \dfrac{1}{n}$

$\qquad\qquad\qquad = 6 \times 10^5 \times \dfrac{1}{2}$

$\qquad\qquad\qquad = 3 \times 10^5$시간

출제개념 **직렬계의 수명**

10 어떤 기기의 고장률이 시간당 0.002로 일정하다고 한다. 이 기기를 100시간 사용했을 때 고장이 발생할 확률은?

① 0.1813 ② 0.2214

③ 0.6253 ④ 0.8187

문제에서 고장률이 언급되면 직·병렬 문제와 구분하여 아래 식으로 나타낼 수 있다.

신뢰도 $R = e^{-\lambda t} = e^{-0.002 \times 100} = 0.8187$

이때, 문제에서 고장이 발생할 확률을 물어보았으므로 불신뢰도를 계산해야 한다.

불신뢰도 $F = 1 - R$(신뢰도) $= 1 - 0.8187 = 0.1813$

출제개념 **시스템의 불신뢰도**

정답 **09** ② **10** ①

CHAPTER 04 근골격계질환 예방관리

기출문제 활용법 문항별 기출 표기 개수가 많을수록 시험에 자주 출제된 문제! 표기가 5개인 문제는 출제 횟수가 5회 이상인 기출문제로 무조건 암기 필수!

3회독 공부전략 **1회독**은 문제 → 선지 → 답 → 해설 순서로 정독! **2회독**부터는 직접 문제 풀기, **3회독** 때는 ×, △ 표시된 문제만 다시 풀기! 회독할 때마다 문제 옆 회독표에 ○, ×, △로 표시하여 3회독까지 ×로 표시된 문제는 부록에 포함된 "틈틈 오답노트"에 따로 정리해 공부하세요! [○: 정확히 알고 푼 문제 △: 부분적으로 알고 푼 문제 ×: 개념 학습이 필요한 문제]

25년 2회 | 24년 2회 | 24년 1회 | 21년 2회 | 21년 1회   ✔ 회독 ☐☐☐

01 다음 중 근골격계질환의 인간공학적 주요 위험요인과 가장 거리가 먼 것은?

① 부적절한 자세
② 다습한 환경
③ 무리한 힘 사용
④ 단시간 많은 횟수의 반복

> 근골격계질환의 주요 위험요인에는 부적절한 자세, 과도한 힘 사용, 반복적인 작업, 진동 및 온도, 날카로운 면과의 신체접촉 등이 포함된다.
>
> **출제개념** 근골격계질환의 원인

21년 1회   ✔ 회독 ☐☐☐

02 신체의 안정성을 증대시키는 조건이 아닌 것은?

① 기저를 작게 한다.
② 몸의 무게 중심을 낮춘다.
③ 몸의 무게 중심을 기저 내에 들게 한다.
④ 모우멘트의 균형을 생각한다.

> 신체의 안정성을 높이기 위해서는 기저면을 넓히고, 무게 중심을 낮추는 것이 중요하다.
>
> **출제개념** 신체의 안정성

24년 3회   ✔ 회독 ☐☐☐

03 다음 중 인체에서 뼈의 기능에 해당하지 않는 것은?

① 대사기능
② 장기보호
③ 조혈기능
④ 인체의 지주

> 뼈의 주요 기능은 장기를 보호하고, 혈액을 생성(조혈)하며, 인체를 지주하는 것이다.
>
> **출제개념** 뼈의 기능

24년 3회   ✔ 회독 ☐☐☐

04 권장무게한계(RWL)에서 무게상수값으로 옳은 것은?

① 19kg
② 21kg
③ 23kg
④ 25kg

> 권장무게한계(RWL)의 무게상수값(Load Constant)은 23kg으로 설정되어 있다. 권장무게한계의 공식은 다음과 같다.
> RWL(kg) = LC(23kg) × HM × VM × DM × AM × FM × CM
>
> **출제개념** 권장무게한계(RWL)

정답 01 ② 02 ① 03 ① 04 ③

05 작업 유해요인 평가방법 중 몸통/허리, 목과 머리, 팔, 다리의 유해요인을 평가하는 방법으로 옳은 것은?

① RULA
② VDT
③ OWAS
④ CIT

OWAS(Ovako Working Posture Assessment System)는 팔, 다리, 허리 자세 및 무게 등을 고려하여 작업의 위험 수준을 평가하는 방법이다.

출제개념 인간공학적 유해요인 평가방법

---

06 근골격계질환 예방을 위한 관리적 대책으로 옳은 것은?

① 작업공간 배치
② 작업순환 배치
③ 작업재료 변경
④ 작업공구 설계

근골격계질환 예방을 위한 대책은 크게 공학적 대책과 관리적 대책으로 나뉜다. 이때 공학적 대책에는 작업공간 배치, 작업재료 변경, 작업공구 설계 등이 포함되며, 관리적 대책에는 작업순환 배치, 회복시간 제공 등이 포함된다.

출제개념 근골격계질환 예방, 관리적 대책

---

07 격렬한 육체적 작업의 작업부담 평가 시 활용되는 주요 생리적 척도로만 이루어진 것은?

① 부정맥, 작업량
② 맥박수, 산소 소비량
③ 점멸융합주파수, 폐활량
④ 점멸융합주파수, 근전도

육체적 작업은 주로 맥박수와 산소 소비량과 같은 생리적 척도로 평가한다.

출제개념 작업부담 평가 시 생리적 척도

---

08 다음 중 정신적 작업 부하에 대한 생리적 측정치에 해당하는 것은?

① 에너지대사량
② 최대산소소비능력
③ 근전도
④ 부정맥 지수

부정맥은 스트레스 등 정신적 부담과 관련되어 심장 박동이 불규칙하게 빨라지거나 느려지는 생리적 현상으로 정신적 작업의 부하 측정에 활용된다.

출제개념 정신적 작업 부하의 생리적 측정치

정답 **05** ③ **06** ② **07** ② **08** ④

09 다음 중 단순반복 작업으로 인한 질환의 발생 부위가 다른 것은?

① 요부염좌
② 수완진동증후군
③ 수근관증후군
④ 결절종

> 수완진동증후군, 수근관증후군, 결절종 등은 주로 손에 발생하는 질환이며, 요부염좌는 허리 부위에 발생하므로 위치가 다르다.
>
> 출제개념 단순반복 작업 관련 질환

10 어떤 작업의 평균에너지소비량이 5kcal/min일 때 1시간 작업 시 휴식시간은 약 몇 분이 필요한가? (단, 기초대사를 포함한 작업에 대한 평균에너지소비량의 상한은 4kcal/min, 휴식시간에 대한 평균에너지소비량은 1.5kcal/min이다.)

① 15.23   ② 17.14
③ 20.68   ④ 25.19

> $$휴식시간(min) = \frac{60(E-4)}{E-1.5}$$
> $$= \frac{60(5-4)}{5-1.5}$$
> $$= \frac{60}{3.5} ≒ 17.14min$$
>
> 출제개념 휴식시간 계산

11 건강한 남성이 8시간 동안 특정 작업을 실시하고, 분당 산소소비량이 1.2L로 나타났다면 8시간 총 작업시간에 포함될 휴식시간은 약 몇 분인가? (단, 남성의 권장 평균에너지소비량은 5kcal/분, 휴식 중 에너지소비율은 1.5kcal/분이다.)

① 87분   ② 97분
③ 107분   ④ 117분

> $$E = 5kcal/L × 1.2L/min = 6kcal/min$$
> $$휴식시간(min) = \frac{60(E-5)}{E-1.5}$$
> $$= \frac{60(6-5)}{6-1.5}$$
> $$= \frac{60}{4.5} ≒ 13.33min$$
>
> 이때, 8시간 총 작업시간에 포함될 휴식시간을 묻고 있으므로 식은 다음과 같다.
> 13.33min/시간×8시간=106.64분
>
> 출제개념 산소소비량을 통한 휴식시간 계산

12 에너지 대사율을 산출하는 공식을 옳게 나타낸 것은?

① 기초대사량÷소비에너지양
② 작업대사량÷기초대사량
③ 기초대사량÷수작업대사량
④ 소비에너지양÷기초대사량

> 에너지 대사율(RMR)=작업대사량÷기초대사량
>
> 출제개념 에너지 대사율(RMR) 공식

정답 **09** ① **10** ② **11** ③ **12** ②

13 인체의 동작 유형 중 굽혔던 팔꿈치를 펴는 동작을 나타내는 용어는?

① 내전(Adduction)

② 회내(Pronation)

③ 굴곡(Flexion)

④ 신전(Extension)

▼

신전은 굽힌 관절을 펴서 각도를 넓히는 동작이므로 팔꿈치를 펴는 동작은 신전에 해당한다.

출제개념 인체의 동작

15 다음 중 생리적 스트레스를 전기적으로 측정하는 방법으로 옳지 않은 것은?

① 뇌전도(EEG)

② 근전도(EMG)

③ 전기 피부 반응(GSR)

④ 안구 반응(EOG)

▼

생리적 스트레스를 전기적으로 측정하는 방법에는 뇌전도(EEG), 근전도(EMG), 전기 피부 반응(GSR) 등이 있다.

출제개념 생리적 스트레스 전기적 측정방법

인간공학 및 위험성 평가 · 관리

2과목 ☐이론 | ■기출

14 신체 부위의 운동 중 몸의 중심선으로 이동하는 운동을 무엇이라 하는가?

① 굴곡운동

② 내전운동

③ 신전운동

④ 외전운동

▼

내전은 팔이나 다리가 몸의 중심선 방향으로 가까워지는 운동이다. 반대로 외전은 중심선에서 멀어지는 방향으로 움직이는 운동이다.

출제개념 인체의 동작

16 다음 중 인간의 중립적인 자세(Neutral Position)와 거리가 먼 것은?

① 손목이 곧은(Straight) 상태

② 팔꿈치가 45° 정도의 각도를 유지한 상태

③ 어깨가 이완된 상태

④ 시각은 수평에서 약간 아래를 보는 상태

▼

중립자세는 신체에 무리를 주지 않는 가장 편안하고 안정적인 자세로, 팔꿈치는 90° 정도의 각도를 유지하여야 한다.

출제개념 인간의 중립자세

정답 **13** ④ **14** ② **15** ④ **16** ②

17 위팔을 자연스럽게 수직으로 늘어뜨린 채, 아래팔만으로 편하게 뻗어 파악할 수 있는 구역을 무엇이라 하는가?

① 파악한계역
② 최소작업역
③ 정상작업역
④ 최대작업역

▼
위팔을 몸에 붙인 채로 자연스럽게 수직으로 늘어뜨린 후 아래팔만 움직여서 편안하게 뻗어 파악할 수 있는 구역을 정상작업역이라 한다.

출제개념 정상작업역

18 작업자가 앉아서 수작업을 하는 경우 기능을 편히 할 수 있는 공간의 외곽 한계를 무엇이라 하는가?

① 파악한계
② 최대작업역
③ 정상작업역
④ 접촉한계

▼
파악한계는 앉은 상태에서 수작업을 할 때, 기능을 편히 할 수 있는 공간의 외곽 한계이다.

출제개념 작업공간, 파악한계

19 다음 중 동작경제의 원칙에 해당하지 않는 것은?

① 가능하다면 낙하식 운반방법을 사용한다.
② 양손을 동시에 반대의 방향으로 운동한다.
③ 자연스러운 리듬이 생기지 않도록 동작을 배치한다.
④ 양손으로 동시에 작업을 시작하고, 동시에 끝낸다.

▼
동작경제의 원칙은 동작을 최소화하고, 리듬감 있게 설계하여 피로를 줄이는 것이 핵심이다. 따라서 자연스러운 리듬이 생기도록 동작을 배치해야 한다.

출제개념 동작경제의 3원칙

20 다음 중 수공구의 일반적인 설계원칙과 거리가 먼 것은?

① 손목은 곧게 유지되도록 설계한다.
② 손가락 동작의 반복을 피하도록 설계한다.
③ 손잡이는 손바닥과 접촉면적이 작게 설계한다.
④ 공구의 무게를 줄이고 사용 시 균형이 유지되도록 한다.

▼
수공구의 손잡이는 손바닥과의 접촉면적을 크게 설계해야 한다.

출제개념 수공구의 설계원칙

정답   **17** ③   **18** ①   **19** ③   **20** ③

CHAPTER 05 유해요인 관리

24년 3회 　　　　　　　　　　　　　✔ 회독 ☐☐☐

01 산업안전보건법령에서 정한 물리적 인자의 분류 기준에 있어서 소음은 소음성 난청을 유발할 수 있는 몇 dB(A) 이상의 시끄러운 소리로 규정하고 있는가?

① 70　　　　　　　② 85
③ 100　　　　　　　④ 115

▼

소음성 난청을 유발할 수 있는 소음의 기준은 85dB(A) 이상으로 규정되어 있다.

출제개념 소음성 난청 유발 소음의 기준

25년 1회 23년 2회 21년 1회 　　　　✔ 회독 ☐☐☐

03 작업장의 소음을 통제하는 일반적인 방법과 거리가 먼 것은?

① 소음의 격리
② 소음원 통제
③ 자동화 설비로 교체
④ 차폐장치 및 흡음재 사용

▼

자동화 설비로 교체하는 것은 소음 통제 목적과 거리가 멀다.

출제개념 소음 통제 대책

25년 3회 25년 2회 24년 2회 24년 1회 22년 2회 　✔ 회독 ☐☐☐

02 소음을 방지하기 위한 대책으로 틀린 것은?

① 소음원 통제　　　② 차폐장치 사용
③ 소음원 격리　　　④ 연속소음 노출

▼

소음을 줄이기 위한 대책은 소음원 통제·격리, 차폐장치 사용 등이 있다.

출제개념 소음 방지 대책

정답 **01** ② **02** ④ **03** ③

04 다음 중 경계 및 경보신호를 설계할 때 적합하지 않은 것은?

① 장애물이 있는 경우에는 500Hz 이하의 진동수를 갖는 신호를 사용
② 주의를 끌기 위해서는 변조된 신호를 사용
③ 배경소음의 진동수와 같은 신호를 사용
④ 경보효과를 높이기 위해서 개시시간이 짧은 고감도 신호를 사용

▼
경계 및 경보신호는 배경소음의 진동수와 구분되어 다른 신호를 사용해야 한다.

출제개념 경보신호의 설계원칙

05 다음 중 소음에 의한 청력 손실이 가장 잘 발생하는 진동수는?

① 100Hz
② 1,000Hz
③ 2,000Hz
④ 4,000Hz

▼
청력 손실은 4,000Hz 부근의 주파수에서 가장 쉽게 발생한다.

출제개념 청력 손실 주파수

06 다음 중 인간의 가청주파수 범위로 옳은 것은?

① 10~10,000Hz
② 20~10,000Hz
③ 10~20,000Hz
④ 20~20,000Hz

▼
주파수 범위는 다음과 같이 구분할 수 있다.
• 초음파: 20,000Hz 초과
• 가청주파수: 20Hz 이상 20,000Hz 이하
• 청력손실이 가장 큰 주파수: 4,000Hz
• 장거리용 신호로 사용되는 주파수: 1,000Hz 이하
• 칸막이가 설치된 장소의 장거리용 주파수: 500Hz 이하

출제개념 인간의 가청주파수

07 가청 주파수 내에서 사람의 귀가 가장 민감하게 반응하는 주파수 대역은?

① 300~500Hz
② 500~3,000Hz
③ 3,000~5,000Hz
④ 5,000~10,000Hz

▼
사람의 귀는 일반적으로 20~20,000Hz 범위의 가청 주파수 내에서 500~3,000Hz 사이의 주파수 대역에 가장 민감하게 반응한다.

출제개념 가청 주파수

정답 **04** ③ **05** ④ **06** ④ **07** ②

08 작업장 소음의 영향과 거리가 먼 것은?

① 청취촉진 효과

② 주의산만 효과

③ 각성 효과

④ 작업능률 감소 효과

소음은 일반적으로 주의산만, 작업능률 감소, 각성과 같은 영향을 끼친다.

출제개념 소음의 영향

09 음압 수준이 120dB인 경우 100Hz에서의 phon 값과 sone 값으로 옳은 것은?

① 100phon, 64sone

② 100phon, 128sone

③ 120phon, 128sone

④ 120phon, 256sone

$$sone = 2^{\frac{phon-40}{10}} = 2^{\frac{120-40}{10}} = 2^8 = 256sone$$

출제개념 음압 수준에 따른 phon과 sone

10 음량 수준이 50phon일 때 sone 값은?

① 2

② 5

③ 10

④ 100

$$sone = 2^{\frac{phon-40}{10}} = 2^{\frac{50-40}{10}} = 2^1 = 2sone$$

출제개념 음량 수준에 따른 sone

11 40phon이 1sone일 때 60phon은 몇 sone인가?

① 2sone

② 4sone

③ 6sone

④ 100sone

$$sone = 2^{\frac{phon-40}{10}} = 2^{\frac{60-40}{10}} = 2^2 = 4sone$$

출제개념 phon, sone

정답 **08** ① **09** ④ **10** ① **11** ②

12 다음 중 음의 크기를 나타내는 단위로만 나열된 것은?

① dB, nit
② phon, lb
③ dB, psi
④ phon, dB

▼
음의 크기를 나타내는 단위는 phon, dB, sone이 있다.

출제개념 음의 크기 단위

---

14 통신에서 잡음 중의 일부를 제거하기 위해 필터를 사용하였다면 어느 성능을 향상시킨 것인가?

① 신호의 양립성
② 신호의 산란성
③ 신호의 표준성
④ 신호의 검출성

▼
필터(Filter)란 특정한 신호에서 원하지 않는 신호를 차단하거나 원하는 신호만 통과시키는 기능을 하는 장치이므로 신호의 검출성을 향상시키는 역할을 한다.

출제개념 신호의 검출성

---

13 한 사무실에서 타자기의 소리 때문에 말소리가 묻히는 현상을 무엇이라 하는가?

① dBA
② CAS
③ phone
④ Masking

▼
Masking은 소음 때문에 말소리가 묻히는 현상이다.

출제개념 마스킹현상

정답 **12** ④ **13** ④ **14** ④

CHAPTER 06

작업환경 관리

기출문제 활용법 문항별 기출 표기 개수가 많을수록 시험에 자주 출제된 문제! 표기가 5개인 문제는 출제 횟수가 5회 이상인 기출문제로 무조건 암기 필수!

3회독 공부전략 **1회독**은 문제 → 선지 → 답 → 해설 순서로 정독! **2회독**부터는 직접 문제 풀기, **3회독** 때는 ×, △ 표시된 문제만 다시 풀기! 회독할 때마다 문제 옆 회독표에 ○, ×, △로 표시하여 3회독까지 ×로 표시된 문제는 부록에 포함된 "틈틈 오답노트"에 따로 정리해 공부하세요! [○: 정확히 알고 푼 문제 △: 부분적으로 알고 푼 문제 ×: 개념 학습이 필요한 문제]

23년 2회   ✔ 회독 ☐☐☐

01 60fL의 광도를 요하는 시각 표시장치의 반사율이 75%일 때 소요조명은 몇 fc인가?

① 75
② 80
③ 85
④ 90

$$소요조명 = \frac{광속발산도}{반사율} \times 100 = \frac{60}{75} \times 100 = 80$$

출제개념 조도 계산

25년 1회 24년 2회 22년 1회   ✔ 회독 ☐☐☐

02 VDT(Visual Display Terminal)를 취급하는 작업장에서 화면의 바탕색이 검정색 계통일 경우 추천되는 조명 수준으로 가장 적절한 것은?

① 200~399lux
② 300~500lux
③ 750~800lux
④ 800~900lux

VDT를 취급하는 작업장의 화면 바탕이 검정색 계통인 경우 300~500lux 수준의 조명이 권장되고, 하얀색 계통인 경우 500~700lux 수준의 조명이 권장된다.

출제개념 VDT 취급 작업장 조명 수준

21년 1회   ✔ 회독 ☐☐☐

03 '조명강도를 높인 결과 작업자들의 생산성이 향상되었고, 그 후 다시 조명강도를 낮추어도 생산성의 변화는 거의 없었다.'라는 결과는 다음 중 어느 실험의 결과인가?

① Heinrich실험
② Compes실험
③ Birds실험
④ Hawthorne실험

Hawthorne실험은 작업 현장의 조명도와 근로자의 작업능률 간의 관계를 분석하기 위한 실험이다.

출제개념 Hawthorne실험

22년 2회 21년 1회   ✔ 회독 ☐☐☐

04 광원의 밝기가 100cd이고, 10m 떨어진 곡면을 비출 때의 조도는 몇 lux인가?

① 1
② 10
③ 100
④ 1,000

$$조도 = 광도 \div (거리)^2 = 100 \div (10)^2 = 1lux$$

출제개념 조도 계산

정답   **01** ②   **02** ②   **03** ④   **04** ①

05 다음 중 조도를 나타낸 공식으로 알맞은 것은?

① 광도÷거리

② (광도)²÷거리

③ (거리)²÷거리

④ 광도÷(거리)²

▼

조도＝광도÷(거리)²

출제개념 조도 공식

06 광원으로부터 2m 떨어진 곳에서 측정한 조도가 400lux이고, 다른 곳에서 동일한 광원에 의한 밝기를 측정하였을 때, 조도가 100lux였다면 두 번째로 측정한 지점은 광원으로부터 몇 m 떨어진 곳인가?

① 1　　　　　　　　② 2

③ 3　　　　　　　　④ 4

▼

조도 ＝ $\dfrac{광도}{거리^2}$

광도 ＝ 조도 × 거리² ＝ 400lux × (2m)² ＝ 1,600cd

거리² ＝ $\dfrac{광도}{조도}$, 거리 ＝ $\sqrt{\dfrac{광도}{조도}}$ ＝ $\sqrt{\dfrac{1,600}{100}}$ ＝ 4m

출제개념 조도 계산

07 다음 중 조도에 관한 설명으로 틀린 것은?

① 어떤 물체나 표면에 도달하는 광의 밀도를 말한다.

② 1fc란 1촉광의 점광원으로부터 1foot 떨어진 곡면에 비추는 광의 밀도를 말한다.

③ 1lux란 1촉광의 점광원으로부터 1m 떨어진 곡면에 비추는 광의 밀도를 말한다.

④ 조도는 거리에 비례하고, 광도에 반비례한다.

▼

조도는 거리의 제곱에 반비례하고 광도에 비례한다.

출제개념 조도

08 작업장 내부의 추천 반사율이 가장 낮아야 하는 곳은?

① 벽　　　　　　　　② 천장

③ 바닥　　　　　　　④ 가구

▼

바닥의 최적 반사율은 20~40%로 가장 낮다.

출제개념 옥내 최적 반사율

정답 **05** ④　**06** ④　**07** ④　**08** ③

09 바닥의 추천 반사율은?

① 10~30%

② 20~40%

③ 30~50%

④ 40~60%

▼

작업장의 바닥은 눈부심 방지를 위해 반사율이 낮아야
하며 20~40% 범위가 적절하다.

출제개념 옥내 최적 반사율

10 종이의 반사율이 50%이고, 종이상의 글자 반사
율이 10%일 때 종이에 의한 글자의 대비는 얼마
인가?

① 10%   ② 40%

③ 60%   ④ 80%

▼

$$대비 = \frac{배경의\ 반사율 - 타겟의\ 반사율}{배경의\ 반사율}$$

$$= \frac{50 - 10}{50} \times 100 = 80\%$$

출제개념 대비 계산

11 다음 중 광원으로부터의 직사 휘광을 처리하는
방법으로 적절하지 않은 것은?

① 광원의 휘도를 감소시킨다.

② 광원을 시선에서 가깝게 위치한다.

③ 휘광원 주위를 밝게 하여 휘도비를 줄인다.

④ 가리개, 갓 등을 사용한다.

▼

휘광(눈부심)을 줄이기 위해서는 광원을 멀리하거나 차
광 조치를 해야 한다.

출제개념 직사 휘광 처리방법

12 실효온도의 결정 요소가 아닌 것은?

① 온도   ② 습도

③ 대류   ④ 복사

▼

실효온도(감각온도)는 온도, 습도, 기류(대류)의 세 가
지 요소로 결정된다.

출제개념 실효온도 결정 요소

정답 **09** ② **10** ④ **11** ② **12** ④

13 건구온도 35℃, 습구온도 28℃일 때의 Oxford 지수는 몇 ℃인가?

① 27.24 ② 29.05
③ 31.03 ④ 34.12

> 옥스퍼드지수(습건지수) WD=0.85W+0.15D
> 이때, W=습구온도, D=건구온도이다.
> WD=0.85×28℃+0.15×35℃=29.05
>
> 출제개념 옥스퍼드(Oxford)지수 계산

14 자연습구온도가 20℃이고, 흑구온도가 30℃일 때, 실내의 습구흑구온도지수(WBGT: Wet-Bulb Globe Temperature)는 얼마인가?

① 2℃ ② 23℃
③ 25℃ ④ 30℃

> 옥내 WBGT=0.7×자연습구온도+0.3×흑구온도
> =0.7×20+0.3×30=23℃
>
> 출제개념 습구흑구온도지수(WBGT) 계산

15 일반적으로 인체에 가해지는 온·습도 및 기류 등의 외적변수를 종합적으로 평가하는 데에는 '불쾌지수'라는 지표가 이용된다. 식이 다음과 같은 경우 건구온도와 습구온도의 단위로 옳은 것은?

> 불쾌지수=0.72×(건구온도+습구온도)+40.6

① 섭씨온도 ② 화씨온도
③ 절대온도 ④ 실효온도

> 불쾌지수는 섭씨온도를 기준으로 계산된다.
>
> 출제개념 불쾌지수 온도 단위

16 다음의 열균형방정식의 각 기호와 의미가 바르게 연결된 것은?

> S(열축적)=M(대사)-E±R±C-W

① E: 증발, R: 복사, C: 대류
② E: 대류, R: 증발, C: 복사
③ E: 복사, R: 대류, C: 증발
④ E: 복사, R: 증발, C: 대류

> 열균형방정식 ΔS
> =M(대사열)-E(증발)±R(복사)±C(대류)-W(일)
>
> 출제개념 열균형방정식의 구성요소

정답 13 ② 14 ② 15 ① 16 ①

17 인간과 주위와의 열교환 과정을 나타낼 수 있는 열균형방정식으로 가장 적절한 것은?

① 열축적 = 대사 + 증발 ± 대류 + 일
② 열축적 = 대사 − 증발 ± 복사 ± 대류 − 일
③ 열축적 = 대사 ± 증발 − 복사 − 대류 ± 일
④ 열축적 = 대사 − 증발 − 복사 + 대류 + 일

▼

열균형방정식 ΔS
= M(대사열) − E(증발) ± R(복사) ± C(대류) − W(일)

출제개념 **열균형방정식**

18 다음 중 인간과 주위의 열교환 과정을 나타내는 열균형방정식에 적용되는 요소가 아닌 것은?

① 대류　　　　　② 복사
③ 증발　　　　　④ 반사

▼

열균형방정식에 포함되는 요소는 대사, 증발, 복사, 대류, 일이다.

출제개념 **열균형방정식의 구성요소**

19 진동이 인간 성능에 끼치는 일반적인 영향과 거리가 먼 것은?

① 진동은 진폭에 비례하여 시력을 손상하며 10~25Hz의 경우 가장 심하다.
② 진동은 진폭에 비례하여 추적 능력을 손상하며 5Hz 이하의 낮은 진동수에 가장 심하다.
③ 안정되고 정확한 근육 조절을 요하는 작업은 진동에 의해서 저하된다.
④ 반응시간, 감시, 형태식별 등 주로 중앙 신경 처리에 달린 임무는 진동의 영향에 민감하다.

▼

반응시간, 감시, 형태식별 등 주로 중앙 신경 처리에 달린 임무는 진동의 영향에 상대적으로 둔감하다.

출제개념 **진동의 영향**

20 시각 퍼포먼스는 일반적으로 어느 진동수 범위에서 가장 나빠지는가?

① 1~10Hz
② 10~25Hz
③ 20~30Hz
④ 50~70Hz

▼

시각 성능은 10~25Hz의 진동에서 가장 큰 저하를 보이며, 해당 주파수 범위가 시력 손상에 가장 취약하다.

출제개념 **진동과 시력의 관계**

정답 **17** ② **18** ④ **19** ④ **20** ②

인간공학 및 위험성 평가·관리 **2과목** ☐ 이론 | 기출

21 다음 중 인체계측에 있어 구조적 인체치수에 관한 설명으로 옳은 것은?

① 움직이는 신체의 자세로부터 측정한다.
② 설계의 작업 중 움직임을 계측, 자료를 취합하여 통계적으로 분석한다.
③ 정해진 동작에 있어 자세, 관절 등의 관계를 3차원 디지타이저(Digitizer), 모아레(Moire)법 등의 복합적인 장비를 활용하여 측정한다.
④ 고정된 자세에서 마틴(Martin)식 인체측정기로 측정한다.

▼
구조적 인체치수는 움직임이 없는 상태에서 측정하는 인체치수이다. 한편, 기능적 인체치수는 특정 작업자세 또는 동작의 인체측정을 말한다.
출제개념 인체계측, 구조적 인체치수

22 인체 측정치의 응용원칙에서 최대치를 적용하여 반영하는 경우가 아닌 것은?

① 선반의 높이
② 출입문의 크기
③ 버스 내 승객용 좌석 간의 거리
④ 와이어로프의 사용 중량

▼
선반 높이는 작은 사람도 도달할 수 있어야 하므로 최소치를 기준으로 설계해야 한다.
출제개념 인체계측 자료의 응용원칙

23 인체계측 자료의 응용원칙이 아닌 것은?

① 기존 동일 제품을 기준으로 한 설계
② 최대치수와 최소치수를 기준으로 한 설계
③ 조절범위를 기준으로 한 설계
④ 평균치를 기준으로 한 설계

▼
기존 동일 제품을 기준으로 한 설계는 인체계측 원칙에 해당하지 않는다.
출제개념 인체계측 자료의 응용원칙

24 인체측정치 응용원칙 중 가장 우선적으로 고려해야 하는 원칙은?

① 조절식 설계
② 최대치 설계
③ 최소치 설계
④ 평균치 설계

▼
인체계측 자료의 응용 3원칙 중 조절범위, 최대치수와 최소치수, 평균치를 기준으로 한 설계 순으로 고려되어야 한다.
출제개념 인체계측 자료의 응용원칙

정답 **21** ④ **22** ① **23** ① **24** ①

25 의자의 등받이 설계에 관한 설명으로 가장 적절하지 않은 것은?

① 등받이 폭은 최소 30.5cm가 되게 한다.

② 등받이 높이는 최소 50cm가 되게 한다.

③ 의자의 좌판과 등받이 각도는 90~105°를 유지한다.

④ 요부받침의 높이는 25~35cm로 하고 폭은 30.5cm로 한다.

▼

요두받침의 높이는 15~23cm로 하고 폭은 30.5cm가 적절하다.

출제개념 의자의 설계원칙

26 다음 중 의자 설계 시의 원칙에 고려되는 일반적인 사항으로 가장 거리가 먼 것은?

① 체중의 분포

② 의자 좌판의 높이

③ 의자 등판의 높이

④ 의자 좌판의 깊이와 폭

▼

의자 설계의 기본원칙에는 체중분포, 의자 좌판의 높이, 깊이와 폭이 포함되지만, 의자 등판의 높이는 일반적인 고려사항에 포함되지 않는다.

출제개념 의자의 설계원칙

27 다음 중 양립성(Compatibility)의 종류가 아닌 것은?

① 개념 양립성

② 감성 양립성

③ 운동 양립성

④ 공간 양립성

▼

양립성의 종류에는 개념적 양립성, 공간적 양립성, 운동적 양립성, 양식 양립성이 있다.

출제개념 양립성의 종류

28 암호체계 사용상의 일반적 지침 중 부호의 양립성(Compatibility)에 대한 설명은?

① 자극은 주어진 상황하에 감지장치나 사람이 감지할 수 있는 것이어야 한다.

② 암호의 표시는 다른 암호 표시와 구별될 수 있어야 한다.

③ 자극과 반응 간의 관계가 인간의 기대와 모순되지 않아야 한다.

④ 두 가지 이상을 조합하여 사용하면 정보의 전달이 촉진된다.

▼

부호의 양립성은 자극과 반응 간의 관계가 인간의 기대와 모순되지 않아야 한다는 것이다.

출제개념 암호체계, 부호의 양립성

정답 25 ④ 26 ③ 27 ② 28 ③

✔ 회독 ☐☐☐

29 다음 중 암호체계 사용상의 일반적인 지침에 해당하지 않는 것은?

① 암호의 검출성
② 부호의 양립성
③ 암호의 표준화
④ 암호의 단일 차원화

> 암호체계 사용 시 일반적으로 고려되는 지침에는 2가지 이상의 신호를 사용하여야 전달확률이 높아지기 때문에 다차원 암호의 사용이 포함된다.

출제개념 **암호체계**

✔ 회독 ☐☐☐

30 단일 차원의 시각적 암호 중 구성암호, 영문자암호, 숫자암호에 대하여 암호로서의 성능이 가장 좋은 것부터 배열한 것은?

① 숫자암호 – 영문자암호 – 구성암호
② 영문자암호 – 숫자암호 – 구성암호
③ 영문자암호 – 구성암호 – 숫자암호
④ 구성암호 – 숫자암호 – 영문자암호

> 암호 성능에 따라 숫자암호 – 영문자암호 – 구성암호 순으로 배열한다.

출제개념 **암호의 성능**

✔ 회독 ☐☐☐

31 다음 중 형상 암호화된 조종장치에서 단회전용 조종장치로 가장 적절한 것은?

① 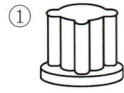 ②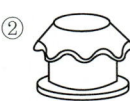

③  ④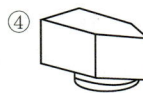

> ① 단회전용 조종장치
> ②, ③ 다회전용 조종장치
> ④ 이산 멈춤 위치용 조종장치

출제개념 **조종장치의 종류**

✔ 회독 ☐☐☐

32 특정한 목적을 위해 시각적 암호, 부호 및 기호를 의도적으로 사용할 때에 반드시 고려하여야 할 사항과 가장 거리가 먼 것은?

① 검출성   ② 판별성
③ 양립성   ④ 심각성

> 암호, 부호 및 기호를 의도적으로 사용할 때에 검출성, 변별성, 양립성, 사용 용이성, 안전성 등을 반드시 고려해야 하나, 심각성은 고려사항과 거리가 멀다.

출제개념 **암호설계 시 고려사항**

정답 **29** ④ **30** ① **31** ① **32** ④

33 자극반응에서 조합의 공간, 운동 혹은 개념적 관계가 인간의 기대와 모순되지 않는 것을 무엇이라 하는가?

① 일치성
② 동일성
③ 대칭성
④ 양립성

공간 운동 혹은 개념적 관계가 인간의 기대와 모순되지 않는 것을 양립성이라 한다.

출제개념 양립성

34 양식 양립성의 예시로 가장 적절한 것은?

① 자동차 설계 시 고도계 높낮이 표시
② 방사능 사업장에 방사능 폐기물 표시
③ 청각적 자극 제시와 이에 대한 음성 응답
④ 자동차 설계 시 제어장치와 표시장치의 배열

양식 양립성은 기계가 특정 음성에 대해 정해진 반응을 하는 경우에 해당한다.

출제개념 양식 양립성

35 연속 조절 통제기기가 아닌 것은?

① 토글(Toggle)스위치
② 노브(Knob)
③ 페달(Pedal)
④ 핸들(Handle)

연속 조절 통제기기는 손잡이, 레버, 페달, 다이얼 등과 같이 연속적인 움직임을 통해 값을 미세하게 조절하는 것이 가능한 장치로, 토글스위치는 ON/OFF만 가능하므로 제외된다.

출제개념 연속 조절 통제기기

36 다음 중 통제표시비(C/D비, Control-Display Ratio)를 설계할 때의 고려할 사항으로 가장 거리가 먼 것은?

① 계기의 크기　　② 운동성
③ 공차　　　　　④ 조작시간

통제표시비(C/D비) 설계 시 고려사항에는 계기의 크기, 공차, 목측거리, 조작시간, 방향성 등이 있으나, 운동성은 고려사항과 거리가 멀다.

출제개념 통제표시비 설계 시 고려사항

정답 33 ④　34 ③　35 ①　36 ②

인간공학 및 위험성 평가 · 관리　2과목　☐ 이론 ▮ 기출

✔회독 ☐☐☐

37 제어장치의 레버를 2cm 이동시켰더니 표시장치의 지침이 8cm 이동하였다. 이 계기의 통제표시비(C/D)는 얼마인가?

① 0.15 ② 0.25
③ 0.35 ④ 0.45

$$C/D = \frac{\text{조종장치의 이동거리}}{\text{표시장치의 이동거리}} = \frac{2}{8} = 0.25$$

출제개념 통제표시비 계산

✔회독 ☐☐☐

38 레버를 10° 움직이면 표시장치는 1cm 이동하는 조종장치가 있다. 레버의 길이가 20cm라고 하면, 이 조종장치의 통제표시비(C/D비)는 약 얼마인가?

① 1.27 ② 2.38
③ 3.49 ④ 4.51

$$C/D = \frac{\text{조종장치의 이동거리}}{\text{표시장치의 이동거리}}$$
$$= \frac{2\pi L \times \frac{\theta}{360}}{1cm} = \frac{2 \times 3.14 \times 20 \times \frac{10}{360}}{1} \fallingdotseq 3.49$$

출제개념 통제표시비 계산

✔회독 ☐☐☐

39 에어장치에서 조종장치의 변위를 3cm 움직였을 때 표시장치의 지침이 5cm 움직였다면 이 기기의 C/D는 약 얼마인가?

① 0.25 ② 0.6
③ 1.5 ④ 1.67

$$C/D = \frac{\text{조종장치의 이동거리}}{\text{표시장치의 이동거리}} = \frac{3}{5} = 0.6$$

출제개념 통제표시비 계산

✔회독 ☐☐☐

40 다음 그림은 C/R비와 시간과의 관계를 나타낸 그림이다. ㉠~㉣에 들어갈 내용이 맞는 것은?

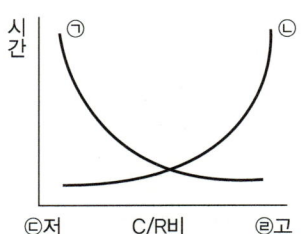

① ㉠ 이동시간, ㉡ 조정시간, ㉢ 민감, ㉣ 둔감
② ㉠ 이동시간, ㉡ 조정시간, ㉢ 둔감, ㉣ 민감
③ ㉠ 조정시간, ㉡ 이동시간, ㉢ 민감, ㉣ 둔감
④ ㉠ 조정시간, ㉡ 이동시간, ㉢ 둔감, ㉣ 민감

㉠은 조정시간, ㉡은 이동시간, ㉢은 민감, ㉣은 둔감을 나타낸다.

출제개념 C/R비와 시간의 관계

정답 37 ② 38 ③ 39 ② 40 ③

41 수치를 정확히 읽어야 할 경우에 적합한 시각적 표시장치는?

① 동침형
② 동목형
③ 수평형
④ 계수형

▼

계수형은 숫자를 직접 표시하여 수치를 정확히 읽기에 적합하다.

출제개념 시각적 표시장치

43 정보를 전송하기 위해 청각적 표시장치를 사용해야 효과적인 경우는?

① 전언이 복잡할 경우
② 전언이 후에 재참조될 경우
③ 전언이 공간적인 위치를 다룰 경우
④ 전언이 즉각적인 행동을 요구할 경우

▼

청각적 표시장치는 즉각적인 행동을 요구하는 상황에 효과적이다.

출제개념 청각적 표시장치

42 측정값의 변화방향이나 변화속도를 나타내는 데 가장 유리한 표시장치는?

① 동침형
② 동목형
③ 계수형
④ 도사형

▼

동침형은 지침의 움직임으로 값의 증감방향과 속도를 직관적으로 파악할 수 있다.

출제개념 시각적 표시장치

44 정보를 전송하기 위한 표시장치 중 시각장치보다 청각장치를 사용해야 더 좋은 경우는?

① 메시지가 나중에 재참조되는 경우
② 메시지가 공간적인 위치를 다루는 경우
③ 수신자의 청각계통이 과부한 상태인 경우
④ 직무상 수신자가 자주 움직이는 경우

▼

청각장치는 시각계통이 과부하하거나, 긴급한 내용을 전달하거나, 어두운 곳에 있을 때 유리하며, 수신자가 자주 움직이는 경우에 청각장치가 더 효과적이다.

출제개념 시각적 표시장치와 청각적 표시장치 비교

정답 41 ④ 42 ① 43 ④ 44 ④

45 다음 중 시각적 표시장치에 있어 성격이 다른 것은?

① 디지털 온도계
② 자동차 속도계기판
③ 교통신호등의 좌회전 신호
④ 은행의 대기인원 표시등

▼
디지털 온도계, 자동차 속도계기판, 은행의 대기인원 표시등은 정량적 표시이며, 교통신호등의 좌회전 신호는 그림으로 표시되어 있다.

출제개념 **시각적 표시장치**

46 사람의 감각기관 중 반응속도가 가장 느린 것은?

① 청각 ② 시각
③ 미각 ④ 촉각

▼
감각기관의 반응속도는 일반적으로 청각>촉각>시각>미각>통각 순이다.

출제개념 **감각기관의 반응속도**

47 다음 중 부품배치의 원칙에 해당되지 않는 것은?

① 중요성의 원칙
② 사용빈도의 원칙
③ 다각능률의 원칙
④ 기능별 배치 원칙

▼
부품배치의 기본원칙은 중요성의 원칙, 사용빈도의 원칙, 기능별 배치의 원칙, 사용순서의 원칙이며, 다각능률의 원칙은 이에 해당하지 않는다.

출제개념 **부품배치의 원칙**

48 부품배치 원칙 중 목표달성에 긴요한 정도에 따라 우선순위를 결정하는 원칙은?

① 기능별 배치의 원칙
② 사용빈도의 원칙
③ 중요성의 원칙
④ 사용순서의 원칙

▼
목표달성에 긴요한 정도에 따라 우선순위를 결정하는 원칙은 중요성의 원칙이다.

출제개념 **부품배치의 원칙**

정답 **45** ③ **46** ③ **47** ③ **48** ③

49 작업설계를 함에 있어서 작업 만족도를 얻기 위한 수단이 아닌 것은?

① 작업순환
② 작업분석
③ 작업윤택화
④ 작업확대

▼

작업 만족도를 얻기 위한 수단에는 작업순환, 작업확대, 작업윤택화가 있으나, 작업분석은 이에 해당하지 않는다.

출제개념 작업 만족도를 위한 수단

50 대부분 위치나 구조가 변하는 경향이 있는 요소를 배경에 중첩시켜서 변화되는 상황을 나타내는 장치는?

① 헤드업 표시장치
② 진로 표시장치
③ 정량적 표시장치
④ 묘사적 표시장치

▼

묘사적 표시장치는 실제 사물이나 상황을 재현하여 정보를 전달하는 표시장치로, 배경에 위치나 구조가 변하는 요소를 중첩하여 나타내는 방식이다.

출제개념 묘사적 표시장치

51 다음 중 아날로그(Analog) 표시장치의 선택 시고려해야 할 사항으로 가장 적절한 것은?

① 일반적으로는 고정눈금에서 지침이 움직이는 것이 좋다.
② 온도계나 고도계에 사용되는 눈금이나 지침은 수평표시가 바람직하다.
③ 눈금의 증가는 시계 반대방향이 적합하다.
④ 이동요소의 수동조절이 필요할 때에는 지침보다 눈금을 조절할 수 있어야 한다.

▼

일반적으로 눈금은 고정되고 지침이 움직이는 형태가 인지에 유리하다.
② 온도계나 고도계에 사용되는 눈금이나 지침은 수직표시가 바람직하다.
③ 눈금의 증가는 시계방향이 적합하다.
④ 이동요소의 수동조절이 필요할 때에는 눈금보다 지침을 조절할 수 있어야 한다.

출제개념 아날로그 표시장치

정답 49 ② 50 ④ 51 ①

틀리라고 낸 문제

24년 1회 ☑ 회독 ☐☐☐

01 안전보건 개선계획서를 작성하여 제출하여야 하는 대상은?

① 시 · 도지사
② 국토교통부장관
③ 고용노동부장관
④ 행정안전부장관

간단 해설
산업안전보건법령에 따라, 안전보건 개선계획서를 작성하여 제출해야 할 대상은 관할 지방고용노동관서의 장이며, 이는 고용노동부장관 소속 기관에 해당한다.

정답 ③

24년 3회 ☑ 회독 ☐☐☐

02 심폐소생술의 순서로 옳은 것은?

① 인공호흡 – 가슴압박 – 호흡확인
② 호흡확인 – 인공호흡 – 가슴압박
③ 가슴압박 – 인공호흡 – 호흡확인
④ 가슴압박 – 호흡확인 – 인공호흡

간단 해설
심폐소생술의 순서는 호흡확인 – 인공호흡 – 가슴압박 순이다.

정답 ②

23년 2회 ☑ 회독 ☐☐☐

03 공정분석에 있어 활용하는 공정도(Process Chart)의 도시기호 중 가공 또는 작업을 나타내는 기호는?

① ○

③ ◗   ④ ☐

간단 해설

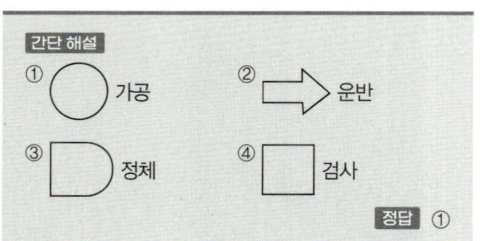

정답 ①

04 제품을 안전하게 만드는 기본 수법과 거리가 먼 것은?

① 제품 책임을 명시한다.
② 제품에서 위험성을 배제하여 설계한다.
③ 보호장치나 차폐장치로 위험 가능성으로부터 보호한다.
④ 올바른 사용법, 적절한 경고사항과 사용설명서를 제공한다.

> **간단 해설**
> 제품 책임의 명시는 제품을 안전하게 만드는 수법은 아니다.
>
> **정답** ①

05 인더스트리얼 디자인(Industrial Design)과 가장 밀접한 관계가 있는 기계의 안전조건에 해당되는 것은?

① 기능적 안전화
② 외관적 안전화
③ 구조적 안전화
④ 작업점의 안전화

> **간단 해설**
> 외관적 안전화는 덮개, 색채 조절 등으로 설비의 외부적 요인에 대한 시각적 안전을 높이는 방식이며, 산업 디자인과 밀접한 관계가 있다.
>
> **정답** ②

06 중량물 들기 작업 시 5분간의 산소소비량을 측정한 결과 90L의 배기량 중에 산소가 16%, 이산화탄소가 4%로 분석되었다. 해당 작업에 대한 산소소비량(L/min)은 얼마인가? (단, 공기 중 질소는 79vol%, 산소는 21vol%이다.)

① 0.9   ② 1.948
③ 4.74   ④ 5.74

> **간단 해설**
> • 분당 배기량 = 90L ÷ 5분 = 18L/min
> • 분당 흡기량 = $\dfrac{100 - O_2 - CO_2}{100 - 21} \times$ 분당 배기량
> $= \dfrac{100 - 16 - 4}{79} \times 18 ≒ 18$L/min
> • 분당 산소소비량
>   = 분당 흡입산소량 − 분당 배기산소량
> $= (18\text{L/min} \times 0.21) - (18\text{L/min} \times 0.16)$
> $= 0.9$L/min
>
> **정답** ①

07 항공기 위치 표시장치의 설계원칙에 있어, 다음 보기의 설명에 해당하는 것은?

――― 〈 보기 〉―――
항공기의 경우 일반적으로 이동부분의 영상은 고정된 눈금이나 좌표계에 나타내는 것이 바람직하다.

① 통합
② 양립적 이동
③ 추종표시
④ 표시의 현실성

> **간단 해설**
> 항공기 위치 표시장치의 설계원칙 중, 이동부분의 영상이 고정된 눈금이나 좌표계에 표시되는 것은 양립적 이동에 해당한다. 즉, 사용자가 실제 움직임과 표시되는 움직임의 방향이 일치하여 직관적으로 이해하기 쉽도록 설계하는 것을 의미한다.
>
> **정답** ②

인간공학 및 위험성 평가·관리

2과목 ☐이론 │ ■기출

08 시스템 안전 분석을 위하여 가장 필요한 것은?

① 단계별 비용 효과 분석
② 시스템의 종합 개념적 모델
③ 계획을 수행하기 위한 세부 기술
④ 데이터를 처리할 수 있는 통계방법

> **간단 해설**
> 시스템 안전 분석은 위험식별, 위험분석, 안전대책 수립, 지속적인 모니터링 및 개선이 주된 내용으로, 이를 수행하기 위해서는 시스템의 종합 개념적 모델이 기본적으로 파악되어야 한다.
>
> **정답** ②

09 시스템 퍼포먼스(SP)와 휴먼에러(HE)의 관계는 SP=f(HE)=K(HE)로 나타낸다(f: 함수, K: 상수). 다음 중 휴먼에러가 시스템 퍼포먼스에 대하여 중대한 영향을 일으키는 것은?

① K=1　　　　　② K<1
③ K>1　　　　　④ K=0

> **간단 해설**
> K=1은 휴먼에러가 시스템 퍼포먼스에 직접적이고 중대한 영향을 미친다는 의미이다. 이 외에 시스템 퍼포먼스와 휴먼에러의 관계분석은 다음과 같다.
> • K<1: 휴먼에러가 시스템 퍼포먼스에 영향을 미치지만, 그 영향의 정도가 상대적으로 적은 영향을 미친다.
> • K=0: 휴먼에러가 시스템 퍼포먼스에 전혀 영향을 미치지 않는다.
>
> **정답** ①

10 동전던지기에서 앞면이 나올 확률 P(앞)=0.9이고, 뒷면이 나올 확률 P(뒤)=0.1일 때, 앞면과 뒷면이 나올 사건 각각의 정보량은?

① 앞면: 0.10bit, 뒷면: 3.32bit
② 앞면: 0.15bit, 뒷면: 3.32bit
③ 앞면: 0.10bit, 뒷면: 3.52bit
④ 앞면: 0.15bit, 뒷면: 3.52bit

> **간단 해설**
> 앞면의 정보량(H)
>
> $$= \log_2\left(\frac{1}{P}\right) = \frac{\log\left(\frac{1}{P}\right)}{\log 2} = \frac{\log\left(\frac{1}{0.9}\right)}{\log 2} = 0.15\text{bit}$$
>
> 뒷면의 정보량(H)
>
> $$= \log_2\left(\frac{1}{P}\right) = \frac{\log\left(\frac{1}{P}\right)}{\log 2} = \frac{\log\left(\frac{1}{0.1}\right)}{\log 2} = 3.32\text{bit}$$
>
> **정답** ②

11 MIL-STD-882B에서 시스템 안전 필요사항을 충족시키고 확인된 위험을 해결하기 위한 우선권을 정하는 순서로 맞는 것은?

> ⓐ 경보장치 설치
> ⓑ 안전장치 설치
> ⓒ 절차 및 교육훈련 개발
> ⓓ 최소 리스크를 위한 설계

① ⓐ-ⓑ-ⓒ-ⓓ
② ⓑ-ⓒ-ⓓ-ⓐ
③ ⓒ-ⓓ-ⓐ-ⓑ
④ ⓓ-ⓑ-ⓐ-ⓒ

> **간단 해설**
> 시스템 안전 대책의 우선순위는 ⓓ 최소 리스크를 위한 설계 → ⓑ 안전장치 설치 → ⓐ 경보장치 설치 → ⓒ 절차 및 교육훈련 개발 순이다.
>
> **정답** ④

공부는 세상을 바꾸기 전에
먼저 당신 안의 세상을 바꾼다.
당신은 오늘도 작은 세계를 뒤집고 있는 중이다.

#나를위한위로 #나만의목적지

≫ 정종대쌤이 짚어주는 3과목 체크 포인트

#**고득점** 필수

#**기계별 방호장치** 암기 필수

#**안전율** 이해 중요

≫ 최근 5개년 개념별 출제 비중

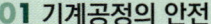

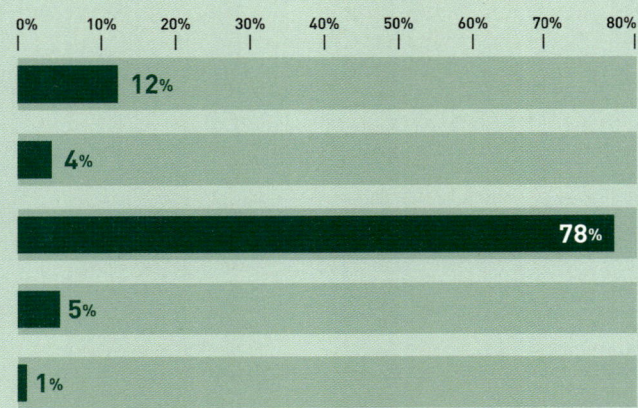

	0%	10%	20%	30%	40%	50%	60%	70%	80%
01 기계공정의 안전	12%
02 기계분야 산업재해 조사 및 관리	4%
03 기계설비 위험요인 분석	78%
04 기계안전시설 관리	5%
05 설비진단 및 검사	1%

3과목

기계·기구 및 설비 안전관리

✔ 과목별 기출 수록!
✔ 5개년 기출 중복소거!
✔ 문항별 기출연도 표기!

핵심이론

- 01 기계공정의 안전
- 02 기계분야 산업재해 조사 및 관리
- 03 기계설비 위험요인 분석
- 04 기계안전시설 관리
- 05 설비진단 및 검사

최신 5개년 기출 (2025~2021년)

- 01 기계공정의 안전
- 02 기계분야 산업재해 조사 및 관리
- 03 기계설비 위험요인 분석
- 04 기계안전시설 관리
- 05 설비진단 및 검사
- Bonus! 틀리라고 낸 문제

CHAPTER **01**

기계공정의 안전

핵심 키워드 협착점, 끼임점, 절단점, 물림점, 접선물림점, 회전말림점

☑ **외워줘! 제발~**은 필수적으로 암기해야 하는 내용을 표시한 부분으로, 시간이 부족한 학습자는 이 내용 위주로 효율적으로 공부하고, 부록 '필수 암기노트'에 내용을 한 번 더 정리해 두었으니 시험 당일 들고 가서 활용하자!

☑ **형광펜**은 시험에 자주 나온 개념으로 2~3배로 꼼꼼히 암기하자! 특히, 시험 직전에는 **외워줘! 제발~**과 **형광펜**만 모아 빠르게 학습하자!

☑ 빈출 기출문제는 시험에 자주 출제되는 문제로, 관련 개념까지 확실하게 익혀두자!

1 위험점

1. 위험점의 종류 **외워줘! 제발~**

▲ 협착점

▲ 끼임점

▲ 절단점

▲ 물림점

▲ 접선물림점

▲ 회전말림점

(출처: 안전보건공단)

(1) **협착점**: 왕복부분과 고정부분 사이에 생긴 위험점이다.

(2) **끼임점**: 고정부분과 회전부분 사이에서 신체가 끼이는 위험점이다.

(3) **절단점**: 회전운동하는 날 또는 예리한 부분에서 신체가 절단되는 위험점이다.

(4) **물림점**: 두 개의 회전체가 맞물릴 때 형성된 물려 들어가는 위험점이다.

(5) **접선물림점**: 회전체의 접선방향으로 물려 들어가는 위험점이다.

(6) **회전말림점**: 회전부분에 옷이나 머리카락이 말려드는 위험점이다.

2. 위험점의 5요소

(1) **함정**: 기계요소의 운동으로 트랩점이 발생한다.

(2) **충격**: 움직이는 속도에 의해서 사람에게 상해가 발생한다.

(3) **접촉**: 위험요소와 사람이 접촉하여 상해 위험이 발생한다.

(4) **말림, 얽힘**: 기계요소나 가공물에 말려드는 위험을 말한다.

(5) **튀어나옴**: 기계요소와 가공재가 튀어나오는 위험을 말한다.

 빈출 기출문제

〈보기〉와 같은 기계요소가 단독으로 발생시키는 위험점은?

─────〈 보기 〉─────

밀링커터, 둥근톱날

① 협착점   ② 끼임점   ③ 절단점   ④ 물림점

해설 밀링커터와 둥근톱날처럼 회전하며 절삭하는 도구는 절단의 위험이 있으며, 회전운동 부분 자체에서 발생하는 위험점인 절단점이 형성된다.

정답 ③

CHAPTER 02

기계분야 산업재해 조사 및 관리

핵심 키워드 안전인증대상, 자율안전확인대상, 작업시작 전 점검사항

☑ **외워줘! 제발~** 은 필수적으로 암기해야 하는 내용을 표시한 부분으로, 시간이 부족한 학습자는 이 내용 위주로 효율적으로 공부하고, 부록 '필수 암기노트'에 내용을 한 번 더 정리해 두었으니 시험 당일 들고 가서 활용하자!

☑ **형광펜**은 시험에 자주 나온 개념으로 2~3배로 꼼꼼히 암기하자! 특히, 시험 직전에는 **외워줘! 제발~**과 **형광펜**만 모아 빠르게 학습하자!

☑ 빈출 기출문제는 시험에 자주 출제되는 문제로, 관련 개념까지 확실하게 익혀두자!

1 안전인증대상 기계·기구 등 **외워줘! 제발~**

1. 안전인증대상 기계·기구 및 설비

(1) 프레스

(2) 전단기 및 절곡기

(3) 크레인

(4) 리프트

(5) 압력용기

(6) 롤러기

(7) 사출성형기

(8) 고소작업대

(9) 곤돌라

 정종대쌤의 암기 팁

양중기에 프레스 싣고 고기잡으러 가자!

양중기(크레인, 리프트, 곤돌라)
프레스(전단기 및 절곡기, 사출성형기)
고(고소작업대)
잡(압력용기)

2. 안전인증대상 방호장치

(1) 프레스 및 전단기 방호장치

(2) 양중기용 과부하방지장치

(3) 보일러 압력방출용 안전밸브

(4) 압력용기 압력방출용 안전밸브

(5) 압력용기 압력방출용 파열판

(6) 절연용 방호구 및 활선작업용 기구

(7) 방폭구조 전기기계·기구 및 부품

(8) 추락·낙하 및 붕괴 등의 위험방지 및 보호에 필요한 가설기자재

(9) 충돌·협착 등의 위험방지에 필요한 산업용 로봇 방호장치

3. 안전인증대상 보호구

(1) 추락 및 감전 위험방지용 안전모

(2) 안전화

(3) 안전장갑

(4) 방진마스크

(5) 방독마스크

(6) 송기마스크

(7) 전동식 호흡보호구

(8) 보호복

(9) 안전대

(10) 차광 및 비산물 위험방지용 보안경

(11) 용접용 보안면

(12) 방음용 귀마개 또는 귀덮개

 빈출 기출문제

산업안전보건법령상 안전인증대상 기계·기구 및 설비가 아닌 것은?

① 연삭기　　　　② 롤러기　　　　③ 압력용기　　　　④ 고소작업대

해설 안전인증대상 기계·기구에는 롤러기, 압력용기, 고소작업대가 포함되어 있으며, 연삭기는 포함되지 않는다.

정답 ①

4. 안전인증대상 기계·기구 등의 안전인증 표시

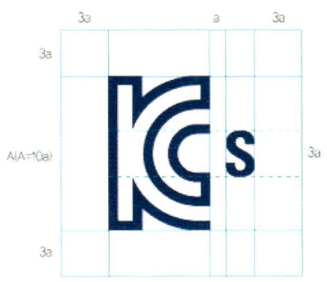

 빈출 기출문제

다음 중 「산업안전보건법」상 안전인증대상 기계·기구 등의 안전인증 표시로 옳은 것은?

① 　　② 　　③ 　　④

해설 안전인증대상 기계·기구 등의 안전인증 표시는 KCS 마크이다.

정답 ①

☑ 자율안전확인대상 기계·기구 등 외워줘! 제발~

1. 자율안전확인대상 기계·기구 및 설비

(1) 연삭기 또는 연마기(휴대형 제외)

(2) 산업용 로봇

(3) 혼합기

(4) 파쇄기 또는 분쇄기

(5) 식품가공용 기계(파쇄·절단·혼합·제면기만 해당)

(6) 컨베이어

(7) 자동차정비용 리프트

(8) 공작기계(선반, 드릴기, 평삭·형삭기, 밀링만 해당)

(9) 고정형 목재가공용 기계(둥근톱, 대패, 루타기, 띠톱, 모떼기 기계만 해당)

(10) 인쇄기

2. 자율안전확인대상 방호장치

(1) 아세틸렌 용접장치용 또는 가스집합 용접장치용 안전기

(2) 교류아크용접기용 자동전격방지기

(3) 롤러기 급정지장치

(4) 연삭기 덮개

(5) 목재 가공용 둥근톱 반발예방장치와 날접촉 예방장치

(6) 동력식 수동대패용 칼날접촉 방지장치

(7) 추락·낙하 및 붕괴 등의 위험방지 및 보호에 필요한 가설기자재

3. 자율안전확인대상 보호구

(1) 안전모

(2) 보안경

(3) 보안면

☑ 안전검사대상 기계·기구 및 설비

(1) 프레스

(2) 전단기

(3) 크레인(정격하중 2톤 미만인 것 제외)

(4) 리프트

(5) 압력용기

(6) 곤돌라

(7) 국소배기장치(이동식 제외)

(8) 원심기(산업용만 해당)

(9) 롤러기(밀폐형 구조 제외)

(10) 사출성형기(형 체결력 294KN 미만 제외)

(11) 고소작업대(화물자동차 또는 특수자동차에 탑재한 고소작업대 한정)

(12) 컨베이어

(13) 산업용 로봇

(14) 혼합기

(15) 파쇄기 또는 분쇄기

안전인증대상 기계+(국소배기장치, 원심기, 컨베이어, 산업용 로봇, 혼합기, 파쇄기 또는 분쇄기)

4 작업시작 전 점검사항

작업의 종류	점검내용
1. 프레스 등을 사용하여 작업을 할 때	가. 클러치 및 브레이크의 기능 나. 크랭크축 · 플라이휠 · 슬라이드 · 연결봉 및 연결 나사의 풀림 여부 다. 1행정 1정지기구 · 급정지장치 및 비상정지장치의 기능 라. 슬라이드 또는 칼날에 의한 위험방지기구의 기능 마. 프레스의 금형 및 고정볼트 상태 바. 방호장치의 기능 사. 전단기의 칼날 및 테이블의 상태
2. 로봇의 작동범위에서 그 로봇에 관하여 교시 등의 작업을 할 때	가. 외부 전선의 피복 또는 외장의 손상 유무 나. 매니퓰레이터 작동의 이상 유무 다. 제동장치 및 비상정지장치의 기능
3. 공기압축기를 가동할 때	가. 공기저장 압력용기의 외관 상태 나. 드레인밸브(Drain Valve)의 조작 및 배수 다. 압력방출장치의 기능 라. 언로드밸브(Unloading Valve)의 기능 마. 윤활유의 상태 바. 회전부의 덮개 또는 울 사. 그 밖의 연결 부위의 이상 유무
4. 크레인을 사용하여 작업을 할 때	가. 권과방지장치 · 브레이크 · 클러치 및 운전장치의 기능 나. 주행로의 상측 및 트롤리(Trolley)가 횡행하는 레일의 상태 다. 와이어로프가 통하고 있는 곳의 상태
5. 이동식 크레인을 사용하여 작업을 할 때	가. 권과방지장치나 그 밖의 경보장치의 기능 나. 브레이크 · 클러치 및 조정장치의 기능 다. 와이어로프가 통하고 있는 곳 및 작업장소의 지반상태

기계 · 기구 및 설비 안전관리 | 3과목 | 이론 | 기출

6. 리프트를 사용하여 작업을 할 때	가. 방호장치·브레이크 및 클러치의 기능 나. 와이어로프가 통하고 있는 곳의 상태
7. 곤돌라를 사용하여 작업을 할 때	가. 방호장치·브레이크의 기능 나. 와이어로프·슬링와이어(Sling Wire) 등의 상태
8. 양중기의 와이어로프·달기체 인·섬유로프·섬유벨트 또는 훅·샤클·링 등의 철구를 사 용하여 고리걸이 작업을 할 때	와이어로프 등의 이상 유무
9. 지게차를 사용하여 작업을 할 때	가. 제동장치 및 조종장치 기능의 이상 유무 나. 하역장치 및 유압장치 기능의 이상 유무 다. 바퀴의 이상 유무 라. 전조등·후미등·방향지시기 및 경보장치 기능의 이상 유무
10. 구내운반차를 사용하여 작업을 할 때	가. 제동장치 및 조종장치 기능의 이상 유무 나. 하역장치 및 유압장치 기능의 이상 유무 다. 바퀴의 이상 유무 라. 전조등·후미등·방향지시기 및 경음기 기능의 이상 유무 마. 충전장치를 포함한 홀더 등의 결합상태의 이상 유무
11. 고소작업대를 사용하여 작업을 할 때	가. 비상정지장치 및 비상하강 방지장치 기능의 이상 유무 나. 과부하방지장치의 작동 유무(와이어로프 또는 체인구동방식의 경우) 다. 아웃트리거 또는 바퀴의 이상 유무 라. 작업면의 기울기 또는 요철 유무 마. 활선작업용 장치의 경우 홈·균열·파손 등 그 밖의 손상 유무
12. 화물자동차를 사용하는 작업을 할 때	가. 제동장치 및 조종장치의 기능 나. 하역장치 및 유압장치의 기능 다. 바퀴의 이상 유무
13. 컨베이어 등을 사용하여 작업을 할 때	가. 원동기 및 풀리(Pulley) 기능의 이상 유무 나. 이탈 등의 방지장치 기능의 이상 유무 다. 비상정지장치 기능의 이상 유무 라. 원동기·회전축·기어 및 풀리 등의 덮개 또는 울 등의 이상 유무
14. 차량계 건설기계를 사용하여 작업을 할 때	브레이크 및 클러치 등의 기능
14의2. 용접·용단 작업 등의 화재위험작업을 할 때	가. 작업 준비 및 작업 절차 수립 여부 나. 화기작업에 따른 인근 가연성 물질에 대한 방호조치 및 소화기구 비치 여부 다. 용접불티 비산방지덮개 또는 용접방화포 등 불꽃·불티 등의 비산을 방지하기 위한 조치 여부 라. 인화성 액체의 증기 또는 인화성 가스가 남아 있지 않도록 하는 환기조치 여부 마. 작업근로자에 대한 화재예방 및 피난교육 등 비상조치 여부
15. 이동식 방폭구조 전기기계·기구를 사용할 때	전선 및 접속부 상태

16. 근로자가 반복하여 계속적으로 중량물을 취급하는 작업을 할 때	가. 중량물 취급의 올바른 자세 및 복장 나. 위험물이 날아 흩어짐에 따른 보호구의 착용 다. 카바이드·생석회(산화칼슘) 등과 같이 온도상승이나 습기에 의하여 위험성이 존재하는 중량물의 취급방법 라. 그 밖에 하역운반기계 등의 적절한 사용방법
17. 양화장치를 사용하여 화물을 싣고 내리는 작업을 할 때	가. 양화장치의 작동상태 나. 양화장치에 제한하중을 초과하는 하중을 실었는지 여부
18. 슬링 등을 사용하여 작업을 할 때	가. 훅이 붙어 있는 슬링·와이어슬링 등이 매달린 상태 나. 슬링·와이어슬링 등의 상태

 빈출 기출문제

공기 압축기의 방호장치가 아닌 것은?

① 언로드밸브

② 압력방출장치

③ 수봉식 안전기

④ 회전부의 덮개

해설 수봉식 안전기는 아세틸렌 용접장치 또는 가스집합 용접장치의 방호장치이다.

정답 ③

기계설비 위험요인 분석

핵심 키워드 칩 브레이커, 연삭숫돌 덮개 노출각도, 플랜지, 프레스 방호장치, 안전거리, 급정지장치, 원주속도, 개구부의 간격, 안전기, 압력방출장치, 분할날, 안정도, 와이어로프

- ☑ **외워줘! 제발~**은 필수적으로 암기해야 하는 내용을 표시한 부분으로, 시간이 부족한 학습자는 이 내용 위주로 효율적으로 공부하고, 부록 '필수 암기노트'에 내용을 한 번 더 정리해 두었으니 시험 당일 들고 가서 활용하자!
- ☑ **형광펜**은 시험에 자주 나온 개념으로 2~3배로 꼼꼼히 암기하자! 특히, 시험 직전에는 **외워줘! 제발~**과 **형광펜**만 모아 빠르게 학습하자!
- ☑ 빈출 기출문제는 시험에 자주 출제되는 문제로, 관련 개념까지 확실하게 익혀두자!

1 선반

1. 안전조치 외워줘! 제발~

(1) 바이트에 칩 브레이커를 사용한다.
(2) 작업 시 장갑 사용을 금지한다.
(3) 스핀들은 가능한 한 짧게 나오도록 한다.
(4) 돌출부가 있을 경우 덮개(Shield)를 사용한다.
(5) 가공물의 길이가 지름의 12배 이상일 때는 방진구를 사용한다.

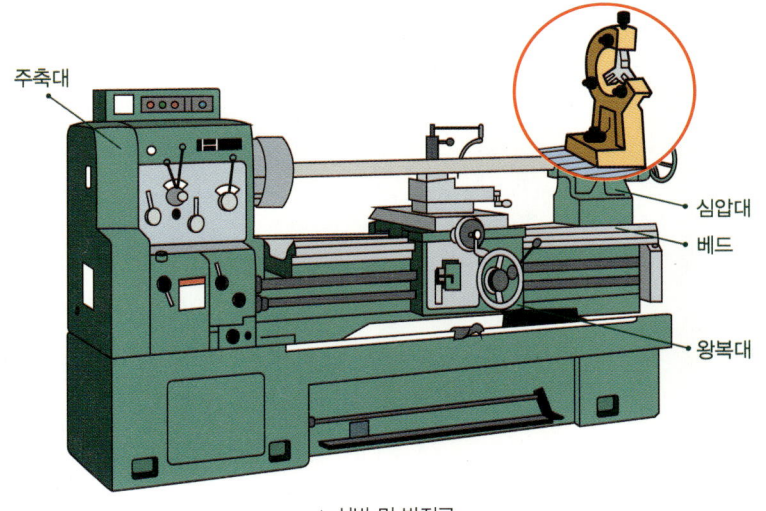

▲ 선반 및 방진구

2 연삭기

1. 안전수칙 <mark>외워줘! 제발~</mark>

(1) <mark>직경이 5cm 이상인 숫돌에 덮개를 설치</mark>해야 한다.
(2) <mark>작업시작 전 1분, 숫돌 교체 후 3분 이상 시운전</mark>해야 한다.
(3) 작업시작 전에 결함 유무를 확인해야 한다.
(4) 최고 사용회전속도를 초과하지 않아야 한다.
(5) 측면사용 연삭숫돌 외의 연삭숫돌은 측면사용하지 않아야 한다.
(6) 연삭분 비산을 막기 위한 투명비산방지판을 사용해야 한다.
(7) <mark>작업대와 숫돌과의 간격을 3mm 이하</mark>로 유지해야 한다.
(8) <mark>덮개와 숫돌과의 간격을 3~10mm</mark> 정도로 유지해야 한다.

2. 숫돌의 덮개 **노출각도** <mark>외워줘! 제발~</mark>

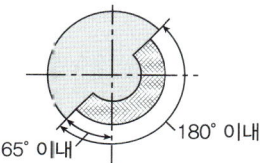

(1) 원통연삭기, 센터리스연삭기, 공구연삭기, 만능연삭기, 기타 이와 비슷한 연삭기

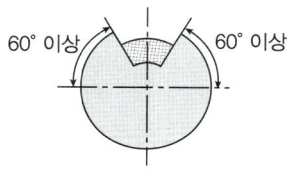

(2) 연삭숫돌의 상부를 사용하는 것을 목적으로 하는 탁상용 연삭기

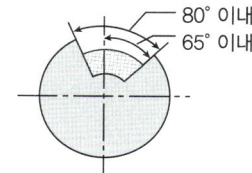

(3) (2) 및 (6) 이외의 탁상용 연삭기, 기타 이와 유사한 연삭기

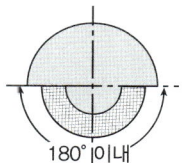

(4) 휴대용 연삭기, 스윙연삭기, 슬라브 연삭기 기타 이와 비슷한 연삭기

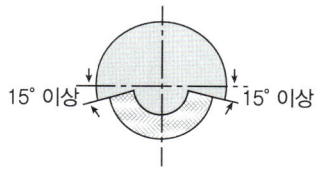

(5) 평면연삭기, 절단연삭기, 기타 이와 비슷한 연삭기

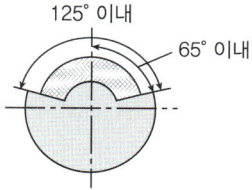

(6) 일반 연삭 작업 등에 사용하는 것을 목적으로 하는 탁상용 연삭기

3. 숫돌의 파괴원인 <mark>외워줘! 제발~</mark>

(1) 플랜지가 너무 작은 경우 → 최소 **숫돌 지름의 1/3 이상**이어야 한다.
(2) 균열이 있는 숫돌을 사용한 경우
(3) 최고사용속도를 초과한 경우
(4) 측면을 사용한 경우

연삭기에서 숫돌의 바깥지름이 180mm일 경우 숫돌 고정용 평형 플랜지의 지름으로 적합한 것은?

① 30mm 이상   ② 40mm 이상   ③ 50mm 이상   ④ 60mm 이상

해설 플랜지의 지름은 숫돌 지름의 $\frac{1}{3}$ 이상인 것이 적당하므로 $\frac{180mm}{3}$ =60mm 이상이 적합하다.

정답 ④

3 프레스

1. 방호장치

종류 외워줘! 제발~	분류 외워줘! 제발~	기능
광전자식	A-1	프레스 또는 전단기에서 일반적으로 많이 활용하고 있는 형태로, 투광부, 수광부, 컨트롤 부분으로 구성되어 신체 일부가 광선을 차단하면 기계를 급정지시키는 방호장치
	A-2	급정지기능이 없는 프레스의 클러치 개조를 통해 광선 차단 시 급정지시킬 수 있도록 한 방호장치
양수조작식	B-1 (유·공압 밸브식)	1행정 1정지식 프레스에 사용되는 것으로, 양손으로 동시에 조작하지 않으면 기계가 동작하지 않으며, 한 손이라도 떼어내면 기계를 정지시키는 방호장치
	B-2 (전기버튼식)	
가드식	C	가드가 열려 있는 상태에서는 기계의 위험 부분이 동작하지 않고 기계가 위험한 상태일 때에는 가드를 열 수 없도록 한 방호장치
손쳐내기식	D	슬라이드의 작동에 연동시켜 위험 상태가 되기 전에 위험영역에서 손을 밀어내거나 쳐내는 방호장치로서 프레스용으로 확동식 클러치형 프레스에 한해서 사용되는 방호장치 (다만, 광전자식 또는 양수조작식과 이중으로 설치 시에는 급정지 가능 프레스에 사용 가능)
수인식	E	슬라이드와 작업자 손을 끈으로 연결하여 슬라이드 하강 시 작업자 손을 당겨 위험영역에서 빼낼 수 있도록 한 방호장치로서 프레스용으로 확동식 클러치형 프레스에 한해서 사용되는 방호장치 (다만, 광전자식 또는 양수조작식과 이중으로 설치 시에는 급정지 가능 프레스에 사용 가능)

(1) 광전자식 방호장치 `외워줘! 제발~`

① 정상동작표시램프는 녹색, 위험표시램프는 붉은색으로 하며, 근로자가 쉽게 볼 수 있는 곳에 설치해야 한다.

② 슬라이드 하강 중 정전 또는 방호장치의 이상 시에 정지할 수 있는 구조여야 한다.

③ 방호장치는 릴레이, 리미트 스위치 등의 전기부품의 고장, 전원전압의 변동 및 정전에 의해 슬라이드가 불시에 동작하지 않아야 하며, 사용전원전압의 ±20%의 변동에 대하여 정상으로 작동되어야 한다.

(2) 양수조작식 방호장치 `외워줘! 제발~`

① 정상동작표시등은 녹색, 위험표시등은 붉은색으로 하며, 근로자가 쉽게 볼 수 있는 곳에 설치해야 한다.

② 슬라이드 하강 중 정전 또는 방호장치의 이상 시에 정지할 수 있는 구조여야 한다.

③ 방호장치는 릴레이, 리미트 스위치 등의 전기부품의 고장, 전원전압의 변동 및 정전에 의해 슬라이드가 불시에 동작하지 않아야 하며, 사용전원전압의 ±20%의 변동에 대하여 정상으로 작동되어야 한다.

④ 1행정 1정지 기구에 사용할 수 있어야 한다.

⑤ 누름버튼을 양손으로 동시에 조작하지 않으면 작동시킬 수 없는 구조이어야 하며, 양쪽버튼의 작동 시간 차이는 최대 0.5초 이내일 때 프레스가 동작하도록 해야 한다.

⑥ 1행정마다 누름버튼에서 양손을 떼지 않으면 다음 작업의 동작을 할 수 없는 구조이어야 한다.

⑦ 랙의 하행정중 버튼(레버)에서 손을 뗄 시 정지하는 구조이어야 한다.

⑧ 누름버튼의 상호 간 내측거리는 300mm 이상이어야 한다.

⑨ 누름버튼(레버 포함)은 매립형의 구조이어야 한다.

(3) 게이트 가드식 방호장치 `외워줘! 제발~`

① 가드는 금형의 착탈이 용이하도록 설치해야 한다.

② 가드의 용접 부위는 완전 용착되고 면이 깨끗해야 한다.

③ 가드에 인체가 접촉하여 손상될 우려가 있는 곳은 부드러운 고무 등을 부착해야 한다.

④ 게이트 가드 방호장치는 가드가 열린 상태에서 슬라이드를 동작시킬 수 없고, 또한 슬라이드 작동 중에는 게이트 가드를 열 수 없어야 한다.

⑤ 게이트 가드 방호장치에 설치된 슬라이드 동작용 리미트 스위치는 신체의 일부나 재료 등의 접촉을 방지할 수 있는 구조이어야 한다.

⑥ 가드의 닫힘으로 슬라이드의 기동신호를 알리는 구조의 것은 닫힘을 표시하는 표시램프를 설치해야 한다.

⑦ 수동으로 가드를 닫는 구조의 것은 가드의 닫힘 상태를 유지하는 기계적 잠금장치를 작동한 후가 아니면 슬라이드 기동이 불가능한 구조이어야 한다.

(4) 손쳐내기식 방호장치 `외워줘! 제발~`

① 슬라이드 하행정거리의 3/4 위치에서 손을 완전히 밀어내야 한다.

② 손쳐내기봉의 행정(Stroke) 길이를 금형의 높이에 따라 조정할 수 있고 진동폭은 금형 폭 이상이어야 한다.

③ 방호판과 손쳐내기봉은 경량이면서 충분한 강도를 가져야 한다.

④ 방호판의 폭은 금형 폭의 1/2 이상이어야 하고, 행정길이가 300mm 이상의 프레스 기계에는 방호판 폭을 300mm로 해야 한다.

⑤ 손쳐내기봉은 손 접촉 시 충격을 완화할 수 있는 완충재를 부착해야 한다.

⑥ 부착볼트 등의 고정금속 부분은 예리하게 돌출되지 않아야 한다.

(5) 수인식 방호장치

① 손목밴드(Wrist Band)의 재료는 유연한 내유성 피혁 또는 이와 동등한 재료를 사용해야 한다.

② 손목밴드는 착용감이 좋으며 쉽게 착용할 수 있는 구조이어야 한다.

③ 수인끈의 재료는 합성섬유로 직경이 4mm 이상이어야 한다.

④ 수인끈은 작업자와 작업공정에 따라 그 길이를 조정할 수 있어야 한다.

⑤ 수인끈의 안내통은 끈의 마모와 손상을 방지할 수 있는 조치를 해야 한다.

⑥ 각종 레버는 경량이면서 충분한 강도를 가져야 한다.

⑦ 수인량의 시험은 수인량이 링크에 의해 조정될 수 있도록 해야 하며 금형으로부터 위험한계 밖으로 당길 수 있는 구조이어야 한다.

 빈출 기출문제

프레스 방호장치 중 수인식 방호장치의 일반구조에 대한 사항으로 틀린 것은?

① 수인끈의 재료는 합성섬유로 지름이 4mm 이상이어야 한다.
② 수인끈의 길이는 작업자에 따라 임의로 조정할 수 없도록 해야 한다.
③ 수인끈의 안내통은 끈의 마모와 손상을 방지할 수 있는 조치를 해야 한다.
④ 손목밴드(Wrist Band)의 재료는 유연한 내유성 피혁 또는 이와 동등한 재료를 사용해야 한다.

`해설` 수인끈의 길이는 작업자에 따라 임의로 조정할 수 있도록 해야 한다.

`정답` ②

---

2. 프레스 작업 시 안전수칙

(1) 금형의 부착, 해체, 조정 작업 시 안전블록을 사용할 것

(2) 페달에 U자형 덮개를 설치할 것

3. NO HAND IN DIE 방식

(1) 안전울 부착프레스

(2) 안전금형 부착프레스

(3) 전용프레스

(4) 자동프레스

4. 안전거리 외워줘! 제발~

(1) 광전자식 및 양수조작식

$$안전거리(D) = 1.6T$$

(*D: 안전거리(mm), T: 시간(ms))

(2) 양수기동식

$$안전거리(D) = 1.6T = 1.6 \times \left(\frac{1}{2} + \frac{1}{n}\right) \times \frac{60,000}{spm}$$

(*n: 클러치 맞물림 개수, spm: 매분 행정수)

빈출 기출문제

광전자식 방호장치의 광선에 신체의 일부가 감지된 후로부터 급정지기구가 작동개시하기까지의 시간이 40ms이고, 광축의 최소설치거리(안전거리)가 200mm일 때 급정지기구가 작동개시한 때로부터 프레스기의 슬라이드가 정지될 때까지의 시간은 약 몇 ms인가?

① 60ms ② 85ms ③ 105ms ④ 130ms

해설 광전자식 및 양수조작식 안전거리(D) = 1.6T = 1.6 × (T1 + T2)
   D = 200mm, T1 = 40ms, T2 = ?
   200mm = 1.6 × (40ms + T2)
   $(40ms + T2) = \frac{200}{1.6} = 125$
   T2 = 125 − 40 = 85ms

정답 ②

4 롤러기

1. 방호장치

(1) 급정지장치의 설치 외워줘! 제발~

① 손조작식: 밑면에서 1.8m 이내에 설치해야 한다.

② 복부조작식: 밑면에서 0.8m 이상 1.1m 이내에 설치해야 한다.

③ 무릎조작식: 밑면에서 0.6m 이내에 설치해야 한다.

(2) 원주속도와 급정지거리 외워줘! 제발~

① 30m/min 미만: 급정지거리는 롤러 원주의 1/3 이내이어야 한다.

② 30m/min 이상: 급정지거리는 롤러 원주의 1/2.5 이내이어야 한다.

2. 롤러기의 가드 설치 시 개구부의 간격 `외워줘! 제발~`

(1) 비전동체

$$Y=6+0.15X$$

(* Y(mm): 개구간격, X(mm): 가드와 위험구역과의 이격거리)

(2) 전동체

$$Y=6+0.1X$$

5 원심기 및 분쇄기 등

1. 정비 등의 작업 시 운전 정지

원심기 또는 분쇄기 등으로부터 내용물을 꺼내거나 원심기 또는 분쇄기 등의 정비·청소·검사·수리 또는 그 밖에 이와 유사한 작업을 하는 경우에 그 기계의 운전을 정지하여야 한다.

2. 최고사용회전수의 초과 사용금지

원심기의 최고사용회전수를 초과하여 사용해서는 아니 된다.

6 아세틸렌 용접장치

1. 압력의 제한 `외워줘! 제발~`

아세틸렌 용접장치를 사용하여 금속의 용접·용단 또는 가열 작업을 하는 경우에는 게이지 압력이 127kPa 을 초과하는 압력의 아세틸렌을 발생시켜 사용해서는 아니 된다.

2. 발생기실의 설치조건

(1) 아세틸렌 용접장치의 아세틸렌 발생기를 설치하는 경우에는 전용의 발생기실에 설치하여야 한다.
(2) 발생기실은 건물의 최상층에 위치하여야 하며, 화기를 사용하는 설비로부터 3m를 초과하는 장소에 설치하여야 한다.
(3) 발생기실을 옥외에 설치한 경우에는 그 개구부를 다른 건축물로부터 1.5m 이상 떨어지도록 하여야 한다.

3. 발생기실 설치 시 준수사항 `외워줘! 제발~`

(1) 벽은 불연성 재료로 하고 철근 콘크리트 또는 그 밖에 이와 같은 수준이거나 그 이상의 강도를 가진 구조로 하여야 한다.
(2) 지붕과 천장에는 얇은 철판이나 가벼운 불연성 재료를 사용하여야 한다.
(3) 바닥면적의 1/16 이상의 단면적을 가진 배기통을 옥상으로 돌출시키고 그 개구부를 창이나 출입구로

부터 1.5m 이상 떨어지도록 하여야 한다.

(4) 출입구의 문은 불연성 재료로 하고 두께 1.5mm 이상의 철판이나 그 밖에 그 이상의 강도를 가진 구조로 하여야 한다.

(5) 벽과 발생기 사이에는 발생기의 조정 또는 카바이드 공급 등의 작업을 방해하지 않도록 간격을 확보하여야 한다.

4. 안전기 설치조건 외워줘! 제발~

(1) 아세틸렌 용접장치의 취관마다 안전기를 설치하여야 한다.
(다만, 주관 및 취관에 가장 가까운 분기관마다 안전기를 부착한 경우에는 그러하지 아니하다.)

(2) 가스용기가 발생기와 분리되어 있는 아세틸렌 용접장치에 대하여 발생기와 가스용기 사이에 안전기를 설치하여야 한다.

5. 아세틸렌 용접장치 사용 시 준수사항 외워줘! 제발~

(1) 발생기의 종류, 형식, 제작업체명, 매 시 평균 가스발생량 및 1회 카바이드 공급량을 발생기실 내의 보기 쉬운 장소에 게시하여야 한다(이동식 아세틸렌 용접장치의 발생기 제외).

(2) 발생기실에는 관계 근로자가 아닌 사람이 출입하는 것을 금지하여야 한다.

(3) 발생기에서 5m 이내 또는 발생기실에서 3m 이내의 장소에서는 흡연, 화기의 사용 또는 불꽃이 발생할 위험한 행위를 금지시켜야 한다.

(4) 도관에는 산소용과 아세틸렌용의 혼동을 방지하기 위한 조치를 하여야 한다.

(5) 아세틸렌 용접장치의 설치장소에는 소화설비를 갖춰야 한다.

(6) 이동식 아세틸렌 용접장치의 발생기는 고온의 장소, 통풍이나 환기가 불충분한 장소 또는 진동이 많은 장소 등에 설치하지 않도록 하여야 한다.

7 가스집합 용접장치 외워줘! 제발~

1. 가스집합장치의 위험방지

화기를 사용하는 설비로부터 5m 이상 떨어진 장소에 설치하여야 한다.

2. 가스집합 용접장치의 배관 시 준수사항

(1) 플랜지 · 밸브 · 콕 등의 접합부에는 개스킷을 사용하여야 한다.

(2) 주관 및 분기관에는 안전기를 설치하여야 한다(하나의 취관에 2개 이상의 안전기를 설치하여야 함).

3. 구리의 사용 제한

용해아세틸렌의 가스집합 용접장치의 배관 및 부속기구는 구리 또는 구리 함유량이 70% 이상인 합금을 사용하여서는 아니 된다.

8 보일러

1. 압력방출장치 `외워줘! 제발~`

(1) 보일러의 안전한 가동을 위하여 보일러 규격에 맞는 압력방출장치를 1개 또는 2개 이상 설치하고 최고 사용압력 이하에서 작동되도록 하여야 한다.

(다만, 압력방출장치가 2개 이상 설치된 경우에는 최고사용압력 이하에서 1개가 작동되고, 다른 압력 방출장치는 최고사용압력 1.05배 이하에서 작동되도록 부착하여야 한다.)

(2) 압력방출장치는 매년 1회 이상 산업통상자원부장관의 지정을 받은 국가교정업무 전담기관에서 교정을 받은 압력계를 이용하여 설정압력에서 압력방출장치가 적정하게 작동하는지를 검사한 후 납으로 봉인하여 사용하여야 한다.

(다만, 공정안전보고서 제출 대상으로서 고용노동부장관이 실시하는 공정안전보고서 이행상태 평가 결과가 우수한 사업장은 압력방출장치에 대하여 4년마다 1회 이상 설정압력에서 압력방출장치가 적정하게 작동하는지를 검사할 수 있다.)

2. 압력제한 스위치 `외워줘! 제발~`

보일러의 과열을 방지하기 위하여 최고사용압력과 상용압력 사이에서 보일러의 버너 연소를 차단할 수 있도록 압력제한 스위치를 부착하여 사용하여야 한다.

3. 고저수위 조절장치

고저수위 조절장치의 동작상태를 작업자가 쉽게 감시하도록 하기 위하여 고저수위지점을 알리는 경보등·경보음장치 등을 설치하여야 하며, 자동으로 급수되거나 단수되도록 설치하여야 한다.

4. 폭발위험의 방지 `외워줘! 제발~`

보일러의 폭발 사고를 예방하기 위하여 압력방출장치, 압력제한 스위치, 고저수위 조절장치, 화염 검출기 등의 기능이 정상적으로 작동될 수 있도록 유지·관리하여야 한다.

5. 최고사용압력의 표시 등

압력용기 등을 식별할 수 있도록 하기 위하여 그 압력용기 등의 최고사용압력, 제조연월일, 제조회사명 등이 지워지지 않도록 각인 표시된 것을 사용하여야 한다.

6. 보일러의 이상현상

(1) **포밍(=물거품솟음)**: 보일러수 중에 유지류, 용해 고형물, 부유물 등에 의해 보일러 수면에 거품이 생겨 올바른 수위를 판단하지 못하는 현상이다.

(2) **프라이밍(=비수 현상)**: 보일러 부하의 급변, 수위 상승 등에 의해 수분이 증기와 분리되지 않아 보일러 수면이 심하게 솟아올라 올바른 수위를 판단하지 못하는 현상이다.

(3) **캐리오버(=기수 공발)**: 프라이밍이나 포밍 현상 등으로 인해 고형분이나 수분 등이 증기와 함께 보일러 밖으로 운반되는 현상으로, 워터 해머의 원인이 된다.

(4) **워터 해머(=수격작용)**: 급격히 밸브를 개폐하는 경우에 고여 있던 응축수가 고온·고압의 증기에 이끌려 배관을 강하게 치는 현상으로 배관 파열을 초래한다.

9 산업용 로봇

1. 작업 지침의 수립 및 이행 `외워줘! 제발~`

산업용 로봇의 작동범위에서 해당 로봇에 대하여 교시 등의 작업을 하는 경우에는 해당 로봇의 예기치 못한 작동 또는 오조작에 의한 위험을 방지하기 위하여 다음의 조치를 수립하고 이행하여야 한다.

(1) 로봇의 조작방법 및 순서
(2) 작업 중의 매니퓰레이터의 속도
(3) 2명 이상의 근로자에게 작업을 시킬 경우의 신호방법
(4) 이상을 발견한 경우의 조치
(5) 이상을 발견하여 로봇의 운전을 정지시킨 후 이를 재가동시킬 경우의 조치
(6) 그 밖에 로봇의 예기치 못한 작동 또는 오조작에 의한 위험을 방지하기 위하여 필요한 조치

2. 상황별 조치

(1) **이상 시 조치**: 작업에 종사하고 있는 근로자 또는 그 근로자를 감시하는 사람은 이상을 발견하면 즉시 로봇의 운전을 정지시키기 위한 조치를 하여야 한다.
(2) **작업 중 조치**: 작업하는 동안 로봇의 기동스위치 등에 작업 중이라는 표시를 하는 등 작업에 종사하고 있는 근로자가 아닌 사람이 그 스위치 등을 조작할 수 없도록 필요한 조치를 하여야 한다.
(3) **운전 중 위험방지 조치**: 로봇의 운전으로 인하여 근로자에게 발생할 수 있는 부상 등의 위험을 방지하기 위하여 높이 1.8m 이상의 울타리를 설치하여야 하며, 컨베이어 시스템의 설치 등으로 울타리를 설치할 수 없는 일부 구간에 대해서는 안전매트 또는 광전자식 방호장치 등 감응형 방호장치를 설치하여야 한다. `외워줘! 제발~`
(4) **수리 등 작업 시 조치**: 로봇의 작동범위에서 해당 로봇의 수리·검사·조정·청소·급유 또는 결과에 대한 확인 작업을 하는 경우에는 해당 로봇의 운전을 정지함과 동시에 그 작업을 하는 동안 로봇의 기동스위치를 열쇠로 잠근 후 열쇠를 별도 관리하거나 해당 로봇의 기동스위치에 작업 중이란 내용의 표지판을 부착하는 등 해당 작업에 종사하고 있는 근로자가 아닌 사람이 해당 기동스위치를 조작할 수 없도록 필요한 조치를 하여야 한다.

🔟 목재 가공용 기계 외워줘! 제발~

1. 방호장치

(1) **톱날접촉 예방장치**(=덮개)
(2) **분할날 등 반발예방장치**: 분할날, 반발방지롤러, 반발방지조, 보조안내판이 있다.

2. 분할날의 설치기준

(1) 두께는 톱날 두께의 1.1배 이상, 치진폭 이하여야 한다.
(2) 설치 위치는 톱날로부터 12mm 이내에 설치하여야 한다.
(3) 길이는 톱날 후면날의 2/3 이상을 덮어야 한다.

▲ 톱날접촉 예방장치

1️⃣1️⃣ 고속회전체

1. 회전시험 중의 위험방지

고속회전체의 회전시험을 하는 경우에 고속회전체의 파괴로 인한 위험을 방지하기 위하여 전용의 견고한 시설물의 내부 또는 견고한 장벽 등으로 격리된 장소에서 하여야 한다.

다만, 고속회전체의 회전시험으로서 시험설비에 견고한 덮개를 설치하는 등 그 고속회전체의 파괴에 의한 위험을 방지하기 위하여 필요한 조치를 한 경우에는 그러하지 아니하다(단, 터빈로터·원심분리기의 버킷 등의 회전체로서 원주속도가 초당 25m를 초과하는 것으로 한정함).

2. 비파괴검사의 실시 외워줘! 제발~

고속회전체의 회전시험을 하는 경우 미리 회전축의 재질 및 형상 등에 상응하는 종류의 비파괴검사를 해서 결함 유무를 확인하여야 한다(단, 회전축의 중량이 1톤을 초과하고 원주속도가 초당 120m 이상인 것으로 한정함).

🔢 지게차

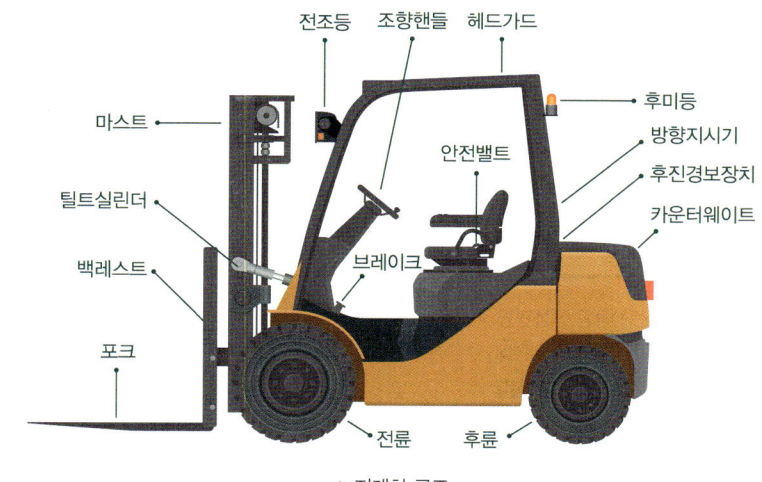

▲ 지게차 구조

1. 전조등 및 후미등

전조등과 후미등을 갖추지 아니한 지게차를 사용해서는 아니 된다.

(다만, 작업을 안전하게 수행하기 위하여 필요한 조명이 확보된 장소에서 사용하는 경우에는 그러하지 아니하다.)

2. 헤드가드 [외워줘! 제발~]

다음에 따른 적합한 헤드가드(Head Guard)를 갖추지 아니한 지게차를 사용해서는 아니 된다.

(다만, 화물의 낙하에 의하여 지게차의 운전자에게 위험을 미칠 우려가 없는 경우에는 그러하지 아니하다.)

(1) 강도는 지게차의 최대하중의 2배 값의 등분포정하중에 견딜 수 있어야 한다(4톤을 넘는 값에 대해서는 4톤으로 한다).

(2) 상부틀의 각 개구의 폭 또는 길이가 16cm 미만이어야 한다.

(3) 운전자가 앉아서 조작하거나 서서 조작하는 지게차의 헤드가드는 한국산업표준에서 정하는 높이 기준 이상이어야 한다(입식: 1.88m 이상, 좌식: 0.903m 이상).

3. 백레스트

백레스트(Backrest)를 갖추지 아니한 지게차를 사용해서는 아니 된다.

(다만, 마스트의 후방에서 화물이 낙하함으로써 근로자가 위험해질 우려가 없는 경우에는 그러하지 아니하다.)

4. 팔레트 등

지게차에 의한 하역운반 작업에 사용하는 팔레트(Pallet) 또는 스키드(Skid)는 다음에 해당하는 것을 사용하여야 한다.

(1) 적재하는 화물의 중량에 따른 충분한 강도를 가져야 한다.

(2) 심한 손상·변형 또는 부식이 없어야 한다.

5. 좌석 안전띠의 착용 등

(1) 앉아서 조작하는 방식의 지게차를 운전하는 근로자에게 좌석 안전띠를 착용하도록 하여야 한다.

(2) 지게차를 운전하는 근로자는 좌석 안전띠를 착용하여야 한다.

6. 지게차의 안정도

하역 작업 시	전후안정도	4%
	좌우안정도	6%
주행 시	전후안정도	18%
	좌우안정도	(15+1.1V)% * V: 최고속도(km/h)

정종대쌤의 암기 팁

전후 4, 좌우 6, 전후 18, 좌우 15+1.1v

7. 지게차의 안정조건 외워줘! 제발~

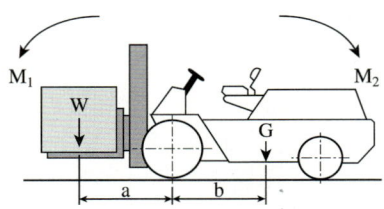

M₁: 화물의 모멘트, M₂: 지게차의 모멘트

(1) 단위

① W: 화물의 중량(kgf)

② G: 지게차 중량(kgf)

③ a: 앞바퀴에서 화물 중심까지의 최단거리(cm)

④ b: 앞바퀴에서 지게차 중심까지의 최단거리(cm)

(2) 공식

$$W \times a \leq G \times b$$

8. 차량계 하역운반기계 운전자의 운전위치 이탈 시 준수사항 외워줘! 제발~ 실기까지 출제!

(1) 포크, 버킷, 디퍼 등의 장치를 가장 낮은 위치 또는 지면에 내려 두어야 한다.

(2) 운전석을 이탈하는 경우에는 시동키를 운전대에서 분리시켜야 한다.

(3) 원동기를 정지시키고 브레이크를 확실히 거는 등 갑작스러운 이동을 방지하기 위한 조치를 하여야 한다.

🔢 컨베이어

1. 이탈 등의 방지

컨베이어, 이송용 롤러 등을 사용하는 경우에는 정전·전압강하 등에 따른 화물 또는 운반구의 이탈 및 역주행을 방지하는 장치를 갖추어야 한다.
(다만, 무동력상태 또는 수평상태로만 사용하여 근로자가 위험해질 우려가 없는 경우에는 그러하지 아니하다.)

2. 비상정지장치 설치

컨베이어 등에 해당 근로자 신체의 일부가 말려드는 등 근로자가 위험해질 우려가 있는 경우 및 비상시에는 즉시 컨베이어 등의 운전을 정지시킬 수 있는 장치를 설치하여야 한다.
(다만, 무동력상태로만 사용하여 근로자가 위험해질 우려가 없는 경우에는 그러하지 아니하다.)

3. 낙하물에 의한 위험방지

컨베이어 등으로부터 화물이 떨어져 근로자가 위험해질 우려가 있는 경우에는 해당 컨베이어 등에 덮개 또는 울을 설치하는 등 낙하방지를 위한 조치를 하여야 한다.

4. 트롤리 컨베이어

트롤리 컨베이어(Trolley Conveyor)를 사용하는 경우에는 트롤리와 체인·행거(Hanger)가 쉽게 벗겨지지 않도록 서로 확실하게 연결하여 사용하도록 하여야 한다.

5. 통행제한 조치

(1) 운전 중인 컨베이어 등의 위로 근로자를 넘어가도록 하는 경우에는 위험을 방지하기 위하여 건널다리를 설치하는 등 필요한 조치를 하여야 한다.
(2) 동일 선상에 구간별 설치된 컨베이어에 중량물을 운반하는 경우에는 중량물 충돌에 대비한 스토퍼를 설치하거나 작업자 출입을 금지하여야 한다.

🔢 양중기의 종류 외워줘! 제발~

1. 크레인(호이스트 포함)
2. 이동식 크레인
3. 리프트(이삿짐운반용 리프트는 적재하중이 0.1톤 이상인 것)
4. 곤돌라
5. 승강기

🔟 크레인

1. 방호장치 외워줘! 제발~

(1) **과부하방지장치**: 정격하중을 초과하여 화물을 매달면 기계의 동작을 정지시키는 장치이다.

(2) **권과방지장치**: 와이어로프가 한계를 넘어 감기는 것을 방지하는 장치이다.

(3) **비상정지장치**: 긴급상황 시 기계의 동작을 정지시키는 장치이다.

(4) **훅해지장치**: 훅걸이용 와이어로프, 슬링벨트 등이 훅으로부터 빠지는 것을 방지하는 장치이다. 이때 훅의 입구(Hook Mouth) 간격이 제조자가 제공하는 제품사양서 기준으로 10% 이상 벌어진 것은 폐기하여야 한다.

2. 크레인 성능 지표

(1) **권상하중**: 와이어로프 등이 중량물을 매달고 상승할 수 있는 최대하중을 말한다.

(2) **정격하중**: 권상하중에서 달기구(훅, 그물포대) 등의 중량을 공제한 하중을 말한다.

(3) **정격속도**: 정격하중을 매달고 상승 · 회전 · 선회할 수 있는 최고속도를 말한다.

3. 와이어로프 외워줘! 제발~

(1) **안전율(=안전계수)을 구하는 식**

$$안전율 = \frac{파단하중(절단하중)}{허용하중(최대하중)}$$

(2) **본로프에 걸리는 하중**

$$정하중 + 동하중 = 정하중 + \left(정하중 \times \frac{상승가속도}{중력가속도} \right)$$

(3) **슬링와이어로프에 걸리는 하중**

$$\frac{정하중}{2} \div \cos\left(\frac{\theta}{2}\right)$$

$$(* \theta = 와이어로프가\ 걸린\ 각도)$$

CHAPTER 04 기계안전시설 관리

핵심 키워드 기계설비의 안전화, 격리형 방호장치, 포집형 방호장치, 풀 프루프, 페일세이프

☑ **외워줘! 제발~** 은 필수적으로 암기해야 하는 내용을 표시한 부분으로, 시간이 부족한 학습자는 이 내용 위주로 효율적으로 공부하고, 부록 '필수 암기노트'에 내용을 한 번 더 정리해 두었으니 시험 당일 들고 가서 활용하자!

☑ 형광펜은 시험에 자주 나온 개념으로 2~3배로 꼼꼼히 암기하자! 특히, 시험 직전에는 **외워줘! 제발~** 과 형광펜만 모아 빠르게 학습하자!

☑ 빈출 기출문제는 시험에 자주 출제되는 문제로, 관련 개념까지 확실하게 익혀두자!

1 기계 방호장치

1. 원동기 · 회전축 등의 위험방지장치

(1) 기계의 원동기 · 회전축 · 기어 · 풀리 · 플라이휠 · 벨트 및 체인 등 근로자에게 위험을 미칠 우려가 있는 부위에는 덮개 · 울 · 슬리브 및 건널다리 등을 설치하여야 한다.

(2) 회전축 · 기어 · 풀리 및 플라이휠 등에 부속하는 키 · 핀 등의 기계요소는 묻힘형으로 하거나 해당 부위에 덮개를 설치하여야 한다.

빈출 기출문제

원동기, 풀리, 기어 등 근로자에게 위험을 미칠 우려가 있는 부위에 설치하는 위험방지장치가 아닌 것은?

① 덮개   ② 슬리브   ③ 건널다리   ④ 램

해설 위험방지장치에는 덮개 · 울 · 슬리브 및 건널다리 등이 있다.

정답 ④

2. 기계의 동력 차단장치

(1) 스위치

(2) 클러치

(3) 벨트 이동장치

3. 기계설비의 안전화 **외워줘! 제발~**

(1) 외관의 안전화

(2) 구조의 안전화

(3) 기능의 안전화

(4) 작업의 안전화

(5) 작업점의 안전화

(6) 보전의 안전화

2 방호장치의 분류 외워줘! 제발~

1. 위험 장소에 따른 분류

(1) 격리형 방호장치

　① 완전차단형 방호장치

　② 덮개형 방호장치

　③ 안전방책

(2) 위치제한형 방호장치

　① 양수조작식 방호장치

(3) 접근거부형 방호장치

　① 수인식 방호장치

　② 손쳐내기식 방호장치

(4) 접근반응형 방호장치

　① 감응식 방호장치

빈출 기출문제

프레스기의 방호장치 중 위치제한형 방호장치에 해당되는 것은?

① 수인식 방호장치　　　　　　② 광전자식 방호장치

③ 손쳐내기식 방호장치　　　　④ 양수조작식 방호장치

해설 위치제한형 방호장치는 작업 중 손이 위험구역에 들어가지 못하도록 위치를 제한하는 방식이다. 양수조작식은 동시에 버튼을 눌러야 작동되므로 작업자의 손 위치를 강제로 제한하는 방식에 해당한다.

정답 ④

2. 위험원에 따른 분류

(1) 포집형 방호장치

　① 반발예방장치

　② 덮개

(2) 감지형 방호장치

❸ 풀 프루프(Fool Proof) 외워줘! 제발~

1. 정의

인간의 실수가 사고로 이어지지 않도록 통제하는 것이다.

2. 풀 프루프의 종류

(1) 가드
(2) 록기구
(3) 트립기구
(4) 오버런기구
(5) 밀어내기기구
(6) 기동방지기구

❹ 페일세이프(Fail Safe)

1. 정의

인간 또는 기계의 실수나 오류가 사고로 이어지지 않도록 이중·삼중으로 통제하는 것이다.

2. 페일세이프 기능 3단계 외워줘! 제발~

(1) Fail-Passive: 부품고장 시 정지
(2) Fail-Active: 부품고장 시 잠시 운전
(3) Fail-Operational: 부품고장 시 계속 운전

3. 페일세이프의 구조

(1) **다경로하중구조**: 일부 부재가 파괴될 경우 그 부재가 맡고 있던 하중을 다른 부재가 분담할 수 있어 구조 전체가 무너지지 않도록 설계된 구조이다.
(2) **이중구조**: 하나의 큰 부재 대신 2개의 작은 부재를 결합하여 동일한 강도를 내도록 설계하여 치명적인 파괴로부터 안전을 유지할 수 있는 구조이다.
(3) **다치구조**: 하나의 부재가 전체의 하중을 지탱하고 있을 경우 이 부재가 파손될 것을 대비하여 예비 부재(대치 부재)를 가지고 있는 구조이다.
(4) **하중경감구조**: 부재가 파손되기 시작하면 눈에 띄는 변형이 일어나고, 주변의 다른 부재로 하중을 분산시켜 원래 부재의 추가적인 파괴를 막는 구조이다.

5 가드

종류	내용
고정가드	개구부로부터 가공물과 공구 등을 넣어도 손은 위험영역에 머무르지 않는다.
조절가드	가공물과 공구에 맞도록 형상과 크기를 조절한다.
경고가드	손이 위험영역에 들어가기 전에 경고한다.
인터록가드	기계의 작동 중에 개폐되는 경우 기계가 정지한다.

6 방호조치 미이행 기계·기구 금지사항 외워줘! 제발~

유해·위험방지를 위한 방호조치를 하지 않은 기계·기구는 양도, 대여, 설치 또는 사용하거나 양도·대여를 목적으로 진열해서는 안 되며, 다음과 같은 방호장치를 설치해야 한다.

구분	방호장치
예초기	날접촉 예방장치
원심기	회전체접촉 예방장치
공기압축기	압력방출장치
금속절단기	날접촉 예방장치
지게차	헤드가드, 백레스트(Backrest), 전조등, 후미등, 안전벨트
포장기계	구동부 방호연동장치

 정종대쌤의 암기 팁

공.원.예.포장.금.지

(공기압축기−원심기−예초기−포장기계−금속절단기−지게차)

CHAPTER **05** 설비진단 및 검사

핵심 키워드 비파괴검사, 방사선투과검사, 초음파탐상검사, 자분탐상검사, 액체침투탐상검사

☑ **외워줘! 제발~** 은 필수적으로 암기해야 하는 내용을 표시한 부분으로, 시간이 부족한 학습자는 이 내용 위주로 효율적으로 공부하고, 부록 '필수 암기노트'에 내용을 한 번 더 정리해 두었으니 시험 당일 들고 가서 활용하자!

☑ **형광펜**은 시험에 자주 나온 개념으로 2~3배로 꼼꼼히 암기하자! 특히, 시험 직전에는 **외워줘! 제발~**과 **형광펜**만 모아 빠르게 학습하자!

☑ 빈출 기출문제는 시험에 자주 출제되는 문제로, 관련 개념까지 확실하게 익혀두자!

1 비파괴검사의 종류 및 특징 **외워줘! 제발~**

1. 방사선투과검사(RT)

병원에서 X-ray 검사로 몸속의 이상을 검사하듯이 강이나 기타 재질에 대하여 방사선 및 필름을 이용하여 시험체의 내부에 존재하는 불연속(결함)을 검출하는 데 적용하는 비파괴검사이다. 거의 모든 재질을 검사할 수 있으며 검사 결과는 필름을 통해 영구적인 기록으로 남길 수 있다.

2. 초음파탐상검사(UT)

시험체에 초음파를 전달하여 내부에 존재하는 불연속으로부터 반사한 초음파의 에너지양, 초음파의 진행시간 등을 분석하여 불연속의 위치 및 크기를 정확히 알아내는 방법이다. 시험체 내의 불연속 시험체의 크기 및 두께, 시험체의 균일도 및 부식 상태 등을 검사하는 데 적용하며 이외에도 유속측정 및 콘크리트검사 등 그 적용 범위가 매우 넓어지고 있다.

3. 자분탐상검사(MT)

강자성체로 된 시험체의 표면 및 표면 바로 밑의 불연속을 검출하기 위하여 시험체에 자장을 걸어 자화시킨 후 자분을 적용하고, 누설자장으로 인해 형성된 자분지시를 관찰하여 불연속의 크기, 위치 및 형상 등을 검사하는 방법이다.

4. 액체침투탐상검사(PT)

시험치 표면에 열린 균열과 같은 불연속부에 침투액이 스며들게 한 뒤, 표면에 남은 침투제를 제거하고 그 위에 현상제를 뿌려 불연속부에 들어 있는 침투제를 끌어올리는 현상을 이용해서 불연속의 위치, 크기 및 지시 고양을 검출하는 방법이다.

5. 와전류탐상검사(ECT)

교류가 흐르는 코일을 전도성 시험체에 가까이하면, 시험체 내부에 와전류가 유도되며, 이때 결함이 존재할 시 와전류의 흐름에 변화가 생긴다. 이러한 와전류의 변화를 검출하여 시험체에 존재하는 결함의 유무, 재질 등을 시험하는 방법이다.

내가 아무 말 없이 견딘 날들,
그 조용한 시간들이
당신을 누구보다 단단하게 만들고 있다.

#나를위한위로 #나만의목적지

정종대쌤이 말하는 100% 합격 기출 공부법

▶ 과목별 기출로 학습! ◀

- 이론 학습 후, 바로 기출문제를 학습함으로써 기억에 더 오래 남을 수 있도록 과목 및 출제개념별로 기출문제를 구성했습니다.
- 과목별 기출문제를 풀고, 문항별 개념까지 한 번 더 체크해 보세요.

▶ 중복소거된 5개년 기출 학습! ◀

- 산업안전산업기사 필기시험의 경우, 문제은행 방식으로 출제되어 매 시험마다 이전에 출제되었던 문제들이 일부 중복되어 재출제됩니다.
- 공부시간을 단축할 수 있도록 중복 출제된 기출문제들은 소거하여 수록하였습니다.

▶ 문항별 기출연도 확인! ◀

- 문항별 기출연도를 표기하여 빈출 정도를 한눈에 확인할 수 있게 하였습니다.
- 문항별 기출연도 표기 개수가 많을수록 시험에 자주 출제된 문제이며, 표기가 5개인 문제는 출제 횟수가 5회 이상인 기출문제로 집중 학습이 필요한 문제입니다.

3과목 | 기계·기구 및 설비 안전관리

최신 5개년 기출

2025~2021년

기출문제 활용법 문항별 기출 표기 개수가 많을수록 시험에 자주 출제된 문제! 표기가 5개인 문제는 출제 횟수가 5회 이상인 기출문제로 무조건 암기 필수!

3회독 공부전략 1회독은 문제 → 선지 → 답 → 해설 순서로 정독! 2회독부터는 직접 문제 풀기, 3회독 때는 ×, △ 표시된 문제만 다시 풀기! 회독할 때마다 문제 옆 회독표에 ○, ×, △로 표시하여 3회독까지 ×로 표시된 문제는 부록에 포함된 "틈틈 오답노트"에 따로 정리해 공부하세요! [○: 정확히 알고 푼 문제 △: 부분적으로 알고 푼 문제 ×: 개념 학습이 필요한 문제]

22년 3회   ✔ 회독 ☐☐☐

01 다음 중 기계설비에 의해 형성되는 위험점이 아닌 것은?

① 회전말림점   ② 접선분리점
③ 협착점   ④ 끼임점

> 기계설비에 의해 형성되는 위험점은 다음과 같다.
> • 협착점
> • 끼임점
> • 물림점
> • 접선물림점
> • 회전말림점
> • 절단점
>
> 출제개념 위험점

23년 3회   22년 2회   22년 1회   21년 1회   ✔ 회독 ☐☐☐

02 왕복운동을 하는 운동부와 고정부 사이에서 형성되는 위험점인 협착점(Squeeze Point)이 형성되는 기계로 거리가 먼 것은?

① 프레스   ② 조형기
③ 연삭기   ④ 성형기

> 연삭기는 회전운동을 하는 숫돌을 사용하는 기계로 협착점이 형성되지 않는다.
>
> 출제개념 위험점, 협착점

25년 1회   24년 1회   23년 1회   21년 3회   21년 2회   ✔ 회독 ☐☐☐

03 기계의 운동 형태에 따른 위험점의 분류에서 고정부분과 회전하는 동작부분이 함께 만드는 위험점으로 교반기의 날개와 하우스 등에서 발생하는 위험점을 무엇이라 하는가?

① 끼임점   ② 절단점
③ 물림점   ④ 회전말림점

> 끼임점은 고정부분과 회전하는 동작부분의 위험점으로, 주로 교반기, 연삭기에서 발생한다.
>
> 출제개념 위험점, 끼임점

22년 2회   ✔ 회독 ☐☐☐

04 기계설비기구의 고정부분과 회전부분이 만드는 위험점이 아니고 밀링커터, 둥근톱날 등 회전하는 운동부 자체의 위험이나 운동하는 기계부분 자체의 위험에서 초래되는 위험점은?

① 물림점   ② 절단점
③ 끼임점   ④ 협착점

> 절단점은 회전운동하는 날 또는 예리한 부분에서 발생하는 위험점으로, 주로 밀링커터, 둥근톱에서 발생한다.
>
> 출제개념 위험점, 절단점

정답 **01** ②   **02** ③   **03** ①   **04** ②

05 2개의 회전체가 회전운동을 할 때에 물림점이 발생될 수 있는 조건은?

① 두 개의 회전체 모두 시계방향으로 회전
② 두 개의 회전체 모두 시계 반대방향으로 회전
③ 하나는 시계방향으로 회전하고 다른 하나는 시계 반대방향으로 회전
④ 하나는 시계방향으로 회전하고 다른 하나는 정지

▼
물림점은 두 회전체의 접점에서 표면이 서로를 향해 움직일 때 형성된다.

출제개념 위험점, 물림점

06 다음 기초역학의 용어에 대한 설명 중 틀린 것은?

① 피로: 재료가 반복응력의 변동에 따라 강도가 약해지는 현상
② 전단응력: 물체의 어떤 면에서 어긋남의 변형이 일어날 때 그 면에 평행인 방향으로 작용하여 원래 형태를 지키려는 힘
③ 인장응력: 재료가 외력을 받아 늘어날 때 내부에서 발생하는 저항력
④ 극한강도: 허용응력 값을 구하기 위한 강도의 기초값

▼
극한강도는 재료시험에서 재료가 파괴될 때의 최고응력을 의미한다.

출제개념 기초역학의 용어

07 한계하중 이하의 하중이라도 일정하중을 지속적으로 가하면 시간의 경과에 따라 변형이 증가하고 결국은 파괴에 이르게 되는 현상을 무엇이라 하는가?

① 크리이프(Creep)
② 피로(Fatigue)
③ 응력 집중
④ 응력부식

▼
크리이프(Creep)는 일정하중을 지속적으로 가하면 시간의 경과에 따라 변형이 증가하고 결국은 파괴에 이르게 되는 현상이다.

출제개념 크리이프

08 재료에 구멍이 있거나 노치(Notch) 등이 있을 때, 외력이 작용하면 국부적으로 응력이 커지는 현상은?

① 가공경화
② 피로
③ 응력 집중
④ 크리이프(Creep)

▼
응력 집중은 재료에 구멍이나 노치 등이 있을 때, 그 부위에 외력이 작용하면 국부적으로 응력이 커지는 현상이다.

출제개념 응력 집중

정답 05 ③ 06 ④ 07 ① 08 ③

09 기계구조 설계 시 반복하중을 받는 구조물의 기초강도로 고려해야 할 사항은?

① 극한강도

② 크리프강도

③ 피로한도

④ 항복점

▼

기계구조물이 반복하중을 받을 때는 순간적으로 파괴되지는 않지만, 작은 응력이 누적되어 균열이 발생하고 결국 파괴에 이른다. 따라서 설계 시에는 반복하중에도 파괴되지 않고 견딜 수 있는 최대응력인 피로한도를 기초강도로 고려해야 한다.

출제개념 반복하중, 피로한도

10 기계를 구성하는 요소에서 피로현상은 안전과 밀접한 관련이 있다. 피로 파괴현상과 가장 관련이 적은 것은?

① 소음(Noise)

② 홈(Notch)

③ 치수 효과(Size Effect)

④ 부식(Corrosion)

▼

피로 파괴현상은 반복하중에 의해 균열이 진행되면서 결국 파단에 이르는 현상으로 홈, 치수 효과, 부식 등과 밀접한 관련이 있다. 반면, 소음은 음향 현상으로 응력이나 균열을 일으키지 않으므로 피로 파괴현상과 직접적인 관련이 적다.

출제개념 피로 파괴현상

11 기계의 원동기, 회전축 및 체인 등 근로자에게 위험을 미칠 우려가 있는 부위에 설치해야 하는 위험방지장치로 적합하지 않은 것은?

① 덮개   ② 건널다리

③ 클러치   ④ 슬리브

▼

덮개, 건널다리, 슬리브는 회전체와의 접촉을 차단하는 방호장치이지만, 클러치는 동력을 전달하는 기능을 가진 장치일 뿐 위험방지장치가 아니다.

출제개념 위험방지장치

12 재료강도 시험 중 항복점을 알 수 있는 시험은?

① 인장시험   ② 충격시험

③ 압축시험   ④ 마모시험

▼

인장시험은 항복점, 인장강도, 탄성한도, 비례한도 등을 알 수 있는 시험이다.

출제개념 재료강도 시험, 항복점

정답 **09** ③   **10** ①   **11** ③   **12** ①

13 산업안전보건법령에 따라 원동기·회전축 등의 위험방지를 위한 설명 중 괄호 안에 들어갈 내용은?

> 사업주는 회전축, 기어·풀리 및 플라이휠 등에 부속되는 키·핀 등의 기계요소는 (　　　)으로 하거나 허당 부위에 덮개를 설치하여야 한다.

① 개방형　　　　② 돌출형
③ 묻힘형　　　　④ 고정형

▼

사업주는 회전축, 기어·풀리 및 플라이휠 등에 부속되는 키·핀 등의 기계요소는 묻힘형으로 하거나 해당 부위에 덮개를 설치하여야 한다.

출제개념 회전체의 방호조치

---

14 다음 중 근로자에게 위험을 미칠 우려가 있는 공작기계에 덮개, 울 등을 설치해야 하는 경우와 가장 거리가 먼 것은?

① 연삭기 또는 평삭기의 테이블, 형삭기 램 등의 행정 끝
② 선반으로부터 돌출하여 회전하고 있는 가공물 부근
③ 톱날접촉 예방장치가 설치된 원형톱(목재가공용 둥근톱 기계 제외) 기계의 위험 부위
④ 띠톱기계의 위험한 톱날(절단부분 제외) 부위

▼

원형톱에 이미 톱날접촉 예방장치가 설치된 경우에는 별도의 덮개·울 설치 대상에서 제외된다.

출제개념 공작기계의 방호장치

---

15 위험기계·기구와 이에 해당하는 방호장치의 연결이 틀린 것은?

① 연삭기 – 급정지장치
② 프레스 – 광전자식 방호장치
③ 아세틸렌 용접장치 – 안전기
④ 압력용기 – 압력방출용 안전밸브

▼

위험기계·기구에는 각각 적합한 방호장치를 설치해야 하며, 각 기계와 방호장치의 연결은 다음과 같다.
- 연삭기 – 날접촉 예방장치: 숫돌과의 접촉 차단
- 프레스 – 광전자식 방호장치: 손 끼임 방지
- 아세틸렌 용접장치 – 안전기: 역화 및 폭발 방지
- 압력용기 – 압력방출용 안전밸브: 내부 압력 상승 대비

출제개념 방호조치 대상 기계

---

16 다음은 안전율을 구하는 식이다. 틀린 것은?

① 극한강도/최대설계응력
② 파괴하중/안전하중
③ 파괴하중/최대사용하중
④ 사용하중/안전하중

▼

안전율 = 극한강도/최대설계응력
　　　 = 파괴하중/안전하중
　　　 = 파괴하중/최대사용하중

출제개념 안전율 공식

정답 **13** ③ **14** ③ **15** ① **16** ④

17 일반적으로 기계설계 시 적용하는 안전율 계산으로 맞는 것은?

① 안전하중÷설계하중

② 최대사용하중÷극한강도

③ 극한강도÷최대설계응력

④ 극한강도÷파단하중

안전율=극한강도÷최대설계응력

출제개념 안전율 공식

---

19 와이어로프의 절단하중이 1,116kg이고, 한 줄로 물건을 매달고자 할 때 안전계수를 6으로 하면 몇 kgf 이하의 물건을 매달 수 있는가?

① 186   ② 192

③ 198   ④ 212

안전계수=절단하중/사용하중
사용하중=절단하중/안전계수
　　　　=1,116kg/6=186kgf

출제개념 와이어로프의 사용하중 계산

---

18 안전계수 5인 로프의 절단하중이 400kg이라면 이 로프는 얼마 이하의 하중을 매달아야 하는가?

① 50kg   ② 80kg

③ 100kg   ④ 160kg

사용하중=절단하중÷안전계수
　　　　=400kg÷5=80kg

출제개념 안전율 계산

정답   **17** ③   **18** ②   **19** ①

기계분야 산업재해 조사 및 관리

CHAPTER 02

기출문제 활용법 문항별 기출 표기 개수가 많을수록 시험에 자주 출제된 문제! 표기가 5개인 문제는 출제 횟수가 5회 이상인 기출문제로 무조건 암기 필수!

3회독 공부전략 1회독은 문제 → 선지 → 답 → 해설 순서로 정독! 2회독부터는 직접 문제 풀기, 3회독 때는 ×, △ 표시된 문제만 다시 풀기! 회독할 때마다 문제 옆 회독표에 ○, ×, △로 표시하여 3회독까지 ×로 표시된 문제는 부록에 포함된 "틈틈 오답노트"에 따로 정리해 공부하세요! [○: 정확히 알고 푼 문제 △: 부분적으로 알고 푼 문제 ×: 개념 학습이 필요한 문제]

25년 2회 24년 1회 22년 2회 　　✔ 회독 ☐☐☐

01 목재 가공용 둥근톱의 자율안전확인 덮개와 분할날에 자율안전확인의 표시 외 추가로 표시해야 하는 사항으로 옳은 것은?

① 덮개의 종류
② 둥근톱의 사용 횟수
③ 반발 예방장치 상태
④ 제조번호

▼

목재 가공용 둥근톱의 자율안전확인 덮개와 분할날에 표시해야 할 항목은 다음과 같다.
- 자율안전확인 표시
- 덮개의 종류
- 둥근톱의 사용 가능한 치수

출제개념 자율안전확인 덮개와 분할날 표시사항

신출 25년 3회 　　✔ 회독 ☐☐☐

02 「산업안전보건법」상 설치·이전하는 경우 안전인증을 받아야 하는 기계·기구에 해당되지 않는 것은?

① 크레인
② 리프트
③ 곤돌라
④ 고소작업대

▼

고소작업대는 주요 구조 부분을 변경하는 경우 안전인증을 받아야 하는 기계 및 설비에 해당한다.

출제개념 설치·이전 시 안전인증 대상 기계·기구

정답 01 ① 02 ④

03 산업안전보건법령상 프레스를 사용하여 작업할 때 작업시작 전 점검항목에 해당하지 않는 것은?

① 전선 및 접속부의 상태
② 클러치 및 브레이크의 기능
③ 프레스의 금형 및 고정볼트의 상태
④ 1행정 1정지기구·급정지장치 및 비상정지장치의 기능

프레스 작업시작 전 점검사항은 다음과 같다.
• 클러치 및 브레이크의 기능
• 크랭크축·플라이휠·슬라이드·연결봉 및 연결 나사의 풀림 여부
• 1행정 1정지기구·급정지장치 및 비상정지장치의 기능
• 슬라이드 또는 칼날에 의한 위험방지기구의 기능
• 프레스의 금형 및 고정볼트 상태
• 방호장치의 기능
• 전단기의 칼날 및 테이블의 상태

출제개념 프레스 작업시작 전 점검사항

04 공기압축기의 작업시작 전 점검사항이 아닌 것은?

① 윤활유의 상태
② 언로드 밸브의 기능
③ 비상정지장치의 기능
④ 압력방출장치의 기능

공기압축기 작업시작 전 점검사항은 다음과 같다.
• 공기저장 압력용기의 외관 상태
• 드레인밸브의 조작 및 배수
• 압력방출장치의 기능
• 언로드밸브의 기능
• 윤활유의 상태
• 회전부의 덮개 또는 울
• 그 밖의 연결 부위의 이상 유무

출제개념 공기압축기 작업시작 전 점검사항

05 산업용 로봇의 작동범위에서 그 로봇에 관하여 교시 등의 작업을 하는 경우 작업시작 전 점검사항에 해당하지 않는 것은? (단, 로봇의 동력원을 차단하고 행하는 것을 제외한다.)

① 회전부의 덮개 또는 울 부착 여부
② 제동장치 및 비상정지장치의 기능
③ 외부 전선의 피복 또는 외장의 손상 유무
④ 매니퓰레이터(Manipulator) 작동의 이상 유무

산업용 로봇의 작동범위에서 그 로봇에 관하여 교시 등의 작업을 하는 경우 작업시작 전 점검사항은 다음과 같다.
• 외부 전선의 피복 또는 외장의 손상 유무
• 매니퓰레이터 작동의 이상 유무
• 제동장치 및 비상정지장치의 기능

출제개념 산업용 로봇 교시 등의 작업시작 전 점검사항

06 산업안전보건법령에 따라 컨베이어의 작업시작 전 점검사항 중 틀린 것은?

① 원동기 및 풀리 기능의 이상 유무
② 이탈 등의 방지장치 기능의 이상 유무
③ 과부하방지장치 기능의 이상 유무
④ 원동기, 회전축, 기어 및 풀리 등의 덮개 또는 울 등의 이상 유무

컨베이어 작업시작 전 점검사항은 다음과 같다.
• 원동기 및 풀리 기능의 이상 유무
• 이탈 등의 방지장치 기능의 이상 유무
• 비상정지장치 기능의 이상 유무
• 원동기, 회전축, 기어 및 풀리 등의 덮개 또는 울 등의 이상 유무

출제개념 컨베이어 작업시작 전 점검사항

정답 **03** ① **04** ③ **05** ① **06** ③

기계설비 위험요인 분석

기출문제 활용법 문항별 기출 표기 개수가 많을수록 시험에 자주 출제된 문제! 표기가 5개인 문제는 출제 횟수가 5회 이상인 기출문제로 무조건 암기 필수!

3회독 공부전략 1회독 은 문제 → 선지 → 답 → 해설 순서로 정독! 2회독 부터는 직접 문제 풀기, 3회독 때는 ×, △ 표시된 문제만 다시 풀기! 회독할 때마다 문제 옆 회독표에 ○, ×, △로 표시하여 3회독까지 ×로 표시된 문제는 부록에 포함된 "틈틈 오답노트"에 따로 정리해 공부하세요! [○: 정확히 알고 푼 문제 △: 부분적으로 알고 푼 문제 ×: 개념 학습이 필요한 문제]

21년 2회   ✔ 회독 ☐☐☐

01 프레스 작업이 끝난 후 페달에 U자형 상자를 씌우는 가장 큰 이유는?

① 페달 보호   ② 기계와 인명의 안전
③ 먼지 침투방지   ④ 고장방지

> 프레스 작업 종료 후 페달에 U자형 상자를 씌우는 이유는, 작업자가 실수로 페달을 밟아 프레스가 재가동되는 것을 방지하여 기계의 오작동을 막고 작업자의 인명을 보호함으로써 기계와 인명의 안전을 확보하기 위함이다.
>
> 출제개념 프레스의 안전장치

23년 2회 21년 3회   ✔ 회독 ☐☐☐

02 사출성형기, 주형조형기, 형단조기 등에 근로자의 신체의 일부가 말려들어갈 우려가 있을 때 가장 적합한 안전장치는?

① 광전자식
② 덮개 또는 울
③ 손쳐내기식 및 수인식
④ 게이트가드 또는 양수조작식

> 사출성형기, 주형조형기, 형단조기 등에 근로자의 신체가 말려들어갈 우려가 있을 경우에는 게이트가드 또는 양수조작식 방호장치를 설치해야 한다.
>
> 출제개념 사출성형기 등의 방호장치

25년 3회 25년 2회 25년 1회 21년 3회   ✔ 회독 ☐☐☐

03 금형의 안전화에 대한 설명 중 틀린 것은?

① 금형의 틈새는 8mm 이상 충분하게 확보한다.
② 금형 사이에 신체 일부가 들어가지 않도록 한다.
③ 충격이 반복되어 부가되는 부분에는 완충장치를 설치한다.
④ 금형설치용 홈은 설치된 프레스의 홈에 적합한 형상의 것으로 한다.

> 금형의 틈새는 8mm 이하로 유지하여 손가락이 끼일 수 있는 공간을 없애는 조치를 해야 한다.
>
> 출제개념 금형의 안전화

정답   01 ②   02 ④   03 ①

기계 · 기구 및 설비 안전관리 3과목 ☐ 이론 Ⅰ ■ 기출

04 프레스 등의 금형의 부착·해체·조정 작업 중 슬라이드가 불시에 하강함으로써 발생하는 근로자의 위험을 방지하기 위하여 사업주가 설치해야 하는 것은?

① 안전블록
② 방호울
③ 시건장치
④ 게이트가드

> 금형의 부착·해체·조정 작업 중 슬라이드가 불시에 하강하여 발생하는 근로자의 위험을 방지하기 위한 장치는 안전 블록이다.
>
> 출제개념 금형 작업 중 위험방지

06 작업자의 신체 움직임을 감지하여 프레스의 작동을 급정지시키는 광전자식 안전장치를 부착한 프레스가 있다. 급정지에 소요되는 시간이 0.1초라면 안전거리는 얼마로 하여야 하는가?

① 0.16m
② 0.26m
③ 0.36m
④ 0.56m

> 광전자식과 양수조작식 안전거리 D(mm)
> $= 1.6 \times T(ms) = 1.6 \times 100ms = 160mm = 0.16m$
>
> 출제개념 프레스 방호장치의 안전거리

07 프레스 양수조작식 안전거리(D) 계산식으로 적합한 것은? (단, T_C는 누름버튼에서 손을 떼는 순간부터 급정지기구가 작동 개시하기까지의 시간, T_S는 급정지기구 작동을 개시할 때부터 슬라이드가 정지할 때까지의 시간이다.)

① $D = 1.6(T_C - T_S)$
② $D = 1.6(T_C + T_S)$
③ $D = 1.6(T_C \div T_S)$
④ $D = 1.6(T_C \times T_S)$

> 광전자식과 양수조작식 안전거리 D(mm)
> $= 1.6 \times T(ms) = 1,600 \times T(sec)$
> $T = (T_C + T_S)$ 이므로
> $D = 1.6(T_C + T_S)$
>
> 출제개념 프레스 방호장치의 안전거리

05 프레스의 방호장치에 해당되지 않는 것은?

① 손쳐내기(Sweep Guard)식 방호장치
② 수인(Pull Out)식 방호장치
③ 가드(Guard)식 방호장치
④ 롤 피드(Roll Feed)식 방호장치

> 프레스의 방호장치에는 광전자식, 양수조작식, 게이트 가드식, 손쳐내기식, 수인식 등이 해당된다.
>
> 출제개념 프레스의 방호장치

정답 **04** ① **05** ④ **06** ① **07** ②

08 광전자식 방호장치를 설치한 프레스에서 광선을 차단한 후 0.2초 후에 슬라이드가 정지하였다. 이때 방호장치의 안전거리는 최소 몇 mm 이상이어야 하는가?

① 140　　　　② 200

③ 260　　　　④ 320

광전자식과 양수조작식 안전거리 D(mm)
= $1.6 \times T(ms) = 1.6 \times 200ms = 320mm$

출제개념 광전자식 방호거리 계산

09 프레스의 본질적 안전화(No Hand In Die) 추진 대책이 아닌 것은?

① 안전금형의 설치
② 전궁 프레스의 사용
③ 방호울이 부착된 프레스 사용
④ 감응식 방호장치 설치

프레스의 본질적인 안전화의 대표적인 방식은 다음과 같다.
• 안전금형의 설치
• 전용 프레스의 사용
• 방호울이 부착된 프레스 사용
• 자동 송급 · 배출기구 부착

출제개념 No Hand In Die 방식

10 프레스에 대한 안전장치 중 금형 안에 손이 들어가지 않는 구조(No Hand In Die Type)인 것은?

① 자동송급식
② 양수조작식
③ 손쳐내기식
④ 감응식

자동송급식은 손이 금형에 들어가지 않게 하는 방식으로 No Hand In Die에 해당한다.

출제개념 No Hand In Die 방식

11 프레스의 양수조작식 방호장치에서 양쪽 버튼의 작동시간 차이는 최대 몇 초 이내일 때 프레스가 동작되도록 해야 하는가?

① 0.1　　　　② 0.5

③ 1.0　　　　④ 1.5

양쪽버튼의 작동시간 차이는 최대 0.5초 이내일 때 프레스가 동작되도록 해야 한다.

출제개념 프레스의 양수조작식 방호장치

정답 08 ④　09 ④　10 ①　11 ②

25년 3회 24년 1회 23년 3회 23년 2회 22년 3회 ✔ 회독 ☐☐☐

12 프레스에 사용하는 양수조작식 방호장치의 누름버튼 상호 간 최소 내측 거리는 얼마인가?

① 300mm 이상

② 350mm 이상

③ 400mm 이상

④ 500mm 이상

> 양수조작식 방호장치의 누름버튼 상호 간 최소 내측 거리는 300mm 이상이어야 한다.
>
> 출제개념 프레스의 양수조작식 방호장치

23년 3회 ✔ 회독 ☐☐☐

13 프레스기에 사용하는 양수조작식 방호장치의 일반구조에 관한 설명 중 틀린 것은?

① 1행정 1정지 기구에 사용할 수 있어야 한다.

② 누름버튼을 양손으로 동시에 조작하지 않으면 작동시킬 수 없는 구조이어야 한다.

③ 양쪽버튼의 작동시간 차이는 최대 0.5초 이내일 때 프레스가 동작되도록 해야 한다.

④ 방호장치는 사용전원전압의 ±5% 변동에 대하여 정상적으로 작동되어야 한다.

> 프레스의 방호장치는 사용전원전압의 ±20%의 변동에 대하여 정상으로 작동해야 한다. 또한, 릴레이, 리미트스위치 등의 전기부품의 고장, 전원전압의 변동 및 정전에 의해 슬라이드가 불시에 동작하지 않아야 한다.
>
> 출제개념 프레스의 양수조작식 방호장치

22년 1회 ✔ 회독 ☐☐☐

14 프레스 가공품의 이송방법으로 2차 가공용 송급 배출장치가 아닌 것은?

① 다이얼 피더(Dial Feeder)

② 롤 피더(Roll Feeder)

③ 푸셔 피더(Pusher Feeder)

④ 트랜스퍼 피더(Transfer Feeder)

> 롤 피더는 1차 가공용 송급장치에 해당한다.
>
> 출제개념 가공용 송급배출장치

21년 2회 ✔ 회독 ☐☐☐

15 프레스의 광전자식 안전장치의 단점이 아닌 것은?

① 연속운전작업에 사용할 수 없다.

② 확동클러치 방식에는 사용할 수 없다.

③ 설치가 어렵고 기계적 고장에 의한 2차 낙하에는 효과가 없다.

④ 작업 중의 진동에 의해 투·수광기가 어긋나 작동이 안 될 수 있다.

> 광전자식 안전장치는 연속운전작업에도 사용할 수 있다.
>
> 출제개념 프레스의 광전자식 안전장치

정답 **12** ① **13** ④ **14** ② **15** ①

16 기계설비의 방호를 위험장소에 대한 방호와 위험원에 대한 방호로 분류할 때, 다음 중 위험원에 대한 방호장치에 해당하는 것은?

① 격리형 방호장치
② 포집형 방호장치
③ 접근거부형 방호장치
④ 위치제한형 방호장치

▼

위험원에 대한 방호장치에는 포집형 방호장치와 감지형 방호장치가 해당한다.

출제개념 위험원 방호장치

17 「산업안전보건법」에 따라 순간풍속이 몇 m/sec를 초과하는 바람이 불거나 중진(中震) 이상 진도의 지진이 있은 후에 옥외에 설치되어 있는 양중기를 사용하여 작업을 하는 경우에는 미리 기계각 부의에 이상이 있는지를 점검하여야 하는가?

① 25   ② 30
③ 35   ④ 40

▼

옥외에 설치된 양중기를 사용하여 작업을 하는 경우, 순간풍속이 30m/s를 초과하면 미리 기계 각 부위에 이상이 있는지를 점검하여야 하며, 순간풍속이 35m/s를 초과하면 도괴 붕괴방지 조치를 실시해야 한다.

출제개념 순간풍속에 따른 옥외 양중기 작업 전 점검

18 산업안전보건법령상 양중기에 사용하지 않아야 하는 달기체인의 기준으로 틀린 것은?

① 변형이 심한 것
② 균열이 있는 것
③ 길이의 증가가 제조 시 길이의 3%를 초과한 것
④ 링의 단면 지름의 감소가 제조 시 링 지름의 10%를 초과한 것

▼

달기체인의 증가한 길이가 제조 시 길이의 5%를 초과한 경우에 사용하지 않아야 한다.

출제개념 달기체인 사용금지 기준

19 양중기에 사용하기에 부적격한 와이어로프에 해당되지 않는 것은?

① 꼬인 것
② 이음매가 있는 것
③ 와이어로프 한 가닥에서 소선수가 7% 정도 절단된 것
④ 심하게 변형 또는 부식된 것

▼

와이어로프 한 꼬임에서 끊어진 소선이 10% 이상일 경우 부적격으로 본다.

출제개념 부적격한 와이어로프의 기준

정답 16 ② 17 ② 18 ③ 19 ③

20 다음 중 와이어로프의 꼬임에 관한 설명으로 틀린 것은?

① 보통 꼬임에는 S꼬임이나 Z꼬임이 있다.
② 보통 꼬임은 스트랜드의 꼬임방향과 로프의 꼬임방향이 반대로 된 것을 말한다.
③ 랭 꼬임은 로프의 끝이 자유로이 회전하는 경우나 킹크가 생기기 쉬운 곳에 적당하다.
④ 랭 꼬임은 보통 꼬임에 비해 마모에 대한 저항성이 우수하다.

> ▼
> 로프의 끝이 자유로이 회전하는 경우나 킹크가 생기기 쉬운 곳에 적당한 것은 보통 꼬임이다.
> 출제개념 와이어로프의 꼬임

21 크레인의 와이어로프에서 보통 꼬임이 랭 꼬임에 비하여 우수한 점은?

① 수명이 길다.
② 킹크의 발생이 적다.
③ 내마모성이 우수하다.
④ 소선의 접촉 길이가 길다.

> ▼
> 보통 꼬임은 킹크 발생이 적고, 랭 꼬임은 내마모성이 우수하며 수명이 길다.
> 출제개념 와이어로프의 꼬임

22 크레인 작업 시 2,000N의 화물을 걸어 25m/sec² 가속도로 감아올릴 때 로프에 걸리는 총 하중은 약 몇 kN인가? (단, 중력가속도는 9.81m/sec²이다.)

① 3.1 　　② 5.1
③ 7.1 　　④ 9.1

> ▼
> 본로프에 걸리는 하중 = 정하중 + 동하중
> = 정하중 + (정하중 × 상승가속도/중력가속도)
> = 2,000N + (2,000N × 25/9.81)
> ≒ 7,100N = 7.1kN
> 출제개념 총 하중 계산

23 크레인에서 훅걸이용 와이어로프 등이 훅으로부터 벗겨지는 것을 방지하기 위해 사용하는 방호장치는?

① 덮개
② 권과방지장치
③ 비상정지장치
④ 해지장치

> ▼
> 해지장치는 훅걸이용 와이어로프 등이 훅으로부터 벗겨지는 것을 방지하기 위해 사용하는 방호장치이다.
> 출제개념 크레인의 훅걸이용 와이어로프, 훅해지장치

정답 **20** ③ **21** ② **22** ③ **23** ④

24 크레인 작업 시 조치사항 중 틀린 것은?

① 인양할 하물은 바닥에서 끌어당기거나, 밀어내는 작업을 하지 아니할 것

② 유류드럼이나 가스통 등의 위험물 용기는 보관함에 담아 안전하게 매달아 운반할 것

③ 고정된 물체는 직접 분리·제거하는 작업을 할 것

④ 근로자의 출입을 통제하여 하물이 작업자의 머리 위로 통과하지 않게 할 것

고정물체를 억지로 들어 올리면 낙하나 전도의 위험이 있으므로 고정된 물체를 직접 분리하거나 제거하는 작업을 해서는 안 된다.

출제개념 크레인 작업 시 안전수칙

25 산업안전보건법령상 크레인에서 권과방지장치의 달기구 윗면이 권상장치의 아랫면과 접촉할 우려가 있는 경우 최소 몇 m 이상 간격이 되도록 조정하여야 하는가?

① 0.1   ② 0.15

③ 0.25   ④ 0.3

권과방지장치의 달기구 윗면과 권상장치의 아랫면 사이의 간격은 0.25m 이상이 되도록 조정해야 한다.

출제개념 크레인의 방호장치, 권과방지장치, 권상장치

26 크레인의 방호장치 중 권과방지장치에 사용되는 것은?

① 완충장치

② 리미트스위치

③ 브레이크장치

④ 비상스위치

리미트스위치는 훅 블록이 권상 한계점에 도달했을 때 전원을 차단하여 더 이상 권상되지 않도록 하는 장치로 권과방지장치에 사용된다.

출제개념 크레인의 방호장치, 권과방지장치

27 산업안전보건법령상 크레인에서 정격하중에 대한 정의는?

① 부하할 수 있는 최대하중

② 부하할 수 있는 최대하중에서 달기기구의 중량에 상당하는 하중을 뺀 하중

③ 짐을 싣고 상승할 수 있는 최대하중

④ 가장 위험한 상태에서 부하할 수 있는 최대하중

정격하중은 부하할 수 있는 최대하중에서 달기기구의 중량에 상당하는 하중을 뺀 하중을 의미한다.

출제개념 정격하중의 정의

정답 24 ③ 25 ③ 26 ② 27 ②

기계·기구 및 설비 안전관리

3과목 이론 ▪ 기출

28 승강기의 안전장치가 아닌 것은?

① 과부하방지장치

② 이탈방지장치

③ 파이널 리미트스위치

④ 비상정지장치

▼

이탈방지장치는 컨베이어의 방호장치에 해당한다.

출제개념 승강기의 안전장치

29 유압식 승강기에서 유압파워 유닛, 냉각장치 및 제어반은 기둥 및 벽에서 얼마 이상 떨어져야 하는가?

① 30cm　　② 40cm

③ 50cm　　④ 60cm

▼

유압식 승강기에서 유압파워 유닛, 냉각장치 및 제어반은 기둥 및 벽에서 50cm 이상 떨어져 있어야 한다.

출제개념 유압식 승강기의 안전수칙

30 산업안전보건법령상 리프트의 종류로 틀린 것은?

① 건설작업용 리프트

② 자동차정비용 리프트

③ 이삿짐운반용 리프트

④ 간이 리프트

▼

간이 리프트는 리프트에 포함되지 않으며, 이삿짐운반용 리프트의 경우 적재하중이 0.1톤 이상인 것으로 한정된다.

출제개념 리프트의 종류

31 호이스트 사용 시에 안전수칙으로 맞지 않는 것은?

① 짐을 매단 채 방치하지 않는다.

② 규격 이상의 하중을 걸지 않는다.

③ 주행 시는 사람이 짐에 타서 운전한다.

④ 짐의 무게 중심의 바로 위에서 달아 올린다.

▼

호이스트 운전 시에는 사람이 짐에 올라타서 운전하는 것은 금지되어 있다.

출제개념 호이스트 운전 시 안전수칙

정답 **28** ② **29** ③ **30** ④ **31** ③

✔ 회독 ☐☐☐

32 와이어로프 구성기호 '6×19'의 표기에서 '6'의 의미는?

① 소선의 직경(mm)
② 소선 수
③ 스트랜드 수
④ 로프의 인장강도

▼

'6'은 스트랜드의 수, '19'는 소선의 수를 의미한다.

출제개념 와이어로프 표기

✔ 회독 ☐☐☐

33 양중기에 사용 가능한 섬유로프에 해당하는 조건으로 맞는 것은?

① 꼬임이 끊어진 것
② 심하게 손상되거나 부식된 것
③ 섬유로프를 2개 연결한 것
④ 작업높이보다 길이가 긴 것

▼

섬유로프의 사용 제한 조건은 다음과 같다.
• 꼬임이 끊어진 것
• 심하게 손상되거나 부식된 것
• 2개 이상의 작업용 섬유로프 또는 섬유벨트를 연결한 것
• 작업높이보다 길이가 짧은 것

출제개념 부적격한 섬유로프의 기준

✔ 회독 ☐☐☐

34 산업안전보건법령상 연삭숫돌의 시운전에 관한 설명으로 옳은 것은?

① 연삭숫돌의 교체 시에는 바로 사용할 수 있다.
② 연삭숫돌의 교체 시 1분 이상 시운전을 하여야 한다.
③ 연삭숫돌의 교체 시 2분 이상 시운전을 하여야 한다.
④ 연삭숫돌의 교체 시 3분 이상 시운전을 하여야 한다.

▼

연삭숫돌은 작업시작 전에는 1분, 숫돌을 교체한 경우에는 3분 이상 시운전을 실시해야 한다.

출제개념 연삭숫돌의 시운전

✔ 회독 ☐☐☐

35 산업안전보건법령상 연삭숫돌의 상부를 사용하는 것을 목적으로 하는 탁상용 연삭기 덮개의 노출각도는?

① 60° 이내   ② 65° 이내
③ 80° 이내   ④ 125° 이내

▼

연삭숫돌의 상부를 사용하는 것을 목적으로 하는 탁상용 연삭기의 덮개 노출각도는 60° 이내여야 한다.

출제개념 연삭숫돌 덮개의 노출각도

정답 32 ③ 33 ④ 34 ④ 35 ①

36 평면연삭기의 연삭작업에서 덮개의 노출각도에 적합한 것은?

① 135° 이내

② 140° 이내

③ 145° 이내

④ 150° 이내

> 평면연삭기의 덮개 노출각도는 150° 이내가 적합하다.
>
> 출제개념 **평면연삭기 덮개의 노출각도**

37 다음 중 연삭기 덮개의 각도에 관한 설명으로 틀린 것은?

① 평면연삭기, 절단연삭기 덮개의 최대노출각도는 150° 이내이다.

② 스윙연삭기, 슬라브연삭기 덮개의 최대노출각도는 180° 이내이다.

③ 연삭숫돌의 상부를 사용하는 것을 목적으로 하는 탁상용 연삭기 덮개의 최대노출각도는 60° 이내이다.

④ 일반연삭작업 등에 사용하는 것을 목적으로 하는 탁상용 연삭기 덮개의 최대노출각도는 180° 이내이다.

> 일반연삭작업 등에 사용하는 것을 목적으로 하는 탁상용 연삭기 덮개의 최대노출각도는 125° 이내이다.
>
> 출제개념 **연삭기 덮개의 각도**

38 다음 중 물림점(Nip Point)을 가진 기계는?

① 롤분쇄기

② 밀링머신

③ 연삭기

④ 띠톱

> 물림점은 두 개의 회전체가 맞물릴 때 형성되는 위험점으로 주로 롤러기에서 발생한다.
>
> 출제개념 **물림점 발생 기계**

39 숫돌의 지름을 D(mm), 회전수 N(rpm)이라 할 경우 숫돌의 원주속도 V(m/min)을 구하는 식으로 옳은 것은?

① $V(m/min) = DN$

② $V(m/min) = \pi DN$

③ $V(m/min) = DN/1000$

④ $V(m/min) = \pi DN/1000$

> 숫돌 지름의 단위가 mm이므로,
> $V(m/min) = \pi DN/1000$
>
> 출제개념 **원주속도 공식**

40 연삭숫돌의 지름이 30cm이고 회전수가 500rpm일 때의 원주속도(m/분)는? (단, π 는 3.14)

① 471 ② 489

③ 495 ④ 498

> 원주속도$(V) = \pi DN$
> $= 3.14 \times 0.3m \times 500rpm$
> $= 471m/min$
>
> 출제개념 **원주속도 계산**

정답 36 ④ 37 ④ 38 ① 39 ④ 40 ①

41 500rpm으로 회전하는 연삭기의 숫돌 지름이 200mm일 때 원주속도(m/min)는?

① 628 ② 62.8
③ 3.4 ④ 31.4

▼

원주속도(V) = πDN
= 3.14 × 0.2m × 500rpm
= 314m/min

출제개념 원주속도 계산

42 400rpm으로 회전하는 연삭숫돌의 지름이 300mm라면 원주속도는 약 몇 m/min인가?

① 188.4 ② 377.0
③ 523.9 ④ 718.3

▼

원주속도 (V) = πDN
= 3.14 × 0.3m × 400rpm
≒ 377.0m/min

출제개념 원주속도 계산

43 탁상용 연삭기에서 연삭숫돌과 작업 받침대의 간격으로 적절한 것은?

① 1~3mm ② 3~5mm
③ 5~8mm ④ 10mm 이상

▼

연삭숫돌과 작업받침대의 간격은 3mm 이하로 유지해야 한다.

출제개념 탁상용 연삭기, 연삭숫돌과 작업받침대의 간격

44 탁상용 연삭기에서 일반적으로 플랜지의 지름은 숫돌 지름의 얼마 이상이 적정한가?

① 1/2 ② 1/3
③ 1/5 ④ 1/10

▼

탁상용 연삭기에서 플랜지의 지름은 숫돌 지름의 1/3 이상이어야 적정하다.

출제개념 플랜지의 크기

45 연삭용 숫돌의 3요소가 아닌 것은?

① 조직
② 입자
③ 결합제
④ 기공

▼

연삭숫돌의 3요소는 입자, 결합제, 기공이다.

출제개념 연삭용 숫돌의 3요소

정답 41 ③ 42 ② 43 ① 44 ② 45 ①

46 숫돌이 파열되는 경우가 제일 많은 것은?

① 스위치를 넣는 순간
② 스위치를 끄는 순간
③ 정전이 되는 순간
④ 드레싱을 하는 순간

▼
숫돌은 스위치를 넣고 회전하기 시작하는 순간 정지 상태에서 급격히 가속되면서 불균형이나 미세 균열 부위에 응력이 집중되어 파열이 가장 많이 발생한다.

출제개념 숫돌의 파괴원인

47 연삭숫돌의 파괴원인이 아닌 것은?

① 숫돌 작업 시 측면 사용이 원인이 된다.
② 숫돌 작업 시 드레싱을 실시했을 때 원인이 된다.
③ 숫돌의 회전속도가 너무 빠를 때 원인이 된다.
④ 숫돌의 회전중심이 잡히지 않았거나 베어링의 마모에 의한 진동이 원인이 된다.

▼
숫돌의 드레싱은 연삭 가공 시 무뎌지거나 막힌 숫돌의 표면을 정비하여 원래의 연삭 능력을 회복시키는 작업으로 파괴원인이 아닌 작업능률을 높이기 위한 작업에 해당한다.

출제개념 숫돌의 파괴원인

48 다음 중 연삭기의 종류가 아닌 것은?

① 다두연삭기
② 원통연삭기
③ 센터리스연삭기
④ 만능연삭기

▼
다두연삭기는 연삭기 종류에 포함되지 않는다.

출제개념 연삭기의 종류

49 연삭기 또는 평삭기 테이블 등의 행정 끝에 설치하여야 할 방호장치는?

① 반발예방장치
② 덮개 또는 울
③ 과부하방지장치
④ 브레이크장치

▼
연삭기 또는 평삭기의 테이블은 왕복운동을 하면서 행정 끝에서 고정부와 협착 위험이 발생하므로 이를 방지하기 위해 행정 끝에 덮개 또는 울을 설치해야 한다.

출제개념 연삭기의 방호장치

정답 46 ① 47 ② 48 ① 49 ②

50 자율안전확인 연삭기 덮개에 추가로 표시하여야 하는 것으로 옳은 것은?

① 숫돌의 회전속도
② 숫돌의 밀도
③ 숫돌 사용 보조속도
④ 숫돌의 회전방향

▼

자율안전확인 연삭기 덮개에는 자율안전확인 표시 외에 숫돌 사용 주속도와 숫돌의 회전방향을 추가로 표시해야 한다.

출제개념 자율안전확인 연삭기 덮개 표시사항

51 연삭기의 방호장치에 해당하는 것은?

① 주수장치
② 덮개장치
③ 제동장치
④ 소화장치

▼

연삭기는 숫돌이 고속으로 회전하여 날 접촉, 파편 비산, 다손 위험이 크므로, 반드시 덮개장치를 설치해 작업자가 숫돌과 직접 접촉하지 않도록 해야 한다.

출제거념 연삭기의 방호장치

52 다음 중 보일러의 폭발사고 예방을 위한 장치에 해당하지 않는 것은?

① 압력발생기
② 압력제한스위치
③ 압력방출장치
④ 고저수위 조절장치

▼

보일러의 폭발사고를 예방하기 위한 장치는 다음과 같다.
• 압력제한스위치
• 압력방출장치
• 고저수위 조절장치
• 화염 검출기

출제개념 보일러 폭발사고 예방장치

53 보일러의 연도(굴뚝)에서 버려지는 여열을 이용하여 보일러에 공급되는 급수를 예열하는 부속장치는?

① 과열기
② 절탄기
③ 공기예열기
④ 연소장치

▼

절탄기는 보일러에서 연소 후 배출되는 뜨거운 배기가스의 열을 이용하여 보일러에 공급되는 급수를 가열하는 장치이다.

출제개념 보일러의 예열 부속장치

정답 **50** ④ **51** ② **52** ① **53** ②

54 다음 (　　) 안에 들어갈 말로 옳은 것은?

> 사업주는 보일러의 과열을 방지하기 위하여 최고사용압력과 상용압력 사이에서 보일러의 버너 연소를 차단할 수 있도록 (　　)를 부착하여 사용하여야 한다.

① 고저수위 조절장치
② 압력방출장치
③ 압력제한스위치
④ 비상정지장치

> 사업주는 보일러의 과열을 방지하기 위하여 최고사용압력과 상용압력 사이에서 보일러의 버너 연소를 차단할 수 있도록 압력제한스위치를 부착하여 사용하여야 한다.
>
> 출제개념 보일러의 압력제한스위치

55 보일러에서 압력제한스위치의 역할은?

① 최고사용압력과 상용압력 사이에서 보일러의 버너 연소를 차단
② 최고사용압력과 상용압력 사이에서 급수펌프 작동을 제한
③ 최고사용압력 도달 시 과열된 공기를 대기에 방출하여 압력 조절
④ 위험압력 시 버너·급수펌프 및 고저수위 조절장치를 통제하여 일정압력 유지

> 압력제한스위치는 보일러가 설정압력을 넘기지 않도록 보일러의 버너 연소를 차단하는 역할을 한다.
>
> 출제개념 보일러의 압력제한스위치

56 보일러의 압력방출장치가 2개 이상 설치된 경우, 최고사용압력 이하에서 1개가 작동되고, 남은 1개의 작동압력은?

① 최고사용압력의 1.05배 이하
② 최고사용압력의 1.1배 이하
③ 최고사용압력의 1.25배 이하
④ 최고사용압력의 1.5배 이하

> 압력방출장치가 2개 이상 설치된 경우에는 최고사용압력 이하에서 1개가 작동되고, 남은 압력방출장치는 최고사용압력의 1.05배 이하에서 작동한다.
>
> 출제개념 보일러의 압력방출장치

57 다음 중 원통 보일러의 종류가 아닌 것은?

① 입형 보일러
② 노통 보일러
③ 연관 보일러
④ 관류 보일러

> 원통 보일러는 크게 설치방향에 따라 입형 보일러와 횡형 보일러로 나눌 수 있으며, 내부 구조에 따라 노통 보일러, 연관 보일러, 노통연관 보일러로 구분된다.
>
> 출제개념 원통 보일러의 종류

정답 54 ③ 55 ① 56 ① 57 ④

58 보일러의 부식원인 중 거리가 가장 먼 것은?

① 급수에 해로운 불순물이 혼입되었을 때
② 불순물을 사용하여 수관이 부식되었을 때
③ 정수처리를 하지 않은 물을 사용할 때
④ 증기 발생이 과다할 때

> 보일러의 부식은 주로 보일러수에 함유된 불순물이나 정수처리 불량에 의해 발생하며, 증기 발생이 과다한 경우는 부식 원인과는 거리가 멀다.
>
> **출제개념** 보일러의 부식원인

59 보일러가 최고사용압력 이하에서 파열되는 원인으로서 가장 적합한 것은?

① 수관의 청소 불량
② 방호장치의 작동 불량
③ 방호장치 미부착
④ 구조상의 결점

> 보일러는 최고사용압력 이하에서 파열되는 경우는 압력이 과하지 않음에도 발생하는 것이므로 구조의 근본적인 문제인 설계과정에서의 문제가 주요 원인이다.
>
> **출제개념** 보일러의 파열원인

60 보일러에서 스케일(Scale)의 악영향으로 가장 적합한 것은?

① 국부과열
② 비수작용
③ 물망치 작용
④ 파이프 누설

> 스케일이 보일러 관 벽에 달라붙어 열전달을 방해하게 되면, 금속 벽에 열이 쌓여 온도가 상승하고, 결국 국부과열이 발생한다.
>
> **출제개념** 보일러의 스케일

61 다음 중 보일러 발생증기의 이상현상이 아닌 것은?

① 캐리오버(Carry Over)
② 프라이밍(Priming)
③ 포밍(Foaming)
④ 비등(Boiling)

> 비등은 물을 가열했을 때 증기가 발생하는 정상적인 증기발생 현상이다. 보일러에서 발생할 수 있는 이상현상은 다음과 같다.
> • 포밍(=물거품솟음)
> • 프라이밍(=비수 현상)
> • 캐리오버(=기수 공발)
> • 워터 해머(=수격작용)
>
> **출제개념** 보일러의 이상현상

기계·기구 및 설비 안전관리 ☐ 이론 ▮ 기출

62 보일러수에 유지류, 고형물 등에 의한 거품이 생겨 수위를 판단하지 못하는 현상은?

① 역화
② 포밍
③ 프라이밍
④ 캐리오버

> 보일러수에 기름, 고형물, 부유물이 섞이면 수면에 거품이 솟아올라 수위를 정확히 판단하기 어렵게 되는데, 이를 포밍이라 하며 물거품솟음이라고도 한다.
>
> 출제개념 보일러의 이상현상

63 목재가공용 기계에 설치해야 하는 분할날의 두께에 관한 설명으로 옳은 것은?

① 톱날두께의 1.1배 이상이고, 톱날의 치진 폭보다 커야 한다.
② 톱날두께의 1.1배 이상이고, 톱날의 치진 폭보다 작아야 한다.
③ 톱날두께의 1.1배 이내이고, 톱날의 치진 폭보다 커야 한다.
④ 톱날두께의 1.1배 이내이고, 톱날의 치진 폭보다 작아야 한다.

> 분할날의 두께는 톱날두께의 1.1배 이상이고, 톱날의 치진폭 이하로 설치해야 한다. 이 외에 톱날로부터 12mm 이내에 설치해야 하며, 길이는 톱날 후면날의 2/3 이상이 되어야 한다.
>
> 출제개념 분할날의 설치기준

64 톱의 뒷날 바로 가까이에 설치되고 절삭된 가공재의 홈 사이로 들어가면서 가공재의 모든 두께에 걸쳐 쐐기 작용을 하여 가공재가 톱 자체를 조이지 않게 하는 안전장치는?

① 분할날
② 반발방지장치
③ 날접촉 예방장치
④ 가동식 접촉예방장치

> 분할날은 톱날 바로 뒤에 설치되어 절삭된 가공재의 홈으로 들어가 쐐기처럼 작용함으로써 가공재가 톱을 조이지 않도록 막아주는 안전장치이다.
>
> 출제개념 목재가공용 기계의 안전장치, 분할날

65 대패기계용 덮개의 시험방법에서 날접촉 예방장치인 덮개와 송급 테이블 면과의 간격기준은 몇 mm 이하여야 하는가?

① 3   ② 5
③ 8   ④ 12

> 동력식 수동대패기계에서 덮개와 송급 테이블 면 사이의 간격은 8mm 이하여야 한다.
>
> 출제개념 대패기계용 덮개와 테이블 면의 간격기준

정답 62 ② 63 ② 64 ① 65 ③

66 목재가공용 기계에서 모떼기 기계의 방호장치는?

① 반칼예방장치
② 날접촉 예방장치
③ 급정지장치
④ 이칼방지장치

▼
모떼기 기계는 날접촉 예방장치를 사용해야 한다.

출제개념 모떼기 기계의 방호장치

67 다음 목재가공용 기계에 사용되는 방호장치의 연결이 옳지 않은 것은?

① 둥근톱기계: 톱날접촉예방장치
② 띠톱기계: 날접촉예방장치
③ 모떼기기계: 날접촉예방장치
④ 동력식 수동대패기계: 반발예방장치

▼
반발예방장치는 둥근톱기계에 사용되는 방호장치이다.

출제개념 목재가공용 기계의 방호장치

68 선반 작업 시 사용되는 방호장치는?

① 풀 아웃(Pull Out)
② 게이트가드(Gate Guard)
③ 스위프가드(Sweep Guard)
④ 실드(Shield)

▼
선반 작업 시 발생할 수 있는 위험으로부터 근로자를 보호하기 위해 실드(덮개)를 설치한다.

출제개념 선반의 방호장치

69 다음 중 선반의 방호장치로 볼 수 없는 것은?

① 실드(Shield)
② 슬라이딩(Sliding)
③ 척커버(Chuck Cover)
④ 칩 브레이커(Chip Breaker)

▼
선반의 방호장치에는 실드(Shield), 척커버(Chuck Cover), 칩 브레이커(Chip Breaker) 등이 포함된다.

출제개념 선반의 방호장치

70 선반 등으로부터 돌출하여 회전하고 있는 가공물이 근로자에게 위험을 미칠 우려가 있는 경우 설치할 방호장치로 가장 적합한 것은?

① 덮개 또는 울
② 슬리브
③ 건널다리
④ 체인블록

▼
돌출하여 회전하고 있는 가공물이 근로자에게 위험을 미칠 우려가 있는 경우에 덮개 또는 울을 설치해야 한다.

출제개념 선반의 방호조치

정답   66 ②   67 ④   68 ④   69 ②   70 ①

✔ 회독 ☐☐☐

71 선반의 안전작업 방법 중 틀린 것은?

① 절삭칩의 제거는 반드시 브러시를 사용할 것
② 기계운전 중에는 백기어(Back Gear)의 사용을 금할 것
③ 공작물의 길이가 직경의 6배 이상일 때는 반드시 방진구를 사용할 것
④ 시동 전에 척 핸들을 빼둘 것

> 공작물의 길이가 직경의 12배 이상일 경우에는 반드시 방진구를 사용해야 한다.
>
> 출제개념 선반 작업 시 안전수칙

✔ 회독 ☐☐☐

72 직경 30mm인 연강을 선반에서 절삭할 때 스핀들 회전수는? (단, 절삭속도는 20m/min이다.)

① 132rpm
② 212rpm
③ 360rpm
④ 418rpm

> 절삭속도(V) = πDN
>
> 회전수(N) = $\dfrac{V}{\pi D}$ = $\dfrac{20\text{m/min}}{3.14 \times 0.03\text{m}}$ ≒ 212rpm
>
> 출제개념 회전수 계산

✔ 회독 ☐☐☐

73 선반의 안전장치가 아닌 것은?

① 칩 브레이커
② 급브레이크
③ 칩비산방지 투명판
④ 안전블록

> 안전블록은 프레스 작업에서 중량물을 지지하기 위해서 사용하는 장치이다.
>
> 출제개념 선반의 방호장치

✔ 회독 ☐☐☐

74 선반 작업에 대한 안전수칙으로 틀린 것은?

① 척 렌치는 반드시 척에 끼워둔다.
② 베드상에 공구를 올려놓지 말아야 한다.
③ 바이트는 가급적 짧게 장치한다.
④ 작업 시 기계 점검을 한 후 작업한다.

> 척 렌치는 사용 후에 반드시 척에서 분리하여 보관해야 한다.
>
> 출제개념 선반 작업 시 안전수칙

정답 **71** ③ **72** ② **73** ④ **74** ①

75 선반에서 절삭 중 칩을 자동적으로 끊어주는 바이트에 설치된 안전장치는?

① 커버　　　　② 방진구
③ 보안경　　　④ 칩 브레이커

▼
칩 브레이커는 칩을 짧게 절단할 수 있도록 공구에 설치되어 있는 방호장치이다.

출제개념 선반의 방호장치

76 선반에서 칩 브레이커(Chip Breaker)는 어느 목적으로 이용되는 것인가?

① 취성금속을 밀링가공할 때 커터 윗면에 파서 칩을 유도하기 위한 홈
② 강을 선삭할 때 바이트 윗면에 연속칩을 자르기 위하여 만든 홈
③ 주철을 절삭하는 세이퍼 윗면에 붙여 칩을 짧게 끊기 위한 것
④ 공구 윗면의 마멸을 감소시키고 공구의 수명을 길게 하기 위한 장치

▼
선반에서 칩 브레이커는 바이트 윗면에 만든 홈으로 강과 같은 연성재를 절삭할 때 발생하는 연속칩을 짧게 끊어내도록 유도한다.

출제개념 선반의 방호장치, 칩 브레이커

77 다음 중 선반 작업 시 지켜야 할 안전수칙으로 거리가 먼 것은?

① 작업 중 절삭칩이 눈에 들어가지 않도록 보안경을 착용한다.
② 공작물 세팅에 필요한 공구는 세팅이 끝난 후 바로 제거한다.
③ 상의의 옷자락은 안으로 넣고, 끈을 이용하여 소맷자락을 묶어 작업을 준비한다.
④ 공작물은 전원스위치를 끄고 바이트를 충분히 멀리 위치시킨 후 고정한다.

▼
상의의 옷자락은 안으로 넣고 소맷자락을 묶을 때는 끈을 사용해서는 안 된다.

출제개념 선반 작업 시 안전수칙

78 선반 작업에서 가공물의 길이가 외경에 비하여 과도하게 길 때, 절삭저항에 의한 떨림을 방지하기 위한 장치는?

① 센터　　　　② 심봉
③ 방진구　　　④ 돌리개

▼
일감의 길이가 지름에 비하여 12배 이상인 경우에는 절삭저항에 의한 떨림을 방지하기 위해 방진구를 사용한다.

출제개념 선반의 방호장치

정답 75 ④ 76 ② 77 ③ 78 ③

25년 2회 24년 1회 23년 2회 23년 1회 21년 2회   ✓ 회독 ☐☐☐

79 아세틸렌 용접장치를 사용하여 금속의 용접·용단 또는 가열작업 시 게이지 압력은 얼마를 초과하여 아세틸렌을 발생시켜 사용해서는 안 되는가?

① 127kPa   ② 147kPa
③ 196kPa   ④ 206kPa

> 아세틸렌 용접장치를 사용하여 금속의 용접·용단 또는 가열작업을 하는 경우에는 게이지 압력이 127kPa을 초과하는 아세틸렌을 발생시켜 사용해서는 안 된다.
>
> 출제개념 아세틸렌 용접장치의 게이지 압력

23년 1회 21년 3회   ✓ 회독 ☐☐☐

80 「산업안전기준에 관한 규칙」에 따르면 가스집합 용접장치의 배관 시에 있어서 하나의 취관에 대하여 설치해야 할 안전기는 최소 몇 개 이상인가?

① 1개   ② 2개
③ 3개   ④ 5개

> 가스집합 용접장치의 배관 시 하나의 취관에는 2개 이상의 안전기를 설치해야 한다.
>
> 출제개념 가스집합장치의 안전기

22년 1회   ✓ 회독 ☐☐☐

81 가스용접에서 역화의 원인으로 볼 수 없는 것은?

① 토치 성능이 부실한 경우
② 취관이 작업 소재에 너무 가까이 있는 경우
③ 산소 공급량이 부족한 경우
④ 토치 팁에 이물질이 묻은 경우

> 산소 공급량이 과도한 경우에는 역화가 발생할 수 있지만, 산소 공급량이 부족한 경우에는 불완전 연소만 일어나므로 역화의 원인이 되지 않는다.
>
> 출제개념 가스용접 역화의 원인

22년 2회   ✓ 회독 ☐☐☐

82 산업안전보건법령상 금속의 용접·용단에 사용하는 가스용기를 취급할 때 유의사항으로 틀린 것은?

① 밸브의 개폐는 서서히 할 것
② 운반하는 경우에는 캡을 벗길 것
③ 용기의 온도는 40℃ 이하로 유지할 것
④ 통풍이나 환기가 불충분한 장소에는 설치하지 말 것

> 운반 시에는 반드시 캡을 씌워 밸브의 손상을 방지해야 한다.
>
> 출제개념 가스용기 취급 시 유의사항

정답 **79** ① **80** ② **81** ③ **82** ②

83 아세틸렌 또는 가스집합 용접장치에 설치하는 역화방지기의 성능시험의 종류로 옳지 않은 것은?

① 내압시험
② 내구성시험
③ 역류방지시험
④ 가스압력손실시험

▼

역화방지기의 성능시험에는 내압시험, 기밀시험, 역류방지시험, 역화방지시험, 가스압력손실시험이 포함된다.

출제개념 역화방지기 성능시험

84 피복 아크용접 작업 시 생기는 결함에 대한 설명 중 틀린 것은?

① 스패터(Spatter): 용융된 금속의 작은 입자가 튀어나와 모재에 묻어있는 것
② 언더컷(Under Cut): 전류가 과대하거나 용접속도가 너무 빠르며, 아크를 짧게 유지하기 어려운 경우 모재 및 용접부의 일부가 녹아서 발생하는 홈 또는 오목하게 생긴 부분
③ 크레이터(Crater): 용착금속 속에 남아있는 가스로 인하여 생긴 구멍
④ 오버랩(Overlap): 용접봉의 운행이 불량하거나 용접봉의 용융 온도가 모재보다 낮을 때 과잉 용착금속이 남아있는 부분

▼

크레이터(Crater)는 용접 비드의 끝부분에 생기는 작은 구멍 또는 패인 부분이며, 용착금속 속에 남아있는 가스로 인하여 생긴 구멍은 기공이다.

출제개념 피복 아크용접 작업 시 생기는 결함

85 가스용접 작업의 안전수칙 중 틀린 것은?

① 용접하기 전에 반드시 소화기, 소화수의 위치를 확인한다.
② 적절한 보안경을 착용한다.
③ 아세틸렌의 사용압력은 0.1MPa 이하로 한다.
④ 작업 후에는 아세틸렌 밸브를 먼저 닫고 산소 밸브를 닫는다.

▼

작업 후에는 산소 밸브를 먼저 닫고 아세틸렌 밸브를 닫는다.

출제개념 가스용접 작업 시 안전수칙

86 아세틸렌 용접장치의 안전기준과 관련하여 다음 빈칸에 들어갈 용어로 옳은 것은?

> 사업주는 가스용기가 발생기와 분리되어 있는 아세틸렌 용접장치에 대하여는 발생기와 가스용기 사이에 (   )을(를) 설치하여야 한다.

① 격납실
② 안전기
③ 안전밸브
④ 소화설비

▼

사업주는 가스용기가 발생기와 분리되어 있는 아세틸렌 용접장치에 대하여는 발생기와 가스용기 사이에 안전기를 설치하여야 한다.

출제개념 아세틸렌 용접장치의 안전기 설치기준

정답 83 ② 84 ③ 85 ④ 86 ②

기계·기구 및 설비 안전관리 | **3과목** 이론 | 기출

87 가스용접 작업 시 충전가스 용기 색깔 중에서 틀린 것은?

① 프로판가스 용기: 회색
② 아르곤가스 용기: 회색
③ 산소가스 용기: 녹색
④ 아세틸렌가스 용기: 백색

▼
아세틸렌가스 용기는 황색으로 표시한다.

출제개념 충전가스 용기의 색상

---

88 가스집합장치의 위험방지를 위하여 사업주는 화기를 사용하는 설비로부터 몇 m 이상 떨어진 장소에 가스집합장치를 설치하여야 하는가?

① 20   ② 10
③ 7   ④ 5

▼
가스집합장치는 화기를 사용하는 설비로부터 5m 이상 떨어진 장소에 설치해야 한다.

출제개념 가스집합 용접장치의 설치기준

---

89 산소-아세틸렌가스 용접에서 산소 용기의 취급 시 주의사항으로 틀린 것은?

① 산소 용기의 운반 시 밸브를 닫고 캡을 씌워서 이동할 것
② 기름이 묻은 손이나 장갑을 끼고 취급하지 말 것
③ 원활한 산소 공급을 위하여 산소 용기는 눕혀서 사용할 것
④ 통풍이 잘 되고 직사광선이 없는 곳에 보관할 것

▼
산소 용기는 항상 세워서 사용해야 한다.

출제개념 산소 용기 취급 시 주의사항

---

90 산업안전보건법령에 따라 아세틸렌 발생기실에 설치해야 할 배기통은 얼마 이상의 단면적을 가져야 하는가?

① 바닥면적의 1/16
② 바닥면적의 1/20
③ 바닥면적의 1/24
④ 바닥면적의 1/30

▼
아세틸렌 발생기실에 설치하는 배기통의 단면적은 바닥면적의 1/16 이상이어야 하며, 옥상으로 돌출시키고 개구부는 창이나 출입구로부터 1.5m 이상 떨어지도록 설치해야 한다.

출제개념 아세틸렌 발생기실의 배기통 설치기준

정답 **87** ④ **88** ④ **89** ③ **90** ①

✓ 회독 ☐☐☐

91 가스용접장치에서 가스의 역류와 역화를 방지하는 방호장치는?

① 토치 ② 가스발생기
③ 압력조정기 ④ 건식안전기

▼

가스용접장치에서 발생할 수 있는 가스의 역류와 역화를 방지하는 방호장치는 안전기이다. 안전기는 설치 조건에 따라 습식안전기와 건식안전기로 구분되며, 일반적으로 장치에 부착되어 역류와 역화를 동시에 차단하는 것은 건식안전기이다.

출제개념 가스용접장치의 방호장치

✓ 회독 ☐☐☐

92 다음 중 아세틸렌 용접장치에 관한 설명으로 옳은 것은?

① 아세틸렌 용접장치의 안전기는 취관마다 설치하여야 한다.
② 아세틸렌 전용 발생기실은 건물의 지하에 위치하여야 한다.
③ 아세틸렌 전용의 발생기실은 화기를 사용하는 설비로부터 1.5m를 초과하는 장소에 설치하여야 한다.
④ 아세틸렌 용접장치를 사용하여 금속의 용접·용단하는 경우에는 게이지 압력이 250 kPa을 초과하는 압력의 아세틸렌을 발생시켜서는 아니된다.

▼

아세틸렌 용접장치의 안전기는 취관마다 설치하여야 한다. 이외 아세틸렌 용접장치의 특징은 다음과 같다.
• 아세틸렌 전용 발생기실은 건물의 최상층에 위치하여야 한다.
• 아세틸렌 전용의 발생기실은 화기를 사용하는 설비로부터 3m를 초과하는 장소에 설치하여야 한다.
• 아세틸렌 용접장치를 사용하여 금속의 용접·용단하는 경우에는 게이지 압력이 127kPa을 초과하는 압력의 아세틸렌을 발생시켜서는 아니된다.

출제개념 아세틸렌 용접장치의 특징

✓ 회독 ☐☐☐

93 산업용 로봇의 동작 형태별 분류에 해당하지 않는 것은?

① 관절 로봇
② 극좌표 로봇
③ 수치제어 로봇
④ 원통좌표 로봇

▼

산업용 로봇의 동작 형태별 분류에는 직교좌표형, 원통좌표형, 극좌표형, 수직다관절형, 수평다관절형, 평행링크 구조형 로봇이 있다.

출제개념 산업용 로봇의 동작 형태별 분류

✓ 회독 ☐☐☐

94 기계의 동작상태가 설정한 순서, 조건에 따라 진행되어 한 가지 상태의 종료가 끝난 다음 상태를 생성하는 제어 시스템을 가진 로봇은?

① 시퀀스 로봇
② 플레이백 로봇
③ 수치제어 로봇
④ 학습제어 로봇

▼

시퀀스 로봇은 설정한 순서와 조건에 따라 진행되어 한 가지 상태의 종료가 끝난 다음 상태를 생성하는 제어 시스템을 가진 로봇이다.

출제개념 산업용 로봇의 종류

정답 91 ④ 92 ① 93 ③ 94 ①

기계·기구 및 설비 안전관리

3과목 ☐ 이론 ☐ 기출

95 산업용 로봇에서 근로자에게 발생할 수 있는 부상 등의 위험을 방지하기 위하여 방책을 세우고자 할 때 일반적으로 높이는 몇 m 이상으로 해야 하는가?

① 1.8m
② 2.1m
③ 2.4m
④ 2.7m

> 산업용 로봇의 작업 구역에서 근로자의 부상 위험을 예방하기 위해서는 높이 1.8m 이상의 울타리를 설치하여야 한다.
>
> 출제개념 산업용 로봇 작업 시 위험방지

96 산업용 로봇에 사용되는 안전매트에 요구되는 일반구조 및 표시에 관한 설명으로 옳지 않은 것은?

① 단선경보장치가 부착되어 있어야 한다.
② 감응시간을 조절하는 장치는 부착되어 있지 않아야 한다.
③ 자율안전확인의 표시 외에 작동하중, 감응시간, 복귀신호의 자동 또는 수동 여부, 대소인공용 여부를 추가로 표시해야 한다.
④ 감응도 조절장치가 있는 경우 봉인되어 있지 않아야 한다.

> 감응도 조절장치는 원칙적으로 부착하지 않아야 하며, 부착된 경우에는 임의로 조작할 수 없도록 반드시 봉인해야 한다.
>
> 출제개념 산업용 로봇 작업 시 위험방지

97 다음 중 드릴링 작업에서 반복적 위치에서의 작업과 대량생산 및 정밀도를 요구할 때 사용하는 고정장치로 가장 적합한 것은?

① 바이스(Vise)
② 지그(Jig)
③ 클램프(Clamp)
④ 렌치(Wrench)

> 지그(Jig)는 드릴링 작업에서 공작물을 일정한 위치에 정확하게 고정되도록 하고 대량생산 시 정밀도와 작업 효율을 높이기 위해 사용하는 고정장치이다.
>
> 출제개념 드릴 작업의 장치

98 많은 구멍을 뚫기 위한 다축 드릴링 머신에서 형판에 의해 드릴을 유도하며 공작물을 항상 형판에 의해 정확한 위치에 체결하도록 놓는 일감 고정방법으로 가장 적합한 것은?

① 바이스를 이용한다.
② 클램프를 이용한다.
③ 볼트·너트를 이용한다.
④ 지그(Jig)를 이용한다.

> 지그를 이용하면 공작물을 특정 위치에 고정하여 정밀하게 구멍을 뚫을 수 있다.
>
> 출제개념 드릴 작업 시 고정방법

정답 **95** ① **96** ④ **97** ② **98** ④

99 드릴 작업 시 올바른 작업 안전수칙이 아닌 것은?

① 구멍을 뚫을 때 관통된 것을 확인하기 위해 손으로 만져서는 안 된다.

② 드릴을 끼운 후에 척 렌치(Chuck Wrench)를 부착한 상태에서 드릴 작업을 한다.

③ 작업모를 착용하고 옷소매가 긴 작업복은 입지 않는다.

④ 보호안경을 쓰거나 안전덮개를 설치한다.

▼

드릴 작업 시에는 척 렌치를 반드시 제거하고 작업해야 한다.

출제개념 드릴 작업 시 안전수칙

---

100 드릴 작업 시 가공재를 고정하기 위한 방법으로 적합하지 않은 것은?

① 가공재가 길 때는 방진구를 이용한다.

② 가공재가 작을 때는 바이스로 고정한다.

③ 가공재가 크고 복잡할 때는 볼트와 고정구로 고정한다.

④ 대량생산과 정밀도가 요구될 때는 지그로 고정한다.

▼

방진구는 선반 작업에서 길이가 직경의 12배 이상인 가공물을 지지할 때 사용하는 장치로, 드릴 작업에는 사용하지 않는다.

출제개념 드릴 작업 시 고정방법

---

101 드릴의 직경이 6mm이고 회전수가 1,000rpm일 때의 절삭속도는?

① 6.3m/min

② 12.6m/min

③ 18.8m/min

④ 25.1m/min

▼

$$절삭속도(V) = \pi DN$$
$$= 3.14 \times 0.006m \times 1,000rpm$$
$$\fallingdotseq 18.8m/min$$

출제개념 드릴의 절삭속도 계산

---

102 드릴 작업의 안전대책과 거리가 먼 것은?

① 칩은 와이어 브러시로 제거한다.

② 구멍 끝 작업에서는 절삭압력을 주어서는 안 된다.

③ 칩에 의한 자상을 방지하기 위해 면장갑을 착용한다.

④ 바이스 등을 사용하여 작업 중 공작물의 유동을 방지한다.

▼

드릴 등 회전기계 작업에서는 면장갑이 말려들어 갈 위험이 있으므로 착용이 금지된다.

출제개념 드릴 작업의 안전수칙

정답 **99** ② **100** ① **101** ③ **102** ③

103 롤러기에 사용되는 급정지장치의 종류가 아닌 것은?

① 손조작식　　② 발조작식
③ 무릎조작식　④ 복부조작식

▼
롤러기의 급정지장치에는 손조작식, 복부조작식, 무릎 조작식이 있다.

출제개념 롤러기의 급정지장치 종류

---

104 롤러기의 급정지장치 중 복부조작식과 무릎조작식의 조작부 위치 기준은? (단, 밑면과 상대거리를 나타낸다.)

① 0.5~0.7m / 0.2~0.4m
② 0.8~1.1m / 0.4~0.6m
③ 0.8~1.1m / 0.6~0.8m
④ 1.1~1.4m / 0.8~1.0m

▼
복부조작식은 밑면으로부터 0.8~1.1m, 무릎조작식은 밑면으로부터 0.4~0.6m 범위에 설치해야 한다.

출제개념 롤러기의 급정지장치 설치기준

---

105 개구부에서 회전하는 롤러의 위험점까지 최단거리가 60mm일 때 개구부 간격은?

① 10mm　　② 12mm
③ 13mm　　④ 15mm

▼
비전동 롤러기의 가드 개구부 간격은 다음과 같이 계산한다.
X(위험점까지의 거리)=60mm
Y(개구부 간격)=6+0.15X=6+0.15×60
　　　　　　　　　=15mm

출제개념 롤러기 가드 개구부 간격 계산

---

106 롤러의 위험점 전방에 개구부 간격 16.5mm의 가드를 설치하고자 한다면, 개구부에서 위험점까지의 거리는 몇 mm 이상이어야 하는가? (단, 위험점이 전동체는 아니다.)

① 70　　② 80
③ 90　　④ 100

▼
개구부 간격(Y)=6+0.15X
16.5=6+0.15X
위험점까지의 거리(X)=(16.5−6)/0.15=70mm

출제개념 가드와 위험구역과의 이격거리 계산

정답　**103** ②　**104** ②　**105** ④　**106** ①

107 롤러의 러닝 닙 포인트의 전방 40mm 거리에 가드를 설치하고자 한다. 가드의 개구부 설치 간격은 얼마 정도로 하여야 하는가? (단, 국제노동기구 규정을 따른다.)

① 12mm ② 15mm
③ 18mm ④ 20mm

개구부 간격(Y)=6+0.15X
　　　　　　　=6+0.15×40mm=12mm

출제개념 롤러기 가드 개구부 간격 계산

108 롤러기의 급정지장치를 작동시켰을 경우에 무부하 운전 시 앞면 롤러의 표면속도가 30m/min 미만일 때의 급정지거리로 적합한 것은?

① 앞면 롤러 원주의 1/1.5 이내
② 앞면 롤러 원주의 1/2 이내
③ 앞면 롤러 원주의 1/2.5 이내
④ 앞면 롤러 원주의 1/3 이내

무부하 상태에서 표면속도가 30m/min 미만인 경우, 급정지거리는 앞면 롤러 원주의 1/3 이내여야 한다.

출제개념 표면속도와 급정지거리

109 롤러기의 급정지를 위한 방호장치를 설치하고자 한다. 앞면 롤러의 지름이 30cm이고, 회전수가 30rpm일 때 요구되는 급정지거리의 기준은?

① 급정지거리가 앞면 롤러의 원주의 1/3 이상일 것
② 급정지거리가 앞면 롤러의 원주의 1/3 이내일 것
③ 급정지거리가 앞면 롤러의 원주의 1/2.5 이상일 것
④ 급정지거리가 앞면 롤러의 원주의 1/2.5 이내일 것

원주속도(V)=πDN
　　　　　　=3.14×0.3m×30rpm
　　　　　　=28.26m/min
롤러의 원주속도가 30m/min 미만이므로 급정지거리는 롤러 원주의 1/3 이내여야 한다.

출제개념 롤러기의 원주속도 계산, 롤러기의 급정지거리

110 밀링 작업 시 안전수칙 중 잘못된 것은?

① 작업 시 보안경을 착용한다.
② 칩의 처리는 칩 브레이커로 한다.
③ 가공물의 치수는 기계 정지 후 확인한다.
④ 절삭속도는 재료에 따라 달리 적용한다.

칩은 칩받이를 사용해서 처리해야 하며, 칩 브레이커는 선반 작업에서 사용하는 장치이다.

출제개념 밀링 작업 시 안전수칙

정답 **107** ① **108** ④ **109** ② **110** ②

기계 · 기구 및 설비 안전관리

3과목 ☐이론 | ■기출

111 밀링 머신의 작업 시 안전수칙에 대한 설명으로 틀린 것은?

① 커터의 교환 시에는 테이블 위에 목재를 받쳐 놓는다.
② 강력 절삭 시에는 일감을 바이스에 깊게 물린다.
③ 작업 중 면장갑은 착용하지 않는다.
④ 커터는 가능한 컬럼(Column)으로부터 멀리 설치한다.

▼
커터는 가능한 컬럼(Column)과 가깝게 설치해야 한다.
출제개념 밀링 머신 작업 시 안전수칙

112 밀링 작업 시 안전상 옳지 않은 것은?

① 보안경을 착용한다.
② 칩 제거는 회전 중 청소용 솔로 한다.
③ 커터 설치 시에는 반드시 기계를 정지시킨다.
④ 일감은 테이블 또는 바이스에 안전하게 고정한다.

▼
칩 제거는 반드시 기계를 정지시킨 후 청소용 솔로 해야 한다.
출제개념 밀링 머신 작업 시 안전수칙

113 다음 중 컨베이어의 안전장치가 아닌 것은?

① 이탈 및 역주행 방지장치
② 비상정지장치
③ 덮개 또는 울
④ 비상난간

▼
컨베이어의 안전장치에는 이탈 및 역주행 방지장치, 비상정지장치, 덮개 또는 울, 건널다리가 포함된다.
출제개념 컨베이어의 방호장치

114 컨베이어에 부착시켜야 할 방호장치로서 적합하지 않은 것은?

① 비상정지장치
② 역전방지장치와 브레이크
③ 과부하방지장치
④ 덮개 또는 낙하방지용 울

▼
과부하방지장치는 양중기에 사용되는 방호장치이다.
출제개념 컨베이어의 방호장치

정답 111 ④ 112 ② 113 ④ 114 ③

115 다음 중 벨트 컨베이어의 특징에 해당되지 않는 것은?

① 무인화 작업이 가능하다.
② 연속적으로 물건을 운반할 수 있다.
③ 운반과 동시에 하역작업이 가능하다.
④ 경사각이 큰 경우에도 쉽게 물건을 운반할 수 있다.

▼

벨트 컨베이어는 경사가 심하면 물건이 떨어질 위험이 있어 큰 경사에서는 운반에 적합하지 않다.

출제개념 벨트 컨베이어의 특징

116 지게차의 전후안정도를 유지하기 위해서는 과적을 삼가야 하는데 전후의 무게중심은 어디에 두는 것이 가장 좋은가?

① 화믈의 중심
② 앞바퀴 중심
③ 지게차 전장의 중량
④ 마스트의 중심선

▼

지게차의 전후 안정도는 화물과 지게차의 무게가 균형을 이룰 때 유지된다. 화물의 무게중심이 앞바퀴 중심에 가까울수록 지레 작용에 의한 전도 위험이 줄어 전후 방향으로 더 안정적이므로, 전후 무게중심은 앞바퀴 중심에 두는 것이 바람직하다.

출제개념 지게차의 안정조건

117 그림과 같은 지게차에서 W를 화물중량, G를 지게차 자체 중량, a를 앞바퀴 중심부터 화물의 중심까지의 최단거리, b를 앞바퀴 중심에서 지게차의 중심까지의 최단거리라고 할 때 지게차 안정조건은?

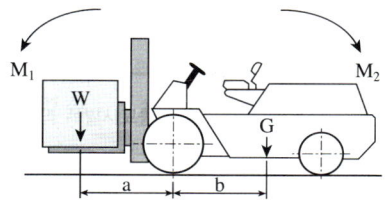

M_1: 화물의 모멘트, M_2: 지게차의 모멘트

① $W \cdot a < G \cdot b$
② $W - 1 < G \cdot (b/a)$
③ $W \cdot a < G \cdot (b - 1)$
④ $W > G \cdot (b/a)$

▼

지게차의 안정조건 $= W \times a \leqq G \times b$

출제개념 지게차 안정조건

118 지게차를 이용한 작업 중에 마스트를 뒤로 기울일 때 화물이 마스트 방향으로 떨어지는 것을 방지하기 위해 설치하는 짐받이 틀에 해당하는 방호장치는?

① 전조등
② 헤드가드
③ 브레이크
④ 백레스트

▼

백레스트(Backrest)는 화물이 마스트 방향으로 떨어지는 것을 방지하기 위한 장치로, 지게차 사용 시 필수적으로 설치되어야 한다.

출제개념 지게차의 방호장치

정답 115 ④ 116 ② 117 ① 118 ④

기계 · 기구 및 설비 안전관리

3과목 ☐ 이론 ■ 기출

25년 2회 24년 1회 ✔회독 ☐☐☐

119 운전자가 서서 조작하는 방식의 지게차의 경우 운전석의 바닥면에서 헤드가드의 상부틀의 하면까지의 높이가 몇 m 이상이 되어야 하는가?

① 0.3
② 0.5
③ 0.903
④ 1.88

> 운전자가 서서 조작하는 지게차의 헤드가드는 1.88m 이상이어야 한다.
>
> 출제개념 지게차의 헤드가드

22년 3회 ✔회독 ☐☐☐

120 다음은 지게차의 헤드가드에 관한 기준이다. (　) 안에 들어갈 내용으로 옳은 것은?

> 지게차 사용 시 화물 낙하 위험의 방호조치사항으로 헤드가드를 낮추어야 한다. 그 강도는 지게차 최대하중의 (　)값의 등분포정하중(等分布靜荷重)에 견딜 수 있어야 한다. 단, 그 값이 4톤을 넘는 것에 대하여서는 4톤으로 한다.

① 2배
② 3배
③ 4배
④ 5배

> 헤드가드의 강도는 지게차 최대하중의 2배값의 등분포 정하중을 견딜 수 있어야 하며, 4톤을 초과하는 경우는 4톤으로 적용한다.
>
> 출제개념 지게차의 헤드가드

25년 3회 22년 3회 21년 3회 ✔회독 ☐☐☐

121 지게차의 안전장치에 해당하지 않는 것은?

① 백미러
② 후방접근 경보장치
③ 백레스트
④ 권과방지장치

> 권과방지장치는 양중기에서 사용하는 방호장치이다.
>
> 출제개념 지게차의 방호장치

25년 3회 ✔회독 ☐☐☐

122 지게차의 헤드가드가 갖추어야 할 조건에 대한 설명으로 틀린 것은?

① 강도는 지게차 최대하중의 2배 값의 등분포정하중에 견딜 수 있을 것
② 상부틀의 각 개구의 폭 또는 길이가 26cm 미만일 것
③ 운전자가 앉아서 조작하는 방식인 지게차는 운전자 좌석의 윗면에서 헤드가드의 상부틀의 아랫면까지의 높이가 0.903m 이상일 것
④ 운전자가 서서 조작하는 방식인 지게차는 운전석의 바닥면에서 헤드가드 상부틀의 하면까지의 높이가 1.88m 이상일 것

> 상부틀의 각 개구의 폭 또는 길이가 16cm 미만이어야 한다.
>
> 출제개념 지게차의 헤드가드

정답　119 ④　120 ①　121 ④　122 ②

123 포크리프트(Fork Lift: 지게차) 운반작업 도중 가장 많이 발생하는 재해는?

① 화물의 낙하
② 프크리프트의 전도
③ 추락
④ 접촉사고

▼

포크리프트는 화물 적재와 마스트 등의 구조물로 인해 시야가 제한되어 작업자 · 설비와의 충돌이 가장 많이 발생한다.

출제개념 지게차 작업 시 재해

124 무부하 상태에서 지게차로 20km/h의 속도로 주행할 때, 좌우안정도는 몇 % 이내이어야 하는가?

① 27%　　　　② 37%
③ 47%　　　　④ 57%

▼

주행 시의 좌우안정도 $= (15 + 1.1V)\%$
$\qquad\qquad\qquad = 15 + 22 = 37\%$

출제개념 지게차의 주행 시 좌우안정도

125 플레이너(Planer) 작업 시의 안전대책이 아닌 것은?

① 칩 브레이크 부착용 바이트를 사용하여 칩이 짧게 되도록 한다.
② 프레임 내의 피트(Pit)에는 뚜껑을 설치한다.
③ 바이트는 되도록 짧게 나오도록 설치한다.
④ 베드 위에 다른 물건을 올려놓지 않는다.

▼

칩 브레이크는 선반 작업에서 사용하는 안전장치이다.

출제개념 플레이너 작업 시 안전수칙

126 플레이너(Planer) 작업 시 안전에 관한 설명으로 옳지 않은 것은?

① 이동테이블에 방호울을 설치한다.
② 에이프런을 돌리기 위하여 해머로 치지 않는다.
③ 플레이너의 프레임 중앙부에 있는 피트(Pit)에는 덮개를 씌운다.
④ 테이블과 고정벽이나 다른 기계와의 최소 거리가 70cm 이하인 경우는 그 사이를 통행할 수 없게 한다.

▼

테이블과 고정벽이나 다른 기계와의 최소 거리가 40cm 이하인 경우는 통행을 제한하여야 한다.

출제개념 플레이너 작업 시 안전수칙

정답　123 ④　124 ②　125 ①　126 ④

127 셰이퍼(Shaper)에서 바이트를 어떻게 물리는 것이 가장 안전한 작업을 할 수 있는가?

① 바이트를 길게 나오도록 한다.
② 가능한 범위 내에서 짧게 고정하고, 날끝은 샹크의 뒷면과 일직선상에 있게 한다.
③ 가능한 범위 내에서 짧게 고정하고, 날끝은 샹크의 뒷면보다 앞에 있도록 한다.
④ 측면을 절삭할 때는 수직으로 바이트를 고정해야 한다.

▼
셰이퍼 작업 시 진동과 파손을 방지하기 위하여 바이트는 가능한 한 범위 내에서 짧게 고정하고, 날끝은 샹크의 뒷면과 일직선상에 두어야 한다.

출제개념 셰이퍼 작업 시 안전수칙, 바이트

128 수공구의 재해방지를 위한 일반적인 유의사항이 아닌 것은?

① 사용 전 이상 유무를 점검한다.
② 작업자에게 필요한 보호구를 착용시킨다.
③ 적합한 수공구가 없을 경우 유사한 것을 선택하여 사용한다.
④ 사용 전 충분한 사용법을 숙지하고 익힌다.

▼
수공구 작업 시에는 작업 목적과 용도에 맞는 적합한 수공구를 선택하여 사용해야 한다.

출제개념 수공구 사용 시 유의사항

129 취급운반의 5원칙 중 틀린 것은?

① 연속운반으로 할 것
② 직선운반으로 할 것
③ 운반작업을 집중화할 것
④ 생산을 최소로 하는 운반을 생각할 것

▼
취급운반의 5원칙은 다음과 같다.
• 직선운반을 할 것
• 연속운반을 할 것
• 운반작업을 집중화시킬 것
• 생산을 최고로 하는 운반을 생각할 것
• 최대한 시간과 경비를 절약할 수 있는 운반방법을 고려할 것

출제개념 취급운반의 5원칙

130 취급운반의 5원칙 중 관계가 먼 것은?

① 연속운반으로 할 것
② 직선운반으로 할 것
③ 운반작업을 집중화할 것
④ 손이 닿는 운반방식으로 할 것

▼
취급운반의 원칙은 인력 소모를 줄이고 안전과 효율을 높이는 데 목적이 있으므로 기계를 사용하여 손이 닿지 않는 방식으로 운반하는 것이 바람직하다.

출제개념 취급운반의 5원칙

정답 **127** ② **128** ③ **129** ④ **130** ④

✔ 회독 ☐☐☐

131 다음 중 인력운반 작업 시 안전수칙으로 적절하지 않은 것은?

① 물건을 들어 올릴 때는 팔과 무릎을 사용하고 허리를 구부린다.
② 운반 대상물의 특성에 따라 필요한 보호구를 확인·착용한다.
③ 화물에 가능한 한 접근하여 화물의 무게중심을 몸에 가까이 밀착시킨다.
④ 무거운 물건은 공동 작업으로 하고 보조기구를 이용한다.

▼

물건을 들어 올릴 때는 팔과 무릎을 사용하고 허리를 곧게 편 상태여야 한다.

출제개념 인력운반 작업 시 안전수칙

✔ 회독 ☐☐☐

132 정(Chisel) 작업의 일반적인 안전수칙으로 잘못된 것은?

① 따내기 및 칩이 튀는 가공에서는 보안경을 착용하여야 한다.
② 절단 작업 시 절단된 끝이 튀는 것을 조심하여야 한다.
③ 작업을 시작할 때는 가급적 정을 세게 타격하고 점차 힘을 줄여간다.
④ 절단이 끝날 무렵에는 정을 세게 타격해서는 안 된다.

▼

작업을 시작할 때는 가볍게 타격하고 점차 힘을 주는 방식으로 타격해야 한다.

출제개념 정 작업 시 안전수칙

정답 131 ① 132 ③

CHAPTER 04 기계안전시설 관리

기출문제 활용법 문항별 기출 표기 개수가 많을수록 시험에 자주 출제된 문제! 표기가 5개인 문제는 출제 횟수가 5회 이상인 기출문제로 무조건 암기 필수!

3회독 공부전략 **1회독**은 문제 → 선지 → 답 → 해설 순서로 정독! **2회독**부터는 직접 문제 풀기, **3회독** 때는 ×, △ 표시된 문제만 다시 풀기! 회독할 때마다 문제 옆 회독표에 ○, ×, △로 표시하여 3회독까지 ×로 표시된 문제는 부록에 포함된 "틈틈 오답노트"에 따로 정리해 공부하세요! [○: 정확히 알고 푼 문제 △: 부분적으로 알고 푼 문제 ×: 개념 학습이 필요한 문제]

23년 2회 ✔회독 ☐☐☐

01 다음 중 기계설비에서 이상 발생 시 기계를 급정지시키거나 안전장치가 작동되도록 하는 안전화를 무엇이라 하는가?

① 기능상의 안전화
② 외관상의 안전화
③ 구조부분의 안전화
④ 본질적 안전화

> 이상 발생 시 기계를 급정지시키거나 안전장치가 작동되도록 하는 안전화를 기능상의 안전화라 한다. 기계설비 안전화의 종류는 다음과 같다.
> • 외관의 안전화
> • 구조의 안전화
> • 기능의 안전화
> • 작업의 안전화
> • 작업점의 안전화
> • 보전의 안전화
>
> **출제개념** 기계설비의 안전화

22년 3회 ✔회독 ☐☐☐

02 인더스트리얼 디자인(Industrial Design)과 가장 밀접한 관계가 있는 기계의 안전조건에 해당되는 것은?

① 기능적 안전화
② 외관적 안전화
③ 구조적 안전화
④ 작업점의 안전화

> 인더스트리얼 디자인은 기계의 외형, 색채, 형태 등과 관련되므로 외관적 안전화와 가장 밀접한 관련이 있다.
>
> **출제개념** 기계설비의 안전화

정답 **01** ① **02** ②

03 기계설비의 안전화 중 기능의 안전화에 해당되는 것은?

① 위험부위 덮개 설치
② 전압 강하 시 기계의 자동정지
③ 안전율의 확보
④ 기계 외관에 안전색채 사용

▼

기능의 안전화는 기계 기능의 이상 발생 시 자동으로 정지하거나 안전기능이 유지되는 경우로, 전압 강하 시 기계가 자동으로 정지하는 것이 이에 해당한다. 이외에 ①, ④번은 외관의 안전화에, ③번은 구조의 안전화에 해당한다.

출제개념 기계설비의 안전화

04 기계나 그 부품에 고장이나 기능 불량이 생겨도 항상 안전하게 작동하는 안전화 대책은?

① 진단
② 예방정비
③ 페일세이프(Fail Safe)
④ 풀 프루프(Fool Proof)

▼

페일세이프는 인간 또는 기계의 실수나 오류가 사고로 이어지지 않도록 이중·삼중으로 통제하는 것을 의미하며 대표적으로 Fail-Passive(고장 시 정지), Fail-Active(고장 시 잠시 운전), Fail-Operational(고장 시 계속 운전)이 있다.

출제개념 페일세이프

05 Fail Safe 구조의 기능면에서 설비 및 기계장치의 일부가 고장이 난 경우 기능의 저하를 가져오더라도 전체기능은 정지하지 않고 다음 정기 점검 시까지 운전이 가능한 방법은?

① Fail-Passive
② Fail-Soft
③ Fail-Active
④ Fail-Operational

▼

Fail-Operational은 일부 고장이 발생해도 전체기능은 유지되며 계속 운전이 가능하다.

출제개념 페일세이프

06 가공기계에 쓰이는 주된 풀 프루프에서 가드의 형식으로 틀린 것은?

① 인터록가드(Interlock Guard)
② 안내가드(Guide Guard)
③ 조정가드(Adjustable Guard)
④ 고정가드(Fixed Guard)

▼

풀 프루프 가드의 형식에는 고정가드, 조절(조정)가드, 인터록가드, 자동가드가 있다.

출제개념 풀 프루프의 가드

정답 03 ② 04 ③ 05 ④ 06 ②

07 「산업안전보건법」상 유해·위험방지를 위한 방호조치를 하지 아니하고는 양도·대여·설치 또는 사용에 제공하거나, 양도·대여를 목적으로 진열해서는 아니 되는 기계·기구가 아닌 것은?

① 예초기　　　　② 진공포장기
③ 원심기　　　　④ 롤러기

> 유해·위험방지를 위한 방호조치 없이 취급이 금지된 기계에는 예초기, 원심기, 공기압축기, 금속절단기, 지게차, 포장기계 등이 포함된다.
>
> 출제개념 방호조치 대상 기계

08 산업안전보건법령상 유해·위험방지를 위한 방호조치가 필요한 기계·기구가 아닌 것은?

① 예초기
② 지게차
③ 금속절단기
④ 금속탐지기

> 유해·위험방지를 위한 방호조치가 필요한 기계·기구는 다음과 같다.
> • 예초기
> • 원심기
> • 공기압축기
> • 금속절단기
> • 지게차
> • 포장기계
>
> 출제개념 방호조치 대상 기계

정답 **07** ④ **08** ④

24년 1회　　　　　　　　✔ 회독 ☐☐☐

01 산업안전보건법령상 고속회전체의 회전시험을 하는 경우 미리 회전축의 재질 및 형상 등에 상응하는 종류의 비파괴검사를 해서 결함 유무를 확인하여야 하는 고속회전체 대상은?

① 회전축의 중량이 0.5톤을 초과하고, 원주속도가 15m/sec 이상인 것

② 회전축의 중량이 1톤을 초과하고, 원주속도가 30m/sec 이상인 것

③ 회전축의 중량이 0.5톤을 초과하고, 원주속도가 60m/sec 이상인 것

④ 회전축의 중량이 1톤을 초과하고, 원주속도가 120m/sec 이상인 것

> 고속회전체의 회전시험 대상은 회전축의 중량이 1톤을 초과하고, 원주속도가 120m/sec 이상인 경우이다.
>
> **출제개념** 고속회전체의 회전시험

기계 · 기구 및 설비 안전관리

3과목　□이론 ■ 기출

정답 01 ④

틀리라고 낸 문제란? 산업안전산업기사 필기시험에는 매 회차마다 정석으로 풀었을 때, 5분 이상 걸리는 일명 '틀리라고 낸 문제'가 출제된다. 이런 문제들은 숫자도 바꾸지 않고 그대로 나오는 경우가 많기 때문에 정석 풀이법을 익히기보다는 답을 암기하고 넘어가자.

`25년 1회` `24년 2회` `21년 2회`　　✔ 회독 ☐☐☐

01 금속으로 된 봉이 있다. 단면의 모양이 원형이며, 단면적은 100mm²이다. 이 금속봉에 인장력 20,000N을 가했을 때 인장응력의 크기는?

① 50N/mm²　　　　② 100N/mm²

③ 200N/mm²　　　　④ 400N/mm²

> **간단 해설**
> 인장응력 = 인장력/단면적
> 　　　　 = 20,000N/100mm²
> 　　　　 = 200N/mm²
>
> **정답** ③

`21년 2회`　　✔ 회독 ☐☐☐

02 화물중량이 200kgf, 지게차의 중량이 400kgf, 앞바퀴에서 화물의 무게중심까지의 최단거리가 1m일 때 지게차의 무게중심까지 최단거리는 최소 몇 m를 초과해야 하는가?

① 0.2m　　　　② 0.5m

③ 1m　　　　　④ 2m

> **간단 해설**
> 지게차의 안정조건 = W×a ≦ G×b
> 　　　　　　　　 = 200×1 ≦ 400×b
> 　　　　　　　　 = b ≧ 200/400 = 0.5
> b ≧ 0.5m이므로, 지게차의 무게중심까지 최단거리는 최소 0.5m를 초과해야 한다.
>
> **정답** ②

`25년 2회` `23년 2회` `21년 2회`　　✔ 회독 ☐☐☐

03 4.2톤(ton)의 화물을 그림과 같이 60°의 각을 갖는 와이어로프로 매달아 올릴 때 와이어로프 A에 걸리는 장력 W_1은 약 얼마인가?

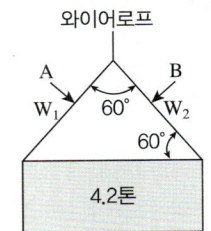

① 2.10톤　　　　② 2.42톤

③ 4.20톤　　　　④ 4.82톤

> **간단 해설**
> 슬링와이어로프에 걸리는 하중
> = (정하중/2) ÷ cos(θ/2)
> = (4.2/2) ÷ cos(60°/2) ≒ 2.42톤
>
> **정답** ②

2026 최신간

정종대

산업안전
산업기사

필기

2권

(4과목 + 5과목)

과목별 '핵심이론 + 5개년 중복소거 기출' 구성

시대에듀

합격력끌어올림!

≫ 정종대쌤이 말하는 4과목 체크 포인트

#과락주의 과목

#감전대책, 방폭구조, 정전기 학습 필수

#접지 종류 구분 필수

#화재분류, 폭발범위, 소화방법 암기 필수

#위험물의 종류 구분 필수

≫ 최근 5개년 개념별 출제 비중

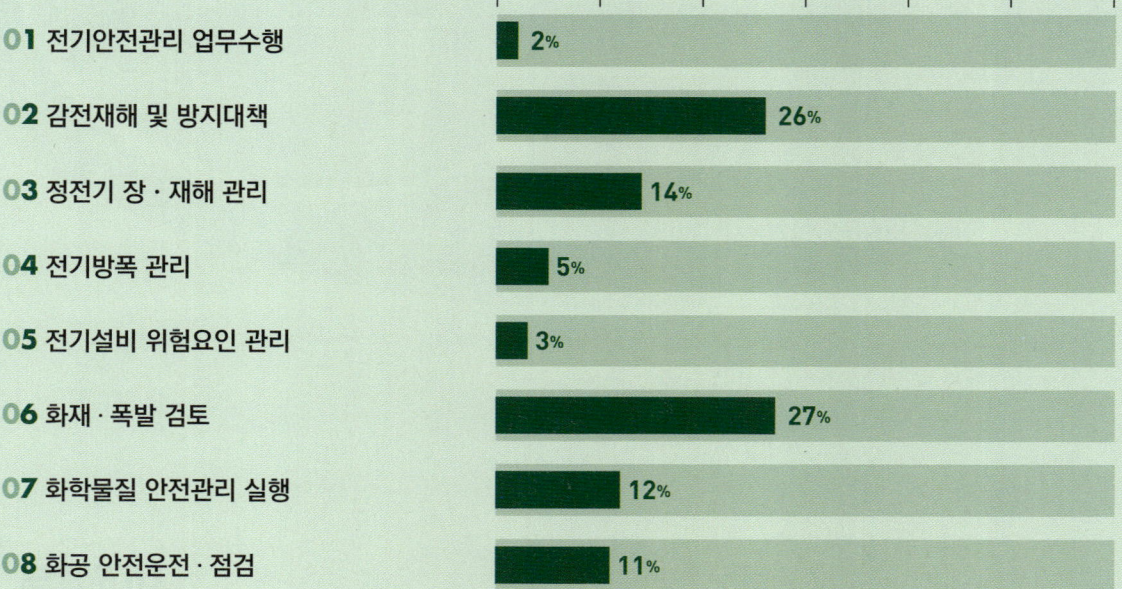

	0%	10%	20%	30%	40%	50%	60%
01 전기안전관리 업무수행	2%						
02 감전재해 및 방지대책			26%				
03 정전기 장·재해 관리		14%					
04 전기방폭 관리	5%						
05 전기설비 위험요인 관리	3%						
06 화재·폭발 검토			27%				
07 화학물질 안전관리 실행	12%						
08 화공 안전운전·점검	11%						

4과목

전기 및 화학설비 안전관리

✓ 과목별 기출 수록!
✓ 5개년 기출 중복소거!
✓ 문항별 기출연도 표기!

핵심이론

- 01 전기안전관리 업무수행
- 02 감전재해 및 방지대책
- 03 정전기 장·재해 관리
- 04 전기방폭 관리
- 05 전기설비 위험요인 관리
- 06 화재·폭발 검토
- 07 화학물질 안전관리 실행
- 08 화공 안전운전·점검

최신 5개년 기출 (2025~2021년)

- 01 전기안전관리 업무수행
- 02 감전재해 및 방지대책
- 03 정전기 장·재해 관리
- 04 전기방폭 관리
- 05 전기설비 위험요인 관리
- 06 화재·폭발 검토
- 07 화학물질 안전관리 실행
- 08 화공 안전운전·점검
- Bonus! 틀리라고 낸 문제

CHAPTER

01 전기안전관리 업무수행

1 전기안전관리 업무

전기설비의 안전한 유지 및 운용을 위해 전기안전관리자는 전기설비의 정기점검 및 유지보수, 안전점검 및 위험요소 제거, 전기설비의 정상작동상태 확인 및 기록 관리, 전기사고 예방 및 대응 계획 등을 수립하여야 한다.

2 전기안전관리 업무의 주요 내용

1. 정기점검 및 유지보수

전기설비의 상태를 정기적으로 점검하고, 필요한 경우 유지보수를 수행하여 전기설비가 안전하게 작동하도록 한다.

2. 안전점검 및 위험요소 제거

전기설비의 안전상태를 확인하고, 위험요소를 발견했을 경우 제거하여 안전한 환경을 조성한다.

3. 전기설비의 정상작동상태 확인 및 기록 관리

전기설비의 작동상태를 확인하고, 필요한 경우 기록을 관리하여 추후 문제 발생 시 원인을 파악하고 대응할 수 있도록 한다.

4. 전기사고 예방 및 대응 계획 수립

전기사고를 예방하기 위한 계획을 수립하고, 사고가 발생했을 경우에 대비한 대응 계획을 준비한다.

5. 전기설비의 법정 검사 및 인증절차 지원

전기설비의 법정 검사 및 인증절차를 지원하여 전기설비가 법규를 준수하도록 한다.

6. 전기안전 교육 및 훈련 실시

전기안전 관련 지식과 기술을 습득할 수 있도록 전기안전 교육 및 훈련을 실시한다.

7. 전기설비 공사 및 유지보수 감독

전기설비 공사 및 유지보수 과정에서 안전기준을 준수하도록 감독한다.

8. 비상연락망 구축

비상재해 발생 시를 대비하여 비상연락망을 구축하고 유지한다.

CHAPTER 02

감전재해 및 방지대책

핵심 키워드 감전위험의 요인, 위험한계에너지, 절연저항, 허용접촉전압, 접지의 분류, 누전차단기, 피뢰기, 보호여유도

☑ **외워줘! 제발~**은 필수적으로 암기해야 하는 내용을 표시한 부분으로, 시간이 부족한 학습자는 이 내용 위주로 효율적으로 공부하고, 부록 '필수 암기노트'에 내용을 한 번 더 정리해 두었으니 시험 당일 들고 가서 활용하자!

☑ **형광펜**은 시험에 자주 나온 개념으로 2~3배로 꼼꼼히 암기하자! 특히, 시험 직전에는 **외워줘! 제발~**과 **형광펜**만 모아 빠르게 학습하자!

☑ 빈출 기출문제는 시험에 자주 출제되는 문제로, 관련 개념까지 확실하게 익혀두자!

1 감전재해의 요인

1. 감전위험의 직접적인 요인(=1차적 요인) 외워줘! 제발~

(1) 통전**전류**의 크기

(2) 통전**시간**

(3) 통전**경로**

(4) **전원**의 종류

 빈출 기출문제

감전재해의 직접적인 요인으로 가장 거리가 먼 것은?

① 통전전압의 크기   ② 통전전류의 크기

③ 통전시간   ④ 통전경로

해설 통전전압의 크기는 직접적인 요인(1차적 요인)이 아닌 2차적 요인에 해당한다.

정답 ①

2. 감지전류 구분 외워줘! 제발~

(1) **최소감지전류**: 1~2mA

(2) **고통한계전류**: 7~8mA

(3) **마비한계전류(=불수전류)**: 10~15mA

(4) **심실세동전류**: 50mA 이상

$$심실세동전류(I) = \frac{165}{\sqrt{T}}(mA)$$

$$(* T: 시간(초))$$

3. 통전경로에 따른 위험도 [외워줘! 제발~]

통전경로	위험도	통전경로	위험도
왼손-가슴	1.5	왼손-등	0.7
으른손-가슴	1.3	손-앉아 있는 자리	0.7
왼손-발	1.0	왼손-오른손	0.4
양손-양발	1.0	오른손-등	0.3
오른손-발	0.8		

4. 줄의 법칙을 이용한 위험한계에너지 계산 [외워줘! 제발~] [실기까지 출제!]

$$W = I^2 R T$$

(1) W: 위험한계에너지(J)

(2) I: 통전전류(A)

(3) R: 인체저항(Ω)

(4) T: 통전시간(sec)

 빈출 기출문제

인체의 피부저항은 피부에 땀이 나 있는 경우, 건조 시보다 약 어느 정도 저하되는가?

① $\frac{1}{2} \sim \frac{1}{4}$ ② $\frac{1}{6} \sim \frac{1}{10}$ ③ $\frac{1}{12} \sim \frac{1}{20}$ ④ $\frac{1}{25} \sim \frac{1}{35}$

해설 인체의 피부저항은 피부에 땀이 나 있는 경우 $\frac{1}{12} \sim \frac{1}{20}$, 물에 젖어있는 경우는 $\frac{1}{25}$ 저하된다.

정답 ③

② 감전재해 예방 및 조치

1. 전압의 종류 외워줘! 제발~

구분	교류	직류
저압	1,000V 이하	1,500V 이하
고압	1,000V 초과 7,000V 이하	1,500V 초과 7,000V 이하
특별고압	7,000V 초과	7,000V 초과

2. 단로기(DS) 개폐 외워줘! 제발~

부하전류를 차단할 수 없는 고압 또는 특별고압의 단로기를 개·폐로하는 때에는 오조작을 방지하기 위하여 근로자에게 당해 전로가 무부하임을 확인한 후에 조작하도록 주의 표지판 등을 설치해야 한다.

3. 직접접촉에 의한 감전방지법 외워줘! 제발~

(1) 절연덮개, 절연물질로 충전부를 감쌀 것
(2) 폐쇄형 외함을 설치할 것
(3) 안전전압 이하의 기기를 사용할 것

4. 간접접촉에 의한 감전방지법

(1) 누전차단기를 설치할 것
(2) 보호접지를 실시할 것
(3) 보호구를 착용할 것
(4) 안전전압 이하의 기기를 사용할 것

5. 사용전압에 따른 절연저항 외워줘! 제발~

전로의 사용전압 구분	DC시험전압	절연저항
SELV* 및 PELV*	250V	0.5MΩ 이상
FELV* 및 500V 이하 전로	500V	1.0MΩ 이상
500V 초과 전로	1,000V	

* SELV: 안전초저압, PELV: 보호초저압, FELV: 기능초저압

 빈출 기출문제

사용전압이 380V인 전동기 전로에서 절연저항은 몇 MΩ 이상이어야 하는가?

① 0.1   ② 0.2   ③ 0.5   ④ 1.0

해설 사용전압이 500V 이하이므로 절연저항의 기준은 1.0MΩ 이상이어야 한다.

정답 ④

6. 인체접촉상태에 따른 허용접촉전압 외워줘! 제발~

구분	접촉상태	허용접촉전압
제1종	수중에 있는 경우	2.5V 이하
제2종	젖은 경우, 금속 상시 접촉	25V 이하
제3종	통상의 상태	50V 이하
제4종	접촉 우려가 없는 경우	무제한

7. 감전자의 중요 관찰사항

(1) 의식의 유무

(2) 호흡의 유무

(3) 골절의 유무

(4) 맥박의 유무

(5) 출혈의 유무

3 접지 외워줘! 제발~

1. 접지의 분류

목적에 따른 분류	계통접지, 보호접지, 피뢰시스템접지
구성방법에 따른 분류	단독접지, 공통접지, 통합접지
계통접지의 분류	TN · TT · IT 계통
TN계통의 분류	TN-C, TN-S, TN-C-S

2. 접지 목적에 따른 분류 외워줘! 제발~

구분	목적
계통접지	고압전로와 저압전로 혼촉 시 감전이나 화재방지
기기접지	누전되고 있는 기기에 접촉되었을 때의 감전방지
피뢰기접지	낙뢰로부터 전기기기의 손상방지
정전기방지접지	정전기의 축적에 의한 폭발 재해방지
등전위접지	병원에서 의료기기에 적용

가로등의 접지전극을 지면으로부터 75cm 이상 깊은 곳에 매설하는 주된 이유는?

① 전극의 부식을 방지하기 위하여   ② 접촉전압을 감소시키기 위하여
③ 접지저항을 증가시키기 위하여   ④ 접지선의 단선을 방지하기 위하여

해설 접지를 75cm 이상 깊게 매설해야 하는 이유는 접지저항을 감소시키고 작업자가 누전 부위에 접촉되더라도 인체에 흐르는 접촉전류를 감소시키고, 접촉전압을 낮추기 위함이다. 여기서, 접지는 전기기기와 땅을 도선으로 연결하는 것, 접촉은 인체에 닿는 것을 의미하므로 용어 이해에 유의하여야 한다.

정답 ②

접지의 목적과 효과로 볼 수 없는 것은?

① 낙뢰에 의한 피해방지
② 송배전선에서 지락사고의 발생 시 보호계전기를 신속하게 작동시킴
③ 설비의 절연물이 손상되었을 때 흐르는 누설전류에 의한 감전방지
④ 송배전선로의 지락사고 시 대지전위의 상승을 억제하고 절연강도를 상승시킴

해설 접지의 목적은 낙뢰 피해방지, 보호계전기 작동, 누설전류에 의한 감전방지, 정전기 재해방지이다.

정답 ④

4 전기기계·기구 등으로 인한 위험방지

1. 전기기계·기구의 접지

누전에 의한 감전의 위험을 방지하기 위하여 다음의 내용에 해당하는 부분에 접지를 하여야 한다.

(1) 전기기계·기구의 금속제 외함, 금속제 외피 및 철대

(2) 고정 설치되거나 고정배선에 접속된 전기기계·기구의 노출된 비충전 금속체 중 충전될 우려가 있는 다음의 어느 하나에 해당하는 비충전 금속체

① 지면이나 접지된 금속체로부터 수직거리 2.4m, 수평거리 1.5m 이내인 것
② 물기 또는 습기가 있는 장소에 설치된 것
③ 금속으로 되어 있는 기기접지용 전선의 피복·외장 또는 배선관 등
④ 사용전압이 대지전압 150V를 넘는 것

(3) 전기를 사용하지 아니하는 설비 중 다음의 어느 하나에 해당하는 금속체

① 전동식 양중기의 프레임과 궤도
② 전선이 붙어 있는 비전동식 양중기의 프레임
③ 고압 이상의 전기를 사용하는 전기기계·기구 주변의 금속제 칸막이·망 및 이와 유사한 장치

(4) 코드와 플러그를 접속하여 사용하는 전기기계·기구 중 다음의 어느 하나에 해당하는 노출된 비충전 금속체

    ① 사용전압이 대지전압 150V를 넘는 것

    ② 냉장고·세탁기·컴퓨터 및 주변기기 등과 같은 고정형 전기기계·기구

    ③ 고정형·이동형 또는 휴대형 전동기계·기구

    ④ 물 또는 도전성이 높은 곳에서 사용하는 전기기계·기구, 비접지형 콘센트

    ⑤ 휴대형 손전등

(5) 수중펌프를 금속제 물탱크 등의 내부에 설치하여 사용하는 경우 그 탱크 (이 경우 탱크를 수중펌프의 접지선과 접속하여야 함)

5 누전차단기

1. 누전차단기 설치장소 외워줘! 제발~

(1) 대지전압이 150V를 초과하는 이동형 또는 휴대형 전기기계·기구

(2) 물 등 도전성이 높은 액체가 있는 습윤장소에서 사용하는 저압용 전기기계·기구

(3) **철판·철골** 위 등 도전성이 높은 장소에서 사용하는 이동형 또는 휴대형 전기기계·기구

(4) **임시배선**의 전로가 설치되는 장소에서 사용하는 이동형 또는 휴대형 전기기계·기구

2. 누전차단기 설치 제외장소 및 접지를 시행하지 않아도 되는 경우 외워줘! 제발~

(1) **이중절연** 또는 이와 같은 수준 이상으로 보호되는 구조로 된 전기기계·기구

(2) **절연대** 위 등과 같이 감전위험이 없는 장소에서 사용하는 전기기계·기구

(3) **비접지방식**의 전로

빈출 기출문제

누전차단기의 설치가 필요한 것은?

① 이중절연 구조의 전기기계·기구   ② 비접지식 전로의 전기기계·기구

③ 절연대 위에서 사용하는 전기기계·기구   ④ 도전성이 높은 장소의 전기기계·기구

해설 도전성이 높은 장소에서 사용하는 전기기계·기구는 누전차단기를 설치해야 한다.

정답 ④

3. 누전차단기의 종류

(1) **고속형 누전차단기**: 작동시간이 100ms(＝0.1초) 이내이어야 한다.

(2) **보통형 누전차단기**: 작동시간이 200ms(＝0.2초) 이내이어야 한다.

(3) **인체감전방지용 고감도 고속형 누전차단기** 외워줘! 제발~

정격감도전류가 30mA 이하이고 작동시간은 0.03초 이내이어야 한다.

(다만, 정격전부하전류가 50A 이상인 경우 정격감도전류는 200mA 이하로, 작동시간은 0.1초 이내로 할 수 있다.)

(4) 허용누설전류: 최대 공급전류의 1/2,000 이하

 빈출 기출문제

누전사고가 발생될 수 있는 취약 개소가 아닌 것은?

① 나선으로 접속된 분기회로의 접속점　　　② 전선의 열화가 발생한 곳
③ 부도체를 사용하여 이중절연이 되어 있는 곳　④ 리드선과 단자와의 접속이 불량한 곳

해설　이중절연이 되어 있는 것은 누전되기 어려운 구조이다.

정답　③

 빈출 기출문제

6,600/100V, 15kVA의 변압기에서 공급하는 저압 전선로의 허용누설전류는 몇 A를 넘지 않아야 하는가?

① 0.025　　　　② 0.045　　　　③ 0.075　　　　④ 0.085

해설　허용누설전류＝정격공급전류의 $\dfrac{1}{2,000}$ 이하

정격공급전류＝$\dfrac{전력}{전압}$＝$\dfrac{15,000VA}{100V}$＝150A

허용누설전류＝$\dfrac{정격공급전류}{2,000}$＝$\dfrac{150A}{2,000}$＝0.075A

정답　③

6 전기화재 예방

1. 개폐기

설치 시 고압용은 목재벽이나 천장으로부터 1m 이상, 특고압용은 2m 이상 떨어져야 한다.

 빈출 기출문제

전기화재 발생 원인으로 틀린 것은?

① 발화원　　　　② 내화물　　　　③ 착화물　　　　④ 출화의 경과

해설　내화물은 불에 견디는 물체를 말하므로 화재의 발생 원인이 될 수 없다.

정답　②

7 피뢰기

1. 피뢰기의 구성요소: 직렬갭 + 특성요소

2 피뢰기의 구비조건 외워줘! 제발~

(1) 충격방전 개시전압이 낮을 것   (2) 제한전압이 낮을 것
(3) 반복동작이 가능할 것   (4) 특성이 변하지 않을 것
(5) 점검보수가 용이할 것   (6) 뇌전류의 방전능력이 클 것
(7) 속류를 확실하게 차단할 것

✓ **빈출 기출문제**

피뢰기가 갖추어야 할 특성으로 알맞은 것은?

① 충격방전 개시전압이 높을 것   ② 제한전압이 높을 것
③ 노전류의 방전능력이 클 것   ④ 속류를 차단하지 않을 것

해설 피뢰기는 낙뢰 시 발생하는 대전류를 빠르게 방전하고, 설비를 안전하게 보호할 수 있어야 하므로 뇌전류 방전능력이 커야 한다.

정답 ③

---

3. 보호여유도 외워줘! 제발~

$$보호여유도(\%) = \frac{충격절연강도 - 제한전압}{제한전압} \times 100$$

✓ **빈출 기출문제**

피뢰기의 여유도가 33%이고, 충격절연강도가 1,000kV라고 할 때 피뢰기의 제한전압은 약 몇 kV인가?

① 852   ② 752   ③ 652   ④ 552

해설 $보호여유도(\%) = \dfrac{충격절연강도 - 제한전압}{제한전압} \times 100$

$33 = \dfrac{1,000 - 제한전압}{제한전압} \times 100$

$\dfrac{33}{100} \times 제한전압 = 1,000 - 제한전압$

$\dfrac{133}{100} \times 제한전압 = 1,000$

$제한전압 = 1,000 \times \dfrac{100}{133} ≒ 751.8$

정답 ②

CHAPTER 03

정전기 장·재해 관리

핵심 키워드 정전기 발생의 영향요인, 정전기의 종류, 정전에너지, 정전기 방지대책, 방전의 종류

☑ **외워줘! 제발~** 은 필수적으로 암기해야 하는 내용을 표시한 부분으로, 시간이 부족한 학습자는 이 내용 위주로 효율적으로 공부하고, 부록 '필수 암기노트'에 내용을 한 번 더 정리해 두었으니 시험 당일 들고 가서 활용하자!

☑ **형광펜** 은 시험에 자주 나온 개념으로 2~3배로 꼼꼼히 암기하자! 특히, 시험 직전에는 **외워줘! 제발~** 과 **형광펜** 만 모아 빠르게 학습하자!

☑ 빈출 기출문제는 시험에 자주 출제되는 문제로, 관련 개념까지 확실하게 익혀두자!

1 정전기의 발생

1. 정전기 발생의 영향요인 **외워줘! 제발~**

(1) **물질의 이력**: 최초의 정전기가 가장 크고, 반복될수록 발생량이 적다.

(2) **물질의 표면상태**: 표면이 매끄러울 때보다 오염되었을 때 정전기가 더 크다.

(3) **물질의 특성**: 대전서열의 차이가 클수록 발생하는 정전기가 크다.

(4) **분리속도**: 분리속도가 빠를수록 정전기 발생량이 많다.

(5) **접촉면적 및 접촉압력**: 접촉면적 및 접촉압력이 클수록 정전기가 크다.

 빈출 기출문제

정전기 발생 원인에 대한 설명으로 옳은 것은?

① 분리속도가 느리면 정전기 발생이 커진다.
② 정전기 발생은 처음 접촉, 분리 시 최소가 된다.
③ 물질 표면이 오염된 표면일 경우 정전기 발생이 커진다.
④ 접촉면적이 작고 압력이 감소할수록 정전기 발생량이 크다.

해설 정전기 발생은 표면이 오염된 경우가 표면이 매끄러울 때보다 더 크다.

정답 ③

2. 정전기의 종류 **외워줘! 제발~**

(1) 유동대전   (2) 마찰대전

(3) 박리대전   (4) 분출대전

(5) 파괴대전   (6) 교반대전

(7) 충돌대전   (8) 침강대전

빈출 기출문제

정전기 발생현상의 분류에 해당되지 않는 것은?

① 유체대전   ② 마찰대전   ③ 박리대전   ④ 교반대전

해설 정확한 용어는 유동대전이며, 정전기 발생 분류에 관한 문제에서는 정확한 용어 사용이 요구되므로 대전의 명칭을 정확히 외워야 한다.

정답 ①

빈출 기출문제

정전기의 유동대전에 가장 크게 영향을 미치는 요인은?

① 액체의 밀도   ② 액체의 유동속도

③ 액체의 접촉면적   ④ 액체의 분출온도

해설 유동대전은 배관 등을 통해 유체가 흐를 때 발생하는 대전으로, 액체의 유동속도가 가장 큰 영향을 준다.

정답 ②

3. 정전에너지(= 최소점화/착화/발화에너지) 공식 외워줘! 제발~

$$정전하\ Q = CV$$

(* C: 정전용량(F), V: 전위(V), Q: 정전하(C))

$$정전에너지(E) = \frac{1}{2}CV^2 = \frac{1}{2}QV = \frac{1}{2}Q\frac{Q}{C} = \frac{Q^2}{2C}$$

(* E: 정전에너지(J))

빈출 기출문제

정전게너지를 나타내는 식으로 알맞은 것은? (단, Q는 대전 전하량, C는 정전용량이다.)

① $\dfrac{Q}{2C}$ ② $\dfrac{Q}{2C^2}$ ③ $\dfrac{Q^2}{2C}$ ④ $\dfrac{Q^2}{2C^2}$

해설 정전에너지를 구하는 공식은 $\dfrac{Q^2}{2C}$ 이다.

정답 ③

빈출 기출문제

최소착화에너지가 0.26mJ인 프로판 가스가 있다. 이때 정전용량이 100pF인 대전물체로부터 정전기 방전에 의하여 착화할 수 있는 전압은 약 몇 V인가?

① 2,240   ② 2,260   ③ 2,280   ④ 2,300

해설 먼저, 다음과 같은 단위를 알아야 한다.

$mJ = 10^{-3}J$, $\mu F = 10^{-6}F$, $nF = 10^{-9}F$, $pF = 10^{-12}F$

이때 $E = \dfrac{1}{2}CV^2$ 이므로 $V = \sqrt{\dfrac{2E}{C}} = \sqrt{\dfrac{2 \times 0.26 \times 10^{-3}}{100 \times 10^{-12}}} = 2,280V$ 이다.

정답 ③

4. 방전의 종류 외워줘! 제발~

(1) **코로나 방전**: 제전기에서 사용한다.

(2) **스트리머 방전**: 도체와 부도체 사이의 공간에 발생한다.

(3) **연면 방전**: 도체의 표면을 따라 발생한다.

(4) **불꽃 방전**: 불꽃과 발광음을 수반한다.

(5) **뇌상 방전**: 천둥과 번개가 발생한다.

빈출 기출문제

방전의 분류에 속하지 않는 것은?

① 연면 방전   ② 불꽃 방전
③ 코로나 방전   ④ 스프레이 방전

해설 스프레이 방전이라는 명칭은 없다.

정답 ④

빈출 기출문제

정전기로 인하여 화재로 진전되는 조건 중 관계가 없는 것은?

① 방전하기에 충분한 전위 차가 있을 때
② 가연성 가스 및 증기가 폭발한계 내에 있을 때
③ 대전하기 쉬운 금속 부분에 접지한 상태일 때
④ 정전기의 스파크 에너지가 가연성 가스 및 증기의 최소점화에너지 이상일 때

해설 대전하기 쉬운 금속 부분에 접지한 상태일 때는 접지가 되었기에 화재로 진전되기 어렵다.

정답 ③

❷ 정전기 재해 방지대책

1. 정전기 발생 방지대책

(1) 도처에 접지 실시

(2) 대전방지제 사용: 음이온성 방지제 → 섬유의 원사에 사용

(3) 도전성 재료 사용

(4) 유속제한

    ① 비도전성 위험물: 1m/s 이하

    ② 도전성 위험물: 7m/s 이하

    ③ 그 밖의 위험물: 10m/s 이하

(5) 가습 70% 이상 유지

(6) 정전화, 정전복 착용

(7) 제전기 사용

 빈출 기출문제

정전기 발생에 대한 방지대책의 설명으로 틀린 것은?

① 가스용기, 탱크 등의 도체부는 전부 접지한다.　② 배관 내 액체의 유속을 제한한다.

③ 화학섬유의 작업복을 착용한다.　④ 대전방지제 또는 제전기를 사용한다.

해설 정전기 발생 방지대책을 위해선 제전복 또는 정전기 대전방지용 작업복을 착용해야 한다.

정답 ③

빈출 기출문제

정전기 재해방지를 위하여 불활성화할 수 없는 탱크, 탱크로리 등에 위험물을 주입하는 배관 내 액체의 유속 제한데 대한 설명으로 틀린 것은?

① 물이나 기체를 혼합하는 비수용성 위험물의 배관 내 유속은 1m/s 이하로 할 것

② 저항률이 $10^{10}\Omega\cdot$cm 미만인 도전성 위험물의 배관 유속은 7m/s 이하로 할 것

③ 저항률이 $10^{10}\Omega\cdot$cm 이상인 위험물의 배관 유속은 관 내경이 0.05m이면 3.5m/s 이하로 할 것

④ 이황화탄소 등과 같이 유동대전이 심하고 폭발위험성이 높은 것은 배관 내 유속을 5m/s 이하로 할 것

해설 이황화탄소 등과 같이 유동대전이 심하고 폭발위험성이 높은 것은 배관 내 유속을 1m/s 이하로 해야 한다.

정답 ④

2. 제전기 외워줘! 제발~

제전기는 모두 코로나 방전을 이용하며, 방전 시 오존(O_3)이 발생한다.

(1) 전압인가식 제전기: 효율이 가장 좋고 단시간 제전이 가능하다.

(2) 자기방전식 제전기: 잔류대전이 남는다는 단점이 있으며, 섬유, 고무 등에 적합하다.

(3) 이온화식(=방사선식) 제전기: 이동하는 물체의 제전에는 효과가 적다.

빈출 기출문제

방전전극에 약 7,000V의 전압을 인가하면 공기가 전리되어 코로나 방전을 일으킴으로써 발생한 이온으로 대전체의 전하를 중화시키는 방법을 이용한 제전기는?

① 전압인가식 제전기　　　　　　② 자기방전식 제전기
③ 이온스프레이식 제전기　　　　④ 이온식 제전기

해설　전압인가식 제전기는 고전압을 인가하여 코로나 방전을 유도하고, 이온을 발생시켜 정전기를 중화시키는 방식이다. 또한, 효율이 가장 좋은 방식이므로 문제에 제시된 내용에 단점이 언급되어 있지 않으면 전압인가식을 지칭하는 것으로 볼 수 있다.

정답　①

3. 정전기로 인한 화재·폭발 등 방지

(1) 다음의 설비를 사용할 때에 정전기에 의한 화재 또는 폭발 등의 위험이 발생할 우려가 있는 경우에는 해당 설비에 대하여 확실한 방법으로 접지를 하거나, 도전성 재료를 사용하거나 가습 및 점화원이 될 우려가 없는 제전(除電)장치를 사용하는 등 정전기의 발생을 억제하거나 제거하기 위하여 필요한 조치를 하여야 한다.

① 위험물을 탱크로리·탱크차 및 드럼 등에 주입하는 설비
② 탱크로리·탱크차 및 드럼 등 위험물저장설비
③ 인화성 액체를 함유하는 도료 및 접착제 등을 제조·저장·취급 또는 도포하는 설비
④ 위험물건조설비 또는 그 부속설비
⑤ 인화성 고체를 저장하거나 취급하는 설비
⑥ 드라이클리닝설비, 염색가공설비 또는 모피류 등을 씻는 설비 등 인화성 유기용제를 사용하는 설비
⑦ 유압, 압축공기 또는 고전위 정전기 등을 이용하여 인화성 액체나 인화성 고체를 분무하거나 이송하는 설비
⑧ 고압가스를 이송하거나 저장·취급하는 설비
⑨ 화약류 제조설비
⑩ 발파공에 장전된 화약류를 점화시키는 경우에 사용하는 발파기

(2) 인체에 대전된 정전기에 의한 화재 또는 폭발 위험이 있는 경우에는 정전기 대전방지용 안전화 착용, 제전복 착용, 정전기 제전용구 사용 등의 조치를 하거나 작업장 바닥 등에 도전성을 갖추도록 하는 등 필요한 조치를 하여야 한다.

CHAPTER 04

전기방폭 관리

핵심 키워드 방폭구조의 종류, 위험장소, 최대안전틈새, 최고표면온도 등급

☑ **외워줴! 제발~**은 필수적으로 암기해야 하는 내용을 표시한 부분으로, 시간이 부족한 학습자는 이 내용 위주로 효율적으로 공부하고, 부록 '필수 암기노트'에 내용을 한 번 더 정리해 두었으니 시험 당일 들고 가서 활용하자!

☑ **형광펜**은 시험에 자주 나온 개념으로 2~3배로 꼼꼼히 암기하자! 특히, 시험 직전에는 **외워줴! 제발~**과 **형광펜**만 모아 빠르게 학습하자!

☑ 빈출 기출문제는 시험에 자주 출제되는 문제로, 관련 개념까지 확실하게 익혀두자!

1 전기방폭설비

1. 방폭화

(1) 방폭화의 정의

전기 설비의 방폭화는 전기설비로 인한 화재와 폭발을 방지하기 위해 위험이 생성될 확률과 전기설비가 점화원이 될 확률의 곱이 0에 가깝게 되도록 하는 것을 말한다.

(2) 방폭화의 기본원리 **외워줴! 제발~**

① 점화원의 방폭적 격리
② 전기설비의 안전도 증강
③ 점화능력의 본질적 억제

2. 방폭구조의 종류 **외워줴! 제발~**

(1) **내압 방폭구조(d)**: 방폭함 내부 폭발이 외부의 가연성 물질을 점화시키지 않도록 안전간극을 사용한 구조이다.

(2) **압력 방폭구조(p)**: 불활성 가스(질소)를 사용하여 방폭함 내부 압력을 유지함으로써 가연성 가스가 방폭함 내부로 들어오지 않도록 차단한 구조이다.

(3) **유입 방폭구조(o)**: 점화원이 될 우려가 있는 부분을 기름 속에 묻어 차단한 구조이다. 유입변압기에 적용된다.

(4) **안전증 방폭구조(e)**: 정상 운전 상태에서 전기적·열적·기계적 위험이 발생하지 않도록 안전도를 증가시켜 점화원의 발생확률을 감소시킨 구조이다.

(5) **몰드 방폭구조(m)**: 전기 부품을 몰드로 완전히 감싸 폭발성 분위기와 점화원 간의 접촉을 차단한 구조이다.

(6) **본질안전 방폭구조(ia, ib)**: 정상 운전 상태에서도 폭발을 일으킬 수 없을 정도의 낮은 전기·열에너지를 사용한 구조이다.

(7) **비점화 방폭구조(n)**: 정상 운전 상태에서 점화 위험이 없도록 설계된 구조이다.

(8) 충전 방폭구조(q): 방폭함 내부에 충전물을 채워 가연성 가스를 차단한 구조이다.

빈출 기출문제

방폭전기설비의 용기 내부에 보호가스를 압입하여 내부압력을 외부 대기 이상의 압력으로 유지함으로써 용기 내부에 폭발성 가스 분위기가 형성되는 것을 방지하는 방폭구조는?

① 내압 방폭구조　　　　　　　　　　　② 압력 방폭구조
③ 안전증 방폭구조　　　　　　　　　　④ 유입 방폭구조

해설　불활성 가스(질소)를 사용하여 가연성 가스가 방폭함 내부로 들어오지 않도록 한 구조는 압력 방폭구조이다.

정답　②

빈출 기출문제

내부에서 폭발하더라도 틈의 냉각 효과로 인하여 외부의 폭발성 가스에 착화될 우려가 없는 방폭구조는?

① 내압 방폭구조　　　　　　　　　　　② 유입 방폭구조
③ 안전증 방폭구조　　　　　　　　　　④ 본질안전 방폭구조

해설　내압 방폭구조(d)는 내부 폭발 시 외부 가연성 물질을 점화하지 않도록 안전간극을 사용한 구조이다.

정답　①

빈출 기출문제

정상 작동 상태에서 폭발 가능성이 없으며, 이상 상태에서도 짧은 시간 동안 폭발성 가스 또는 증기가 존재하는 지역에서 사용 가능한 방폭용기를 나타내는 기호는?

① ib　　　　　　　② p　　　　　　　③ e　　　　　　　④ n

해설　비점화 방폭구조(n)는 정상 작동 상태에서 점화 위험이 없도록 설계된 구조이다.

정답　④

빈출 기출문제

금속관의 방폭형 부속품에 대한 설명으로 틀린 것은?

① 재료는 아연도금을 하거나 녹이 스는 것을 방지하도록 한 강 또는 가단주철일 것
② 안쪽면 및 끝부분은 전선의 피복을 손상하지 않도록 매끈한 것일 것
③ 전선관과의 접속 부분의 나사는 5턱 이상 완전히 나사결합이 될 수 있는 길이일 것
④ 완성품은 유입 방폭구조의 폭발압력시험에 적합할 것

해설　완성품은 내압 방폭구조의 폭발압력시험에 적합해야 한다.

정답　④

3. 가스폭발 위험장소 외워줘! 제발~

구분	대상	장소
0종 장소	인화성 증기·가스가 지속적으로 존재하는 장소	용기 및 장치 내부
1종 장소	인화성 증기·가스 등이 존재하기 쉬운 장소	맨홀 및 벤트 등의 주위
2종 장소	인화성 가스 등이 드물게 존재하는 장소	개스킷 주위

 빈출 기출문제

1종 위험장소로 분류되지 않는 것은?

① 탱크류의 벤트(Vent) 개구부 부근
② 인화성 액체 탱크 내의 액면 상부의 공간부
③ 점검수리 작업에서 가연성 가스 또는 증기를 방출하는 경우의 밸브 부근
④ 탱크로리, 드럼관 등이 인화성 액체를 충전하고 있는 경우의 개구부 부근

해설 인화성 액체 탱크 내의 액면 상부의 공간부는 0종 장소이다.

정답 ②

4. 위험장소별 방폭구조 외워줘! 제발~

구분	방폭구조의 종류
0종 장소	본질안전 방폭구조(ia)
1종 장소	내압(d), 압력(p), 유입(o), 안전증(e), 몰드(m), 충전(q), 본질안전 방폭구조(ib)
2종 장소	비점화 방폭구조(n)

 빈출 기출문제

폭발위험장소에서의 본질안전 방폭구조에 대한 설명으로 틀린 것은?

① 본질안전 방폭구조의 기본적 개념은 점화능력의 본질적 억제이다.
② 본질안전 방폭구조의 Ex ib는 fault에 대한 2중 안전보장으로 0종~2종 장소에 사용할 수 있다.
③ 이론적으로는 모든 전기기기에 본질안전 방폭구조를 적용할 수 있으나, 동력을 직접 사용하는 기기에는 실제적으로 적용이 곤란하다.
④ 온도, 압력, 액면 유량 등의 검출용 측정기는 대표적인 본질안전 방폭구조의 예이다.

해설 본질안전 방폭구조의 Ex ib는 fault에 대한 2중 안전보장으로 1종~2종 장소에 사용할 수 있다.

정답 ②

5. 분진폭발 위험장소

구분	대상	장소
20종 장소	가연성 분진 등이 지속적으로 존재하는 장소	호퍼, 집진장치 내부
21종 장소	가연성 분진 등이 존재하기 쉬운 장소	호퍼, 집진장치 주위
22종 장소	가연성 분진 등이 드물게 존재하는 장소	21종 주위

6. 가연성 가스의 최대안전틈새 외워줘! 제발~

폭발 그룹	최대안전틈새
가스 및 증기그룹 IIA	0.9mm 이상
가스 및 증기그룹 IIB	0.5mm 초과 0.9mm 미만
가스 및 증기그룹 IIC	0.5mm 이하

7. 전기설비의 최고표면온도 등급 외워줘! 제발~

온도 등급	T1	T2	T3	T4	T5	T6
최고표면온도 범위	300℃ 초과 450℃ 이하	200℃ 초과 300℃ 이하	135℃ 초과 200℃ 이하	100℃ 초과 135℃ 이하	85℃ 초과 100℃ 이하	85℃ 이하

빈출 기출문제

방폭 전기기기의 온도 등급의 기호는?

① E   ② S   ③ T   ④ N

해설 방폭 전기기기의 온도 등급은 T1~T6의 기호로 표시된다.

정답 ③

빈출 기출문제

방폭 전기기기의 온도등급에서 기호 T2의 의미로 올바른 것은?

① 최고표면온도의 허용치가 135℃ 이하인 것
② 최고표면온도의 허용치가 200℃ 이하인 것
③ 최고표면온도의 허용치가 300℃ 이하인 것
④ 최고표면온도의 허용치가 450℃ 이하인 것

해설 온도 등급 T2의 최고표면온도 범위는 200℃ 초과 300℃ 이하이다.

정답 ③

방폭 전기기기의 성능을 나타내는 기호표시로 EX P ⅡA T5를 나타내었을 때 관계가 없는 표시 내용은?

① 온도등급　　　　　　　　　　　② 폭발성능
③ 방폭구조　　　　　　　　　　　④ 폭발등급

해설 EX P는 압력 방폭구조, Ⅱ는 공업용 가스, A는 폭발등급(설비등급), T5는 온도등급을 나타낸다.

정답 ②

CHAPTER 05 전기설비 위험요인 관리

핵심 키워드 전로차단 절차, 접근한계거리, 충전부 방호조치

☑ **외워줘! 제발~** 은 필수적으로 암기해야 하는 내용을 표시한 부분으로, 시간이 부족한 학습자는 이 내용 위주로 효율적으로 공부하고, 부록 '필수 암기노트'에 내용을 한 번 더 정리해 두었으니 시험 당일 들고 가서 활용하자!

☑ **형광펜**은 시험에 자주 나온 개념으로 2~3배로 꼼꼼히 암기하자! 특히, 시험 직전에는 **외워줘! 제발~** 과 **형광펜**만 모아 빠르게 학습하자!

☑ 빈출 기출문제는 시험에 자주 출제되는 문제로, 관련 개념까지 확실하게 익혀두자!

1 정전전로에서의 전기작업 외워줘! 제발~

1. 작업 전 전로차단 절차

(1) 전기기기 등에 공급되는 모든 전원을 관련 도면, 배선도 등으로 확인할 것

(2) 전원을 차단한 후 각 단로기 등을 개방하고 확인할 것

(3) 차단장치나 단로기 등에 잠금장치 및 꼬리표를 부착할 것

(4) 개로된 전로에서 유도전압 또는 전기에너지가 축적되어 근로자에게 전기위험을 끼칠 수 있는 전기기기 등은 접촉하기 전에 잔류전하를 완전히 방전시킬 것

(5) 검전기를 이용하여 작업 대상 기기가 충전되었는지를 확인할 것

(6) 전기기기 등이 다른 노출 충전부와의 접촉, 유도 또는 예비동력원의 역송전 등으로 전압이 발생할 우려가 있는 경우에는 충분한 용량을 가진 단락접지기구를 이용하여 접지할 것

2. 작업 중 또는 작업을 마친 후 전원을 공급하는 경우 준수사항 외워줘! 제발~

(1) 작업기구, 단락접지기구 등을 제거하고 전기기기 등이 안전하게 통전될 수 있는지를 확인할 것

(2) 모든 작업자가 작업이 완료된 전기기기 등에서 떨어져 있는지를 확인할 것

(3) 잠금장치와 꼬리표는 설치한 근로자가 직접 철거할 것

(4) 모든 이상 유무를 확인한 후 전기기기 등의 전원을 투입할 것

3. 전로차단을 하지 않아도 되는 경우

(1) 생명유지장치, 비상경보설비, 폭발위험장소의 환기설비, 비상조명설비 등의 장치·설비의 가동이 중지되어 사고의 위험이 증가하는 경우

(2) 기기의 설계상 또는 작동상 제한으로 전로차단이 불가능한 경우

(3) 감전, 아크 등으로 인한 화상, 화재·폭발의 위험이 없는 것으로 확인된 경우

정전작업을 하기 위한 작업 전 조치사항이 아닌 것은?

① 단락접지상태를 수시로 확인
② 전로의 충전 여부를 검전기로 확인
③ 전력용 커패시터, 전력케이블 등 잔류전하 방전
④ 거로 개폐기의 잠금장치 및 통전금지 표지판 설치

해설 단락접지상태를 수시로 확인하는 것은 작업 중 또는 작업 후의 점검사항에 해당한다. 한편, 작업 전 조치사항에는 단락접지기구를 설치하는 것이 포함된다.

정답 ①

2 충전전로에서의 전기작업

1. 충전전로 취급 시 조치사항

(1) 충전전로를 정전시키는 경우에는 전로차단 절차에 따른 조치를 할 것

(2) 충전전로를 방호, 차폐하거나 절연 등의 조치를 하는 경우에는 근로자의 신체가 전로와 직접접촉하거나 도전재료, 공구 또는 기기를 통하여 간접접촉되지 않도록 할 것

(3) 충전전로를 취급하는 근로자에게 그 작업에 적합한 절연용 보호구를 착용시킬 것

(4) 충전전로에 근접한 장소에서 전기작업을 하는 경우에는 해당 전압에 적합한 절연용 방호구를 설치할 것

(5) 고압 및 특별고압의 전로에서 전기작업을 하는 근로자에게 활선작업용 기구 및 장치를 사용하도록 할 것

(6) 근로자가 절연용 방호구의 설치 · 해체작업을 하는 경우에는 절연용 보호구를 착용하거나 활선작업용 기구 및 장치를 사용하도록 할 것

(7) 유자격자가 아닌 근로자가 충전전로 인근의 높은 곳에서 작업할 때 근로자의 몸 또는 긴 도전성 물체가 방호되지 않은 충전전로에서 대지전압이 50kV 이하인 경우에는 300cm 이내로, 50kV를 넘는 경우에는 10kV당 10cm씩 더한 거리 이내로 각각 접근할 수 없도록 할 것

(8) 유자격자가 충전전로 인근에서 작업하는 경우에는 다음의 경우를 제외하고는 노출 충전부에 다음 표에 제시된 접근한계거리 이내로 접근하거나 절연 손잡이가 없는 도전체에 접근할 수 없도록 할 것

① 근로자가 노출 충전부로부터 절연된 경우 또는 해당 전압에 적합한 절연장갑을 착용한 경우
② 노출 충전부가 다른 전위를 갖는 도전체 또는 근로자와 절연된 경우
③ 근로자가 다른 전위를 갖는 모든 도전체로부터 절연된 경우

(9) 접근한계거리 `외워줘! 제발~`

충전전로 전압	접근한계거리	충전전로 전압	접근한계거리
0.3kV 이하	접촉금지	121kV 초과 145kV 이하	150cm 이상
0.3kV 초과 0.75kV 이하	30cm 이상	145kV 초과 169kV 이하	170cm 이상
0.75kV 초과 2kV 이하	45cm 이상	169kV 초과 242kV 이하	230cm 이상
2kV 초과 15kV 이하	60cm 이상	242kV 초과 362kV 이하	380cm 이상
15kV 초과 37kV 이하	90cm 이상	362kV 초과 550kV 이하	550cm 이상
37kV 초과 88kV 이하	110cm 이상	550kV 초과 800kV 이하	790cm 이상
88kV 초과 121kV 이하	130cm 이상		

2. 충전부 접근제한 조치

(1) 울타리 설치

절연이 되지 않은 충전부나 그 인근에 근로자가 접근하는 것을 막거나 제한할 필요가 있는 경우에는 울타리를 설치하고 근로자가 쉽게 알아볼 수 있도록 하여야 한다.

다만, 전기와 접촉할 위험이 있는 경우에는 도전성이 있는 금속제 울타리를 사용하거나 접근한계거리 이내에 설치해서는 아니 된다.

(2) 감시인 배치

울타리 설치 및 표식 조치가 곤란한 경우에는 근로자를 감전위험에서 보호하기 위하여 사전에 위험을 경고하는 감시인을 배치하여야 한다.

❸ 충전전로 인근에서의 차량 · 기계장치 작업 시 안전조치

1. 충전부와 차량 등의 이격거리 준수

충전전로 인근에서 차량·기계장치 등의 작업이 있는 경우에는 차량 등을 충전전로의 충전부로부터 300cm 이상 이격시켜 유지하되, 대지전압이 50kV를 넘는 경우 이격시켜 유지하여야 하는 거리는 10kV 증가할 때마다 10cm씩 증가시켜야 한다.

다만, 차량 등의 높이를 낮춘 상태에서 이동하는 경우에는 이격거리를 120cm 이상으로 할 수 있다(대지전압이 50kV를 넘는 경우에는 10kV 증가할 때마다 이격거리 10cm씩 증가).

2. 절연용 방호구 설치 시 이격거리 준수

충전전로의 전압에 적합한 절연용 방호구 등을 설치한 경우에는 이격거리를 절연용 방호구 앞면까지로 할 수 있으며, 차량 등의 가공 붐대의 버킷이나 끝부분 등이 충전전로의 전압에 적합하게 절연되어 있고 유자격자가 작업을 수행하는 경우에는 붐대의 절연되지 않은 부분과 충전전로 간의 이격거리는 접근한계거리까지로 할 수 있다.

3. 차량 등과의 접촉금지 조치 및 예외사항

다음의 경우를 제외하고는 근로자가 차량 등의 그 어느 부분과도 접촉하지 않도록 울타리를 설치하거나 감시인 배치 등의 조치를 하여야 한다.

(1) 근로자가 해당 전압에 적합한 절연용 보호구 등을 착용하거나 사용하는 경우
(2) 차량 등의 절연되지 않은 부분이 접근한계거리 이내로 접근하지 않도록 하는 경우

4. 접촉방지 조치

충전전로 인근에서 접지된 차량 등이 충전전로와 접촉할 우려가 있을 경우에는 지상의 근로자가 접지점에 접촉하지 않도록 조치하여야 한다.

4 전기기계·기구 등으로 인한 위험방지

1. 전기기계·기구 등의 충전부 방호조치

근로자가 작업이나 통행 등으로 인하여 전기기계·기구 또는 전로 등의 충전 부분에 접촉하거나 접근함으로써 감전 위험이 있는 충전 부분에 대하여 감전을 방지하기 위하여 다음 중 하나 이상의 방법으로 방호하여야 한다.

(1) 충전부가 노출되지 않도록 폐쇄형 외함이 있는 구조로 할 것
(2) 충전부에 충분한 절연효과가 있는 방호망이나 절연덮개를 설치할 것
(3) 충전부는 내구성이 있는 절연물로 완전히 덮어 감쌀 것
(4) 발전소·변전소 및 개폐소 등 구획된 장소로서 관계 근로자가 아닌 사람의 출입이 금지되는 장소에 충전부를 설치하고, 위험표시 등의 방법으로 방호를 강화할 것
(5) 전주 위 및 철탑 위 등 격리된 장소로서 관계 근로자가 아닌 사람이 접근할 우려가 없는 장소에 충전부를 설치할 것

빈출 기출문제

충전선로의 활선작업 또는 활선근접작업을 하는 작업자의 감전위험을 방지하기 위해 착용하는 보호구로서 가장 거리가 먼 것은?

① 절연장화　　　　② 절연장갑　　　　③ 절연안전모　　　　④ 대전방지용 구두

해설 대전방지용 구두는 정전기 대책에 해당한다.

정답 ④

2. 교류아크용접기 방호장치 [외워줘! 제발~] [실기까지 출제!]

다음의 어느 하나에 해당하는 장소에서 교류아크용접기를 사용하는 경우에는 교류아크용접기에 자동전격 방지기를 설치하여야 한다.

(1) 선박의 이중선체 내부, 밸러스트 탱크(평형수 탱크), 보일러 내부 등 도전체에 둘러싸인 장소
(2) 추락할 위험이 있는 높이 2m 이상의 장소로 철골 등 도전성이 높은 물체에 근로자가 접촉할 우려가 있는 장소
(3) 근로자가 물·땀 등으로 인하여 도전성이 높은 습윤상태에서 작업하는 장소

3. 교류아크용접기용 방호장치 관련 용어 정의

(1) **교류아크용접기용 자동전격방지기**: 대상으로 하는 용접기의 주회로를 제어하는 장치를 가지고 있어, 용접봉의 조작에 따라 용접할 때에만 용접기의 주회로를 형성하고, 그 외에는 용접기의 출력측의 무부하전압을 25V 이하로 저하시키도록 동작하는 장치이다.
(2) **정격사용률**: 정격주파수, 정격전원전압에 있어서 전격방지기의 주접점에 정격전류를 단속하였을 때 전체시간에 대한 부하시간의 비를 백분율로 나타낸 값이다.
(3) **무부하 전압**: 전격방지기가 동작하고 있는 경우에 출력측에 발생하는 정상상태의 전압이다.
(4) **시동시간**: 용접봉을 피용접물에 접촉시켜서 전격방지기의 주접점이 폐로될 때까지의 시간이다.
(5) **지동시간**: 용접봉 홀더에 용접기 출력측의 무부하 전압이 발생한 후 주접점이 개방될 때까지의 시간이다.
(6) **표준시동감도**: 정격전원전압에 있어서 전격방지기를 시동시킬 수 있는 출력회로의 시동감도로서 명판에 표시된 것이다.
(7) **전격방지기 제어방식**: 전자접촉기에 의한 접점방식과 주회로용 반도체 소자에 의한 무접점방식이다.

5 과전류에 의한 전선전류밀도의 구분 [외워줘! 제발~]

구분	인화단계	착화단계	발화단계	용단단계
전선전류밀도(A/mm²)	40~43	43~60	60~120	120 이상

 빈출 기출문제

과전류에 의해 전선의 허용전류보다 큰 전류가 흐르는 경우 절연물이 화구가 없더라도 자연히 발화하고 심선이 용단되는 발화단계의 전선전류밀도(A/mm²)는?

① 10~20   ② 30~50   ③ 60~120   ④ 130~200

[해설] 발화단계의 전선전류밀도는 60~120A/mm²이다.

[정답] ③

CHAPTER 06

화재 · 폭발 검토

핵심 키워드 연소, 화재, 폭발범위, 분진폭발, 불활성화, 소화약제

☑ **외워줘! 제발~** 은 필수적으로 암기해야 하는 내용을 표시한 부분으로, 시간이 부족한 학습자는 이 내용 위주로 효율적으로 공부하고, 부록 '필수 암기노트'에 내용을 한 번 더 정리해 두었으니 시험 당일 들고 가서 활용하자!

☑ 형광펜은 시험에 자주 나온 개념으로 2~3배로 꼼꼼히 암기하자! 특히, 시험 직전에는 **외워줘! 제발~** 과 형광펜만 모아 빠르게 학습하자!

☑ 빈출 기출문제는 시험에 자주 출제되는 문제로, 관련 개념까지 확실하게 익혀두자!

1 연소

1. 연소으 정의

연소란 가연물과 산소가 반응하여 열과 빛을 발생시키는 급격한 산화반응이다.

2. 연소의 3요소 외워줘! 제발~

(1) **점화원**: 연소를 일으킬 수 있는 스파크, 정전기 스파크, 발열반응 등

(2) **가연물**: 연소가 가능한 물질

(3) **산소공급원**: 연소에 필요한 산소를 제공하는 산화성 물질, 오존, 자기반응성 물질 등

(4) **연쇄반응**: 불꽃연소에 관여하는 불꽃유지반응(연소의 4요소)

 정종대쌤의 암기 팁

3요소: 가.산.점

(가연물, 산소공급원, 점화원)

3. 연소의 종류 외워줘! 제발~

상태	형태	내용
기체연소	확산연소	연료기체와 공기 중 산소가 확산에 의해 혼합되어 연소가 진행되는 것으로 초기 혼합 없이 화염 주변에서 연료기체와 산소가 서서히 섞이며 연소됨
	예혼합연소	연료기체와 공기 중 산소가 연소 전 미리 혼합된 상태에서 연소가 진행되는 것

액체연소	증발연소	액체 표면에서 휘발성 성분이 기화하여 기체 상태로 연소가 진행되는 것
	분해연소	액체가 열분해로 가연성 가스를 생성해 연소가 진행되는 것
	액적연소 (=분무연소)	액체가 작은 액적(방울) 상태로 분산되어 연소가 진행되는 것으로 벙커C유가 이에 해당함
고체연소	표면연소	고체 표면에서만 연소가 진행되는 것으로 숯, 코크스, 목탄, 금속분이 이에 해당함
	분해연소	고체가 열분해로 가연성 가스를 생성해 연소가 진행되는 것으로 목재, 종이, 고무 등이 이에 해당함
	증발연소	고체 표면에서 휘발성 성분이 기화하여 기체 상태로 연소가 진행되는 것으로 나프탈렌, 파라핀 등이 이에 해당함
	자기연소	외부의 산소 공급 없이 자체가 가진 산소로 연소가 진행되는 것으로 폭발성 물질이 이에 해당함

 정종대쌤의 암기 팁

고체연소: 표.분.증.자

(표면연소, 분해연소, 증발연소, 자기연소)

 빈출 기출문제

고체의 연소형태 중 증발연소에 속하는 것은?

① 나프탈렌　　　　　② 목재　　　　　③ TNT　　　　　④ 목탄

해설 고체의 증발연소는 고체 표면에서 휘발성 성분이 기화하여 기체 상태로 연소가 진행되는 것으로, 나프탈렌과 파라핀이 대표적이다.

정답 ①

4. 용어 정의

(1) **발화점**: 불꽃 없이 스스로 불이 붙는 최저온도

(2) **인화점**: 화염에 의해 불이 붙을 수 있는 최저온도

(3) **최소발화에너지**: 어떤 물질이 불이 붙는 데 필요한 최소한의 에너지

(4) **보일오버(Boil Over)**: 유류탱크의 유면에서 화재가 발생하면, 열이 기름 아래에 있는 물까지 전달되어 물이 끓으면서 기름에 불이 붙은 상태로 탱크 밖으로 넘치는 현상

5. 자연발화

(1) **자연발화의 열원**

① 흡착열

② 분해열

③ 산화열

④ 미생물

(2) ㅈ·연발화의 발생조건 외워줘! 제발~

① 주위온도가 높을 것
② 표면적이 클 것
③ 적당한 습도가 있을 것
④ 열전도율이 적을 것
⑤ 발열량이 클 것

 빈출 기출문제

다음 중 자연발화의 방지법으로 적절하지 않은 것은?

① 통풍을 잘 시킬 것
② 습도가 높은 곳에 저장할 것
③ 저장실의 온도 상승을 피할 것
④ 공기가 접촉되지 않도록 불활성 물질 중에 저장할 것

해설 자연발화를 방지하기 위해서 습도가 높은 곳에 저장하지 않아야 한다. 자연발화는 일반적인 연소와는 달리 습도가 높거나 물을 만나면 격렬히 반응하여 발화되는 금수성 물질도 포함되기 때문이다.

정답 ②

2 화재·폭발

1. 화재 외워줘! 제발~

화재의 구분	명칭	표시색
A급 화재	일반(보통)화재	백색
B급 화재	유류화재	황색
C급 화재	전기화재	청색
D급 화재	금속화재	무색

2. 주요 가스의 폭발범위

가연성 가스	하한계(%)	상한계(%)
아세틸렌	2.5	81
산화에틸렌	3	80
수소	4	75
이황화탄소	1.2	44
프로판	2.1	9.5
메탄	5	15
부탄	1.8	8.4

- **아세틸렌: 이오팔일** (2.5~81)
- **수소: 사칠오** (4~75)
- **이황화탄소: 일이사** (1.2~44)

3. 가연성 가스의 위험도 공식 외워줘! 제발~

폭발상한계와 하한계의 차이를 하한계로 나누어 구한 값

$$위험도(H) = \frac{폭발상한계(U) - 폭발하한계(L)}{폭발하한계(L)}$$

4. 르샤틀리에 공식 외워줘! 제발~

혼합된 가연성 가스의 폭발하한계나 상한계를 구할 때 사용하는 식

$$L = \frac{V_1 + V_2 + \cdots + V_n}{\dfrac{V_1}{L_1} + \dfrac{V_2}{L_2} + \cdots + \dfrac{V_n}{L_n}}$$

(* L: 혼합가스의 폭발한계치, V_n: 성분 체적(%), L_n: 각 성분 단독의 폭발한계치)

5. 완전연소 조성농도(=화학양론 농도) 외워줘! 제발~

$$C_{ST} = \frac{100}{1 + 4.773\left(C + \dfrac{H - Cl - 2O}{4}\right)}$$

(* C: 탄소원자수 H: 수소원자수, Cl: 염소원자수, O: 산소원자수)

6. 대표적인 폭발현상 외워줘! 제발~

(1) **BLEVE(비등액체팽창 증기폭발)**

밀폐 탱크가 주변 화재로 인해 가열되어 탱크 내의 위험물이 고압의 증기상태로 있다가 탱크 취약부의 균열로 인해 폭발적으로 빠져나가는 현상이다.

(2) **UVCE(증기운폭발)**

대기 중을 떠다니는 가연성 가스·증기 등이 점화원에 의해 대기 중에서 폭발을 일으키는 현상이다.

7. 폭굉유도거리가 짧아지는 조건 외워줘! 제발~

폭굉은 연소속도가 음속(340m/s)보다 클 때 발생한다.

(1) 관 속에 장애물이 있을 경우

(2) 관 지름이 작을 경우

(3) 점화에너지가 클 경우

(4) 정상연소속도가 클 경우

8. 분진폭발 과정 외워줘! 제발~

(1) 퇴적 분진이 비산함

(2) 비산된 분진이 공기 중에 분산됨

(3) 점화원에 의해 1차 폭발함

(4) 1차 폭발에서 발생한 불완전연소 가스가 2차, 3차 폭발함

빈출 기출문제

분진폭발의 특징으로 옳은 것은?

① 연소속도가 가스폭발보다 크다.　　② 완전연소로 가스중독의 위험이 작다.

③ 화염의 파급속도보다 압력의 파급속도가 크다.　　④ 가스폭발보다 연소시간은 짧고 발생에너지는 작다.

해설　① 연소속도가 가스폭발보다 느리다.

　　　② 불완전연소로 가스중독의 위험이 크다.

　　　④ 가스폭발보다 연소시간은 길고 발생에너지는 크다.

정답　③

---

9. 불활성화(＝퍼지, 치환) 외워줘! 제발~

(1) **압력퍼지**: 용기 내에 질소(불활성 가스)를 주입, 가압하여 치환하는 방법

(2) **진공퍼지**: 용기 내의 유해가스를 빨아들여 용기 내부에 진공(−)압을 발생시켜 치환하는 방법

(3) **사이펀퍼지**: 용기에 물 또는 비인화성, 비반응성의 적합한 액체를 채운 후 액체를 배출하는 동시에 불활성 가스를 주입하여 내부 기체를 치환하는 방법

(4) **스위프퍼지**: 용기의 한 개구부로 불활성 가스를 주입하고 다른 개구부를 통해 대기 또는 스크러버 등으로 혼합가스를 용기에서 방출하여 압력 변화를 최소화하여 치환하는 방법

 정종대쌤의 암기 팁

사.스.진.압

(**사**이펀퍼지, **스**위프퍼지, **진**공퍼지, **압**력퍼지)

3 소화효과 외워줘! 제발~

1. 소화방법

(1) **냉각소화**: 물의 증발 잠열을 이용하여 소화하는 방법

(2) **질식소화**: 산소 농도를 저하시켜 소화하는 방법

(3) **억제소화**: 연쇄반응을 차단하여 소화하는 방법

(4) **제거소화**: 가연물을 제거하여 소화하는 방법

✓ **빈출 기출문제**

가연성 기체의 분출 화재 시 주공급밸브를 닫아서 연료공급을 차단하여 소화하는 방법은?

① 제거소화   ② 냉각소화   ③ 희석소화   ④ 억제소화

해설 주공급밸브를 닫는 행위는 연소에 필요한 연료를 차단하는 것으로, 가연물을 제거하여 소화하는 방법이다.

정답 ①

---

4 소화약제

1. 분말 소화약제 외워줘! 제발~

(1) **제1종 분말**: 탄산수소나트륨

(2) **제2종 분말**: 탄산수소칼륨

(3) **제3종 분말**: 제1인산암모늄

(4) **제4종 분말**: 탄산수소칼륨＋요소

✓ **빈출 기출문제**

다음 중 분말 소화약제로 가장 적절한 것은?

① 사염화탄소   ② 브롬화메탄   ③ 수산화암모늄   ④ 제1인산암모늄

해설 제1인산암모늄은 분말 소화약제 중 제3종 분말에 해당한다.

정답 ④

---

2. 할로겐 화합물 소화약제 외워줘! 제발~

(1) 주요 구성원소는 C, F, Cl, Br임

(2) 연쇄반응 차단효과가 있음

(3) 오존층파괴로 환경문제가 대두됨

할론 소화약제 중 Halon 2402의 화학식으로 옳은 것은?

① $C_2F_4Br_2$　　　　② $C_2H_4Br_2$　　　　③ $C_2Br_4H_2$　　　　④ $C_2Br_4F_2$

해설 　할론 소화약제의 숫자는 순서대로 C, F, Cl, Br의 개수를 나타낸다. Halon 2402는 C 2개, F 4개, Cl 0개, Br 2개로 구성된다.

정답 　①

3. 물 소화약제

(1) 증발 잠열의 냉각효과가 주된 소화작용임

(2) 봉상주수, 적상주수, 무상주수형태 등 3가지의 주수형태가 있음

(3) 무상주수는 A, B, C급 화재 적응성이 있음

4. CO_2 소화약제

(1) 산소농도를 15% 이하로 저하시켜 소화함

(2) 방출 시 소음이 크며 드라이아이스를 생성함

(3) 전기화재 적응성이 뛰어남

다음 중 CO_2 소화약제의 장점으로 볼 수 없는 것은?

① 기체 팽창률 및 기화 잠열이 작다.

② 액화하여 용기에 보관할 수 있다.

③ 전기에 대해 부도체이다.

④ 자체 증기압이 높기 때문에 자체 압력으로 방사가 가능하다.

해설 　이산화탄소 소화약제는 기체 팽창률과 기화 잠열이 커서 냉각효과가 뛰어나다.

정답 　①

5. 포 소화설비

(1) 물과 포 원액을 혼합하여 생성된 거품으로 가연물 표면을 덮어 소화하는 방식

(2) 수성막포는 비수용성 위험물에, 알콜포는 수용성 위험물에 사용

(3) 질식소화가 주된 소화효과이며 냉각소화효과도 기대할 수 있는 소화방식

(4) 포 혼합방식의 종류 　외워줘! 제발~

① 펌프 프로포셔너방식: 펌프의 토출관과 흡입관 사이의 배관 도중에 설치한 흡입기에 펌프로부터 토출된 물의 일부를 보내고, 농도 조정밸브에서 조정된 포 소화약제의 필요량을 포 소화약제 저장탱크에서 펌프 흡입측으로 보내어 혼합한다.

② 프레셔 프로포셔너방식: 펌프와 발포기의 중간에 설치된 벤투리관의 벤투리작용과 펌프 가압수의 포 소화약제 저장탱크에 대한 압력에 따라 포 소화약제를 흡입·혼합한다.

③ 라인 프로포셔너방식: 펌프와 발포기의 중간에 설치된 벤투리관의 벤투리작용에 따라 포 소화약제를 흡입·혼합한다.

④ 프레셔사이드 프로포셔너방식: 펌프의 토출관에 압입기를 설치하여 포 소화약제 압입용 펌프로 포 소화약제를 압입시켜 혼합한다.

⑤ 압축공기 포 소화설비: 압축공기 또는 압축질소를 일정 비율로 포 수용액에 강제 주입하여 혼합한다.

빈출 기출문제

다음 중 포 소화약제 혼합장치로서 정하여진 농도로 물과 혼합하여 거품 수용액을 만드는 장치가 아닌 것은?

① 관로혼합장치　　　　　　　　　② 차압혼합장치
③ 낙하혼합장치　　　　　　　　　④ 펌프혼합장치

해설 낙하혼합장치라는 명칭은 존재하지 않는다. 포 소화약제 혼합장치의 종류는 다음과 같다.
- 관로혼합장치(=라인 프로포셔너방식)
- 차압혼합장치(=프레셔 프로포셔너방식)
- 압입혼합장치(=프레셔사이드 프로포셔너방식)
- 펌프혼합장치(=펌프 프로포셔너방식)

정답 ③

CHAPTER 07

화학물질 안전관리 실행

핵심 키워드 위험물의 종류, 안전장치, 특수화학설비, 부속설비

☑ **외워줘! 제발~**은 필수적으로 암기해야 하는 내용을 표시한 부분으로, 시간이 부족한 학습자는 이 내용 위주로 효율적으로 공부하고, 부록 '필수 암기노트'에 내용을 한 번 더 정리해 두었으니 시험 당일 들고 가서 활용하자!

☑ **형광펜**은 시험에 자주 나온 개념으로 2~3배로 꼼꼼히 암기하자! 특히, 시험 직전에는 **외워줘! 제발~**과 **형광펜**만 모아 빠르게 학습하자!

☑ 빈출 기출문제는 시험에 자주 출제되는 문제로, 관련 개념까지 확실히 익혀두자!

1 위험물의 종류 외워줘! 제발~

1. 폭발성 물질 및 유기과산화물

(1) **정의**: 가열, 마찰, 충격 또는 다른 화학물질과의 접촉 등으로 인하여 산소나 산화제의 공급이 없더라도 폭발 등 격렬한 반응을 일으킬 수 있는 고체나 액체

(2) **종류**

① 질산에스테르류　　　　　　　② 니트로화합물

③ 니트로소화합물　　　　　　　④ 아조화합물

⑤ 디아조화합물　　　　　　　　⑥ 하이드라진 및 그 유도체

⑦ 유기과산화물

빈출 기출문제

니트로셀룰로오스의 취급 및 저장방법에 관한 설명으로 틀린 것은?

① 저장 중 충격과 마찰 등을 방지하여야 한다.

② 물과 격렬히 반응하여 폭발하므로 습기를 제거하고, 건조상태를 유지한다.

③ 자연발화 방지를 위하여 안전용제를 사용한다.

④ 화재 시 질식소화는 적응성이 없으므로 냉각소화를 한다.

해설 니트로셀룰로오스는 건조상태에서 자연발화 위험이 있는 폭발성 물질이다. 따라서 장기 보관 시 물이나 알코올을 사용하여 습면상태로 보관해야 한다.

정답 ②

2. 물 반응성 물질(=금수성 물질) 및 인화성 고체

(1) **정의**: 스스로 발화하거나 물과 접촉하여 발화하는 등 발화가 용이하고 가연성 가스가 발생할 수 있는 물질

(2) **종류**

① 리튬
② 칼륨·나트륨
③ 황
④ 황린
⑤ 황화인·적린
⑥ 셀룰로이드류
⑦ 알킬알루미늄·알킬리튬
⑧ 마그네슘 분말
⑨ 금속 분말(마그네슘 분말 제외)
⑩ 알칼리금속(리튬·칼륨 및 나트륨 제외)
⑪ 유기 금속화합물(알킬알루미늄 및 알킬리튬 제외)
⑫ 금속의 수소화물
⑬ 금속의 인화물
⑭ 칼슘탄화물, 알루미늄의 탄화물

빈출 기출문제

트리에틸알루미늄에 화재가 발생하였을 때 다음 중 가장 적합한 소화약제는?

① 팽창질석   ② 할로겐 화합물   ③ 이산화탄소   ④ 물

해설 트리에틸알루미늄은 알킬알루미늄의 한 종류이며 금수성 물질에 해당한다. 금수성 물질은 오직 마른 모래, 팽창질석, 팽창진주암으로 소화할 수 있다.

정답 ①

3. 산화성 액체 및 고체

(1) **정의**: 산화력이 강하여 열을 가하거나 충격을 줄 경우 또는 다른 화학물질과 접촉할 경우에 격렬히 분해되는 등의 반응을 일으키는 고체 및 액체

(2) **종류**

① 차아염소산 및 그 염류
② 아염소산 및 그 염류
③ 염소산 및 그 염류
④ 과염소산 및 그 염류
⑤ 브롬산 및 그 염류
⑥ 요오드산 및 그 염류
⑦ 과산화수소 및 무기 과산화물
⑧ 질산 및 그 염류
⑨ 과망간산 및 그 염류
⑩ 중크롬산 및 그 염류

4. 인화성 액체

(1) **정의**: 대기압 하에서 인화점이 60℃ 이하인 액체

(2) **종류**

　① 어틸에테르, 가솔린, 아세트알데히드, 산화프로필렌, 그 밖에 인화점 23℃ 미만에 끓는점 35℃ 이하인 물질

　② 노르말헥산, 아세톤, 메틸에틸케톤, 그 밖에 인화점 23℃ 미만에 끓는점 35℃ 초과인 물질

　③ 크실렌, 아세트산아밀, 등유, 경유, 그 밖에 인화점 23℃ 이상 60℃ 이하인 물질

5. 인화성 가스

(1) **정의**: 인화한계 농도의 최저한도가 13% 이하 또는 최저한도와 최고한도의 차가 12% 이상인 것으로서 표준압력(101.3kPa), 20℃에서 가스상태인 물질

(2) **종류**

　① 수소　　　　　　　　　② 아세틸렌

　③ 어틸렌　　　　　　　　④ 메탄

　⑤ 어탄　　　　　　　　　⑥ 프로판

　⑦ 부탄

　⑧ 기타 20℃, 표준압력에서 기체상태인 인화성 가스

6. 부식성 물질

(1) **정의**: 금속 등을 쉽게 부식시키고 인체에 접촉하면 심한 상해(화상)를 입히는 물질

(2) **부식성 산류**

　① 농도가 20% 이상인 염산, 황산, 질산

　② 농도가 60% 이상인 인산, 아세트산, 불산

(3) **부식성 염기류**

　농도가 40% 이상인 수산화나트륨, 수산화칼륨

 빈출 기출문제

산업안전보건법령상 '부식성 산류'에 해당하지 않는 것은?

① 농도 20%인 염산　　　　　　　② 농도 40%인 인산

③ 농도 50%인 질산　　　　　　　④ 농도 60%인 아세트산

해설 부식성 산류에는 농도 20% 이상인 염산, 황산, 질산과 농도 60% 이상인 인산, 아세트산, 불산이 있다.

정답 ②

7. 급성 독성 물질

실험방법	경구	경피	흡입		
실험동물	쥐	쥐 또는 토끼	쥐		
물질의 양	300mg/kg 이하	1,000mg/kg 이하	2,500ppm 이하	증기 10mg/l 이하	분진, 미스트 1mg/l 이하

(1) 쥐에 대한 경구투입실험에 의하여 실험동물의 50%를 사망시킬 수 있는 물질의 양. 즉, LD50(경구, 쥐)이 300mg/kg 이하인 화학물질

(2) 쥐 또는 토끼에 대한 경피흡수실험에 의하여 실험동물의 50%를 사망시킬 수 있는 물질의 양. 즉, LD50이 1,000mg/kg 이하인 화학물질

(3) 쥐에 대한 4시간의 흡입실험에 의하여 실험동물의 50%를 사망시킬 수 있는 물질의 농도. 즉, LC50이 2,500ppm 이하 또는 증기 10mg/l 이하 또는 분진 1mg/l 이하인 화학물질

2 화학설비의 안전기준

1. 안전장치의 종류 외워줴! 제발~

(1) **안전밸브**: 설정압력 이상일 경우 압력을 방출하는 장치

(2) **파열판**: 압력의 상승이 급격할 경우, 안전밸브의 사용이 곤란한 경우에 사용하는 장치

(3) **통기밸브**: 탱크 내의 압력이 높으면 방출하고, 탱크 내의 압력이 낮으면 흡입하는 밸브

(4) **화염방지기**: 화염의 전파를 방지하기 위해 사용하는 장치

(5) **자동경보장치**: 이상가스의 발생 시 가스를 검지하여 경보를 발하는 장치

✓ 빈출 기출문제

유류저장탱크에서 화염의 차단을 목적으로 외부에 증기를 방출하기도 하고 탱크 내에 외기를 흡입하기도 하는 부분에 설치하는 안전장치는?

① Vent Stack   ② Safety Valve
③ Gate Valve   ④ Flame Arrester

해설 화염방지기(Flame Arrester)는 화염의 전파를 방지하기 위해 사용한다. 그 외의 안전장치에 대한 설명은 다음과 같다.
   • 밴트스택(Vent Stack): 가스 배출용 배관
   • 안전밸브(Safety Valve): 압력 해소를 위한 밸브
   • 게이트밸브(Gate Valve): 유체의 흐름을 개폐하는 밸브

정답 ④

2. 안전밸브 등의 작동요건

안전밸브 등은 안전밸브 등을 통하여 보호하려는 화학설비 및 그 부속설비의 최고사용압력 이하에서 작동되도록 하여야 한다. 다만, 안전밸브 등이 2개 이상 설치된 경우에 1개는 최고사용압력의 1.05배(외부화재 대비는 1.1배) 이하에서 작동되도록 설치할 수 있다.

3. 파열판의 설치조건 `외워줘! 제발~` `실기까지 출제!`

(1) 반응폭주 등 급격한 압력상승의 우려가 있는 경우
(2) 독성물질의 누출로 인하여 주위의 작업환경을 오염시킬 우려가 있는 경우
(3) 운전 중 안전밸브에 이상 물질이 누적되어 안전밸브가 작동되지 아니할 우려가 있는 경우

 빈출 기출문제

이상반응 또는 폭발로 인하여 발생되는 압력의 방출장치가 아닌 것은?

① 과열판   ② 폭압방산구
③ 화염방지기   ④ 가용합금 안전밸브

`해설` 화염방지기는 압력의 방출이 목적이 아닌 화염의 전파를 방지하기 위해 사용한다. 한편, 가용합금 안전밸브는 고압가스 용기에 사용되며 화재 등으로 용기의 온도가 상승하였을 때 금속의 일부분을 녹여 가스의 배출구를 만들어 압력을 방출하여 폭발을 방지하기 위해 사용한다.

`정답` ③

---

4. 특수화학설비

(1) 특수화학설비의 종류

① 발열반응이 일어나는 반응장치
② 증류·정류·증발·추출 등 분리하는 장치
③ 가열시켜 주는 물질의 온도가 가열되는 위험물질의 분해온도 또는 발화점보다 높은 상태에서 운전되는 설비
④ 반응 폭주 등 이상 화학반응에 의하여 위험물질이 발생할 우려가 있는 설비
⑤ 온도가 350℃ 이상이거나 게이지압력이 980kPa 이상인 상태에서 운전되는 설비
⑥ 가열로 또는 가열기

(2) 특수화학설비의 안전장치 `외워줘! 제발~`

① 계측장치 등의 설치(온도계·유량계·압력계 등)
② 자동경보장치의 설치
③ 긴급차단장치의 설치
④ 예비동력원 설치

산업안전보건법령에 따라 사업주가 특수화학설비를 설치하는 때에 그 내부의 이상상태를 조기에 파악하기 위하여 설치하여야 하는 장치는?

① 자동경보장치　　　　　　　　　　② 긴급차단장치
③ 자동문개폐장치　　　　　　　　　　④ 스크러버개방장치

해설 특수화학설비를 설치하는 때에 그 내부의 이상상태를 조기에 파악하기 위하여 계측장치와 자동경보장치를 설치해야 한다.

정답 ①

5. 위험물 건조설비를 설치하는 건축물의 구조 외워줘! 제발~

(1) 건조실을 설치하는 건축물의 구조는 독립된 단층건물로 구성
(2) 위험물을 가열·건조하는 경우 **내용적이 1m³ 이상인 건조설비**
(3) 위험물이 아닌 물질을 가열·건조하는 경우로, 다음의 어느 하나의 용량에 해당하는 건조설비
　① 고체 또는 액체연료의 최대사용량이 10kg/h 이상
　② 기체연료의 최대사용량이 1m³/h 이상
　③ 전기사용 정격용량이 10kW 이상

 정종대쌤의 암기 팁

위험물 건조설비 기준: 1, 10, 1, 10

산업안전보건법령상 건조설비를 사용하여 작업을 하는 경우 폭발 또는 화재를 예방하기 위하여 준수하여야 하는 사항으로 적절하지 않은 것은?

① 위험물 건조설비를 사용하는 때에는 미리 내부를 청소하거나 환기할 것
② 위험물 건조설비를 사용하는 때에는 건조로 인하여 발생하는 가스·증기 또는 분진에 의하여 폭발·화재의 위험이 있는 물질을 안전한 장소로 배출시킬 것
③ 위험물 건조설비를 사용하여 가열건조하는 건조물은 쉽게 이탈되도록 할 것
④ 고온으로 가열건조한 인화성 액체는 발화의 위험이 없는 온도로 냉각한 후에 격납시킬 것

해설 위험물 건조설비를 사용하여 가열건조하는 건조물은 쉽게 이탈되지 않도록 해야 한다.

정답 ③

6. 국소배기장치의 설치기준

(1) 후드 설치기준
① 유해물질이 발생하는 곳마다 설치할 것
② 해당 분진 등의 발산원을 제어할 수 있는 구조일 것
③ 후드 형식은 포위식 또는 부스식 후드를 설치할 것
④ 외부식 또는 리시버식 후드는 해당 분진 등의 발산원에 가장 가까운 위치에 설치할 것

(2) 덕트 설치기준
① 가능하면 길이는 짧게, 굴곡부는 적게 할 것
② 접속부의 안쪽은 돌출된 부분이 없도록 할 것
③ 청소구를 설치하는 등 청소하기 쉬운 구조로 할 것
④ 덕트 내부에 오염물질이 쌓이지 아니하도록 이송속도를 유지할 것
⑤ 연결 부위 등은 외부 공기가 들어오지 않도록 할 것

7. 가스 용기

(1) 가스 용기의 설치·저장금지 장소
① 통풍 또는 환기가 불충분한 장소
② 화기를 사용하는 장소 및 그 부근
③ 위험물·화약류 또는 가연성 물질을 취급하는 장소 및 그 부근

(2) 가연성가스 및 독성가스 용기의 도색

가스의 종류	도색	가스의 종류	도색
액화석유가스	밝은 회색	액화암모니아	백색
수소	주황색	액화염소	갈색
아세틸렌	황색	그 밖의 가스	회색

 **정종대쌤의 암기 팁**

석회산, 암백색, 소주, 염갈색, 아황색

(액화**석**유가스 − 밝은 **회**색, 액화**암**모니아 − **백**색, **수**소 − **주**황색, 액화**염**소 − **갈**색, **아**세틸렌 − **황**색)

 빈출 기출문제

금속의 용접·용단 또는 가열에 사용되는 가스 등의 용기를 취급할 때의 준수사항으로 틀린 것은?

① 전도의 위험이 없도록 한다.
② 밸브를 서서히 개폐한다.
③ 용해아세틸렌의 용기는 세워서 보관한다.
④ 용기의 온도를 65℃ 이하로 유지한다.

해설 용기의 온도를 40℃ 이하로 유지해야 한다.

정답 ④

8. 밀폐공간 작업 `외워줘! 제발~`

(1) 용어 정의

① 밀폐공간: 산소결핍, 유해가스로 인한 질식·화재·폭발 등의 위험이 있는 장소

② 적정공기: 산소농도의 범위가 18% 이상 23.5% 미만, 이산화탄소의 농도가 1.5% 미만, 일산화탄소의 농도가 30ppm 미만, 황화수소의 농도가 10ppm 미만인 수준의 공기

종류	산소	이산화탄소	일산화탄소	황화수소
농도 범위	18% 이상 23.5% 미만	1.5% 미만	30ppm 미만	10ppm 미만

③ 산소결핍: 공기 중의 산소농도가 18% 미만인 상태

(2) 밀폐공간 작업 시의 안전조치 `외워줘! 제발~`

① 환기를 철저히 할 것

② 인원 점검을 확실히 할 것

③ 관계 근로자 외의 자는 출입을 금지할 것

④ 연락을 위한 통신설비를 갖출 것

⑤ 송기마스크, 사다리 및 섬유로프 등을 비치할 것

(3) 밀폐공간 작업 시 관리감독자의 직무

① 산소가 결핍된 공기나 유해가스에 노출되지 않도록 작업시작 전에 작업방법을 결정하고 이에 따라 당해 근로자의 작업을 지휘하는 일

② 작업을 행하는 장소의 공기가 적정한지를 작업시작 전에 확인하는 일

③ 측정장비, 환기장치 또는 송기마스크 등을 작업시작 전에 점검하는 일

④ 근로자에게 송기마스크 등의 착용을 지도하고 착용상황을 점검하는 일

9. 화학설비 및 그 부속설비 `외워줘! 제발~`

(1) 화학설비

① 반응기·혼합조 등 화학물질 반응 또는 혼합장치

② 증류탑·흡수탑·추출탑·감압탑 등 화학물질 분리장치

③ 저장탱크·계량탱크·호퍼·사일로 등 화학물질 저장설비 또는 계량설비

④ 응축기·냉각기·가열기·증발기 등 열교환기류

⑤ 고로 등 점화기를 직접 사용하는 열교환기류

⑥ 캘린더(Calender)·혼합기·발포기·인쇄기·압출기 등 화학제품 가공설비

⑦ 분쇄기·분체분리기·용융기 등 분체화학물질 취급장치

⑧ 결정조·유동탑·탈습기·건조기 등 분체화학물질 분리장치

⑨ 펌프류·압축기·이젝터(Ejector) 등의 화학물질 이송 또는 압축설비

(2) 화학설비의 부속설비

① 배관·밸브·관·부속류 등 화학물질 이송 관련 설비

② 온도·압력·유량 등을 지시·기록 등을 하는 자동제어 관련 설비

③ 안전밸브·안전판·긴급차단 또는 방출밸브 등 비상조치 관련 설비

④ 가스누출감지 및 경보 관련 설비

⑤ 세정기, 응축기, 벤트스택, 플레어스택 등 폐가스처리설비

⑥ 사이클론, 백필터(Bag Filter), 전기집진기 등 분진처리설비

⑦ 위 항목까지의 설비를 운전하기 위하여 부속된 전기 관련 설비

⑧ 정전기 제거장치, 긴급 샤워설비 등 안전 관련 설비

 빈출 기출문제

산업안전보건법령상 화학설비와 화학설비의 부속설비를 구분할 때 화학설비에 해당하는 것은?

① 응축기 · 냉각기 · 가열기 · 증발기 등 열교환기류
② 사이클론 · 백필터 · 전기집진기 등 분진처리설비
③ 온도 · 압력 · 유량 등을 지시 · 기록 등을 하는 자동제어 관련 설비
④ 안전밸브 · 안전판 · 긴급차단 또는 방출밸브 등 비상조치 관련 설비

해설 응축기 · 냉각기 · 가열기 · 증발기 등 열교환기류가 화학설비에 해당한다.

정답 ①

08 화공 안전운전 · 점검

핵심 키워드 공정안전보고서, 물질안전보건자료, 허용농도

☑ **외워줘! 제발~**은 필수적으로 암기해야 하는 내용을 표시한 부분으로, 시간이 부족한 학습자는 이 내용 위주로 효율적으로 공부하고, 부록 '필수 암기노트'에 내용을 한 번 더 정리해 두었으니 시험 당일 들고 가서 활용하자!

☑ 형광펜은 시험에 자주 나온 개념으로 2~3배로 꼼꼼히 암기하자! 특히, 시험 직전에는 **외워줘! 제발~**과 형광펜만 모아 빠르게 학습하자!

☑ 빈출 기출문제는 시험에 자주 출제되는 문제로, 관련 개념까지 확실하게 익혀두자!

1 공정안전보고서

1. 공정안전보고서 제출대상 사업 **외워줘! 제발~**

(1) **원유** 정제처리업

(2) 기타 **석유**정제물 재처리업

(3) 석유화학계 기초화학물 제조업 또는 **합성수지** 및 기타 플라스틱물질 제조업

(4) 질소, 인산 및 칼리질 **비료** 제조업

(5) **복합비료** 제조업

(6) **농약** 제조업

(7) **화약 및 불꽃**제품 제조업

 정종대쌤의 암기 팁

원석이 비료를 뿌리며 농사짓다 화약을 터트림

(원유, 석유, 비료, 농약, 화약)

 빈출 기출문제

공정안전관리(Process Safety Management, PSM)의 적용대상 사업장이 아닌 것은?

① 복합비료 제조업　　　　　　　　② 농약 원제 제조업
③ 차량 등의 운송설비업　　　　　④ 합성수지 및 기타 플라스틱물질 제조업

해설 공정안전보고서 제출대상 업종은 원유, 석유, 합성수지, 비료, 농약, 화약 등을 다루는 업종으로, 차량 등의 운송설비업은 해당되지 않는다.

정답 ③

2. 공정안전보고서의 내용 `외워줘! 제발~`

(1) 공정안전자료

(2) 공정위험성평가서 및 잠재위험에 대한 사고예방·피해 최소화 대책

(3) 안전운전계획

(4) 비상조치계획

3. 공정안전보고서의 제출시기

유해·위험설비의 설치·이전 또는 주요구조 부분의 변경공사의 착공일 30일 전까지 공정안전보고서를 2부 작성하여 공단에 제출하여야 한다.

2 물질안전보건자료(MSDS)

1. 물질안전보건자료의 작성항목 `외워줘! 제발~`

(1) 화학제품과 회사에 관한 정보

(2) 유해성·위험성

(3) 구성성분의 명칭 및 함유량

(4) 응급조치 요령

(5) 폭발·화재 시 대처방법

(6) 누출사고 시 대처방법

(7) 취급 및 저장방법

(8) 노출방지 및 개인 보호구

(9) 물리·화학적 특성

(10) 안정성 및 반응성

(11) 독성에 관한 정보

(12) 환경에 미치는 영향

(13) 폐기 시 주의사항

(14) 운송에 필요한 정보

(15) 법적 규제 현황

(16) 그 밖의 참고사항

3 유해물질의 허용농도표시

1. TLV-TWA(시간가중평균 허용농도)

1일 8시간 작업 시 노출되어도 인체에 해가 없는 것이 확인된 유해물질의 허용농도

2. STEL(단시간 노출한계)

1회 15분, 1일 4회에 거쳐 인체에 노출되어도 인체에 해가 없는 유해물질의 허용농도

3. Ceiling(최고 노출농도)

작업동안 잠시라도 노출되어서는 안 되는 농도

정종대쌤이 말하는
100% 합격
기출 공부법

▶ 과목별 기출로 학습! ◀

- 이론 학습 후, 바로 기출문제를 학습함으로써 기억에 더 오래 남을 수 있도록 과목 및 출제개념별로 기출문제를 구성했습니다.
- 과목별 기출문제를 풀고, 문항별 개념까지 한 번 더 체크해 보세요.

▶ 중복소거된 5개년 기출 학습! ◀

- 산업안전산업기사 필기시험의 경우, 문제은행 방식으로 출제되어 매 시험마다 이전에 출제되었던 문제들이 일부 중복되어 재출제됩니다.
- 공부시간을 단축할 수 있도록 중복 출제된 기출문제들은 소거하여 수록하였습니다.

▶ 문항별 기출연도 확인! ◀

- 문항별 기출연도를 표기하여 빈출 정도를 한눈에 확인할 수 있게 하였습니다.
- 문항별 기출연도 표기 개수가 많을수록 시험에 자주 출제된 문제이며, 표기가 5개인 문제는 출제 횟수가 5회 이상인 기출문제로 집중 학습이 필요한 문제입니다.

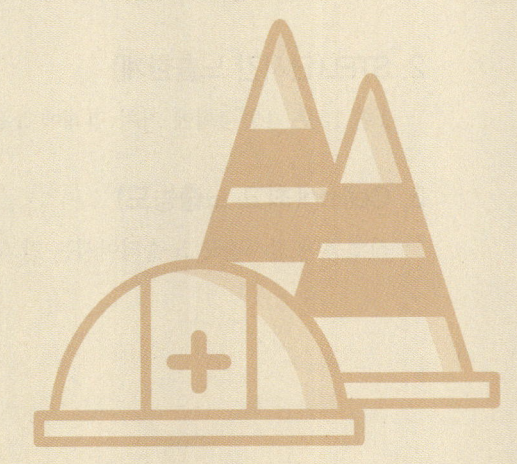

최신 5개년 기출

2025~2021년

CHAPTER 01

전기안전관리 업무수행

기출문제 활용법 문항별 기출 표기 개수가 많을수록 시험에 자주 출제된 문제! 표기가 5개인 문제는 출제 횟수가 5회 이상인 기출문제로 무조건 암기 필수!

3회독 공부전략 1회독은 문제 → 선지 → 답 → 해설 순서로 정독! 2회독부터는 직접 문제 풀기, 3회독 때는 ×, △ 표시된 문제만 다시 풀기! 회독할 때마다 문제 옆 회독표에 ○, ×, △로 표시하여 3회독까지 ×로 표시된 문제는 부록에 포함된 "틈틈 오답노트"에 따로 정리해 공부하세요! [○: 정확히 알고 푼 문제 △: 부분적으로 알고 푼 문제 ×: 개념 학습이 필요한 문제]

25년 3회 24년 3회 24년 2회 ✔ 회독 ☐☐☐

01 다음 중 전압의 분류가 잘못된 것은?

① 1,000V 이하의 교류 전압 – 저압

② 1,500V 이하의 직류 전압 – 저압

③ 1,000V 초과 7kV 이하의 교류 전압 – 고압

④ 10kV를 초과하는 직류 전압 – 초고압

> 직류 전압 7,000V를 초과하는 경우에 초고압으로 분류된다.
>
> **출제개념** 전압의 분류 기준

23년 3회 22년 2회 ✔ 회독 ☐☐☐

02 전압은 저압, 고압 및 특별고압으로 구분되고 있다. 다음 중 저압에 대한 설명으로 가장 알맞은 것은?

① 직류 1,500V 미만, 교류 1,100V 미만

② 직류 1,500V 이하, 교류 1,100V 이하

③ 직류 1,500V 이하, 교류 1,000V 이하

④ 직류 1,500V 미만, 교류 1,000V 미만

> 전압 범위는 다음과 같이 구분할 수 있다.
> - 저압: 직류 1,500V 이하, 교류 1,000V 이하
> - 고압: 직류 1,500V 초과~7,000V 이하, 교류 1,000V 초과~7,000V 이하
> - 특고압: 7,000V 초과
>
> **출제개념** 전압의 분류 기준

정답 **01** ④ **02** ③

CHAPTER 02 감전재해 및 방지대책

기출문제 활용법 문항별 기출 표기 개수가 많을수록 시험에 자주 출제된 문제! 표기가 5개인 문제는 출제 횟수가 5회 이상인 기출문제로 무조건 암기 필수!

3회독 공부전략 1회독은 문제 → 선지 → 답 → 해설 순서로 정독! 2회독부터는 직접 문제 풀기, 3회독 때는 ×, △ 표시된 문제만 다시 풀기! 회독할 때마다 문제 옆 회독표에 O, ×, △로 표시하여 3회독까지 ×로 표시된 문제는 부록에 포함된 "틈틈 오답노트"에 따로 정리해 공부하세요! [O: 정확히 알고 푼 문제 △: 부분적으로 알고 푼 문제 ×: 개념 학습이 필요한 문제]

25년 1회 24년 3회 24년 1회   ✔ 회독 ☐☐☐

01 전기누전 화재의 요인에 맞는 것은?

① 발화점, 누전점, 접지점
② 발화점, 누전점, 접촉점
③ 접지점, 접촉점, 발화점
④ 발화점, 접촉점, 접지점

▼

전기누전 화재는 발화점, 누전점, 접지점이 주요 요인으로 작용한다.

출제개념 전기누전 화재의 요인

25년 1회 24년 3회   ✔ 회독 ☐☐☐

02 전기기계·기구의 누전에 의한 감전위험을 방지하기 위하여 해당 전로에는 정격에 적합하고 감도가 양호한 감전방지용 누전차단기를 설치하여야 한다. 이 누전차단기의 기준은 정격감도전류가 30mA 이하이고 작동시간은 몇 초 이내여야 하는가?

① 0.03초   ② 0.1초
③ 0.3초   ④ 0.5초

▼

인체감전방지용 고감도 고속형 누전차단기는 정격감도전류가 30mA 이하이고, 작동시간은 0.03초 이내여야 한다. 다만, 정격전부하전류가 50A 이상인 경우에 정격감도전류는 200mA 이하로, 작동시간 0.1초 이내로 할 수 있다.

출제개념 누전차단기의 기준

정답 01 ① 02 ①

03 전기기계·기구에 대하여 누전에 의한 감전위험을 방지하기 위하여 누전차단기를 전기기계·기구에 접속할 때 준수하여야 할 사항으로 옳은 것은?

① 누전차단기는 정격감도전류가 60mA 이하이고 작동시간은 0.1초 이내일 것

② 누전차단기는 정격감도전류가 50mA 이하이고 작동시간은 0.08초 이내일 것

③ 누전차단기는 정격감도전류가 40mA 이하이고 작동시간은 0.06초 이내일 것

④ 누전차단기는 정격감도전류가 30mA 이하이고 작동시간은 0.03초 이내일 것

> 감전위험을 방지하기 위한 누전차단기의 기준은 정격감도전류가 30mA 이하이고, 작동시간은 0.03초 이내이어야 한다.
>
> 출제개념 누전차단기의 기준

04 「산업안전보건법」에 따라 누전에 의한 감전위험을 방지하기 위하여 대지전압이 몇 V를 초과하는 이동형 또는 휴대형 전기기계·기구에는 감전방지용 누전차단기를 설치하여야 하는가?

① 50V　　　　　② 75V

③ 110V　　　　　④ 150V

> 대지전압이 150V를 초과하는 이동형 또는 휴대형 전기기계·기구가 있는 장소에는 감전방지용 누전차단기를 설치해야 한다.
>
> 출제개념 누전차단기의 설치기준

05 누전에 의한 감전위험을 방지하기 위하여 감전방지용 누전차단기의 접속에 관한 일반사항으로 틀린 것은?

① 분기회로마다 누전차단기를 설치한다.

② 동작시간은 0.03초 이내이어야 한다.

③ 전기기계·기구에 설치되어 있는 누전차단기는 정격감도전류가 30mA 이하여야 한다.

④ 누전차단기는 배전반 또는 분전반 내에 접속하지 않고 별도로 설치한다.

> 누전차단기는 일반적으로 배전반 또는 분전반 내에 설치한다.
>
> 출제개념 누전차단기의 설치기준

06 누전차단기를 설치하여야 하는 곳은?

① 기계·기구를 건조한 장소에 시설한 경우

② 대지전압이 220V인 기계·기구를 물기가 없는 장소에 시설한 경우

③ 「전기용품 및 생활용품 안전관리법」의 적용을 받는 2중 절연구조의 기계·기구

④ 전원측에 절연변압기(2차 전압이 300V 이하)를 시설한 경우

> 물기가 없는 장소라 할지라도 대지전압이 150V를 초과하는 이동형 또는 휴대형 전기기계·기구에는 누전차단기를 설치해야 한다.
>
> 출제개념 누전차단기의 설치기준

정답　03 ④　04 ④　05 ④　06 ②

07 전기화재 방지를 위한 안전조치와 관련이 없는 것은?

① 퓨즈   ② 누전차단기
③ 누전화재 경보기   ④ 검전기

> 검전기는 전기작업 시 전압선을 확인하거나 전기의 유무, 대전 여부, 전하의 극성을 확인하는 장비로 전기화재 방지를 위한 안전조치와는 관련이 없다.
>
> **출제개념** 전기화재 방지

08 다음 중 전기화재의 직접적인 발생요인과 가장 거리가 먼 것은?

① 누전·열의 축적
② 피뢰기의 손상
③ 지락 및 접속불량으로 인한 과열
④ 과전류 및 절연의 손상

> 피뢰기의 손상은 전기화재의 간접 요인에 해당한다.
>
> **출제개념** 전기화재의 발생요인

09 전기화재의 경로별 원인으로 거리가 먼 것은?

① 단락   ② 누전
③ 저전압   ④ 접촉부의 과열

> 전기화재의 경로별 원인은 단락(합선), 누전, 과열, 과전류 등이다.
>
> **출제개념** 전기화재의 경로별 원인

10 일반적으로 전기기기의 누전으로 인한 감전재해의 방지대책으로서 해당 없는 것은?

① 보호접지법
② 이중절연 기기의 사용
③ 감전 방지용 누전차단기의 사용
④ 전로의 채용

> 누전으로 인한 감전재해의 방지대책으로는 보호접지, 이중절연, 누전차단기, 절연대 사용 등이 있다.
>
> **출제개념** 감전재해 예방대책

11 다음 중 누전차단기의 설치 환경조건에 관한 설명으로 틀린 것은?

① 전원전압은 정격전압의 85~110% 범위로 한다.
② 설치장소가 직사광선을 받을 경우 차폐시설을 설치한다.
③ 정격부동작전류가 정격감도전류의 30% 이상이어야 하고, 이들의 차가 가능한 큰 것이 좋다.
④ 정격공급전류가 30A인 이동형 전기기계·기구에 접속되어 있는 경우 일반적으로 정격감도전류는 30mA 이하인 것을 사용한다.

> 정격부동작전류는 정격감도전류의 50% 이상이어야 하며, 이들의 차는 가능한 작은 것이 좋다.
>
> **출제개념** 누전차단기의 설치기준

정답   **07** ④   **08** ②   **09** ③   **10** ④   **11** ③

21년 1회 ✔ 회독 ☐☐☐

12 누전으로 인해 목재 등이 탄화되고 지속적으로 열이 발생, 이로 인하여 화재가 발생하는 것을 무엇이라 하는가?

① 가네하라현상
② 톰슨효과
③ Flash 현상
④ 제벡효과

> 가네하라현상은 절연체가 열에 의해 탄화되어 전기가 통하는 경로(탄화도전로)가 형성되고, 이 과정에서 국부 발열이 지속되어 결국 화재로 이어지는 현상이다.
>
> 출제개념 **가네하라현상**

25년 1회 24년 3회 ✔ 회독 ☐☐☐

13 유입차단기의 기호로 옳은 것은?

① ACB
② OCB
③ VCB
④ MCCB

> OCB는 Oil Circuit Breaker로 유입차단기를 의미한다.
>
> 출제개념 **유입차단기의 기호**

23년 2회 ✔ 회독 ☐☐☐

14 접지에 관한 설명으로 틀린 것은?

① 접지저항이 크면 클수록 좋다.
② 접지공사의 접지선은 과전류차단기를 시설하여서는 안 된다.
③ 접지극의 시설은 동판, 동봉 등이 부식될 우려가 없는 장소를 선정하여 지중에 매설 또는 타입한다.
④ 접지극은 지면 아래 75cm 이상으로 매설하여야 한다.

> 접지는 누설전류나 이상전압을 안전하게 대지로 흘려보내 감전과 화재를 방지하는 설비이다. 이때 접지저항이 작을수록 전류가 대지로 원활히 흐르기 때문에 더욱 안전하다.
>
> 출제개념 **접지**

25년 3회 ✔ 회독 ☐☐☐

15 전기기계 기구의 누전에 의한 감전의 위험을 방지하기 위해서 코드 및 플러그를 접속하여 사용하는 전기기계·기구 중 노출된 비충전 금속체에 접지를 실시하여야 하는 것이 아닌 것은?

① 사용전압이 대지전압 110V인 기구
② 냉장고·세탁기 등과 같은 고정형 전기기계·기구
③ 고정형·이동형 또는 휴대형 전동기계·기구
④ 휴대형 손전등

> 사용전압이 대지전압 150V 이상인 전동기계·기구에는 감전의 위험을 방지하기 위해서 접지를 실시해야 한다.
>
> 출제개념 **접지대상 기준**

정답 **12** ① **13** ② **14** ① **15** ①

16 접지는 전기안전에서 아주 중요한 요소이다. 접지극의 최소 매설 깊이는 얼마인가?

① 45cm ② 55cm
③ 65cm ④ 75cm

> 접지극은 지면 아래 75cm 이상 깊이로 매설해야 하며, 이는 동결선 아래에 설치하여 계절적 동결 영향을 받지 않고 접지저항을 안정적으로 유지하기 위함이다.
>
> 출제개념 접지극의 매설 깊이

17 접지계통 분류에서 TN접지방식이 아닌 것은?

① TN-S 방식 ② TN-C 방식
③ TN-T 방식 ④ TN-C-S 방식

> TN접지계통은 TN-S, TN-C, TN-C-S로 분류된다.
>
> 출제개념 접지계통의 종류, TN접지계통

18 피뢰기가 반드시 가져야 할 성능 중 틀린 것은?

① 방전개시전압이 높을 것
② 뇌전류 방전능력이 클 것
③ 속류 차단을 확실하게 할 수 있을 것
④ 반복 동작이 가능할 것

> 피뢰기는 낙뢰나 이상전압이 전력설비에 유입되는 것을 차단하기 위해 설치하는 보호장치이다. 따라서 낮은 전압 상태에서도 신속하게 방전을 시작하여 이상전압을 대지로 배출할 수 있어야 한다.
>
> 출제개념 피뢰기의 구비조건

19 배전선로용 피뢰기는 방전갭과 특성요소로써 구성이 되어 있다. 다음 중 어느 것을 차단하는 특성을 가지고 있는가?

① 단절 ② 용단
③ 속류 ④ 방전

> 방전갭은 낙뢰 시 과전압을 대지로 방류하고, 전력선에서 유입되는 속류를 차단하는 특성이 있다.
>
> 출제개념 피뢰기의 기능

20 뇌해를 받을 우려가 있는 곳에는 피뢰기를 시설하여야 한다. 시설하지 않아도 되는 곳은?

① 가공전선로의 지중전선로가 접속하는 곳
② 발전소, 변전소의 가공전선 인입구 및 입출구
③ 습뢰 빈도가 적은 지역으로서 방출 보호통을 장치하는 곳
④ 특고압 가공전선로로부터 공급을 받는 수용장소의 인입구

> 피뢰기는 낙뢰로 인해 발생하는 이상전압으로부터 전력설비와 인명을 보호하기 위해 설치하므로, 습뢰(낙뢰) 발생 빈도가 적고 이미 방출보호통이 설치된 지역에는 피뢰기를 별도로 설치하지 않아도 된다. 피뢰기를 반드시 설치해야 하는 장소는 다음과 같다.
> • 가공전선로의 지중전선로 접속점 → 낙뢰 유입 위험이 크므로 필요
> • 발전소, 변전소의 가공전선 인입구 및 인출구 → 설비 보호를 위해 필요
> • 특고압 가공전선로로부터 공급을 받는 수용장소의 인입구 → 수용설비 보호를 위해 필요
>
> 출제개념 피뢰기의 시설장소

정답 **16** ④ **17** ③ **18** ① **19** ③ **20** ③

25년 1회 24년 3회 21년 3회 21년 1회   ✔ 회독 ☐☐☐

21 전기에 감전되었을 경우 인체에 미치는 위험성을 결정하는 1차적 요인이 아닌 것은?

① 인체에 흐른 전류의 크기(통전전류)
② 인체의 감전시간(통전시간)
③ 인체에 흐른 전압의 크기(통전전압)
④ 전류가 흐른 신체부위(통전경로)

> 감전위험의 직접(1차적) 요인은 통전전류의 크기, 통전시간, 통전경로, 전원의 종류이다. 통전전압은 2차적 요인에 해당한다.
>
> 출제개념 감전위험의 요인

25년 3회 24년 3회 21년 1회   ✔ 회독 ☐☐☐

22 감전에 의한 사망의 위험성을 결정하는 가장 중요한 요인은?

① 통전시간   ② 통전경로
③ 전원의 종류   ④ 통전전류의 크기

> 통전시간이 길수록 피해가 커지고, 통전경로에 따라서도 위험성이 달라질 수 있으나, 짧은 순간이라도 큰 전류가 흐를 경우 즉시 치명적일 수 있으므로 감전 시 사망 위험성을 결정하는 핵심 요인은 인체에 흐르는 통전전류의 크기이다.
>
> 출제개념 감전위험의 요인

21년 1회   ✔ 회독 ☐☐☐

23 인체의 전격 시의 통전시간이 4초였다고 했을 때 심실세동 전류의 크기는 약 몇 mA인가?

① 42   ② 83
③ 165   ④ 185

> 심실세동전류 $I = \dfrac{165}{\sqrt{T}}$ (mA)
>
> $= \dfrac{165}{\sqrt{4}} = 82.5\text{mA}$
>
> 출제개념 심실세동전류 계산

25년 1회 24년 2회   ✔ 회독 ☐☐☐

24 인체가 전격을 당했을 경우 통전시간이 0.5초라면 심실세동을 일으키는 전류값은? (단, 심실세동전류값은 Dalziel의 관계식을 이용한다.)

① 150   ② 185
③ 203   ④ 233

> 심실세동전류 $I = \dfrac{165}{\sqrt{T}}$ (mA)
>
> $= \dfrac{165}{\sqrt{0.5}} = 233\text{mA}$
>
> 출제개념 심실세동전류 계산

정답 **21** ③ **22** ④ **23** ② **24** ④

25 인체가 충전부에 접촉하여 감전되었을 때 자력으로 이탈할 수 없는 상태의 전류를 무엇이라 하는가?

① 이탈전류
② 가수전류
③ 불수전류
④ 심실세동전류

전류의 자극으로 인해 근육이 수축해 자력으로 이탈할 수 없는 전류는 불수전류(마비한계전류)로 약 10~15mA의 범위이다.

출제개념 감지전류 구분

26 「산업안전보건기준에 관한 규칙」에 따른 전기기계·기구의 충전부에 의한 감전을 방지하기 위한 방호방법으로 옳지 않은 것은?

① 충전부가 노출되지 않도록 폐쇄형 외함이 되는 구조로 할 것
② 전주 위 및 철탑 위 등 격리된 장소에 충전부를 설치할 것
③ 충전부는 내구성이 없는 절연물로 완전히 덮어 감쌀 것
④ 충전부에 절연 효과가 있는 방호망이나 절연덮개를 설치할 것

충전부는 내구성이 있는 절연물로 완전히 덮어 감싸야 한다.

출제개념 감전방지 방호방법

27 콘덴서 및 전력 케이블 등을 고압 또는 특별고압 전기회로에 접촉하여 사용할 때 전원을 끊은 뒤에도 감전될 위험성이 있는 주된 이유는?

① 잔류전하
② 접지선 불량
③ 접속기구 손상
④ 절연 보호구 미사용

콘덴서 및 전력 케이블 등은 전원을 차단한 후에도 잔류전하가 남아 감전 위험이 있으므로, 접촉 전 반드시 완전히 방전시켜야 한다.

출제개념 잔류전하, 감전 위험요인

28 다음 중 감전에 영향을 미치는 요인으로 통전경로별 위험도가 가장 높은 것은?

① 왼손 – 등
② 오른손 – 가슴
③ 왼손 – 가슴
④ 오른손 – 등

왼손 – 가슴 경로는 1.5로 가장 위험도가 높다. 이 외에 통전경로에 따른 위험도 표는 다음과 같다.

통전경로	위험도
오른손 – 가슴	1.3
왼손 – 등	0.7
오른손 – 등	0.3

출제개념 통전경로별 감전위험도

정답 **25** ③ **26** ③ **27** ① **28** ③

29 감전에 의하여 넘어진 사람에 대한 중요한 관찰 사항이 아닌 것은?

① 의식의 상태
② 맥박의 상태
③ 호흡의 상태
④ 유입점과 유출점의 상태

> 감전된 사람의 호흡·맥박·의식·골절·출혈의 상태를 중요하게 관찰해야 한다.
>
> 출제개념 감전 응급처치 시 관찰사항

30 아크용접 작업 시 감전재해 방지에 쓰이지 않는 것은?

① 보호면
② 절연장갑
③ 절연용접봉 홀더
④ 자동전격방지장치

> 보호면은 용접 시 비산물로 인한 안면부의 화상을 방지하기 위한 보호구이다.
>
> 출제개념 감전 예방을 위한 용접 보호구

31 인체의 최소감지전류에 대한 설명으로 알맞은 것은?

① 인체가 고통을 느끼는 전류이다.
② 성인 남자의 경우 상용주파수 60Hz 교류에서 약 1mA이다.
③ 직류를 기준으로 한 값이며, 성인 남자의 경우 약 1mA에서 느낄 수 있는 전류이다.
④ 직류를 기준으로 여자의 경우 성인 남자의 70%인 0.7mA에서 느낄 수 있는 전류의 크기를 말한다.

> 최소감지전류는 사람이 느끼기 시작하는 최저 전류로, 상용주파수 60Hz 교류 기준으로 성인 남성은 약 1mA, 성인 여성은 약 0.7mA이다.
>
> 출제개념 최소감지전류

32 인체가 전격을 받았을 때 가장 위험한 경우는 심실세동이 발생하는 경우이다. 정현파 교류에서 인체의 전기저항이 500Ω일 경우 심실세동을 일으키는 전기에너지의 한계로 가장 적합한 것은?

① 2.5~8.0J   ② 6.5~17.0J
③ 15.0~27.0J   ④ 25.0~35.5J

> $$W = I^2RT = \left(\frac{165}{\sqrt{T}} \times 10^{-3}\right)^2 \times 500\Omega \times T ≒ 13.6J$$
>
> (*W=위험한계에너지(J), I=통전전류(A), R=인체저항(Ω), T=통전시간(sec))
>
> 출제개념 심실세동 전기에너지의 한계

정답 **29** ④ **30** ① **31** ② **32** ②

33 「한국전기설비규정」에 따른 전선색 연결로 알맞은 것은?

① L1: 흑색 ② L2: 회색

③ L3: 갈색 ④ N: 청색

▼

한국전기설비기준에 따른 전선색은 다음과 같다.

구분	색상
L1	갈색
L2	흑색
L3	회색
중성선(N)	청색
PE(접지)	녹색, 노란색 교차

출제개념 전선의 색상 규정

---

34 절연물은 여러 가지 원인으로 전기저항이 저하되어 이른바 절연불량을 일으켜 위험한 상태가 되는데, 절연불량의 주요 원인이 아닌 것은?

① 정전에 의한 전기적 원인

② 온도 상승에 의한 열적 요인

③ 진동, 충격 등에 의한 기계적 요인

④ 높은 이상전압 등에 의한 전기적 요인

▼

정전은 절연불량으로 인한 결과에 해당하며, 절연불량의 주요 원인은 다음과 같다.
- 높은 이상전압 등에 의한 전기적 요인
- 온도상승에 의한 열적 요인
- 진동, 충격 등에 의한 기계적 요인
- 산화 등에 의한 화학적 요인

출제개념 절연불량의 원인

---

35 인체의 대부분이 수중에 있는 상태에서의 허용접촉전압으로 옳은 것은?

① 2.5V 이하 ② 25V 이하

③ 50V 이하 ④ 100V 이하

▼

수중에 있는 상태는 제1종 접촉상태로 분류되며 허용접촉전압은 2.5V 이하이다. 인체접촉상태에 따른 허용접촉전압은 다음의 표와 같다.

구분	접촉상태	허용접촉전압
제1종	수중에 있는 경우	2.5V 이하
제2종	젖은 경우, 금속 상시 접촉	25V 이하
제3종	통상의 상태	50V 이하
제4종	접촉 우려가 없는 경우	무제한

출제개념 인체접촉상태에 따른 허용접촉전압

---

36 저항값이 0.1Ω인 도체에 10A의 전류가 1분간 흘렀을 경우 발생하는 열량은 몇 cal인가?

① 124 ② 144

③ 166 ④ 250

▼

$W = I^2 RT = 10^2 \times 0.1\,\Omega \times 60s = 600J$

$600 \times 0.24cal = 144cal$

출제개념 열량 계산

정답 **33** ④ **34** ① **35** ① **36** ②

37 전기화재 발화원으로 관계가 먼 것은?

① 화학반응열
② 광선 및 방사선
③ 낙뢰(벼락)
④ 정전기 에너지

전기화재의 주요 발화원은 과부하, 단락(합선), 지락(누전), 접촉불량으로 인한 과열, 정전기 방전, 낙뢰 등 전기적 요인이 포함되며, 물질의 화학적 반응에서 발생하는 화학반응열은 이에 해당하지 않는다.

출제개념 전기화재의 발화원

38 전기기기 절연의 종류와 최고허용온도가 바르게 연결된 것은?

① A - 90℃   ② E - 105℃
③ F - 140℃   ④ H - 180℃

H종 절연은 최고허용온도가 180℃이다. 절연등급에 따른 최고허용온도는 다음과 같다.

절연등급	최고허용온도
Y종	90℃
A종	105℃
E종	120℃
B종	130℃
F종	155℃
H종	180℃
C종	180℃ 이상

출제개념 절연등급별 최고허용온도

39 정전작업 시 주의할 사항으로 틀린 것은?

① 감독자를 배치시켜 스위치의 조작을 통제한다.
② 퓨즈가 있는 개폐기의 경우는 퓨즈를 제거한다.
③ 정전작업 전에 작업내용을 충분히 작업원에게 주지시킨다.
④ 단시간에 끝나는 작업일 경우 작업원의 판단에 의해 작업한다.

단시간에 끝나는 작업일지라도 안전절차를 반드시 준수해야 하며 임의작업은 금지된다.

출제개념 정전작업 시 안전수칙

40 다음 중 전류밀도, 통전전류, 접촉면적과 피부저항과의 관계를 설명한 것으로 옳은 것은?

① 같은 크기의 전류가 흘러도 접촉면적이 커지면 피부저항은 작게 된다.
② 같은 크기의 전류가 흘러도 접촉면적이 커지면 전류밀도는 커진다.
③ 전류밀도와 접촉면적은 비례한다.
④ 전류밀도와 전류는 반비례한다.

같은 크기의 전류가 흐를 때 접촉면적이 커지면 피부저항은 작아지고 전류가 통할 수 있는 경로가 넓어져 전류밀도는 작아진다. 따라서 전류밀도와 접촉면적은 반비례 관계이고, 전류밀도는 전류의 크기와는 비례 관계를 가진다.

출제개념 전류밀도, 통전전류, 접촉면적, 피부저항

정답 **37** ① **38** ④ **39** ④ **40** ①

41 정전작업 중 조치사항에 해당하지 않는 것은?

① 잔류전하의 방전
② 개폐기의 관리
③ 단락접지의 수시확인
④ 작업지휘자에 의한 지휘

> 잔류전하 방전은 정전작업 시작 전 조치사항에 해당하며, 정전작업 중 조치사항은 다음과 같다.
> • 개폐기를 관리한다.
> • 단락접지 상태를 수시로 확인한다.
> • 작업지휘자에 의한 지휘를 따르며 작업한다.
> • 근접활선에 대한 방호상태를 관리한다.
>
> 출제개념 정전작업 시 안전수칙

42 다음 중 고압활선작업에 필요한 보호구에 해당하지 않는 것은?

① 절연대   ② 절연장갑
③ 절연장화   ④ AE형 안전모

> 절연대는 절연용 방호구에 해당하며 보호구가 아니다.
>
> 출제개념 보호구와 방호구

43 감전사고의 사망경로에 해당되지 않는 것은?

① 전류가 뇌의 호흡중추부로 흘러 발생한 호흡기능 마비
② 전류가 흉부에 흘러 발생한 흉부근육수축으로 인한 질식
③ 전류가 심장부로 흘러 심실세동에 의한 혈액순환기능 장애
④ 전류가 인체에 흐를 때 인체의 저항으로 발생한 주울열에 의한 화상

> 주울열은 전류가 인체를 통과할 때 인체의 저항에서 발생하는 열이며, 이로 인한 화상은 감전의 직접 사망경로에 해당하지 않는다.
>
> 출제개념 감전의 사망경로

기출문제 활용법 문항별 기출 표기 개수가 많을수록 시험에 자주 출제된 문제! 표기가 5개인 문제는 출제 횟수가 5회 이상인 기출문제로 무조건 암기 필수!

3회독 공부전략 1회독은 문제 → 선지 → 답 → 해설 순서로 정독! 2회독부터는 직접 문제 풀기, 3회독 때는 ×, △ 표시된 문제만 다시 풀기! 회독할 때마다 문제 옆 회독표에 ○, ×, △로 표시하여 3회독까지 ×로 표시된 문제는 부록에 포함된 "틈틈 오답노트"에 따로 정리해 공부하세요! [○: 정확히 알고 푼 문제 △: 부분적으로 알고 푼 문제 ×: 개념 학습이 필요한 문제]

25년 2회 24년 2회 22년 3회 22년 1회 21년 2회　✔회독 ☐☐☐

01 정전기 발생에 영향을 주는 요인이 아닌 것은?

① 물체의 분리속도
② 물체의 특성
③ 물체의 접촉시간
④ 물체의 표면상태

> 접촉시간은 정전기 발생에 직접적인 영향을 주지 않는다. 정전기 발생에 영향을 주는 요인은 다음과 같다.
> • 물질의 이력: 최초의 정전기가 가장 크다. 반복될수록 정전기 발생량이 적다.
> • 물질의 표면상태: 표면이 오염된 경우 매끄러울 때보다 정전기가 더 많이 발생한다.
> • 물질의 특성: 대전서열의 차이가 클수록 발생되는 정전기가 더 많이 발생한다.
> • 분리속도: 분리속도가 빠를수록 정전기 발생량이 더 많다.
> • 접촉면적 및 접촉압력: 접촉면적 및 접촉압력이 클수록 정전기가 더 많이 발생한다.
>
> **출제개념** 정전기의 발생 요인

25년 3회 25년 1회 24년 1회　✔회독 ☐☐☐

02 정전기 발생량과 관련된 내용으로 옳지 않은 것은?

① 분리속도가 빠를수록 정전기 발생량이 많아진다.
② 두 물질 간의 대전서열이 가까울수록 정전기 발생량이 많아진다.
③ 접촉면적이 넓을수록, 접촉압력이 증가할수록 정전기 발생량이 많아진다.
④ 물질의 표면이 수분이나 기름 등에 오염되어 있으면 정전기 발생량이 많아진다.

> 대전서열 차이가 클수록 정전기 발생량이 많아진다.
>
> **출제개념** 정전기의 발생 요인

정답　**01** ③　**02** ②

22년 3호 22년 1회 ✔ 회독 □□□

03 정전기 발생 종류가 아닌 것은?

① 박리　　　　　② 마찰
③ 분출　　　　　④ 방전

▼

정전기의 종류에는 박리대전, 마찰대전, 유동대전, 분출대전 등이 있다.

출제개념 정전기 발생 종류

25년 2회 24년 3회 23년 2회 22년 2회 ✔ 회독 □□□

04 정전기의 대전현상이 아닌 것은?

① 교반대전　　　② 충돌대전
③ 박리대전　　　④ 망상대전

▼

정전기 대전의 종류에는 교반대전, 충돌대전, 박리대전이 해당된다.

출제개념 정전기의 대전현상

23년 3회 21년 3회 ✔ 회독 □□□

05 액체가 · 관 내를 이동할 때에 정전기가 발생하는 현상은?

① 마찰대전　　　② 박리대전
③ 분출대전　　　④ 유동대전

▼

액체가 관 내를 이동할 때에 정전기가 발생하는 현상은 유동대전이다.

출제개념 정전기의 대전현상, 유동대전

22년 3회 ✔ 회독 □□□

06 물체 간의 마찰로 인하여 발생된 정전기가 방전되지 못하고 축적되는 물질은?

① 철　　　　　　② 구리
③ 경질유　　　　④ 증류수

▼

경질유는 자체적으로 전기를 띠는 성질이 있어 건조한 환경이나 유체 이송 시 정전기가 쉽게 축적 및 방전되며, 이로 인한 화재나 폭발 위험이 있다.

출제개념 정전기 축적물질

23년 1회 22년 3회 ✔ 회독 □□□

07 파이프 등에 유체가 흐를 때 발생하는 유동대전에 가장 큰 영향을 미치는 요인은?

① 유체의 이동거리
② 유체의 점도
③ 유체의 속도
④ 유체의 양

▼

유동대전 발생에 가장 큰 영향 요인은 유체의 속도이다.

출제개념 유동대전 영향 요소

정답 **03** ④ **04** ④ **05** ④ **06** ③ **07** ③

08 이온 생성방법에 따른 정전기 제전기의 종류가 아닌 것은?

① 고전압인가식　　② 접지제어식

③ 자기방전식　　　④ 방사선식

▼
제전기의 종류에는 고전압인가식 제전기, 자기방전식 제전기, 방사선식(이온화식) 제전기가 있다.

출제개념 제전기의 종류

---

09 정전기 방전의 종류 중 공기 중에 놓인 절연체 표면의 전계강도가 큰 경우 고체 표면을 따라 진행하는 방전을 무엇이라 하는가?

① 코로나 방전　　② 연면 방전

③ 스트리머 방전　④ 불꽃 방전

▼
고체의 표면을 따라 전류가 흐르며 발생하는 방전은 연면 방전이다.

출제개념 방전의 종류

---

10 정전기의 방전형태에 해당하지 않는 방전은?

① 뇌상 방전　　② 적외선 방전

③ 코로나 방전　④ 연면 방전

▼
정전기의 발전 형태에는 뇌상 방전, 코로나 방전, 연면 방전, 스트리머 방전, 불꽃 방전이 있다.

출제개념 방전의 종류

---

11 다음 중 건조한 공기 중에서 방전이 일어나면 발생하는 기체로 분자량이 약 48인 물질은?

① CO_2　　　　② O_2

③ H_2　　　　④ O_3

▼
제전기들은 모두 코로나 방전을 이용하며, 방전 시에 오존(O_3)이 발생한다.

출제개념 방전 시 발생 기체

---

12 다음 중 최소발화에너지에 관한 설명으로 틀린 것은?

① 압력이 증가할수록 낮아진다.

② 온도가 높아질수록 낮아진다.

③ 공기보다 산소 중에서 더 낮아진다.

④ 혼합기체의 흐름에서 유속의 증가에 따라 낮아진다.

▼
혼합기체의 흐름에서 유속이 증가하면 압력이 낮아져 최소발화에너지는 높아진다.

출제개념 최소발화에너지

정답　**08** ②　**09** ②　**10** ②　**11** ④　**12** ④

13 절연된 컨베이어벨트 시스템에서 발생하는 정전기의 전압이 10kV이고, 이때 정전용량이 5pF일 때 이 시스템에서 1회의 정전기 방전으로 생성될 수 있는 에너지는 얼마인가?

① 0.2mJ   ② 0.25mJ

③ 0.5mJ   ④ 0.25J

$$E = \frac{1}{2}CV^2 = \frac{5\text{pF} \times (10\text{kV})^2}{2}$$

$$= \frac{5 \times 10^{-12}\text{F} \times (10{,}000\text{V})^2}{2}$$

$$= 0.00025\text{J} = 0.25\text{mJ}$$

$$(^*\text{pF} = 10^{-12}\text{F})$$

출제개념 정전에너지 계산

15 최소착화에너지가 0.1mJ이고 가스를 사용하는 사업장 전기설비의 정전용량이 0.6nF일 때 방전 시 착화 가능한 최소 대전전위는 약 몇 V인가?

① 289   ② 385

③ 577   ④ 1,154

정전에너지 $E = \frac{1}{2}CV^2$, 전압 V로 식을 정리하면

$$V = \sqrt{\frac{2E}{C}} = \sqrt{\frac{2 \times 0.1\text{mJ}}{0.6\text{nF}}}$$

$$= \sqrt{\frac{2 \times 0.1 \times 10^{-3}\text{J}}{0.6 \times 10^{-9}\text{F}}} \fallingdotseq 577.35\text{V}$$

$$(^*\text{mJ} = 10^{-13}\text{J}, \text{nF} = 10^{-9}\text{F})$$

출제개념 최소 대전전위 계산

14 콘덴서의 단자전압이 1kV, 정전용량이 740pF일 경우 방전에너지는 약 몇 mJ인가?

① 370   ② 37

③ 3.7   ④ 0.37

$$E = \frac{1}{2}CV^2 = \frac{740\text{pF} \times (1\text{kV})^2}{2}$$

$$= \frac{740 \times 10^{-12}\text{F} \times (1{,}000\text{V})^2}{2}$$

$$= 0.00037\text{J} = 0.37\text{mJ}$$

출제개념 정전에너지 계산

16 다음 중 물체에 발생한 정전기의 제거방법으로 적절하지 않은 것은?

① 습기 부여

② 자외선의 공급

③ 금속부분의 접지

④ 정전기방지용 도장

정전기를 제거하기 위해서는 전하를 흘려 보내거나 분산시켜 축적을 막아야 하는데, 자외선은 단순한 전자기파일 뿐 전하 이동과 관련이 없으므로 정전기 제거 방법으로 적합하지 않다.

출제개념 정전기 제거방법

정답 **13** ②   **14** ④   **15** ③   **16** ②

17 물체의 마찰로 인하여 정전기가 발생할 때 정전기를 제거할 수 있는 방법은?

① 가열을 한다.
② 가습을 한다.
③ 건조하게 한다.
④ 마찰을 세게 한다.

> ▼
> 정전기는 건조할 때 잘 발생하므로, 가습을 통해 습도를 높이면 효과적으로 정전기를 제거할 수 있다.
>
> 출제개념 정전기 제거방법

18 인화성 액체에 의한 정전기 재해를 방지하기 위해서는 관내의 유속을 몇 m/sec 이하로 유지해야 하는가?

① 1   ② 2
③ 3   ④ 4

> ▼
> 인화성 액체를 배관 내에서 빠른 속도로 이송하면 유동대전으로 정전기가 발생하여 화재·폭발 위험이 커진다. 이처럼 유동대전이 심하고 폭발 위험성이 높은 물질은 배관 내 유속을 1m/s 이하로 유지하여야 정전기 재해를 방지할 수 있다.
>
> 출제개념 정전기 재해방지, 유속제한

19 배관을 통해 기름을 이송할 경우 정전대전 및 정전기 방전에 의한 피해를 방지하기 위한 조치와 거리가 먼 것은?

① 유체가 흘러가는 배관을 접지시킨다.
② 배관 내 유류의 유속은 가능한 한 느리게 한다.
③ 유류저장 탱크와 배관, 드럼 간에 본딩을 실시한다.
④ 유류를 취급하므로 화기 등을 가까이하지 않도록 점화원 관리를 한다.

> ▼
> 점화원 관리는 이미 발생한 정전기 방전이나 유증기 환경에서의 화재·폭발 위험을 줄이기 위한 대책이므로 정전기 피해를 방지하기 위한 조치와 거리가 멀다.
>
> 출제개념 정전기 재해방지

정답 17 ② 18 ① 19 ④

CHAPTER 04

전기방폭 관리

기출문제 활용법 문항별 기출 표기 개수가 많을수록 시험에 자주 출제된 문제! 표기가 5개인 문제는 출제 횟수가 5회 이상인 기출문제로 무조건 암기 필수!

3회독 공부전략 1회독은 문제 → 선지 → 답 → 해설 순서로 정독! 2회독부터는 직접 문제 풀기, 3회독 때는 ×, △ 표시된 문제만 다시 풀기! 회독할 때마다 문제 옆 회독표에 ○, ×, △로 표시하여 3회독까지 ×로 표시된 문제는 부록에 포함된 "틈틈 오답노트"에 따로 정리해 공부하세요! [○: 정확히 알고 푼 문제 △: 부분적으로 알고 푼 문제 ×: 개념 학습이 필요한 문제]

25년 2회 24년 2회 　　　　　✔회독 ☐☐☐

01 방폭구조의 명칭과 표기기호가 잘못 연결된 것은?

① 안전증 방폭구조: e
② 유입(油入) 방폭구조: o
③ 내압(耐勤) 방폭구조: p
④ 본질안전 방폭구조: ia 또는 ib

▽

내압 방폭구조의 표기기호는 d이며, p는 압력 방폭구조의 표기기호이다.

출제개념 방폭구조의 기호

24년 1회 22년 3회 22년 1회 　　　✔회독 ☐☐☐

02 전기불꽃이나 과열에 대해서 회로 특성상 폭발의 위험을 방지할 수 있는 방폭구조는?

① 내압 방폭구조　　② 유입 방폭구조
③ 안전증 방폭구조　④ 압력 방폭구조

▽

안전증 방폭구조(e)는 전기회로 구조를 보강하여 안전도를 높이고, 점화원의 발생 가능성을 낮춤으로써 폭발 위험을 방지하는 방폭구조이다.

출제개념 안전증 방폭구조

23년 3회 　　　　　　　　✔회독 ☐☐☐

03 방폭전기설비의 용기 내부에 보호가스를 압입하여 내부 압력을 유지함으로써 폭발성 가스 또는 증기가 내부로 유입하지 않도록 된 방폭구조는?

① 내압 방폭구조　　② 압력 방폭구조
③ 안전증 방폭구조　④ 유입 방폭구조

▽

압력 방폭구조(p)는 불활성 가스(질소)를 사용하여 방폭함 내부 압력을 유지함으로써 가연성 가스가 방폭함 내부로 들어오지 않도록 한 구조이다.

출제개념 압력 방폭구조

정답　01 ③　02 ③　03 ②

04 전기기기의 불꽃 또는 열로 인해 폭발성 위험 분위기에 점화되지 않도록 컴파운드를 충전해서 보호한 방폭구조는?

① 몰드 방폭구조
② 비점화 방폭구조
③ 안전증 방폭구조
④ 본질안전 방폭구조

▼
몰드 방폭구조(m)는 컴파운드를 사용하여 가스 침입을 방지하는 구조이다.

출제개념 몰드 방폭구조

---

05 다음 중 방폭기기의 종류와 기호가 올바르게 연결된 것은?

① 비점화 방폭구조: n
② 압력 방폭구조: q
③ 유입 방폭구조: m
④ 본질안전 방폭구조: e

▼
비점화 방폭구조는 n, 압력 방폭구조는 p, 유입 방폭구조는 o, 본질안전 방폭구조는 ia 또는 ib이다.

출제개념 방폭구조의 기호

---

06 전기설비 내부에서 발생한 폭발이 설비 주변에 존재하는 가연성 물질로 파급되지 않도록 실질적으로 격리하는 방법을 응용한 방폭구조는?

① 안전증 방폭구조
② 압력 방폭구조
③ 유입 방폭구조
④ 내압 방폭구조

▼
전기설비 내부에서 폭발이 발생하더라도 내압 방폭구조(d)는 내부 폭발의 화염과 압력을 실질적으로 격리함으로써 외부로 전파되지 않도록 한다.

출제개념 내압 방폭구조

---

07 용기 내부에서 폭발성 가스 또는 증기가 촉발하였을 때 용기가 그 압력에 견디며 접합면, 개구부 등을 통해서 외부의 폭발성 가스·증기에 인화되지 않도록 한 방폭구조는?

① 내압 방폭구조
② 압력 방폭구조
③ 안전증 방폭구조
④ 본질안전 방폭구조

▼
내압 방폭구조(d)는 용기 내부에서 폭발성 가스 또는 증기가 촉발하였을 때, 용기가 그 압력을 견디고 외부의 폭발성 가스·증기에 인화되지 않도록 한 방폭구조이다.

출제개념 내압 방폭구조

정답 **04** ① **05** ① **06** ④ **07** ①

08 내압 방폭구조를 갖는 설비에서 나사꽂이부의 물림–나사산수는 연속된 완전나사부로 최소한 얼마 이상 유효하게 맞물려야 하는가?

① 3산 이상　　　② 4산 이상
③ 5산 이상　　　④ 7산 이상

내압 방폭구조 설비는 폭발·화재 위험 방지를 위해 나사꽂이부의 물림 나사산 수를 연속된 완전나사부로 최소 **5산 이상** 확보해야 한다.

`출제개념` 내압 방폭구조의 나사산

09 위험지역 0종 장소에서 사용될 수 있는 본질구조로서 적합한 것은?

① 안전증 방폭구조
② 내압 방폭구조
③ 본질안전 방폭구조
④ 유압 방폭구조

0종 장소에서는 본질안전 방폭구조 중 가장 안정도가 높은 구조인 ia형만 사용할 수 있다.

`출제개념` 위험장소별 방폭구조

10 방폭전기기기의 발화도의 온도 등급과 최고표면온도에 의한 폭발성 가스의 분류표기를 가장 올바르게 나타낸 것은?

① T1: 450℃ 이하
② T2: 350℃ 이하
③ T4: 125℃ 이하
④ T6: 100℃ 이하

방폭전기기기의 온도 등급은 기기의 최고표면온도의 한계를 뜻하며, T1은 450℃ 이하에 해당한다. 온도 등급별 최고표면온도 범위는 다음과 같다.

온도 등급	최고표면온도 범위
T1	300℃ 초과 450℃ 이하
T2	200℃ 초과 300℃ 이하
T3	135℃ 초과 200℃ 이하
T4	100℃ 초과 135℃ 이하
T5	85℃ 초과 100℃ 이하
T6	85℃ 이하

`출제개념` 방폭기기 최고표면온도 범위

`정답`　**08** ③　**09** ③　**10** ①

기출문제 활용법 문항별 기출 표기 개수가 많을수록 시험에 자주 출제된 문제! 표기가 5개인 문제는 출제 횟수가 5회 이상인 기출문제로 무조건 암기 필수!

3회독 공부전략 1회독은 문제 → 선지 → 답 → 해설 순서로 정독! 2회독부터는 직접 문제 풀기, 3회독 때는 ×, △ 표시된 문제만 다시 풀기! 회독할 때마다 문제 옆 회독표에 ○, ×, △로 표시하여 3회독까지 ×로 표시된 문제는 부록에 포함된 "틈틈 오답노트"에 따로 정리해 공부하세요! [○: 정확히 알고 푼 문제 △: 부분적으로 알고 푼 문제 ×: 개념 학습이 필요한 문제]

신출 25년 3회 ✓ 회독 ☐☐☐

01 교류아크용접 작업 시 감전을 예방하기 위하여 사용하는 자동전격방지기의 2차측 무부하 전압은 몇 V 이하로 유지하여야 하는가?

① 20V ② 25V
③ 30V ④ 35V

> 자동전격방지기는 아크 발생이 중지된 후 2차측 무부하 전압을 25V 이하로 낮추어 감전을 예방해야 한다.
>
> **출제개념** 자동전격방지기, 무부하 전압

24년 2회 ✓ 회독 ☐☐☐

02 교류아크용접기를 사용하는 경우 자동전격방지기를 설치하여야 하는 장소가 아닌 것은?

① 임시배선의 전로가 설치되는 장소
② 근로자가 물, 땀 등으로 인해 도전성이 높은 습윤 상태에서 작업하는 장소
③ 선박의 이중 선체 내부, 밸러스트 탱크, 보일러 내부 등 도전체에 둘러싸인 장소
④ 추락할 위험이 있는 높이 2m 이상의 장소로 철골 등 도전성이 높은 물체에 근로자가 접촉할 우려가 있는 장소

> 임시배선 전로가 설치되는 장소는 안전관리가 필요하지만, 자동전격방지기 설치 의무 대상으로 규정되지는 않았다.
>
> **출제개념** 자동전격방지기 설치장소

정답 **01** ② **02** ①

03 교류아크용접기의 재해방지를 위해 쓰이는 것은?

① 자동전격방지 장치

② 정전압 장치

③ 정전류 장치

④ 리키트 스위치

교류아크용접기의 감전재해 예방을 위해 자동전격방지기를 설치해야 한다.

출제개념 교류아크용접기의 방호장치

05 「산업안전보건법」상 충전전로의 선간전압과 접근한계거리가 틀린 것은?

① 2kV 초과 15kV 이하 − 60cm

② 15kV 초과 37kV 이하 − 80cm

③ 37kV 초과 88kV 이하 − 110cm

④ 88kV 초과 121kV 이하 − 130cm

15kV 초과 37kV 이하의 접근한계거리는 90cm 이상이어야 한다. 충전전로 전압에 따른 접근한계거리는 다음과 같다.

충전전로 전압	접근한계거리
2kV 초과 15kV 이하	60cm 이상
15kV 초과 37kV 이하	90cm 이상
37kV 초과 88kV 이하	110cm 이상
88kV 초과 121kV 이하	130cm 이상

출제개념 충전전로 전압별 접근한계거리

04 124kV 특별고압 활선작업 시 충전전로에 대한 접근한계거리는 몇 cm인가?

① 110　　② 130

③ 150　　④ 170

121kV 초과 145kV 이하 구간의 접근한계거리는 150cm 이상이다.

출제개념 충전전로 전압별 접근한계거리

06 22.9kV 충전전로에 대해 필수적으로 작업자와 이격시켜야 하는 접근한계거리는?

① 45cm　　② 60cm

③ 90cm　　④ 110cm

22.9kV는 15kV 초과 37kV 이하 전압 구간에 속하므로 접근한계거리를 90cm 이상 확보해야 한다.

출제개념 충전전로 전압별 접근한계거리

정답 03 ① 04 ③ 05 ② 06 ③

07 선간전압이 6.6kV인 충전전로 인근에서 유자격자가 작업하는 경우, 충전전로에 대한 최소 접근한계거리(cm)는? (단, 충전부에 절연 조치가 되어 있지 않고, 작업자는 절연장갑을 착용하지 않았다.)

① 20　　　　② 30
③ 50　　　　④ 60

> 6.6kV는 2kV 초과 15kV 이하 전압에 해당하므로 접근한계거리를 60cm 이상 확보해야 한다.
>
> 출제개념 충전전로 전압별 접근한계거리

08 근로자가 충전전로에 취급하거나 그 인근에서 작업하는 경우 조치하여야 하는 사항으로 틀린 것은?

① 충전전로를 취급하는 근로자에게 그 작업에 적합한 절연용 보호구를 착용시킬 것
② 충전전로를 정전시키는 경우 차단장치나 단로기 등의 잠금장치 확인 없이 빠른 시간 내에 작업을 완료할 것
③ 충전전로에 근접한 장소에서 전기작업을 하는 경우에는 해당 전압에 적합한 절연용 방호구를 설치할 것
④ 고압 및 특별고압의 전로에서 전기작업을 하는 근로자에게 활선작업용 기구 및 장치를 사용하도록 할 것

> 충전전로를 정전시키는 경우에는 반드시 단로기나 차단장치 등의 잠금장치를 확인한 뒤 작업을 진행해야 한다.
>
> 출제개념 충전전로 작업 시 안전수칙

09 다음 중 「산업안전보건법」상 충전전로를 취급하는 경우의 조치사항으로 틀린 것은?

① 고압 및 특별고압의 전로에서 전기작업을 하는 근로자에게 활선작업용 기구 및 장치를 사용하도록 할 것
② 충전전로를 취급하는 근로자에게 그 작업에 적합한 절연용 보호구를 착용시킬 것
③ 충전전로를 정전시키는 경우에는 전기작업 전원을 차단한 후 각 단로기 등을 닫힌 회로로 유지시킬 것
④ 근로자가 절연용 방호구의 설치·해체작업을 하는 경우에는 절연용 보호구를 착용하거나 활선작업용 기구 및 장치를 사용하도록 할 것

> 충전전로를 정전시키는 경우에는 전기작업 전원을 차단한 후, 각 단로기 등을 열린 회로로 유지해야 한다.
>
> 출제개념 충전전로 작업 시 안전수칙

정답 **07** ④ **08** ② **09** ③

25년 1회 24년 3회 24년 2회   ✔ 회독 ☐☐☐

01 다음 중 고체연소의 종류에 해당하지 않는 것은?

① 표면연소　　　② 증발연소
③ 분해연소　　　④ 예혼합연소

고체연소에는 표면연소, 분해연소, 증발연소, 자기연소 등이 있으며, 예혼합연소는 기체연소에 해당한다.

출제개념 고체연소의 종류

23년 2회 22년 3회 21년 2회   ✔ 회독 ☐☐☐

02 가정에서 요리를 할 때 사용하는 가스레인지에서 일어나는 가스의 연소형태에 해당되는 것은?

① 증발연소　　　② 분해연소
③ 표면연소　　　④ 확산연소

연료 기체가 공기 중으로 확산되어 초기 혼합 없이 화염 주변에서 산소와 서서히 섞이며 연소가 이루어지는 형태로, 기체 연소 중 확산연소에 해당한다.

출제개념 기체연소

21년 3회   ✔ 회독 ☐☐☐

03 연소의 3요소에 해당되지 않는 것은?

① 가연물　　　② 점화원
③ 연쇄반응　　④ 산소공급원

기본적인 연소의 3요소는 가연물, 산소공급원, 점화원으로, 연쇄반응은 연소의 4요소에 포함된다.

출제개념 연소의 3요소

22년 1회   ✔ 회독 ☐☐☐

04 다음 중 연소의 3요소에 해당하는 물질이 아닌 것은?

① 메탄　　　② 공기
③ 정전기 방전　④ 이산화탄소

연소의 3요소는 가연물, 산소공급원, 점화원이다. 메탄은 가연물, 공기는 산소공급원, 정전기 방전은 점화원에 해당한다. 반면 이산화탄소는 연소를 억제하는 대표적인 불연성 가스이며, 주로 소화약제로 사용되므로 연소의 3요소에 해당되지 않는다.

출제개념 연소의 3요소

정답　01 ④　02 ④　03 ③　04 ④

전기 및 화학설비 안전관리 ☐이론 ☐기출

05 다음 중 점화원에 해당하지 않는 것은?

① 기화열

② 충격 · 마찰

③ 복사열

④ 고온물질표면

> 기화열(증발열)은 액체가 기체로 변화할 때 흡수하는
> 열로, 주변 온도를 낮추는 냉각효과가 있으므로 점화원
> 에 해당하지 않는다.
>
> 출제개념 점화원의 종류

06 프로판(C_3H_8)가스의 공기 중 완전연소 조성농도
는 약 몇 vol%인가?

① 2.02

② 3.02

③ 4.02

④ 5.02

> 완전연소 조성농도 $= \dfrac{100}{1 + 4.77\left(C + \dfrac{H}{4}\right)}$
>
> $= \dfrac{100}{1 + 4.77\left(3 + \dfrac{8}{4}\right)} \fallingdotseq 4.02$
>
> 출제개념 완전연소 조성농도 계산

07 부탄의 공기 중 연소하한값이 1.6vol%일 경우,
연소에 필요한 최소산소농도는 약 몇 vol%인가?

① 9.4

② 10.4

③ 11.4

④ 12.4

> 완전연소반응식 $C_4H_{10} + 6.5O_2 \rightarrow 4CO_2 + 5H_2O$
> 최소산소농도(MOC) = 폭발하한계 × 산소몰수
> $= 1.6 \times 6.5 = 10.4\text{vol}\%$
>
> 출제개념 최소산소농도 계산

08 메탄올의 연소반응이 다음과 같을 때 최소산소
농도(MOC)는 약 얼마인가? (단, 메탄올의 연소
하한값은 6.7vol%이다.)

> $CH_3OH + 1.5O_2 \rightarrow CO_2 + 2H_2O$

① 1.5vol%

② 6.7vol%

③ 10vol%

④ 15vol%

> 최소산소농도(MOC) = 폭발하한계 × 산소몰수
> $= 6.7 \times 1.5 \fallingdotseq 10\text{vol}\%$
>
> 출제개념 최소산소농도 계산

09 메탄(CH_4) 100몰이 산소 중에서 완전연소하였
다면, 이때 소비된 산소량은 몇 몰인가?

① 50

② 100

③ 150

④ 200

> 완전연소반응식 $CH_4 + 2O_2 \rightarrow CO_2 + 2H_2O$
> 메탄 1몰 : 산소 2몰 = 1 : 2
>
> 출제개념 완전연소 시 소비된 산소량

10 폭발 및 연소 위험성의 척도로 쓰일 수 있는 것
중 가장 적합한 것은?

① 증기압

② 폭발범위

③ 발화온도

④ 분해온도

> 폭발범위(하한계와 상한계)가 넓을수록 폭발 위험성이
> 증가하므로, 폭발 및 연소 위험성을 나타내는 척도로
> 가장 적합하다.
>
> 출제개념 폭발범위

정답 **05** ① **06** ③ **07** ② **08** ③ **09** ④ **10** ②

11 인화점에 대한 설명으로 옳은 것은?

① 인화점이 높을수록 위험하다.

② 인화점이 낮을수록 위험하다.

③ 인화점과 위험성은 관계없다.

④ 인화점이 0℃ 이상인 경우만 위험하다.

▼

인화점은 점화원에 의해 불이 붙을 수 있는 최저온도이며, 인화점이 낮을수록 불이 더 쉽게 붙는다는 의미이므로 위험하다.

출제개념 인화점

---

12 점화원 없이 발화를 일으키는 최저온도를 무엇이라 하는가?

① 착화점   ② 인화점

③ 연소점   ④ 기화점

▼

점화원 없이 스스로 불이 붙는 최저온도는 착화점(=발화점)이다. 그 외 다른 용어의 정의는 다음과 같다.
- 인화점: 점화원에 의해 불이 붙는 최저온도
- 연소점: 점화원이 없어져도 연소가 지속될 수 있는 온도로, 인화점보다 약 5℃ 높은 온도
- 기화점: 액체가 증발하는 최저온도

출제개념 착화점

---

13 다음 중 화재의 종류가 옳게 연결된 것은?

① A급화재 – 유류화재

② B급화재 – 유류화재

③ C급화재 – 일반화재

④ D급화재 – 일반화재

▼

A급화재는 일반화재, B급화재는 유류화재, C급화재는 전기화재, D급화재는 금속화재이다.

출제개념 화재의 종류

---

14 다음 중 화재의 급수와 종류 및 종류별 표시색상이 잘못 연결된 것은?

① A급 – 일반화재 – 적색

② B급 – 유류화재 – 황색

③ C급 – 전기화재 – 청색

④ D급 – 금속화재 – 무색

▼

A급 일반화재는 백색으로 표시한다.

출제개념 화재의 종류와 표시색

정답   11 ②   12 ①   13 ②   14 ①

15 인화성 가스, 불활성 가스 및 산소를 사용하여 금속의 용접·용단 또는 가열작업을 하는 경우, 가스 등의 누출 또는 방출로 인한 폭발·화재 또는 화상을 예방하기 위한 준수사항으로 옳지 않은 것은?

① 용단작업을 하는 경우에는 취관으로부터 산소의 과잉방출로 인한 화상을 예방하기 위하여 밸브를 여는 행위를 하지 않을 것

② 가스 등의 호스와 취관은 손상·마모 등에 의하여 가스 등이 누출할 우려가 없는 것을 사용할 것

③ 가스 등의 호스에 가스 등을 공급하는 경우에는 미리 그 호스에서 가스 등이 방출되지 않도록 필요한 조치를 할 것

④ 작업을 중단하거나 마치고 작업장소를 떠날 경우에는 가스 등의 공급구의 밸브나 콕을 잠글 것

> 용단작업 시에는 작업을 위해 밸브를 개방하되, 취관으로부터 산소가 과잉 방출되어 화상을 일으키지 않도록 서서히 조작하여야 한다. 가스설비 관리 시 지켜야 할 준수사항은 다음과 같다.
> - 가스 등의 호스와 취관은 손상·마모 등이 없는 상태로 유지해야 한다.
> - 가스용기는 안전한 장소에 보관하고, 용접·용단·가열 작업장소와는 격리하여 보관해야 한다.
> - 작업 시작 전에는 가스용기 및 연결 부위에서 가스 누출이 없는지 확인해야 한다.
>
> 출제개념 가스용접 등 작업 시 화재 예방조치

16 다음 중 자연발화에 대한 설명이 옳은 것은 어느 것인가?

① 점화원을 잘 관리하면 자연발화를 방지할 수 있다.

② 자연발화는 밖으로 방열하는 열보다 내부에서 발생하는 열의 양이 많아 일어난다.

③ 습도를 높게 하면 자연발화를 방지하기가 더 좋다.

④ 윤활유를 닦은 걸레를 담는 용기는 금속제보다는 플라스틱 제품이 자연발화를 방지하기가 더 좋다.

> 자연발화는 외부 점화원과 무관하게 물질 내부에서 발생한 열이 방열보다 많아 온도가 축적될 때 발생한다.
>
> 출제개념 자연발화

17 다음 중 폭발한계에 영향을 주는 요소에 관한 설명으로 틀린 것은?

① 일반적으로 폭발범위는 온도상승에 의해서 넓게 된다.

② 폭발하한값은 일반적으로 압력상승에 따라 증가한다.

③ 폭발상한값은 산소농도가 증가하면 현저히 증가한다.

④ 폭발범위는 위쪽으로 전파하는 화염에서 측정할 경우 가장 넓은 값이 나온다.

> 폭발하한값은 압력상승에 따라 뚜렷한 경향을 보이지 않고 거의 일정하게 유지된다.
>
> 출제개념 폭발한계의 영향요소

정답 **15** ① **16** ② **17** ②

18 응상폭발에 해당되지 않는 것은?

① 수증기폭발   ② 전선폭발

③ 증기폭발   ④ 분진폭발

▼

응상폭발에는 수증기폭발, 증기폭발, 전선폭발, 고상 간의 전이에 의한 폭발이 해당되며, 분진폭발은 기상폭발에 해당된다.

출제개념 응상폭발

---

19 다음 중 응상폭발이 아닌 것은?

① 분해폭발

② 수증기폭발

③ 전선폭발

④ 고상 간의 전이에 의한 폭발

▼

분해폭발은 기상폭발에 해당된다.

출제개념 응상폭발

---

20 대기 중에 대량의 가연성 가스가 유출되거나 대량의 가연성 액체가 유출하여 그것으로부터 발생하는 증기가 공기와 혼합해서 가연성 혼합기체를 형성하고, 점화원에 의하여 발생하는 폭발을 무엇이라 하는가?

① UVCE   ② BLEVE

③ Detonation   ④ Boil Over

▼

UVCE는 증기운폭발이라 하며, 대기 중을 떠다니는 가연성 가스, 증기 등이 점화원에 의해 대기 중에서 폭발을 일으키는 현상이다.

출제개념 증기운폭발(UVCE)

---

21 다음 중 폭발 위험이 가장 높은 물질은?

① 수소

② 벤젠

③ 아세틸렌

④ 이소프로필렌 알코올

▼

아세틸렌의 폭발범위가 2.5~81vol%로 가장 넓어 폭발 위험이 가장 크다.

출제개념 폭발 위험이 높은 물질

정답 **18** ④ **19** ① **20** ① **21** ③

22 화염의 전파속도가 음속보다 빨라 파면 선단에 충격파가 형성되며 보통 그 속도가 1,000~3,500m/sec에 이르는 현상을 무엇이라 하는가?

① 폭발현상　　　　② 폭굉현상
③ 파괴현상　　　　④ 발화현상

> 연소 시 연소파의 전파속도가 음속(약 340m/s)을 초과하여 1,000~3,500m/s에 달하고 충격파를 동반하며 진행되는 연소 현상을 폭굉현상이라 한다.
>
> 출제개념 폭굉현상

23 폭발한계에 대한 내용으로 틀린 것은?

① 폭발은 온도, 압력 등의 관계에서 발생한다.
② 폭발하한계가 낮을수록, 폭발상한계가 높을수록 위험성이 크다.
③ 온도가 높을수록 폭발하한계는 높아진다.
④ 압력이 높을수록 폭발하한계는 불변한다.

> 온도가 높을수록 폭발하한계는 낮아지고 폭발상한계는 높아진다.
>
> 출제개념 폭발한계

24 「산업안전보건기준에 관한 규칙」에서는 인화성 액체를 수시로 사용하는 밀폐된 공간에서 해당 가스 등으로 폭발 위험 분위기가 조성되지 않도록 하기 위해서 해당 물질의 공기 중 농도를 인화하한계값의 얼마를 넘지 않도록 규정하고 있는가?

① 10%　　　　② 15%
③ 20%　　　　④ 25%

> 폭발 위험 분위기가 조성되지 않도록 해당 물질의 공기 중 농도가 인화하한계값의 25%를 넘지 않도록 충분히 환기해야 한다.
>
> 출제개념 인화하한계 기준

25 다음 중 폭발범위에 대한 설명으로 옳은 것은?

① 가연성 가스와 공기와의 혼합가스에 점화원을 주었을 때 폭발이 일어나는 혼합가스의 농도범위
② 가연성 액체의 액면 근방에 생기는 증기가 착화할 수 있는 온도범위
③ 공기밀도에 대한 폭발성 가스 및 증기의 폭발 가능 밀도범위
④ 폭발화염이 내부에서 외부로 전파될 수 있는 용기의 틈새 간격범위

> 폭발범위는 가연성 가스가 공기와 혼합되었을 때 점화원이 주어지면 폭발이 일어나는 혼합가스의 농도범위를 말한다.
>
> 출제개념 폭발범위의 정의

정답 22 ② 23 ③ 24 ④ 25 ①

26 메탄 20vol%, 에탄 25vol%, 프로판 55vol%의 조성을 가진 혼합가스의 폭발하한계 값(vol%)은 약 얼마인가? (단, 메탄, 에탄 및 프로판가스의 폭발하한값은 각각 5vol%, 3vol%, 2vol%이다.)

① 2.51 ② 3.12
③ 4.26 ④ 5.22

$$혼합가스의\ 폭발하한계 = \frac{V_1 + V_2 + \cdots + V_n}{\dfrac{V_1}{L_1} + \dfrac{V_2}{L_2} + \cdots + \dfrac{V_n}{L_n}}$$

$$= \frac{20 + 25 + 55}{\dfrac{20}{5} + \dfrac{25}{3} + \dfrac{55}{2}}$$

$$\fallingdotseq 2.51$$

출제개념 혼합가스의 폭발하한계 계산

27 8vol% 헥산, 3vol% 메탄, 1vol% 에틸렌, 88% 공기로 구성된 혼합가스의 연소하한값(LFL)은 약 몇 vol%인가? (단, 각 물질의 공기 중 연소하한값은 헥산 1.1vol%, 메탄 5.0vol%, 에틸렌 2.7vol%이다.)

① 0.69 ② 1.45
③ 1.95 ④ 2.45

$$혼합가스의\ 폭발하한계 = \frac{V_1 + V_2 + \cdots + V_n}{\dfrac{V_1}{L_1} + \dfrac{V_2}{L_2} + \cdots + \dfrac{V_n}{L_n}}$$

$$= \frac{8 + 3 + 1}{\dfrac{8}{1.1} + \dfrac{3}{5} + \dfrac{1}{2.7}}$$

$$\fallingdotseq 1.45$$

출제개념 혼합가스의 연소하한값 계산

28 다음 물질 중 분진폭발과 연관성이 가장 깊은 것은?

① 마그네슘 ② 탄산가스
③ 아세틸렌 ④ 암모니아

마그네슘분, 철분, 알루미늄분 등이 분진폭발과 연관성이 높으며, 밀가루, 커피가루 등 가연성이 있는 분말형태도 분진폭발을 일으킬 수 있다.

출제개념 분진폭발 위험물질

29 다음 중 분진폭발의 가능성이 가장 낮은 물질은?

① 소맥분 ② 마그네슘
③ 질석가루 ④ 석탄

질석가루는 가연성 물질이 아니며, 주로 모래, 진주암과 같이 금속화재용 소화약제로 사용된다.

출제개념 분진폭발 위험물질

정답 26 ① 27 ② 28 ① 29 ③

✔ 회독 ☐☐☐

30 분진폭발의 영향인자에 대한 설명 중 틀린 것은?

① 분진의 입경이 작을수록 폭발하기가 쉽다.
② 일반적으로 부유분진이 퇴적분진에 비하여 발화온도가 낮다.
③ 연소열이 큰 분진일수록 저농도에서 폭발하고 폭발 위력도 크다.
④ 분진의 비표면적이 클수록 폭발성이 높아진다.

▼
일반적으로 부유분진은 퇴적분진보다 발화온도가 높다.

출제개념 분진폭발 영향요인

✔ 회독 ☐☐☐

31 다음 중 가연성 분진의 폭발 메커니즘으로 옳은 것은?

① 퇴적분진 – 비산 – 분산 – 발화원 발생 – 폭발
② 발화원 발생 – 퇴적분진 – 비산 – 분산 – 폭발
③ 퇴적분진 – 발화원 발생 – 분산 – 비산 – 폭발
④ 발화원 발생 – 비산 – 분산 – 퇴적분진 – 폭발

▼
가연성 분진의 폭발 메커니즘은 '퇴적분진 → 비산 → 분산 → 발화원 발생 → 폭발' 순이다.

출제개념 가연성 분진의 폭발 메커니즘

✔ 회독 ☐☐☐

32 다음 중 분진폭발의 발생 위험성을 낮추는 방법으로 적절하지 않은 것은?

① 주변의 점화원을 제거한다.
② 분진이 날리지 않도록 한다.
③ 분진과 그 주변의 온도를 낮춘다.
④ 분진 입자의 크기를 작게 한다.

▼
분진 입자의 크기가 작을수록 비표면적이 커져 산화·연소가 빨라지므로 위험성이 증가한다.

출제개념 분진폭발 방지대책

✔ 회독 ☐☐☐

33 다음 중 분진폭발에 대한 설명으로 틀린 것은?

① 일반적으로 입자의 크기가 클수록 위험이 더 크다.
② 산소의 농도는 분진폭발 위험에 영향을 주는 요인이다.
③ 주위 공기의 난류확산은 위험을 증가시킨다.
④ 가스폭발에 비하여 불완전 연소를 일으키기 쉽다.

▼
입자의 크기가 작을수록 표면적이 넓어져 폭발위험이 더 크다.

출제개념 분진폭발 특성

정답 **30** ② **31** ① **32** ④ **33** ①

34 다음 중 액체의 증발잠열을 이용하여 소화시키는 것으로 물을 이용하는 방법은 주로 어떤 소화 방법에 해당되는가?

① 냉각소화법   ② 연소억제법
③ 저거소화법   ④ 질식소화법

▼

액체가 끓어 기체로 변할 때 발생하는 증발잠열은 열을 흡수한다. 이 원리를 통해서 연소물 온도를 발화점 미만으로 낮추어 불을 끄는 방법을 냉각소화법이라 한다.

출제개념 증발잠열, 냉각소화

35 다음 중 F, Cl, Br 등 산화력이 큰 할로겐 원소의 반응을 이용하여 소화(消火)시키는 방식을 무엇이라 하는가?

① 희석식 소화
② 냉각에 의한 소화
③ 연료 제거에 의한 소화
④ 연소 억제에 의한 소화

▼

할로겐계 소화약제는 연소를 억제하여 소화하는 방법에 해당한다. 불이 계속 타기 위해서는 연쇄반응이 필요한데, 할로겐계 소화약제는 이 연쇄반응을 끊어 화학반응을 차단함으로써 불을 진압한다.

출제개념 억제소화

36 이산화탄소 소화기의 사용에 관한 설명으로 옳지 않은 것은?

① B급 화재 및 C급 화재의 적용에 적절하다.
② 이산화탄소의 주된 소화작용은 질식작용이므로 산소의 농도가 15% 이하가 되도록 약제를 살포한다.
③ 액화탄산가스가 공기 중에서 이산화탄소로 기화하면 체적이 급격하게 팽창하므로 질식에 주의한다.
④ 이산화탄소는 반도체설비와 반응을 일으키므로 통신기기나 컴퓨터설비에 사용을 해서는 아니 된다.

▼

이산화탄소는 반도체설비와 화학반응을 일으키지 않는 기체로, 비전도성이며 잔재가 남지 않아 통신기기나 컴퓨터설비의 소화에 사용할 수 있다.

출제개념 이산화탄소 소화기

37 다음 중 이산화탄소 소화기의 사용이 가능한 것은?

① 전기설비가 존재하는 한랭한 지역에서의 화재
② 사람이 존재하는 밀폐된 지역에서의 화재
③ LiH, NaH와 같은 금속수소화물에 의한 화재
④ 제5류 위험물(자기반응성 물질)에 의한 화재

▼

이산화탄소 소화기는 비전도성, 무잔재 특성을 가졌으므로 전기설비 화재에 적합하고, 물 소화기처럼 결빙의 위험도 없기에 한랭한 지역에서도 사용 가능하다.

출제개념 이산화탄소 소화기

정답 **34** ① **35** ④ **36** ④ **37** ①

38 컴퓨터 등 값이 비싼 전기기계 · 기구 등의 소화에 적합하고 가연물과 산소의 화학적 반응을 차단하는 힘이 매우 강한 소화약제는?

① 할론가스　　　② 강화액
③ 건조사　　　　④ 탄산수소나트륨

> 할론가스는 비전도성이며 잔재가 남지 않아 비싼 전기기계 · 기구 등 소화에 적합하고, 연쇄반응을 억제하여 화학적 반응을 차단하는 힘이 매우 강한 소화약제이다.
>
> 출제개념 할로겐화합물 소화약제

39 다음의 주의사항에 해당하는 물질은?

> 산화제와 접촉 및 혼합을 엄금하며, 화재 시 주수소화를 피하고 건조한 모래 등으로 질식소화를 한다.

① 마그네슘
② 과염소산나트륨
③ 황린
④ 과산화수소

> 제시된 주의사항은 마른모래, 팽창질석, 팽창진주암을 이용한 물반응성 물질에 대한 소화방법에 대한 설명으로 마그네슘이 이에 해당한다.
>
> 출제개념 물반응성 물질의 소화방법

40 다음 중 독성가스의 발생으로 화재에 사용할 수 없는 할로겐화합물 소화약제는?

① 할론 1211 소화약제
② 할론 1301 소화약제
③ 할론 2402 소화약제
④ 할론 1040 소화약제

> 할론 1040(CCl_4)은 화염 · 고온에서 포스겐($COCl_2$) 등 독성가스로 분해되어 인체 유해성이 크므로 화재용 소화약제로 부적합하다.
>
> 출제개념 할로겐화합물 소화약제

41 다음 설명에 해당하는 소화의 종류는?

> 가연성 가스와 지연성 가스가 섞여 있는 혼합기체의 농도를 조절하여 혼합기체의 농도를 연소범위 밖으로 벗어나게 하여 연소를 중지시키는 방법

① 냉각소화　　　② 질식소화
③ 제거소화　　　④ 억제소화

> 연소에 필요한 산소 공급을 차단하거나 가연성 가스의 농도를 낮추어 산소 농도를 15% 이하로 만드는 등 연소범위를 밖으로 벗어나게 하여 소화하는 방법은 질식소화에 해당한다.
>
> 출제개념 질식소화

정답　38 ①　39 ①　40 ④　41 ②

42 다음 중 제5류 위험물에 적응성이 있는 소화기는?

① 포 소화기

② 분말 소화기

③ 이산화탄소 소화기

④ 할로겐화합물 소화기

제5류 자기반응성 물질은 자체적으로 산소를 방출하여 분해·연소하므로 포 소화기의 냉각효과로 분해열을 억제할 수 있어 소화에 적응성이 있다.

출제개념 제5류 위험물 소화방법

43 다음 중 제1종 분말 소화약제의 주성분에 해당하는 것은?

① 사염화탄소

② 브롬화메탄

③ 수산화암모늄

④ 탄산수소나트륨

제1종 분말 소화약제는 탄산수소나트륨($NaHCO_3$)을 주성분으로 한다. 분말 소화약제의 종별 주성분은 다음과 같다.
- 제1종 소화약제: 탄산수소나트륨($NaHCO_3$)
- 제2종 소화약제: 탄산수소칼륨($KHCO_3$)
- 제3종 소화약제: 제1인산암모늄($NH_4H_2PO_4$)
- 제4종 소화약제: 탄산수소칼륨+요소
$$(KHCO_3+(NH_2)_2CO)$$

출제개념 분말 소화약제의 주성분

정답　42 ①　43 ④

22년 1회 21년 3회 　　　　　✔회독 ☐☐☐

01 「산업안전보건법」상의 위험물 중 산화성 물질로 분류되지 않은 것은?

① 염소산칼륨　　　② 질산나트륨
③ 탄화칼슘　　　　④ 과산화바륨

> 탄화칼슘(카바이드)은 물반응성(=금수성) 물질에 해당하며, 물과 반응하여 아세틸렌가스를 발생시킨다는 특징이 있다.
>
> **출제개념** 산화성 물질, 물반응성 물질

25년 1회 24년 2회 21년 3회 　　　　✔회독 ☐☐☐

02 「산업안전보건기준에 관한 규칙」에서 부식성 염기류에 해당하는 것은?

① 농도 30%인 과염소산
② 농도 30%인 아세틸렌
③ 농도 40%인 디아조화합물
④ 농도 40%인 수산화나트륨

> 부식성 염기류는 농도 40% 이상인 수산화나트륨 또는 수산화칼륨을 의미한다.
>
> **출제개념** 부식성 염기류

24년 3회 23년 3회 22년 2회 　　　　✔회독 ☐☐☐

03 다음 중 물에 보관이 가능한 것은?

① K　　　　　② P_4
③ NaH　　　　④ Li

> P_4(황린)는 자연발화성 물질로 발화점 34℃ 정도로 아주 낮아 위험한 물질로, 공기 중 저장이 어려워 물 속에 저장한다. 한편, K(칼륨), NaH(나트륨), Li(리튬)은 물반응성 물질로 물과 접촉 시 가연성 가스가 발생하므로 위험하다.
>
> **출제개념** 자연발화성 물질, 물반응성 물질

정답　**01** ③　**02** ④　**03** ②

✔ 회독 ☐☐☐

04 어떤 물질에 대한 독성을 알아보기 위하여 물질안전보건자료(MSDS: Material Safety Data Sheet)를 찾아보았더니 아래와 같았다. 아래 자료에 의하면 이 물질은 「산업안전보건법」상 어디에 해당하는가?

〈독성에 관한 정보〉
- 급성 경구 독성
  - 동물실험(쥐): 경구
  - LD50 = 1,800mg/kg
- 급성 흡입 독성: 자료 없음
- 아급성 독성: 자료 없음
- 만성 독성: 자료 없음

① 이 물질은 독성물질이다.
② 이 물질은 발암성 물질이다.
③ 이 물질은 독성물질이 아니다.
④ 급성 흡입 독성에 대한 자료가 없으므로 알 수 없다.

▼

물질안전보건자료(MSDS)에서 특정 독성에 대해 '자료 없음'이라고 표시되어 있는 것은 반드시 독성이 없다는 의미가 아니라, 해당 독성에 대한 충분한 시험 자료가 확보되지 않았거나 아직 연구가 이루어지지 않았음을 나타낸다.

출제개념 **물질안전보건자료(MSDS)**

✔ 회독 ☐☐☐

05 가열·마찰·충격 또는 다른 화학물질과 접촉 등으로 인하여 산소나 산화제의 공급이 없더라도 폭발 등 격렬한 반응을 일으킬 수 있는 물질은?

① 알코올류
② 무기과산화물
③ 니트로화합물
④ 과망간산칼륨

▼

니트로화합물은 산소 공급 없이도 폭발 등 격렬한 반응을 일으킬 수 있는 폭발성 물질에 해당한다.

출제개념 **폭발성 물질**

✔ 회독 ☐☐☐

06 「위험물안전관리법」상 자기반응성 물질은 제 몇 류 위험물로 분류하는가?

① 제1류 위험물
② 제3류 위험물
③ 제4류 위험물
④ 제5류 위험물

▼

자기반응성 물질은 「위험물안전관리법」상 제5류 위험물에 해당한다.

출제개념 **위험물의 분류**

✔ 회독 ☐☐☐

07 위험물안전관리법령상 제4류 위험물이 갖는 일반성질로 가장 거리가 먼 것은?

① 증기는 대부분 공기보다 무겁다.
② 대부분 물보다 가볍고 물에 잘 녹는다.
③ 대부분 유기화합물이다.
④ 발생증기는 연소하기 쉽다.

▼

제4류 위험물은 인화성 액체로, 비중이 1보다 작아 물보다 가벼우면서도 물에는 잘 녹지 않는 비수용성 물질이 많다.

출제개념 **인화성 액체의 특징**

정답 **04** ④ **05** ③ **06** ④ **07** ②

08 다음 중 산업안전보건법령상 위험물의 종류에서 인화성 가스에 해당하지 않는 것은?

① 수소 ② 질산에스테르
③ 아세틸렌 ④ 메탄

▼

인화성 가스는 인화한계농도 하한이 13% 이하이거나 상하한의 차가 12% 이상인 가스로, 수소, 아세틸렌, 메탄 등이 해당되며, 질산에스테르는 제5류 자기반응성 물질이다.

[출제개념] 인화성 가스

09 「산업안전보건기준에 관한 규칙」에서 규정하고 있는 위험물질의 종류 중 '물반응성 물질 및 인화성 고체'에 해당되지 않는 것은?

① 칼륨
② 황린
③ 하이드라진 유도체
④ 알킬리튬

▼

하이드라진 유도체는 폭발성 물질에 해당하며, 물반응성 물질 및 인화성 고체에 해당되지 않는다.

[출제개념] 물반응성 물질 및 인화성 고체

10 다음 물질 중 가연성 가스가 아닌 것은?

① 메탄 ② 일산화탄소
③ 프로판 ④ 질소

▼

질소는 대표적인 불활성 가스이다.

[출제개념] 가연성 가스, 불활성 가스

11 다음 물질 중 가연성 가스가 아닌 것은?

① 수소 ② 메탄
③ 프로판 ④ 염소

▼

염소는 다른 물질의 연소를 돕는 조연성 가스에 해당한다. 반면 수소, 메탄, 프로판은 대표적인 가연성 가스로, 이 밖에도 아세틸렌, 산화에틸렌, 이황화탄소, 부탄 등이 있다.

[출제개념] 가연성 가스

12 리튬(Li)에 관한 설명으로 틀린 것은?

① 연소 시 산소와는 반응하지 않는 특성이 있다.
② 염산과 반응하여 수소를 발생한다.
③ 물과 반응하여 수소를 발생한다.
④ 화재 발생 시 소화방법으로는 건조된 마른 모래 등을 이용한다.

▼

리튬은 연소 시 산소와 반응하여 산화리튬이 발생한다.

[출제개념] 리튬의 특징

정답 08 ② 09 ③ 10 ④ 11 ④ 12 ①

13 다음 중 산업안전보건법령상의 위험물질의 종류에 있어 산화성 액체 및 산화성 고체에 해당하지 않는 것은?

① 요오드산

② 브롬산 및 그 염류

③ 유기과산화물

④ 염소산 및 그 염류

유기과산화물은 폭발성 물질 및 유기과산화물 분류에 해당한다.

출제개념 산화성 물질과 폭발성 물질의 구분

14 어떤 위험물을 위험물 저장소에 보관하던 도중에 빗물이 스며들자 불꽃이 일어나면서 창고가 폭발하였다. 다음 중 어느 위험물이 저장된 것으로 판단되는가?

① 과염소산 나트륨

② 나트륨

③ T.N.T.

④ 피크린산

빗물이 스며들자 불꽃이 일어나 폭발로 이어졌다는 것은 물과 접촉만으로도 화재와 폭발을 일으키는 금수성 물질의 전형적 특성이므로 금수성 물질에 해당하는 나트륨이 저장된 것으로 판단된다. 나머지 선택지의 물질들에 대한 설명은 다음과 같다.

- 과염소산나트륨: 소금 형태의 산화제로, 물과 접촉하면 용해될 뿐 불꽃이 발생하지 않는다.
- T.N.T.: 기폭장치 없이 빗물만으로 폭발하지 않는다.
- 피크린산: 물은 오히려 안정화를 도우므로 빗물 유입이 직접적인 점화 원인이 되기 어렵다.

출제개념 물반응성 물질

15 산화성 물질을 가연물과 혼합할 경우 혼합위험성 물질이 된다. 그 이유로 가장 적당한 것은?

① 산화성 물질과 가연물이 혼합되어 있으면 가열·마찰·충격 등의 점화에너지원에 의해 더욱 쉽게 분해하기 때문이다.

② 산화성 물질이 가연성 물질과 혼합되어 있으면 주수소화가 어렵기 때문이다.

③ 산화성 물질이 가연성 물질과 혼합되어 있으면 산화·환원 반응이 더욱 잘 일어나기 때문이다.

④ 산화성 물질에 조해성이 생기기 때문이다.

산화성 물질과 가연물이 섞이면 산화제가 산소를 공급하여 산화·환원 반응이 급격히 진행한다.

출제개념 산화성 물질, 혼합위험성 물질

16 다음 중 발화성 물질에 해당하는 것은?

① 프로판

② 황린

③ 염소산 및 그 염류

④ 질산에스테르류

발화성 물질은 공기 접촉만으로 자연발화하는 제3류 자연발화성 물질이며, 황린이 이에 해당한다. 프로판은 인화성 가스, 염소산 및 그 염류는 제1류 산화성 고체, 질산에스테르류는 제5류 자기반응성 물질이므로 발화성 물질이 아니다.

출제개념 발화성 물질

정답   **13** ③   **14** ②   **15** ③   **16** ②

17 물반응성 물질에 해당하는 것은?

① 니트로화합물　　② 칼륨
③ 염소산나트륨　　④ 부탄

> 물반응성(=금수성) 물질에는 칼륨이 해당한다. 이 외에 니트로화합물은 제5류 자기반응성 물질, 염소산나트륨은 제1류 산화성 고체, 부탄은 인화성 가스이므로 물반응성 물질이 아니다.
>
> 출제개념 물반응성 물질

18 「산업안전보건기준에 관한 규칙」에서 규정하고 있는 위험물질의 종류 중 '물반응성 물질 및 인화성 고체'에 해당되지 않는 것은?

① 리튬　　　　　② 칼슘탄화물
③ 아세틸렌　　　④ 셀룰로이드류

> 아세틸렌은 인화성 가스로 분류된다.
>
> 출제개념 물반응성 물질, 인화성 고체

19 「산업안전보건기준에 관한 규칙」에서 규정하는 급성 독성 물질의 기준으로 틀린 것은?

① 쥐에 대한 경구투입실험에 의하여 실험동물의 50%를 사망시킬 수 있는 물질의 양이 kg당 300mg - (체중) 이하인 화학물질
② 쥐에 대한 경피흡수실험에 의하여 실험동물의 50%를 사망시킬 수 있는 물질의 양이 kg당 1,000mg - (체중) 이하인 화학물질
③ 토끼에 대한 경피흡수실험에 의하여 실험동물의 50%를 사망시킬 수 있는 물질의 양이 kg당 1,000mg - (체중) 이하인 화학물질
④ 쥐에 대한 4시간 동안의 흡입실험에 의하여 실험동물의 50%를 사망시킬 수 있는 가스의 농도가 3,000ppm 이상인 화학물질

> 쥐에 대한 4시간 동안의 흡입실험에 의하여 실험동물의 50%를 사망시킬 수 있는 물질의 농도, 즉 LC50 값은 2,500ppm 이하, 증기 10mg/l 이하, 분진 1mg/l 이하인 화학물질이 올바른 기준이다.
>
> 출제개념 급성 독성 물질의 기준

20 다음 중 물과의 반응성이 가장 큰 물질은?

① 니트로글리세린
② 이황화탄소
③ 금속나트륨
④ 석유

> 금속나트륨은 물과 강하게 반응하여 폭발을 일으키는 물반응성 물질이다. 반면 니트로글리세린은 질산에스테르류에 속하는 제5류 자기반응성 물질이며, 이황화탄소와 석유는 인화성 액체로 물과 거의 반응하지 않는다.
>
> 출제개념 물반응성 물질

정답　17 ②　18 ③　19 ④　20 ③

21 공기 중에 3ppm의 디메틸아민(Dimethylamine, TLV−TWA: 10ppm)과 20ppm의 시클로헥산올(Cyclohexanol, TLV−TWA: 50ppm)이 있고, 10ppm의 산화프로필렌(Propylene Oxide, TLV−TWA: 20ppm)이 존재한다면 혼합 TLV−TWA는 몇 ppm인가?

① 12.5 ② 22.5

③ 27.5 ④ 32.5

혼합가스의 농도는 르샤틀리에 공식으로 계산한다.

$$혼합가스의 농도 = \frac{V_1 + V_2 + \cdots + V_n}{\dfrac{V_1}{L_1} + \dfrac{V_2}{L_2} + \cdots + \dfrac{V_n}{L_n}}$$

$$= \frac{3 + 20 + 10}{\dfrac{3}{10} + \dfrac{20}{50} + \dfrac{10}{20}}$$

$$= 27.5$$

출제개념 혼합가스의 농도 계산

CHAPTER **08**

화공 안전운전 · 점검

기출문제 활용법 문항별 기출 표기 개수가 많을수록 시험에 자주 출제된 문제! 표기가 5개인 문제는 출제 횟수가 5회 이상인 기출문제로 무조건 암기 필수!

3회독 공부전략 **1회독**은 문제 → 선지 → 답 → 해설 순서로 정독! **2회독**부터는 직접 문제 풀기, **3회독** 때는 ×, △ 표시된 문제만 다시 풀기! 회독할 때마다 문제 옆 회독표에 ○, ×, △로 표시하여 3회독까지 ×로 표시된 문제는 부록에 포함된 "틈틈 오답노트"에 따로 정리해 공부하세요! [○: 정확히 알고 푼 문제 △: 부분적으로 알고 푼 문제 ×: 개념 학습이 필요한 문제]

21년 2회   ✔ 회독 ☐☐☐

01 다음 중 단위조작(물리적 공정)에 해당되는 것은?

① 중합   ② 축합
③ 산화   ④ 증류

> 단위조작(Unit Operation)은 화학공학 등에서 사용하는 용어로, 물리적 변화를 주체로 하는 조작을 의미하며, 유체 수송, 열전달, 증발, 증류, 흡수, 건조, 추출, 결정화, 분쇄, 혼합, 분리(여과, 침전, 원심분리) 등 다양한 물리적 공정을 포함한다.
>
> **출제개념** 단위조작(물리적 공정)

25년 3회 21년 1회   ✔ 회독 ☐☐☐

02 「산업안전보건법」상 공정안전보고서의 내용 중 공정안전자료에 포함되지 않는 것은?

① 유해 · 위험설비의 목록 및 사양
② 폭발위험장소 구분도 및 전기단선도
③ 안전운전지침
④ 각종 건물 · 설비의 배치도

> 공정안전보고서의 내용 중 공정안전자료에 안전운전지침은 포함되지 않는다.
>
> **출제개념** 공정안전보고자료

24년 1회   ✔ 회독 ☐☐☐

03 유해 · 위험설비의 설치 · 이전 시 공정안전보고서의 제출시기로 옳은 것은?

① 공사완료 전까지
② 공사 후 시운전 익일까지
③ 설비 가동 후 30일 이내에
④ 공사의 착공일 30일 전까지

> 공정안전보고서는 착공일 30일 전까지 2부 작성하여 공단에 제출해야 한다.
>
> **출제개념** 공정안전보고서의 제출시기

정답   **01** ④   **02** ③   **03** ④

04 다음 중 「산업안전보건기준에 관한 규칙」에서 말하는 '특수화학설비'로 옳지 않은 것은?

① 가열로 또는 가열기
② 발열 반응이 일어나는 반응장치
③ 온도가 섭씨 100도 이상으로 운전되는 설비
④ 증류, 증발 등을 분리하는 장치

▼

위험물을 기준량 이상 제조·취급하는 특수화학설비의 기준은 다음과 같다.
- 가열로 또는 가열기
- 발열 반응이 일어나는 반응장치
- 온도가 350℃ 이상이거나 게이지 압력이 980kPa 이상으로 운전되는 설비
- 증류·정류·증발·추출 등 분리하는 장치
- 가열시켜 주는 물질의 온도가 가열되는 위험물질의 분해온도 또는 발화점보다 높은 상태에서 운전되는 설비
- 반응폭주 등 이상화학반응에 의하여 위험물질이 발생할 우려가 있는 설비

출제개념 특수화학설비

05 「산업안전보건기준에 관한 규칙」상 섭씨 몇 ℃ 이상인 상태에서 운전되는 설비가 특수화학설비에 해당하는가? (단, 규칙에서 정한 위험물질의 기준량 이상을 제조하거나 취급하는 설비인 경우이다.)

① 150℃   ② 250℃
③ 350℃   ④ 450℃

▼

온도가 350℃ 이상이거나 게이지압력이 980kPa 이상인 상태에서 운전되는 설비가 특수화학설비에 해당한다.

출제개념 특수화학설비

06 사업주가 금속의 용접·용단 또는 가열에 사용되는 가스 등의 용기를 취급하는 경우에 준수하여야 하는 사항으로 틀린 것은?

① 용기의 부식·마모 또는 변형상태를 점검한 후 사용할 것
② 용기의 온도를 섭씨 60도 이하로 유지할 것
③ 운반할 때에는 캡을 씌울 것
④ 밸브의 개폐는 서서히 할 것

▼

용기의 온도는 섭씨 40도 이하로 유지해야 한다.

출제개념 가스용기 취급 시 준수사항

07 위험물을 건조하는 경우 내용적이 몇 m³ 이상인 건조설비일 때 위험물 건조설비 중 건조실을 설치하는 건축물의 구조를 독립된 단층으로 해야 하는가? (단, 건축물은 내화구조가 아니며, 건조실을 건축물의 최상층에 설치한 경우가 아니다.)

① 0.1   ② 1
③ 10   ④ 100

▼

위험물을 건조하는 경우 내용적이 1m³ 이상인 건조설비 중 건조실은 독립된 단층건물로 설치해야 한다.

출제개념 건조설비의 설치기준

정답 **04** ③ **05** ③ **06** ② **07** ②

08 화학공정의 반응을 시키기 위한 조작 조건에 해당되지 않는 것은?

① 반응온도　　　② 반응농도
③ 반응높이　　　④ 반응압력

▼
화학공정의 반응을 시키기 위한 조작 조건에는 온도, 농도, 압력, 촉매가 해당한다.

출제개념 화학공정의 반응을 위한 조작 조건

09 단위공정시설 및 설비로부터 다른 단위공정시설 및 설비 사이의 안전거리는 설비의 바깥면부터 얼마 이상 되어야 하는가?

① 설비의 안쪽면으로부터 10m 이상
② 설비의 바깥면으로부터 10m 이상
③ 설비의 안쪽면으로부터 5m 이상
④ 설비의 바깥면으로부터 5m 이상

▼
단위공정시설 및 설비로부터 다른 단위공정시설 및 설비 사이의 안전거리는 설비의 바깥면으로부터 10m 이상 확보해야 한다.

출제개념 안전거리 기준

10 20℃, 1기압의 공기를 압축비 3으로 단열 압축하였을 때 온도는 약 몇 ℃가 되겠는가? (단, 공기의 비열비는 1.4이다.)

① 12.8　　　② 128
③ 1,280　　　④ 1.28

▼

$$\frac{T_2}{T_1} = \left(\frac{P_2}{P_1}\right)^{\frac{k-1}{k}}$$

$T_2 = T_1 \times (3)^{\frac{1.4-1}{1.4}} = (20+273) \times (3)^{\frac{0.4}{1.4}} \fallingdotseq 401K$

섭씨온도는 절대온도에서 273을 뺀 값이므로
401 − 273 = 128
(*T: 절대온도, P: 절대압력, k: 비열비)

출제개념 단열압축의 온도 계산

11 다음 중 증류탑의 일상점검항목으로 볼 수 없는 것은?

① 도장의 상태
② 트레이(Tray)의 부식상태
③ 보온재·보냉재의 파손 여부
④ 접속부·맨홀부 및 용접부에서의 외부 누출 유무

▼
화학설비 점검은 운전 중 수행하는 일상점검과 운전 정지 후 설비를 개방하여 수행하는 개방점검으로 구분한다. 트레이는 증류탑 내부 구조물이므로 점검 시에는 가동을 정지하고 설비를 개방해야 하므로 개방점검에 해당한다.

출제개념 증류탑의 일상점검항목

정답 08 ③ 09 ② 10 ② 11 ②

12 「산업안전보건법」상 물질안전보건자료 작성 시 포함되어야 하는 항목이 아닌 것은?

① 화학제품과 회사에 관한 정보
② 제즈일자 및 유효기간
③ 운승에 필요한 정보
④ 환경에 미치는 영향

제조일자 및 유효기간은 물질안전보건자료에 반드시 포함되어야 하는 항목은 아니다. 물질안전보건자료 작성 시 포함해야 할 항목에는 화학제품과 회사에 관한 정보, 운송에 필요한 정보, 환경에 미치는 영향, 유해성·위험성, 구성성분의 명칭 및 함유량, 응급조치요령, 폭발·화재·누출사고 시 대처방법, 취급 및 저장방법, 노출방지 및 개인보호구, 물리·화학적 특성, 안정성 및 반응성, 독성에 관한 정보, 폐기 시 주의사항, 법적규제 현황 등이 있다.

출제개념 물질안전보건자료

13 다음 중 두 종류 가스가 혼합될 때 폭발 위험이 가장 높은 것은?

① 염소, 아세틸렌
② CO_2, 염소
③ 암모니아, 질소
④ 질소, CO_2

염소는 산소와 같이 연소를 도와주는 조연성 가스로 가연성 가스인 아세틸렌과 혼합하면 폭발 위험이 높다. 한편, 질소는 불활성 가스이며, CO_2는 불연성 가스로 분류된다.

출제개념 폭발 위험이 높은 혼합가스

14 산업안전보건법령에서 규정한 위험물질을 기준량 이상으로 제조 또는 취급하는 특수화학설비에 설치하여야 할 계측장치가 아닌 것은?

① 온도계
② 유량계
③ 압력계
④ 경보계

특수화학설비에 설치해야 할 계측장치로는 온도계, 압력계, 유량계가 해당하며, 경보계는 필수 계측장치에 포함되지 않는다.

출제개념 특수화학설비의 계측장치

15 다음 중 노출기준이 가장 낮은 물질은?

① 불소
② 아세톤
③ 니트로벤젠
④ 사염화탄소

불소는 노출기준이 0.1ppm으로 가장 낮아 위험성이 크다. 이 외에 아세톤의 노출기준은 500ppm, 니트로벤젠의 노출기준은 1ppm, 사염화탄소의 노출기준은 5ppm이다.

출제개념 노출기준

정답 **12** ② **13** ① **14** ④ **15** ①

16 아세틸렌 용기의 취급 시 주의사항과 거리가 먼 것은?

① 용기는 충격을 가하거나 전도되지 않도록 한다.

② 용기는 높은 온도의 장소에 놓는 것을 피해야 한다.

③ 용기의 이동 시 눕혀서 안전하게 이동한다.

④ 압력조정기와 호스 등의 접속부에서 가스가 누설되는지 주의하며, 비눗물로 누출 여부를 조사한다.

> 가스용기를 눕혀서 이동할 경우 폭발할 위험이 있으므로 항상 세워서 취급해야 한다.
>
> **출제개념** 아세틸렌 용기 취급 시 안전수칙

17 유기용제를 넣어둔 용제탱크를 세척하기 위해 작업자가 탱크 상부로부터 사다리를 타고 탱크 내부로 들어갔다. 한참이 지나도 작업자가 나오지 않아 탱크 속을 들여다보니 작업자가 탱크 바닥에 쓰러져 숨져 있었다. 다음 중 사고의 근원적인 원인으로 추정되는 것은?

① 화기의 소지

② 퍼지작업의 불충분

③ 구조장비의 미비치

④ 가스검출기의 미소지

> 제시된 사례에서는 탱크 내부의 유해가스가 제거되지 못해 작업자가 질식한 것으로 추정된다. 이와 같은 사고를 방지하기 위해 밀폐공간 작업 시에는 산소 결핍이나 유해가스를 제거하기 위한 퍼지작업(치환작업)을 충분히 실시해야 한다.
>
> **출제개념** 밀폐공간 작업 시 안전수칙

18 다음 중 관의 지름을 변경하고자 할 때 필요한 관 부속품은?

① Reducer ② Elbow

③ Plug ④ Valve

> 리듀서(Reducer)는 관의 지름을 줄이는 데 사용되는 대표적인 부속품이다. 이외에도 관로의 크기를 변경하는 데 부싱(Bushing)이 쓰인다.
>
> **출제개념** 관 부속품

19 관로의 크기를 변경하고자 할 때 사용하는 관 부속품은?

① 밸브(Valve) ② 엘보우(Elbow)

③ 부싱(Bushing) ④ 플랜지(Flange)

> 부싱(Bushing)은 관의 지름을 바꿀 때 사용되는 부속품 중 하나이다.
>
> **출제개념** 관 부속품

20 관을 지나는 유체의 온도변화로 인해 일어나는 배관의 변형을 방지하기 위해 설치하는 관 부속품이 아닌 것은?

① 팽창곡관 ② 캡

③ 플렉시블조인트 ④ 루프형 신축이음쇠

> 온도변형에 대응하는 부속품에는 팽창곡관, 플렉시블 조인트, 루프형 신축이음, 스위블형 신축이음 등이 있다. 반면 캡(Cap)은 관의 끝을 막는 용도로 사용되며, 열팽창을 흡수하기 위한 장치로는 사용되지 않는다.
>
> **출제개념** 온도변형 대응 부속품

정답 16 ③ 17 ② 18 ① 19 ③ 20 ②

틀리라고 낸 문제

틀리라고 낸 문제란? 산업안전산업기사 필기시험에는 매 회차마다 정석으로 풀었을 때, 5분 이상 걸리는 일명 '틀리라고 낸 문제'가 출제된다. 이런 문제들은 숫자도 바꾸지 않고 그대로 나오는 경우가 많기 때문에 정석 풀이법을 익히기보다는 답을 암기하고 넘어가자.

24년 3회 24년 2회 23년 1회 21년 1회 ✔ 회독 □□□

01 내전압용 절연장갑의 등급에 따른 최대사용전압이 올바르게 연결된 것은?

① 00등급: 직류 750V

② 00등급: 교류 650V

③ 0등급: 직류 1,000V

④ 0등급: 교류 800V

> **간단 해설**
> 내전압용 절연장갑의 최대사용전압 기준은 다음과 같다.
> • 00등급: 교류 500V, 직류 750V
> • 0등급: 교류 1,000V, 직류 1,500V
>
> **정답** ①

23년 3회 21년 3회 ✔ 회독 □□□

02 물이나 기름 또는 화학약품을 많이 사용하는 작업장 바닥(마루)의 재료로 가장 알맞은 것은?

① 아스팔트 페이스트로 굳힌 모래

② 아스팔트 몰탈

③ 에폭시수지

④ 고무액 혼합의 몰탈

> **간단 해설**
> 에폭시수지는 열경화성 플라스틱의 일종으로 접착력, 내수성, 내약품성, 전기절연성 등이 뛰어나 접착제, 코팅, 강화 플라스틱, 주형, 전자부품 등에 널리 사용된다.
>
> **정답** ③

23년 3회 ✔ 회독 □□□

03 SO_2 20ppm은 약 몇 g/m^3인가? (단, SO_2의 분자량은 64이며, 온도는 20℃, 압력은 1기압으로 한다.)

① 5.32

② 0.532

③ 0.0532

④ 0.00532

> **간단 해설**
> $$mg/m^3 = \frac{ppm \times M}{22.4} = \frac{20 \times 64}{22.4 \times \frac{293}{273}}$$
> $$\fallingdotseq 53.24mg/m^3 = 0.0532g/m^3$$
>
> **정답** ③

21년 1회 ✔ 회독 □□□

04 차동식 분포형 열전기식 감지기의 작동원리는 2종의 금속을 양단에 결합하여 양단에 온도 차를 주었을 때 기전력이 발생하는 원리를 이용한 것이다. 이 원리를 무엇이라고 하는가?

① 톰슨효과

② 제벡효과

③ 홀효과

④ 핀치효과

> **간단 해설**
> 두 종류의 다른 금속이나 반도체로 이루어진 폐회로에서 양쪽 접합부에 온도 차이를 주었을 때 이로 인해 전압이 발생하는 현상을 제벡효과라고 한다.
>
> **정답** ②

≫ 정종대쌤이 짚어주는 5과목 체크 포인트

#고득점 과목

#숫자 중심으로 **암기** 필요

#용어 정리 필요

≫ 최근 5개년 개념별 출제 비중

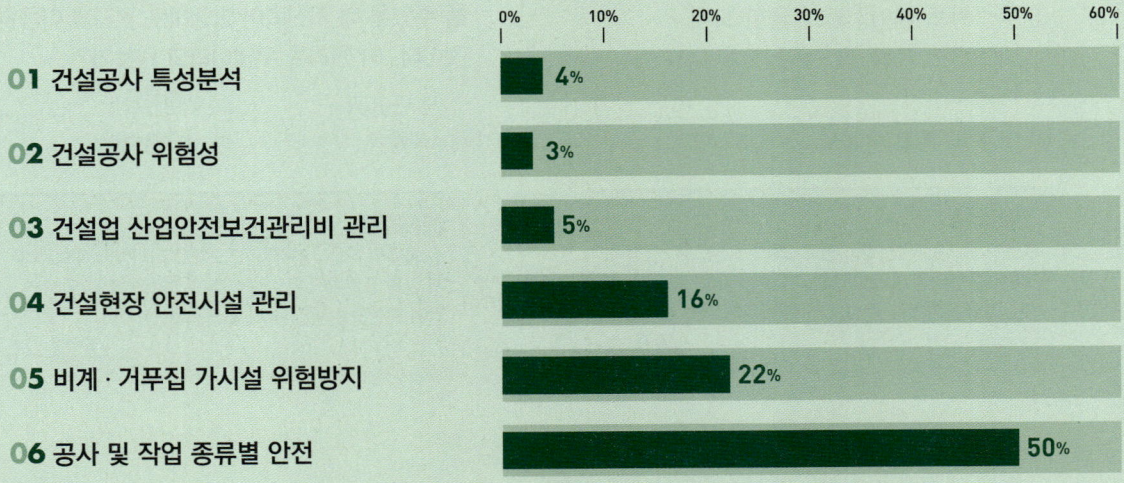

	0%	10%	20%	30%	40%	50%	60%
01 건설공사 특성분석	4%						
02 건설공사 위험성	3%						
03 건설업 산업안전보건관리비 관리	5%						
04 건설현장 안전시설 관리		16%					
05 비계·거푸집 가시설 위험방지		22%					
06 공사 및 작업 종류별 안전					50%		

5 과목

건설공사 안전관리

✔ 과목별 기출 수록!
✔ 5개년 기출 중복소거!
✔ 문항별 기출연도 표기!

핵심이론

- 01 건설공사 특성분석
- 02 건설공사 위험성
- 03 건설업 산업안전보건관리비 관리
- 04 건설현장 안전시설 관리
- 05 비계·거푸집 가시설 위험방지
- 06 공사 및 작업 종류별 안전

최신 5개년 기출 (2025~2021년)

- 01 건설공사 특성분석
- 02 건설공사 위험성
- 03 건설업 산업안전보건관리비 관리
- 04 건설현장 안전시설 관리
- 05 비계·거푸집 가시설 위험방지
- 06 공사 및 작업 종류별 안전
- Bonus! 틀리라고 낸 문제

CHAPTER 01 건설공사 특성분석

핵심 키워드 안전보건대장, 안전보건조정자, 산업안전보건관리비 계상

☑ **외워줘! 제발~** 은 필수적으로 암기해야 하는 내용을 표시한 부분으로, 시간이 부족한 학습자는 이 내용 위주로 효율적으로 공부하고, 부록 '필수 암기노트'에 내용을 한 번 더 정리해 두었으니 시험 당일 들고 가서 활용하자!

☑ **형광펜**은 시험에 자주 나온 개념으로 2~3배로 꼼꼼히 암기하자! 특히, 시험 직전에는 **외워줘! 제발~** 과 **형광펜**만 모아 빠르게 학습하자!

☑ 빈출 기출문제는 시험에 자주 출제되는 문제로, 관련 개념까지 확실하게 익혀두자!

1 건설공사의 특수성 분석

1. 안전보건대장의 작성 및 확인

(1) **건설공사 계획단계**: 유해 · 위험요인과 이의 감소방안을 포함한 **기본안전보건대장**을 작성한다.

(2) **건설공사 설계단계**: 유해 · 위험요인의 감소방안을 포함한 **설계안전보건대장**을 작성 · 확인한다.

(3) **건설공사 시공단계**: 안전작업을 위한 **공사안전보건대장**을 작성하게 하고 이행 여부를 확인한다.

 정종대쌤의 암기 팁

기.설.공

(안전보건대장의 종류: **기본**안전보건대장, **설계**안전보건대장, **공사**안전보건대장)

NEW 2026 신출 예상문제

다음 중 안전보건대장의 종류에 해당하지 않는 것은?

① 기본안전보건대장   ② 설계안전보건대장   ③ 공사안전보건대장   ④ 기초안전보건대장

해설 안전보건대장은 기본안전보건대장, 설계안전보건대장, 공사안전보건대장 세 가지로 구분되며 공사금액이 50억 원 이상인 사업장에서 작성해야 한다.

정답 ④

2. 안전보건조정자의 선임

건설공사발주자는 2개 이상의 건설공사가 같은 장소에서 수행되는 경우 작업의 혼재로 인하여 발생할 수 있는 산업재해를 예방하기 위하여 현장에 안전보건조정자를 선임하여야 한다.

안전보건조정자는 총공사금액이 얼마 이상일 때 선임하여야 하는가?

① 1억 원 이상　　　　② 10억 원 이상　　　　③ 50억 원 이상　　　　④ 120억 원 이상

해설 안전보건조정자는 총공사금액이 50억 원 이상일 때 선임해야 하며, 안전보건대장도 동일한 기준이 적용된다.

정답 ③

3. 공사기간 단축 및 공법변경 금지

4. 건설공사기간의 연장이 필요한 경우

(1) 태풍 · 홍수와 같은 악천후 등 불가항력의 사유가 있는 경우

(2) 발주자의 사유로 착공이 지연되거나 시공이 중단된 경우

2 안전관리 고려사항의 확인

1. 설계변경의 요청

다음 상황의 경우, 건설공사도급인은 발주자에게 설계변경을 요청할 수 있다.

(1) 산업재해가 발생할 위험이 있을 경우

(2) 공사중지 또는 유해 · 위험방지계획서의 변경 명령을 받은 건설공사도급인

2. 산업안전보건관리비 계상 　외워줘! 제발~

(1) **산업안전보건관리비 계상 의무**: 건설공사발주자는 산업재해 예방을 위해 산업안전보건관리비를 도급금액 또는 사업비에 반드시 계상해야 한다.

(2) **고용노동부장관의 권한**: 산업안전보건관리비의 효율적 사용을 위해 다음 기준을 정할 수 있다.

① 사업의 규모별 · 종류별 계상기준

② 건설공사의 진척 정도에 따른 사용비율 등 기준

③ 산업안전보건관리비의 사용에 필요한 사항

산업안전보건관리비의 효율적인 집행을 위하여 고용노동부장관이 정할 수 있는 기준에 해당되지 않는 것은?

① 안전·보건에 관한 협의체 구성 및 운영
② 공사의 진척 정도에 따른 사용기준
③ 사업의 규모별 사용방법 및 구체적인 내용
④ 사업의 종류별 사용방법 및 구체적인 내용

해설 산업안전보건관리비의 효율적인 집행을 위하여 고용노동부장관이 정할 수 있는 기준에는 규모별·종류별 사용방법 및 구체적인 내용, 공사의 진척 정도에 따른 사용기준, 산업안전보건관리비의 사용에 필요한 사항이 있다.

정답 ①

3. 노사협의체

(1) 공사금액 120억 원(토목공사업은 150억 원) 이상의 건설공사도급인은 근로자위원과 사용자위원이 같은 수로 구성되는 노사협의체를 대통령령으로 정하는 바에 따라 구성·운영할 수 있다.
(2) 노사협의체를 구성·운영하는 경우에는 산업안전보건위원회 및 안전 및 보건에 관한 협의체를 각각 구성·운영하는 것으로 본다.

4. 작업계획서

작업명	작업계획서 내용
(1) 타워크레인을 설치·조립·해체하는 작업 외워줘! 제발~	가. 타워크레인의 종류 및 형식 나. 설치·조립 및 해체순서 다. 작업도구·장비·가설설비 및 방호설비 라. 작업인원의 구성 및 작업근로자의 역할 범위 마. 지지 방법
(2) 차량계 하역운반기계 등을 사용하는 작업 외워줘! 제발~	가. 해당 작업에 따른 추락·낙하·전도·협착 및 붕괴 등의 위험 예방대책 나. 차량계 하역운반기계 등의 운행경로 및 작업방법
(3) 차량계 건설기계를 사용하는 작업 외워줘! 제발~	가. 사용하는 차량계 건설기계의 종류 및 성능 나. 차량계 건설기계의 운행경로 다. 차량계 건설기계에 의한 작업방법
(4) 화학설비와 그 부속설비 사용작업	가. 밸브·콕 등의 조작(해당 화학설비에 원재료를 공급하거나 해당 화학설비에서 제품 등을 꺼내는 경우만 해당함) 나. 냉각장치·가열장치·교반장치 및 압축장치의 조작 다. 계측장치 및 제어장치의 감시 및 조정 라. 안전밸브, 긴급차단장치, 그 밖의 방호장치 및 자동경보장치의 조정 마. 덮개판·플랜지(Flange)·밸브·콕 등의 접합부에서 위험물 등의 누출 여부에 대한 점검 바. 시료의 채취 사. 화학설비에서는 그 운전이 일시적 또는 부분적으로 중단된 경우의 작업방법 또는 운전 재개 시의 작업방법

	아. 이상 상태가 발생한 경우의 응급조치 자. 위험물 누출 시의 조치 차. 그 밖의 폭발·화재를 방지하기 위하여 필요한 조치
(5) 전기작업	가. 전기작업의 목적 및 내용 나. 전기작업 근로자의 자격 및 적정 인원 다. 작업 범위, 작업책임자 임명, 전격·아크 섬광·아크 폭발 등 전기 위험요인 파악, 접근 한계거리, 활선접근 경보장치 휴대 등 작업시작 전에 필요한 사항 라. 전로차단에 관한 작업계획 및 전원 재투입 절차 등 작업 상황에 필요한 안전 작업 요령 마. 절연용 보호구 및 방호구, 활선작업용 기구·장치 등의 준비·점검·착용·사용 등에 관한 사항 바. 점검·시운전을 위한 일시 운전, 작업 중단 등에 관한 사항 사. 교대 근무 시 근무 인계에 관한 사항 아. 전기작업장소에 대한 관계 근로자가 아닌 사람의 출입금지에 관한 사항 자. 전기안전작업계획서를 해당 근로자에게 교육할 수 있는 방법과 작성된 전기안전작업계획서의 평가·관리계획 차. 전기 도면, 기기 세부 사항 등 작업과 관련되는 자료
(6) 굴착작업 외워줘! 제발~	가. 굴착방법 및 순서, 토사 등 반출방법 나. 필요한 인원 및 장비 사용계획 다. 매설물 등에 대한 이설·보호대책 라. 사업장 내 연락방법 및 신호방법 마. 흙막이 지보공 설치방법 및 계측계획 바. 작업지휘자의 배치계획 사. 그 밖의 안전·보건에 관련된 사항
(7) 터널굴착작업 외워줘! 제발~	가. 굴착의 방법 나. 터널지보공 및 복공의 시공방법과 용수의 처리방법 다. 환기 또는 조명시설을 설치할 때에는 그 방법
(8) 교량작업	가. 작업방법 및 순서 나. 부재의 낙하·전도 또는 붕괴를 방지하기 위한 방법 다. 작업에 종사하는 근로자의 추락 위험을 방지하기 위한 안전조치방법 라. 공사에 사용되는 가설 철구조물 등의 설치·사용·해체 시 안전성 검토방법 마. 사용하는 기계 등의 종류 및 성능, 작업방법 바. 작업지휘자 배치계획 사. 그 밖의 안전·보건에 관련된 사항
(9) 채석작업 외워줘! 제발~	가. 노천굴착과 갱내굴착의 구별 및 채석방법 나. 굴착면의 높이와 기울기 다. 굴착면 소단의 위치와 넓이 라. 갱내에서의 낙반 및 붕괴방지방법 마. 발파방법 바. 암석의 분할방법 사. 암석의 가공장소 아. 사용하는 굴착기계·분할기계·적재기계 또는 운반기계의 종류 및 성능 자. 토석 또는 암석의 적재 및 운반방법과 운반경로 차. 표토 또는 용수의 처리방법

(10) 건물 등의 해체작업 **외워줘! 제발~**	가. 해체의 방법 및 해체 순서도면 나. 가설설비·방호설비·환기설비 및 살수·방화설비 등의 방법 다. 사업장 내 연락방법 라. 해체물의 처분계획 마. 해체작업용 기계·기구 등의 작업계획서 바. 해체작업용 화약류 등의 사용계획서 사. 그 밖의 안전·보건에 관련된 사항
(11) 중량물의 취급작업 **외워줘! 제발~**	가. 추락위험을 예방할 수 있는 안전대책 나. 낙하위험을 예방할 수 있는 안전대책 다. 전도위험을 예방할 수 있는 안전대책 라. 협착위험을 예방할 수 있는 안전대책 마. 붕괴위험을 예방할 수 있는 안전대책
(12) 궤도와 그 밖의 관련 설비의 보수·점검작업 (13) 입환작업	가. 적절한 작업 인원 나. 작업량 다. 작업순서 라. 작업방법 및 위험요인에 대한 안전조치방법 등

CHAPTER 02 건설공사 위험성

핵심 키워드 유해 · 위험방지계획서

☑ **외워줘! 제발~** 은 필수적으로 암기해야 하는 내용을 표시한 부분으로, 시간이 부족한 학습자는 이 내용 위주로 효율적으로 공부하고, 부록 '필수 암기노트'에 내용을 한 번 더 정리해 두었으니 시험 당일 들고 가서 활용하자!

☑ **형광펜**은 시험에 자주 나온 개념으로 2~3배로 꼼꼼히 암기하자! 특히, 시험 직전에는 **외워줘! 제발~** 과 **형광펜**만 모아 빠르게 학습하자!

☑ 빈출 기출문제는 시험에 자주 출제되는 문제로, 관련 개념까지 확실하게 익혀두자!

1 건설공사 유해 · 위험요인의 파악

1. 제조업 유해 · 위험방지계획서의 작성 · 제출 등 외워줘! 제발~

(1) 제출대상 설비

① 금속이나 그 밖의 광물의 용해로

② 화학설비

③ 건조설비

④ 가스집합 용접장치

⑤ 근로자의 건강에 상당한 장해를 일으킬 우려가 있는 물질로서 고용노동부령으로 정하는 물질의 밀폐 · 환기 · 배기를 위한 설비

(2) 작성 및 제출

유해 · 위험방지계획서에 제출 서류를 첨부하여 해당 작업 시작 15일 전까지 공단에 2부를 제출하여야 한다.

(3) 제출 서류

① 건축물 각 층의 평면도

② 기계 · 설비의 개요를 나타내는 서류

③ 기계 · 설비의 배치도면

④ 원재료 및 제품의 취급, 제조 등의 작업방법의 개요

⑤ 그 밖에 고용노동부장관이 정하는 도면 및 서류

제조업 유해·위험방지계획서의 제출 시 첨부하는 서류에 포함되지 않는 것은?

① 설비 점검 및 유지계획
② 기계·설비의 배치도면
③ 건축물 각 층의 평면도
④ 원재료 및 제품의 취급, 제조 등의 작업방법의 개요

해설 제조업 유해·위험방지계획서 제출 시 작업방법의 개요, 평면도, 배치도면이 포함되어야 한다.

정답 ①

2. 건설업 유해·위험방지계획서의 작성·제출 등

(1) 제출대상 공사 외워줘! 제발~ 실기까지 출제!

① 지상높이가 31m 이상인 건축물 또는 인공구조물, 연면적 3만 m² 이상인 건축물 또는 연면적 5천 m² 이상의 문화 및 집회시설, 판매시설, 운수시설, 종교시설, 의료시설 중 종합병원, 숙박시설 중 관광숙박시설, 지하도 상가, 냉동·냉장창고시설의 건설·개조 또는 해체공사
② 연면적 5천 m² 이상의 냉동·냉장창고시설의 설비공사 및 단열공사
③ 최대 지간길이가 50m 이상인 다리의 건설 등 공사
④ 터널의 건설 등 공사
⑤ 다목적댐, 발전용댐 및 저수용량 2천만 톤 이상의 용수 전용댐, 지방상수도 전용댐의 건설 등 공사
⑥ 깊이 10m 이상인 굴착공사

 정종대쌤의 암기 팁

31m, 5천 m², 50m, 2천만 톤, 10m

(유해·위험방지계획서 제출대상 건설공사: 높이 31m, 냉동 5천 m², 다리 50m, 댐 2천만 톤, 깊이 10m)

산업안전보건법령상 유해·위험방지계획서 제출대상 공사에 해당하는 것은?

① 깊이가 5m 이상인 굴착공사
② 최대 지간길이 30m 이상인 교량건설공사
③ 지상높이 21m 이상인 건축물공사
④ 터널건설공사

해설 깊이가 10m인 굴착공사, 최대 지간길이가 50m 이상인 교량건설공사, 지상높이가 31m 이상인 건축물공사에 유해·위험방지계획서를 제출해야 한다.

정답 ④

(2) 건설업 유해 · 위험방지계획서 작성검토자 자격

① 건설안전 분야 산업안전지도사

② 건설안전기술사 또는 토목 · 건축 분야 기술사

③ 건설안전산업기사 이상으로서 건설안전 관련 실무경력이 7년(기사는 5년) 이상인 사람

(3) 작성 및 제출 `외워줘! 제발~`

건설업 유해 · 위험방지계획서를 제출하려는 사업주는 제출 서류를 첨부하여 해당 공사의 착공 전날까지 공단에 2부를 제출하여야 한다.

(4) 제출 서류 `외워줘! 제발~`

① 공사 개요 및 안전보건관리계획

　　ⓐ 공사 개요서

　　ⓑ 공사현장의 주변 현황 및 주변과의 관계를 나타내는 도면

　　ⓒ 건설물, 사용 기계설비 등의 배치를 나타내는 도면

　　ⓓ 전체 공정표

　　ⓔ 산업안전보건관리비 사용계획

　　ⓕ 안전관리 조직표

　　ⓖ 재해발생 위험 시 연락 및 대피방법

② 작업 공사 종류별 유해 · 위험방지계획

 빈출 기출문제

안전보건관리계획의 작성내용과 거리가 먼 것은?

① 건설공사의 안전관리 조직　　　　　　② 산업안전보건관리비 집행방법

③ 공사장 및 주변 현황　　　　　　　　④ 재해발생 위험 시 연락 및 대피방법

`해설` 산업안전보건관리비의 집행방법이 아닌 사용계획을 작성내용에 포함해야 한다.

`정답` ②

(5) 심사 결과의 구분

① 적정: 근로자의 안전과 보건을 위하여 필요한 조치가 구체적으로 확보되었다고 인정되는 경우

② 조건부 적정: 근로자의 안전과 보건을 확보하기 위하여 일부 개선이 필요하다고 인정되는 경우

③ 부적정: 기계 · 설비 또는 건설물이 심사기준에 위반되어 착공 시 중대한 위험발생의 우려가 있거나 계획에 근본적 결함이 있다고 인정되는 경우

(6) 확인시기 및 확인사항 `외워줘! 제발~`

유해 · 위험방지계획서를 제출한 사업주는 해당 건설물 · 기계 · 기구 및 설비의 시운전단계에서, 건설공사 중 6개월 이내마다 공단의 확인을 받아야 한다.

① 유해 · 위험방지계획서의 내용과 실제 공사 내용이 부합하는지 여부

② 유해 · 위험방지계획서 변경내용의 적정성

③ 추가적인 유해 · 위험요인의 존재 여부

CHAPTER 03

건설업 산업안전보건관리비 관리

핵심 키워드 산업안전보건관리비 계상기준, 공사진척에 따른 산업안전보건관리비의 사용기준

☑ **외워줘! 제발~** 은 필수적으로 암기해야 하는 내용을 표시한 부분으로, 시간이 부족한 학습자는 이 내용 위주로 효율적으로 공부하고, 부록 '필수 암기노트'에 내용을 한 번 더 정리해 두었으니 시험 당일 들고 가서 활용하자!

☑ **형광펜**은 시험에 자주 나온 개념으로 2~3배로 꼼꼼히 암기하자! 특히, 시험 직전에는 **외워줘! 제발~** 과 **형광펜**만 모아 빠르게 학습하자!

☑ 빈출 기출문제는 시험에 자주 출제되는 문제로, 관련 개념까지 확실하게 익혀두자!

1 건설업 산업안전보건관리비 규정

1. 산업안전보건관리비의 계상기준 **외워줘! 제발~**

구분 공사종류	대상액 5억 원 미만인 경우 적용비율(%)	대상액 5억 원 이상 50억 원 미만인 경우		대상액 50억 원 이상인 경우 적용비율(%)	보건관리자 선임대상 건설공사의 적용비율(%)
		적용비율(%)	기초액		
건축공사	3.11%	2.28%	4,325,000원	2.37%	2.64%
토목공사	3.15%	2.53%	3,300,000원	2.60%	2.73%
중건설공사	3.64%	3.05%	2,975,000원	3.11%	3.39%
특수건설공사	2.07%	1.59%	2,450,000원	1.64%	1.78%

NEW 2026 신출 예상문제

산업안전보건관리비 계상기준에 따른 건축공사 대상액 5억 원 이상 50억 원 미만인 경우의 안전관리비 비율 및 기초액으로 옳은 것은?

① 비율: 2.28%, 기초액: 4,325,000원

② 비율: 1.99%, 기초액: 5,499,000원

③ 비율: 2.35%, 기초액: 5,400,000원

④ 비율: 1.57%, 기초액: 4,411,000원

해설 산업안전보건관리비 계상기준에 따른 건축공사 대상액 5억 원 이상 50억 원 미만인 경우의 안전관리비 비율은 2.28%, 기초액은 4,325,000원이다.

정답 ①

2. 공사진척에 따른 산업안전보건관리비의 사용기준 외워줘! 제발~

공정률	50% 이상 70% 미만	70% 이상 90% 미만	90% 이상
사용기준	50% 이상	70% 이상	90% 이상

정종대쌤의 암기 팁

5.7.9

(공사진척에 따른 사용기준: 50% 이상, 70% 이상, 90% 이상)

빈출 기출문제

공정률이 65%인 건설현장의 경우 공사진척에 따른 산업안전보건관리비의 최소 사용기준으로 옳은 것은?

① 40% 이상 ② 50% 이상
③ 60% 이상 ④ 70% 이상

해설 공정률이 65%인 건설현장의 경우 공사진척에 따른 산업안전보건관리비의 최소 사용기준은 50% 이상이다.

정답 ②

3. 건설업 산업안전보건관리비의 사용기준 외워줘! 제발~

(1) 안전관리자 · 보건관리자의 임금 등

① 안전관리 또는 보건관리 업무만을 전담하는 안전관리자 또는 보건관리자의 임금과 출장비 전액(지방고용노동관서에 선임 보고한 날부터 발생한 비용에 한정함)

② 안전관리 또는 보건관리 업무를 전담하지 않는 안전관리자 또는 보건관리자의 임금과 출장비의 각각 2분의 1에 해당하는 비용(지방고용노동관서에 선임 보고한 날부터 발생한 비용에 한정함)

③ 안전관리자를 선임한 건설공사 현장에서 산업재해 예방 업무만을 수행하는 작업지휘자, 유도자, 신호자 등의 임금 전액

④ 작업을 직접 지휘 · 감독하는 직 · 조 · 반장 등 관리감독자의 직위에 있는 자가 업무를 수행하는 경우에 지급하는 업무수당(임금의 10분의 1 이내)

(2) 안전시설비 등

① 산업재해 예방을 위한 안전난간, 추락방호망, 안전대 부착설비, 방호장치(기계 · 기구와 방호장치가 일체로 제작된 경우, 방호장치 부분의 가액에 한함) 등 안전시설의 구입 · 임대 및 설치 등을 위해 소요되는 비용

② 스마트 안전장비 구입 · 임대 비용
(다만, 계상된 산업안전보건관리비 총액의 10분의 2를 초과할 수 없음)

③ 용접작업 등 화재 위험작업 시 사용하는 소화기의 구입 · 임대비용

(3) 보호구 등

① 보호구의 구입·수리·관리 등에 소요되는 비용

② 근로자가 보호구를 직접 구매·사용하여 합리적인 범위 내에서 보전하는 비용

③ 안전관리자 등의 업무용 피복, 기기 등을 구입하기 위한 비용

④ 안전관리자 및 보건관리자가 안전보건 점검 등을 목적으로 건설공사 현장에서 사용하는 차량의 유류비·수리비·보험료

(4) 안전보건진단비 등

① 유해·위험방지계획서의 작성 등에 소요되는 비용

② 안전보건진단에 소요되는 비용

③ 작업환경 측정에 소요되는 비용

④ 그 밖에 산업재해 예방을 위해 법에서 지정한 전문기관 등에서 실시하는 진단, 검사, 지도 등에 소요되는 비용

(5) 안전보건교육비 등

① 의무교육이나 이에 준하여 실시하는 교육을 위해 건설공사 현장의 교육 장소 설치·운영 등에 소요되는 비용

② ① 이외 산업재해 예방이 주된 목적인 교육을 실시하기 위해 소요되는 비용

③ 안전보건교육 대상자 등에게 구조 및 응급처치에 관한 교육을 실시하기 위해 소요되는 비용

④ 안전보건관리책임자, 안전관리자, 보건관리자가 업무수행을 위해 필요한 정보를 취득하기 위한 목적으로 도서, 정기간행물을 구입하는 데 소요되는 비용

⑤ 건설공사 현장에서 안전기원제 등 산업재해 예방을 기원하는 행사를 개최하기 위해 소요되는 비용 (다만, 행사의 방법, 소요된 비용 등을 고려하여 사회통념에 적합한 행사에 한함)

⑥ 건설공사 현장의 유해·위험요인을 제보하거나 개선방안을 제안한 근로자를 격려하기 위해 지급하는 비용

(6) 근로자 건강장해예방비 등

① 법·영·규칙에서 규정하거나 그에 준하여 필요로 하는 각종 근로자의 건강장해 예방에 필요한 비용

② 중대재해 목격으로 발생한 정신질환을 치료하기 위해 소요되는 비용

③ 「감염병의 예방 및 관리에 관한 법률」에 따른 감염병의 확산 방지를 위한 마스크, 손소독제, 체온계 구입비용 및 감염병병원체 검사를 위해 소요되는 비용

④ 휴게시설을 갖춘 경우 온도, 조명 설치·관리기준을 준수하기 위해 소요되는 비용

⑤ 건설공사 현장에서 근로자 심폐소생을 위해 사용되는 자동심장충격기(AED) 구입에 소요되는 비용

⑥ 온열·한랭질환으로부터 근로자 건강장해를 예방하기 위한 임시 휴게시설 설치·해체·임대 비용 및 냉·난방기기의 임대 비용

(7) 재해예방기술지도비 등

건설재해예방전문지도기관의 지도에 대한 대가로 자기공사자가 지급하는 비용

(8) 본사 안전보건 전담조직 운영비 등

「중대재해 처벌 등에 관한 법률 시행령」에 해당하는 건설사업자가 아닌 자가 운영하는 사업에서 안전보건 업무를 총괄·관리하는 3명 이상으로 구성된 본사 전담조직에 소속된 근로자의 임금 및 업무수행 출장비 전액

(다만, 계상된 산업안전보건관리비 총액의 20분의 1을 초과할 수 없음)

(9) 위험성평가 및 유해·위험요인 개선비용

위험성평가 또는 유해·위험요인 개선을 위해 필요하다고 판단하여 산업안전보건위원회 또는 노사협의체에서 사용하기로 결정한 사항을 이행하기 위한 비용

(다만, 계상된 산업안전보건관리비 총액의 100분의 15를 초과할 수 없음)

빈출 기출문제

건설업 산업안전보건관리비로 사용할 수 없는 것은?

① 안전관리자의 인건비
② 교통통제를 위한 교통정리 신호수의 인건비
③ 기성제품에 부착된 안전장치 고장 시 교체 비용
④ 근로자의 안전보건 증진을 위한 교육, 세미나 등에 소요되는 비용

해설 교통통제를 위한 교통정리 신호수의 인건비는 산업안전보건관리비의 사용기준에 포함되지 않는다.

정답 ②

CHAPTER 04

건설현장 안전시설 관리

핵심 키워드 추락, 인장강도, 안전난간, 낙하, 굴착기계

☑ **외워줘! 제발~**은 필수적으로 암기해야 하는 내용을 표시한 부분으로, 시간이 부족한 학습자는 이 내용 위주로 효율적으로 공부하고, 부록 '필수 암기노트'에 내용을 한 번 더 정리해 두었으니 시험 당일 들고 가서 활용하자!

☑ **형광펜**은 시험에 자주 나온 개념으로 2~3배로 꼼꼼히 암기하자! 특히, 시험 직전에는 **외워줘! 제발~**과 **형광펜**만 모아 빠르게 학습하자!

☑ 빈출 기출문제는 시험에 자주 출제되는 문제로, 관련 개념까지 확실하게 익혀두자!

1 안전시설 설치 및 관리

1. 추락 방지용 안전시설

(1) 추락에 의한 위험방지

근로자가 추락하거나 넘어질 위험이 있는 장소 또는 기계·설비·선박블록 등에서 작업을 할 때에 비계를 조립하는 등의 방법으로 작업발판을 설치하여야 한다.

(2) 작업발판 설치가 곤란한 경우 추락방호망 설치 **외워줘! 제발~**

① 추락방호망 설치기준

ⓐ 추락방호망의 설치위치는 가능하면 작업면으로부터 가까운 지점에 설치하여야 하며, 작업면으로부터 망의 설치지점까지의 수직거리는 10m를 초과하지 아니할 것

ⓑ 추락방호망은 수평으로 설치하고, 망의 처짐은 짧은 변 길이의 12% 이상이 되도록 할 것

ⓒ 건축물 등의 바깥쪽으로 설치하는 경우 추락방호망의 내민 길이는 벽면으로부터 3m 이상 되도록 할 것

(다만, 그물코가 20mm 이하인 추락방호망을 사용한 경우, 낙하물 방지망을 설치한 것으로 봄)

② 방망사의 인장강도 **외워줘! 제발~**

ⓐ 방망사의 신품에 대한 인장강도

그물코의 크기(단위: cm)	방망의 종류(단위: kg)	
	매듭 없는 방망	매듭방망
10	240	200
5	–	110

ⓑ 방망사의 폐기 시 인장강도

그물코의 크기(단위: cm)	방망의 종류(단위: kg)	
	매듭 없는 방망	매듭방망
10	150	135
5	-	60

 빈출 기출문제

그물코의 크기가 5cm인 매듭방망일 경우, 방망사의 인장강도는 최소 얼마 이상이어야 하는가?

① 50kg ② 100kg
③ 110kg ④ 150kg

해설 그물코의 크기가 5cm인 매듭방망일 경우, 방망사의 인장강도는 최소 110kg 이상이어야 한다.

정답 ③

(3) 개구부 등의 방호조치

작업발판 및 통로의 끝이나 개구부로서 근로자가 추락할 위험이 있는 장소에는 <mark>안전난간, 울타리, 수직형 추락방망 또는 덮개 등의 방호조치</mark>를 충분한 강도를 가진 구조로 튼튼하게 설치하여야 하며, 덮개를 설치하는 경우에는 뒤집히거나 떨어지지 않도록 설치하여야 한다. 이 경우 어두운 장소에서도 알아볼 수 있도록 개구부임을 표시하여야 한다.

(4) 난간 등 설치가 곤란한 경우 추락방호망 설치

<mark>난간 등을 설치하는 것이 매우 곤란</mark>하거나 작업의 필요상 임시로 난간 등을 해체하여야 하는 경우 <mark>추락방호망을 설치</mark>하여야 한다.

(다만, 추락방호망을 설치하기 곤란한 경우에는 근로자에게 <mark>안전대를 착용</mark>하도록 하는 등 추락할 위험을 방지하기 위하여 필요한 조치를 하여야 한다.)

 빈출 기출문제

작업발판 및 통로의 끝이나 개구부로서 근로자가 추락할 위험이 있는 장소에서 난간 등의 설치가 매우 곤란하거나 작업의 필요상 임시로 난간 등을 해체하여야 하는 경우에 설치하여야 하는 것은?

① 구명구 ② 수직형 추락방망
③ 추락방호망 ④ 석면포

해설 안전난간을 설치하기 어렵다면 추락방호망을 설치하고, 추락방호망이 설치하기 어려우면 안전대를 착용하는 순서로 조치해야 한다.

정답 ③

(5) 안전대의 부착설비 등

추락할 위험이 있는 높이 2m 이상의 장소에서 근로자에게 안전대를 착용시킨 경우, 안전대를 안전하게 걸어 사용할 수 있는 설비 등을 설치하여야 한다. 이러한 안전대 부착설비로 지지로프 등을 설치하는 경우에는 처지거나 풀리는 것을 방지하기 위하여 필요한 조치를 하여야 한다.

(6) 지붕 위에서의 위험방지 외워줘! 제발~

근로자가 지붕 위에서 작업을 할 때에 추락하거나 넘어질 위험이 있는 경우에는 다음의 조치를 해야 한다.

① 지붕의 가장자리에 안전난간을 설치할 것

② 채광창(Skylight)에는 견고한 구조의 덮개를 설치할 것

③ 슬레이트 등 강도가 약한 재료로 덮은 지붕에는 폭 30cm 이상의 발판을 설치할 것

(7) 승강설비 설치

높이 또는 깊이가 2m를 초과하는 장소에서 작업하는 경우 해당 작업에 종사하는 근로자가 안전하게 승강하기 위한 건설용 리프트 등의 설비를 설치해야 한다.

(8) 안전난간의 설치기준 외워줘! 제발~

① 상부난간대, 중간난간대, 발끝막이판 및 난간기둥으로 구성할 것

(다만, 중간난간대, 발끝막이판 및 난간기둥은 이와 비슷한 구조와 성능을 가진 것으로 대체할 수 있음)

② 상부난간대는 바닥면·발판 또는 경사로의 표면으로부터 90cm 이상 지점에 설치하고, 상부난간대를 120cm 이하에 설치하는 경우에 중간난간대는 상부난간대와 바닥면 등의 중간에 설치해야 하며, 120cm 이상 지점에 설치하는 경우에 중간난간대를 2단 이상으로 균등하게 설치하고 난간의 상하 간격은 60cm 이하가 되도록 할 것

(다만, 난간기둥 간의 간격이 25cm 이하인 경우에는 중간난간대를 설치하지 않을 수 있음)

③ 발끝막이판은 바닥면 등으로부터 10cm 이상의 높이를 유지할 것

(다만, 물체가 떨어지거나 날아올 위험이 없거나 그 위험을 방지할 수 있는 망을 설치하는 등 필요한 예방 조치를 한 장소는 제외함)

④ 난간기둥은 상부난간대와 중간난간대를 견고하게 떠받칠 수 있도록 적정한 간격을 유지할 것

⑤ 상부난간대와 중간난간대는 난간 길이 전체에 걸쳐 바닥면 등과 평행을 유지할 것

⑥ 난간대는 지름 2.7cm 이상의 금속제 파이프나 그 이상의 강도가 있는 재료일 것

⑦ 안전난간은 구조적으로 가장 취약한 지점에서 가장 취약한 방향으로 작용하는 100kg 이상의 하중에 견딜 수 있는 튼튼한 구조일 것

 빈출 기출문제

근로자의 추락 등의 위험을 방지하기 위한 안전난간의 구조 및 설치요건에 관한 기준으로 옳지 않은 것은?

① 상부난간대는 바닥면·발판 또는 경사로의 표면으로부터 90cm 이상 지점에 설치할 것

② 발끝막이판은 바닥면 등으로부터 10cm 이상의 높이를 유지할 것

③ 난간대는 지름 1.5cm 이상의 금속제 파이프나 그 이상의 강도를 가진 재료일 것

④ 안전난간은 구조적으로 가장 취약한 지점에서 가장 취약한 방향으로 작용하는 100kg 이상의 하중에 견딜 수 있는 튼튼한 구조일 것

해설 난간대는 지름 2.7cm 이상의 금속제 파이프나 그 이상의 강도를 가진 재료여야 한다.

정답 ③

2. 붕괴 방지용 안전시설

(1) 구축물 등의 안전성 평가 외워줘! 제발~

구축물 등이 다음 어느 하나에 해당하는 경우에는 구축물 등에 대한 구조검토, 안전진단 등의 안전성 평가를 하여 근로자에게 미칠 위험성을 미리 제거해야 한다.

① 구축물 등의 인근에서 굴착·항타작업 등으로 침하·균열 등이 발생하여 붕괴의 위험이 예상될 경우

② 구축물 등에 지진, 동해, 부동침하 등으로 균열·비틀림 등이 발생했을 경우

③ 구축물 등이 그 자체의 무게·적설·풍압 또는 그 밖에 부가되는 하중 등으로 붕괴 등의 위험이 있을 경우

④ 화재 등으로 구축물 등의 내력이 심하게 저하됐을 경우

⑤ 오랜 기간 사용하지 않던 구축물 등을 재사용하게 되어 안전성을 검토해야 하는 경우

⑥ 구축물 등의 주요 구조부에 대한 설계 및 시공방법의 전부 또는 일부를 변경하는 경우

⑦ 그 밖의 잠재위험이 예상될 경우

빈출 기출문제

구축물에 안전진단 등 안전성 평가를 실시하여 근로자에게 미칠 위험성을 미리 제거하여야 하는 경우가 아닌 것은?

① 구축물 또는 이와 유사한 시설물의 인근에서 굴착·항타작업 등으로 침하·균열 등이 발생하여 붕괴의 위험이 예상될 경우

② 구조물, 건축물, 그 밖의 시설물이 그 자체의 무게·적설·풍압 또는 그 밖에 부가되는 하중 등으로 붕괴 등의 위험이 있을 경우

③ 화재 등으로 구축물 또는 이와 유사한 시설물의 내력이 심하게 저하되었을 경우

④ 구축물의 구조체가 과도한 안전측으로 설계가 되었을 경우

해설 과도하게 안전측으로 설계된 것은 위험성을 미리 제거해야 할 경우가 아니다.

정답 ④

3. 낙하, 비래 방지용 안전시설 외워줘! 제발~

(1) 낙하물에 의한 위험방지

작업으로 인하여 물체가 떨어지거나 날아올 위험이 있는 경우 낙하물 방지망, 수직보호망 또는 방호선반의 설치, 출입금지구역의 설정, 보호구의 착용 등 위험을 방지하기 위하여 필요한 조치를 하여야 한다.

(2) 낙하물 방지망 또는 방호선반 설치 시 준수사항

① 높이 10m 이내마다 설치하고, 내민 길이는 벽면으로부터 2m 이상으로 할 것

② 수평면과의 각도는 20° 이상 30° 이하를 유지할 것

(3) 투하 시 위험방지

높이가 3m 이상인 장소로부터 물체를 투하하는 경우 투하설비를 설치하거나 감시인을 배치하는 등 위험을 방지하기 위하여 필요한 조치를 하여야 한다.

다음은 낙하물 방지망 또는 방호선반을 설치하는 경우에 준수해야 할 사항이다. ( ) 안에 알맞은 숫자는?

> 높이 (A)m 이내마다 설치하고, 내민 길이는 벽면으로부터 (B)m 이상으로 할 것

① A: 10, B: 2　　　　　　　　　　② A: 8, B: 2
③ A: 10, B: 3　　　　　　　　　　④ A: 8, B: 3

해설 높이는 10m 이내마다 설치하고, 내민 길이는 벽면으로부터 2m 이상으로 해야 한다.

정답 ①

② 건설장비의 종류 및 안전수칙

1. 차량계 건설기계의 종류

(1) 도저형 건설기계(불도저, 스트레이트도저, 틸트도저, 앵글도저, 버킷도저 등)

(2) 모터그레이더(땅 고르는 기계)

(3) 로더(포크 등 부착물 종류에 따른 용도 변경 형식 포함)

(4) 스크레이퍼(흙을 절삭·운반하거나 펴 고르는 등의 작업을 하는 토공기계)

(5) 크레인형 굴착기계(크램쉘, 드래그라인 등)

(6) 굴착기(브레이커, 크러셔, 드릴 등 부착물 종류에 따른 용도 변경 형식 포함)

(7) 항타기 및 항발기

(8) 천공용 건설기계(어스드릴, 어스오거, 크롤러드릴, 점보드릴 등)

(9) 지반 압밀침하용 건설기계(샌드드레인머신, 페이퍼드레인머신, 팩드레인머신 등)

(10) 지반 다짐용 건설기계(타이어롤러, 매커덤롤러, 탠덤롤러 등)

(11) 준설용 건설기계(버킷준설선, 그래브준설선, 펌프준설선 등)

(12) 콘크리트 펌프카

(13) 덤프트럭

(14) 콘크리트 믹서 트럭

(15) 도로포장용 건설기계(아스팔트 살포기, 콘크리트 살포기, 아스팔트 피니셔, 콘크리트 피니셔 등)

(16) 골재채취 및 살포용 건설기계(쇄석기, 자갈채취기, 골재살포기 등)

(17) 위와 유사한 구조 또는 기능을 갖는 건설기계로서 건설작업에 사용하는 것

다음 중 차량계 건설기계에 속하지 않는 것은?

① 불도저

② 스크레이퍼

③ 타워크레인

④ 항타기

해설 크레인은 양중기로 구분된다.

정답 ③

2. 굴착기계의 종류 외워줘! 제발~

(1) **백호우**: 흔히 말하는 굴삭기로, 지면보다 아랫부분을 굴착할 수 있으며, 수중굴착이 가능하다.

(2) **드래그라인**: 중간 정도의 굴삭력과 굴착깊이를 가지며, 수중굴착이 가능하다.

(3) **크램쉘**: 준설선에서 많이 사용되고 있으며 강가나 바닷가의 모래채취용으로 많이 쓰인다. 굴삭력은 가장 약하지만, 굴착깊이가 가장 깊고 수중굴착이 가능하다.

 빈출 기출문제

지면보다 낮은 장소를 굴착하는 데 적합한 장비는?

① 백호우

② 파워쇼벨

③ 트럭크레인

④ 진폴

해설 지면보다 낮은 장소를 굴착하는 데 적합한 장비는 백호우, 드래그라인, 크램쉘이다.

정답 ①

3. 차량계 건설기계의 안전조치

(1) 불도저, 트랙터, 쇼벨 및 드래그쇼벨 사용 시 헤드가드 설치

(2) 차량계 건설기계 전도·전락 등의 방지 외워줘! 제발~

    ① 작업 유도자 배치

    ② 지반의 부동침하방지

    ③ 갓길의 붕괴방지

    ④ 도로의 폭 유지

 빈출 기출문제

차량계 건설기계 작업 시 기계의 전도·전락 등에 의한 근로자의 위험을 방지하기 위한 유의사항과 거리가 먼 것은?

① 변속 기능의 유지   ② 갓길의 붕괴방지

③ 도로의 폭 유지   ④ 지반의 부동침하방지

해설 차량계 건설기계 작업 시에는 지반의 부동침하방지, 갓길의 붕괴방지, 도로의 폭 유지, 작업 유도자 배치 등에 유의해야 한다.

정답 ①

4. 항타기 및 항발기

(1) 항타기 및 항발기 조립 시 점검사항 외워줘! 제발~ 실기까지 출제!

① 본체 연결부의 풀림 또는 손상 유무

② 권상용 와이어로프·드럼 및 도르래의 부착상태 이상 유무

③ 권상장치의 브레이크 및 쐐기장치 기능 이상 유무

④ 권상기의 설치상태 이상 유무

⑤ 리더의 버팀방법 및 고정상태 이상 유무

⑥ 본체·부속장치 및 부속품의 강도 적합 여부

⑦ 본체·부속장치 및 부속품에 심한 손상·마모·변형 또는 부식 여부

(2) 항타기 및 항발기의 기타 중요사항 외워줘! 제발~

① 항타기 및 항발기의 권상용 와이어로프의 안전계수가 5 이상일 것

② 항타기 및 항발기의 권상장치의 드럼축과 권상장치로부터 첫 번째 도르래의 축 간의 거리를 권상장치 드럼폭의 15배 이상으로 할 것

CHAPTER 05

비계 · 거푸집 가시설 위험방지

핵심 키워드 강관비계, 조립간격, 강관틀비계, 달비계, 말비계, 가설통로, 사다리식 통로, 계단의 설치기준

☑ **외워줘! 제발~** 은 필수적으로 암기해야 하는 내용을 표시한 부분으로, 시간이 부족한 학습자는 이 내용 위주로 효율적으로 공부하고, 부록 '필수 암기노트'에 내용을 한 번 더 정리해 두었으니 시험 당일 들고 가서 활용하자!

☑ **형광펜**은 시험에 자주 나온 개념으로 2~3배로 꼼꼼히 암기하자! 특히, 시험 직전에는 **외워줘! 제발~** 과 **형광펜**만 모아 빠르게 학습하자!

☑ 빈출 기출문제는 시험에 자주 출제되는 문제로, 관련 개념까지 확실하게 익혀두자!

1 비계

1. 조립 · 해체 및 점검 등

(1) 비계 등의 조립 · 해체 및 변경

① 달비계 또는 높이 5m 이상의 비계를 조립 · 해체하거나 변경하는 작업을 하는 경우 다음의 사항을 준수하여야 한다.

ⓑ 근로자가 관리감독자의 지휘에 따라 작업하도록 할 것

ⓑ 조립 · 해체 또는 변경의 시기 · 범위 및 절차를 그 작업에 종사하는 근로자에게 주지시킬 것

ⓒ 조립 · 해체 또는 변경 작업구역에는 해당 작업에 종사하는 근로자가 아닌 사람의 출입을 금지하고 그 내용을 보기 쉬운 장소에 게시할 것

ⓒ 비, 눈, 그 밖의 기상상태의 불안정으로 날씨가 몹시 나쁜 경우에는 작업을 중지시킬 것

ⓔ 비계재료의 연결 · 해체작업을 하는 경우에는 폭 20cm 이상의 발판을 설치하고 근로자로 하여금 안전대를 사용하도록 하는 등 추락을 방지하기 위한 조치를 할 것

ⓕ 재료 · 기구 또는 공구 등을 올리거나 내리는 경우에는 근로자가 달줄 또는 달포대 등을 사용하게 할 것

② 강관비계 또는 통나무비계를 조립하는 경우 쌍줄로 하여야 한다.
(다만, 별도의 작업발판을 설치할 수 있는 시설을 갖춘 경우에는 외줄로 할 수 있음)

 빈출 기출문제

다음은 달비계 또는 높이 5m 이상의 비계를 조립 · 해체하거나 변경하는 작업을 하는 경우에 대한 내용이다. (　)에 알맞은 숫자는?

> 비계재료의 연결 · 해체작업을 하는 경우에는 폭 (　)cm 이상의 발판을 설치하고 근로자로 하여금 안전대를 사용하도록 하는 등 추락을 방지하기 위한 조치를 할 것

① 15　　　　② 20　　　　③ 25　　　　④ 30

(2) 비계의 점검 및 보수 `외워줘! 제발~` `실기까지 출제!`

비, 눈, 그 밖의 기상상태의 악화로 작업을 중지시킨 후 또는 비계를 조립·해체하거나 변경한 후에 그 비계에서 작업을 하는 경우에는 해당 작업을 시작하기 전에 다음의 사항을 점검하고, 이상을 발견하면 즉시 보수하여야 한다.

① 발판 재료의 손상 여부 및 부착 또는 걸림상태
② 해당 비계의 연결부 또는 접속부의 풀림상태
③ 연결 재료 및 연결 철물의 손상 또는 부식상태
④ 손잡이의 탈락 여부
⑤ 기둥의 침하, 변형, 변위 또는 흔들림상태
⑥ 로프의 부착상태 및 매단 장치의 흔들림상태

정종대쌤의 암기 팁

손.발.로.비.연.기

(비계의 점검 및 보수 내용: 손잡이, 발판 재료, 로프, 비계, 연결 재료 및 연결 철물, 기둥)

2. 강관비계 및 강관틀비계

(1) 강관비계 조립 시 준수사항

① 비계기둥에는 미끄러지거나 침하하는 것을 방지하기 위하여 밑받침철물을 사용하거나 깔판·받침 목 등을 사용하여 밑둥잡이를 설치하는 등의 조치를 할 것
② 강관의 접속부 또는 교차부는 적합한 부속철물을 사용하여 접속하거나 단단히 묶을 것
③ 교차가새로 보강할 것
④ 외줄비계·쌍줄비계 또는 돌출비계에 대해서는 다음에서 정하는 바에 따라 벽이음 및 버팀을 설치 할 것
    ⓐ 강관비계의 조립간격은 아래 표의 기준에 적합하도록 할 것 `외워줘! 제발~`

강관비계의 종류	조립간격(단위: m)	
	수직방향	수평방향
단관비계	5	5
틀비계(높이가 5m 미만인 것은 제외)	6	8

    ⓑ 강관·통나무 등의 재료를 사용하여 견고한 것으로 할 것
    ⓒ 인장재와 압축재로 구성된 경우에는 인장재와 압축재의 간격을 1m 이내로 할 것
⑤ 가공전로에 근접하여 비계를 설치하는 경우에는 가공전로를 이설하거나 가공전로에 절연용 방호구 를 장착하는 등 가공전로와의 접촉을 방지하기 위한 조치를 할 것

단관비계를 조립하는 경우 벽이음 및 버팀을 설치할 때의 수평방향 조립간격의 기준으로 옳은 것은?

① 3m   ② 5m
③ 6m   ④ 8m

> **해설** 단관비계를 조립하는 경우 벽이음 및 버팀을 설치할 때의 수평방향 조립간격의 기준은 5m이다.

> **정답** ②

 빈출 기출문제

비계에서 벽 고정을 하고 기둥과 기둥을 수평재나 가새로 연결하는 가장 큰 이유는?

① 작업자의 추락재해를 방지하기 위하여   ② 좌굴을 방지하기 위해
③ 인장파괴를 방지하기 위해   ④ 해체를 용이하게 하기 위해

> **해설** 좌굴이란 길이가 긴 부재가 축하중에 의해 구부러지는 것을 말한다. 비계에서 벽 고정을 하고 기둥끼리 수평재나 가새로 연결하는 것은 좌굴을 방지하기 위함이다.

> **정답** ②

---

(2) 강관비계의 구조 `외워줘! 제발~`

강관을 사용하여 비계를 구성하는 경우 다음 사항을 준수해야 한다.

① 비계기둥의 간격은 띠장방향에서는 1.85m 이하, 장선방향에서는 1.5m 이하로 할 것
   (다만, 선박 및 보트 건조작업의 경우 안전성에 대한 구조검토를 실시하고 조립도를 작성하면 띠장
   방향 및 장선방향으로 각각 2.7m 이하로 할 수 있음)
② 띠장 간격은 2m 이하로 설치할 것
③ 비계기둥의 제일 윗부분으로부터 31m 되는 지점 밑부분의 비계기둥은 2개의 강관으로 묶어 세울 것
④ 비계기둥 간의 적재하중은 400kg을 초과하지 않도록 할 것

 빈출 기출문제

다음 중 강관비계의 설치기준으로 옳은 것은?

① 비계기둥의 간격은 띠장방향에서는 1.5m 이상 1.8m 이하로 하고, 장선방향에서는 1.5m 이하로 한다.
② 띠장 간격은 1.8m 이하로 설치하되, 첫 번째 띠장은 지상으로부터 2m 이하의 위치에 설치한다.
③ 비계기둥 간의 적재하중은 400kg을 초과하지 않도록 한다.
④ 비계기둥의 제일 윗부분으로부터 21m 되는 지점 밑부분의 비계기둥은 2개의 강관으로 묶어 세운다.

> **해설** 비계기둥의 간격은 띠장방향에서 1.85m 이하, 장선방향에서 1.5m 이하로 하고, 띠장 간격은 2m 이하로 하며, 비계기둥의 제일 윗부분으로부터 31m 되는 지점 밑부분의 비계기둥은 2개의 강관으로 묶어 세우는 것이 올바른 기준이다.

> **정답** ③

(3) 강관틀비계 조립 시 준수사항 외워줘! 제발~

① 비계기둥의 밑둥에는 밑받침철물을 사용하여야 하며 밑받침에 고저차가 있는 경우에는 조절형 밑받침철물을 사용하여 각각의 강관틀비계가 항상 수평 및 수직을 유지하도록 할 것

② 높이가 20m를 초과하거나 중량물의 적재를 수반하는 작업을 할 경우에는 주틀 간의 간격을 1.8m 이하로 할 것

③ 주틀 간에 교차가새를 설치하고 최상층 및 5층 이내마다 수평재를 설치할 것

④ 수직방향으로 6m, 수평방향으로 8m 이내마다 벽이음을 할 것

⑤ 길이가 띠장방향으로 4m 이하이고 높이가 10m를 초과하는 경우에는 10m 이내마다 띠장방향으로 버팀기둥을 설치할 것

빈출 기출문제

강관틀비계를 조립하여 사용하는 경우 준수해야 할 기준으로 옳지 않은 것은?

① 높이가 20m를 초과하거나 중량물의 적재를 수반하는 작업을 할 경우에는 주틀 간의 간격을 2.4m 이하로 할 것

② 수직방향으로 6m, 수평방향으로 8m 이내마다 벽이음을 할 것

③ 길이가 띠장방향으로 4m 이하이고 높이가 10m를 초과하는 경우에는 10m 이내마다 띠장방향으로 버팀기둥을 설치할 것

④ 주틀 간에 교차가새를 설치하고 최상층 및 5층 이내마다 수평재를 설치할 것

해설 높이가 20m를 초과하거나 중량물의 적재를 수반하는 작업을 할 경우에는 주틀 간의 간격을 1.8m 이하로 해야 한다.

정답 ①

---

3. 달비계, 달대비계 및 걸침비계

(1) 달비계 설치 시 준수사항

① 다음 와이어로프를 달비계에 사용해서는 아니 된다. 외워줘! 제발~

   ⓐ 이음매가 있는 것

   ⓑ 와이어로프의 한 꼬임에서 끊어진 소선의 수가 10% 이상인 것

   ⓒ 지름의 감소가 공칭지름의 7%를 초과하는 것

   ⓓ 꼬인 것

   ⓔ 심하게 변형되거나 부식된 것

   ⓕ 열과 전기충격에 의해 손상된 것

② 다음 달기체인을 달비계에 사용해서는 아니 된다. 외워줘! 제발~

   ⓐ 달기체인의 길이가 달기체인이 제조된 때의 길이의 5%를 초과한 것

   ⓑ 링의 단면지름이 달기체인이 제조된 때의 해당 링의 지름의 10%를 초과하여 감소한 것

   ⓒ 균열이 있거나 심하게 변형된 것

 **정종대쌤의 암기 팁**

와이어로프와 체인의 사용제한 기준 명확히 구분하여 암기할 것

빈출 기출문제

건설현장에 달비계를 설치하여 작업 시 달비계에 사용 가능한 와이어로프로 볼 수 있는 것은?

① 이음매가 있는 것
② 와이어로프의 한 꼬임에서 끊어진 소선의 수가 5%인 것
③ 지름의 감소가 공칭지름의 10%인 것
④ 열과 전기충격에 의해 손상된 것

해설 와이어로프의 한 꼬임에서 끊어진 소선의 수가 10% 이상인 것은 사용할 수 없다.

정답 ②

(2) 걸침비계 설치 시 준수사항

선박 및 보트 건조작업에서 걸침비계를 설치하는 경우에는 다음의 사항을 준수하여야 한다.
① 지지점이 되는 매달림부재의 고정부는 구조물로부터 이탈되지 않도록 견고히 고정할 것
② 매달림부재의 안전율은 4 이상일 것

 2026 신출 예상문제

걸침비계에 사용되는 매달림부재의 안전율은 몇 이상이어야 하는가?

① 3   ② 4
③ 5   ④ 10

해설 걸침비계에 사용되는 매달림부재의 안전율은 4 이상이어야 한다.

정답 ②

4. 말비계 및 이동식 비계

(1) 말비계 조립 시 준수사항 [외워줘! 제발~] [실기까지 출제!]

① 지주부재의 하단에는 미끄럼 방지장치를 하고, 근로자가 양측 끝부분에 올라서서 작업하지 않도록 할 것
② 지주부재와 수평면의 기울기를 75° 이하로 하고, 지주부재와 지주부재 사이를 고정시키는 보조부재를 설치할 것
③ 말비계의 높이가 2m를 초과하는 경우에는 작업발판의 폭을 40cm 이상으로 할 것

말비계를 조립하여 사용할 때의 준수사항으로 옳지 않은 것은?

① 지주부재의 하단에는 미끄럼 방지장치를 한다.

② 지주부재와 수평면과의 기울기는 75° 이하로 한다.

③ 말비계의 높이가 2m를 초과할 경우에는 작업발판의 폭을 30cm 이상으로 한다.

④ 지주부재와 지주부재 사이를 고정시키는 보조부재를 설치한다.

해설 말비계의 높이가 2m를 초과하는 경우에는 작업발판의 폭을 40cm 이상으로 해야 한다.

정답 ③

(2) 이동식 비계 조립 시 준수사항

① 이동식 비계의 바퀴에는 갑작스러운 이동 또는 전도를 방지하기 위하여 브레이크·쐐기 등으로 바퀴를 고정한 다음 비계의 일부를 견고한 시설물에 고정하거나 아웃트리거를 설치하는 등 필요한 조치를 할 것

② 승강용사다리는 견고하게 설치할 것

③ 비계의 최상부에서 작업을 하는 경우에는 안전난간을 설치할 것

④ 작업발판은 항상 수평을 유지하고 작업발판 위에서 안전난간을 딛고 작업을 하거나 받침대 또는 사다리를 사용하여 작업하지 않도록 할 것

⑤ 작업발판의 최대 적재하중은 250kg을 초과하지 않도록 할 것 외워줘! 제발~

 빈출 기출문제

이동식 비계를 조립하여 작업을 하는 경우에 작업발판의 최대 적재하중은 몇 kg을 초과하지 않도록 해야 하는가?

① 150kg   ② 200kg

③ 250kg   ④ 300kg

해설 작업발판의 최대 적재하중은 250kg을 초과하지 않도록 해야 한다.

정답 ③

5. 시스템 비계

(1) 시스템 비계 구성 시 준수사항

① 수직재·수평재·가새재를 견고하게 연결하는 구조가 되도록 할 것

② 비계 밑단의 수직재와 받침철물은 밀착되도록 설치하고, 수직재와 받침철물의 연결부의 겹침길이는 받침철물 전체길이의 3분의 1 이상이 되도록 할 것 외워줘! 제발~

③ 수평재는 수직재와 직각으로 설치하여야 하며, 체결 후 흔들림이 없도록 견고하게 설치할 것

④ 수직재와 수직재의 연결철물은 이탈되지 않도록 견고한 구조로 할 것

⑤ 벽 연결재의 설치간격은 제조사가 정한 기준에 따라 설치할 것

❷ 작업통로 및 발판

1. 통로

(1) **통로의 조명**: 근로자가 안전하게 통행할 수 있도록 통로에 75럭스 이상의 조명시설을 하여야 한다.

(2) **통로의 설치**

① 통로의 주요 부분에 통로표시를 하고, 근로자가 안전하게 통행할 수 있도록 하여야 한다.

② 통로면으로부터 높이 2m 이내에는 장애물이 없도록 하여야 한다.

(다만, 부득이하게 통로면으로부터 높이 2m 이내에 장애물을 설치할 수밖에 없거나 높이 2m 이내으 장애물을 제거하는 것이 곤란하다고 고용노동부장관이 인정하는 경우에는 근로자에게 발생할 수 있는 부상 등의 위험을 방지하기 위한 안전조치를 하여야 함)

2. 가설통로의 구조 〔외워줘! 제발~〕

(1) 견고한 구조로 할 것

(2) 경사는 30° 이하로 할 것

(3) 경사가 15°를 초과하는 경우에는 미끄러지지 아니하는 구조로 할 것

(4) 추락할 위험이 있는 장소에는 안전난간을 설치할 것

(5) 수직갱에 가설된 통로의 길이가 15m 이상인 경우에는 10m 이내마다 계단참을 설치할 것

(6) 건설공사에 사용하는 높이 8m 이상인 비계다리에는 7m 이내마다 계단참을 설치할 것

빈출 기출문제

가설통로를 설치하는 경우 준수하여야 할 기준으로 옳지 않은 것은?

① 경사는 30° 이하로 할 것

② 경사가 15°를 초과하는 경우에는 미끄러지지 아니하는 구조로 할 것

③ 수직갱에 가설된 통로의 길이가 15m 이상인 때에는 15m 이내마다 계단참을 설치할 것

④ 건설공사에 사용하는 높이 8m 이상의 비계다리에는 7m 이내마다 계단참을 설치할 것

〔해설〕 수직갱에 가설된 통로의 길이가 15m 이상인 경우에는 10m 이내마다 계단참을 설치해야 한다.

〔정답〕 ③

3. 사다리식 통로 등의 구조 〔외워줘! 제발~〕

(1) 견고한 구조로 할 것

(2) 심한 손상·부식 등이 없는 재료를 사용할 것

(3) 발판의 간격은 일정하게 할 것

(4) 발판과 벽과의 사이는 15cm 이상의 간격을 유지할 것

(5) 폭은 30cm 이상으로 할 것

(6) 사다리가 넘어지거나 미끄러지는 것을 방지하기 위한 조치를 할 것

(7) 사다리의 상단은 걸쳐놓은 지점으로부터 60cm 이상 올라가도록 할 것

(8) 사다리식 통로의 길이가 10m 이상인 경우에는 5m 이내마다 계단참을 설치할 것

(9) 사다리식 통로의 기울기는 75° 이하로 할 것. 다만, 고정식 사다리식 통로의 기울기는 90° 이하로 하고, 그 높이가 7m 이상인 경우에는 다음의 구분에 따른 조치를 할 것

    ① 등받이울이 있어도 근로자 이동에 지장이 없는 경우: 바닥으로부터 높이가 2.5m 되는 지점부터 등받이울을 설치할 것

    ② 등받이울이 있으면 근로자가 이동이 곤란한 경우: 한국산업표준에서 정하는 기준에 적합한 개인용 추락방지 시스템을 설치하고 근로자로 하여금 한국산업표준에서 정하는 기준에 적합한 전신안전대를 사용하도록 할 것

(10) 접이식 사다리 기둥은 사용 시 접혀지거나 펼쳐지지 않도록 철물 등을 사용하여 견고하게 조치할 것

 빈출 기출문제

산업안전보건법령에 따라 사다리식 통로를 설치하는 경우 준수해야 할 기준으로 틀린 것은?

① 사다리식 통로의 기울기는 60° 이하로 할 것
② 발판과 벽과의 사이는 15cm 이상의 간격을 유지할 것
③ 사다리의 상단은 걸쳐놓은 지점으로부터 60cm 이상 올라가도록 할 것
④ 사다리식 통로의 길이가 10m 이상인 경우에는 5m 이내마다 계단참을 설치할 것

해설   사다리식 통로의 기울기는 75° 이하로 해야 한다. 참고로, 고정식 사다리식 통로의 기울기는 90° 이하로 구분되어 출제되기도 하므로 유의해야 한다.

정답   ①

4. 계단   외워줘! 제발~

(1) 계단의 강도

계단 및 계단참을 설치하는 경우 500kg/m² 이상의 하중에 견딜 수 있는 강도를 가진 구조로 설치하여야 하며, 안전율은 4 이상으로 하여야 한다.

(2) 계단의 설치기준

    ① 계단을 설치하는 경우 그 폭을 1m 이상으로 하여야 한다.

    ② 계단에 손잡이 외의 다른 물건 등을 설치하거나 쌓아 두어서는 아니 된다.

    ③ 높이가 3m를 초과하는 계단에 높이 3m 이내마다 진행방향으로 길이 1.2m 이상의 계단참을 설치해야 한다.

    ④ 계단을 설치하는 경우 바닥면으로부터 높이 2m 이내의 공간에 장애물이 없도록 하여야 한다.

    ⑤ 높이 1m 이상인 계단의 개방된 측면에 안전난간을 설치하여야 한다.

건설현장의 가설계단 및 계단참을 설치하는 경우 얼마 이상의 하중에 견딜 수 있는 강도를 가진 구조로 설치하여야 하는가?

① 200kg/m²
② 300kg/m²
③ 400kg/m²
④ 500kg/m²

해설 계단 및 계단참을 설치하는 경우 500kg/m² 이상의 하중에 견딜 수 있는 강도를 가진 구조로 설치해야 한다.

정답 ④

5. 작업발판의 구조 (외워줘! 제발~)

비계의 높이가 2m 이상인 작업장소에 다음의 기준에 맞는 작업발판을 설치하여야 한다.

(1) 발판재료는 작업할 때의 하중을 견딜 수 있도록 견고한 것으로 할 것
(2) 작업발판의 **폭은 40cm 이상**으로 하고, 발판재료 간의 **틈은 3cm 이하**로 할 것
(3) **선박 및 보트 건조작업의 경우** 선박블록 또는 엔진실 등의 좁은 작업공간에 작업발판을 설치하기 위하여 필요하면 작업발판의 **폭을 30cm 이상**으로 할 수 있고, **걸침비계의 경우** 강관기둥 때문에 발판재료 간의 틈을 3cm 이하로 유지하기 곤란하면 **5cm 이하**로 할 것. 이 경우 그 틈 사이로 물체 등이 떨어질 우려가 있는 곳에는 출입금지 등의 조치를 할 것
(4) 추락의 위험이 있는 장소에는 안전난간을 설치할 것
   (다만, 작업의 성질상 안전난간을 설치하는 것이 곤란한 경우, 작업의 필요상 임시로 안전난간을 해체할 때에 추락방호망을 설치하거나 근로자로 하여금 안전대를 사용하도록 하는 등 추락위험 방지조치를 한 경우에는 그러하지 아니함)
(5) 작업발판의 지지물은 하중에 의하여 파괴될 우려가 없는 것을 사용할 것
(6) 작업발판의 재료는 뒤집히거나 떨어지지 않도록 **둘 이상의 지지물**에 연결하거나 고정시킬 것
(7) 작업발판을 작업에 따라 이동시킬 경우에는 위험방지에 필요한 조치를 할 것

빈출 기출문제

비계의 높이가 2m 이상인 작업장소에 설치하여야 하는 작업발판의 기준으로 옳지 않은 것은?

① 작업발판의 폭은 40cm 이상으로 하고, 발판재료 간의 틈은 3cm 이하로 할 것
② 추락의 위험이 있는 장소에는 안전난간을 설치할 것
③ 작업발판의 지지물은 하중에 의하여 파괴될 우려가 없는 것을 사용할 것
④ 작업발판의 재료는 뒤집히거나 떨어지지 않도록 1개 이상의 지지물에 연결하거나 고정시킬 것

해설 작업발판의 재료는 뒤집히거나 떨어지지 않도록 둘 이상의 지지물에 연결하거나 고정해야 한다.

정답 ④

3 거푸집 및 동바리

1. 정의

(1) **거푸집**: 부어넣는 콘크리트가 소정의 형상, 치수를 유지하며 콘크리트가 적합한 강도에 도달하기까지 지지하는 가설구조물의 총칭을 말한다.

(2) **동바리**: 타설된 콘크리트가 소정의 강도를 얻을 때까지 거푸집 및 장선·멍에를 적정 위치에 유지시키고, 상부하중을 지지하는 부재를 말한다.

2. 조립도

(1) 거푸집 및 동바리를 조립하는 경우에는 그 구조를 검토한 후 조립도를 작성하고, 그 조립도에 따라 조립하도록 할 것

(2) 조립도에는 거푸집 및 동바리를 구성하는 부재의 재질·단면규격·설치간격 및 이음방법 등을 명시할 것

3. 거푸집 조립 시의 안전조치

(1) 거푸집을 조립하는 경우에는 거푸집이 콘크리트 하중이나 그 밖의 외력에 견딜 수 있거나, 넘어지지 않도록 견고한 구조의 긴결재*, 버팀대 또는 지지대를 설치하는 등 필요한 조치를 할 것

(* 긴결재: 콘크리트를 타설할 때 거푸집이 변형되지 않게 연결하여 고정하는 재료)

(2) 거푸집이 곡면인 경우에는 버팀대의 부착 등 그 거푸집의 부상(浮上)을 방지하기 위한 조치를 할 것

4. 동바리 조립 시의 안전조치

동바리를 조립하는 경우에는 하중의 지지상태를 유지할 수 있도록 다음 사항을 준수해야 한다.

(1) 받침목이나 깔판 사용, 콘크리트 타설, 말뚝박기 등 동바리의 침하를 방지하기 위한 조치를 할 것

(2) 동바리의 상하 고정 및 미끄러짐 방지조치를 할 것

(3) 상부·하부의 동바리가 동일 수직선상에 위치하도록 하여 깔판·받침목에 고정시킬 것

(4) 개구부 상부에 동바리를 설치하는 경우에는 상부하중을 견딜 수 있는 견고한 받침대를 설치할 것

(5) U헤드 등의 단판이 없는 동바리의 상단에 멍에 등을 올릴 경우에는 해당 상단에 U헤드 등의 단판을 설치하고, 멍에 등이 전도되거나 이탈되지 않도록 고정시킬 것

(6) 동바리의 이음은 같은 품질의 재료를 사용할 것

(7) 강재의 접속부 및 교차부는 볼트·클램프 등 전용철물을 사용하여 단단히 연결할 것

(8) 거푸집의 형상에 따른 부득이한 경우를 제외하고는 깔판이나 받침목은 2단 이상 끼우지 않도록 할 것

(9) 깔판이나 받침목을 이어서 사용하는 경우에는 그 깔판·받침목을 단단히 연결할 것

5. 동바리 유형에 따른 동바리 조립 시의 안전조치

(1) 동바리로 사용하는 파이프 서포트의 경우

① 파이프 서포트를 3개 이상 이어서 사용하지 않도록 할 것

② 파이프 서포트를 이어서 사용하는 경우에는 4개 이상의 볼트 또는 전용철물을 사용하여 이을 것

③ 높이가 <mark>3.5m를 초과</mark>하는 경우에는 <mark>높이 2m 이내마다 수평연결재를 2개 방향</mark>으로 만들고 수평연결재의 변위를 방지할 것

(2) 동바리로 사용하는 강관틀의 경우

① 강관틀과 강관틀 사이에 교차가새를 설치할 것

② <mark>최상단 및 5단</mark> 이내마다 동바리의 측면과 틀면의 방향 및 교차가새의 방향에서 <mark>5개</mark> 이내마다 수평연결재를 설치하고 수평연결재의 변위를 방지할 것

③ <mark>최상단 및 5단</mark> 이내마다 동바리의 틀면의 방향에서 양단 및 <mark>5개</mark>틀 이내마다 교차가새의 방향으로 띠장틀을 설치할 것

(3) 동바리로 사용하는 조립강주의 경우

조립강주의 <mark>높이가 4m를 초과하는 경우</mark>에는 <mark>높이 4m 이내마다 수평연결재를 2개 방향</mark>으로 설치하고 수평연결재의 변위를 방지할 것

(4) 시스템 동바리의 경우

시스템 동바리는 규격화·부품화된 수직재, 수평재 및 가새재 등의 부재를 현장에서 조립하여 거푸집을 지지하는 지주 형식의 동바리이다.

① 수평재는 수직재와 직각으로 설치해야 하며, 흔들리지 않도록 견고하게 설치할 것

② 연결철물을 사용하여 수직재를 견고하게 연결하고, 연결부위가 탈락 또는 꺾어지지 않도록 할 것

③ 수직 및 수평하중에 대해 동바리의 구조적 안정성이 확보되도록 조립도에 따라 수직재 및 수평재에는 가새재를 견고하게 설치할 것

④ 동바리 최상단과 최하단의 수직재와 받침철물은 서로 밀착되도록 설치하고 수직재와 받침철물의 연결부의 <mark>겹침길이는 받침철물 전체길이의 3분의 1 이상</mark> 되도록 할 것

 빈출 기출문제

동바리를 조립하는 경우에 준수해야 할 기준으로 옳지 않은 것은?

① 동바리의 상하 고정 및 미끄러짐 방지조치를 하고, 하중의 지지상태를 유지할 것

② 강재와 강재와의 접속부 및 교차부는 볼트·클램프 등 전용철물을 사용하여 단단히 연결할 것

③ 동바리로 사용하는 파이프 서포트의 높이가 3.5m를 초과하는 경우에는 높이 2m 이내마다 수평연결재를 2개 방향으로 만들고 수평연결재의 변위를 방지할 것

④ 파이프 서포트를 이어서 사용하는 경우에는 3개 이상의 볼트 또는 전용철물을 사용하여 이을 것

해설 파이프 서포트를 이어서 사용하는 경우에는 <mark>4개 이상의 볼트 또는 전용철물</mark>을 사용해야 한다.

정답 ④

동바리로 조립강주를 사용할 경우 조립강주의 높이가 몇 m 초과 시, 수평연결재를 설치해야 하는가?

① 2m   ② 3.5m   ③ 4m   ④ 5m

해설 동바리로 사용하는 조립강주의 경우에 조립강주의 높이가 4m를 초과한다면 높이 4m 이내마다 수평연결재를 2개 방향으로 설치하고 수평연결재의 변위를 방지해야 한다.

정답 ③

6. 작업발판 일체형 거푸집의 종류 `외워줘! 제발~` `실기까지 출제!`

(1) **갱 폼(Gang Form)**: 아파트공사에 많이 사용하는 거푸집

(2) **슬립 폼(Slip Form)**: 교각과 같은 수직구조물 시공 시 주로 사용하는 거푸집

(3) **클라이밍 폼(Climbing Form)**: 갱 폼과 같은 대형 구조물에 사용되며 자가상승 기능이 있는 거푸집

(4) **터널 라이닝 폼(Tunnel Lining Form)**: 터널공사에 사용하는 거푸집

CHAPTER 06

공사 및 작업 종류별 안전

핵심 키워드 크레인, 와이어로프, 철골 공사, 측압, 기울기, 히빙, 보일링

☑ **외워줘! 제발~**은 필수적으로 암기해야 하는 내용을 표시한 부분으로, 시간이 부족한 학습자는 이 내용 위주로 효율적으로 공부하고, 부록 '필수 암기노트'에 내용을 한 번 더 정리해 두었으니 시험 당일 들고 가서 활용하자!

☑ **형광펜**은 시험에 자주 나온 개념으로 2~3배로 꼼꼼히 암기하자! 특히, 시험 직전에는 **외워줘! 제발~**과 **형광펜**만 모아 빠르게 학습하자!

☑ 빈출 기출문제는 시험에 자주 출제되는 문제로, 관련 개념까지 확실하게 익혀두자!

1 양중작업

1. 양중기의 종류

(1) 크레인

(2) **리프트** **외워줘! 제발~**

① 건설용 리프트

② 자동차정비용 리프트

③ 이삿짐운반용 리프트(최대하중이 0.1톤 이상인 것에 한함)

④ 산업용 리프트

(3) 곤돌라

(4) **승강기** **외워줘! 제발~**

① 승객용 엘리베이터

② 승객화물용 엘리베이터

③ 화물용 엘리베이터

④ 소형화물용 엘리베이터

⑤ 에스컬레이터

(5) 이동식 크레인

 빈출 기출문제

다음 기계 중 양중기에 포함되지 않는 것은?

① 리프트   ② 곤돌라   ③ 크레인   ④ 트롤리 컨베이어

해설 트롤리 컨베이어는 양중기에 포함되지 않는다.

정답 ④

2. 크레인의 방호장치

(1) 과부하방지장치·권과방지장치·비상정지장치 및 제동장치 등 방호장치를 부착하고 유효하게 작동될 수 있도록 미리 조정하여 두어야 함

(2) 안전밸브를 설치할 것

(3) 해지장치를 사용할 것

3. 크레인의 안전조치

(1) 크레인에 의하여 근로자를 운반하거나 근로자를 달아 올린 상태에서 작업에 종사시켜서는 아니 됨

(다만, 부득이한 경우 달기구에 전용탑승설비를 설치하여 그 탑승설비에 근로자를 탑승시키는 때에는 그러하지 아니함)

(2) 탑승설비를 하강시키는 때에는 동력하강방법으로 할 것

(3) 순간풍속 초당 30m 초과 시 옥외 주행크레인 이탈방지장치를 작동시키는 등 이탈방지 조치를 할 것

(4) 크레인의 풍속에 따른 조치 외워줘! 제발~

① 순간풍속 초당 10m 초과: 타워크레인의 설치·수리·점검 또는 해체작업 중지

② 순간풍속 초당 15m 초과: 타워크레인의 운전작업 중지

③ 순간풍속 초당 30m 초과: 폭풍 등으로 인한 이상 유무 점검

4. 리프트 등의 안전조치 외워줘! 제발~

(1) 권과방지장치, 과부하장치, 비상정치장치를 설치할 것

(2) 리프트의 풍속에 따른 조치

① 순간풍속 초당 30m 초과: 폭풍 등으로 인한 이상 유무 점검

② 순간풍속 초당 35m 초과: 붕괴를 방지하기 위한 조치

5. 승강기의 안전조치 외워줘! 제발~

(1) 과부하방지장치, 권과방지장치, 비상정지장치 및 제동장치, 그 밖의 방호장치가 유효하게 작동될 수 있도록 미리 조정할 것

(2) 승강기의 풍속에 따른 조치

① 순간풍속 초당 30m 초과: 승강기의 각 부위의 이상 유무 점검

② 순간풍속 초당 35m 초과: 승강기가 무너지는 것을 방지하기 위한 조치

 정종대쌤의 암기 팁

10.15.30.35

(양중기의 풍속에 따른 조치:

10: 설치·수리·점검·해체작업 중지

15: 운전작업 중지

30: 이상 유무 점검, 이탈방지 조치

35: 도괴·붕괴 방지조치)

6. 와이어로프 등

(1) 와이어로프 등의 안전계수

구분	안전계수
근로자가 탑승하는 운반구를 지지하는 달기와이어로프 또는 달기체인의 경우	10 이상
화물의 하중을 직접 지지하는 달기와이어로프 또는 달기체인의 경우	5 이상
훅, 샤클, 클램프, 리프팅 빔의 경우	3 이상
그 밖의 경우	4 이상

✅ 빈출 기출문제

권상용 와이어로프의 절단하중이 200톤일 때 와이어로프에 걸리는 최대하중은? (단, 안전계수는 5임)

① 1,000톤
② 400톤
③ 100톤
④ 40톤

해설 최대하중은 절단하중을 안전계수로 나누어 계산한다. 따라서 최대하중은 200÷5=40[톤]이다.

정답 ④

(2) 와이어로프 사용제한 조건

① ㅇ음매가 있는 것
② 와이어로프의 한 꼬임에서 끊어진 소선의 수가 10% 이상인 것
③ 지름의 감소가 공칭지름의 7%를 초과하는 것
④ 꼬인 것
⑤ 심하게 변형되거나 부식된 것
⑥ 열과 전기충격에 의해 손상된 것

✅ 빈출 기출문제

다음 와이어로프 중 양중기에 사용 가능한 범위 안에 있다고 볼 수 있는 것은?

① 와이어로프의 한 꼬임(스트랜드)에서 끊어진 소선의 수가 8%인 것
② 지름의 감소가 공칭지름의 8%인 것
③ 심하게 부식된 것
④ 이음매가 있는 것

해설 와이어로프의 한 꼬임(스트랜드)에서 끊어진 소선의 수가 8%인 것은 양중기에 사용 가능한 범위 안에 있다고 볼 수 있다.

정답 ①

(3) 달기체인의 사용제한 외워줘! 제발~ 실기까지 출제!

① 달기체인의 길이가 달기체인이 제조된 때의 길이의 5%를 초과한 것

② 링의 단면지름이 달기체인이 제조된 때의 해당 링의 지름의 10%를 초과하여 감소한 것

③ 균열이 있거나 심하게 변형된 것

(4) 와이어로프의 꼬임

① 보통꼬임: 로프의 꼬임 방향과 스트랜드의 꼬임 방향이 반대인 꼬임이다.

② 랭꼬임: 로프의 꼬임 방향과 스트랜드의 꼬임 방향이 같은 꼬임이다.

▲ 보통꼬임   ▲ 랭꼬임

7. 건립기계의 종류

(1) 건립기계 선정 시 검토사항 외워줘! 제발~

① 입지조건   ② 소음영향

③ 인양하중   ④ 건물의 형태

⑤ 작업반경

 빈출 기출문제

철골 건립기계 선정 시 사전 검토사항과 가장 거리가 먼 것은?

① 건립기계의 소음영향   ② 건립기계로 인한 일조권 침해

③ 건물형태   ④ 작업반경

해설 건립기계는 공사가 끝나면 철거되므로 일조권 침해의 대상으로 보기 어렵다.

정답 ②

---

(2) 건립기계의 종류

① 타워크레인: 360° 회전, 초고층건물

② 가이데릭: 360° 회전, 고층건물

③ 스티프레그데릭(삼각데릭): 270° 회전, 저층건물

8. 철골 공사 외워줘! 제발~

철골구조물 중 강풍에 의한 풍압 등 외압에 대한 내력이 설계에 고려되었는지 확인하여야 하는 경우는 다음 과 같다.

(1) 이음부가 **현장 용접인** 건물

(2) **높이 20m 이상인** 건물

(3) 기둥이 타이플레이트(Tie Plate)형인 구조물

(4) 구조물의 **폭과 높이의 비가 1 : 4 이상인** 구조물

(5) 연면적당 **철골량이 50kg/m² 이하인** 구조물

 빈출 기출문제

건립 중 강풍에 의한 풍압 등 외압에 대한 내력이 설계에 고려되었는지 확인하여야 하는 철골구조물의 기준으로 옳지 않은 것은?

① 높이 20m 이상의 구조물   ② 구조물의 폭과 높이의 비가 1 : 4 이상인 구조물

③ 이음부가 공장 제작인 구조물   ④ 연면적당 철골량이 50kg/m² 이하인 구조물

해설 이음부가 공장 제작이 아닌 현장 용접인 건물이 확인 대상이다.

정답 ③

② 콘크리트 공사

1. 콘크리트 타설작업 시 준수사항 `외워줘! 제발~` `실기까지 출제!`

(1) 당일의 **작업을 시작하기 전에** 해당 작업에 관한 거푸집 및 동바리의 변형·변위 및 지반의 침하 유무 등을 **점검하고 이상이 있으면 보수할 것**

(2) **작업 중에는 감시자를 배치하는** 등의 방법으로 거푸집 및 동바리의 변형·변위 및 침하 유무 등을 확인해야 하며, 이상이 있으면 **작업을 중지하고 근로자를 대피시킬 것**

(3) 콘크리트 타설작업 시 거푸집 붕괴의 위험이 발생할 우려가 있으면 **충분한 보강조치를** 할 것

(4) 설계도서상의 **콘크리트 양생기간을 준수하여** 거푸집 및 동바리를 해체할 것

(5) 콘크리트를 타설하는 경우에는 **편심이 발생하지 않도록 골고루 분산하여 타설할 것**

 빈출 기출문제

콘크리트 타설작업의 안전대책으로 옳지 않은 것은?

① 작업시작 전 거푸집 및 동바리의 변형·변위 및 지반 침하 유무를 점검한다.

② 작업 중 감시자를 배치하여 거푸집 및 동바리의 변형·변위 유무를 확인한다.

③ 슬래브콘크리트 타설은 한쪽부터 순차적으로 타설하여 붕괴 재해를 방지해야 한다.

④ 설계도서상 콘크리트 양생기간을 준수하여 거푸집 및 동바리를 해체한다.

해설 순차적 타설이 아니라 편심이 발생하지 않도록 골고루 분산하여 타설해야 한다.

정답 ③

2. 콘크리트의 측압에 영향을 주는 요소 〔외워줘! 제발~〕

측압은 콘크리트 타설 시 거푸집에 가해지는 압력을 말한다. 묽은 콘크리트는 측압이 커지고, 된 콘크리트는 측압이 작아진다.

(1) **온도↑ 측압↓** : 수분이 빨리 증발하므로 된 콘크리트가 되어 측압이 작아진다.

(2) **슬럼프값↑ 측압↑** : 슬럼프값이 크다는 것은 묽은 콘크리트라는 의미이다.

(3) **물시멘트비↑ 측압↑** : 물시멘트비가 크다는 것은 묽은 콘크리트라는 의미이다.

(4) **타설속도↑ 측압↑** : 타설속도가 빠르면 측압이 커진다.

(5) **철근량↑ 측압↓** : 철근량이 많으면 콘크리트의 하중을 지지하는 부재가 많으므로 측압이 작아진다.

 빈출 기출문제

콘크리트 타설 시 거푸집 측압에 관한 설명으로 옳지 않은 것은?

① 타설속도가 빠를수록 측압이 커진다. ② 거푸집의 투수성이 낮을수록 측압은 커진다.

③ 타설높이가 높을수록 측압이 커진다. ④ 콘크리트의 온도가 높을수록 측압이 커진다.

〔해설〕 온도가 높으면 수분이 빨리 증발하므로 된 콘크리트가 되어 측압이 작아진다.

〔정답〕 ④

---

3. 콘크리트 옹벽의 안정조건

(1) **전도에 대한 안정**: 안전율 2 이상

(2) **활동에 대한 안정**: 안전율 1.5 이상

(3) **침하에 대한 안정**: 안전율 3 이상

③ 토공사 및 지반안전관리

1. 굴착면의 기울기 등

(1) **지반에 따른 기울기** 〔외워줘! 제발~〕

지반의 종류	기울기
모래	1:1.8
연암 및 풍화암	1:1
경암	1:0.5
그 밖의 흙	1:1.2

모래지반을 흙막이 지보공 없이 굴착하려 할 때 굴착면의 기울기 기준으로 옳은 것은?

① 1:1~1:1.5
② 1:0.5~1:1
③ 1:1.8
④ 1:2

해설 모래지반을 흙막이 지보공 없이 굴착하려 할 때의 굴착면 기울기 기준은 1:1.8이다.

정답 ③

(2) 토석붕괴의 요인 외워줘! 제발~

① 내적 요인: 흙 내부의 변화요인
  ⓐ 절토 사면의 토질·암질
  ⓑ 성토 사면의 토질구성 및 분포
  ⓒ 토석의 강도 저하

② 외적 요인: 외부작용에 의한 붕괴요인
  ⓔ 사면, 법면의 경사 및 기울기의 증가
  ⓑ 절토 및 성토 높이의 증가
  ⓒ 공사에 의한 진동 및 반복 하중의 증가
  ⓓ 지표수 및 지하수의 침투에 의한 토사 중량의 증가
  ⓔ 지진, 차량, 구조물의 하중작용
  ⓕ 토사 및 암석의 혼합층 두께

(3) 토석붕괴 위험방지

굴착작업을 할 때에 **토사 등의 붕괴 또는 낙하에 의한 위험**을 방지하기 위하여 다음 사항을 점검해야 한다.

① 작업장소 및 그 주변의 부석·균열의 유무
② 함수·용수 및 동결의 유무 또는 상태의 변화

(4) 굴착작업 시 위험방지

굴착작업에 있어서 **토사 등의 붕괴 또는 낙하에 의하여 근로자에게 위험**을 미칠 우려가 있는 경우에는 미리 **흙막이 지보공의 설치, 방호망의 설치 및 근로자의 출입 금지** 등 그 위험을 방지하기 위하여 필요한 조치를 하여야 한다.

(5) 굴착면의 붕괴 등에 의한 위험방지

비가 올 경우를 대비하여 측구를 설치하거나 굴착경사면에 비닐을 덮는 등 빗물 등의 침투에 의한 붕괴 재해를 예방하기 위하여 필요한 조치를 하여야 한다.

2. 흙막이 지보공

(1) 흙막이 지보공의 재료

흙막이 지보공의 재료로 변형·부식되거나 심하게 손상된 것을 사용해서는 아니 된다.

(2) 조립도

① 흙막이 지보공을 조립하는 경우 미리 그 구조를 검토한 후 조립도를 작성하여 그 조립도에 따라 조립하도록 해야 한다.

② 조립도는 흙막이판·말뚝·버팀대 및 띠장 등 부재의 배치·치수·재질 및 설치방법과 순서가 명시되어야 한다.

(3) 흙막이 지보공 설치 시 정기 점검사항 `외워줘! 제발~`

① 부재의 손상·변형·부식·변위 및 탈락의 유무와 상태

② 버팀대의 긴압 정도

③ 부재의 접속부·부착부 및 교차부의 상태

④ 침하의 정도

(4) 히빙현상 `외워줘! 제발~` `실기까지 출제!`

연약 점토지반 굴착 시 흙막이벽 배면의 중량에 의해 굴착면이 부풀어 오르는 현상을 말한다.

(5) 히빙 방지대책 `외워줘! 제발~`

① 흙막이 지보공을 깊게 박을 것

② 흙막이벽 배면의 토사 중량을 감소시킬 것

③ 아일랜드 컷 공법 등을 사용할 것

(6) 보일링현상 `외워줘! 제발~` `실기까지 출제!`

사질지반 굴착 시 흙막이벽 내외의 지하수위 차에 의해 굴착면에서 물과 모래입자가 분출되는 현상을 말한다.

(7) 보일링 방지대책 `외워줘! 제발~`

① 웰포인트공법을 병행할 것

② 배수공 등을 설치하여 지하수위를 낮출 것

③ 흙막이벽을 불투수층까지 깊게 박을 것

 빈출 기출문제

흙막이 지보공을 설치하였을 때 정기적으로 점검하여 이상 발견 시 즉시 보수하여야 할 사항이 아닌 것은?

① 굴착 깊이의 정도
② 버팀대의 긴압 정도
③ 부재의 접속부·부착부 및 교차부의 상태
④ 부재의 손상·변형·부식·변위 및 탈락의 유무와 상태

`해설` 굴착 깊이의 정도가 아니라 침하의 정도를 확인해야 한다.

`정답` ①

3. 지반 가량 공법

(1) 점토 지반 개량 공법: 점토는 배수가 잘 되지 않는다는 특성에 따라 배수가 목적인 공법

① 샌드드레인 공법: 모래기둥을 통해 배수 촉진

② 퍼이퍼드레인 공법: 펄프를 주재료로 만든 카드보드를 땅속에 형성하여 배수 촉진

③ 치환 공법: 지반을 사질토로 치환

④ 프리로딩 공법: 성토하중으로 지반을 압밀 침하

(2) 사질 지반 개량 공법: 배수는 잘 되지만 밀도가 낮다는 특성에 따라 밀도 증가가 목적인 공법

① 폰파다짐 공법: 폭발의 압력과 진동을 이용하여 밀도 증가

② 전기충격 공법: 전기충격을 이용한 밀도 증가

③ 플로테이션 공법: 진동기를 사용하여 모래기둥을 형성하여 밀도 증가

④ 말뚝 공법: 모래지반에 말뚝을 형성하여 밀도 증가

빈출 기출문제

점토질 지반의 침하 및 압밀 재해를 막기 위하여 실시하는 지반 개량 탈수공법으로 적당하지 않은 것은?

① 샌드드레인 공법   ② 치환 공법
③ 폭파다짐 공법   ④ 페이퍼드레인 공법

해설 폭파다짐 등 진동을 이용하는 공법은 사질 지반에 사용되는 공법이다.

정답 ③

4. 발파작업 시 준수사항

(1) 얼어붙은 다이나마이트는 화기에 접근시키거나 그 밖의 고열물에 직접 접촉시키는 등 위험한 방법으로 융해되지 않도록 할 것

(2) 화약이나 폭약을 장전하는 경우에는 그 부근에서 화기를 사용하거나 흡연하지 않도록 할 것

(3) **장전구는 마찰·충격·정전기** 등에 의한 **폭발**의 위험이 없는 안전한 것을 사용할 것

(4) **발파공의 충진재료는 점토·모래** 등 **발화성** 또는 **인화성**의 위험이 없는 재료를 사용할 것

(5) 점화 후 장전된 화약류가 폭발하지 아니한 경우 또는 장전된 화약류의 폭발 여부를 확인하기 곤란한 경우에는 다음 사항을 따를 것 **외워줘! 제발~**

① **전기뇌관**에 의한 경우에는 발파모선을 점화기에서 떼어 그 끝을 단락시켜 놓는 등 재점화되지 않도록 조치하고 그때부터 **5분 이상 경과**한 후가 아니면 화약류의 장전장소에 접근시키지 않도록 할 것

② **전기뇌관 외의 것**에 의한 경우에는 점화한 때부터 **15분 이상 경과**한 후가 아니면 화약류의 장전장소에 접근시키지 않도록 할 것

(6) **전기뇌관에 의한 발파**의 경우 점화하기 전에 화약류를 장전한 장소로부터 **30m 이상** 떨어진 안전한 장소에서 전선에 대하여 **저항측정 및 도통시험**을 할 것

4 특수작업 및 장소별 안전관리

1. 터널작업

(1) 조사 등

① 터널공사 등의 건설작업을 할 때에 인화성 가스가 발생할 위험이 있는 경우에는 폭발이나 화재를 예방하기 위하여 인화성 가스의 농도를 측정할 담당자를 지명하고, 시작하기 전에 가스가 발생할 위험이 있는 장소에 대하여 그 인화성 가스의 농도를 측정하여야 한다.

② 인화성 가스가 존재하여 폭발이나 화재가 발생할 위험이 있는 경우에는 인화성 가스 농도의 이상 상승을 조기에 파악하기 위하여 자동경보장치를 설치하여야 한다.

③ 지하철도공사를 시행하는 사업주는 터널굴착(개착식 포함) 등으로 인하여 도시가스관이 노출된 경우에 접속부 등 필요한 장소에 자동경보장치를 설치하고, 「도시가스사업법」에 따른 해당 도시가스사업자와 합동으로 정기적 순회점검을 하여야 한다.

④ 자동경보장치에 대하여 당일 작업시작 전 점검사항
    ⓐ 계기의 이상 유무
    ⓑ 검지부의 이상 유무
    ⓒ 경보장치의 작동상태

(2) 낙반 등에 의한 위험방지

터널 등의 건설작업을 하는 경우에 낙반 등에 의하여 근로자가 위험해질 우려가 있는 경우에 터널 지보공 및 록볼트의 설치, 부석의 제거 등 위험을 방지하기 위하여 필요한 조치를 하여야 한다.

(3) 터널 출입구 부근 등의 지반 붕괴에 의한 위험방지

터널 등의 건설작업을 할 때에 터널 등의 출입구 부근의 지반의 붕괴나 토사 등의 낙하에 의하여 근로자가 위험해질 우려가 있는 경우에는 흙막이 지보공이나 방호망을 설치하는 등 위험을 방지하기 위하여 필요한 조치를 해야 한다.

(4) 시계의 유지조치

터널건설작업을 할 때에 터널 내부의 시계가 배기가스나 분진 등에 의하여 현저하게 제한되는 경우에는 환기를 하거나 물을 뿌리는 등 시계를 유지하기 위하여 필요한 조치를 하여야 한다.

(5) 터널 지보공 수시 점검사항 외워줘! 제발~

① 부재의 손상·변형·부식·변위 탈락의 유무 및 상태
② 부재의 긴압 정도
③ 부재의 접속부 및 교차부의 상태
④ 기둥침하의 유무 및 상태

빈출 기출문제

터널 지보공을 설치한 경우에 수시로 점검하고, 이상을 발견한 경우에는 즉시 보강하거나 보수해야 할 사항이 아닌 것은?

① 부재의 긴압 정도
② 기둥침하의 유무 및 상태
③ 부재의 접속부 및 교차부 상태
④ 부재를 구성하는 재질의 종류 확인

해설 재질의 종류는 설치 전에 결정하고 확인할 사항이므로 사후 점검사항이 아니다.

정답 ④

2. 잠함 내 작업 등

(1) 잠함 또는 우물통의 급격한 침하로 인한 위험방지 외워줘! 제발~ 실기까지 출제!

① 침하관계도에 따라 굴착방법 및 재하량 등을 정할 것
② 바닥으로부터 천장 또는 보까지의 높이는 1.8m 이상으로 할 것

(2) 잠함 등 내부 작업 준수사항

① 잠함, 우물통, 수직갱, 그 밖에 이와 유사한 건설물 또는 설비의 내부에서 굴착작업을 하는 경우에 다음의 사항을 준수하여야 한다.
  ⓐ 산소 결핍 우려가 있는 경우에는 산소의 농도를 측정하는 사람을 지명하여 측정하도록 할 것
  ⓑ 근로자가 안전하게 오르내리기 위한 설비를 설치할 것
  ⓒ 굴착 깊이가 20m를 초과하는 경우에는 해당 작업장소와 외부와의 연락을 위한 통신설비 등을 설치할 것
② 산소 결핍이 인정되거나 굴착 깊이가 20m를 초과하는 경우에는 송기를 위한 설비를 설치하여 필요한 양의 공기를 공급해야 한다.

(3) 작업금지

다음의 어느 하나에 해당하는 경우에 잠함 등의 내부에서 굴착작업을 하도록 해서는 아니 된다.
① 승강설비, 통신설비, 송기설비에 고장이 있는 경우
② 잠함 등의 내부에 많은 양의 물 등이 스며들 우려가 있는 경우

3. 공사용 가설도로 설치 시 준수사항 실기까지 출제!

(1) 도로는 장비와 차량이 안전하게 운행할 수 있도록 견고하게 설치할 것
(2) 도로와 작업장이 접하여 있을 경우에는 울타리 등을 설치할 것
(3) 도로는 배수를 위하여 경사지게 설치하거나 배수시설을 설치할 것
(4) 차량의 속도제한 표지를 부착할 것

4. 철골작업 시 위험방지

(1) 철골조립 시 위험방지

철골을 조립하는 경우에 철골의 접합부가 충분히 지지되도록 볼트를 체결하거나 이와 같은 수준 이상의 견고한 구조가 되기 전에는 들어 올린 철골을 걸이로프 등으로부터 분리해서는 아니 된다.

(2) 승강로 설치

근로자가 수직방향으로 이동하는 철골부재에는 답단 간격이 30cm 이내인 고정된 승강로를 설치하여야 하며, 수평방향 철골과 수직방향 철골이 연결되는 부분에는 연결작업을 위하여 작업발판 등을 설치하여야 한다.

(3) 작업의 제한 외워줘! 제발~ 실기까지 출제!

다음의 어느 하나에 해당하는 경우에 철골작업을 중지하여야 한다.

① 풍속이 초당 10m 이상인 경우
② 강우량이 시간당 1mm 이상인 경우
③ 강설량이 시간당 1cm 이상인 경우

정종대쌤의 암기 팁

10.1.1

(철골작업 중지 기준: 풍속 초당 10m 이상, 강우량 시간당 1mm 이상, 강설량 시간당 1cm 이상)

빈출 기출문제

철골작업을 중지하여야 하는 기준으로 옳지 않은 것은?

① 1시간당 강설량이 1cm 이상인 경우
② 풍속이 초당 10m 이상인 경우
③ 진도 3 이상의 지진이 발생한 경우
④ 1시간당 강우량이 1mm 이상인 경우

해설 철골작업 중지 요건 중에 지진은 명시되어 있지 않다.

정답 ③

5. 화물취급 작업 등

(1) 꼬임이 끊어진 섬유로프 등의 사용금지

다음의 어느 하나에 해당하는 섬유로프 등을 화물운반용 또는 고정용으로 사용해서는 아니 된다.

① 꼬임이 끊어진 것
② 심하게 손상되거나 부식된 것

(2) 하역작업장의 조치기준 외워줘! 제발~

부두·안벽 등 하역작업을 하는 장소에 다음 조치를 하여야 한다.

① 작업장 및 통로의 위험한 부분에는 안전하게 작업할 수 있는 조명을 유지할 것

② 부두 또는 안벽의 선을 따라 통로를 설치하는 경우에는 폭을 90cm 이상으로 할 것

③ 육상에서의 통로 및 작업장소로서 다리 또는 선거 갑문을 넘는 보도 등의 위험한 부분에는 안전난간 또는 울타리 등을 설치할 것

 빈출 기출문제

부두 등의 하역작업장에서 부두 또는 안벽의 선에 따라 통로를 설치하는 경우, 최소 폭 기준은?

① 90cm 이상   ② 75cm 이상
③ 60cm 이상   ④ 45cm 이상

해설 부두 등의 하역작업장에서 부두 또는 안벽의 선에 따라 통로를 설치하는 경우, 최소 폭 기준은 90cm 이상이다.

정답 ①

(3) 하적단의 간격

바닥으로부터의 높이가 2m 이상 되는 하적단과 인접 하적단 사이의 간격을 하적단의 밑부분을 기준하여 10cm 이상으로 하여야 한다.

 2026 신출 예상문제

높이가 2m 이상 되는 하적단과 인접 하적단 사이의 간격은 몇 cm 이상이어야 하는가?

① 10cm 이상   ② 20cm 이상
③ 30cm 이상   ④ 40cm 이상

해설 높이가 2m 이상 되는 하적단과 인접 하적단 사이의 간격은 10cm 이상이어야 한다.

정답 ①

(4) 화물의 적재 시 준수사항

① 침하 우려가 없는 튼튼한 기반 위에 적재할 것

② 건물의 칸막이나 벽 등이 화물의 압력에 견딜 만큼의 강도를 지니지 아니한 경우에는 칸막이나 벽에 기대어 적재하지 않도록 할 것

③ 불안정할 정도로 높이 쌓아 올리지 말 것

④ 하중이 한쪽으로 치우치지 않도록 쌓을 것(=편심이 생기지 않도록 할 것)

빈출 기출문제

차량계 하역운반기계 등에 화물을 적재하는 경우에 준수하여야 할 사항으로 옳지 않은 것은?

① 하중이 한쪽으로 치우쳐서 효율적으로 적재되도록 할 것
② 구내운반차 또는 화물자동차의 경우 화물의 붕괴 또는 낙하에 의한 위험을 방지하기 위하여 화물에 로프를 거는 등 필요한 조치를 할 것
③ 운전자의 시야를 가리지 않도록 화물을 적재할 것
④ 최대적재량을 초과하지 않도록 할 것

해설 하중이 한쪽으로 치우치지 않도록 쌓아야 한다. 즉, 편심이 생기지 않도록 해야 한다.

정답 ①

6. 항만하역작업

(1) 통행설비의 설치 등 외워줘! 제발~

갑판의 윗면에서 선창 밑바닥까지의 깊이가 1.5m를 초과하는 선창의 내부에서 화물취급작업을 하는 경우에 그 작업에 종사하는 근로자가 안전하게 통행할 수 있는 설비를 설치하여야 한다.

 빈출 기출문제

선창의 내부에서 화물취급작업을 하는 근로자가 안전하게 통행할 수 있는 설비를 설치하여야 하는 기준은 갑판의 윗면에서 선창 밑바닥까지의 깊이가 최소 얼마를 초과할 때인가?

① 1.3m   ② 1.5m
③ 1.8m   ④ 2.0m

해설 갑판의 윗면에서 선창 밑바닥까지의 깊이가 최소 1.5m를 초과할 때, 선창의 내부에서 화물취급작업을 하는 근로자가 안전하게 통행할 수 있다.

정답 ②

(2) 선박승강설비 설치 외워줘! 제발~

① 사업주는 300톤급 이상의 선박에서 하역작업을 하는 경우에 근로자들이 안전하게 오르내릴 수 있는 현문 사다리를 설치하여야 하며, 이 사다리 밑에 안전망을 설치하여야 한다.
② 현문 사다리는 견고한 재료로 제작된 것으로 너비는 55cm 이상이어야 하고, 양측에 82cm 이상의 높이로 울타리를 설치하여야 하며, 바닥은 미끄러지지 않도록 적합한 재질로 처리되어야 한다.
③ 현문 사다리는 근로자의 통행에만 사용하여야 하며, 화물용 발판 또는 화물용 보판으로 사용하도록 해서는 아니 된다.

하고 싶은 게 많으면,
실패해도 절망할 시간이 없어요.
절망할 수 있지만, 거기 너무 오래 머무르지 말아요.

#나를위한위로 #나만의목적지

정종대쌤이 말하는 100% 합격 기출 공부법

▶ 과목별 기출로 학습! ◀

- 이론 학습 후, 바로 기출문제를 학습함으로써 기억에 더 오래 남을 수 있도록 과목 및 출제개념별로 기출문제를 구성했습니다.
- 과목별 기출문제를 풀고, 문항별 개념까지 한 번 더 체크해 보세요.

▶ 중복소거된 5개년 기출 학습! ◀

- 산업안전산업기사 필기시험의 경우, 문제은행 방식으로 출제되어 매 시험마다 이전에 출제되었던 문제들이 일부 중복되어 재출제됩니다.
- 공부시간을 단축할 수 있도록 중복 출제된 기출문제들은 소거하여 수록하였습니다.

▶ 문항별 기출연도 확인! ◀

- 문항별 기출연도를 표기하여 빈출 정도를 한눈에 확인할 수 있게 하였습니다.
- 문항별 기출연도 표기 개수가 많을수록 시험에 자주 출제된 문제이며, 표기가 5개인 문제는 출제 횟수가 5회 이상인 기출문제로 집중 학습이 필요한 문제입니다.

최신 5개년 기출

2025~2021년

※ 본 기출문제는 최신 5개년(2025~2021년) 기출문제들로 구성되어 있습니다.

※ 2022년 3회~2025년 문제는 CBT 기출복원문제로, 수험생들의 복원을 토대로 문제를 구성하였습니다.

※ 기출복원문제는 실제 기출문제와 동일하지 않을 수 있습니다.

※ 법령 개정 이전의 내용을 포함하고 있는 문항은 개정사항을 반영하여 수록하였습니다.

기출문제 활용법 문항별 기출 표기 개수가 많을수록 시험에 자주 출제된 문제! 표기가 5개인 문제는 출제 횟수가 5회 이상인 기출문제로 무조건 암기 필수!

3회독 공부전략 (1회독)은 문제 → 선지 → 답 → 해설 순서로 정독! (2회독)부터는 직접 문제 풀기, (3회독) 때는 ×, △ 표시된 문제만 다시 풀기! 회독할 때마다 문제 옆 회독표에 ○, ×, △로 표시하여 3회독까지 ×로 표시된 문제는 부록에 포함된 "틈틈 오답노트"에 따로 정리해 공부하세요! [○: 정확히 알고 푼 문제 △: 부분적으로 알고 푼 문제 ×: 개념 학습이 필요한 문제]

23년 2회 ✔ 회독 ☐☐☐

01 차량계 건설기계를 사용하여 작업을 하는 경우 작업계획서 내용에 포함되지 않는 것은?

① 사용하는 차량계 건설기계의 종류 및 성능
② 차량계 건설기계의 운행경로
③ 차량계 건설기계에 의한 작업방법
④ 차량계 건설기계의 유지보수방법

> ▼
> 차량계 건설기계를 사용하는 작업의 작업계획서에는 차량계 건설기계의 종류 및 성능, 운행경로, 작업방법이 포함되며, 유지보수방법은 포함되지 않는다.
> **출제개념** 차량계 건설기계 작업계획서

25년 3회 25년 1회 24년 2회 21년 3회 ✔ 회독 ☐☐☐

02 「산업안전보건기준에 관한 규칙」에 따라 중량물을 취급하는 작업을 하는 경우에 작업계획서 내용에 포함되는 사항은?

① 해체의 방법 및 해체 순서도면
② 낙하위험을 예방할 수 있는 안전대책
③ 사용하는 차량계 건설기계의 종류 및 성능
④ 작업지휘자 배치계획

> ▼
> 중량물 취급작업의 작업계획서에는 추락·낙하·전도·협착·붕괴의 위험을 예방할 수 있는 안전대책이 포함되어야 한다.
> **출제개념** 중량물 취급 작업계획서

정답 01 ④ 02 ②

03 「산업안전보건기준에 관한 규칙」에 따라 터널굴착 작업 시 작업계획서 내용에 포함되는 사항은?

① 매설물 등에 대한 이설·보호대책
② 굴착방법 및 순서, 토사 반출방법
③ 터널지보공 및 복공의 시공방법과 용수의 처리방법
④ 작업방법 및 순서

터널굴착 작업의 작업계획서에는 굴착의 방법, 터널지보공 및 복공의 시공방법과 용수의 처리방법, 환기 또는 조명시설 설치방법 등이 포함되어야 한다.

출제개념 터널굴착 작업계획서

04 해체작업계획서의 작성 시 포함되어야 하는 사항이 아닌 것은?

① 해체의 방법 및 해체순서 도면
② 중량물 종류 및 형상
③ 사업장 내의 연락방법
④ 해처물의 처분계획

해체 작업계획서 작성 시 포함되어야 할 사항은 다음과 같다.
• 해체의 방법 및 해체 순서도면
• 가설설비·방호설비·환기설비 및 살수·방화설비 등의 방법
• 사업장 내 연락방법
• 해체물의 처분계획
• 해체작업용 기계·기구 등의 작업계획서
• 해체작업용 화약류 등의 사용계획서
• 그 밖에 안전·보건에 관련된 사항

출제개념 해체작업계획서의 포함사항

기출문제 활용법 문항별 기출 표기 개수가 많을수록 시험에 자주 출제된 문제! 표기가 5개인 문제는 출제 횟수가 5회 이상인 기출문제로 무조건 암기 필수!

3회독 공부전략 1회독은 문제 → 선지 → 답 → 해설 순서로 정독! 2회독부터는 직접 문제 풀기, 3회독 때는 ×, △ 표시된 문제만 다시 풀기! 회독할 때마다 문제 옆 회독표에 ○, ×, △로 표시하여 3회독까지 ×로 표시된 문제는 부록에 포함된 "틈틈 오답노트"에 따로 정리해 공부하세요! [○: 정확히 알고 푼 문제 △: 부분적으로 알고 푼 문제 ×: 개념 학습이 필요한 문제]

24년 3회 23년 3회 22년 3회 22년 2회 21년 2회   ✔ 회독 ☐☐☐

01 유해위험방지계획서 제출대상 공사의 규모 기준으로 옳지 않은 것은?

① 최대 지간길이가 50m 이상인 다리의 건설 등 공사

② 다목적댐, 발전용댐 및 저수용량 2천만 톤 이상의 용수 전용댐 건설 등 공사

③ 깊이 12m 이상인 굴착공사

④ 터널의 건설 등 공사

> 유해위험방지계획서 제출대상이 되는 굴착공사의 깊이 기준은 10m 이상부터 해당한다.
>
> **출제개념** 유해위험방지계획서 제출대상 공사

25년 3회 25년 2회 22년 3회   ✔ 회독 ☐☐☐

02 유해위험방지계획서의 첨부서류에 해당하지 않는 것은?

① 공사용 기계, 설비, 건설물 등의 견적서

② 전체 공정표

③ 안전관리 조직표

④ 산업안전보건관리비 사용계획

> 유해위험방지계획서의 첨부서류에는 전체 공정표, 안전관리 조직표, 산업안전보건관리비 사용계획 등이 포함되나, 공사용 기계, 설비, 건설물 등의 견적서는 포함되지 않는다.
>
> **출제개념** 유해위험방지계획서 첨부서류

23년 1회   ✔ 회독 ☐☐☐

03 유해위험방지계획서를 작성하는 자격 요건에 해당되지 않는 것은?

① 건설안전 분야 산업안전지도사

② 건설안전기술사

③ 건설안전산업기사 이상으로서 실무경력 7년인 자

④ 건설안전기사로서 실무경력 4년인 자

> 건설업 유해위험방지계획서 작성자격은 건설안전기사 이상의 자격을 취득한 후 실무경력이 5년 이상이어야 한다.
>
> **출제개념** 유해위험방지계획서 작성 자격

정답 01 ③ 02 ① 03 ④

건설업 산업안전보건관리비 관리

23년 1회 ✔ 회독 ☐☐☐

01 건설업 산업안전보건관리비 계상 및 사용기준을 적용하는 공사금액 기준으로 옳은 것은?

① 총공사금액 2천만 원 이상인 공사
② 총공사금액 4천만 원 이상인 공사
③ 총공사금액 6천만 원 이상인 공사
④ 총공사금액 1억 원 이상인 공사

▼

건설업 산업안전보건관리비 계상 및 사용기준은 총공사금액 2천만 원 이상인 공사부터 적용된다.

출제개념 산업안전보건관리비 기준

24년 1회 ✔ 회독 ☐☐☐

02 공사종류 및 규모별 안전관리비 계상 기준표에서 공사종류의 명칭에 해당되지 않는 것은?

① 건축공사   ② 경건설공사
③ 중건설공사   ④ 특수건설공사

▼

안전관리비 계상 기준표에 명시된 공사종류는 건축공사, 토목공사, 중건설공사, 특수건설공사이다.

출제개념 안전관리비 계상 기준표

24년 1회 ✔ 회독 ☐☐☐

03 건설업 산업안전보건관리비 계상 및 사용기준에 따른 산업안전보건관리비 중 사용할 수 있는 것은?

① 안전기원제 등에 소요되는 비용
② 교통통제를 위한 신호수
③ 가설울타리 설치 비용
④ 민원대비 비용

▼

안전기원제 등과 같은 안전 관련 행사에는 산업안전보건관리비를 사용할 수 있다.

출제개념 산업안전보건관리비 사용내역

23년 1회 ✔ 회독 ☐☐☐

04 산업안전보건관리비 중 안전시설비의 항목에서 사용할 수 있는 항목에 해당하는 것은?

① 외부인 출입금지를 위한 가설울타리
② 작업발판
③ 토사유실 방지를 위한 설비
④ 방호장치 등의 구입 비용

▼

산업안전보건관리비는 작업자의 안전을 위한 방호장치 구입 등 안전과 직접 관련된 시설에 사용되어야 한다.

출제개념 안전시설비 사용내역

정답 01 ① 02 ② 03 ① 04 ④

05 건설업의 산업안전보건관리비 사용항목에 해당되지 않는 것은?

① 안전시설비
② 근로자 건강장해예방비
③ 운반기계 수리비
④ 안전보건 진단비

> ▼ 운반기계 수리비는 산업안전보건관리비 사용항목에 포함되지 않는다.
> **출제개념** 산업안전보건관리비 사용내역

06 건설업 산업안전보건관리비 항목으로 사용 가능한 내역이 아닌 것은?

① 작업환경 측정에 소요되는 비용
② 휴게시설 관리기준을 준수하기 위해 소요되는 비용
③ 환경관리, 민원 등을 전담하는 안전관리자의 임금
④ 안전기원제 등 산업재해 예방을 기원하는 행사에 소요되는 비용

> ▼ 산업안전보건관리비는 근로자의 안전·보건 유지 및 재해 예방을 위한 직접 비용으로만 사용해야 하므로 환경관리, 민원 또는 수방대비 등 다른 목적이 포함된 경우에는 산업안전보건관리비를 사용할 수 없다.
> **출제개념** 산업안전보건관리비 사용내역

07 산업안전보건관리비 중 추락방지용 안전설비의 항목에서 사용할 수 있는 내역이 아닌 것은?

① 안전난간
② 작업발판
③ 개구부 덮개
④ 안전대 걸이설비

> ▼ 작업발판은 작업을 위한 가설 구조물로 일반 공사비에 포함된다.
> **출제개념** 산업안전보건관리비 사용내역, 추락방지용 안전설비

08 건설업 산업안전보건관리비 사용내역에 해당되지 않는 것은?

① 안전관리자의 임금
② 산업재해 예방 안전시설비
③ 보호구의 구입, 수리, 관리 등에 소요되는 비용
④ 안전담당자 업무수당 외의 인건비

> ▼ 안전담당자의 안전업무 수당만 산업안전보건관리비로 지급할 수 있으며, 그 외의 인건비는 산업안전보건관리비로 지급할 수 없다.
> **출제개념** 산업안전보건관리비 사용내역

정답 05 ③ 06 ③ 07 ② 08 ④

09 산업안전보건관리비 계상기준에 따르면 5억 원 미만의 특수건설공사의 비율은 몇 %인가?

① 3.11%

② 3.15%

③ 3.64%

④ 2.07%

特수건설공사 대상액이 5억 원 미만일 때의 산업안전보건관리비 비율은 2.07%로 규정되어 있다.

출제개념 산업안전보건관리비 계상기준

10 다음은 공사진척에 따른 안전관리비의 사용기준이다. (　)에 들어갈 내용으로 옳은 것은?

공정률	50% 이상 70% 미만	70% 이상 90% 미만	90% 이상
사용기준	(　)	70% 이상	90% 이상

① 30% 이상

② 40% 이상

③ 50% 이상

④ 60% 이상

공정률이 50% 이상 70% 미만인 건설현장의 경우 안전관리비 사용기준은 50% 이상이 되어야 한다.

출제개념 공정률에 따른 안전관리비 사용기준

정답　09 ④　10 ③

건설현장 안전시설 관리

23년 3회 23년 2회 21년 1회   ✔ 회독 ☐☐☐

01 작업발판 및 통로의 끝이나 개구부로서 근로자가 추락할 위험이 있는 장소에 대한 방호조치와 거리가 먼 것은?

① 안전난간 설치
② 울타리 설치
③ 투하설비 설치
④ 수직형 추락방망 설치

> 투하설비는 높은 곳에서 물건을 내릴 때 사용하는 설비로 물체의 낙하사고와 관련이 있다.
>
> **출제개념** 추락 방호조치

23년 2회   ✔ 회독 ☐☐☐

02 추락방지망의 달기로프를 지지점에 부착할 때 지지점의 간격이 1.5m인 경우 지지점의 강도는 최소 얼마 이상이어야 하는가? (단, 연속적인 구조물이 방망 지지점인 경우)

① 200kg
② 300kg
③ 400kg
④ 500kg

> 지지점의 강도=200×지지점 간격=200×1.5=300kg
>
> **출제개념** 추락방지망 지지점의 강도

23년 2회   ✔ 회독 ☐☐☐

03 구조물 작업에서의 위험요인과 재해형태가 가장 관련이 적은 것은?

① 자재적재 및 통로 미확보 – 넘어짐
② 개구부 안전난간 미설치 – 떨어짐
③ 벽돌 등 중량물 취급작업 – 협착
④ 항만하역 작업 – 질식

> 질식은 밀폐공간 작업에서 발생하기 쉬우며, 항만하역 작업과 직접적인 관련성은 적다.
>
> **출제개념** 재해형태와 위험요인

22년 3회   ✔ 회독 ☐☐☐

04 추락방지용 방망의 그물코 크기가 10cm인 신품 매듭방망의 인장강도는 얼마 이상이어야 하는가?

① 200kg
② 180kg
③ 120kg
④ 60kg

> 그물코가 10cm인 신품 매듭방망의 최소 인장강도는 200kg 이상이어야 한다.
>
> **출제개념** 방망의 인장강도 기준

정답 **01** ③ **02** ② **03** ④ **04** ①

05 다음과 같은 조건에서 방망사의 신품에 대한 최소 인장강도로 옳은 것은? (단, 그물코의 크기는 10cm이고, 매듭방망이다.)

① 120kg ② 150kg
③ 200kg ④ 240kg

▼

그물코의 크기가 10cm이고, 매듭방망일 경우 방망사의 최소 인장강도는 200kg 이상이어야 한다.

출제개념 방망사 인장강도 기준

06 근로자의 추락 등의 위험을 방지하기 위한 안전난간의 구조 및 설치요건에 관한 기준으로 옳지 않은 것은?

① 상부난간대는 바닥면·발판 또는 경사로의 표면으로부터 90cm 이상 지점에 설치할 것
② 발끝막이판은 바닥면 등으로부터 10cm 이상의 높이를 유지할 것
③ 난간대는 지름 1.5cm 이상의 금속제 파이프나 그 이상의 강도를 가진 재료일 것
④ 안전난간은 구조적으로 가장 취약한 지점에서 가장 취약한 방향으로 작용하는 100kg 이상의 하중에 견딜 수 있는 튼튼한 구조일 것

▼

난간대는 지름 2.7cm 이상의 금속제 파이프나 그 이상의 강도를 가진 재료를 사용해야 한다.

출제개념 안전난간 구조 및 설치기준

07 높이가 2m 이상인 작업발판의 끝이나 개구부 등에서 추락을 방지하기 위한 설비로 가장 거리가 먼 것은?

① 안전난간 ② 덮개
③ 방호선반 ④ 울타리

▼

방호선반은 낙하물 방지망과 같이 낙하물 대책 설비에 해당하며, 추락방지 설비와는 거리가 멀다.

출제개념 추락방지 설비

08 다음은 지붕 위에서의 위험방지를 위한 내용이다. 빈칸에 알맞은 수치로 옳은 것은?

슬레이트 등 강도가 약한 재료로 덮은 지붕에는 폭 ( ) 이상의 발판을 설치할 것

① 40cm ② 30cm
③ 25cm ④ 20cm

▼

슬레이트 등 약한 재료로 만들어진 지붕 위에서 작업 시 폭 30cm 이상의 발판을 설치하여 위험을 방지해야 한다.

출제개념 슬레이트 지붕작업 시 작업발판 설치기준

정답 05 ③ 06 ③ 07 ③ 08 ②

09 추락방호망을 건축물의 바깥쪽으로 설치하는 경우 벽면으로부터 망의 내민 길이는 최소 얼마 이상이어야 하는가?

① 10m ② 5m

③ 3m ④ 2m

▼

벽면으로부터 최소 3m 이상 내밀어야 효과적으로 낙하물을 방지할 수 있다.

출제개념 추락방호망의 설치기준

10 추락방지용 방망에 표시해야 할 사항이 아닌 것은?

① 신품인 때의 방망의 강도

② 망상의 직경

③ 제조자명

④ 그물코

▼

추락방지용 방망의 표시사항은 신품인 때의 방망의 강도, 제조자명, 그물코, 제조년월, 재봉치수이며, 망상의 직경은 해당되지 않는다.

출제개념 추락방지용 방망의 표시항목

11 다음 중 방망에 표시해야 할 사항이 아닌 것은?

① 제조자명

② 제조년월

③ 재봉치수

④ 방망의 신축성

▼

추락방지용 방망의 표시사항은 신품인 때의 방망의 강도, 제조자명, 그물코, 제조년월, 재봉치수이며, 방망의 신축성은 해당되지 않는다.

출제개념 방망 표시항목

12 안전난간의 구조 및 설치요건에 대한 기준으로 틀린 것은?

① 상부난간대는 경사로의 표면으로부터 90cm 이상에 설치한다.

② 발끝막이판은 바닥면으로부터 10cm 이상의 높이를 유지한다.

③ 난간대는 지름 2cm 이상의 금속제 파이프나 그 이상의 강도를 가진 재료로 한다.

④ 안전난간은 가장 취약한 지점에서 가장 취약한 방향으로 작용하는 100kg 이상의 하중을 견딜 수 있는 구조로 한다.

▼

난간대는 지름 2.7cm 이상의 금속제 파이프나 그 이상의 강도를 가진 재료를 사용해야 한다.

출제개념 안전난간의 구조 및 설치기준

정답 09 ③ 10 ② 11 ④ 12 ③

13 근로자의 추락 등의 위험을 방지하기 위하여 안전난간을 설치하는 경우 안전난간은 구조적으로 가장 취약한 지점에서 가장 취약한 방향으로 작용하는 얼마 이상의 하중에 견딜 수 있는 튼튼한 구조이어야 하는가?

① 200kg ② 150kg
③ 100kg ④ 50kg

안전난간은 가장 취약한 지점에서 가장 취약한 방향으로 작용하는 최소 100kg의 하중에 견딜 수 있는 구조로 설치해야 한다.

출제개념 안전난간의 하중기준

14 안전난간대에 발끝막이판을 대는 이유는?

① 작업자의 손을 보호하기 위하여
② 작업자의 작업능률을 높이기 위하여
③ 안전난간대의 강도를 높이기 위하여
④ 공구 등 물체가 작업발판에서 지상으로 낙하하지 않도록 하기 위하여

발끝막이판은 이탈된 부품이나 작업 중인 공구 등이 발끝에 치여 아래로 떨어지는 것을 막기 위하여 바닥면 주변을 따라 수직으로 둘러쳐진 판을 말한다.

출제개념 발끝막이판의 설치 목적

15 공사현장에서 낙하물 방지망 또는 방호선반을 설치할 때 설치 높이 및 벽면으로부터 내민 길이 기준으로 옳은 것은?

① 설치 높이: 10m 이내마다, 내민 길이 2m 이상
② 설치 높이: 15m 이내마다, 내민 길이 2m 이상
③ 설치 높이: 10m 이내마다, 내민 길이 3m 이상
④ 설치 높이: 15m 이내마다, 내민 길이 3m 이상

방호선반 및 낙하물 방지망은 설치 높이 10m 이내마다, 내민 길이 2m 이상으로 설치해야 한다.

출제개념 낙하물 방지망의 설치기준

16 낙하물 방지망 또는 방호선반을 설치하는 경우에 수평면과의 각도기준으로 옳은 것은?

① 10° 이상 20° 이하
② 20° 이상 30° 이하
③ 25° 이상 35° 이하
④ 35° 이상 45° 이하

낙하물 방지망 또는 방호선반을 설치할 때, 수평면과의 각도는 20° 이상 30° 이하를 유지해야 한다.

출제개념 낙하물 방지망 또는 방호선반의 설치기준

정답 13 ③ 14 ④ 15 ① 16 ②

건설공사 안전관리 5과목 ☐ 이론 Ⅰ 기출

17 낙하물 방지망 설치기준으로 옳지 않은 것은?

① 높이 10m 이내마다 설치한다.
② 내민 길이는 벽면으로부터 3m 이상으로 한다.
③ 수평면과의 각도는 20° 이상 30° 이하를 유지한다.
④ 방호선반의 설치기준과 동일하다.

> 낙하물 방지망의 내민 길이는 2m 이상으로 설치해야 한다.
>
> `출제개념` 낙하물 방지망의 설치기준

---

18 낙하물 방지를 위하여 비계의 외부에 설치하는 방호선반의 내민 길이와 수평면에 대한 각도는 각각 얼마인가?

① 2m 이상 돌출, 20° 이상
② 2m 이상 돌출, 40° 이상
③ 3m 이상 돌출, 30° 이상
④ 3m 이상 돌출, 40° 이상

> 방호선반은 벽면으로부터 2m 이상 돌출되게 설치하고, 수평면과 20° 이상 각도를 유지해야 한다.
>
> `출제개념` 방호선반의 설치기준

---

19 다음 중 굴착기의 전부장치의 구성 종류가 아닌 것은?

① 붐(Boom)　　　　② 암(Arm)
③ 버킷(Bucket)　　④ 블레이드(Blade)

> 블레이드는 불도저 등에 장착된 평면형 흙밀기 장치이다. 굴착기의 전부장치의 주요 구성요소에 관한 설명은 다음과 같다.
> • 붐(Boom): 굴착기의 팔에 해당하는 역할을 하며, 상하 운동을 담당한다.
> • 암(Arm): 붐과 버킷 사이를 연결하며, 붐의 움직임을 보조하고 버킷의 위치를 조절한다.
> • 버킷(Bucket): 땅을 파거나 긁어모으는 역할을 하는 작업 도구이다.
>
> `출제개념` 굴착기의 전부장치

---

20 굴착기계의 운행 시 안전대책으로 옳지 않은 것은?

① 버킷에 사람의 탑승을 허용해서는 안 된다.
② 운전반경 내에 사람이 있을 때 회전은 10rpm 정도의 느린 속도로 하여야 한다.
③ 장비의 주차 시 경사지나 굴착작업장으로부터 충분히 이격시켜 주차한다.
④ 전선이나 구조물 등에 인접하여 붐을 선회해야 할 작업에는 사전에 회전반경, 높이제한 등 방호조치를 강구한다.

> 운전반경 내에 사람이 있을 때에는 속도와 관계없이 작업을 중지해야 한다.
>
> `출제개념` 굴착기계의 안전대책

`정답` 17 ② 18 ① 19 ④ 20 ②

21 블레이드를 레버로 조정할 수 있으며, 좌우를 상하 25~30°까지 기울일 수 있는 불도저는?

① 틸트도저
② 스트레이트도저
③ 앵글도저
④ 터나도저

▼

틸트도저는 블레이드를 레버로 조정하여 좌우를 상하 25~30°까지 기울일 수 있는 불도저이다.

출제개념 불도저의 종류와 특징, 틸트도저

22 불도저(Bulldozer)의 종류로 블레이드면이 진행방향의 중심선에 대하여 20~30° 경사져서 흙을 측면으로 보낼 수 있는 것은?

① 크롤러도저
② 앵글도저
③ 레이크도저
④ 스트레이트도저

▼

앵글도저는 블레이드면이 진행방향의 중심선에 대해 약 20~30° 경사지게 조정하여 흙을 측면으로 보낼 수 있다.

출제개념 불도저의 종류와 특징, 앵글도저

23 핸드브레이커 취급 시 안전에 관한 유의사항으로 옳지 않은 것은?

① 기본적으로 현장 정리가 잘 되어있어야 한다.
② 작업 자세는 항상 하향 45° 방향으로 유지하여야 한다.
③ 작업 전 기계에 대한 점검을 철저히 한다.
④ 호스의 교차 및 꼬임 여부를 점검하여야 한다.

▼

작업 자세는 항상 하향 수직(90°) 방향으로 유지해야 한다.

출제개념 핸드브레이커 취급 시 안전수칙

24 아스팔트 포장도로 노반의 파쇄 또는 토사 중에 있는 암석 제거에 가장 적당한 장비는?

① 스크레이퍼(Scraper)
② 롤러(Roller)
③ 리퍼(Ripper)
④ 드래그라인(Drag Line)

▼

리퍼는 불도저 등에 부착하여 땅을 갈아 엎거나 굳은 토양·아스팔트를 절개·파쇄하는 장비로, 아스팔트 포장도로 노반의 파쇄 또는 토사 중에 있는 암석 제거에 적합하다.

출제개념 리퍼

정답 21 ① 22 ② 23 ② 24 ③

25 동력을 사용하는 항타기 또는 항발기의 무너짐을 방지하기 위한 준수사항으로 옳지 않은 것은?

① 연약한 지반에 설치하는 경우에는 아웃트리거·받침 등 지지구조물의 침하를 방지하기 위하여 깔판, 받침목 등을 사용할 것

② 권상용 와이어로프에서 추·해머 등과의 연결은 클램프·클립 등을 사용하여 견고하게 할 것

③ 상단 부분은 버팀대·버팀줄로 고정하여 안정시키고, 그 하단 부분은 견고한 버팀·말뚝 또는 철골 등으로 고정시킬 것

④ 시설 또는 가설물 등에 설치하는 경우에는 내력을 확인하고 내력이 부족하면 내력을 보강할 것

▼

권상용 와이어로프에서 추·해머 등과의 연결을 클램프·클립 등을 사용하여 견고하게 하는 것은 사업주의 점검사항에 해당한다.

출제개념 항타기 또는 항발기의 안전조치

CHAPTER 05 · 비계 · 거푸집 가시설 위험방지

25년 3회　25년 2회　24년 3회　　　　✔ 회독 ☐☐☐

01 다음 중 달비계 또는 높이 5m 이상의 비계를 조립·해체하거나 변경하는 작업을 하는 경우의 준수사항이다. 빈칸에 알맞은 숫자는?

> 비계재료의 연결·해체작업을 하는 경우에는 폭 (　　)cm 이상의 발판을 설치하고 근로자로 하여금 안전대를 사용하도록 하는 등 추락을 방지하기 위한 조치를 할 것

① 30　　　　　　② 25
③ 20　　　　　　④ 15

▼

달비계 또는 높이가 5m 이상인 비계를 조립·해체·변경하는 경우 비계 재료의 연결·해체작업 시 폭 20cm 이상의 발판을 설치하고 근로자로 하여금 안전대를 사용하도록 하는 등 추락을 방지하기 위한 조치를 해야 한다.

출제개념 비계 등의 조립·해체·변경 시 준수사항

25년 1회　24년 3회　　　　✔ 회독 ☐☐☐

02 강관비계를 설치하는 경우 띠장의 간격은?

① 지상으로부터 1m 이하
② 지상으로부터 2m 이하
③ 지상으로부터 3m 이하
④ 지상으로부터 4m 이하

▼

강관비계의 띠장 간격은 지상으로부터 2m 이내로 설치해야 한다.

출제개념 강관비계 띠장의 간격

건설공사 안전관리

5과목 ☐이론 ▮ ■기출

정답 **01** ③　**02** ②

03 선박 및 보트 건조작업에서 걸침비계를 설치하는 경우 준수사항으로 옳지 않은 것은?

① 비계재료 간에는 서로 움직임, 뒤집힘 등이 없을 것

② 작업발판에는 구조검토에 따라 설계한 최대적재하중을 초과하여 적재하여서는 아니 되며, 그 작업에 종사하는 근로자에게 최대적재하중을 충분히 알릴 것

③ 매달림부재의 안전율은 2 이상일 것

④ 지지점이 되는 매달림부재의 고정부는 구조물로부터 이탈되지 않도록 견고히 고정할 것

▼
매달림부재의 안전율은 4 이상이어야 한다.

출제개념 걸침비계 설치 시 준수사항

---

04 기상상태의 악화로 비계에서의 작업을 중지시킨 후 그 비계에서 작업을 다시 시작하기 전에 점검해야 할 사항에 해당하지 않는 것은?

① 로프의 부착상태 및 매단 장치의 흔들림상태

② 손잡이의 탈락 여부

③ 발판 재료의 손상 여부 및 부착 또는 걸림상태

④ 격벽의 설치 여부

▼
기상상태 악화로 작업 중지 후 비계 작업을 재개할 경우에 작업시작 전에 다음 항목을 점검해야 한다.
• 발판 재료의 손상 여부 및 부착 또는 걸림상태
• 해당 비계의 연결부 또는 접속부의 풀림상태
• 연결 재료 및 연결 철물의 손상 또는 부식상태
• 손잡이의 탈락 여부
• 기둥의 침하, 변형, 변위 또는 흔들림상태
• 로프의 부착상태 및 매단 장치의 흔들림상태

출제개념 비계작업 재개 전 점검사항

---

05 강관틀비계를 조립하여 사용하는 경우 벽이음의 수직방향 조립간격은?

① 8m 이내마다

② 6m 이내마다

③ 5m 이내마다

④ 2m 이내마다

▼
강관비계의 조립간격은 다음과 같다.

강관비계의 종류	조립간격(단위: m)	
	수직방향	수평방향
단관비계	5	5
틀비계 (높이 5m 미만인 것 제외)	6	8

강관틀비계는 수직방향으로 6m 이내마다 벽이음을 설치해야 한다.

출제개념 강관틀비계의 벽이음 기준

---

06 강관단관비계를 조립하여 사용하는 경우 벽이음의 수평방향 조립간격은?

① 8m   ② 6m

③ 5m   ④ 4m

▼
강관단관비계를 조립할 때, 벽이음의 수평방향 간격은 5m 이내로 설치해야 한다.

출제개념 강관단관비계의 벽이음 설치기준

정답 **03** ③ **04** ④ **05** ② **06** ③

07 비계의 높이가 2m 이상인 작업장소에 설치하는 작업발판의 설치기준으로 옳지 않은 것은?

① 발판 재료 간의 틈은 3cm 이하로 하여야 한다.

② 작업발판의 폭은 30cm 이상이어야 한다.

③ 추락의 위험성이 있는 장소에는 안전난간을 설치하여야 한다.

④ 작업발판 재료는 둘 이상의 지지물에 연결하거나 고정하여야 한다.

▼

작업발판의 폭은 40cm 이상이어야 한다.

출제개념 작업발판의 설치기준

09 비계로부터의 추락 원인과 관계가 먼 것은?

① 작업발판의 폭이 좁다.

② 덮개가 없다.

③ 비계 위로 올라갔다.

④ 난간이 없다.

▼

덮개는 개구부나 바닥 구멍에서 근로자의 추락 및 자재 낙하를 방지하기 위한 설비로 비계에서의 추락 원인과는 관계가 멀다.

출제개념 비계 추락의 원인

08 비계의 높이가 2m 이상인 작업장소에 설치하는 작업발판의 최소 폭 기준은? (단, 달비계, 달대비계 및 말비계는 제외)

① 30cm 이상　　② 40cm 이상

③ 50cm 이상　　④ 60cm 이상

▼

비계의 높이가 2m 이상인 작업장소에 작업발판의 최소 폭은 40cm 이상이어야 한다.

출제개념 비계의 작업발판 설치기준

10 강관비계의 기둥 간의 적재하중을 제한하는 기준은 최대 얼마 이하인가?

① 200kg　　② 400kg

③ 600kg　　④ 800kg

▼

강관비계의 기둥 간의 적재하중은 최대 400kg 이하로 제한해야 한다.

출제개념 강관비계의 적재하중 기준

정답 **07** ② **08** ② **09** ② **10** ②

11 다음 나열된 내용은 강관비계의 조립 시 안전 지침이다. 이 중 잘못된 것은?

① 비계기둥의 간격은 띠장방향에서는 1.5m 이하로 할 것

② 띠장 간격은 2.0m 이하로 할 것

③ 비계기둥 간의 적재하중은 400kg을 초과하지 않도록 해야 할 것

④ 벽면과의 연결은 수직 5m, 수평 5m 이내마다 견고하게 설치해야 할 것

▼

비계기둥의 간격은 띠장방향에서 1.85m 이하, 장선방향에서 1.5m 이하로 해야 한다.

출제개념 강관비계 조립 시 설치기준

---

12 비계기둥의 최고 높이가 45m라면 비계기둥을 2개의 강관으로 보강하여야 하는 높이는 지상으로부터 얼마까지인가?

① 14m   ② 24m

③ 34m   ④ 44m

▼

비계기둥의 제일 윗부분으로부터 31m 되는 지점 밑부분의 비계기둥은 2개의 강관으로 묶어 세워야 하므로
45m − 31m = 14m
지상으로부터 14m까지 보강해야 한다.

출제개념 강관비계의 구조

---

13 다음은 강관을 사용하여 비계를 구성할 때 준수사항이다. 틀린 것은?

① 비계기둥의 간격은 띠장방향에서 1.85m 이하 장선방향에서는 1.5m 이하로 할 것

② 비계기둥 간의 적재하중은 100kg을 초과하지 아니하도록 할 것

③ 띠장의 간격은 2.0m 이하로 설치할 것

④ 비계기둥의 제일 윗부분으로부터 31m 되는 지점 밑부분의 비계기둥은 2개의 강관으로 묶어 세울 것

▼

비계기둥 간의 적재하중은 400kg을 초과하지 않아야 한다.

출제개념 강관비계의 구조

---

14 '이동식 비계의 바퀴에는 뜻밖의 갑작스러운 이동을 방지하기 위하여 (ⓐ), (ⓑ) 등으로 바퀴를 고정시키고 비계의 일부를 견고한 시설물에 잡아매는 등의 조치를 할 것'과 같이 이동식 비계 조립 시 준수하여야 할 사항으로 (ⓐ), (ⓑ)에 알맞은 것으로 짝지어진 것은?

① ⓐ 브레이크,   ⓑ 쐐기

② ⓐ 콘크리트 타설,   ⓑ 교차가새

③ ⓐ 교차가새,   ⓑ 안전난간

④ ⓐ 안전난간,   ⓑ 쐐기

▼

이동식 비계 조립 시 이동식 비계의 바퀴는 갑작스러운 이동 또는 전도를 방지하기 위해 브레이크 또는 쐐기 등으로 고정해야 한다.

출제개념 이동식 비계 조립 시 준수사항

정답 **11** ① **12** ① **13** ② **14** ①

✔ 회독 ☐☐☐

15 이동식 비계를 조립하여 작업하는 경우에 대한 준수사항으로 옳지 않은 것은?

① 승강용사다리는 견고하게 설치할 것

② 비계의 최상부에서 작업을 하는 경우에는 안전난간을 설치할 것

③ 작업발판의 최대 적재하중은 400kg을 초과하지 않도록 할 것

④ 작업발판은 항상 수평을 유지하고 작업발판 위에서 안전난간을 딛고 작업을 하거나 받침대 또는 사다리를 사용하여 작업하지 않도록 할 것

이동식 비계를 조립하는 경우에 작업발판의 최대 적재하중은 250kg을 초과하지 않도록 해야 한다.

출제개념 이동식 비계 조립 시 준수사항

✔ 회독 ☐☐☐

16 비계 작업발판의 최대적재하중에 관한 규정 중 달기체인 및 달기훅의 안전계수는?

① 10 이상   ② 7 이상

③ 5 이상   ④ 3 이상

달기체인 및 달기훅의 안전계수는 5 이상이어야 한다.

출제개념 달기 장치의 안전계수

✔ 회독 ☐☐☐

17 달비계 설치 시 사용되는 달기체인 사용금지 기준이 아닌 것은?

① 체인의 길이가 제조 당시보다 5% 초과한 것

② 균열이 있거나 심하게 변형된 것

③ 공칭지름이 7% 이상 감소한 것

④ 링의 단면지름의 감소가 제조 당시의 지름보다 10%를 초과한 것

공칭지름이 7% 초과하여 감소한 경우 사용을 금지하는 기준은 와이어로프에 해당한다. 달기체인의 사용금지 기준은 다음과 같다.

• 달기체인의 길이가 달기체인이 제조된 때의 길이의 5%를 초과한 것
• 링의 단면지름이 달기체인이 제조된 때의 해당 링의 지름의 10%를 초과하여 감소한 것
• 균열이 있거나 심하게 변형된 것

출제개념 달기체인의 사용금지 기준

✔ 회독 ☐☐☐

18 산업안전보건법령에 따른 작업발판 일체형 거푸집에 해당되지 않는 것은?

① 갱 폼(Gang Form)

② 슬립 폼(Slip Form)

③ 유로 폼(Euro Form)

④ 클라이밍 폼(Climbing Form)

유로 폼은 작업발판 분리형 거푸집에 해당한다. 한편, 작업발판 일체형 거푸집으로는 갱 폼, 슬립 폼, 클라이밍 폼, 터널 라이닝 폼이 있다.

출제개념 작업발판 일체형 거푸집

정답 **15** ③ **16** ③ **17** ③ **18** ③

19 콘크리트용 거푸집의 재료에 해당되지 않는 것은?

① 철재

② 목재

③ 석면

④ 경금속

▼

석면은 유해성이 크기 때문에 거푸집의 재료로 사용하지 않는다.

출제개념 거푸집의 재료

20 다음 「산업안전기준에 관한 규칙」에서 (　　) 안에 알맞은 것은?

거푸집 및 동바리를 조립하는 경우에는 그 구조를 검토한 후 조립도를 작성하고, 그 조립도에 따라 조립하도록 해야 한다. 조립도에는 거푸집 및 동바리를 구성하는 부재의 재질·단면규격·(　　) 및 이음방법 등을 명시해야 한다.

① 부재 강도

② 기울기

③ 안전대책

④ 설치간격

▼

조립도에는 부재의 재질, 단면규격, 설치간격 및 이음방법을 반드시 포함해야 한다.

출제개념 조립도 작성 시 필수항목

21 거푸집 및 동바리 구조 검토 시 고려해야 할 연직하중에 해당하지 않는 것은?

① 콘크리트 중량

② 작업자 중량

③ 적재되는 시공기계 등의 중량

④ 풍압

▼

거푸집 및 동바리 구조 검토 시 연직하중은 구조물에 수직으로 작용하는 하중을 의미한다. 콘크리트 중량, 작업자 중량, 적재되는 시공기계 등의 중량은 연직하중에 속하고, 풍압은 수평으로 작용하므로 횡하중에 해당한다.

출제개념 거푸집 및 동바리 구조 검토 시 고려사항, 연직하중

22 거푸집 및 동바리를 조립할 때의 안전조치로 옳지 않은 것은?

① 받침목이나 깔판의 사용, 콘크리트의 타설, 말뚝박기 등 동바리의 침하를 방지하기 위한 조치를 한다.

② 동바리의 상하 고정 및 미끄러짐 방지조치를 한다.

③ 강재와 강재의 접속부 및 교차부는 클램프 등의 전용철물을 사용하여 단단하게 연결한다.

④ 동바리의 이음은 비슷한 품질의 재료를 사용한다.

▼

동바리의 이음은 반드시 동일한 품질의 재료를 사용해야 한다.

출제개념 거푸집 및 동바리 조립 시 안전조치

정답　19 ③　20 ④　21 ④　22 ④

23 거푸집 및 동바리를 조립하는 때 동바리로 사용하는 파이프 서포트에 대하여는 다음 항목에서 정하는 바에 의해 설치하여야 한다. 빈칸에 들어갈 내용으로 옳은 것은?

> • 파이프 서포트를 ( )개 이상 이어서 사용하지 않도록 할 것
> • 파이프 서포트를 이어서 사용하는 경우에는 ( )개 이상의 볼트 또는 전용철물을 사용하여 이을 것

① 1, 2   ② 2, 3
③ 3, 4   ④ 4, 5

▼

동바리로 사용하는 파이프 서포트의 경우 다음 안전조치를 준수해야 한다.
• 파이프 서포트를 3개 이상 이어서 사용하지 않도록 할 것
• 파이프 서포트를 이어서 사용하는 경우에는 4개 이상의 볼트 또는 전용철물을 사용하여 이을 것
• 높이가 3.5m를 초과하는 경우에는 높이 2m 이내마다 수평연결재를 2개 방향으로 만들고 수평연결재의 변위를 방지할 것

출제개념 파이프 서포트의 설치기준

---

24 동바리로 사용하는 파이프 서포트에 관한 설치기준으로 옳지 않은 것은?

① 파이프 서포트를 3개 이상 이어서 사용하지 않도록 할 것
② 파이프 서포트를 이어서 사용하는 경우에는 4개 이상의 볼트 또는 전용철물을 사용하여 이을 것
③ 높이가 3.5m를 초과하는 경우에는 높이 2m 이내마다 수평연결재를 2개 방향으로 만들고 수평연결재의 변위를 방지할 것
④ 파이프 서포트 사이에 교차가새를 설치하여 수평력에 대하여 보강 조치할 것

▼

교차가새는 강관틀비계에서 수평력을 보강하기 위해 설치하는 장치로, 파이프 서포트 설치기준에서는 수평력이 아닌 수평하중에 대한 보강 조치가 필요하다.

출제개념 동바리로 사용하는 파이프 서포트의 설치기준

---

25 다음 보기의 ( ) 안에 알맞은 내용은?

> 동바리로 사용하는 파이프 서포트의 높이가 ( )m를 초과하는 경우에는 높이 2m 이내마다 수평연결재를 2개 방향으로 만들고 수평연결재의 변위를 방지할 것

① 3   ② 3.5
③ 4   ④ 4.5

▼

동바리로 사용하는 파이프 서포트의 높이가 3.5m를 초과하는 경우에는 높이 2m 이내마다 수평연결재를 2개 방향으로 만들고 수평연결재의 변위를 방지해야 한다.

출제개념 동바리로 사용하는 파이프 서포트의 설치기준

정답   23 ③   24 ④   25 ②

26 다음 중 거푸집 조립순서를 옳게 나열한 것은?

① 기둥 → 보받이 내력벽 → 큰보 → 작은보 → 바닥판 → 내벽 → 외벽

② 외벽 → 보받이 내력벽 → 큰보 → 작은보 → 바닥판 → 내벽 → 기둥

③ 기둥 → 보받이 내력벽 → 작은보 → 큰보 → 바닥판 → 내벽 → 외벽

④ 기둥 → 보받이 내력벽 → 바닥판 → 큰보 → 작은보 → 내벽 → 외벽

▼
거푸집은 기둥에서 외곽방향으로 설치해야 하므로 '기둥 → 보받이 내력벽 → 큰보 → 작은보 → 바닥판 → 내벽 → 외벽' 순으로 조립해야 한다.

출제개념 거푸집의 조립순서

27 거푸집 해체작업 시의 안전수칙과 거리가 먼 것은?

① 거푸집·지보공을 해체할 때는 작업책임자를 선임한다.

② 해체된 거푸집 재료를 올리거나 내릴 때는 달줄이나 달포대를 사용한다.

③ 보 밑 또는 슬래브 거푸집을 해체할 때는 동시에 해체하여야 한다.

④ 거푸집의 해체가 곤란한 경우에는 구조체에 무리한 충격이나 지렛대 사용을 금하여야 한다.

▼
보 밑 또는 슬래브 거푸집은 동시에 해체하면 지지력이 사라져 붕괴 위험이 크므로 반드시 순차적으로 해체해야 한다.

출제개념 거푸집 해체작업 시의 안전수칙

28 갱 폼의 조립·이동·양중·해체작업을 하는 경우의 준수사항으로 옳지 않은 것은?

① 조립 등의 범위 및 작업절차를 미리 그 작업에 종사하는 근로자에게 주지시킬 것

② 근로자가 안전하게 구조물 내부에서 갱 폼의 작업발판으로 출입할 수 있는 이동통로를 설치할 것

③ 갱 폼의 지지 또는 고정철물의 이상 유무를 수시로 점검하고 이상이 발견된 경우에는 교체하도록 할 것

④ 갱 폼 인양 시 작업발판용 케이지에 근로자가 탑승한 상태에서 갱 폼의 인양작업을 할 것

▼
갱 폼 인양 시에는 작업발판용 케이지에 근로자가 탑승한 상태로 인양해서는 안 된다.

출제개념 갱 폼 작업 시의 준수사항

29 가설구조물의 특징으로 옳지 않은 것은?

① 연결재가 적은 구조로 되기 쉽다.

② 부재 결합이 간략하여 불안전 결합이다.

③ 구조물이라는 개념이 확고하여 조립의 정밀도가 높다.

④ 사용부재는 과소단면이거나 결함재가 되기 쉽다.

▼
가설구조물은 구조물이라는 개념이 확고하지 않으며 조립의 정밀도가 낮다.

출제개념 가설구조물의 특징

정답 **26** ① **27** ③ **28** ④ **29** ③

30 가설구조물이 갖추어야 할 구비요건과 가장 거리가 먼 것은?

① 영구성   ② 경제성
③ 작업성   ④ 안전성

▼

가설구조물은 일시적으로 사용하는 구조물로 안전성, 작업성, 경제성이 요구되며, 영구성은 구비요건에 해당되지 않는다.

출제개념 가설구조물의 구비요건

31 가설구조물 부재의 강성이 부족하여 가늘고 긴 부재가 압축력에 의하여 파괴되는 현상은?

① 좌굴
② 탄성변형
③ 한계변형
④ 휨변형

▼

좌굴은 가늘고 긴 부재가 압축력을 받을 때 강성이 부족하여 옆으로 휘어지는 파괴 현상으로, 가설구조물의 기둥자나 동바리에서 흔히 나타난다.

출제개념 가설구조물 부재, 좌굴

32 가설통로를 설치하는 경우 준수하여야 할 기준으로 옳지 않은 것은?

① 견고한 구조로 할 것
② 경사는 30° 이하로 할 것
③ 경사가 30°를 초과하는 경우에는 미끄러지지 아니하는 구조로 할 것
④ 수직갱에 가설된 통로의 길이가 15m 이상인 경우에는 10m 이내마다 계단참을 설치할 것

▼

경사가 15°를 초과하는 경우에 미끄럼 방지 구조를 갖추어야 한다. 이외에 가설통로를 설치할 때 준수해야 할 기준은 다음과 같다.
• 견고한 구조로 할 것
• 경사는 30° 이하로 할 것
• 추락할 위험이 있는 장소에는 안전난간을 설치할 것
• 수직갱에 가설된 통로의 길이가 15m 이상인 경우에는 10m 이내마다 계단참을 설치할 것
• 건설공사에 사용하는 높이 8m 이상인 비계다리에는 7m 이내마다 계단참을 설치할 것

출제개념 가설통로의 설치기준

33 다음은 가설통로를 설치하는 경우의 준수사항이다. 빈칸에 들어갈 수치를 순서대로 옳게 나타낸 것은?

수직갱에 가설된 통로의 길이가 (　　)m 이상인 경우에는 (　　)m 이내마다 계단참을 설치해야 한다.

① 15, 10   ② 10, 15
③ 7, 8   ④ 8, 7

▼

수직갱에 가설된 통로의 길이가 15m 이상인 경우에는 10m 이내마다 계단참을 설치해야 한다.

출제개념 가설통로의 설치기준

정답 **30** ①   **31** ①   **32** ③   **33** ①

34 건설공사현장에 가설통로를 설치하는 경우 경사는 몇 도 이내를 원칙으로 하는가?

① 15°　　　　　② 20°

③ 25°　　　　　④ 30°

> 가설통로는 원칙적으로 경사 30° 이하로 설치해야 한다.
>
> 출제개념 가설통로의 설치기준

35 현장에서 가설통로의 설치 시 준수사항으로 옳지 않은 것은?

① 건설공사에 사용하는 높이 8m 이상인 비계다리에는 10m 이내마다 계단참을 설치할 것

② 수직갱에 가설된 통로의 길이가 15m 이상인 때에는 10m 이내마다 계단참을 설치할 것

③ 경사가 15°를 초과하는 때에는 미끄러지지 아니하는 구조로 할 것

④ 경사는 30° 이하로 할 것

> 건설공사에 사용하는 높이 8m 이상의 비계다리에는 7m 이내마다 계단참을 설치해야 한다.
>
> 출제개념 가설통로의 설치기준

36 사다리식 통로 등의 구조에 대한 설치기준으로 옳지 않은 것은?

① 발판의 간격은 일정하게 할 것

② 발판과 벽과의 사이는 15cm 이상의 간격을 유지할 것

③ 사다리식 통로의 길이가 10m 이상인 때에는 7m 이내마다 계단참을 설치할 것

④ 사다리의 상단은 걸쳐놓은 지점으로부터 60cm 이상 올라가도록 할 것

> 10m 이상인 사다리식 통로는 5m 이내마다 계단참을 설치해야 한다. 이외에 사다리식 통로 등의 구조 설치기준은 다음과 같다.
> • 견고한 구조로 할 것
> • 심한 손상 또는 부식 등이 없는 재료를 사용할 것
> • 발판의 간격은 일정하게 할 것
> • 발판과 벽과의 사이는 15cm 이상의 간격을 유지할 것
> • 폭은 30cm 이상으로 할 것
> • 사다리가 넘어지거나 미끄러지는 것을 방지하기 위한 조치를 할 것
> • 사다리의 상단은 걸쳐놓은 지점으로부터 60cm 이상 올라가도록 할 것
> • 사다리식 통로의 기울기는 75° 이하로 할 것. 다만, 고정식 사다리식 통로의 기울기는 90° 이하로 하고, 그 높이가 7m 이상인 경우에는 바닥으로부터 높이가 2.5m 되는 지점부터 등받이울을 설치할 것
> • 등받이울의 설치가 이동에 지장이 있을 경우에는 전신안전대를 사용하도록 할 것
>
> 출제개념 사다리식 통로의 설치기준

37 사다리식 통로를 설치할 때 사다리의 상단은 걸쳐놓은 지점으로부터 얼마 이상 올라가도록 하여야 하는가?

① 90cm 이상   ② 75cm 이상

③ 60cm 이상   ④ 45cm 이상

▼

사다리의 상단은 걸쳐놓은 지점으로부터 60cm 이상 올라가야 안전하다.

출제개념 사다리식 통로 설치 시 준수사항

---

38 사다리식 통로 등을 설치하는 경우 고정식 사다리식 통로의 기울기는 최대 몇 도 이하로 하여야 하는가?

① 60°   ② 75°

③ 80°   ④ 90°

▼

일반적인 사다리식 통로의 기울기는 75° 이내로 해야 하나, 고정식 사다리식 통로는 최대 90°까지 허용된다.

출제개념 사다리식 통로의 설치기준, 고정식 사다리식 통로

---

39 사다리식 통로의 구조에 대한 설명으로 옳지 않은 것은?

① 견고한 구조로 할 것

② 폭은 20cm 이상의 간격을 유지할 것

③ 심한 손상·부식 등이 없는 재료를 사용할 것

④ 발판과 벽과의 사이는 15cm 이상을 유지할 것

▼

폭은 30cm 이상의 간격을 유지해야 한다.

출제개념 사다리식 통로의 설치기준

---

40 「산업안전보건기준에 관한 규칙」에 따라 계단 및 계단참을 설치하는 경우 매 m²당 최소 얼마 이상의 하중에 견딜 수 있는 강도를 가진 구조로 설치하여야 하는가?

① 500kg   ② 600kg

③ 700kg   ④ 800kg

▼

계단과 계단참은 500kg/m² 이상의 하중에 견딜 수 있어야 한다.

출제개념 계단의 구조

정답 **37** ③ **38** ④ **39** ② **40** ①

✔ 회독 ☐☐☐

41 작업장의 계단에 대한 설명 중 옳지 않은 것은?

① 계단을 설치할 때는 그 폭을 50cm 이상으로 한다.

② 3m를 초과하는 계단에는 진행방향으로 길이 1.2m 이상의 계단참을 설치하여야 한다.

③ 계단 및 계단참의 강도는 안전율 4 이상으로 한다.

④ 바닥면으로부터 2m 이내의 공간에 장애물이 없도록 한다.

▼

계단을 설치하는 경우에 계단 폭은 1m 이상으로 설치해야 한다.

출제개념 계단의 설치기준

공사 및 작업 종류별 안전

CHAPTER 06

23년 2회   ✔ 회독 ☐☐☐

01 부두 등의 하역작업장에서 부두 또는 안벽의 선을 따라 설치하는 통로의 최소 폭 기준은?

① 30cm 이상
② 50cm 이상
③ 70cm 이상
④ 90cm 이상

> 부두 또는 안벽의 선을 따라 통로를 설치하는 경우 통로의 최소 폭은 90cm 이상으로 확보해야 한다.
> **출제개념** 하역작업장의 통로 폭 기준

24년 3회 22년 3회 21년 1회   ✔ 회독 ☐☐☐

02 차량계 건설기계에 해당되지 않는 것은?

① 불도저
② 콘크리트 펌프카
③ 드래그셔블
④ 가이데릭

> 가이데릭은 건립기계에 해당하며, 360° 회전이 가능한 고층건물용 기계이다.
> **출제개념** 차량계 건설기계의 종류

25년 3회 24년 1회 23년 3회 22년 1회 21년 1회   ✔ 회독 ☐☐☐

03 다음 중 쇼벨계 굴착기계가 아닌 것은?

① 클램쉘
② 백호우
③ 드래그라인
④ 스크레이퍼

> 스크레이퍼는 대량의 토사를 절취·적재·운반하는 토공기계로, 그레이더와 같은 트랙터계 건설기계에 속한다.
> **출제개념** 쇼벨계 굴착기계의 종류

23년 2회   ✔ 회독 ☐☐☐

04 다음 중 차량계 건설기계에 속하지 않는 것은?

① 배쳐플랜트
② 드래그라인
③ 어스드릴
④ 타이어롤러

> 배쳐플랜트는 건설현장에서 레미콘을 생산하는 설비로, 차량계 건설기계에 속하지 않는다.
> **출제개념** 차량계 건설기계의 종류

정답 01 ④   02 ④   03 ④   04 ①

건설공사 안전관리

5과목 ☐이론 ■기출

05 다음 건설기계 중 360° 회전작업이 불가능한 것은?

① 타워크레인
② 크롤러 크레인
③ 가이데릭
④ 삼각데릭

> 삼각데릭의 작업반경은 약 270° 정도로 360° 회전은 불가능하다.
>
> **출제개념** 건설기계의 회전범위

06 차량계 하역운반기계에 화물을 적재하는 때의 준수사항으로 옳지 않은 것은?

① 하중이 한쪽으로 치우치지 않도록 적재할 것
② 구내운반차 또는 화물자동차의 경우 화물의 붕괴 또는 낙하에 의한 위험을 방지하기 위하여 화물에 로프를 거는 등 필요한 조치를 할 것
③ 운전자의 시야를 가리지 않도록 화물을 적재할 것
④ 바퀴의 이상 유무를 점검할 것

> 차량계 하역운반기계의 화물적재 시의 준수사항은 다음과 같다.
> • 하중이 한쪽으로 치우치지 않도록 적재할 것
> • 구내운반차 또는 화물자동차의 경우 화물의 붕괴 또는 낙하에 의한 위험을 방지하기 위하여 화물에 로프를 거는 등 필요한 조치를 할 것
> • 운전자의 시야를 가리지 않도록 화물을 적재할 것
> • 화물을 적재하는 경우에는 최대적재량을 초과하지 않을 것
>
> **출제개념** 차량계 하역운반기계 적재 시 준수사항

07 차량계 하역운반기계에 화물을 적재할 때의 준수사항과 거리가 먼 것은?

① 하중이 한쪽으로 치우치지 않도록 적재할 것
② 구내운반차 또는 화물자동차의 경우 화물의 붕괴 또는 낙하에 의한 위험을 방지하기 위하여 화물에 로프를 거는 등 필요한 조치를 할 것
③ 운전자의 시야를 가리지 않도록 화물을 적재할 것
④ 제동장치 및 조정장치 기능의 이상 유무를 점검할 것

> 제동장치 및 조정장치 기능의 이상 유무를 점검하는 일은 화물을 적재할 때의 준수사항과 거리가 멀다.
>
> **출제개념** 차량계 하역운반기계 적재 시 준수사항

08 지게차를 사용하여 작업하는 때 작업시작 전 점검사항과 가장 거리가 먼 것은?

① 바퀴의 이상 유무
② 제동장치 및 조종장치 기능의 이상 유무
③ 하역장치 및 유압장치 기능의 이상 유무
④ 과부하방지장치의 작동 유무

> 과부하방지장치는 양중기의 방호장치로 지게차의 작업시작 전 점검사항에 해당하지 않는다.
>
> **출제개념** 지게차 작업시작 전 점검사항

정답 05 ④ 06 ④ 07 ④ 08 ④

09 차량계 하역운반기계 등을 이송하기 위하여 자주 또는 견인에 의하여 화물자동차에 싣거나 내리는 작업을 할 때 발판·성토 등을 사용하는 경우 기계의 전도 또는 전락에 의한 위험을 방지하기 위하여 준수해야 할 사항으로 옳지 않은 것은?

① 싣거나 내리는 작업은 견고한 경사지에서 실시할 것
② 가설대 등을 사용하는 경우에는 충분한 폭 및 강도와 적당한 경사를 확보할 것
③ 발판을 사용하는 경우에는 충분한 길이·폭 및 강도를 가진 것을 사용할 것
④ 지정운전자의 성명·연락처 등을 보기 쉬운 곳에 표시하고 지정운전자 외에는 운전하지 않도록 할 것

> ▼
> 싣거나 내리는 작업은 평탄하고 견고한 장소에서 실시해야 한다.
>
> 출제개념 차량계 하역운반기계 이송 시 준수사항

10 중량물을 들어 올리는 자세에 대한 설명 중 가장 적절한 것은?

① 다리를 곧게 펴고 허리를 굽혀 들어 올린다.
② 되도록 자세를 낮추고 허리를 곧게 편 상태에서 들어 올린다.
③ 무릎을 굽힌 자세에서 허리를 뒤로 젖히고 들어 올린다.
④ 다리를 벌린 상태에서 허리를 숙여서 서서히 들어 올린다.

> ▼
> 무릎을 굽혀 되도록 자세를 낮추고 허리를 곧게 편 상태에서 물건을 가까이에서 드는 것이 중량물 취급 시 적절한 자세이다.
>
> 출제개념 중량물 취급 시 자세

11 화물취급 작업 중 화물 적재 시 준수해야 하는 사항에 속하지 않는 것은?

① 침하의 우려가 없는 튼튼한 기반 위에 적재할 것
② 중량의 화물은 건물의 칸막이나 벽에 기대어 적재할 것
③ 불안정할 정도로 높이 쌓아 올리지 말 것
④ 편하중이 생기지 아니하도록 적재할 것

> ▼
> 건물의 칸막이나 벽 등이 화물의 압력에 견딜 만큼의 강도를 지니지 아니한 경우 칸막이나 벽에 기대어 적재하지 않도록 해야 한다.
>
> 출제개념 화물 적재 시 준수사항

12 토석붕괴의 내적 요인으로 옳은 것은?

① 사면의 경사 증가
② 공사에 의한 진동, 하중의 증가
③ 절토 및 성토 높이의 증가
④ 토석의 강도 저하

> ▼
> 토석붕괴의 내적 요인은 다음과 같다.
> • 절토 사면의 토질·암질
> • 성토 사면의 토질구성 및 분포
> • 토석의 강도 저하
>
> 출제개념 토석붕괴의 요인

정답 09 ① 10 ② 11 ② 12 ④

13 토사붕괴의 내적 요인이 아닌 것은?

① 절토 사면의 토질구성 이상

② 성토 사면의 토질구성 이상

③ 토석의 강도 저하

④ 사면·법면의 경사 증가

> 사면·법면의 경사 증가는 절취·성토 공사 등 외부적인 요인에 의해 인위적으로 경사가 급해진 결과로, 토석붕괴의 외적 요인에 해당한다.
>
> **출제개념** 토석붕괴의 요인

14 다음 중 지반에 따른 굴착면의 기울기로 옳지 않은 것은?

① 경암 – 1 : 0.5

② 연암 – 1 : 1.0

③ 모래 – 1 : 1.8

④ 그 밖의 흙 – 1 : 1.0

> 모래, 연암 및 풍화암, 경암 등을 제외한 흙의 굴착면 기울기는 1 : 1.2로 해야 한다.
>
> **출제개념** 지반의 종류별 기울기

15 다음 그림은 풍화암에서 토사붕괴를 예방하기 위한 기울기를 나타낸 것이다. X의 값은?

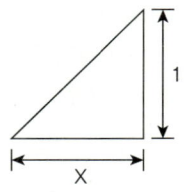

① 0.3　　　　② 0.5

③ 0.8　　　　④ 1.0

> 연암 및 풍화암의 굴착면 기울기는 1 : 1이므로 X는 1.0이다.
>
> **출제개념** 지반의 종류별 기울기

16 굴착작업을 할 때에 토사 등의 붕괴 또는 낙하에 의한 위험을 미리 방지하기 위하여 점검해야 하는 사항은?

① 지반의 지하 수위상태

② 형상·지질 및 지층의 상태

③ 작업장소 및 그 주변의 부석·균열의 유무

④ 매설물 등의 유무 또는 상태

> 굴착작업 시 토사 등의 붕괴 또는 낙하에 의한 위험을 방지하기 위한 사전점검 사항은 다음과 같다.
> • 작업장소 및 그 주변의 부석·균열의 유무
> • 함수·용수 및 동결의 유무 또는 상태의 변화
> 한편, 굴착면의 높이가 2m 이상 되는 지반의 굴착작업 사전조사 내용은 다음과 같다.
> • 형상·지질 및 지층의 상태
> • 균열·함수·용수 및 동결의 유무 또는 상태
> • 매설물 등의 유무 또는 상태
> • 지반의 지하수위 상태
>
> **출제개념** 굴착작업 시 붕괴 또는 낙하 위험방지

정답 13 ④ 14 ④ 15 ④ 16 ③

17 목재 지주식 지보공을 조립하거나 변경하는 경우의 조치사항으로 옳지 않은 것은 ?

① 주기둥은 변위를 방지하기 위하여 쐐기 등을 사용하여 지반에 고정시킬 것
② 연결볼트 및 띠장 등을 사용하여 주재 상호 간을 튼튼하게 연결할 것
③ 양끝에는 받침대를 설치할 것
④ 부재의 접속부는 꺾쇠 등으로 고정시킬 것

▼

연결볼트 및 띠장 등을 사용하여 주재 상호 간을 튼튼하게 연결하는 것은 강아치 지보공을 조립하는 경우의 조치사항에 해당한다. 한편, 목재 지주식 지보공 조립 시 터널 등의 목재 지주식 지보공에 세로방향의 하중이 걸림으로써 넘어지거나 비틀어질 우려가 있는 경우에는 양끝 외의 부분에도 받침대를 설치해야 한다.

출제개념 목재 지보공 조립 시 조치사항

---

18 흙막이 지보공을 설치하였을 때 붕괴 등의 위험 방지를 위하여 정기적으로 점검하고, 이상 발견 시 즉시 보수해야 하는 사항이 아닌 것은?

① 침하의 정도
② 버팀대 긴압의 정도
③ 지형 · 지질 및 지층상태
④ 부재의 손상 · 변형 · 변위 및 탈락의 유무와 상태

▼

지형 · 지질 및 지층상태는 굴착 전 조사 단계에서 검토하는 사항으로, 설치 후 정기점검 대상에는 해당하지 않는다. 한편, 흙막이 지보공의 붕괴 등을 방지하기 위한 점검사항은 다음과 같다.
• 부재의 손상 · 변형 · 부식 · 변위 및 탈락의 유무와 상태
• 버팀대의 긴압의 정도
• 부재의 접속부 · 부착부 및 교차부의 상태
• 침하의 정도

출제개념 흙막이 지보공의 정기점검사항

---

19 흙막이 지보공의 조립도에 명시되어야 할 사항이 아닌 것은?

① 부재의 배치
② 부재의 치수
③ 버팀대 긴압의 정도
④ 설치방법과 순서

▼

흙막이 지보공의 조립도는 흙막이판 · 말뚝 · 버팀대 및 띠장 등 부재의 배치 · 치수 · 재질 및 설치방법과 순서가 명시되어야 한다.

출제개념 흙막이 지보공의 조립도 내용

---

20 버팀대(Strut)의 축하중 변화상태를 측정하는 계측기는?

① 경사계(Inclinometer)
② 수위계(Water Level Meter)
③ 침하계(Extension)
④ 하중계(Load Cell)

▼

하중계는 버팀대의 축하중을 측정하는 계측기이다. 이 외 계측기의 측정 항목은 다음과 같다.
• 경사계: 수직면에 대해 기울어진 정도
• 수위계: 지반의 지하 수위
• 침하계: 지반의 침하 정도

출제개념 계측기의 종류와 측정 항목

정답 **17** ② **18** ③ **19** ③ **20** ④

21 히빙(Heaving)현상이 가장 쉽게 발생하는 토질 지반은?

① 연약한 점토 지반
② 연약한 사질토 지반
③ 견고한 점토 지반
④ 견고한 사질토 지반

▼
히빙현상은 흙막이벽 배면의 중량에 의해 굴착면이 부풀어 오르는 현상으로, 주로 투수성이 낮은 연약 점토 지반에서 발생하기 쉽다.

출제개념 히빙현상

23 히빙현상에 대한 안전대책과 가장 거리가 먼 것은?

① 지하 수위의 저하
② 흙막이벽의 근입심도 확보
③ 양질의 재료로 지반개량 실시
④ 굴착 주변에 상재하중을 증대

▼
굴착 주변의 상재하중이 커지면 굴착저면에 작용하는 압력이 증가하여 히빙 위험이 커진다. 이외에 히빙현상을 방지하기 위한 대책은 다음과 같다.
• 흙막이 지보공을 깊게 박을 것
• 흙막이벽 배면의 토사 중량을 감소시킬 것
• 아일랜드 컷 공법 등을 사용할 것

출제개념 히빙현상의 방지대책

22 히빙(Heaving)현상 방지대책으로 틀린 것은?

① 소단굴착을 실시하여 소단부 흙의 중량이 바닥을 누르게 한다.
② 흙막이 벽체 배면의 지반을 개량하여 흙의 전단 강도를 높인다.
③ 부풀어 솟아오르는 바닥면의 토사를 제거한다.
④ 흙막이 벽체의 근입 깊이를 깊게 한다.

▼
바닥면의 토사를 제거하면 오히려 전단강도를 더 악화시켜 안전성이 낮아진다.

출제개념 히빙현상의 방지대책

24 흙막이공의 파괴 원인 중 하나인 보일링(Boiling) 현상에 관한 설명으로 틀린 것은?

① 지하 수위가 높은 지반을 굴착할 때 주로 발생한다.
② 연약 사질토 지반에서 주로 발생한다.
③ 시트파일(Sheet Pile) 등의 저면에 분사현상이 발생한다.
④ 연약 점토 지반에서 굴착면의 융기로 발생한다.

▼
연약 점토 지반에서 굴착면의 융기로 발생하는 것은 히빙현상이다.

출제개념 보일링현상

정답 **21** ① **22** ③ **23** ④ **24** ④

25 지반에서 나타나는 보일링(Boiling)현상의 직접적인 원인으로 볼 수 있는 것은?

① 굴착부와 배면부의 지하 수위의 수두차
② 굴착부와 배면부의 흙의 중량차
③ 굴착부와 배면부의 흙의 함수비차
④ 굴착부와 배면부의 흙의 토압차

▼

보일링현상은 상향 침투수압이 커지면 흙 입자 사이의 유효응력이 사라져 모래 입자가 물과 함께 솟아오르듯 분출되는 현상으로, 굴착부와 배면부의 지하 수위차(수두차)에 의해 발생한다.

출제개념 보일링현상의 원인

26 보일링(Boiling)현상에 관한 설명으로 옳지 않은 것은?

① 지하 수위가 높은 모래 지반을 굴착할 때 발생하는 현상이다.
② 보일링현상에 대한 대책의 일환으로 공사 기간 중 지하 수위를 일정하게 유지시켜야 한다.
③ 보일링현상이 발생하는 경우 흙막이보는 지지력이 저하된다.
④ 아랫부분의 토사가 수압을 받아 굴착한 곳으로 밀려나와 굴착 부분을 다시 메우는 현상이다.

▼

보일링현상은 지하 수위가 높아 상향 침투수압이 커질 때 발생하므로 이를 막기 위해서는 지하 수위를 낮추어야 한다.

출제개념 보일링현상

27 사질토 지반에서 보일링(Boiling)현상에 의한 위험성이 예상될 경우의 대책으로 옳지 않은 것은?

① 흙막이 말뚝의 밑둥넣기를 깊게 한다.
② 굴착 저면보다 깊은 지반을 불투수로 개량한다.
③ 굴착 밑 투수층에 만든 피트(Pit)를 제거한다.
④ 흙막이벽 주위에서 배수시설을 통해 수두차를 적게 한다.

▼

보일링현상을 방지하기 위해 굴착 밑 투수층에 만든 피트를 설치하여 펌프를 통해 유입되는 지하수를 제거해야 한다.

출제개념 보일링현상의 방지대책

28 입경이 가늘고 비교적 균일하면서 느슨하게 쌓여 있는 모래 지반이 물로 포화되어 있을 때 지진이나 충격을 받으면 일시적으로 전단강도를 잃어버리는 현상은?

① 모관현상
② 보일링현상
③ 틱소트로피
④ 액상화현상

▼

물로 포화된 모래 지반이 충격을 받으면 일시적으로 전단강도를 잃어버려서 액체와 같은 상태가 되는 현상을 액상화현상이라 한다.

출제개념 액상화현상

정답　**25** ①　**26** ②　**27** ③　**28** ④

25년 2회 23년 1회 22년 3회 ✔ 회독 ☐☐☐

29 옹벽이 외력에 대하여 안정하기 위한 검토 조건이 아닌 것은?

① 전도 ② 활동
③ 좌굴 ④ 지반지지력

▼

콘크리트 옹벽의 안정조건에는 전도, 활동, 지반지지력(침하)이 있다.

출제개념 옹벽의 안정조건

21년 3회 ✔ 회독 ☐☐☐

30 옹벽 축조를 위한 굴착작업에 대한 다음 설명 중 옳지 않은 것은?

① 수평방향으로 연속적으로 시공한다.
② 하나의 구간을 굴착하면 방치하지 말고 기초 및 본체구조물 축조를 마무리한다.
③ 절취경사면에 전석·낙석의 우려가 있거나 장기간 방치할 경우에는 숏크리트·록볼트·캔버스 및 모르타르 등으로 방호한다.
④ 작업위치 좌우에 만일의 경우에 대비한 대피통로를 확보하여 둔다.

▼

옹벽 축조 시 수평방향으로 연속적으로 시공할 경우 붕괴 위험이 크므로 이를 금지하며, 단위시공 단면적을 최소화하여 분단 시공해야 한다.

출제개념 옹벽 굴착작업의 안전수칙

25년 2회 24년 2회 ✔ 회독 ☐☐☐

31 공사용 가설도로를 설치하는 경우의 준수사항으로 옳지 않은 것은?

① 도로는 장비와 차량이 안전하게 운행할 수 있도록 견고하게 설치할 것
② 도로와 작업장이 접하여 있을 경우에는 울타리 등을 설치할 것
③ 도로는 배수를 위하여 경사지게 설치하거나 배수시설을 설치할 것
④ 차량의 크기제한 표지를 부착할 것

▼

차량의 속도제한 표지를 부착해야 한다.

출제개념 가설도로 설치 시 준수사항

25년 1회 24년 1회 23년 3회 ✔ 회독 ☐☐☐

32 온도가 하강함에 따라 토층수가 얼어 부피가 9% 정도 증대하게 됨으로써 지표면이 부풀어 오르는 현상은?

① 동상현상 ② 역화현상
③ 리칭현상 ④ 액상화현상

▼

동상현상은 온도가 하강함에 따라 토층수가 얼어 부피가 9% 정도 증대하게 됨으로써 지표면이 부풀어 오르는 현상이다.

출제개념 동상현상

정답 **29** ③ **30** ① **31** ④ **32** ①

33 연약지반 처리공법 중 압밀에 의해 강도를 증가시키는 방법이 아닌 것은?

① 여성토 공법
② 샌드드레인 공법
③ 고결 공법
④ 페이퍼드레인 공법

> 고결 공법은 흙 속에 고결제를 주입하여 흙의 강도를 증가시키는 공법으로 압축성을 억제하는 효과는 있으나 하중에 따른 압밀에 의한 강도 증가방법과는 무관하다.
>
> 출제개념 연약지반 처리공법, 압밀

34 다음 중 사면이 가장 위험할 때는 언제인가?

① 사면의 수위가 급격히 하강할 때
② 사면의 흙이 완전건조상태일 때
③ 사면의 수위가 천천히 하강일 때
④ 사면의 흙이 완전포화상태일 때

> 사면의 수위가 급격히 하강하면 내부 간극수압은 높게 남아 있지만 외부 지지수압은 사라져 유효응력이 줄어들고, 이로 인해 사면은 불안정해져 붕괴위험이 가장 커진다
>
> 출제개념 사면의 붕괴위험

35 절토공사 중 발생하는 비탈면 붕괴의 원인과 거리가 먼 것은?

① 함수비 불변으로 흙의 단위중량 균일
② 건조로 인하여 점성토의 접착력 상실
③ 점성토의 수축이나 팽창으로 균열 발생
④ 공사 진행으로 비탈면의 높이와 기울기 증가

> 함수비가 불변이면 흙의 단위중량이 균일하여 사면 붕괴에 영향을 주지 않는다. 반면에 함수비가 증가하면 단위중량이 커지고 전단강도가 약화되어 붕괴의 원인이 될 수 있다.
>
> 출제개념 절토공사 시 사면붕괴의 원인

36 지반의 사면파괴 유형 중 유한사면의 종류가 아닌 것은?

① 사면내파괴
② 사면선단파괴
③ 사면저부파괴
④ 직립사면파괴

> 직립사면파괴는 유한사면에 포함되지 않는다. 유한사면파괴는 특정 범위에서 발생하는 파괴 유형으로, 사면내파괴, 사면선단파괴, 사면저부파괴가 이에 해당한다.
>
> 출제개념 사면파괴, 유한사면의 종류

정답　33 ③　34 ①　35 ①　36 ④

37 다음 중 철골작업을 중지하여야 하는 풍속 기준은?

① 풍속이 초당 10m 이상
② 풍속이 분당 10m 이상
③ 풍속이 초당 1m 이상
④ 풍속이 분당 1m 이상

> 풍속이 초당 10m 이상인 경우에는 철골작업을 중지해야 한다. 철골작업을 중지해야 하는 기준은 다음과 같다.
> • 풍속 초당 10m 이상
> • 강우량 시간당 1mm 이상
> • 강설량 시간당 1cm 이상
>
> 출제개념 철골작업의 작업중지 기준

38 철골작업을 중지하여야 하는 풍속과 강우량 기준으로 옳은 것은?

① 풍속: 10m/sec 이상, 강우량: 1mm/hr 이상
② 풍속: 5m/sec 이상, 강우량: 1mm/hr 이상
③ 풍속: 10m/sec 이상, 강우량: 2mm/hr 이상
④ 풍속: 5m/sec 이상, 강우량: 2mm/hr 이상

> 철골작업은 풍속이 초당 10m 이상 또는 강우량이 시간당 1mm 이상일 때 작업을 중지해야 한다. 철골작업을 중지해야 하는 기준은 다음과 같다.
> • 풍속 초당 10m 이상
> • 강우량 시간당 1mm 이상
> • 강설량 시간당 1cm 이상
>
> 출제개념 철골작업의 작업중지 기준

39 다음 중 공사현장에서 철골을 세우기 위한 건설기계에 해당하지 않는 것은?

① 타워크레인
② 진폴
③ 가이데릭
④ 항발기

> 항발기는 말뚝을 박는 데 사용하는 건설기계이다.
>
> 출제개념 건설기계의 구분

40 다음 중 철골보 인양작업 시의 준수사항으로 옳지 않은 것은?

① 인양용 와이어로프의 체결지점은 수평부재의 4분의 1 기점을 기준으로 한다.
② 인양용 와이어로프의 매달기 각도는 양변 60°를 기준으로 한다.
③ 흔들리거나 선회하지 않도록 유도로프로 유도한다.
④ 후크는 용접의 경우 용접규격을 반드시 확인한다.

> 인양용 와이어로프의 체결지점은 수평부재의 3분의 1 기점을 기준으로 한다.
>
> 출제개념 철골보 인양작업 시 준수사항

정답 37 ① 38 ① 39 ④ 40 ①

41 다음 중 철골공사 시 도괴의 위험이 있어 강풍에 대한 안전 여부를 확인해야 할 필요성이 가장 높은 경우는?

① 연면적당 철골량이 일반건물보다 많은 경우
② 기둥에 H형강을 사용하는 경우
③ 이음부가 공장용접인 경우
④ 호텔과 같이 단면구조가 현저한 차이가 있으며 높이가 20m 이상인 건물

철골구조물 건립 중 강풍에 의한 풍압 등 외압에 대한 내력이 설계에 고려되었는지 확인하여야 하는 경우는 다음과 같다.
• 높이가 20m 이상의 구조물
• 구조물의 폭과 높이의 비가 1 : 4 이상인 구조물
• 이음부가 현장용접인 구조물
• 연면적당 철골량이 50kg/m² 이하인 구조물
• 기둥이 타이플레이트(Tie Plate)형인 구조물

출제개념 철골공사 시 내력 설계 확인 대상

42 철골작업에서의 승강로 설치기준 중 ( ) 안에 알맞은 것은?

사업주는 근로자가 수직방향으로 이동하는 철골부재에는 답단 간격이 ( ) 이내인 고정된 승강로를 설치해야 한다.

① 50cm ② 40cm
③ 30cm ④ 20cm

사업주는 근로자가 수직방향으로 이동하는 철골부재에는 답단 간격이 30cm 이내인 고정된 승강로를 설치해야 한다.

출제개념 철골작업 시 승강로의 설치기준

43 철골공사에서 기둥의 건립작업 시 앵커볼트를 매립할 때 요구되는 정밀도에서 기둥 중심은 기준선 및 인접기둥의 중심으로부터 얼마 이상 벗어나지 않아야 하는가?

① 10mm ② 7mm
③ 5mm ④ 3mm

기둥 중심은 기준선 및 인접기둥 중심에서 5mm 이상 벗어나지 않게 매립해야 한다.

출제개념 철골공사에서 기둥 설치 시 정밀도의 기준

44 다음 터널 공법 중 전단면 기계 굴착에 의한 공법에 속하는 것은?

① ASSM(American Steel Supported Method)
② NATM(New Austrian Tunneling Method)
③ TBM(Tunnel Boring Machine)
④ 개착식 공법

전단면 기계 굴착에 의한 공법은 TBM과 쉴드 공법이 대표적이다.

출제개념 터널 공법, 전단면 기계 굴착에 의한 공법

정답 **41** ④ **42** ③ **43** ③ **44** ③

45 터널 등의 건설작업을 하는 경우에 낙반 등에 의하여 근로자가 위험해질 우려가 있는 경우, 그 위험을 방지하기 위하여 취해야 할 조치와 거리가 먼 것은?

① 터널지보공 설치
② 록볼트 설치
③ 부석의 제거
④ 산소의 측정

> 산소의 측정은 산소결핍·가스폭발 등을 방지하기 위한 것으로 낙반 위험과 직접적인 관련이 없는 조치이다.
>
> 출제개념 터널작업 중 낙반 위험방지 조치

46 강아치 지보공의 조립 시 조치사항으로 옳지 않은 것은?

① 주재가 아치작용을 충분히 할 수 있도록 쐐기를 박는 등 필요한 조치를 할 것
② 터널 등의 출입구 부분에는 받침대를 설치할 것
③ 조립 간격은 조립도에 따를 것
④ 기둥에는 침하를 방지하기 위하여 받침목을 사용하는 등의 조치를 할 것

> 기둥에 침하 방지를 위해 받침목을 사용하는 등의 조치를 취하는 것은 터널지보공 조립 시 조치사항에 해당되며, 강아치 지보공에는 기둥이 없으므로 해당 조치가 적절하지 않다. 이 외에 강아치 지보공 조립 시 조치사항은 다음과 같다.
> • 연결볼트 및 띠장 등을 사용하여 주재 상호간을 튼튼하게 연결할 것
> • 낙하물이 근로자에게 위험을 미칠 우려가 있는 경우에는 널판 등을 설치할 것
>
> 출제개념 강아치 지보공 조립 시 안전조치

47 잠함 또는 우물통의 내부에서 근로자가 굴착작업을 하는 경우의 준수사항으로 옳지 않은 것은?

① 산소 결핍 우려가 있는 경우에는 산소의 농도를 측정하는 사람을 지명하여 측정하도록 할 것
② 근로자가 안전하게 오르내리기 위한 설비를 설치할 것
③ 굴착 깊이가 20m를 초과하는 경우에는 해당 작업장소와 외부와의 연락을 위한 통신설비 등을 설치할 것
④ 산소 결핍이 인정되거나 굴착 깊이가 10m를 초과하는 경우에는 송기를 위한 설비를 설치하여 필요한 양의 공기를 공급할 것

> 송기설비의 설치기준은 산소 결핍이 인정되거나 굴착 깊이가 20m를 초과할 때이다.
>
> 출제개념 잠함 및 우물통 작업 시 안전조치

48 구조물 해체작업용 기계·기구와 직접적으로 관계가 없는 것은?

① 대형브레이커 ② 압쇄기
③ 핸드브레이커 ④ 착암기

> 착암기는 암석에 구멍을 뚫는 장비로 주로 발파·굴착작업에 사용되며, 구조물 해체작업과는 직접적인 관계가 없다. 해체작업용 기계·기구에는 압쇄기, 대형 브레이커, 철제 해머, 화약류, 핸드 브레이커, 팽창제, 절단톱, 재키, 쐐기 타입기, 화염방사기, 절단줄 등이 있다.
>
> 출제개념 해체작업용 기계·기구

정답 **45** ④ **46** ④ **47** ④ **48** ④

49 다음 중 양중기에 해당되지 않는 것은?

① 리프트 　　　　② 크레인
③ 곤돌라 　　　　④ 항발기

▼

항발기는 말뚝을 박는 장비로 양중기에 해당되지 않는다. 양중기란 건설 현장에서 물체를 들어 올리거나 내리는 장비를 말하며, 크레인, 이동식 크레인, 리프트, 곤돌라, 승강기가 이에 해당한다.

출제개념 양중기

50 양중기의 와이어로프 등 달기구의 안전계수 기준으로 옳은 것은? (단, 화물의 하중을 직접 지지하는 달기와이어로프 또는 달기체인의 경우)

① 3 이상 　　　　② 4 이상
③ 5 이상 　　　　④ 6 이상

▼

화물 하중을 직접 지지하는 경우에 안전계수는 5 이상이어야 한다.

출제개념 양중기의 와이어로프 등 달기구의 안전계수

51 크레인의 와이어로프가 일정 한계 이상 감기지 않도록 작동을 자동으로 정지시키는 장치는?

① 훅해지장치
② 권과방지장치
③ 비상정지장치
④ 과부하방지장치

▼

권과방지장치는 주로 크레인과 같은 양중장비에서 와이어로프가 과도하게 감기는 것을 방지하는 장치이다.

출제개념 크레인의 방호장치, 권과방지장치

52 크레인의 종류가 아닌 것은?

① 지브크레인
② 셔블크레인
③ 천장크레인
④ 갠트리크레인

▼

셔블크레인은 굴착장비에 해당된다. 크레인의 종류에는 천장크레인, 호이스트, 갠트리크레인, 지브크레인, 타워크레인 등이 포함된다.

출제개념 크레인의 종류

정답 49 ④ 50 ③ 51 ② 52 ②

☑ 회독 ☐☐☐

53 양중기에 대한 과부하의 제한사항에 맞도록 ( ) 안에 가장 적합한 용어는?

> 양중기에 그 ( )을 초과하는 하중을 걸어서 사용하도록 하여서는 아니 된다.

① 정격하중　　　② 집중하중
③ 최대하중　　　④ 적재하중

▼
양중기는 정격하중을 초과해 사용할 수 없다. 정격하중 이상이 되면 과부하 방지장치가 작동하여 신호를 알리고 자동으로 운반작업을 중단시켜 사고를 예방한다.

`출제개념` 크레인의 과부하 제한사항

☑ 회독 ☐☐☐

54 재해사고를 방지하기 위하여 크레인에 설치된 방호장치로 옳지 않은 것은?

① 공기정화장치　　② 비상정지장치
③ 제동장치　　　　④ 권과방지장치

▼
크레인의 방호장치로는 과부하방지장치, 권과방지장치, 비상정지장치, 제동장치, 훅해지장치 등이 있다.

`출제개념` 크레인의 방호장치

☑ 회독 ☐☐☐

55 타워크레인의 운전작업을 중지하여야 하는 순간풍속 기준으로 옳은 것은?

① 초당 10m 초과
② 초당 12m 초과
③ 초당 15m 초과
④ 초당 20m 초과

▼
순간풍속이 초당 15m를 초과한 경우에 타워크레인의 운전작업을 중지해야 한다. 이 외에 크레인의 풍속에 따른 안전조치는 다음과 같다.
• 순간풍속 10m/s 초과: 설치·수리·점검 또는 해체 작업 중지
• 순간풍속 30m/s 초과: 이탈방지 조치, 이상 유무 점검
• 순간풍속 35m/s 초과: 도괴·붕괴 방지조치

`출제개념` 타워크레인의 풍속에 따른 조치

☑ 회독 ☐☐☐

56 다음 중 승강기의 종류에 해당하지 않는 것은?

① 승객용 승강기
② 에스컬레이터
③ 화물용 승강기
④ 리프트

▼
리프트는 양중기에 해당하며, 승강기에는 승객용 엘리베이터, 승객화물용 엘리베이터, 화물용 엘리베이터, 소형화물용 엘리베이터, 에스컬레이터 등이 포함된다.

`출제개념` 승강기의 종류

`정답` **53** ① **54** ① **55** ③ **56** ④

57 리프트의 안전장치에 해당하지 않는 것은?

① 권과방지장치

② 비상정지장치

③ 과부하방지장치

④ 조속기

▼

조속기(속도조절기)는 리프트가 아닌 승강기에 설치되는 안전장치이다. 리프트와 승강기 모두 권과방지장치, 비상정지장치, 과부하방지장치 등 공통 안전장치를 갖추지만, 승강기에는 여기에 더해 조속기, 파이널 리미트 스위치, 출입문 인터록 등이 설치된다.

출제개념 리프트의 안전장치

58 다음 중 항타기 및 항발기의 권상용 와이어로프로 사용 가능한 것은?

① 이음매가 있는 것

② 와이어로프의 한 가닥에서 소선의 수가 8% 절단된 것

③ 지름의 감소가 공칭지름의 8%인 것

④ 심하게 변형 또는 부식 등이 있는 것

▼

권상용 와이어로프는 한 꼬임에서 끊어진 소선의 수가 10% 미만일 때 사용 가능하다.

출제개념 와이어로프의 사용제한 기준

59 다음은 권상용 와이어로프의 사용금지 규정이다. ( ) 안에 알맞은 숫자는?

와이어로프의 한 꼬임에서 소선의 수가 ( )% 이상 절단된 것을 사용하면 안 된다.

① 15　　　　　② 10

③ 7　　　　　　④ 5

▼

와이어로프의 한 꼬임에서 끊어진 소선의 수가 10% 이상이면 사용이 금지된다.

출제개념 와이어로프의 절단 사용기준

60 항타기 또는 항발기의 와이어로프의 절단하중 값과 와이어로프에 걸리는 하중의 최댓값이 사용 가능한 경우는?

① 와이어로프의 절단하중 값: 10톤,
와이어로프에 걸리는 하중의 최댓값: 2톤

② 와이어로프의 절단하중 값: 15톤,
와이어로프에 걸리는 하중의 최댓값: 4톤

③ 와이어로프의 절단하중 값: 20톤,
와이어로프에 걸리는 하중의 최댓값: 6톤

④ 와이어로프의 절단하중 값: 25톤,
와이어로프에 걸리는 하중의 최댓값: 8톤

▼

항타기 또는 항발기의 와이어로프의 안전율은 5 이상이어야 한다. 주어진 값으로 안전율＝절단하중÷최대하중 식을 통해서 안전율을 구하면 다음과 같다.
① $10 \div 2 = 5$
② $15 \div 4 = 3.75$
③ $20 \div 6 = 3.33$
④ $25 \div 8 = 3.125$
따라서 안전율이 5 이상인 조건을 충족하는 것은 ① 이다.

출제개념 와이어로프의 안전율 계산

정답 **57** ④ **58** ② **59** ② **60** ①

61 콘크리트 타설 시 거푸집 측압에 관한 설명으로 옳지 않은 것은?

① 기온이 높을수록 측압은 크다.
② 타설 속도가 클수록 측압은 크다.
③ 슬럼프가 클수록 측압은 크다.
④ 다짐이 과할수록 측압은 크다.

기온이 높을수록 콘크리트의 수분 증발과 응결이 빨라져 측압은 작아진다. 반면에 기온이 낮아 응결이 지연되면 콘크리트의 유동성이 오래 유지되어 측압이 커진다.

출제개념 측압의 영향요인

62 콘크리트 타설 시 거푸집의 측압에 영향을 미치는 인자들에 관한 설명으로 옳지 않은 것은?

① 슬럼프가 클수록 측압이 크다.
② 거푸집의 강성이 클수록 측압은 크다.
③ 철근량이 많을수록 측압은 작다.
④ 타설 속도가 느릴수록 측압은 크다.

타설 속도가 느릴수록 콘크리트가 빠르게 굳어 측압은 작아진다.

출제개념 측압의 영향요인

63 콘크리트 측압에 관한 설명 중 옳지 않은 것은?

① 슬럼프가 클수록 측압은 커진다.
② 벽 두께가 두꺼울수록 측압은 커진다.
③ 부어 넣는 속도가 빠를수록 측압은 커진다.
④ 대기 온도가 높을수록 측압은 커진다.

대기 온도가 높으면 콘크리트가 빨리 응결되어 측압은 작아진다.

출제개념 측압의 영향요인

64 콘크리트 타설작업을 하는 경우의 준수사항으로 틀린 것은?

① 콘크리트 타설작업 중 이상이 있으면 작업을 중지하고 근로자를 대피시킬 것
② 콘크리트를 타설하는 경우에는 편심을 유발하여 콘크리트를 거푸집 내에 밀실하게 채울 것
③ 설계도서상의 콘크리트 양생기간을 준수하여 거푸집 및 동바리를 해체할 것
④ 콘크리트 타설작업 시 거푸집 붕괴의 위험이 발생할 우려가 있으면 충분히 보강조치를 할 것

콘크리트 타설작업 시에는 편심이 발생하지 않도록 골고루 분산하여 타설해야 한다.

출제개념 콘크리트 타설작업 시 준수사항

정답 **61** ① **62** ④ **63** ④ **64** ②

65 콘크리트 타설작업 시 준수사항으로 옳지 않은 것은?

① 바닥 위에 흘린 콘크리트는 완전히 청소한다.
② 가능한 높은 곳으로부터 자연 낙하시켜 콘크리트를 타설한다.
③ 지나친 진동기 사용은 재료 분리를 일으킬 수 있으므로 금해야 한다.
④ 최상부의 슬래브는 이어붓기를 되도록 피하고 일시에 전체를 타설하도록 한다.

▼
콘크리트 타설작업 시 높은 곳에서의 자연 낙하는 재료 분리, 공기 혼입 등 불량 콘크리트가 되기 쉬우므로 적정한 높이를 준수하여 이를 방지해야 한다.

출제개념 콘크리트 타설작업 시 준수사항

66 콘크리트 양생작업에 관한 설명 중 옳지 않은 것은?

① 콘크리트 타설 후 소요기간까지 경화에 필요한 조건을 유지시켜주는 작업이다.
② 양생기간 중에 예상되는 진동, 충격, 하중 등의 유해한 작용으로부터 보호하여야 한다.
③ 습윤양생 시 일광을 최대한 도입하여 수화작용을 촉진하도록 한다.
④ 습윤양생 시 거푸집판이 건조될 우려가 있는 경우에는 살수하여야 한다.

▼
습윤양생 작업 시에 직사광선은 콘크리트의 수분을 증발시켜 균열을 유발할 수 있으므로 이로부터 보호해야 한다.

출제개념 콘크리트 양생작업

67 콘크리트 타설을 위한 거푸집 및 동바리의 구조 검토 시 가장 선행되어야 할 작업은?

① 각 부재에 생기는 응력에 대하여 안전한 단면을 산정한다.
② 하중·외력에 의하여 각 부재에 생기는 응력을 구한다.
③ 가설물에 작용하는 하중 및 외력의 종류, 크기를 산정한다.
④ 사용할 거푸집 및 동바리의 설치간격을 결정한다.

▼
거푸집 및 동바리의 구조 검토는 '하중의 크기 결정 → 응력 계산 → 단면 산정 → 설치간격 결정' 순으로 진행되므로 하중의 크기를 결정하는 작업이 가장 선행되어야 한다.

출제개념 거푸집 및 동바리의 구조검토 순서

68 하루의 평균기온이 4℃ 이하로 될 것이 예상되는 기상조건에서 낮에도 콘크리트가 동결될 우려가 있는 경우에 사용되는 콘크리트는?

① 고강도 콘크리트
② 경량 콘크리트
③ 서중 콘크리트
④ 한중 콘크리트

▼
타설일의 일평균 기온이 4℃ 이하이거나, 타설 후 24시간 동안의 일최저 기온이 0℃ 이하로 예상되거나, 그 이후라도 초기 동해의 우려가 있는 경우에는 한중 콘크리트로 시공해야 한다.

출제개념 기상조건에 따른 콘크리트의 종류

정답 65 ② 66 ③ 67 ③ 68 ④

69 콘크리트 배합 시 품질에 직접 영향을 주지 않는 요소는?

① 철근의 품질
② 골재의 입도
③ 물-시멘트비
④ 시멘트 강도

> 콘크리트의 배합은 시멘트, 물, 골재 등의 비율을 정하는 것이며, 철근의 품질은 콘크리트 배합 품질에 직접적으로 영향을 주지 않는다.
>
> 출제개념 콘크리트 품질의 영향요소

70 PC(Precast Concrete) 조립 시 안전대책으로 틀린 것은?

① 신호수를 지정한다.
② 인양 PC부재 아래에 근로자 출입을 금지한다.
③ 크레인에 PC부재를 달아 올린 채 주행한다.
④ 운전자는 PC부재를 달아 올린 채 운전대에서 이탈을 금지한다.

> 크레인에 PC부재를 매단 채 주행하는 것은 낙하 위험이 있어 안전대책에 해당하지 않는다. PC부재 조립 시에는 신호수를 지정하고, 인양된 부재 아래에는 근로자 출입을 금지해야 하며, 운전자는 부재를 매단 상태에서 운전대를 이탈해서는 안 된다.
>
> 출제개념 콘크리트 조립 시 안전대책, 프리캐스트 콘크리트(PC)

71 철근 콘크리트에 있어서 부착응력에 대하여 검토해야 할 철근은?

① 압축철근
② 인장철근
③ 절곡철근
④ 배력철근

> 인장철근은 콘크리트의 인장 균열을 보강하는 철근으로, 응력 전달을 위해 콘크리트와의 부착응력이 특히 중요하다.
>
> 출제개념 철근 콘크리트, 부착응력

72 철근을 인력으로 운반할 때의 주의사항으로 옳지 않은 것은?

① 긴 철근은 2인 1조가 되어 어깨메기로 하여 운반한다.
② 긴 철근을 부득이하게 1인이 운반할 때는 철근의 한쪽을 어깨에 메고 다른 한쪽 끝을 땅에 끌면서 운반한다.
③ 1인이 1회에 운반할 수 있는 적당한 무게한도는 운반자의 몸무게 정도이다.
④ 운반 시에는 항상 양끝을 묶어 운반한다.

> 1인당 1회에 운반이 가능한 무게는 25kg 정도로 제한해야 한다.
>
> 출제개념 철근 인력운반 시 준수사항

정답 **69** ① **70** ③ **71** ② **72** ③

BONUS! 틀리라고 낸 문제

틀리라고 낸 문제란? 산업안전산업기사 필기시험에는 매 회차마다 정석으로 풀었을 때, 5분 이상 걸리는 일명 '틀리라고 낸 문제'가 출제된다. 이런 문제들은 숫자도 바꾸지 않고 그대로 나오는 경우가 많기 때문에 정석 풀이법을 익히기보다는 답을 암기하고 넘어가자.

25년 1회 24년 2회   ✔ 회독 ☐☐☐

01 안전계수가 4이고 20MPa의 인장강도를 갖는 강선의 최대허용응력은?

① 80MPa 　② 8MPa

③ 50MPa 　④ 5MPa

간단 해설

$$안전계수 = \frac{인장강도}{최대허용응력}$$

$$최대허용응력 = \frac{인장강도}{안전계수} = \frac{20}{4} = 5MPa$$

정답 ④

25년 2회 24년 1회   ✔ 회독 ☐☐☐

02 프레스 및 전단기 등은 사업장에 설치가 끝난 날부터 몇 년 이내에 최초의 안전검사를 실시해야 하는가?

① 1년 　② 2년

③ 3년 　④ 4년

간단 허설

최초으 안전검사는 설치 후 3년 이내에 실시해야 하고, 그 후에는 2년마다 안전검사를 실시해야 한다.

정답 ③

21년 1회   ✔ 회독 ☐☐☐

03 크레인, 리프트 및 곤돌라는 사업장에 설치가 끝난 날부터 몇 년 이내에 최초의 안전검사를 실시해야 하는가?

① 1년 　② 2년

③ 3년 　④ 4년

간단 해설

최초의 안전검사는 설치 후 3년 이내에 실시해야 하고, 그 후에는 2년마다 안전검사를 실시해야 한다.

정답 ③

04 옥내작업장에는 비상시에 근로자에게 신속하게 알리기 위한 경보용 설비 또는 기구를 설치하여야 한다. 그 설치대상 기준으로 옳은 것은?

① 연면적이 400m² 이상이거나 상시 40명 이상의 근로자가 작업하는 옥내작업장

② 연면적이 400m² 이상이거나 상시 50명 이상의 근로자가 작업하는 옥내작업장

③ 연면적이 500m² 이상이거나 상시 40명 이상의 근로자가 작업하는 옥내작업장

④ 연면적이 500m² 이상이거나 상시 50명 이상의 근로자가 작업하는 옥내작업장

> **간단 해설**
> 연면적이 400m² 이상이거나 상시 50명 이상의 근로자가 작업하는 옥내작업장에는 비상시에 근로자에게 신속하게 알리기 위한 경보용 설비 또는 기구를 설치해야 한다.
>
> 정답 ②

05 발파작업 시 암질 판별기준과 가장 거리가 먼 것은?

① R.Q.D(%)

② 탄성파속도(m/sec)

③ 전단강도(kg/cm²)

④ R.M.R

> **간단 해설**
> 전단강도는 재료가 외부에서 작용하는 전단력에 저항할 수 있는 최대응력이므로 암질 판별기준과는 관련이 없다.
>
> 정답 ③

06 물체의 낙하·충격, 물체에의 끼임, 감전 또는 정전기의 대전에 의한 위험이 있는 작업 시 공통으로 근로자가 착용하여야 하는 보호구로 적합한 것은?

① 방열복　　　② 안전대

③ 안전화　　　④ 보안경

> **간단 해설**
> 낙하·충격, 물체에의 끼임, 감전 또는 정전기의 대전에 의한 위험이 있는 작업 시 공통적으로 착용해야 하는 보호구는 안전화이다.
>
> 정답 ③

07 채석작업을 하는 경우 지반의 붕괴 또는 토석의 낙하로 인하여 근로자에게 발생할 우려가 있는 위험을 방지하기 위하여 취하여야 할 조치와 가장 거리가 먼 것은?

① 작업 시작 전 작업장소 및 그 주변 지반의 부석과 균열의 유무와 상태 점검

② 함수·용수 및 동결상태의 변화 점검

③ 진동치 속도 점검

④ 발파 후 발파장소 점검

> **간단 해설**
> 지반 붕괴 등의 위험방지 조치사항으로는 점검자를 지명하고 당일 작업시작 전에 작업장소 및 그 주변 지반의 부석과 균열의 유무와 상태, 함수·용수 및 동결상태의 변화를 점검하고, 발파 후 그 발파 장소와 그 주변의 부석 및 균열의 유무와 상태점검이 있다.
>
> 정답 ③

08 표준관입시험에 대한 내용으로 옳지 않은 것은?

① N치(N-value)는 지반을 30cm 굴진하는 데 필요한 타격횟수를 의미한다.

② 40/3의 표기에서 40은 굴진수치, 3은 타격 횟수를 의미한다.

③ 63.5kg 무게의 추를 76cm 높이에서 자유 낙하하여 타격하는 시험이다.

④ 사질지반에 적용하며, 점토지반에서는 편차가 커서 신뢰성이 떨어진다.

> **간단 해설**
> 40/3의 표기에서 40은 타격횟수, 3은 굴진수치를 의미한다.
>
> **정답** ②

09 일반적으로 허용되는 공사용 가설도로의 최고 경사도는 얼마인가?

① 5% ② 10%

③ 20% ④ 30%

> **간단 해설**
> 최고 허용경사도는 10%를 넘어서면 안 된다.
>
> **정답** ②

10 다음 중 낙하추나 화약의 폭발 등으로 인공진동을 일으켜 지반의 종류, 지층 및 강성도 등을 알아내는 데 활용되는 지반조사방법은?

① 탄성파탐사

② 전기저항탐사

③ 방사능탐사

④ 유량검층탐사

> **간단 해설**
> 탄성파탐사는 인공적으로 발생시킨 탄성파(지진파)를 지하에 투과시켜 반사 또는 굴절되어 돌아오는 파동을 분석하여 지하 지질구조나 지층의 물리적 특성을 파악하는 지반조사방법이다.
>
> **정답** ①

11 건설작업장에서 근로자가 상시 작업하는 장소의 작업면 조도 기준으로 옳지 않은 것은? (단, 갱내 작업장과 감광재료를 취급하는 작업장의 경우는 제외)

① 초정밀작업: 600lux 이상

② 정밀작업: 300lux 이상

③ 보통작업: 150lux 이상

④ 초정밀·정밀·보통작업을 제외한 기타 작업: 75lux 이상

> **간단 해설**
> 초정밀작업 시 조도는 750lux 이상이어야 한다.
>
> **정답** ①

12 기존 건물에서 인접된 장소에서 새로운 깊은 기초를 시공하고자 한다. 이때 기존 건물의 기초가 얕아 안전상 보강하려고 할 때 적당한 것은?

① 압성토 공법
② 언더피닝 공법
③ 선행재하 공법
④ 치환 공법

간단 해설
언더피닝 공법은 기존 건축물의 기초가 약해지거나, 인접한 장소에 깊은 기초를 시공할 때 기존 건축물의 기초를 보강·지지하여 건축물을 보호하는 기초보강 공법이다.

정답 ②

13 양끝이 힌지(Hinge)인 기둥에 하중을 가하면 기둥이 수평방향으로 휘게 된다. 이때의 복원한계 상태를 무엇이라 하는가?

① 피로한계
② 파괴한계
③ 좌굴
④ 부재의 안전도

간단 해설
압축부재는 작은 변형까지는 복원이 가능하나, 일정 하중을 넘으면 복원한계상태가 되어 복원하지 못하고 급격히 휘어지거나 변형되는 좌굴이 발생한다.

정답 ③

14 다음 설명에 적합한 용어는?

- (ⓐ): 부두 위의 화물에 훅을 걸어 선내에 적재하기까지의 작업을 말한다.
- (ⓑ): 선내의 화물을 부두 위에 내려놓고 훅을 풀기까지의 작업을 말한다.

① ⓐ 양하, ⓑ 적하
② ⓐ 적하, ⓑ 양하
③ ⓐ 상차, ⓑ 하차
④ ⓐ 하차, ⓑ 상차

간단 해설
적하는 선적과 같은 의미로 화물을 운송수단에 싣는 것을 의미하고, 양하는 화물을 운송수단에서 내리는 것을 의미한다.

정답 ②

15 고소작업대를 설치하는 경우에 해당하지 않는 것은?

① 붐의 최대 지면경사각을 초과 운전하여 전도되지 않도록 할 것
② 작업대를 와이어로프 또는 체인으로 올리거나 내릴 경우에는 와이어로프 또는 체인이 끊어져 작업대가 떨어지지 아니하는 구조여야 하며, 와이어로프 또는 체인의 안전율은 3 이상일 것
③ 권과방지장치를 갖추거나 압력의 이상 상승을 방지할 수 있는 구조일 것
④ 조작반의 스위치는 눈으로 확인할 수 있도록 명칭 및 방향 표시를 유지할 것

간단 해설
와이어로프 또는 체인의 안전율은 5 이상이어야 한다.

정답 ②

16 건축물의 층고가 높아지면서, 현장에서 고소작업대의 사용이 증가하고 있다. 고소작업대의 사용 및 설치기준에 대한 사항 중 옳은 것은?

① 작업대를 와이어로프로 상승 또는 하강시킬 때에는 와이어로프의 안전율은 10 이상일 것

② 작업대를 상승시킨 상태에서 항상 작업자를 태우고 이동할 것

③ 바닥과 고소작업대는 가능한 한 수직을 유지하도록 할 것

④ 갑작스러운 이동을 방지하기 위하여 아웃트리거(Outrigger) 또는 브레이크 등을 확실히 사용할 것

간단 해설

고소작업대의 사용 및 설치 시에는 갑작스러운 이동 방지를 위해 아웃트리거 또는 브레이크 등을 확실히 사용해야 한다. 이외 고소작업대의 사용 및 설치기준에 대한 사항은 다음과 같다.

- 작업대를 와이어로프로 상승 또는 하강시킬 때에는 와이어로프의 안전율은 5 이상이어야 한다.
- 작업대를 상승시킨 상태에서 작업자를 태우고 이동하지 말아야 한다. 다만, 이동 중 전도 등의 위험예방을 위하여 유도하는 사람을 배치하고 짧은 구간을 이동하는 경우에는 그러하지 아니하다.
- 바닥과 고소작업대는 가능한 한 수평을 유지하도록 해야 한다.

정답 ④

17 포화도 80%, 함수비 28%, 흙 입자의 비중 2.7일 때 공극비를 구하면?

① 0.940　　② 0.945

③ 0.950　　④ 0.955

간단 해설

$$공극비 = \frac{(함수비 \times 비중)}{포화도} = \frac{(28 \times 2.7)}{80} = 0.945$$

정답 ②

건설공사 안전관리

5과목 ☐이론 ☐기출

#나를위한위로 #나만의목적지

결국엔,
끝까지 나를 믿어준 내가
나를 살릴 것이다.

시대에듀#

합격시키는 힘, 합격력을 끌어올리다

2026 기분좋은 #정종대
산업안전산업기사 | 필기

초 판 인 쇄	2025년 09월 19일
초 판 발 행	2025년 09월 26일
발 행 인	박영일
출 판 책 임	이해욱
저 자	정종대
개 발 편 집	박종옥 · 송나령 · 변도윤 · 유소정
표 지 디 자 인	장미례
본 문 디 자 인	김휘주
발 행 처	㈜시대고시기획시대교육
출 판 등 록	제 10-1521호
주 소	서울시 마포구 큰우물로 75 [도화동 성지빌딩]
전 화	1600-3600
홈 페 이 지	www.sdedu.co.kr

ISBN 979-11-383-9872-5(13500)
정가 37,000원

산업재해 예방 및 안전보건교육

01 하인리히의 재해발생 도미노이론

① 1단계: 유전적 요소와 사회적 환경
② 2단계: 개인적 결함
③ 3단계: 불안전한 행동, 불안전한 상태
④ 4단계: 사고
⑤ 5단계: 재해

02 하인리히의 재해발생비율(1:29:300)

① 1건의 중상 또는 사망 사고
② 29건의 경상해
③ 300건의 무상해 사고

03 하인리히의 산업재해예방 4원칙

① 예방가능의 원칙
② 손실우연의 원칙
③ 원인연계(계기)의 원칙
④ 대책선정의 원칙

04 하인리히의 사고예방대책 5단계

① 1단계: 조직
② 2단계: 사실의 발견
③ 3단계: 분석, 평가
④ 4단계: 시정책의 선정
⑤ 5단계: 시정책의 적용

05 하인리히의 재해비용

총재해 비용 = 직접비 + 간접비(직접비 : 간접비 = 1 : 4)

06 버드의 재해발생 신도미노이론

① 1단계: 통제의 부족
② 2단계: 기본 원인
③ 3단계: 직접 원인
④ 4단계: 사고
⑤ 5단계: 재해

07 버드의 재해발생비율(1:10:30:600)

① 1건의 중상 또는 사망 사고
② 10건의 경상
③ 30건의 무상해 사고
④ 600건의 아차사고(무상해 무사고)

08 시몬즈의 재해비용

재해코스트 = 보험코스트 + 비보험코스트

09 재해사례연구순서

① 전제조건: 재해 상황의 파악
② 1단계: 사실의 확인
③ 2단계: 문제점의 발견
④ 3단계: 근본적 문제점의 결정
⑤ 4단계: 대책수립

10 재해율

$$재해율 = \frac{재해자\ 수}{산재보험적용\ 근로자\ 수} \times 100$$

11 사망만인율

$$사망만인율 = \frac{사망자\ 수}{산재보험적용\ 근로자\ 수} \times 10,000$$

12 휴업재해율

$$휴업재해율 = \frac{휴업재해자\ 수}{임금근로자\ 수} \times 100$$

13 연천인율

$$연천인율 = \frac{재해자\ 수}{연평균\ 근로자\ 수} \times 1,000$$

14 도수율(=빈도율)

$$도수율 = \frac{재해건수}{연근로시간\ 수} \times 1,000,000$$

15 강도율

$$강도율 = \frac{총\ 요양근로손실일수}{연근로시간\ 수} \times 1,000$$

16 종합재해지수(FSI)

$$종합재해지수 = \sqrt{강도율 \times 도수율}$$

17 안전활동률

$$안전활동률 = \frac{안전활동건수}{총\ 근로시간\ 수} \times 1,000,000$$

18 환산강도율

$$환산강도율 = 강도율 \times 100$$

19 환산도수율

$$환산도수율 = 도수율 \div 10$$

20 재해통계분석

① 파레토도
② 특성요인도
③ 클로즈 분석도
④ 관리도

21 안전점검의 종류

① 일상점검
② 정기점검
③ 특별점검
④ 임시점검

22 산업재해기록 보존

- 사업장의 개요 및 근로자의 인적사항
- 재해발생의 일시 및 장소
- 재해발생의 원인 및 과정
- 재해 재발방지 계획

23 중대재해

① 사망자가 1명 이상 발생
② 3개월 이상의 요양이 필요한 부상자가 동시에 2명 이상 발생
③ 부상자 또는 직업성 질병자가 동시에 10명 이상 발생

24 중대재해 보고사항

- 발생개요 및 피해 상황
- 조치 및 전망
- 기타 중요한 사항

25 무재해운동 3원칙

① 무의 원칙
② 선취의 원칙
③ 참가의 원칙

26 무재해운동 3기둥

① 최고경영자의 안전경영 자세
② 라인에서의 철저한 안전보건 실천
③ 자율활동의 활성화

27 위험성 평가의 종류

① 최초평가
② 정기평가
③ 수시평가
④ 상시평가

28 인간에러 배후요인

① Man
② Machine
③ Media
④ Management

29 위험예지훈련의 4라운드

① 1R 현상파악
② 2R 본질추구
③ 3R 대책수립
④ 4R 목표설정

30 브레인스토밍의 4원칙

① 비판금지
② 자유분방
③ 대량발언
④ 수정발언

31 Tool Box Meeting(TBM)

① 도입 단계
② 점검 단계
③ 작업지시 단계
④ 위험예지 단계
⑤ 지적확인 단계

32 라인형(직계형) 안전조직

① 100명 이하의 소규모사업장
② 신속하게 지시 전달
③ 안전부서 없음

33 스태프형(참모형) 조직

① 100~500명 이하의 중규모사업장
② 안전지식과 정보수집이 용이함
③ 생산부서에 안전 책임 없음
④ 안전부서에 재해발생 책임 있음

34 라인 - 스태프형(혼합형) 조직

① 500명 이상의 대규모사업장
② 생산부서와 안전부서 모두에게 책임 부여됨

③ 안전담당자 현장 배치됨

35 산업안전보건위원회의 사용자위원

• 사업의 대표자
• 안전관리자
• 보건관리자
• 산업보건의
• 사업의 대표자가 지명하는 9인 이내의 부서장

36 산업안전보건위원회의 근로자위원

• 근로자 대표
• 명예산업안전감독관
• 근로자 대표가 지명하는 9인 이내의 근로자

37 산업안전보건위원회의 정기회의 개최주기

분기마다 실시

38 산업안전보건위원회의 회의록 작성항목

① 개최 일시 및 장소
② 출석위원
③ 심의내용 및 의결 결정사항
④ 그 밖의 토의사항

39 노사협의체

• 설치대상 기업: 공사금액 120억 원(토목공사업은 150억 원) 이상의 건설업
• 정기회의 개최주기: 2개월마다

40 안전모의 종류

종류(기호)	사용구분
AB	물체의 낙하·비래, 추락방지 또는 경감
AE	물체의 낙하·비래방지 또는 경감, 감전방지, 내전압성
ABE	물체의 낙하·비래, 추락방지 또는 경감, 감전방지, 내전압성

41 안전모의 시험성능기준

항목	시험성능기준
내관통성	• AE, ABE종 안전모: 관통거리 9.5mm 이하 • AB종 안전모: 관통거리 11.1mm 이하
충격 흡수성	• 최고전달충격력 4,450N 초과 제한 • 모체와 착장체의 기능 상실 제한
내전압성	• AE, ABE종 안전모: 교류 20kV에서 1분간 절연파괴 견딤 • 누설 충전전류: 10mA 이하
내수성	AE, ABE종 안전모: 질량증가율 1% 미만
난연성	모체 5초 이상 연소 제한
턱끈풀림	150N 이상 250N 이하에서 턱끈풀림

42 안전화의 종류

종류	성능구분
가죽제 안전화	물체의 낙하, 충격, 찔림 위험방지
고무제 안전화	물체의 낙하, 충격, 찔림 위험방지, 내수성
정전기 안전화	물체의 낙하, 충격, 찔림 위험방지, 정전기 인체 대전방지
발등안전화	물체의 낙하, 충격, 찔림으로부터 발 및 발 등 보호
절연화	물체의 낙하, 충격, 찔림 위험방지, 저압 감 전방지
절연장화	고압 감전방지, 방수
화학물질용 안전화	물체의 낙하, 충격, 찔림 위험방지, 화학물 질 유해위험방지

43 내전압용 절연장갑

등급	최대사용전압		비고
	교류 (V, 실효값)	직류(V)	
00	500	750	갈색
0	1,000	1,500	빨간색
1	7,500	11,250	흰색
2	17,000	25,500	노랑색
3	26,500	39,750	녹색
4	36,000	54,000	등색(주황색)

44 방진마스크의 등급

구분	특급	1급	2급
사용 장소	• 독성 강한 물질 함유한 분진 등 발생장소 • 석면 취급장소	• 특급마스크 착 용장소를 제외 한 분진 등 발 생장소 • 열적 분진 등 발생장소 • 기계적 분진 등 발생장소	특급 및 1급 마스 크 착용장소를 제 외한 분진 등 발 생장소
유의 사항	배기밸브 없는 안면부 여과식 마스크는 특급 및 1급 장소 사용불가		

45 방진마스크 등급에 따른 분진포집효율

형태 및 등급		포집효율
분리식	특급	99.95 이상
	1급	94.0 이상
	2급	80.0 이상
안면부 여과식	특급	99.0 이상
	1급	94.0 이상
	2급	80.0 이상

46 안전인증 방독마스크의 표시사항

① 안전인증 표시
② 파과곡선도
③ 사용시간 기록카드
④ 정화통 외부측면의 표시색
⑤ 사용상의 주의사항

47 방독마스크 정화통 외부측면의 표시색

종류	표시색
유기화합물용 정화통	갈색
할로겐용 정화통	회색
황화수소용 정화통	
시안화수소용 정화통	
아황산용 정화통	노랑색
암모니아용 정화통	녹색
복합용 및 겸용의 정화통	• 복합용의 경우: 해당 가스 모 두 표시(2층 분리) • 겸용의 경우: 백색과 해당 가 스 모두 표시(2층 분리)

48 방독마스크의 종류별 시험가스 종류

종류	시험가스
유기화합물용	시클로헥산(C_6H_{12})
	디메틸에테르(CH_3OCH_3)
	이소부탄(C_4H_{10})
할로겐용	염소가스 또는 증기(Cl_2)
황화수소용	황화수소가스(H_2S)
시안화수소용	시안화수소가스(HCN)
아황산용	아황산가스(SO_2)
암모니아용	암모니아가스(NH_3)

49 방열복의 질량

종류	질량(단위: kg)
방열상의	3.0
방열하의	2.0
방열일체복	4.3
방열장갑	0.5
방열두건	2.0

50 안전대

종류	사용구분
벨트식과 안전그네식 모두 적용	1개 걸이용
	U자 걸이용
안전그네식만 적용가능	추락방지대
	안전블록

51 차광보안경

종류	사용구분
자외선용	자외선 발생 장소
적외선용	적외선 발생 장소
복합용	자외선 및 적외선 발생 장소
용접용	자외선, 적외선 및 강렬한 가시광선 발생 장소

52 음압수준

음압을 데시벨(dB) 단위로 나타낸 값으로, 적분평균소음계 또는 소음계의 'C' 특성을 기준으로 한다.

53 방음용 귀마개 또는 귀덮개

종류	등급	기호	성능
귀마개	1종	EP-1	저음부터 고음까지 차음
	2종	EP-2	주로 고음 차음, 저음(회화음영역) 차음 불가
귀덮개	–	EM	저음부터 고음까지 차음

54 안전인증제품 표시사항

① 형식 또는 모델명
② 규격 또는 등급 등
③ 제조자명
④ 제조번호 및 제조연월
⑤ 안전인증번호

55 안전인증대상 보호구

① 추락 및 감전 위험방지용 안전모
② 안전화
③ 안전장갑
④ 방진마스크
⑤ 방독마스크
⑥ 송기마스크
⑦ 전동식 호흡보호구
⑧ 보호복
⑨ 차광 및 비산물 위험방지용 보안경
⑩ 안전대
⑪ 방음용 귀마개 또는 귀덮개
⑫ 용접용 보안면

56 보호구 지급

① 물체 낙하·비래 또는 근로자 추락 위험 작업: 안전모
② 높이·깊이 2m 이상 추락 위험 작업: 안전대

③ 물체의 낙하·충격, 끼임, 감전 또는 정전기 대전 위험 작업: 안전화
④ 물체 비산 위험 작업: 보안경
⑤ 용접 시 불꽃이나 물체 비산 위험 작업: 보안면
⑥ 감전 위험 작업: 절연용 보호구
⑦ 화상 위험 작업: 방열복
⑧ 분진 심한 하역작업: 방진마스크
⑨ -18℃ 이하 급냉동어창 하역작업: 방한모·방한복·방한화·방한장갑
⑩ 물건 운반, 수거·배달 이륜자동차 운행 작업: 승차용 안전모

57 안전인증심사의 종류

- 예비심사: 7일
- 서면심사: 15일
- 기술능력 및 생산체계심사: 30일
- 개별 제품심사: 15일
- 형식별 제품심사: 30일

58 안전보건표지의 색도기준과 용도

색채	색도기준	용도	사용례
빨강	7.5R 4/14	금지	정지신호, 소화설비 및 그 장소, 유해행위의 금지
		경고	화학물질 취급장소에서의 유해·위험 경고
노랑	5Y 8.5/12	경고	화학물질 취급장소에서의 유해·위험 경고 외의 위험 경고, 주의표지 또는 기계방호물
파랑	2.5PB 4/10	지시	특정 행위의 지시 및 사실의 고지
녹색	2.5G 4/10	안내	비상구 및 피난소, 사람 또는 차량의 통행표지
흰색	N 9.5	–	파랑과 녹색의 보조색
검은색	N 0.5	–	빨강과 노랑의 보조색

59 산업안전심리의 5요소

① 동기
② 기질
③ 감정
④ 습성
⑤ 습관

60 심리검사의 기준

① 타당성(적절성)
② 객관성(무오염성)
③ 신뢰성(반복성, 재현성)
④ 사용성

61 착시현상

① 뮐러(Müller)의 착시

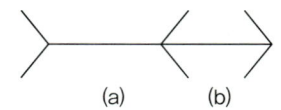
(a)　　　(b)

② 헬름홀츠(Helmholtz)의 착시

(a)　　　(b)

③ 쾰러(Köhler)의 착시

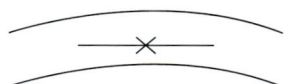

④ 헤링(Hering)의 착시

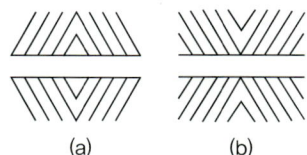
(a)　　　(b)

⑤ 포겐도르프(Poggendorf)의 착시

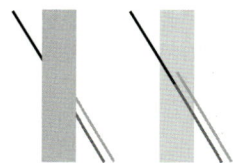

⑥ 죌너(Zöllner)의 착시

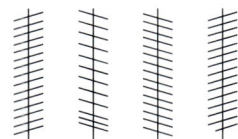

62 방어기제

조직의 비난이나 비판으로부터 자신을 보호하기 위한 심리

① 브상
② 합리화
③ 투사
④ 동일화
⑤ 승화

63 도피기제

현 상황에 적응이 어려워 현실을 피하고 싶은 심리

① 고립
② 퇴행
③ 억압
④ 백일몽

64 공격기제

① 직접적인 공격기제: 폭행, 싸움, 기물파괴 등
② 간접적인 공격기제: 욕설, 비난, 조소 등

65 레빈의 행동법칙

$B = f(P \cdot E)$

① B(Behavior)
② P(Person)
③ E(Environment)
④ f(Function)

66 인간의 행동특성

① 간결성의 원리
② 주의의 일점집중현상
③ 인간의 대피방향

④ Risk Taking
⑤ 감각차단현상

67 재해누발자

① 미숙성 누발자(미숙설)
② 상황성 누발자(기회설)
③ 습관성 누발자(암시설)
④ 소질성 누발자(경향설)

68 주의의 3특성

① 변동성
② 선택성
③ 방향성

69 부주의의 원인

① 의식의 우회
② 의식의 과잉
③ 의식의 단절
④ 의식의 혼란
⑤ 의식수준의 저하

70 리더십의 권한

① 보상적 권한(상부)
② 위임된 권한(하부)
③ 전문성 권한(리더 자신이 부여)
④ 강압적 권한(상부)
⑤ 합법적 권한(상부)

71 동기부여이론

매슬로우 5단계	알더퍼 ERG	맥그리거	허즈버그
1. 생리적 욕구	생존욕구 (Existence)	X이론	위생요인
2. 안전의 욕구			
3. 사회적 욕구	관계욕구 (Relation)	Y이론	동기요인
4. 존경의 욕구	성장욕구 (Growth)		
5. 자아실현의 욕구			

72 데이비스의 동기부여이론 등식

① 지식×기능=능력
② 상황×태도=동기유발
③ 능력×동기유발=인간의 성과
④ 인간의 성과×물질의 성과=경영의 성과

73 학습목적의 3요소

① 주제
② 정도
③ 목표

74 교육 3단계

① 1단계 지식교육
② 2단계 기능교육
③ 3단계 태도교육

75 하버드학파의 5단계 교수법

① 1단계 준비
② 2단계 교시
③ 3단계 연합
④ 4단계 총괄
⑤ 5단계 응용

76 토의식 교육방법

① 패널디스커션(Panel Discussion): 청중 학습자 앞에서 토의
② 포럼(Forum): 새로운 자료를 제시
③ 심포지엄(Symposium): 전문적인 견해를 제시
④ 버즈세션(=6-6회의, Buzz Session): 분과(6인)형태의 토의를 6분간 진행

77 파블로프의 조건반사설 학습원리

① 시간의 원리
② 강도의 원리
③ 일관성의 원리
④ 계속성의 원리

78 손다이크의 시행착오설

① 준비성의 법칙
② 연습의 법칙
③ 효과의 법칙

79 근로자 안전보건교육시간

구분	대상자	교육시간
정기교육	사무직	매반기 6시간 이상
	판매업무	매반기 6시간 이상
	기타근로자	매반기 12시간 이상
채용 시 교육	일용근로자 (1주일 이하 계약)	1시간 이상
	일용근로자 (1주일 초과 1개월 이하 계약)	4시간 이상
	그 밖의 근로자	8시간 이상
작업내용 변경 시 교육	일용근로자 (1주일 이하 계약)	1시간 이상
	그 밖의 근로자	2시간 이상
특별교육	일용근로자 (1주일 이하 계약)	2시간 이상
	일용근로자 (타워크레인 신호수)	8시간 이상
	그 밖의 근로자	16시간 이상 (단기간 또는 간헐적 작업인 경우 2시간 이상)
건설업 기초안전보건 교육	건설일용근로자	4시간 이상

80 관리 감독자 안전보건교육시간

구분	교육시간
정기교육	연간 16시간 이상
채용 시 교육	8시간 이상
작업내용 변경 시 교육	2시간 이상
특별교육	16시간 이상 (최초 작업 전 4시간 이상 실시하고, 12시간은 3개월 이내에 분할 실시 가능)
	단기간 또는 간헐적 작업인 경우 2시간 이상

81 안전보건관리책임자 등의 직무교육시간

교육대상	교육시간	
	신규교육	보수교육
안전보건관리책임자	6시간 이상	6시간 이상
안전관리자, 안전관리 전문기관의 종사자	34시간 이상	24시간 이상
보건관리자, 보건관리 전문기관의 종사자	34시간 이상	24시간 이상
건설재해예방 전문지도기관의 종사자	34시간 이상	24시간 이상
석면조사기관의 종사자	34시간 이상	24시간 이상
안전보건관리담당자	–	8시간 이상
안전검사기관, 자율안전 검사기관 종사자	34시간 이상	24시간 이상

82 O.J.T

① 강사는 직장상사이다.
② 개별 교육형태로 진행된다.
③ 사업장의 상황에 따라 교육이 변경되기 쉽다.
④ 실무에 직접 적용할 수 있다.

83 OFF.J.T

① 강사는 초빙강사이다.
② 집체 교육형태로 진행된다.
③ 교육에 전념할 수 있다.
④ 신기술, 신기계설비를 접할 수 있는 계기 가 된다.

84 TWI 교육

① J.I.T 작업지도법
② J.M.T 작업개선법
③ J.R.T 부하통솔법(=인간관계법)
④ J.S.T 작업안전법

01 인간공학의 궁극적 목적

① 작업자의 안전성 향상
② 작업능률 향상
③ 직무만족도 향상
④ 노사 간의 신뢰성 회복
⑤ 쾌적한 작업환경 조성

02 인간과 기계체계의 종류

① 수동체계: 인간이 동력원 역할
② 반자동체계: 인간은 운전, 정비 등을 수행
③ 자동체계: 인간은 감시, 정비, 프로그램 입력 등의 역할

03 초기고장

시운전 등을 통해 고장을 수리하고 고장률을 낮추는 기간으로 감소형 고장
① 디버깅(Debugging) 기간: 고장률을 낮추는 기간
② 번인(Burn-in) 기간: 고장을 수리하는 기간

04 우발고장

설비의 고장을 예측하기 어렵고, 대책을 마련하기 곤란한 일정형 고장

05 마모고장

설비진단, 예방보전을 통해 고장 예방 가능

06 인간 - 기계 시스템 설계과정 6단계

① 시스템 목표 및 성능명세 결정
② 시스템의 정의
③ 기본설계: 작업설계, 직무분석, 기능할당 등 목표달성을 위한 설계
④ 인터페이스 설계: 화면설계, 버튼설계 등 계면 설계
⑤ 촉진물 설계
⑥ 시험 및 평가

07 인간의 오류모형

① 실수(Slip): 진의를 오해하지 않았지만, 본의 아니게 발생한 오류
② 착오(Mistake): 진의를 오해하여 일어난 오류
③ 건망증(Lapse)
④ 위반(Violation)

08 스웨인의 심리적 분류

① 수행적 과오(Commission Error): 불확실한 수행
② 생략적 과오(Omission Error): 수행하지 않음
③ 순서적 과오(Sequential Error): 잘못된 순서
④ 시간적 과오(Time Error): 시간 지연
⑤ 과잉작업 과오(Extraneous Error): 불필요한 작업 수행

09 FTA(결함수분석법)

① 재해 및 시스템 고장의 원인을 연역적인
   방법으로 분석하는 안전성 평가방법
② 1962년 미국 벨 전화 연구소에 의해 고안됨
③ 논리기호를 사용하여 Top-Down 방식으
   로 정량적·연역적 분석하는 기법
④ 기본사상이 발생할 확률이 정확할수록 정상
   사상이 발생할 가능성이 정확하게 평가됨

10 FTA의 장점

① 사고원인 규명의 간편화
② 사고원인 분석의 일반화
③ 사고원인 분석의 정량화
④ 노력 및 시간의 절감

11 FTA 작성 절차

① 정상사상(Top Event) 설정
② 재해 원인 목록 작성
③ FT도 작성
④ 개선계획 수립

12 FTA 사상기호 및 논리게이트

① 결함사상

② 기본사상

③ 통상사상

④ 생략사상

⑤ 전이기호

⑥ AND 게이트

⑦ OR 게이트

⑧ 억제 게이트
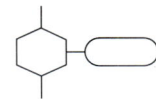

⑨ 부정 게이트
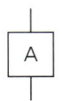

⑩ 우선적 AND 게이트
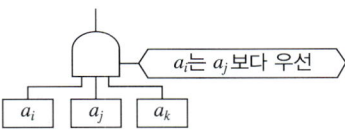

⑪ 조합 AND 게이트

⑫ 배타적 OR 게이트
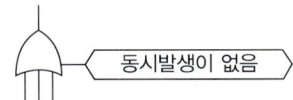

⑬ 위험 지속 시간
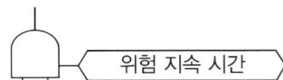

13 AND 게이트 계산

$$R = R_1 \times R_2 \cdots$$

14 OR 게이트 계산

$$R = 1 - (1 - R_1)(1 - R_2) \cdots$$

15 불 대수의 정리

① 기본 항등법칙: $A+0=A$, $A\cdot 1=A$

② 지배법칙: $A+1=1$, $A\cdot 0=0$

③ 멱등법칙(동일법칙): $A+A=A$, $A\cdot A=A$

④ 보완법칙: $A+\overline{A}=1$, $A\cdot\overline{A}=0$

⑤ 분배법칙: $A\cdot(B+C)=A\cdot B+A\cdot C$, $A+(B\cdot C)=(A+B)\cdot(A+C)$, $A+\overline{A}B=A+B$

16 컷셋(Cut Set)

정상사상(Top Event)을 일으키는 기본사상(Basic Event)들의 집합

17 최소 컷셋(Minimal Cut Set)

① 정상사상을 일으키기 위한 기본사상들의 최소 집합

② 컷셋 중 타 컷셋을 포함하고 있는 것을 배제하고 남은 컷셋들

③ 시스템의 위험성 의미

18 패스셋

정상사상을 일으키지 않는 기본사상들의 집합

19 최소 패스셋(Minimal Path Set)

① 시스템의 고장을 일으키지 않는 기본사상들의 최소 집합

② 포함된 기본사상이 일어나지 않을 때 정상사상이 일어나지 않는 기본사상들의 집합

③ 시스템의 신뢰도 의미

20 안전성 평가 6단계

① 1단계 관계자료의 정비검토

② 2단계 정성적 평가: 입지조건, 소방설비, 공장 내 배치, 건조물

③ 3단계 정량적 평가: 온도, 용량, 조작, 취급물질, 압력

④ 4단계 안전대책 수립

⑤ 5단계 재해 정보에 의한 평가

⑥ 6단계 FTA에 의한 재평가

21 HAZOP기법 가이드워드

가이드워드	의미
AS WELL AS	성질상의 증가
PART OF	성질상의 감소
OTHER THAN	완전한 대체의 사용
REVERSE	설계의도의 논리적인 역
LESS	양의 감소
MORE	양의 증가
NO, NOT	설계의도의 완전한 부정

22 예비위험분석(PHA)

시스템 안전 프로그램의 최초단계인 구상단계에서 실시되며, 정성적 분석을 이용한 위험분석기법

23 미국방성 위험성 평가의 위험도 분류

① Ⅰ단계 파국

② Ⅱ단계 중대

③ Ⅲ단계 한계

④ Ⅳ단계 무시

24 결함위험분석(FHA)

여럿이 분담 설계한 서브시스템 간 인터페이스의 안전성 평가방법

25 관찰자 실수위험분석(MORT)

원자력 산업 등에서 고도 안전달성을 목표로 만들어진 기법

26 사상수분석(ETA)

성공과 실패로 전개하여 시스템의 신뢰도를 귀납적·정량적으로 평가하는 기법

27 고장형태와 영향분석(FMEA)

고장형태에 따른 시스템의 영향을 분석하는 기법으로 정성적이며 귀납적인 방법

28 β값의 영향

① 치명결함: $\beta = 1$

② 중결함: $0.1 < \beta < 1$

③ 경결함: $0.0 < \beta < 0.1$

④ 비결함: $\beta = 0$

29 인간과오율 예측기법(THERP)

인간의 실수확률을 예측하는 기법

30 리스크 처리기술

① 위험회피

② 위험경감

③ 위험보유

④ 위험분담

31 예방보전

① 시간기준 예방보전

② 상태기준 예방보전

③ 분해점검보전

32 사후보전

설비의 고장이 발생한 후 정비, 수리 등을 실시하는 보전활동

33 개량보전

부품 고장 시 정비, 수리과정에서 부품의 수명연장과 품질향상을 수반하는 보전활동

34 보전예방

보전이 필요 없는 설비를 지향하는 보전활동

35 설비보전의 신뢰성 지표

① $\text{MTBF} = \dfrac{\text{가동시간}}{\text{고장건수}}$

② $\text{MTTR} = \dfrac{\text{전체 고장시간}}{\text{고장건수}}$

③ MTTF

36 기계의 신뢰도

① $\text{고장률}(\lambda) = \dfrac{\text{고장건수}}{\text{총가동시간}}$

② $\text{평균고장간격(MTBF)} = \dfrac{1}{\text{고장률}}$

③ 기계설비의 신뢰도: $R = e^{-\lambda t}$

37 직렬 · 병렬 시스템의 신뢰도

① 직렬 시스템: $R = R_1 \times R_2 \cdots$

② 병렬 시스템: $R = 1 - (1-R_1)(1-R_2) \cdots$

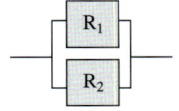

38 계의 수명

① $\text{직렬 시스템} = \text{MTTF} \times \dfrac{1}{n}$

② 병렬 시스템 =

$$\text{MTTF} \times \left[1 + \frac{1}{2} + \frac{1}{3} + \frac{1}{4} + \cdots\cdots + \frac{1}{n} \right]$$

39 근골격계질환의 원인

① 반복적인 작업

② 부적절한 작업 자세

③ 과도한 힘 사용

④ 날카로운 면과의 신체접촉

⑤ 진동 및 온도

40 에너지 대사율(RMR)

$$\text{RMR} = \dfrac{\text{노동대사량}}{\text{기초대사량}}$$

$$= \dfrac{\text{작업 시 소비에너지} - \text{안정 시 소비에너지}}{\text{기초대사량}}$$

① 0~1RMR: 경작업

② 2~4RMR: 중간작업

③ 4~7RMR: 무거운 작업

④ 7RMR 이상: 기계화해야 하는 작업

41 휴식시간

$$휴식시간(min) = \frac{60(E-4)}{E-1.5}$$

① 60: 1시간인 60분
② E: 실작업 시 소모에너지
③ 4 또는 5: 작업에 대한 평균 소모에너지
④ 1.5: 휴식 시의 소모에너지

42 인간공학적 유해요인 평가방법

① OWAS 평가: 팔, 다리, 허리 자세 및 무게 등을 고려하여 작업의 위험 수준 평가
② RULA 평가: 어깨, 손목, 목 등 어깨부터 팔 부분인 상지에 초점을 맞추어서 작업부하 평가
③ REBA 평가

43 강렬한 소음작업

데시벨(dB)	1일 노출시간
90	8시간
95	4시간
100	2시간
105	1시간
110	30분
115	15분

44 충격소음작업

데시벨(dB)	1일 노출시간
120	10,000회
130	1,000회
140	100회

45 주파수에 따른 구분

① 초음파: 20,000Hz 초과
② 가청주파수: 20~20,000Hz 이하
③ 청력손실이 가장 큰 주파수: 4,000Hz
④ 장거리용 신호로 사용되는 주파수: 1,000Hz 이하
⑤ 칸막이가 설치된 장소의 장거리용 주파수: 500Hz 이하

46 소음 대책

① 음원 대책
② 경로 대책
③ 수음자 대책

47 인체계측 자료의 응용 3원칙

① 조절범위
② 최대치수와 최소치수
③ 평균치를 기준으로 한 설계

48 양립성

① 개념적 양립성
② 공간적 양립성
③ 운동적 양립성
④ 양식 양립성

49 암호체계

① 암호의 검출성
② 암호의 변별성
③ 암호의 표준화
④ 다차원 암호의 사용
⑤ 부호의 양립성

50 청각적 표시장치가 유리할 때

① 긴급한 내용을 전달하는 경우
② 시각계통이 과부하인 경우
③ 어두운 곳에 있는 경우

51 시각적 표시장치가 유리할 때

① 청각적 표시장치가 과부하인 경우
② 공간적인 사상을 다루는 경우
③ 전언이 긴 경우

52 통제표시비 설계 시 고려사항

① 계기의 크기
② 공차
③ 목측거리
④ 조작시간
⑤ 방향성

53 통저 표시비 계산

$$\frac{C}{D} = \frac{\text{조종장치의 이동거리}}{\text{표시장치의 이동거리}}$$

54 동작경제의 3원칙

① 작업자 신체사용에 관한 원칙
② 작업장 배치에 관한 원칙
③ 기구, 공구 등의 설계에 관한 원칙

55 부품배치의 원칙

① 중요성의 원칙
② 사용빈도의 원칙
③ 기능별 배치의 원칙
④ 사용 순서의 원칙

56 작업개선의 4원칙(ECRS)

① 배제(Eliminate)
② 결합(Combine)
③ 재배치(Rearrange)
④ 긴소화(Simplify)

57 실효온도의 결정요소

① 온도
② 습도
③ 기류

58 옥스퍼드지수

$$WD = 0.85W + 0.15D$$

59 습구흑구온도지수(WBGT)

① 태양광선이 내리쬐는 옥외

$$WBGT(℃) = 0.7 \times \text{자연습구온도} + 0.2 \times \text{흑구온도} + 0.1 \times \text{건구온도}$$

② 태양광선이 내리쬐지 않는 옥내 또는 옥외

$$WBGT(℃) = 0.7 \times \text{자연습구온도} + 0.3 \times \text{흑구온도}$$

60 작업면의 조도기준

① 초정밀작업: 750lux 이상
② 정밀작업: 300lux 이상
③ 보통작업: 150lux 이상
④ 그 밖의 작업: 75lux 이상

61 조도 공식

$$\text{조도} = \frac{\text{광도}}{\text{거리}^2}$$

62 옥내 최적 반사율

① 천정: 80~90%
② 벽: 40~60%
③ 가구: 25~45%
④ 바닥: 20~40%

63 반사율(%)

$$\text{반사율} = \frac{\text{광속발산도}}{\text{소요조명}} \times 100$$

64 대비 공식

$$\text{대비} = \frac{\text{배경의 반사율} - \text{타겟의 반사율}}{\text{배경의 반사율}}$$

기계·기구 및 설비 안전관리

01 위험점의 종류
① 협착점
② 끼임점
③ 절단점
④ 물림점
⑤ 접선물림점
⑥ 회전말림점

02 안전인증대상 기계·기구 및 설비
① 프레스
② 전단기 및 절곡기
③ 크레인
④ 리프트
⑤ 압력용기
⑥ 롤러기
⑦ 사출성형기
⑧ 고소작업대
⑨ 곤돌라

03 안전인증대상 방호장치
① 프레스 및 전단기 방호장치
② 양중기용 과부하방지장치
③ 보일러 압력방출용 안전밸브
④ 압력용기 압력방출용 안전밸브
⑤ 압력용기 압력방출용 파열판
⑥ 절연용 방호구 및 활선작업용 기구
⑦ 방폭구조 전기기계·기구 및 부품
⑧ 추락·낙하 및 붕괴 등의 위험방지 및 보호
   에 필요한 가설기자재

⑨ 충돌·협착 등의 위험방지에 필요한 산업
   용 로봇 방호장치

04 안전인증대상 보호구
① 추락 및 감전 위험방지용 안전모
② 안전화
③ 안전장갑
④ 방진마스크
⑤ 방독마스크
⑥ 송기마스크
⑦ 전동식 호흡보호구
⑧ 보호복
⑨ 안전대
⑩ 차광 및 비산물 위험방지용 보안경
⑪ 용접용 보안면
⑫ 방음용 귀마개 또는 귀덮개

05 자율안전확인대상 기계·기구 및 설비
① 연삭기 또는 연마기
② 산업용 로봇
③ 혼합기
④ 파쇄기 또는 분쇄기
⑤ 식품가공용 기계
⑥ 컨베이어
⑦ 자동차정비용 리프트
⑧ 공작기계
⑨ 고정형 목재가공용 기계
⑩ 인쇄기

06 자율안전확인대상 방호장치

① 아세틸렌 용접장치용 또는 가스집합 용접장치용 안전기
② 교류아크용접기용 자동전격방지기
③ 롤러기 급정지장치
④ 연삭기 덮개
⑤ 목재 가공용 둥근톱 반발예방장치와 날접촉 예방장치
⑥ 동력식 수동대패용 칼날접촉 방지장치
⑦ 추락·낙하 및 붕괴 등의 위험방지 및 보호에 필요한 가설기자재

07 자율안전확인대상 보호구

① 안전모
② 보안경
③ 보안면

08 선반의 안전조치

① 바이트에 칩 브레이커 사용
② 조업 시 장갑 사용 금지
③ 스핀은 가능한 한 짧게 배치
④ 돌출부가 있을 경우 덮개(Shield) 사용
⑤ 가공물의 길이 지름의 12배 이상일 때 방진구 사용

09 연삭기의 안전수칙

① 직경 5cm 이상 숫돌에 덮개 설치
② 작업시작 전 1분, 숫돌 교체 후 3분 이상 시운전
③ 작업시작 전 결함 유무 확인
④ 최고 사용회전속도 초과 금지
⑤ 측면사용 연삭숫돌 외의 연삭숫돌은 측면 사용 금지
⑥ 연삭분 비산 방지를 위해 투명비산방지판 사용
⑦ 작업대와 숫돌 간격을 3mm 이하로 유지
⑧ 덮개와 숫돌 간격을 3~10mm로 유지

10 숫돌의 덮개 노출각도

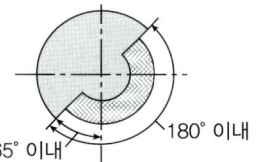

① 원통연삭기, 센터리스연삭기, 공구연삭기, 만능연삭기, 기타 이와 비슷한 연삭기

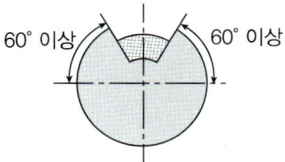

② 연삭숫돌의 상부를 사용하는 것을 목적으로 하는 탁상용 연삭기

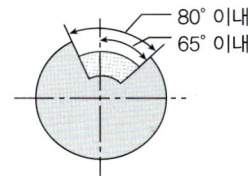

③ ② 및 ⑥ 이외의 탁상용 연삭기, 기타 이와 유사한 연삭기

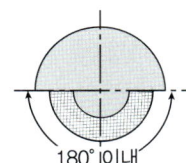

④ 휴대용 연삭기, 스윙연삭기, 슬라브 연삭기, 기타 이와 비슷한 연삭기

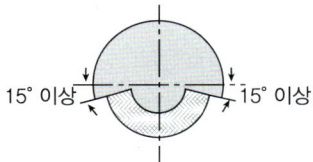

⑤ 평면연삭기, 절단연삭기, 기타 이와 비슷한 연삭기

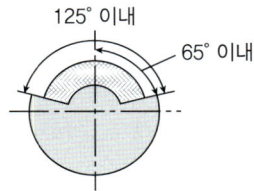

⑥ 일반 연삭 작업 등에 사용하는 것을 목적으로 하는 탁상용 연삭기

11 숫돌의 파괴원인

① 플랜지가 너무 작을 경우(최소 숫돌 지름의 1/3 이상)
② 균열 있는 숫돌을 사용한 경우
③ 최고사용속도를 초과한 경우
④ 측면을 사용한 경우

12 프레스의 방호장치

종류	분류
광전자식	A-1
	A-2
양수조작식	B-1(유·공압 밸브식)
	B-2(전기버튼식)
가드식	C
손쳐내기식	D
수인식	E

13 광전자식 방호장치

① 정상동작표시램프는 녹색, 위험표시램프는 붉은색 사용, 근로자 시야에 설치
② 슬라이드 하강 중 정전 또는 방호장치의 이상 시에 정지할 수 있는 구조
③ 릴레이, 리미트 스위치 등 전기부품 고장, 전원전압의 변동 및 정전에 의해 슬라이드가 불시 동작 방지, 사용전원전압의 ±20%의 변동에 정상 작동 가능

14 양수조작식 방호장치

① 정상동작표시등은 녹색, 위험표시등은 붉은색 사용, 근로자 시야에 설치
② 슬라이드 하강 중 정전 또는 방호장치의 이상 시에 정지할 수 있는 구조
③ 릴레이, 리미트 스위치 등 전기부품 고장, 전원전압의 변동 및 정전에 의해 슬라이드가 불시 동작 방지, 사용전원전압의 ±20%의 변동에 정상 작동 가능
④ 1행정 1정지 기구에 사용

⑤ 누름버튼을 양손으로 동시에 조작하지 않으면 작동 불가 구조, 양쪽버튼의 작동 시간 차 최대 0.5초 이내일 때 프레스 동작
⑥ 1행정마다 누름버튼에서 양손을 떼지 않으면 다음 작업 불가 구조
⑦ 램의 하행정중 버튼(레버)에서 손을 뗄 시 정지하는 구조
⑧ 누름버튼의 상호 간 내측거리 300mm 이상
⑨ 누름버튼(레버 포함)은 매립형 구조

15 게이트 가드식 방호장치

① 가드의 금형 착탈 용이 설치
② 가드 용접 부위는 완전 용착 및 깨끗한 상태의 면
③ 인체 접촉하여 손상 우려 부위는 부드러운 고무 등 부착
④ 가드 열렸을 시 슬라이드 동작 불가, 슬라이드 작동 중 게이트 가드 개방 불가능
⑤ 방호장치에 설치된 슬라이드 동작용 리미트 스위치는 신체 일부나 재료 등 접촉 방지 구조
⑥ 가드의 닫힘으로 슬라이드의 기동신호를 알리는 구조는 닫힘표시램프 설치
⑦ 수동 가드 닫힘 구조는 기계적 잠금장치 작동 후 외에 슬라이드 기동 불가능 구조

16 손쳐내기식 방호장치

① 슬라이드 하행정거리 3/4 위치에서 손 완전히 밀어냄
② 손쳐내기봉의 행정 길이: 금형 높이에 따라 조정 가능, 진동 폭: 금형 폭 이상
③ 방호판과 손쳐내기봉: 경량, 충분한 강도
④ 방호판 폭: 금형 폭 1/2 이상, 행정길이 300mm 이상의 프레스 기계 방호
  판 폭: 300mm
⑤ 손쳐내기봉 손 접촉 시 충격 완화 완충재 부착
⑥ 부착볼트 등 고정금속 부분은 예리한 돌출 금지

17 안전거리

① 광전자식 및 양수조작식 안전거리(D) = 1.6T

② 양수기동식 안전거리(D) = 1.6T
$$= 1.6 \times \left(\frac{1}{2} + \frac{1}{n} \right) \times \frac{60,000}{\text{spm}}$$

18 롤러기의 급정지장치

① 손조작식: 밑면에서 1.8m 이내에 설치

② 복부조작식: 밑면에서 0.8m 이상 1.1m 이내에 설치

③ 무릎조작식: 밑면에서 0.6m 이내에 설치

19 롤러기 원주속도와 급정지거리

① 30m/min 미만: 급정지거리는 롤러 원주의 1/3 이내

② 30m/min 이상: 급정지거리는 롤러 원주의 1/2.5 이내

20 롤러기의 가드 설치 시 개구부의 간격

① ㅂ 전동체: Y = 6 + 0.15X

② 조동체: Y = 6 + 0.1X

21 아세틸렌 용접장치의 압력 제한

금속의 용접·용단 또는 가열 작업 시 게이지 압력 127kPa 초과 제한

22 발생기실 설치 시 준수사항

① 벽은 불연성 재료 사용, 철근 콘크리트 또는 그 밖에 동등 이상 강도의 구조

② 지붕과 천장에 얇은 철판이나 가벼운 불연성 재료 사용

③ 바닥면적의 1/16 이상 단면의 배기통을 옥상으로 돌출, 개구부를 창이나 출입구로부터 1.5m 이상 이격

④ 출입구 문은 불연성 재료, 두께 1.5mm 이상 철판 또는 동등 이상 강도의 구조

⑤ 벽과 발생기 간, 조정 또는 카바이드 공급 작업 방해하지 않도록 간격 확보

23 아세틸렌 용접장치 안전기 설치조건

① 아세틸렌 용접장치의 취관마다 안전기를 설치

② 가스용기와 발생기가 분리된 아세틸렌 용접장치에 발생기와 가스용기 사이에 안전기 설치

24 아세틸렌 용접장치 사용 시 준수사항

① 발생기의 종류, 형식, 제작업체명, 시간당 평균 가스발생량 및 1회 카바이드 공급량을 발생기실 내 보기 쉬운 장소에 게시

② 발생기실에 관계 근로자 외 출입 금지

③ 발생기에서 5m 또는 3m 이내에 흡연, 화기의 사용 또는 불꽃이 발생할 위험한 행위 금지

④ 도관에 산소용과 아세틸렌용의 혼동 방지 조치

⑤ 아세틸렌 용접장치의 설치장소에 소화설비 구비

⑥ 이동식 아세틸렌 용접장치 발생기는 고온의 장소, 통풍이나 환기가 불충분한 장소 또는 진동이 많은 장소 등에 설치 금지

25 가스집합 용접장치

① 화기 사용 설비로부터 5m 이상 떨어진 장소에 설치

② 배관 시 플랜지·밸브·콕 등의 접합부에 개스킷 사용

③ 배관 시 주관 및 분기관에 안전기 설치(하나의 취관에 2개 이상의 안전기 설치)

④ 용해아세틸렌의 가스집합 용접장치의 배관 및 부속기구는 구리 또는 구리 함유량이 70% 이상인 합금 사용 금지

26 보일러의 압력방출장치

① 안전한 가동을 위한 보일러 규격에 맞는 압력방출장치 1개 또는 2개 이상 설치, 최고사용압력 이하 작동(2개 이상 설치 시 1

개는 최고사용압력 이하에서, 다른 1개는 최고사용압력 1.05배 이하 작동되도록 부착)
② 매년 1회 이상 산업통상자원부장관의 지정을 받은 국가교정업무 전담기관에서 교정을 받은 압력계를 이용하여 설정압력에서 작동 검사 후, 납 봉인하여 사용(공정안전보고서 제출 대상으로 고용노동부장관이 실시하는 공정안전보고서 우수 사업장은 4년마다 1회 이상 작동 검사)

27 보일러의 압력제한 스위치

보일러 과열 방지를 위한 최고사용압력과 상용압력 사이에서 버너 연소 차단하도록 압력제한 스위치 부착 후, 사용

28 보일러의 폭발위험방지

보일러 폭발 사고 예방을 위해 압력방출장치, 압력제한 스위치, 고저수위 조절장치, 화염검출기 등의 기능이 정상 작동되도록 유지·관리

29 산업용 로봇 작업 시 위험방지 조치

① 로봇의 조작방법 및 순서
② 작업 중의 매니퓰레이터의 속도
③ 2명 이상의 근로자 작업 시 신호방법
④ 이상 발견 시 조치
⑤ 이상 발견 시 로봇 운전 정지 후 재가동 조치
⑥ 그 밖에 로봇의 예기치 못한 작동 또는 오조작에 의한 위험방지 조치

30 산업용 로봇 운전 중 위험방지

로봇 운전으로 인한 부상 위험방지를 위한 높이 1.8m 이상의 울타리 설치, 컨베이어 시스템의 설치 등으로 울타리를 설치 불가 구간은 안전매트 또는 광전자식 방호장치 등 감응형 방호장치 설치

31 목재 가공용 기계 방호장치

① 톱날접촉 예방장치
② 분할날 등 반발예방장치: 분할날, 반발방지롤러, 반발방지조

32 분할날의 설치기준

① 톱날 두께의 1.1배 이상, 치진폭 이하
② 톱날로부터 12mm 이내에 설치
③ 톱날 후면날의 2/3 이상을 덮도록 설치

33 고속회전체 비파괴검사 실시

고속회전체 회전시험 시 회전축 재질 및 형상에 맞는 비파괴검사로 결함 유무 사전에 확인(단, 회전축의 중량 1톤 초과, 원주속도 120m/s 이상에 한함)

34 지게차 헤드가드

① 강도: 지게차 최대하중의 2배 등분포정하중 견딤(4톤 초과 시 4톤 기준)
② 상부틀 개구의 폭·길이: 16cm 미만
③ 높이: 한국산업표준 기준 이상(입식 1.88m 이상, 좌식 0.903m 이상)

35 지게차의 안정도

하역 작업 시	전후안정도	4%
	좌우안정도	6%
주행 시	전후안정도	8%
	좌우안정도	(15+1.1V)%

36 지게차의 안정조건

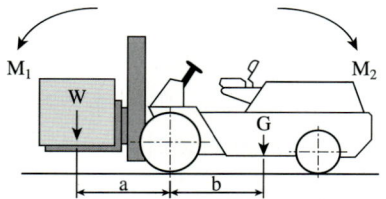

M₁: 화물의 모멘트, M₂: 지게차의 모멘트

① W: 화물 중심에서의 화물의 중량(kgf)
② G: 지게차 중심에서의 지게차 중량(kgf)

③ a: 앞바퀴에서 화물 중심까지의 최단거리 (cm)

④ b: 앞바퀴에서 지게차 중심까지의 최단거리(cm)

⑤ $W \times a \leq G \times b$

37 차량계 하역운반기계 운전위치 이탈 시 준수사항

① 프크, 버킷, 디퍼 등 장치 가장 낮은 위치 드는 지면에 배치

② 은전석 이탈 시 시동키 운전대에서 분리

③ 원동기 정지, 브레이크 거는 등 갑작스러운 이동 방지 조치

38 양중기의 종류

① 크레인

② 이동식 크레인

③ 리프트(적재하중 0.1톤 이상 이삿짐운반용 리프트)

④ 곤돌라

⑤ 승강기

39 크레인의 방호장치

① 고·부하방지장치

② 권과방지장치

③ 비상정지장치

④ 혹해지장치(혹 입구 간격이 제품사양서 기준 10% 이상 벌어진 경우 폐기)

40 와이어로프

① 안전율 $= \dfrac{파단하중}{허용하중}$

② 본로프에 걸리는 하중 = 정하중 + 동하중

$= 정하중 + \left(정하중 \times \dfrac{상승가속도}{중력가속도} \right)$

③ 슬링와이어로프의 걸리는 하중

$= \dfrac{정하중}{2} \div \cos\left(\dfrac{\theta}{2} \right)$

41 기계설비의 안전화

① 외관의 안전화

② 구조의 안전화

③ 기능의 안전화

④ 작업의 안전화

⑤ 작업점의 안전화

⑥ 보전의 안전화

42 방호장치 위험 장소에 따른 분류

① 격리형 방호장치: 완전차단형, 덮개형, 안전방책

② 위치제한형 방호장치: 양수조작식

③ 접근거부형 방호장치: 수인식, 손쳐내기식

④ 접근반응형 방호장치: 감응식

43 방호장치 위험원에 따른 분류

① 포집형 방호장치: 반발예방장치, 덮개

② 감지형 방호장치

44 풀 프루프(Fool Proof)

① 가드

② 록기구

③ 트립기구

④ 오버런기구

⑤ 밀어내기기구

⑥ 기동방지기구

45 페일세이프 기능 3단계

① Fail - Passive

② Fail - Active

③ Fail - Operational

46 방호조치 미이행 금지 기계·기구

구분	방호조치
예초기	날접촉 예방장치
원심기	회전체접촉 예방장치
공기압축기	압력방출장치
금속절단기	날접촉 예방장치
지게차	헤드가드, 백레스트(Backrest), 전조등, 후미등, 안전벨트
포장기계	구동부 방호연동장치

47 비파괴검사

① 방사선투과검사(RT)
② 초음파탐상검사(UT)
③ 자분탐상검사(MT)
④ 액체침투탐상검사(PT)
⑤ 와전류탐상검사(ECT)

전기 및 화학설비 안전관리

01 감전위험의 직접적인 요인

① 통전전류의 크기
② 통전시간
③ 통전경로
④ 전원의 종류

02 감지전류 구분

① 최소감지전류: 1~2mA
② 고통한계전류: 7~8mA
③ 마비한계전류(=불수전류): 10~15mA
④ 심실세동전류: 50mA 이상

$$심실세동전류(I) = \frac{165}{\sqrt{T}}(mA)$$

03 통전경로에 따른 위험도

통전경로	위험도
왼손 – 가슴	1.5
오른손 – 가슴	1.3
왼손 – 발	1.0
양손 – 양발	1.0
오른손 – 발	0.8
왼손 – 등	0.7
손 – 앉아 있는 자리	0.7
왼손 – 오른손	0.4
오른손 – 등	0.3

04 위험한계에너지 공식

$$W = I^2RT$$

① W: 위험한계에너지(J)
② I: 통전전류(A)
③ R: 인체저항(Ω)
④ T: 통전시간(sec)

05 전압의 종류

구분	교류	직류
저압	1,000V 이하	1,500V 이하
고압	1,000V 초과 7,000V 이하	1,500V 초과 7,000V 이하
특별고압	7,000V 초과	

06 단로기(DS) 개폐

부하전류 차단 불가 고압 또는 특별고압 단로기 개폐 시 오조작 방지를 위해 전로 무부하 확인 후 조작하도록 주의 표지판 설치

07 직접접촉에 의한 감전방지법

① 절연덮개, 절연물질로 충전부를 감쌀 것
② 폐쇄형 외함을 설치할 것
③ 안전전압 이하의 기기 사용할 것

08 사용전압에 따른 절연저항

전로의 사용 전압 구분	DC시험전압	절연저항
SELV 및 PELV	250V	0.5MΩ 이상
FELV, 500V 이하 전로	500V	1.0MΩ 이상
500V 초과 전로	1,000V	

09 인체접촉상태에 따른 허용접촉전압

구분	접촉상태	허용접촉전압
제1종	수중에 있는 경우	2.5V 이하
제2종	젖은 경우, 금속 상시 접촉	25V 이하
제3종	통상의 상태	50V 이하
제4종	접촉 우려가 없는 경우	무제한

10 접지의 분류

목적에 따른 분류	계통접지, 보호접지, 피뢰시스템접지
구성방법에 따른 분류	단독접지, 공통접지, 통합접지
계통접지의 분류	TN·TT·IT 계통
TN계통의 분류	TN-C, TN-S, TN-C-S

11 접지 목적에 따른 분류

구분	목적
계통접지	고압전로와 저압전로 혼촉 시 감전이 나 화재방지
기기접지	누전 기기에 접촉되었을 때 감전방지
피뢰기접지	낙뢰로부터 전기기기 손상방지
정전기방지접지	정전기 축적에 의한 폭발 재해방지
등전위접지	병원 의료기기에 적용

12 누전차단기 설치장소

① 대지전압 150V 초과 이동형·휴대형 전기기계·기구
② 물 등 도전성이 높은 액체가 있는 습윤장소 사용 저압용 전기기계·기구
③ 철판·철골 위 등 도전성 높은 장소 사용 이동형·휴대형 전기기계·기구
④ 임시배선 전로 설치 장소 사용 이동형·휴대형 전기기계·기구

13 누전차단기 설치 제외 및 접지 불필요한 경우

① 이중절연 또는 동등 이상 보호 구조의 전기기계·기구
② 절연대 위 등 감전위험 없는 장소 사용 전기기계·기구
③ 비접지방식 전로

14 인체감전방지용 고감도 고속형 누전차단기

① 정격감도전류 30mA 이하, 작동시간 0.03초 이내
② 정격전부하전류가 50A 이상일 때 정격감도전류 200mA 이하, 작동시간 0.1초 이내

15 피뢰기의 구비조건

① 충격방전 개시전압이 낮을 것
② 제한전압이 낮을 것
③ 반복동작이 가능할 것
④ 특성이 변하지 않을 것
⑤ 점검보수가 용이할 것
⑥ 뇌전류의 방전능력이 클 것
⑦ 속류를 확실하게 차단할 것

16 보호여유도(%)

$$\frac{충격절연강도-제한전압}{제한전압} \times 100$$

17 정전기 발생의 영향요인

① 물질의 이력
② 물질의 표면상태
③ 물질의 특성
④ 분리속도
⑤ 접촉면적 및 접촉압력

18 정전기의 종류

① 유동대전
② 마찰대전
③ 박리대전
④ 분출대전
⑤ 파괴대전
⑥ 교반대전
⑦ 충돌대전
⑧ 침강대전

19 정전에너지 공식

① 정전하 Q = CV
② 정전에너지(E) =

$$\frac{1}{2}CV^2 = \frac{1}{2}QV = \frac{1}{2}Q\frac{Q}{C} = \frac{Q^2}{2C}$$

20 방전의 종류

① 코로나 방전
② 스트리머 방전
③ 연면 방전
④ 불꽃 방전
⑤ 뇌상 방전

21 정전기 발생 방지대책

① 도체에 접지 실시
② 대전방지제 사용
③ 도전성 재료 사용
④ 비 도전성 위험물 1m/s 이하로 유속제한
⑤ 도전성 위험물 7m/s 이하로 유속제한
⑥ 그 밖의 위험물 10m/s 이하로 유속제한
⑦ 가습 70% 이상 유지

⑧ 정전화, 정전복 착용
⑨ 제전기 사용

22 제전기

모두 코로나 방전을 이용하며, 방전 시 오존(O_3)이 발생한다.
① 전압인가식 제전기
② 자기방전식 제전기
③ 이온화식 제전기

23 방폭화의 기본원리

① 점화원의 방폭적 격리
② 전기설비의 안전도 증강
③ 점화능력의 본질적 억제

24 방폭구조의 종류

① 내압 방폭구조(d)
② 압력 방폭구조(p)
③ 유입 방폭구조(o)
④ 안전증 방폭구조(e)
⑤ 몰드 방폭구조(m)
⑥ 본질안전 방폭구조(ia, ib)
⑦ 비점화 방폭구조(n)
⑧ 충전 방폭구조(q)

25 가스폭발 위험장소

구분	대상	장소
0종 장소	인화성 증기·가스가 지속적으로 존재하는 장소	용기 및 장치 내부
1종 장소	인화성 증기·가스 등이 존재하기 쉬운 장소	맨홀 및 벤트 등의 주위
2종 장소	인화성 가스 등이 드물게 존재하는 장소	개스킷 주위

26 위험장소별 방폭구조

구분	방폭구조의 종류
0종 장소	본질안전 방폭구조(ia)
1종 장소	내압(d), 압력(p), 유입(o), 안전증(e), 몰드(m), 충전(q), 본질안전 방폭구조(ib)
2종 장소	비점화 방폭구조(n)

27 가연성 가스의 최대안전틈새

폭발 그룹	최대안전틈새
가스 및 증기그룹 II A	0.9mm 이상
가스 및 증기그룹 II B	0.5mm 초과 0.9mm 미만
가스 및 증기그룹 II C	0.5mm 이하

28 전기설비의 최고표면온도 등급

온도 등급	T1	T2	T3	T4	T5	T6
최고 표면 온도 범위	300℃ 초과 450℃ 이하	200℃ 초과 300℃ 이하	135℃ 초과 200℃ 이하	100℃ 초과 135℃ 이하	85℃ 초과 100℃ 이하	85℃ 이하

29 작업 전 전로차단 절차

① 전기기기 전원을 관련 도면, 배선도 등으로 확인
② 전원 차단 후 각 단로기 개방 및 확인
③ 차단장치나 단로기 등에 잠금장치 및 꼬리표 부착
④ 개로된 전로의 유도전압 또는 전기에너지 축적 전기기기 등은 접촉 전에 잔류전하 완전 방전
⑤ 검전기로 작업 대상 기기 충전 여부 확인할 것
⑥ 전기기기 등이 타 노출 충전부 접촉, 유도, 예비동력원 역송전 등으로 전압 발생 우려 시 단락접지기구 이용하여 접지

30 작업 중 또는 작업 후 전원 투입 시 준수사항

① 작업기구, 단락접지기구 등을 제거하고 전기기기 등이 안전하게 통전 되는지 확인
② 모든 작업자가 전기기기 등에서 떨어져 있는지 확인
③ 잠금장치와 꼬리표는 설치자가 직접 철거
④ 모든 이상 유무 확인 후 전원 투입

31 전로차단 불필요한 경우

① 생명유지장치, 비상경보설비, 폭발위험장소의 환기설비, 비상조명설비 등 가동 중지 시 사고 위험이 증가하는 경우
② 기기의 설계상 또는 작동상 제한으로 전로차단 불가능한 경우
③ 감전, 아크 등 화상 및 화재·폭발 위험 없음이 확인된 경우

32 접근한계거리

충전전로 전압	접근한계거리
0.3kV 이하	접촉금지
0.3kV 초과 0.75kV 이하	30cm 이상
0.75kV 초과 2kV 이하	45cm 이상
2kV 초과 15kV 이하	60cm 이상
15kV 초과 37kV 이하	90cm 이상
37kV 초과 88kV 이하	110cm 이상
88kV 초과 121kV 이하	130cm 이상
121kV 초과 145kV 이하	150cm 이상
145kV 초과 169kV 이하	170cm 이상
169kV 초과 242kV 이하	230cm 이상
242kV 초과 362kV 이하	380cm 이상
362kV 초과 550kV 이하	550cm 이상
550kV 초과 800kV 이하	790cm 이상

33 교류아크용접기 방호장치 설치 장소

① 선박의 이중선체 내부, 밸러스트 탱크(평형수 탱크), 보일러 내부 등 도전체에 둘러싸인 장소

② 추락할 위험이 있는 높이 2m 이상의 장소
르 철골 등 도전성이 높은 물체에 접촉할
으려가 있는 장소

③ 믈·땀 등으로 인하여 도전성이 높은 습윤
상태에서 작업하는 장소

34 과전류에 의한 전선전류밀도의 구분

구분	인화단계	착화단계	발화단계	용단단계
전선전류밀도 (A/mm²)	40~43	43~60	60~120	120 이상

35 연소의 3요소

① 점화원

② 가연물

③ 산소공급원

④ 연쇄반응(연소의 4요소)

36 연소의 종류

상태	형태
기체연소	확산연소
	예혼합연소
액체연소	증발연소
	분해연소
	액적연소(=분무연소)
고체연소	표면연소
	분해연소
	증발연소
	자기연소

37 자연발화의 발생조건

① 높은 주위온도

② 큰 표면적

③ 적당한 습도

④ 적은 열전도율

⑤ 큰 발열량

38 화재

화재의 구분	명칭	표시색
A급 화재	일반(보통)화재	백색
B급 화재	유류화재	황색
C급 화재	전기화재	청색
D급 화재	금속화재	무색

39 가연성 가스의 위험도 공식

위험도(H) =

$$\frac{\text{폭발상한계}(U) - \text{폭발하한계}(L)}{\text{폭발하한계}(L)}$$

40 르샤틀리에 공식

$$L = \frac{V_1 + V_2 + \cdots + V_n}{\dfrac{V_1}{L_1} + \dfrac{V_2}{L_2} + \cdots + \dfrac{V_n}{L_n}}$$

41 완전연소 조성농도

$$C_{ST} = \frac{100}{1 + 4.773\left(C + \dfrac{H - Cl - 2O}{4}\right)}$$

42 대표적인 폭발현상

• BLEVE(비등액체팽창 증기폭발)

• UVCE(증기운폭발)

43 폭굉유도거리가 짧아지는 조건

① 관 내 장애물 존재

② 관 지름 작음

③ 점화에너지 큼

④ 정상연소속도 큼

44 분진폭발 과정

① 퇴적 분진 비산

② 비산 분진 공기 중 분산

③ 점화원에 의한 1차 폭발

④ 불완전연소가스에 의한 2차·3차 폭발

45 불활성화(= 퍼지, 치환)

① 압력퍼지
② 진공퍼지
③ 사이펀퍼지
④ 스위프퍼지

46 소화효과

① 냉각소화
② 질식소화
③ 억제소화
④ 제거소화

47 분말 소화약제

① 제1종 분말: 탄산수소나트륨
② 제2종 분말: 탄산수소칼륨
③ 제3종 분말: 제1인산암모늄
④ 제4종 분말: 탄산수소칼륨 + 요소

48 할로겐 화합물 소화약제

① 주요 구성원소: C, F, Cl, Br
② 연쇄반응 차단효과
③ 오존층파괴

49 포 혼합방식의 종류

① 펌프 프로포셔너방식
② 프레셔 프로포셔너방식
③ 라인 프로포셔너방식
④ 프레셔사이드 프로포셔너방식
⑤ 압축공기 포 소화설비

50 폭발성 물질 및 유기과산화물

① 질산에스테르류
② 니트로화합물
③ 니트로소화합물
④ 아조화합물
⑤ 디아조화합물
⑥ 하이드라진 및 그 유도체
⑦ 유기과산화물

51 물 반응성 물질(= 금수성 물질) 및 인화성 고체

① 리튬
② 칼륨·나트륨
③ 황
④ 황린
⑤ 황화인·적린
⑥ 셀룰로이드류
⑦ 알킬알루미늄·알킬리튬
⑧ 마그네슘 분말
⑨ 금속 분말(마그네슘 분말 제외)
⑩ 알칼리금속(리튬·칼륨 및 나트륨 제외)
⑪ 유기 금속화합물(알킬알루미늄 및 알킬리튬 제외)
⑫ 금속의 수소화물
⑬ 금속의 인화물
⑭ 칼슘탄화물, 알루미늄의 탄화물

52 산화성 액체 및 고체

① 차아염소산 및 그 염류
② 아염소산 및 그 염류
③ 염소산 및 그 염류
④ 과염소산 및 그 염류
⑤ 브롬산 및 그 염류
⑥ 요오드산 및 그 염류
⑦ 과산화수소 및 무기 과산화물
⑧ 질산 및 그 염류
⑨ 과망간산 및 그 염류
⑩ 중크롬산 및 그 염류

53 인화성 액체

① 에틸에테르, 가솔린, 아세트알데히드, 산화프로필렌, 인화점 23℃ 미만에 끓는점 35℃ 이하인 물질
② 노르말헥산, 아세톤, 메틸에틸케톤, 인화점 23℃ 미만에 끓는점 35℃ 초과인 물질
③ 크실렌, 아세트산아밀, 등유, 경유, 인화점 23℃ 이상 60℃ 이하인 물질

54 인화성 가스

① 수소
② 아세틸렌
③ 에틸렌
④ 머탄
⑤ 에탄
⑥ 프로판
⑦ 부탄
⑧ 기타 20℃, 표준압력에서 기체상태인 인화성 가스

55 부식성 산류

① 농도가 20% 이상인 염산, 황산, 질산
② 농도가 60% 이상인 인산, 아세트산, 불산

56 부식성 염기류

농도가 40% 이상인 수산화나트륨, 수산화칼륨

57 급성 독성 물질

실험 방법	경구	경피	흡입		
실험 동둘	쥐	쥐 또는 토끼	쥐		
물질의 양	300mg/ kg 이하	1,000mg /kg 이하	2,500 ppm 이하	증기 10mg/l 이하	분진, 미스트 1mg/l 이하

58 안전장치의 종류

① 안전밸브
② 파열판
③ 통기밸브
④ 호염방지기
⑤ 자동경보장치

59 파열판의 설치조건

① 급격한 압력상승 우려가 있는 경우
② 독성 물질 누출로 작업환경 오염 우려가 있는 경우

③ 안전밸브 이상 물질 누적으로 작동 불량 우려가 있는 경우

60 특수화학설비의 안전장치

① 계측장치 등의 설치
② 자동경보장치의 설치
③ 긴급차단장치의 설치
④ 예비동력원 설치

61 위험물 건조설비 설치 건축물 기준

① 독립 단층 건축물로 구성
② 위험물 가열·건조용 내용적 $1m^3$ 이상 건조설비
③ 위험물이 아닌 고체·액체연료 최대사용량 10kg/h 이상 가열·건조
④ 위험물이 아닌 기체연료 최대사용량 $1m^3$/h 이상 가열·건조
⑤ 위험물이 아닌 전기사용 정격용량 10kW 이상 가열·건조

62 밀폐공간 작업

① 적정공기

종류	산소	이산화탄소	일산화탄소	황화수소
농도 범위	18% 이상 23.5% 미만	1.5% 미만	30ppm 미만	10ppm 미만

② 산소결핍: 공기 중의 산소농도가 18% 미만인 상태

63 밀폐공간 작업 시 안전조치

① 철저한 환기
② 확실한 인원 점검
③ 관계자 외 출입 금지
④ 통신설비 구비
⑤ 송기마스크·사다리·섬유로프 비치

64 밀폐공간 작업 시 관리감독자 직무

① 작업시작 전 산소결핍·유해가스 노출방지를 위한 작업방법 결정 및 작업 지휘
② 작업시작 전 공기 적정 여부 확인
③ 작업시작 전 측정장비·환기장치·송기마스크 등 점검
④ 근로자 송기마스크 착용 지도 및 착용상황 점검

65 화학설비

① 반응기·혼합조 등 반응·혼합장치
② 증류탑·흡수탑·추출탑·감압탑 등 분리장치
③ 저장탱크·계량탱크·호퍼·사일로 등 저장·계량설비
④ 응축기·냉각기·가열기·증발기 등 열교환기류
⑤ 고로 등 점화기 사용 열교환기류
⑥ 캘린더·혼합기·발포기·인쇄기·압출기 등 가공설비
⑦ 분쇄기·분체분리기·용융기 등 분체 취급장치
⑧ 결정조·유동탑·탈습기·건조기 등 분체 분리장치
⑨ 펌프류·압축기·이젝터(Ejector) 등 이송·압축설비

66 화학설비의 부속설비

① 배관·밸브·관·부속류 등 이송설비
② 온도·압력·유량 등을 지시·기록 등 자동제어설비
③ 안전밸브·안전판·긴급차단밸브·방출밸브 등 비상조치설비
④ 가스누출감지 및 경보설비
⑤ 세정기, 응축기, 벤트스택, 플레어스택 등 폐가스처리설비
⑥ 사이클론, 백필터, 전기집진기 등 분진처리설비

⑦ 위 항목 설비 운전을 위한 부속 전기설비
⑧ 정전기 제거장치, 긴급 샤워설비 등 안전설비

67 공정안전보고서 제출대상 사업

① 원유 정제처리업
② 기타 석유정제물 재처리업
③ 석유화학계 기초화학물 또는 합성수지·플라스틱 제조업
④ 질소, 인산 및 칼리질 비료 제조업
⑤ 복합비료 제조업
⑥ 농약 제조업
⑦ 화약 및 불꽃제품 제조업

68 공정안전보고서의 내용

① 공정안전자료
② 공정위험성평가서 및 잠재위험 사고예방·피해 최소화 대책
③ 안전운전계획
④ 비상조치계획

69 물질안전보건자료의 작성항목

① 화학제품과 회사에 관한 정보
② 유해성·위험성
③ 구성성분의 명칭 및 함유량
④ 응급조치 요령
⑤ 폭발·화재 시 대처방법
⑥ 누출사고 시 대처방법
⑦ 취급 및 저장방법
⑧ 노출방지 및 개인 보호구
⑨ 물리·화학적 특성
⑩ 안정성 및 반응성
⑪ 독성에 관한 정보
⑫ 환경에 미치는 영향
⑬ 폐기 시 주의사항
⑭ 운송에 필요한 정보
⑮ 법적 규제 현황
⑯ 그 밖의 참고사항

건설공사 안전관리

01 산업안전보건관리비 계상
① 사업의 규모별·종류별 계상기준
② 건설공사의 진척 정도에 따른 사용비율 등 기준
③ 산업안전보건관리비의 사용에 필요한 사항

02 타워크레인 설치·조립·해체 작업계획서
① 타워크레인 종류 및 형식
② 설치·조립·해체 순서
③ 작업도구·장비·가설·방호설비
④ 작업인원의 구성 및 역할 범위
⑤ 지지방법

03 차량계 하역운반기계 등 사용 작업계획서
① 추락·낙하·전도·협착·붕괴 등 위험 예방대책
② 운행경로 및 작업방법

04 차량계 건설기계 사용 작업계획서
① 사용 차량계 건설기계의 종류 및 성능
② 운행경로
③ 작업방법

05 굴착작업
① 굴착방법·순서, 토사 반출방법
② 필요 인원 및 장비 사용계획
③ 매설물에 대한 이설·보호대책
④ 사업장 내 연락방법 및 신호방법
⑤ 흙막이 지보공 설치방법 및 계측계획

⑥ 작업지휘자의 배치계획
⑦ 그 밖의 안전·보건에 관련된 사항

06 터널굴착작업
① 굴착 방법
② 터널지보공·복공 시공 및 용수 처리방법
③ 환기·조명시설 설치방법

07 채석작업
① 노천굴착·갱내굴착 구별 및 채석방법
② 굴착면 높이와 기울기
③ 굴착면 소단 위치와 넓이
④ 갱내 낙반 및 붕괴방지방법
⑤ 발파방법
⑥ 암석 분할방법
⑦ 암석 가공장소
⑧ 사용 굴착기계·분할기계·적재기계·운반기계 종류 및 성능
⑨ 토석·암석 적재 및 운반방법과 운반경로
⑩ 표토·용수 처리방법

08 건물 등의 해체작업
① 해체방법 및 해체 순서도면
② 가설설비·방호설비·환기설비 및 살수·방화설비방법
③ 사업장 내 연락방법
④ 해체물 처분계획
⑤ 해체작업용 기계·기구 작업계획서

⑥ 해체작업용 화약류 사용계획서

⑦ 기타 안전·보건 관련 사항

09 중량물의 취급작업

① 추락위험 예방 안전대책

② 낙하위험 예방 안전대책

③ 전도위험 예방 안전대책

④ 협착위험 예방 안전대책

⑤ 붕괴위험 예방 안전대책

10 제조업 유해·위험방지계획서 제출대상 설비

① 금속·광물 용해로

② 화학설비

③ 건조설비

④ 가스집합 용접장치

⑤ 유해물질의 밀폐·환기·배기설비

11 제조업 유해·위험방지계획서 제출 서류 및 시기

① 건축물 층별 평면도

② 기계·설비 개요

③ 기계·설비 배치도면

④ 작업방법 개요

⑤ 기타 고용노동부장관 지정 도면·서류

⑥ 제출 시기: 작업시작 15일 전까지 2부 제출

12 건설업 유해·위험방지계획서 제출대상 공사

① 지상높이가 31m 이상 또는 연면적 3만m² 이상 건축물 공사, 연면적 5천m² 이상 문화·집회·판매·운수·종교시설, 종합병원, 관광숙박시설, 지하도상가, 냉동·냉장창고

② 연면적 5천m² 이상 냉동·냉장창고 설비·단열공사

③ 최대 지간길이 50m 이상 다리 건설 공사

④ 터널 건설 공사

⑤ 다목적·발전용댐, 저수용량 2천만톤 이상 용수 전용댐, 지방상수도 전용댐 건설공사

⑥ 깊이 10m 이상 굴착공사

13 건설업 유해·위험방지계획서 제출 서류 및 시기

① 공사 개요 및 안전보건관리계획

② 작업 공사 종류별 유해·위험방지계획

③ 제출시기: 착공 전날까지 2부 제출

14 건설업 유해·위험방지계획서 확인사항 및 시기

① 계획서 내용과 실제 공사 내용 부합 여부

② 변경내용의 적정성

③ 추가 유해·위험요인 존재 여부

④ 확인시기: 시운전단계 및 공사 중 6개월 이내마다 공단의 확인

15 안전보건관리비 계상기준

구분 / 공사종류	대상액 5억 원 미만인 경우 적용비율(%)	대상액 5억 원 이상 50억 원 미만인 경우		대상액 50억 원 이상인 경우 적용비율(%)	보건관리자 선임 대상 건설공사의 적용비율(%)
		적용비율(%)	기초액		
건축공사	3.11%	2.28%	4,325,000원	2.37%	2.64%
토목공사	3.15%	2.53%	3,300,000원	2.60%	2.73%
중건설공사	3.64%	3.05%	2,975,000원	3.11%	3.39%
특수건설공사	2.07%	1.59%	2,450,000원	1.64%	1.78%

16 공사진척에 따른 안전보건관리비 사용기준

공정률	50% 이상 70% 미만	70% 이상 90% 미만	90% 이상
사용기준	50% 이상	70% 이상	90% 이상

17 건설업 산업안전보건관리비의 사용기준

① 안전관리자·보건관리자의 임금 등

② 안전시설비 등

③ 보호구 등

④ 안전보건진단비 등

⑤ 안전보건교육비 등

⑥ 근로자 건강장해예방비 등

⑦ 재해예술기술지도비 등

⑧ 본사 안전보건 전담조직 운영비 등

⑨ 위험성 평가 및 유해·위험요인 개선비용

18 작업발판 설치 불가 시 **추락방호망 설치기준**

① **설치위치**: 작업면 가까이, 수직거리 10m 초과 금지
② 설치방법: 수평 설치, **망의 처짐은 짧은 변의 12% 이상**
③ 바깥쪽 설치 시 **내민 길이**: 벽면에서 3m 이상, 그물코 20mm 이하 사용 시 **낙하물 방지망설치로 간주**

19 방망사 인장강도

① 방망사 신품 인장강도

그물코의 크기 (단위: cm)	방망의 종류(단위: kg)	
	매듭없는 방망	매듭방망
10	240	200
5	–	110

② 방망사 폐기 시 인장강도

그물코의 크기 (단위: cm)	방망의 종류(단위: kg)	
	매듭없는 방망	매듭방망
10	150	135
5	–	60

20 지붕 위 작업 시 위험방지 조치

① 가장자리에 안전난간 설치
② 채광창에 견고한 덮개 설치
③ **슬레이트 등 강도 약한 지붕에는 폭 30cm 이상 발판** 설치

21 안전난간 설치기준

① 상부난간대, 중간난간대, 발끝막이판·난간기둥으로 구성
② 상부난간대 **표면으로부터 90cm 이상**에 설치, 120cm 이상 설치 시 중간난간대는 2단 이상 균등 설치, **난간 상하 간격은 60cm 이하**
③ **발끝막이판 높이 10cm 이상** 유지
④ 난간기둥은 난간대를 견고히 지지하도록 적정 간격 유지

⑤ 상부·중간난간대는 난간 전체 길이에 걸쳐 바닥과 평행 유지
⑥ **난간대는 지름 2.7cm 이상 금속파이프** 또는 동등 이상 강도 재료
⑦ 구조적으로 가장 취약한 지점에서 **100kg 이상 하중 견딜 수 있는** 튼튼한 구조

22 구축물 등의 안전성 평가대상

① 굴착·항타 등으로 침하·균열 발생 **붕괴위험** 예상
② 지진, 동해, 부동침하 등으로 균열·비틀림 발생
③ 자체 무게·적설·풍압 또는 부가하중 등으로 **붕괴위험**
④ 화재 등으로 내력이 심하게 저하
⑤ 장기간 미사용 구축물 재사용
⑥ 주요 구조부 설계·시공방법 변경
⑦ 기타 잠재위험이 예상

23 낙하물 위험방지 조치

① 낙하물 방지망
② 수직보호망·방호선반 설치
③ 출입금지구역 설정
④ 보호구 착용

24 낙하물 방지망 또는 방호선반 설치

① 높이 10m 이내마다 설치
② 내민 길이는 벽면으로부터 2m 이상
③ 수평면과 각도 20° 이상 30° 이하

25 투하 시 위험방지 조치

높이 3m 이상 물체 투하 시 **투하설비 설치** 또는 감시인 배치

26 굴착기계 종류

① 백호우
② 드래그라인
③ 크램쉘

27 차량계 건설기계 전도·전락방지 조치

① 작업 유도자 배치
② 지반의 부동침하방지
③ 갓길 붕괴방지
④ 도로 폭 유지

28 항타기·항발기 조립 시 점검사항

① 본체 연결부 풀림·손상 유무
② 권상용 와이어로프·드럼 및 도르래 부착 상태 이상 유무
③ 권상장치 브레이크·쐐기장치 기능 이상 유무
④ 권상기 설치상태 이상 유무
⑤ 리더 버팀방법 및 고정상태 이상 유무
⑥ 본체·부속장치·부속품 강도 적합 여부
⑦ 본체·부속장치·부속품 심한 손상·마모·변형·부식 여부

29 항타기·항발기의 기타 중요사항

① 권상용 와이어로프 안전계수 5 이상
② 도르래 부착 시 권상장치 드럼축과 권상장치로부터 첫 번째 도르래축 간 거리는 드럼폭의 15배 이상

30 비계 작업시작 전 점검 및 보수

① 발판 재료 손상 여부 및 부착·걸림상태
② 연결부·접속부 풀림상태
③ 연결 재료 및 철물 손상·부식상태
④ 손잡이 탈락 여부
⑤ 기둥 침하·변형·변위·흔들림상태
⑥ 로프 부착 및 매단 장치 흔들림상태

31 강관비계의 조립간격 기준

강관비계의 종류	조립간격(단위: m)	
	수직방향	수평방향
단관비계	5	5
틀비계 (높이 5m 미만 제외)	6	8

32 강관비계의 구조기준

① 비계기둥 간격: 띠장방향 1.85m 이하, 장선방향 1.5m 이하
② 띠장 간격 2m 이하
③ 비계기둥 제일 윗부분부터 31m 지점의 밑부분 비계기둥 2개는 강관으로 묶어 세울 것
④ 비계기둥 간 적재하중은 400kg 초과 금지

33 강관틀비계 조립 시 준수사항

① 비계기둥 밑둥은 밑받침철물 사용, 고저차 있을 시 조절형 밑받침철물로 수평·수직 유지
② 높이 20m 초과 또는 중량물 적재 수반 작업 시 주틀 간격 1.8m 이하
③ 주틀 간 교차가새 설치, 최상층 및 5층 이내마다 수평재 설치
④ 수직방향 6m, 수평방향 8m 이내마다 벽이음
⑤ 띠장방향 길이 4m 이하, 높이 10m 초과 시 10m 이내마다 띠장방향 버팀기둥 설치

34 달비계 설치 시 사용금지 와이어로프

① 이음매가 있는 것
② 한 꼬임에서 끊어진 소선 수가 10% 이상인 것
③ 지름 감소가 공칭지름의 7% 초과인 것
④ 꼬인 것
⑤ 심한 변형 또는 부식된 것
⑥ 열·전기충격으로 손상된 것

35 달비계 설치 시 사용금지 달기체인

① 길이가 제조된 때의 5% 초과하여 증가한 것
② 링 단면지름이 제조된 때의 10% 초과하여 감소한 것
③ 균열 또는 심한 변형이 있는 것

36 말비계 조립 시 준수사항

① 지주부재 하단 미끄럼 방지장치 설치, 양 끝 작업 금지

② 지주부재 **수평면 기울기 75° 이하**, 지주부재 간 고정용 보조부재 설치

③ 달비계 높이 **2m 초과 시 작업발판 폭 40cm 이상**

37 이동식 비계 조립 시 준수사항

작업발판 최대 적재하중 250kg 초과 금지

38 시스템 비계 구성 시 준수사항

① 비계 밑단의 수직재와 받침철물 밀착 설치

② **수직재와 받침철물 연결부의 겹침길이는 받침철물 전체길이의 3분의 1 이상**

39 가설통로 구조기준

① 견고한 구조

② 경사 **30° 이하**

③ 경사 **15° 초과** 시 미끄럼방지 구조

④ 추락위험 장소는 **안전난간** 설치

⑤ 수직갱 통로 길이 **15m 이상** 시 **10m 이내마다** 계단참 설치

⑥ 건설공사용 높이 **8m 이상** 비계다리는 **7m 이내마다** 계단참 설치

40 사다리식 통로 구조기준

① 견고한 구조

② 심한 손상·부식이 없는 재료 사용

③ 일정한 발판 간격

④ **발판과 벽 간격 15cm 이상**

⑤ **폭 30cm 이상**

⑥ 넘어짐·미끄러짐 방지조치

⑦ **상단은** 걸친 지점보다 **60cm 이상** 돌출

⑧ 길이가 **10m 이상**일 경우 **5m 이내마다** 계단참 설치

⑨ 기울기 **75° 이하**(고정식은 **90° 이하**)

⑩ 높이 **7m 이상**인 경우 이동에 지장이 없으면 높이 **2.5m** 되는 지점부터 등받이울 설치

⑪ 높이 **7m 이상**인 경우 이동이 곤란하면 KS **전신안전대** 사용 및 추락방지시스템 설치

⑫ 접이식 사다리 기둥은 접힘방지 철물 등으로 견고하게 조치

41 계단 설치기준

① 하중 **500kg/m² 이상** 견디는 강도

② **안전율 4 이상**

③ **폭 1m 이상**

④ 계단에 손잡이 외 물건 설치 및 적치 금지

⑤ 높이 **3m 초과** 시 **3m 이내마다** 길이 **1.2m 이상 계단참** 설치

⑥ 바닥면부터 **높이 2m 이내** 공간에 장애물 설치 금지

⑦ 높이 **1m 이상** 시 개방 **측면에 안전난간** 설치

42 작업발판 구조기준

① 발판재료는 작업하중 견딜 수 있는 견고한 것

② 작업발판 **폭 40cm 이상**, 발판재료 간의 **틈 3cm 이하**

③ **선박·보트 건조작업** 시 좁은 공간은 **폭 30cm 이상**, 걸침비계의 경우 발판재료 간 틈을 **5cm 이하** 가능(틈새 낙하물 위험시 출입금지 조치)

④ 추락위험 장소에 안전난간 설치(**설치 곤란하거나 임시 안전난간 해체 시 추락방호망 설치 및 안전대 사용**)

⑤ 지지물은 하중에 의한 파괴 우려가 없는 것 사용

⑥ 재료는 뒤집힘·낙하 방지를 위한 **둘 이상의 지지물**에 연결·고정

⑦ 작업발판 이동 시 위험방지 조치

43 작업발판 일체형 거푸집 종류

① 갱 폼(Gang Form)

② 슬립 폼(Slip Form)

③ 클라이밍 폼(Climbing Form)

④ 터널 라이닝 폼(Tunnel Lining Form)

44 리프트의 종류

① 건설용 리프트
② 자동차정비용 리프트
③ 이삿짐운반용 리프트(최대하중 0.1톤 이상)
④ 산업용 리프트

45 승강기의 종류

① 승객용 엘리베이터
② 승객화물용 엘리베이터
③ 화물용 엘리베이터
④ 소형화물용 엘리베이터
⑤ 에스컬레이터

46 타워크레인 풍속에 따른 조치

① 순간풍속 초당 10m 초과 시 타워크레인의
   설치·수리·점검·해체작업 중지
② 순간풍속 초당 15m 초과 시 운전작업 중지
③ 순간풍속 초당 30m 초과 시 폭풍 등 이상
   유무 점검

47 리프트 안전조치

① 권과방지장치 설치
② 순간풍속 초당 35m 초과 시 붕괴방지 조치
③ 순간풍속 초당 30m 초과 시 폭풍 등 이상
   유무 점검

48 승강기 안전조치

① 과부하방지장치·조속기·출입문 인터록 등
   방호장치의 정상 작동을 위한 사전 조정
② 순간풍속 초당 35m 초과 시 승강기 붕괴
   방지 조치
③ 순간풍속 초당 30m 초과 시 각 부위 이상
   유무 점검

49 와이어로프 등의 안전계수

구분	안전계수
근로자 탑승 운반구 지지 달기와이어로프· 달기체인	10 이상
화물 하중 직접지지 달기와이어로프· 달기체인	5 이상
훅, 샤클, 클램프, 리프팅 빔	3 이상
그 밖의 경우	4 이상

50 와이어로프 사용제한 조건

① 이음매가 있는 것
② 한 꼬임에서 끊어진 소선 수 10% 이상인 것
③ 지름 감소가 공칭지름 7% 초과하는 것
④ 꼬인 것
⑤ 심하게 변형되거나 부식된 것
⑥ 열·전기충격으로 손상된 것

51 달기체인 사용제한 조건

① 길이 증가율이 제조 시보다 5% 초과한 것
② 링의 단면지름이 제조 시 대비 10% 초과
   하여 감소한 것
③ 균열이 있거나 심하게 변형된 것

52 건립기계 선정 시 검토사항

① 입지조건
② 소음영향
③ 인양하중
④ 건물형태
⑤ 작업반경

53 외압에 대한 내력 설계 확인 필요 철골구조물

① 이음부 현장용접 건물
② 높이 20m 이상 건물
③ 타이플레이트형 기둥 구조물
④ 폭과 높이 비가 1:4 이상 구조물
⑤ 단위면적당 철골량 50kg/m² 이하 구조물

54 콘크리트 타설작업 시 준수사항

① 작업시작 전 거푸집 및 동바리 변형·변위·지반침하 점검 및 이상 시 보수
② 거푸집 및 동바리 변형·변위 및 침하 유무 확인하기 위해 작업 중 감시자 배치, 이상 발생 시 작업 중지 및 대피 지시
③ 콘크리트 타설작업 시 거푸집 붕괴 우려 시 충분한 보강 조치
④ 설계도서상의 콘크리트 양생기간 준수 후 거푸집 및 동바리 해체
⑤ 편심 발생하지 않도록 골고루 분산 타설

55 콘크리트 측압 영향요소

① 온도↑ 측압↓
② 슬럼프값↑ 측압↑
③ 물시멘트비↑ 측압↑
④ 타설속도↑ 측압↑
⑤ 철근량↑ 측압↓

56 지반에 따른 기울기

지반의 종류	기울기
모래	1 : 1.8
연암 및 풍화암	1 : 1
경암	1 : 0.5
그 밖의 흙	1 : 1.2

57 토석붕괴의 내적 요인

① 토석 강도 저하
② 토질 변화

58 토석붕괴의 외적 요인

① 작업하중 증가
② 사면 기울기 증가
③ 사면 높이 증가
④ 지표수 침투

59 히빙현상

연약 점토지반 굴착 시 흙막이벽 배면 중량에 의해 굴착면이 부풀어 오르는 현상

60 히빙 방지대책

① 흙막이 지보공 깊게 설치
② 흙막이벽 배면의 토사 중량 감소
③ 아일랜드컷 공법 사용

61 보일링 방지대책

① 웰포인트 공법 병행
② 배수공 설치하여 지하수위 저하
③ 흙막이벽 불투수층까지 깊게 설치

62 발파작업 점화 후 불발 또는 확인 곤란 시 조치

① 전기뇌관 사용 시 발파모선 점화기에서 분리, 끝 단락 등 재점화방지 조치 후, 5분 이상 경과 전까지 장전장소 접근 금지
② 전기뇌관 외의 것 사용 시 점화 후 15분 이상 경과 전까지 장전장소 접근 금지

63 터널지보공 수시 점검사항

① 부재의 손상·변형·부식·변위 탈락의 유무 및 상태
② 부재의 긴압 정도
③ 부재의 접속부 및 교차부의 상태
④ 기둥침하의 유무 및 상태

64 잠함·우물통의 급격한 침하로 위험방지 조치

① 침하관계도에 따른 굴착방법 및 재하량 결정
② 바닥에서 천장·보까지 높이 1.8m 이상

65 철골작업 중지기준

① 풍속 초당 10m 이상
② 강우량 시간당 1mm 이상
③ 강설량 시간당 1cm 이상

66 하역작업장 조치기준

① 작업장·통로 위험 부분 조명 유지
② 부두·안벽 통로 설치 시 폭 90cm 이상
③ 육상통로 및 다리 또는 위험한 보도 등에서 안전난간 또는 울타리 설치

67 통행설비 설치

갑판의 윗면에서 선창 밑바닥까지 깊이가 1.5m 초과하는 선창에서 화물취급작업 시 안전한 통행 설비 설치

68 선박승강설비 설치

① 300톤급 이상 선박에서 하역작업 시 현문 사다리와 그 밑에 안전망 설치
② 현문 사다리는 견고한 재료로 제작, 너비 55cm 이상, 양측 울타리 82cm 이상, 미끄럼방지 바닥
③ 현문 사다리는 근로자 통행 전용이므로 화물용으로 사용 금지

과목명	문제위치
중요도	복습 횟수
☆ ☆ ☆ ☆ ☆	□□□
문제	

정답 및 해설

나만의 기록

과목명	문제위치
중요도	복습 횟수
☆ ☆ ☆ ☆ ☆	□□□
문제	

정답 및 해설

나만의 기록

과목명	문제위치
중요도	복습 횟수
☆ ☆ ☆ ☆ ☆	□□□
문제	

정답 및 해설

나만의 기록

과목명	문제위치
중요도	복습 횟수
☆ ☆ ☆ ☆ ☆	□□□
문제	

정답 및 해설

나만의 기록

과목명	문제위치
중요도	복습 횟수
☆☆☆☆☆	□□□
문제	

정답 및 해설

나만의 기록

과목명	문제위치
중요도	복습 횟수
☆☆☆☆☆	□□□
문제	

정답 및 해설

나만의 기록

과목명	문제위치
중요도	복습 횟수
☆☆☆☆☆	□□□
문제	

정답 및 해설

나만의 기록

과목명	문제위치
중요도	복습 횟수
☆☆☆☆☆	□□□
문제	

정답 및 해설

나만의 기록

과목명	문제위치
중요도	복습 횟수
☆☆☆☆☆	□□□
문제	

정답 및 해설

나만의 기록

과목명	문제위치
중요도	복습 횟수
☆☆☆☆☆	□□□
문제	

정답 및 해설

나만의 기록

과목명	문제위치
중요도	복습 횟수
☆☆☆☆☆	□□□
문제	

정답 및 해설

나만의 기록

과목명	문제위치
중요도	복습 횟수
☆☆☆☆☆	□□□
문제	

정답 및 해설

나만의 기록

과목명	문제위치
중요도	복습 횟수
☆☆☆☆☆	□□□
문제	

정답 및 해설

나만의 기록

과목명	문제위치
중요도	복습 횟수
☆☆☆☆☆	□□□
문제	

정답 및 해설

나만의 기록

과목명	문제위치
중요도	복습 횟수
☆☆☆☆☆	□□□
문제	

정답 및 해설

나만의 기록

과목명	문제위치
중요도	복습 횟수
☆☆☆☆☆	□□□
문제	

정답 및 해설

나만의 기록

과목명	문제위치
중요도	복습 횟수
☆ ☆ ☆ ☆ ☆	□ □ □
문제	

과목명	문제위치
중요도	복습 횟수
☆ ☆ ☆ ☆ ☆	□ □ □
문제	

정답 및 해설

정답 및 해설

나만의 기록

나만의 기록

과목명	문제위치
중요도	복습 횟수
☆ ☆ ☆ ☆ ☆	□ □ □
문제	

과목명	문제위치
중요도	복습 횟수
☆ ☆ ☆ ☆ ☆	□ □ □
문제	

정답 및 해설

정답 및 해설

나만의 기록

나만의 기록

과목명	문제위치
중요도	복습 횟수
☆☆☆☆☆	□□□
문제	

정답 및 해설

나만의 기록

과목명	문제위치
중요도	복습 횟수
☆☆☆☆☆	□□□
문제	

정답 및 해설

나만의 기록

과목명	문제위치
중요도	복습 횟수
☆☆☆☆☆	□□□
문제	

정답 및 해설

나만의 기록

과목명	문제위치
중요도	복습 횟수
☆☆☆☆☆	□□□
문제	

정답 및 해설

나만의 기록

과목명	문제위치
중요도	복습 횟수
☆ ☆ ☆ ☆ ☆	☐ ☐ ☐
문제	

정답 및 해설

나만의 기록

과목명	문제위치
중요도	복습 횟수
☆ ☆ ☆ ☆ ☆	☐ ☐ ☐
문제	

정답 및 해설

나만의 기록

과목명	문제위치
중요도	복습 횟수
☆ ☆ ☆ ☆ ☆	☐ ☐ ☐
문제	

정답 및 해설

나만의 기록

과목명	문제위치
중요도	복습 횟수
☆ ☆ ☆ ☆ ☆	☐ ☐ ☐
문제	

정답 및 해설

나만의 기록

과목명	문제위치
중요도	복습 횟수
☆☆☆☆☆	☐☐☐
문제	

정답 및 해설

나만의 기록

과목명	문제위치
중요도	복습 횟수
☆☆☆☆☆	☐☐☐
문제	

정답 및 해설

나만의 기록

과목명	문제위치
중요도	복습 횟수
☆☆☆☆☆	☐☐☐
문제	

정답 및 해설

나만의 기록

과목명	문제위치
중요도	복습 횟수
☆☆☆☆☆	☐☐☐
문제	

정답 및 해설

나만의 기록

과목명	문제위치
중요도	복습 횟수
☆ ☆ ☆ ☆ ☆	□□□
문제	

과목명	문제위치
중요도	복습 횟수
☆ ☆ ☆ ☆ ☆	□□□
문제	

정답 및 해설

정답 및 해설

나만의 기록

나만의 기록

과목명	문제위치
중요도	복습 횟수
☆ ☆ ☆ ☆ ☆	□□□
문제	

과목명	문제위치
중요도	복습 횟수
☆ ☆ ☆ ☆ ☆	□□□
문제	

정답 및 해설

정답 및 해설

나만의 기록

나만의 기록

과목명	문제위치
중요도	복습 횟수
☆ ☆ ☆ ☆ ☆	□□□
문제	

정답 및 해설

나만의 기록

과목명	문제위치
중요도	복습 횟수
☆ ☆ ☆ ☆ ☆	□□□
문제	

정답 및 해설

나만의 기록

과목명	문제위치
중요도	복습 횟수
☆ ☆ ☆ ☆ ☆	□□□
문제	

정답 및 해설

나만의 기록

과목명	문제위치
중요도	복습 횟수
☆ ☆ ☆ ☆ ☆	□□□
문제	

정답 및 해설

나만의 기록

과목명	문제위치
중요도	복습 횟수
☆☆☆☆☆	☐☐☐
문제	

정답 및 해설

나만의 기록

과목명	문제위치
중요도	복습 횟수
☆☆☆☆☆	☐☐☐
문제	

정답 및 해설

나만의 기록

과목명	문제위치
중요도	복습 횟수
☆☆☆☆☆	☐☐☐
문제	

정답 및 해설

나만의 기록

과목명	문제위치
중요도	복습 횟수
☆☆☆☆☆	☐☐☐
문제	

정답 및 해설

나만의 기록

과목명	문제위치
중요도	복습 횟수
☆☆☆☆☆	□□□
문제	

정답 및 해설

나만의 기록

과목명	문제위치
중요도	복습 횟수
☆☆☆☆☆	□□□
문제	

정답 및 해설

나만의 기록

과목명	문제위치
중요도	복습 횟수
☆☆☆☆☆	□□□
문제	

정답 및 해설

나만의 기록

과목명	문제위치
중요도	복습 횟수
☆☆☆☆☆	□□□
문제	

정답 및 해설

나만의 기록

과목명	문제위치
중요도	복습 횟수
☆ ☆ ☆ ☆ ☆	□ □ □
문제	

정답 및 해설

나만의 기록

과목명	문제위치
중요도	복습 횟수
☆ ☆ ☆ ☆ ☆	□ □ □
문제	

정답 및 해설

나만의 기록

과목명	문제위치
중요도	복습 횟수
☆ ☆ ☆ ☆ ☆	□ □ □
문제	

정답 및 해설

나만의 기록

과목명	문제위치
중요도	복습 횟수
☆ ☆ ☆ ☆ ☆	□ □ □
문제	

정답 및 해설

나만의 기록

과목명	문제위치
중요도	복습 횟수
☆☆☆☆☆	□□□
문제	

정답 및 해설

나만의 기록

과목명	문제위치
중요도	복습 횟수
☆☆☆☆☆	□□□
문제	

정답 및 해설

나만의 기록

과목명	문제위치
중요도	복습 횟수
☆☆☆☆☆	□□□
문제	

정답 및 해설

나만의 기록

과목명	문제위치
중요도	복습 횟수
☆☆☆☆☆	□□□
문제	

정답 및 해설

나만의 기록

과목명	문제위치
중요도	복습 횟수
☆☆☆☆☆	□□□
문제	

정답 및 해설

나만의 기록

과목명	문제위치
중요도	복습 횟수
☆☆☆☆☆	□□□
문제	

정답 및 해설

나만의 기록

과목명	문제위치
중요도	복습 횟수
☆☆☆☆☆	□□□
문제	

정답 및 해설

나만의 기록

과목명	문제위치
중요도	복습 횟수
☆☆☆☆☆	□□□
문제	

정답 및 해설

나만의 기록

과목명	문제위치
중요도	복습 횟수
☆☆☆☆☆	☐☐☐
문제	

정답 및 해설

나만의 기록

과목명	문제위치
중요도	복습 횟수
☆☆☆☆☆	☐☐☐
문제	

정답 및 해설

나만의 기록

과목명	문제위치
중요도	복습 횟수
☆☆☆☆☆	☐☐☐
문제	

정답 및 해설

나만의 기록

과목명	문제위치
중요도	복습 횟수
☆☆☆☆☆	☐☐☐
문제	

정답 및 해설

나만의 기록

과목명	문제위치
중요도	복습 횟수
☆☆☆☆☆	□□□
문제	

정답 및 해설

나만의 기록

과목명	문제위치
중요도	복습 횟수
☆☆☆☆☆	□□□
문제	

정답 및 해설

나만의 기록

과목명	문제위치
중요도	복습 횟수
☆☆☆☆☆	□□□
문제	

정답 및 해설

나만의 기록

과목명	문제위치
중요도	복습 횟수
☆☆☆☆☆	□□□
문제	

정답 및 해설

나만의 기록

과목명	문제위치
중요도	복습 횟수
☆☆☆☆☆	□□□
문제	

과목명	문제위치
중요도	복습 횟수
☆☆☆☆☆	□□□
문제	

정답 및 해설

정답 및 해설

나만의 기록

나만의 기록

과목명	문제위치
중요도	복습 횟수
☆☆☆☆☆	□□□
문제	

과목명	문제위치
중요도	복습 횟수
☆☆☆☆☆	□□□
문제	

정답 및 해설

정답 및 해설

나만의 기록

나만의 기록

과목명	문제위치
중요도	복습 횟수
☆ ☆ ☆ ☆ ☆	□ □ □
문제	

과목명	문제위치
중요도	복습 횟수
☆ ☆ ☆ ☆ ☆	□ □ □
문제	

정답 및 해설

정답 및 해설

나만의 기록

나만의 기록

과목명	문제위치
중요도	복습 횟수
☆ ☆ ☆ ☆ ☆	□ □ □
문제	

과목명	문제위치
중요도	복습 횟수
☆ ☆ ☆ ☆ ☆	□ □ □
문제	

정답 및 해설

정답 및 해설

나만의 기록

나만의 기록

과목명	문제위치
중요도	복습 횟수
☆ ☆ ☆ ☆ ☆	☐ ☐ ☐

문제

정답 및 해설

나만의 기록

과목명	문제위치
중요도	복습 횟수
☆ ☆ ☆ ☆ ☆	☐ ☐ ☐

문제

정답 및 해설

나만의 기록

과목명	문제위치
중요도	복습 횟수
☆ ☆ ☆ ☆ ☆	☐ ☐ ☐

문제

정답 및 해설

나만의 기록

과목명	문제위치
중요도	복습 횟수
☆ ☆ ☆ ☆ ☆	☐ ☐ ☐

문제

정답 및 해설

나만의 기록

과목명	문제위치
중요도	복습 횟수
☆☆☆☆☆	☐☐☐
문제	

정답 및 해설

나만의 기록

과목명	문제위치
중요도	복습 횟수
☆☆☆☆☆	☐☐☐
문제	

정답 및 해설

나만의 기록

과목명	문제위치
중요도	복습 횟수
☆☆☆☆☆	☐☐☐
문제	

정답 및 해설

나만의 기록

과목명	문제위치
중요도	복습 횟수
☆☆☆☆☆	☐☐☐
문제	

정답 및 해설

나만의 기록

과목명	문제위치
중요도	복습 횟수
☆☆☆☆☆	□□□
문제	

정답 및 해설

나만의 기록

과목명	문제위치
중요도	복습 횟수
☆☆☆☆☆	□□□
문제	

정답 및 해설

나만의 기록

과목명	문제위치
중요도	복습 횟수
☆☆☆☆☆	□□□
문제	

정답 및 해설

나만의 기록

과목명	문제위치
중요도	복습 횟수
☆☆☆☆☆	□□□
문제	

정답 및 해설

나만의 기록

2026년 산업안전산업기사 필기

기출변형 모의고사
정답과 해설

▶ 기출변형 모의고사 1회 정답과 해설 · 3

▶ 기 출변형 모의고사 2회 정답과 해설 · 14

▶ 기 출변형 모의고사 3회 정답과 해설 · 25

기출변형 모의고사 1회

	01	02	03	04	05	06	07	08	09	10
1과목 산업재해 예방 및 안전보건교육	④	②	②	④	②	③	③	①	②	②
	11	12	13	14	15	16	17	18	19	20
	②	④	③	②	③	①	④	③	②	②
2과목 인간공학 및 위험성 평가·관리	21	22	23	24	25	26	27	28	29	30
	②	①	④	③	④	④	①	①	④	②
	31	32	33	34	35	36	37	38	39	40
	②	②	③	④	①	①	③	②	④	③
3과목 기계·기구 및 설비 안전관리	41	42	43	44	45	46	47	48	49	50
	②	②	①	②	④	②	②	①	①	④
	51	52	53	54	55	56	57	58	59	60
	③	②	④	③	③	②	③	①	③	③
4과목 전기 및 화학설비 안전관리	61	62	63	64	65	66	67	68	69	70
	②	③	③	①	④	③	①	④	③	①
	71	72	73	74	75	76	77	78	79	80
	③	④	③	①	④	④	④	①	②	②
5과목 건설공사 안전관리	81	82	83	84	85	86	87	88	89	90
	③	④	①	②	③	①	①	④	③	①
	91	92	93	94	95	96	97	98	99	100
	②	④	①	②	④	②	④	①	①	②

01

정답 ④

위험예지훈련 4라운드에서 지적확인을 하는 단계는 2, 4라운드이다. 위험예지훈련 4라운드의 진행 방법은 다음과 같다.
• 1라운드: 현상파악(위험 찾기)
• 2라운드: 본질추구(위험의 포인트 지적확인)
• 3라운드: 대책수립(대책 검토)
• 4라운드: 목표설정(목표설정 및 지적확인 행동)

02

정답 ②

TOOL BOX MEETING(TBM)은 작업 전 안전점검회의를 의미하며, 일반적으로 현장 사무실에서 실시한다. 회의 시간은 5~15분 정도가 적당하며, 팀별(5~7인)로 진행하는 것이 효율적이다.

03

정답 ②

노사협의체의 개최주기는 2개월마다 1회 실시하는 것이 원칙이다. 그 외에도 산업안전보건위원회는 분기마다 1회, 안전보건협의체는 1개월마다 1회 실시한다.

04

정답 ④

빨간색의 색도기준은 7.5R 4/14이다.

05

정답 ②

검사하고자 하는 내용을 적절하게 담고 있는가를 나타내는 기준은 타당성에 해당한다. 이를 포함하여 심리검사에 사용되는 기준은 다음과 같다.
• 타당성(=적절성): 검사(측정)하고자 하는 내용을 담고 있는가?
• 객관성(=무오염성): 외부로부터의 개입이 있는가?
• 신뢰성(=반복성, 재현성): 반복, 재현할 수 있는가?
• 사용성: 사용하기 쉽고 결과를 짧은 시간 안에 알 수 있는가?

06

정답 ③

근로계약 기간이 1주일~1개월 이하인 일용근로자의 채용 시 교육시간은 4시간 이상이다.

07

정답 ③

업무에 기인하여 질병자가 10명 이상 발생한 경우에 법상 중대재해에 해당한다. 법상 중대재해에 해당되는 항목은 다음과 같다.
• 사망자가 1명 이상 발생한 재해
• 3개월 이상의 요양이 필요한 부상자가 동시에 2명 이상 발생한 재해
• 부상자 또는 직업성 질병자가 동시에 10명 이상 발생한 재해

08

정답 ①

전 구성원의 적극적 참여는 무재해 운동의 통상적인 3요소에 포함되지 않는다. 무재해운동의 3요소는 다음과 같다.
• 최고경영자의 안전경영 자세: 경영자의 확고한 안전 리더십
• 라인화의 철저: 관리감독자 라인의 철저한 안전 감독
• 자주활동의 활성화: 근로자의 자율적 안전활동

09

정답 ②

위험성 평가 문서의 보존 기간은 3년이다.

10

정답 ②

임시평가는 위험성 평가에 해당하지 않는다. 위험성 평가의 종류에는 최초평가, 정기평가, 수시평가, 상시평가가 있다.

11

정답 ②

하인리히의 재해손실비 이론에 따르면,
총손실비용=직접비+간접비(직접비:간접비=1:4)
직접비가 1,000만 원이면, 간접비는 그 4배인 4,000만 원이므로 총재해비용은 1,000만 원+4,000만 원=5,000만 원이다.

12

정답 ④

재해 발생 시 긴급처리 순서는 '피재기계의 정지 → 피재자의 응급처치 → 관계자에게 통보 → 2차재해 방지 → 현장보존'이다.

13

정답 ③

산업안전보건법 및 재해통계 기준에 따르면 근로손실일수 계산
시 기준시간은 100,000시간이다.
- 평균 근로연수(20세~60세): 40년
- 연간 근로시간(하루 8시간×연 300일): 2,400시간
- 잔업시간: 약 4,000시간

기준시간＝40년×2,400시간＋약 4,000시간＝100,000시간

14

정답 ②

특성요인도는 원인과 결과의 관계를 어골상으로 분석하는 방법
이다.

15

정답 ③

특별점검은 설비고장 발생 시나 안전강조 기간, 태풍 등 천재지
변이 발생했을 때 실시하는 안전점검이다.

16

정답 ①

위험요인의 대책 수립 시 우선순위는 다음과 같다.
- 1순위: 제거, 대체
- 2순위: 공학적 대책
- 3순위: 관리적 대책
- 4순위: 안전보호구 사용

17

정답 ④

불안전한 행동은 작업자가 규정이나 안전규칙을 지키지 않아 발
생하는 위험한 행동으로 작업자의 행동과 직접 관련된 내용이
다. 결함이 있는 방호장치를 설치하여 작업하도록 하는 것은 작
업자의 행동이 아닌 설비·환경적 요인인 불안전한 상태에 해당
한다.

18

정답 ③

하인리히는 재해발생비율을 1 : 29 : 300으로 제시하였으므로
사망이 3건일 때 경상해도 3배가 되어야 하므로 29×3＝87건
이다.

19

정답 ②

손실우연의 원칙은 재해 손실의 크기가 사고 당시의 조건에 의
해 우연적으로 발생하므로 예측할 수 없다는 원칙이다.

20

정답 ②

하인리히의 사고방지 5단계는 '조직 → 사실의 발견 → 분석, 평
가 → 시정책의 선정 → 시정책의 적용'이다. 이 중 4단계는 '시
정책의 선정'으로 적절한 대책을 선정하고 개선안을 수립하는
단계이다.

21

정답 ②

작위 실수(Commision Error)는 필요한 작업을 불확실하게 수행
하여 발생한 과오이므로 다른 것으로 착각하여 실행한 실수가
이에 해당한다.

22

정답 ①

인간과 기계체계의 종류는 자동 체계, 기계화 체계(반자동 체
계), 수동 체계로 구성된다.

23

정답 ④

부정맥은 정신적 부하측정 척도로 생리학적 부하측정 척도에 해
당하지 않는다 .

24

정답 ③

병렬로 연결된 부분을 먼저 계산하면
$1-(1-0.7)(1-0.7)=0.91$이므로
$R=0.9×0.9×0.91=0.7371$

25

정답 ④

결함수 기호 중 삼각형 기호는 전이기호이며, 아래의 그림과 같
이 표시한다.

26 정답 ④

레이아웃은 설비·작업장 배치와 통로·공간 확보 등을 검토하는 것이며, 안전장치 설치는 설비 자체의 안전대책에 해당하므로 레이아웃 검토사항과는 관련이 없다.

27 정답 ①

무재해운동을 추진하고 있다고 해서 HAZOP이 반드시 성공하는 것은 아니다. HAZOP의 성공 여부는 분석팀 구성원의 능력과 분석력에 의해 좌우된다.

28 정답 ①

디버깅이란 초기고장 기간에 설비의 결함을 발견하여 고장원인을 도출하는 과정이다.

29 정답 ④

수신장소가 너무 밝으면 시각적 표시장치가 잘 보이지 않고, 어두운 곳에서는 표시장치의 빛이 암조응을 방해할 수 있으므로 이때는 청각적 표시장치를 사용하는 것이 더 유리하다.

30 정답 ②

작업설계 시의 딜레마(Dilemma)는 작업만족도를 높이면 능률이 떨어지고 능률을 높이면 작업만족도가 떨어지는 것을 말한다.

31 정답 ②

전신 육체적 작업에 대한 개략적 휴식시간의 산출공식은 다음과 같다.

$$휴식시간(min) = \frac{60(E-4)}{E-1.5}$$

32 정답 ②

태양광선이 내리쬐지 않는 실내에서 사용하는 습구흑구온도지수(WBGT) 계산식은 다음과 같다.
WBGT(℃) = 0.7 × 자연습구온도 + 0.3 × 흑구온도

33 정답 ③

FTA에서 최상사상 T는 시스템 고장을 의미하며, 그림에 따르면 시스템이 고장인 조건은 다음과 같다.
$T = (X_3 \cap X_5) \cup (X_1 \cap X_4) \cup (X_1 \cap X_2 \cap X_3)$
부품을 X_1부터 순서대로 복구하면, X_1과 X_2 복구 시에는 여전히 $(X_3 \cap X_5)$가 성립하여 고장상태로 남으나, X_3을 복구하는 순간 $(X_3 \cap X_5)$ 조건도 사라져 어떤 고장 조건도 성립하지 않게 되므로 X_3 수리 완료 시점부터 정상상태가 된다.

34 정답 ④

1일 노출회수가 100회일 때 140dB(A)을 초과하는 충격소음에 노출되어서는 안 된다.

35 정답 ①

위험(Risk)은 사고 발생 가능성과 그 결과의 크기를 함께 고려하는 개념이다. 정량적 정의에서는 위험을 수치로 표현하여 객관적으로 비교·평가할 수 있으며, 그 정의는 다음과 같다.
위험(Risk) = 사고발생빈도 × 손실

36 정답 ①

시스템 고장을 일으키는 기본사상들의 집합을 컷셋(Cut Sets)이라고 한다.

37 정답 ③

$$병렬계의 수명 = MTTE \times \left(1 + \frac{1}{2} + \frac{1}{3} + \cdots + \frac{1}{n}\right)$$
$$= MTTE \times \left(1 + \frac{1}{2} + \frac{1}{3} + \frac{1}{4}\right)$$
$$= 1.2 \times 10^4 \times \left(1 + \frac{1}{2} + \frac{1}{3} + \frac{1}{4}\right)$$
$$= 2.5 \times 10^4$$

38 [정답] ②

Weber의 법칙은 변화감지역이 표준자극의 크기에 비례한다는 것을 의미한다. 즉, 기준자극이 커질수록 차이를 느끼기 위해 필요한 최소변화량도 커진다. 이때 Weber비는 사람의 분별력을 나타내는 척도로 다음과 같이 나타낸다.

$$Weber비 = \frac{변화감지역}{표준자극}$$

즉, Weber비가 작다는 것은 작은 자극 차이에도 변화를 느낄 수 있다는 뜻으로 분별력이 좋다는 것이고, 반대로 Weber비가 크면 큰 변화가 있어야 변화를 느낄 수 있으므로 분별력이 떨어진다고 해석한다.

39 [정답] ④

잘못 설계된 계기판은 근골격계질환의 발생원인에 해당하지 않는다.

40 [정답] ③

FTA(Fault Tree Analysis)란 결함수분석법으로, 시스템에서 발생할 수 있는 사고나 고장을 최상위 사건으로 두고 그 원인을 논리기호를 사용해 단계적으로 전개하는 TOP—DOWN 방식의 기법이다. 이를 통해 사고를 연역적으로 분석하고, 기본 사건의 확률을 이용해 최상위 사건의 발생 가능성을 계산함으로써 정략적 분석과 예측0 가능하다.

41 [정답] ②

보일러는 진동과 압력 변동이 크기 때문에 진동에 강하고 작동 압력을 일정하게 유지할 수 있는 스프링식 안전밸브가 적합하다. 이는 압력 설정이 용이해 보일러의 과압을 효과적으로 방지할 수 있다.

42 [정답] ②

산업용 로봇의 교시 작업 중 이상 발견 시에는 로봇의 운전을 즉시 정지시켜야 한다.

43 [정답] ①

칩 브레이커는 선반 작업에서 길이가 긴 칩을 짧게 끊어 주어 칩이 작업물이나 공구에 감기는 것을 방지하는 안전장치이다. 이를 통해 작업자의 말림·메임·화상 사고와 기계의 가공 불량을 예방할 수 있다.

44 [정답] ②

비상정지장치는 컨베이어의 안전장치 또는 양중기의 안전장치로 사용이 된다.

45 [정답] ④

비파괴검사는 대상물을 손상시키지 않고 결함을 찾는 방법으로 음향방출시험, 초음파탐상시험, 누수시험 등이 해당한다. 반면, 인장시험은 시편을 파단시켜 강도와 연신율을 구하는 시험으로 파괴시험에 해당한다.

46 [정답] ②

비파괴검사의 기준에 따르면 회전축의 중량이 1톤을 초과하고 원주속도가 120m/s 이상인 고속회전체가 회전시험을 할 때, 미리 회전축의 재질 및 형상 등에 상응하는 종류의 비파괴검사를 실시하여 결함 유무를 확인하여야 한다.

47 [정답] ②

단위가 m/min이므로

$$원주속도 = \frac{\pi DN}{1,000} = \frac{\pi \times 200 \times 300}{1,000} = 188.4 m/min$$

48 [정답] ①

재료의 항복점, 인장강도, 신장, 교축 등을 조사할 목적으로 행하는 것을 인장시험이라 한다. 그 외에도 시험편을 시험기에 장치하고 서서히 인장하여 시험편이 파괴될 때까지의 하중과 신장의 관계를 선도로 나타내는 특징이 있다.

49

정답 ①

연삭숫돌 덮개 안전기준은 직경 5cm 이상의 연삭숫돌이 회전 중일 경우 이 근로자에게 위험을 미칠 우려가 있을 때에는 해당 부위에 덮개를 설치하여야 한다.

50

정답 ④

와이어로프의 1꼬임에서 끊어진 소선의 수가 10% 미만인 것은 사용할 수 있다. 와이어로프의 사용금지기준에는 이음매가 있는 것, 꼬인 것, 공칭지름의 7% 초과 감소한 것, 끊어진 소선이 한 꼬임에서 10% 이상인 것이 해당된다.

51

정답 ③

체크밸브는 역류를 방지하는 밸브이다.

52

정답 ②

비드(Bead)는 용접 후 형성되는 정상적인 용접부의 모양을 뜻한다.

53

정답 ④

기계 구조물이 같은 하중을 여러 번 반복해서 받으면 낮은 응력에서도 파괴될 수 있다. 따라서 설계 시에는 재료가 무한히 반복되는 하중을 받아도 파괴되지 않고 견딜 수 있는 최대 응력인 피로한도를 기초강도로 사용해야 한다.

54

정답 ③

X<80mm이므로
Y=6+0.15X=6+0.15×80=18mm

55

정답 ③

승강기의 방호장치에는 조속기, 출입문 인터록장치, 파이널 리미트 스위치, 비상정지장치, 완충장치 등이 해당한다.

56

정답 ②

절삭 중에는 칩이 비산하고 공구가 고속 회전하여 손이나 측정구가 말려 들어갈 위험이 크기 때문에 치수 측정은 반드시 기계가 완전히 정지한 후에 해야 한다.

57

정답 ③

글레이징 현상(Glazing, 입자 마모)은 숫돌 표면에 입자가 자생작용을 일으키지 않아 입자의 날 끝이 닳아서 매끈해진 상태를 뜻한다.

58

정답 ①

역화 현상은 증기 품질이 저하되는 보일러 발생증기 이상현상이 아닌, 화염이 역류하는 연소 이상현상으로 주로 산소－아세틸렌 용접이나 보일러 연소실에서 발생한다.

59

정답 ③

크레인 방호장치는 과부하방지장치, 권과방지장치, 비상정지장치, 브레이크장치로 구성된다.

60

정답 ③

프레스 작업시작 전 1행정 1정지기구, 급정지장치 및 비상정지장치의 기능을 점검해야 한다. 이외 프레스 작업 시작 전 점검사항은 다음과 같다.
• 전단기의 칼날 및 테이블의 상태
• 방호장치의 기능
• 클러치 및 브레이크의 기능
• 슬라이드 또는 칼날에 의한 위험방지 기구의 기능
• 프레스의 금형 및 고정볼트 상태
• 크랭크축, 플라이휠, 슬라이드, 연결봉 및 연결 나사의 풀림 유무

61

정답 ②

정전작업 시 개폐기에 시건장치(잠금장치)를 설치하고 통전금지 표지판을 부착한다.

62

정답 ③

폭발성 위험 분위기 해소를 이용한 방폭구조가 유입 방폭구조인 것은 맞으나, 폭발성 위험 분위기 해소는 방폭의 기본개념에 해당하지 않는다. 방폭의 기본개념은 다음 세 가지 원리에 기반한다.
• 점화원의 방폭적 격리
• 전기설비의 안전도 증강
• 점화능력의 본질적 억제

63

정답 ③

$$보호여유도[\%]=\frac{충격절연강도-제한전압}{제한전압}\times100$$

$$=\frac{1,050-752}{752}\times100=39.6\%$$

64

정답 ①

내압 방폭구조(d)는 전폐형 구조로, 폭발성 가스에 점화할 우려가 있는 부분을 전폐한 용기에 넣음으로써 폭발이 발생해도 용기가 압력을 견뎌 외부로 전파되지 않도록 하는 구조이다. 또한, 폭발 시 발생한 고열가스는 협격을 통과하면서 냉각되어 외부 폭발성 가스에 점화되지 않게 한다.

65

정답 ④

접촉시간은 정전기 발생에 영향을 주지 않는다. 정전기 발생은 일반적으로 물체의 특성, 표면상태, 접촉·분리방식, 마찰 정도, 습도 등의 요인에 영향을 받는다. 특히, 대전서열에서 두 물질이 가까운 위치에 있으면 정전기의 발생량이 적고 먼 위치에 있으면 정전기의 발생량이 커진다.

66

정답 ③

통전 경로별 위험도는 '오른손-가슴(1.3) > 양손-양발(1.0) > 왼손-등(0.7) > 왼손-오른손(0.4)' 순으로 크다. 통전 경로별 위험도를 나타낸 표는 다음과 같다.

통전 경로	위험도
왼손-가슴	1.5
오른손-가슴	1.3
왼손-한발 또는 양발	1.0
양손-양발	1.0
오른손-한발 또는 양발	0.8
왼손-등	0.7
한손 또는 양손-앉아 있는 자리	0.7
왼손-오른손	0.4
오른손-등	0.3

67

정답 ①

0종 장소는 1종 장소, 2종 장소와 함께 가스폭발 위험장소로 분류된다. 분진폭발 위험장소에는 20종 장소, 21종 장소, 22종 장소가 속한다.

68

정답 ④

$$I=\frac{V}{R}=\frac{100}{500+500}\times1,000=100mA$$

69

정답 ③

$T=1s$, $I=\frac{165}{\sqrt{T}}[mA]$ 이므로

$I=165[mA]=0.165A$
인체의 저항(R)=500Ω이므로
전기에너지(W)=I^2RT
$$=(0.165)^2\times500\times1≒13.6J$$

70

정답 ①

이탈전류(마비한계전류)의 범위는 10~15mA이다.

71

자동소화장치는 특수화학설비 설치 시 필수장치가 아니다. 특수
화학설비 설치 시의 필요한 계측장치는 다음과 같다.
- 긴급차단장치
- 예비동력원
- 온도계, 유량계, 압력계 등의 계측장치

72

정답 ④

마그네슘은 고온에서 유황 및 할로겐과 접촉하면 발열반응을 일
으켜 밝은 빛을 내며 연소하므로 혼합되지 않도록 격리 저장하
여야 한다. 이외 마그네슘의 저장 및 취급 방법은 다음과 같다.
- 화기를 엄금하고, 가열, 충격, 마찰을 피한다.
- 분말은 비산하지 않도록 완전 밀봉하여 저장한다.
- 물과 반응하면 수소 발생 이산화탄소와는 폭발적인 반응을 하
  므로 소화는 마른 모래나 분말 소화약제를 사용한다.

73

정답 ③

공정안전보고서 중 공정안전자료에는 안전한 운전과 사고 예방
을 위한 각종 건물·설비의 배치도가 포함되어야 한다. 이와 함
께 공정안전자료에 포함하여야 할 주요 내용은 다음과 같다.
- 취급·저장하고 있는 유해·위험 물질의 종류와 수량
- 유해·위험 물질에 대한 물질안전보건자료
- 유해·위험설비의 목록 및 사양
- 유해·위험설비의 운전방법을 알 수 있는 공정도면
- 각종 건물·설비의 배치도
- 방폭 지역구분도 및 전기단선도
- 위험설비의 안전설계·제작 및 설치 관련 지침서

74

정답 ①

연료 합계 = $100 - 96 = 4\%$
연료 성분끼리만 본 조성:

- 핵산 = $\dfrac{1}{4} = 25\%$

- 메탄 = $\dfrac{2.5}{4} = 62.5\%$

- 에틸렌 = $\dfrac{0.5}{4} = 12.5\%$

혼합가스의 연소하한값 = $\dfrac{100}{L} = \dfrac{V_1}{L_1} + \dfrac{V_2}{L_2} + \dfrac{V_3}{L_3}$

$$= \dfrac{100}{\left(\dfrac{25}{1.1} + \dfrac{62.5}{5} + \dfrac{12.5}{2.7}\right)} = 2.508\text{vol}\%$$

75

정답 ④

에탄은 대표적인 가연성 가스이다. 이외 위험물의 종류와 해당
물질의 연결은 다음과 같다.
- 마그네슘 분말: 물 반응성 및 인화성 고체
- 중크롬산: 산화성 액체·고체
- 니트로소화합물: 폭발성 물질

76

정답 ④

$$C_{st} = \dfrac{1}{1 + 4.773\left(n + \dfrac{m - f - 2\lambda}{4}\right)} \times 100(\%)$$

$$= \dfrac{1}{1 + 4.773 \times \left(1 + \dfrac{4}{4}\right)} \times 100(\%) = 9.48(\%)$$

- n: 탄소 수
- m: 수소 수
- f: 할로겐 원소 수
- λ: 산소 수

77

정답 ④

다음은 주어진 폭발하한값과 폭발상한값으로 위험도를 계산하
면 다음과 같다.

- 수소 = $\dfrac{75.0 - 4.0}{4.0} = 17.75$

- 산화에틸렌 = $\dfrac{80.0 - 3.0}{3.0} = 25.67$

- 아황화탄소 = $\dfrac{44.0 - 1.25}{1.25} = 34.2$

- 아세틸렌 = $\dfrac{81.0 - 2.5}{2.5} = 31.4$

따라서 아황화탄소(34.2) > 아세틸렌(31.4) > 산화에틸렌(25.67)
> 수소(17.75) 순으로 나열할 수 있다.

78

금속 분말은 물과 반응해 수소 발생과 강발열을 일으켜 재점화·폭발 위험이 크고, 수류가 분말을 비산시켜 화재가 확대될 수 있으므로 일반적인 소화방법인 주수(물)소화는 금지한다. 다음은 화재의 분류별 소화방법을 나타낸 표이다.

종류	분류	소화기 표시색	주된 소화방법	적응 소화기
A급	일반 화재	백색	냉각소화	산·알칼리, 포, 주수(물)
B급	유류 화재	황색	질식소화	CO_2, 증발성 액체, 분말, 포말
C급	전기 화재	청색	질식소화	CO_2, 증발성 액체
D급	금속 화재	−	피복에 의한 질식	마른 모래

79

포 소화설비는 화재 시 거품층을 형성하여 공기와 접촉을 차단함으로써 질식 소화 효과를 나타낸다. 그 외에 다른 선지의 올바른 연결은 다음과 같다.
① 스프링클러서버 – 냉각소화
③ 이산화탄소 소화설비 – 질식소화
④ 할로겐 화합물 소화설비 – 억제소화

80

$T_2 = T_1 \times \left(\dfrac{P_2}{P_1}\right)^{\frac{\gamma-1}{\gamma}}$ 식에서 주어진 온도를 절대온도(K)로 변환한다. 이때 T_1 =압축 전 온도(K), T_2 =압축 후 온도(K),

$\dfrac{P_2}{P_1}$ =압축비=5, γ =비열비=1.4

$T_1 = 273 + 20 = 293K$

$T_2 = T_1 \times \left(\dfrac{P_2}{P_1}\right)^{\frac{\gamma-1}{\gamma}} = 293 \times 5^{\frac{1.4-1}{1.4}} \fallingdotseq 464K$

절대온도(K)를 섭씨로 변환하면

$464 - 273 = 191℃$

81

롤러 표면에 돌기를 만들어 부착한 장비는 탬핑 롤러이다. 이를 포함한 전압식 다짐기계의 종류 및 특징에 관한 내용은 다음과 같다.

구분	특징
머캐덤 롤러 (Macadam Roller)	• 3륜으로 구성 • 쇄석기층 및 자갈층 다짐에 효과적
탠덤 롤러 (Tandem Roller)	• 도로용 롤러이며, 2륜으로 구성 • 아스팔트 포장의 끝손질인 점토성 다짐에 사용
타이어 롤러 (Tire Roller)	• Ballast 아래에 다수의 고무타이어를 달아서 다짐 • 사질토, 소성이 낮은 흙에 적합하며 주행속도를 개선함
탬핑 롤러 (Tamping Roller)	• 롤러 표면에 돌기를 만들어 부착, 땅 깊숙이 다짐 가능 • 토립자를 이동 혼합하여 함수비 조절 용이 (간극수압 제거) • 고함수비의 점성토 지반에 효과적, 유효다짐 깊이가 깊음

82

가설계단 및 계단참은 매 m²당 500kg 이상의 하중에 견딜 수 있는 강도의 구조로 설치해야 한다. 이를 포함한 계단의 강도에 대한 조건은 다음과 같다.
• 계단 및 계단참을 설치하는 때에는 매 m²당 500kg 이상의 하중에 견딜 수 있는 강도를 가진 구조로 설치하여야 하며, 안전율은 4 이상으로 하여야 한다.
• 계단 및 승강구 바닥을 구멍이 있는 재료로 만들 때는 렌치 기타 공구 등이 낙하할 위험이 없는 구조로 하여야 한다.

83

굴착 깊이의 정도는 보수 대상 점검항목에 포함되지 않는다. 흙막이 지보공의 정기 점검항목은 다음과 같다.
• 부재의 손상·변형·부식·변위 및 탈락의 유무와 상태
• 버팀대의 긴압의 정도
• 부재의 접속부·부착부 및 교차부의 상태
• 침하의 정도

84

정답 ②

타워크레인을 설치·조립·해체할 때 작업계획서에 포함해야 할 사항 중 중량물의 운반 경로는 해당하지 않는다. 타워크레인의 설치·조립·해체 시 작업계획서 포함사항은 다음과 같다.
• 타워크레인의 종류 및 형식
• 설치·조립 및 해체 순서
• 작업도구·장비·가설설비 및 방호설비
• 작업인원의 구성 및 작업근로자의 역할 범위

85

정답 ③

이동식 비계의 최대높이는 밑변 최소폭의 4배 이하이어야 한다.

86

정답 ①

추락재해를 방지하기 위한 방망의 지지점이 연속적인 구조물이고, 지지점의 간격이 1.0m일 때 구조물이 견뎌야 할 최소 하중은 200kg/m×간격 1m=200kg이므로, 최소 200kg 이상의 강도를 가져야 한다.

87

정답 ①

굴착부 바닥이 솟아오른 현상은 히빙현상에 해당한다. 이에 대한 대책 중 하나는 흙막이 벽의 근입깊이를 깊게 하는 것이다. 이외 히빙현상 방지 대책의 내용은 다음과 같다.
• 흙막이 지보공을 깊게 박을 것
• 흙막이벽 배면의 토사 중량을 감소시킬 것
• 아일랜드 컷 공법 등을 사용할 것

88

정답 ④

유해·위험방지계획서를 제출해야 할 대상 공사는 깊이가 10m 이상인 굴착공사이다.

89

정답 ③

철골작업 시 강설량이 시간당 1cm 이상인 경우에는 작업을 중지해야 한다. 철골작업 시 작업을 중지해야 하는 기준은 다음과 같다.
• 풍속이 초당 10m 이상인 경우
• 강우량이 시간당 1mm 이상인 경우
• 강설량이 시간당 1cm 이상인 경우

90

정답 ①

하역작업장에서 부두 또는 안벽의 선에 따라 통로를 설치할 때는 폭을 90cm 이상으로 해야 한다. 이를 포함한 부두 하역작업장의 안전기준은 다음과 같다.
• 작업장 및 통로의 위험한 부분에는 안전하게 작업할 수 있는 조명을 유지할 것
• 부두 또는 안벽의 선을 따라 통로를 설치하는 때에는 폭을 90cm 이상으로 할 것
• 육상에서의 통로 및 작업장소로서 다리 또는 선거의 갑문을 넘는 보도 등의 위험한 부분에는 안전난간 또는 울 등을 설치할 것

91

정답 ②

로드, 유압잭을 이용해 거푸집을 연속적으로 이동시키면서 콘크리트 타설할 때 사용되는 것으로 사일로 공사 등에 적합한 거푸집은 슬라이딩폼이다. 슬라이딩 거푸집의 특징은 다음과 같다.
• 수직 연속 시공이 가능한 거푸집이다.
• 거푸집 높이는 약 1m로, 별도의 비계나 발판이 필요 없다.
• 하부가 약간 벌어진 구조로, 유압잭 또는 윈치로 상향 이동시킨다.
• 돌출부가 없는 단순한 형상의 구조물에 적합하다.
• 콘크리트를 연속 타설하므로 구조적 일체성이 우수하다.
• 전통 공법에 비해 공기를 약 1/3 정도 단축할 수 있다.
• 콘크리트 타설은 주야간 연속으로, 1일 3~5m까지 시공 가능하다.

92

정답 ④

승강기 와이어로프는 근로자가 탑승하는 운반구를 지지하여야 하므로 안전계수를 최소 10 이상으로 하여야 한다. 이를 포함한 양중기 와이어로프 안전계수에 대한 조건은 다음과 같다.
• 근로자가 탑승하는 운반구를 지지하는 경우에는 10 이상
• 화물의 하중을 지지하는 경우에는 5 이상

93

정답 ①

풍화암의 붕괴 재해를 예방하기 위한 굴착면의 적정한 경사 기준은 1:1이다. 지반의 종류에 따른 굴착면의 적정한 기울기에 관한 내용은 다음과 같다.

지반의 종류	기울기
모래	1:1.8
연암 및 풍화암	1:1
경암	1:0.5
그 밖의 흙	1:1.2

94

정답 ②

동바리로 사용하는 파이프 서포트는 3본 이상을 이어서 사용해서는 안 되고 높이가 3.5m를 초과할 때에는 높이 2m 이내마다 수평연결재를 2개 방향으로 만들고 수평연결재의 변위를 방지한다.

95

정답 ④

추락방지용 방망의 그물코의 크기가 10cm인 매듭방망사의 인장강도는 200kg 이상이어야 한다. 방망사의 신품에 대한 인장강도에 관한 내용은 다음과 같다.

그물코의 크기	방망의 종류	
	매듭 없는 방망	매듭방망
10cm	240kg	200kg

96

정답 ②

가설통로의 경사가 15°를 초과하는 때에는 미끄러지지 아니하는 구조로 해야 한다.

97

정답 ④

붐의 경사 각도는 작업 중 운전자가 확인·조정해야 하는 사항이지 작업시작 전 점검해야 할 사항이 아니다. 크레인의 작업시작 전 점검사항은 다음과 같다.
• 권과방지장치·브레이크·클러치 및 운전장치의 기능
• 주행로의 상측 및 트롤리가 횡행하는 레일의 상태
• 와이어로프가 통하고 있는 곳의 상태

98

정답 ①

차량계 하역운반기계에 단위화물의 무게가 100kg 이상인 화물을 싣는 작업 또는 내리는 작업을 하는 때에는 당해 작업의 지휘자를 지정해야 한다.

99

정답 ①

권과방지장치, 브레이크, 클러치 및 운전장치 기능의 이상 유무는 크레인의 작업시작 전 점검사항이다. 지게차의 작업시작 전 점검사항은 다음과 같다.
• 제동장치 및 조종장치 기능의 이상 유무
• 하역장치 및 유압장치 기능의 이상 유무
• 바퀴의 이상 유무
• 전조등·후미등·방향지시기 및 경보장치 기능의 이상 유무

100

정답 ②

정격하중이란 안전율을 고려하여 규정한 최대 허용하중으로, 크레인 또는 데릭의 붐각·작업반경별로 설정된 최대 허용하중에서 후크, 와이어로프, 버킷 등 달기구의 무게를 공제한 값을 말한다.

기출변형 모의고사 2회

	01	02	03	04	05	06	07	08	09	10
1과목 산업재해 예방 및 안전보건교육	①	②	④	④	③	②	②	①	③	④
	11	12	13	14	15	16	17	18	19	20
	④	④	③	④	④	①	②	①	②	③
2과목 인간공학 및 위험성 평가·관리	21	22	23	24	25	26	27	28	29	30
	①	④	④	④	②	④	④	①	③	②
	31	32	33	34	35	36	37	38	39	40
	②	②	②	②	②	②	②	②	①	②
3과목 기계·기구 및 설비 안전관리	41	42	43	44	45	46	47	48	49	50
	④	①	②	③	③	②	②	③	②	④
	51	52	53	54	55	56	57	58	59	60
	③	②	①	④	④	①	②	④	③	③
4과목 전기 및 화학설비 안전관리	61	62	63	64	65	66	67	68	69	70
	③	③	③	②	①	③	②	②	①	②
	71	72	73	74	75	76	77	78	79	80
	①	④	③	④	①	③	③	④	②	③
5과목 건설공사 안전관리	81	82	83	84	85	86	87	88	89	90
	③	③	②	④	②	③	④	④	①	①
	91	92	93	94	95	96	97	98	99	100
	④	③	③	②	①	③	③	③	④	④

01

정답 ①

전동식 호흡보호구에는 전동식 방진마스크, 전동식 방독마스크, 전동식 후드 및 전동식 보안면이 있으며, 전동식 송기마스크는 해당하지 않는다.

02

정답 ②

할로겐용 정화통의 표시색은 회색이다. 주요 정화통의 표시색은 다음과 같다.

종류	표시색
유기화합물용 정화통	갈색
할로겐용 정화통	회색
황화수소용 정화통	회색
시안화수소용 정화통	
아황산용 정화통	노랑색
암모니아용 정화통	녹색

03

정답 ④

할로겐용 방독마스크의 시험가스는 염소가스(Cl_2)이다. 방독마스크의 종류에 따른 시험가스는 다음과 같다.

종류	시험가스
유기화합물용	시클로헥산(C_6H_{12})
	디메틸에테르(CH_3OCH_3)
	이소부탄(C_4H_{10})
할로겐용	염소가스(Cl_2)
황화수소용	황화수소가스(H_2S)
시안화수소용	시안화수소가스(HCN)
아황산용	아황산가스(SO_2)
암모니아용	암모니아가스(NH_3)

04

정답 ④

턱끈풀림시험의 성능 기준은 150N 이상 250N 이하의 힘에서 턱끈이 풀려야 한다.

05

정답 ③

$$강도율 = \frac{총\ 요양근로손실일수}{연근로시간\ 수} \times 1,000$$

$$= \frac{100 + 2 \times 1,000 + 20 \times \dfrac{250}{365}}{50명 \times 7시간 \times 250일} \times 1,000 = 24.15$$

06

정답 ②

Phase I단계는 의식수준이 저하된 상태로 졸음이나 감각차단 현상이 나타나는 단계이다.

07

정답 ②

주의의 3특성은 선택성, 변동성, 방향성이며, 집중성은 포함되지 않는다.

08

정답 ①

녹십자 표지의 바탕색은 백색이며, 문양은 녹색으로 표시된다.

09

정답 ③

안전인증심사에는 예비심사, 서면심사, 기술능력 및 생산체계심사, 제품심사 등이 있으며, 기능검사는 해당하지 않는다.

10

정답 ④

차광보안경의 종류에는 자외선용, 적외선용, 복합용, 용접용 등이 있으며, 가시광선용은 해당하지 않는다. 차광보안경의 종류는 다음과 같다.

종류	사용구분
자외선용	자외선이 발생하는 장소
적외선용	적외선이 발생하는 장소
복합용	자외선 및 적외선이 발생하는 장소
용접용	산소용접작업 등과 같이 자외선, 적외선 및 강렬한 가시광선이 발생하는 장소

11
정답 ④

학습지도의 원리에 일관성의 원리는 포함되지 않는다. 학습지도의 원리에는 자발성, 개별화, 사회화, 통합화, 목적, 직접경험의 원리 등이 있다.

12
정답 ④

학습목적을 구성하는 3요소는 주제, 정도, 목표이며, 학습성과는 학습목표를 세분화한 것이다.

13
정답 ③

허즈버그의 동기요인은 직무 그 자체에서 만족을 주는 요인으로 일 자체, 도전감, 책임감 등과 같은 내부적 요인을 말하며, 경제적 보상은 불만족을 예방하는 요인으로 위생요인에 해당한다. 허즈버그의 동기·위생이론에 관한 세부 내용은 다음과 같다.
• 동기요인: 책임감, 성취감, 도전감, 일 자체 등
• 위생요인: 지위, 안전, 감독, 금전, 환경 등

14
정답 ④

안전욕구는 매슬로우 5단계 욕구 중 하나로 알더퍼의 ERG이론에 해당되지 않는다. 알더퍼의 ERG이론은 존재욕구(E), 관계욕구(R), 성장욕구(G)의 세 가지로 구성된다.

15
정답 ④

소질성 누발자는 다혈질, 급한 성격, 저지능, 비도덕 등과 같이 사고를 유발할 수 있는 기질적·성격적 요인을 많이 지닌 사람으로 재해 발생 가능성이 높다.

16
정답 ①

Y-G 성격검사 중 조화적이고 적응력이 좋은 형은 A형(평균형)이다. Y-G 성격검사에서 각 유형의 특징은 다음과 같다.
• A형(평균형): 조화적, 적응적
• B형(우편형): 정서 불안정, 활동적, 외향적(불안전, 적극형, 부적응)
• C형(좌편형): 안정 소극형(온순, 소극적, 안정, 내향적, 비활동)
• D형(우하형): 안정, 적응 적극형(정서 안정, 활동적, 사회 적응, 대인 관계 양호)
• E형(좌하형): 불안정, 부적응 수동형(D형과 반대)

17
정답 ②

피로검사방법은 생리학적, 생화학적, 심리적 방법으로 나뉜다. 이 중 생화학적 방법에는 혈액성분 분석이나 혈색소 농도 측정 등이 포함된다. 피로검사방법의 세부 내용은 다음과 같다.
• 생리학적 방법: 호흡순환기능, 대뇌피질활동, 근력, 근활동
• 생화학적 방법: 혈액성분 분석, 혈색소 농도
• 심리적 방법: 연속반응시간, 전신자각증상

18
정답 ①

모의법은 실제와 유사한 상황을 재현하여 작업을 수행하고, 그 과정을 관찰하면서 지적과 개선을 유도하는 교육방법이다. 이와 구분하여 알아두어야 할 교육방법은 실연법으로 학습자가 습득한 내용을 실제로 행하면서 강사의 감독하에 직접 연습시켜 학습시키는 방법이다.

19
정답 ②

TWI는 산업 현장의 초급관리자를 대상으로 실시되는 교육훈련 프로그램이다. 교육대상별 교육훈련 프로그램에 관한 내용은 다음과 같다.
• TWI(Training Within Industry): 초급관리자를 위한 교육
• ATT(American Telephone Telegram): 계층에 상관없이 전원이 대상이 되는 교육
• MTP(Management Training Program): 중간관리자를 위한 교육
• ATP(Administration Training Program): 최고경영자를 위한 교육

20
정답 ③

포럼은 새로운 자료를 제시한 후, 다수의 참석자와 전문가가 질의응답을 통해 토의를 진행하는 방식의 토의법이다.

21
정답 ①

인간과오율 예측법(THERP)은 인간의 과오를 정량적으로 평가하는 대표적인 기법이다. 이는 작업을 절차적으로 분석한 후 인간과오율을 추정하여 시스템 신뢰성 분석에 적용하며, 일반적으로 시스템 분석, 사건수 분석, 과업 분석, 과오율 추정, 결과 적용 및 평가 등의 5단계의 절차로 진행된다.

22

정답 ④

중작업 시 작업대는 팔꿈치보다 10~20cm 낮게 설계해야 한다. 다음은 작업별 팔꿈치를 기준으로 한 작업대의 높이에 관한 내용이다.
- 정밀작업: 팔꿈치 높이보다 5~10cm 높게 설계한다.
- 일반작업: 팔꿈치 높이보다 5~10cm 낮게 설계한다.
- 중(重)작업 팔꿈치 높이보다 10~20cm 낮게 설계한다.

23

정답 ④

$$bit = \log_2 N = \frac{\log N}{\log 2} = \frac{\log 64}{\log 2} = 6bit$$

24

정답 ④

불필요한 작업의 수행으로 인해 발생한 과오는 과잉작업 과오(Extraneous Error)이다.

25

정답 ②

$$통제표시비 = \frac{조절장치의\ 이동거리}{표시장치의\ 이동거리}$$

$$= \frac{2\pi r \times \frac{\theta}{360}}{표시장치의\ 이동거리} = \frac{2\pi \times 10cm \times \frac{30}{360}}{4.84cm}$$

$$= 1.08$$

26

정답 ④

문제의 그림은 AND게이트이며, 이는 논리곱 연산을 의미한다. 반면 논리합은 OR게이트의 경우에 해당한다.

27

정답 ④

학습을 통해 의미를 익혀야 하는 부호는 임의적 부호이다. 이를 포함한 부호의 유형 3가지는 다음과 같다.
- 묘사적 부호: 해골, 뼈 등으로 위험을 나타낸 부호
- 추상적 부호: 약간의 유사성으로 나타낸 부호
- 임의적 부호: 이미 고안된 것으로 배워야 아는 부호

28

정답 ①

원자력 산업 등의 고도 안전달성을 목표로 만들어진 기법은 관찰자 실수위험분석(MORT)이다.

29

정답 ③

FTA 분석의 첫 단계는 TOP사상(정상사상)의 선정이다. FTA에 의한 재해사례 연구순서는 '톱(TOP)사상의 선정 → 재해 원인 규명 → FT도의 작성 → 개선계획의 작성' 순이다.

30

정답 ②

사정효과는 눈으로 보지 않고 손을 수평면상에서 움직이는 경우 짧은 거리는 지나치고 긴 거리는 못 미치는 경향을 나타내는 용어로, 작은 오차에 과잉반응하고 큰 오차에 과소반응하는 경향이다.

31

정답 ②

울타리는 침입을 방지하기 위한 설비이므로, 신체가 가장 큰 사람도 넘어올 수 없도록 인체 측정 최대치를 기준으로 설계해야 한다.

32

정답 ②

옥내 최적 반사율이 낮은 순서는 바닥(20~40%) < 가구(25~45%) < 벽(40~60%) < 천장(80~90%) 순이다.

33

정답 ②

예비위험분석(PHA)은 시스템 안전 프로그램의 최초단계인 구상단계에 실시되는 위험도 분석기법으로, 위험요소를 조기에 식별하고 정성적으로 평가하여 우선순위를 정하는 것을 목표로 하는 기법이다.

34

정답 ②

EMG는 근육의 활동도를 측정하는 생리신호 측정법이다. 이외에 전기적 활동도를 측정하는 생리신호 측정법은 다음과 같다.
- 심전도(ECG): 심장의 근육활동의 전위차
- 뇌전도(EEG): 신경활동의 전위차
- 피부전기반사(GSR): 작업부하와 정신적 부담, 피로를 전기저항으로 측정

35

정답 ②

사무작업이나 감시작업등의 중(中) 작업은 에너지 대사율이 2~4RMR이다.

36

정답 ②

페일세이프(Fail-Safe)는 기계 고장 시 재해로 이어지지 않도록 기능을 유지하거나 정지시키는 장치이다. 페일세이프의 기능 3단계는 다음과 같다.
- FAIL-PASSIVE: 부품 고장 시 정지
- FAIL-ACTIVE: 부품 고장 시 잠시 운전
- FAIL-OPERATIONAL: 부품 고장 시 계속 운전

37

정답 ②

공간양립성은 조작장치와 표시장치의 위치가 서로 연관되게 설계되는 특성을 말한다.

38

정답 ②

음량수준을 측정할 수 있는 세 가지 척도에는 Phon, Sone, 인식소음 수준이 있으며 지수에 의한 수준은 해당하지 않는다.

39

정답 ①

Phon은 1,000Hz 순음의 음압수준(dB)을 나타낸다. 이와 관련하여 1Sone은 1,000Hz, 40dB의 음압수준을 가진 순음의 크기(40phon)를 의미한다.

40

정답 ②

핏츠(Fitts)의 법칙은 인간의 손이나 발을 이동시켜 조작장치를 조작하는 데 걸리는 시간을 표적까지의 거리와 표적 크기의 함수로 나타내는 모형이다.

41

정답 ④

$$안전계수 = \frac{극한(항복)강도}{사용(허용)응력} = \frac{900}{500} = 1.80$$

42

정답 ①

기계 고장률 곡선에서 고장률이 가장 낮은 시기는 우발고장 구간이다. 기계 고장률은 일반적으로 세 가지 형태로 분류되며, 초기고장은 감소형(DFR), 우발고장은 일정형(CFR), 마모고장은 증가형(DFR)으로 나타난다.

43

정답 ②

표면속도(m/min)	급정지거리
30 미만	$\pi \times D \times 1/3$
30 이상	$\pi \times D \times 1/2.5$

$$롤러의 \ 원주속도 = \frac{\pi DN}{1,000}$$
$$= \frac{3.14 \times 600mm \times 20rpm}{1,000}$$
$$= 37.68m/min$$

$$급정지거리 = \frac{\pi D}{2.5}$$
$$= \frac{3.14 \times 600mm}{2.5}$$
$$= 753.6mm$$

44

정답 ③

정상작업 전에는 최소한 1분 이상 시운전을 하고, 연삭숫돌의 교체 시에는 3분 이상 시운전을 하여야 한다.

45

정답 ③

탁상용 연삭기의 안전덮개 노출각도는 60° 이내가 적절하다.

46

정답 ②

파단하중 = 인장강도 × 단면적 = $44 \times \dfrac{3.14}{4} \times 20^2 = 13,816$

안전하중 = $\dfrac{파단하중}{안전계수} = \dfrac{13,816}{5} \fallingdotseq 2,763$kgf

47

정답 ②

선반 등으로쿠터 돌출하여 회전하고 있는 가공물이 근로자에게 위험을 미칠 우려가 있는 때에는 울 또는 덮개 등을 설치하여야 한다.

48

정답 ③

정격초과 시 자동으로 상승이 정지하는 장치는 과부하방지장치이다.

49

정답 ②

프레스기계의 본질 안전화 방식(No-Hand In Die)에는 금형에 안전 울을 설치하는 방식, 안전금형과 전용프레스를 사용하는 방식 등이 있으며, 안전블록은 작업 시 금형 사이에 끼워 넣어 급하강을 방지하는 보조장치로 이에 해당하지 않는다.

50

정답 ④

안전블록은 프레스 금형 조정작업 시 근로자의 신체 일부가 위험 한계 내에 들어갈 때에 슬라이드가 갑자기 작동하며 발생하는 근로자의 위험을 방지하기 위하여 사용하며, 안전블록을 사용하는 경우는 금형의 부착, 조정, 해체 시이다.

51

정답 ③

연삭기에서 평형플랜지의 지름은 숫돌 바깥지름의 1/3 이상이어야 하므로,

$D = 180 \times \dfrac{1}{3} = 60$mm 이상

52

정답 ②

일정 기간마다 정기적으로 보수하는 방식은 시간기준보전(TBM)이다.

53

정답 ①

설치거리(S) = 기준값 × 도달시간
= 1.6m/s × 0.6초 = 0.96
단위가 cm이므로
0.96 × 100 = 96cm

54

정답 ④

주 안내판과 톱날 사이의 공간에서 나무가 퍼질 수 있게 하여 죄임으로 인해 반발을 방지하는 것은 보조안내판이다.

55

정답 ④

안전율(안전계수) = $\dfrac{극한강도}{허용응력} = \dfrac{파괴하중}{안전하중}$

= $\dfrac{파괴하중(극한하중)}{최대사용하중(정격하중)}$

56

정답 ①

위험원이 튀는 것을 방지하는 등 작업자로부터 위험을 차단하는 방호장치는 포집형 방호장치이다. 목재 가공기의 반발예방장치와 연삭기의 덮개 등이 이에 해당한다.

57

정답 ②

기능적 안전화는 기계 이상 시 자동정지되거나 안전한 작동을 유지하도록 하는 방식이다. 기능적 안전화의 특징은 다음과 같다.
- 정전이나 전압강하, 압력변동, 밸브의 막힘 등으로 인한 작동 불량에 대해서도 기능적으로 안전해야 한다.
- 기계설비를 급정지시켜 안전하게 하거나, 계기를 병렬로 두 개 이상 설치하여 한 개가 고장이 나면 다른 한 개가 작동되도록 한다.
- 작동 불량을 방지하는 구조(Fail Safe)로 하거나, 컴퓨터를 이용하여 고장을 자가진단하는 것이 바람직하다.

58

정답 ④

왕복운동을 하는 운동부와 고정부 사이에서 형성되는 위험점은 협착점(Squeeze Point)이다. 대표적인 예로 프레스기, 전단기, 성형기, 조형기, 굽힘기계(Bending Machine) 등이 있다.

59

정답 ③

하역작업 시의 전후안정도는 4%이다. 이를 포함한 지게차의 작업상태별 안정도는 다음과 같다.

하역작업 시	전후안정도	4%
	좌우안정도	6%
주행 시	전후안정도	18%
	좌우안정도	(15+1.1)V%

60

정답 ③

회전축, 기어, 풀리, 플라이휠 등에 설치하는 고정구는 돌출되지 않도록 묻힘형 고정구로 한다. 이를 포함한 일반기계의 안전기준은 다음과 같다.
1. 기계의 원동기·회전축·기어·풀리·플라이휠·벨트 및 체인 등 근로자에게 위험을 미칠 우려가 있는 부위에는 덮개·울·슬리브 및 건널다리 등을 설치하여야 한다.
2. 회전축·기어·풀리 및 플라이휠 등에 부속하는 키·핀 등의 기계요소는 묻힘형으로 하거나 해당 부위에 덮개를 설치하여야 한다.
3. 벨트의 이음 부분에는 돌출된 고정구를 사용하여서는 아니 된다.
4. 1.의 건널다리에는 안전난간 및 미끄러지지 아니하는 구조의 발판을 설치하여야 한다.

61

정답 ③

도전성 위험물의 배관 유속은 유동대전 방지를 위해 7m/sec 이하로 제한된다. 이를 포함한 배관 내 액체의 유속제한은 다음과 같다.
- 저항률이 $10^{10}\,\Omega\,cm$ 미만의 도전성 위험물: 7m/sec 이하
- 유동대전이 심하고 폭발위험성이 높은 물질(에테르, 이황화탄소 등): 1m/sec 이하
- 물이나 기체를 포함한 비수용성 위험물: 1m/sec 이하

62

정답 ③

정전에너지$(E) = \dfrac{1}{2}CV^2 = \dfrac{1}{2}QV = \dfrac{1}{2}Q\dfrac{Q}{C} = \dfrac{Q^2}{2C}$

63

정답 ③

저압은 직류 1,500V 이하, 교류 1,000V 이하를 의미한다. 저압, 고압, 특별고압 구분의 세부 내용은 다음과 같다.

구분	직류[V]	교류[V]
저압	1,500 이하	1,000 이하
고압	1,500 초과 7,000 이하	1,000 초과 7,000 이하
특별고압	7,000 넘는 것	7,000 넘는 것

64

정답 ②

1종 장소는 정상 작동상태에서 인화성 액체의 증기 또는 가연성 가스에 의한 폭발위험 분위기가 존재할 수 있는 장소로, 맨홀, 벤트, 피트 주위 등이 해당된다.

65

정답 ①

$mJ = 10^{-3}J$, $pF = 10^{-12}F$

$E = \dfrac{1}{2}CV^2$

$V^2 = \dfrac{2E}{C}$

$V = \sqrt{\dfrac{2E}{C}} = \sqrt{\dfrac{2 \times (0.2 \times 10^{-3})}{10 \times 10^{-12}}} = 6,325V$

66

정답 ③

충전부는 접근이 어려운 구획된 장소에 설치해야 한다.

67

정답 ②

피부에 땀이 나면 건조시보다 저항이 1/12 감소하고, 물에 젖으면 1/25, 습기가 많으면 1/10 정도로 저항이 감소한다.
전기저항이 $2,500\Omega \cdot cm^2$이고, 피부에 땀이 나 있을 경우이므로

$$2,500 \times \frac{1}{12} = 208.33\Omega \cdot cm^2$$

68

정답 ②

내압 방폭구조에서 안전간극(Safe Gap)을 적게 하는 이유는 화염의 전파를 차단하기 위해서이다.

69

정답 ①

아크 발생 중단 후 교류아크용접기의 출력측 무부하 전압은 25~30V 이하로 낮춰야 한다. 이외에 방호장치의 성능은 다음과 같다.
• 아크발생을 정지시킬 때 주접점이 개로될 때까지의 시간은 1.0초 이내일 것
• 2차 무부하 전압은 25V 이내일 것

70

정답 ②

고압기기의 가연성 물체와의 이격거리는 고압용 1.0m 이상, 특별고압용 2.0m 이상이어야 한다.

71

정답 ①

반응폭주로 인한 급격한 압력상승을 방지하기 위해서는 파열판이 적합하다. 파열판은 얇은 금속판이 설정압력에서 순간적으로 파괴되어 내부 압력을 신속히 방출하는 장치로, 물질의 고형화나 부식성 때문에 안전밸브의 작동이 곤란한 경우, 또는 방출량이 많거나 순간적인 대량 방출이 필요한 경우에 주로 사용된다.

72

정답 ④

과산화벤조일은 유기과산화물(폭발성 물질)에 해당한다.

73

정답 ③

아세틸렌은 압축 시 폭발 위험이 높은 가연성 가스로, 이를 방지하기 위해 아세톤 등에 용해시켜 다공성 물질과 함께 저장하는 대표적인 용해가스이다.

74

정답 ④

유류 저장탱크에서 화염을 차단할 목적으로 외부로 증기를 방출하거나, 탱크 내로 외기를 흡입하는 부분에 설치하는 안전장치는 Flame Arrester이다.

75

정답 ①

칼륨은 알코올이 아닌 석유 속에 저장해야 한다.

76

정답 ③

Cu(구리)는 이온화 경향이 매우 작아 물과 반응하지 않으므로 수소를 발생시키지 않는다.

77

정답 ③

단위공정 및 설비 간에는 설비 외면으로부터 10m 이상의 안전거리를 확보해야 한다. 설비 간 안전거리에 관한 세부 내용은 다음과 같다.

구분	안전거리
1. 단위공정시설 및 설비로부터 다른 단위공정시설 및 설비의 사이	설비의 외면으로부터 10m 이상
2. 플레어스택으로부터 단위공정시설 및 설비, 위험물질 저장탱크 또는 위험물질 하역설비의 사이	플레어스택으로부터 반경 20m 이상. 다만, 단위공정시설 등이 불연재로 시공된 지붕 아래 설치된 경우에는 그러하지 아니하다.
3. 위험물질 저장탱크로부터 단위공정시설 및 설비, 보일러 또는 가열로의 사이	저장탱크의 외면으로부터 20m 이상. 다만, 저장탱크에 방호벽, 원격조정 소화설비 또는 살수설비를 설치한 경우에는 그러하지 아니하다.
4. 사무실·연구실·실험실·정비실 또는 식당으로부터 단위공정시설 및 설비, 위험물질 저장탱크, 위험물질 하역설비, 보일러 또는 가열로의 사이	사무실 등의 외면으로부터 20m 이상. 다만, 난방용 보일러인 경우 또는 사무실 등의 벽을 방호구조로 설치한 경우에는 그러하지 아니하다.

78

정답 ④

나프탈렌은 황, 파라핀과 같이 대표적인 증발연소에 해당한다.

79

정답 ②

공동현상은 관 내에서 물의 정압이 그 온도의 증기압보다 낮아질 때 물이 증발하여 기포가 발생하는 현상이다. 이렇게 생긴 기포가 고압부로 이동하면서 급격히 붕괴하면 충격과 소음이 발생하며, 배관이나 펌프 임펠러에 침식과 손상을 일으킨다.

80

정답 ③

퍼지가스를 한쪽에서 주입하고 다른 쪽에서 배출하는 방식을 스위프퍼지(Sweep-Through Purging)라고 한다. 스위프퍼지의 특징은 다음과 같다.

- 스위프퍼지 공정은 용기의 한 개구부로 퍼지가스를 가하고 다른 개구부로부터 대기(또는 스크러버)로 혼합가스를 용기에서 축출시키는 공정을 말한다.
- 퍼지공정은 보통 용기나 장치가 압력을 가하거나 진공으로 할 수 없을 때 사용된다.
- 퍼지가스는 상압에서 가해지고 대기압에서 끄집어낸다.
- 퍼지결과는 용기 내부가 완전혼합 상태에 있으며, 일정한 온도와 일정한 압력이라고 가정함으로써 얻어질 수 있다.

81

정답 ③

덮개는 바닥과 고정되고, 밀착되도록 설치해야 한다.

82

정답 ③

건설공사의 유해·위험방지계획서는 공사 착공 전일까지 제출해야 한다.

83

정답 ②

콘크리트의 온도가 높을수록 수분 증발로 인해 측압은 줄어든다. 콘크리트의 측압에 영향을 주는 요소는 다음과 같다.

- 온도가 높으면 측압이 적다.
- 슬럼프값이 크면 측압이 크다.
- 물시멘트비가 크면 측압이 크다.
- 타설속도가 빠르면 측압이 크다.
- 철근량이 많으면 측압이 작다.

84

정답 ④

시공계획에는 계기의 점검항목은 포함되지 않는다.

85

정답 ②

흙의 소성상태와 액성상태의 경계를 액성한계라 말한다.

86

정답 ③

최소높이＝로프길이＋로프의 늘어난 길이＋$\dfrac{작업자의\ 키}{2}$

$$= 2m + 2m \times 0.3 + \dfrac{1.8m}{2} = 3.5m$$

87

정답 ④

강도 안정은 옹벽의 외부 안정조건에 포함되지 않는다. 콘크리트 옹벽의 안정조건은 다음과 같다.
- 전도에 대한 안정: 안전율 2 이상
- 활동에 대한 안정: 안전율 1.5 이상
- 침하에 대한 안정: 안전율 3 이상

88

정답 ④

타워크레인은 양중기계, 건립기계에 속한다.

89

정답 ①

NATM 공법은 암반 굴착 후 지보공을 설치하고 숏크리트를 타설하는 방식이다.

90

정답 ①

잠함 내부 굴착 시 천장과 바닥 간 높이는 1.8m 이상 확보해야 한다. 이 외에드 잠함 또는 우물통의 급격한 침하로 인한 위험을 방지하기 위해서는 침하관계도에 따라 굴착방법 및 재하량 등을 정해야 한다.

91

정답 ④

지게차는 「산업안전보건법」상 안전검사 대상 기계에 포함되지 않는다.

92

정답 ③

주행크레인은 순간풍속이 30m/s를 초과할 경우 이탈방지 조치를 해야 한다. 이 외에 순간풍속이 초당 35m를 초과할 경우에는 도괴방지 또는 붕괴방지 조치를 해야 한다.

93

정답 ③

비계의 좌굴(단면적에 비해 길이가 긴 부재가 휘는 현상)을 방지하기 위해 벽이음을 해야 한다.

94

정답 ②

풍하중은 횡(수평)하중으로 거푸집의 연직하중 항목에는 포함되지 않는다.

95

정답 ①

강관비계와 강관틀비계의 기둥 간 적재하중은 400kg 이하로 제한된다.

96

정답 ③

강관틀비계의 도괴 방지를 위한 벽이음 간격은 수직방향 6m, 수평방향 8m 이내로 한다.

97

정답 ③

방호장치는 기계 자체에 부착·설치해야 하는 안전설비이지 작업계획에 포함해야 할 사항은 아니다.

98

정답 ③

램머는 해체 장비가 아닌 다짐 장비로 분류된다.

99

정답 ④

스크레이퍼는 굴착·운반·흙깔기를 연속 수행할 수 있는 자주식 또는 피견인식 기계이다. 토공의 만능기계라 불리며 대규모 택지조성, 도로·비행장 활주로 정지작업에 적합하다.

100

정답 ④

연약 점토 지반에서 굴착면의 융기로 발생하는 것은 히빙현상에 해당하는 설명이다.

기출변형 모의고사 3회

1과목	01	02	03	04	05	06	07	08	09	10
산업재해 예방 및 안전보건교육	①	①	②	②	②	④	①	①	③	②
	11	12	13	14	15	16	17	18	19	20
	①	①	②	③	③	②	③	③	①	③
2과목	21	22	23	24	25	26	27	28	29	30
인간공학 및 위험성 평가·관리	②	①	①	③	①	②	①	④	④	①
	31	32	33	34	35	36	37	38	39	40
	②	③	④	③	①	①	①	①	①	③
3과목	41	42	43	44	45	46	47	48	49	50
기계·기구 및 설비 안전관리	③	④	②	①	①	①	①	④	③	④
	51	52	53	54	55	56	57	58	59	60
	④	②	②	④	①	②	②	①	④	③
4과목	61	62	63	64	65	66	67	68	69	70
전기 및 화학설비 안전관리	②	②	①	①	①	②	①	④	④	④
	71	72	73	74	75	76	77	78	79	80
	②	②	④	②	②	②	②	①	②	②
5과목	81	82	83	84	85	86	87	88	89	90
건설공사 안전관리	④	④	③	③	④	①	②	③	③	④
	91	92	93	94	95	96	97	98	99	100
	③	④	②	④	①	④	②	②	②	②

01

정답 ①

동일화는 타인에게서 자신과 유사한 점을 발견하고 심리적 유대를 형성하여 함께 어울리고자 하는 심리이다.

02

정답 ①

자율안전확인대상 보호구는 안전모, 보안면, 보안경으로 구성되어 있다.

03

정답 ②

겸용 방독마스크는 방독마스크의 성능에 방진마스크의 성능이 포함된 방독마스크이다.

04

정답 ②

3일 이상의 휴업이 필요한 부상을 입거나 질병에 걸리는 등 산업재해 발생 시 산업재해조사표를 작성하여 1개월 이내에 담당 지방노동청장 또는 지청장에게 제출해야 한다.

05

정답 ②

아담스의 재해발생 5단계 중 3단계는 전술적 에러에 해당한다.

06

정답 ④

P, P'형은 운동성은 낮고 지속성이 풍부하다.

07

정답 ①

리더의 특질이 매우 매력있고 탁월한 능력이 있어 존경을 받는 리더십은 변혁적 리더십이다.

08

정답 ①

타일러의 교육과정 중 학습경험 선정원리는 기회, 만족감, 가능성, 동목표 다경험, 다성과의 원리 등이 있다. 계속성, 계열성, 통합성의 원리는 학습경험 조직원리에 속한다.

09

정답 ③

데이비스의 이론 중 인간의 성과는 능력×동기유발 식으로 나타낸다.

10

정답 ②

적응기제 중 방어적 기제에는 보상, 합리화, 투사, 동일화, 승화가 해당된다.

11

정답 ①

안전보건관리책임자의 보수교육 시간은 6시간 이상이다.

12

정답 ①

손다이크의 시행착오설에는 준비성의 법칙, 연습의 법칙, 효과의 법칙이 포함된다.

13

정답 ②

위임된 권한은 부하직원들로부터 권한을 위임받은 것으로, 상부 권한(강압적·보상적 권한)과 구분된다. 이외에 전문성 권한은 리더 자신이 부여하는 권한이다.

14

정답 ③

의식수준의 저하는 단조롭고 반복적인 업무를 오랫동안 수행하여 주의력과 집중력이 떨어지고 졸음이나 멍한 상태가 발생하는 현상이다.

15

정답 ③

유도운동은 주변 물체의 상대적 운동으로 인해 발생하는 착각으로, 실제로는 움직이지 않는 배경이 움직이는 것처럼 인식되는 착시현상이다.

16

[정답] ②

생체리듬의 주기가 33일인 생체리듬은 지성적 리듬이다. 그 외에 육체적 리듬은 23일, 감성적 리듬은 28일 주기이다.

17

[정답] ③

AB종 안전모의 내관통성의 관통거리는 11.1mm 이하이어야 한다.

18

[정답] ③

공사금액 120억 원 이상의 건설업의 경우 산업안전보건위원회를 구성·운영해야 한다.

19

[정답] ①

재해 분류 항목의 빈도를 순서대로 도식화하여 분석하는 기법은 파레토도이다.

20

[정답] ③

$$\text{사망만인율} = \frac{\text{사망자 수}}{\text{산재보험적용 근로자 수}} \times 10,000$$

$$= \frac{1}{100} \times 10,000 = 100$$

21

[정답] ②

장거리용 신호= 1,000Hz 이하의 진동수를 사용한다.

22

[정답] ①

안전성 평가는 일반적으로 다음 6단계 절차를 거친다.
- 1단계: 관계자료의 정비 검토
- 2단계: 정성적 평가
- 3단계: 정량적 평가
- 4단계: 안전대책 수립
- 5단계: 재해 자료를 통한 재평가
- 6단계: FTA어 의한 재평가

23

[정답] ①

C/D비가 크다는 것은 조절장치의 이동거리에 비해 표시장치의 이동거리가 작다는 것을 의미한다. 즉, 바늘의 움직임이 둔하다는 것이므로 미세조정은 쉽지만 동일한 거리를 이동하려면 제어기를 크게 움직여야 하므로 이동하는 시간이 많이 필요하다.

24

[정답] ③

배타적 OR 게이트는 입력이 하나일 때만 출력되며, 2개 이상이면 출력되지 않는다.

25

[정답] ①

부작위오류(생략적 과오)는 필요한 작업을 수행하지 않은 오류를 의미한다. 이외에 작위오류는 수행적 과오를, 순서오류는 순서적 과오를, 시간오류는 시간적 과오를 뜻한다.

26

[정답] ②

B는 1, 2가 AND게이트로 연결되어 있으므로
B=①×②=0.15×0.2=0.03
C는 3, 4가 OR게이트이므로
C=1−(1−③)(1−④)=1−(1−0.25)(1−0.3)=0.475
A는 B와 C의 AND이므로
A=B×C=0.03×0.475=0.01425

27

[정답] ①

MTBF(평균고장간격)는 설비의 고장시점에서 다음 고장까지의 평균시간을 뜻하며, $\frac{\text{가동시간}}{\text{고장 건수}}$으로 구할 수 있다.

28

[정답] ④

리스크 처리기술에는 분배(Distribution)가 포함되지 않는다. 리스크 처리기술 4가지는 다음과 같다.
- 위험회피(Avoidance)
- 위험경감(Reduction)
- 위험보유(Retention)
- 위험전가(Transfer)

29

정답 ④

HAZOP 기법에서 'OTHER THAN'은 원래 설계 목적과 완전히 다른 대체 상황을 가정하여 위험을 예측하는 유인어이다.

30

정답 ①

$A \cdot (\overline{A} + B) = A\overline{A} + AB = 0 + AB = A \cdot B$

31

정답 ②

조작거리는 통제표시비 설계 시 고려사항에 해당하지 않는다. 통제표시비의 설계 시 고려사항은 다음과 같다.
- 계기의 크기
- 공차
- 목측거리
- 조작시간
- 방향성

32

정답 ③

근전도(EMG)는 국소 근육활동의 생리적 척도로 사용된다.

33

정답 ④

화학설비의 안전성 평가단계는 '관계자료 작성준비 → 정성적 평가 → 정량적 평가 → 안전대책 → 재해사례에 의한 평가 → FTA에 의한 재평가'순이다.

34

정답 ③

THERP는 인간의 과오를 정량적으로 예측해 전체 시스템의 실패 확률을 계산하고, 인간공학적 대책을 마련하는 분석기법이다.

35

정답 ①

$$웨버비 = \frac{변화감지역}{표준자극} = \frac{\Delta I}{I}$$

36

정답 ①

ETA(사상수분석)는 초기 사건에서 출발하여 안전장치의 성공·실패 여부를 이분법적으로 전개하는 기법으로, 가능한 사고 결과를 나무 구조로 표현하며 시스템의 신뢰도를 귀납적·정량적으로 분석한다.

37

정답 ①

외전은 신체의 중심선으로부터 외부로 이동하는 신체의 움직임을 의미한다. 이외 신체 부위의 동작을 의미하는 용어의 정의는 다음과 같다.
- 내전은 신체의 외부에서 중심선으로 이동하는 신체의 움직임을 의미한다.
- 내선은 신체의 외부에서 중심선으로 회전하는 신체의 움직임을 의미한다.

38

정답 ①

$$신뢰도(R) = e^{-\lambda t} = e^{-(10^{-3} \times 2,000)} = e^{-2} = 0.135$$

39

정답 ①

FTA에서 AND게이트는 하위 사건들이 모두 발생해야 상위 사건이 발생하므로, 발생확률은 각 사건확률의 곱으로 한다.
$G_1 = 0.2 \times 0.1 = 0.02$

40

정답 ③

소음 대책에는 음원 대책, 경로 대책(배치), 수음자 대책 등이 포함된다.

구분	내용
음원 대책	• 방음 커버 설치 • 건물에 부속하는 외부 음원 대책 • 자동차 소음의 저감 대책 • 기타 건물에 있는 외부 음원에 대한 대책
경로 대책	• 음원에서의 거리 및 장애물에 의한 음의 감쇠의 성질을 이용하여 건물의 배치 계획 • 평면이나 단면 계획 • 지형의 이용 • 방음벽이나 건물 등 인공 장애물 설치
수음자 대책	• 음원이나 경로 대책으로 불충분할 경우 차음이나 흡음에 의한 방지 계획 • 방음용 보호구의 착용

41
정답 ③

사업주는 보일러의 과열을 방지하기 위하여 최고사용압력과 사용압력 사이에서 보일러의 버너 연소를 차단할 수 있도록 압력제한 스위치를 부착하여 사용하여야 한다.

42
정답 ④

안전기는 가스발생기에서 5m 이내, 발생기실에서 3m 이내에 설치해야 하므로 화기사용설비로부터 3m 이상 격리 설치한다는 설명은 적절하지 않다.

43
정답 ②

와이어로프 안전율(S) $= \dfrac{N \times P}{Q}$

44
정답 ①

$T_m = \left(\dfrac{1}{클러치~닿물림~개소} + \dfrac{1}{2}\right) \times \dfrac{60,000}{매분행정수(spm)}$

$= \left(\dfrac{1}{8} + \dfrac{1}{2}\right) \times \dfrac{60,000}{250} = 150mm$

$D_m = 1.6 \times T_m = 1.6 \times 150 = 240mm$

45
정답 ①

원주속도 공식은 단위에 따라 다음과 같이 3가지로 사용된다.

- $V = \dfrac{\pi DN}{1,000}[m/min]$

- $V = \dfrac{\pi DN}{60}[m/s]$

- $V = \pi DN[mm/min]$

46
정답 ①

압력용기 및 공기압축기의 공통 안전장치로는 압력방출장치가 있다.

47
정답 ①

보일러의 안전장치에는 압력방출장치, 압력제한 스위치, 고저수위 조절장치, 화염검출기가 있으며 이들은 폭발사고 예방을 위해 반드시 유지·관리해야 한다.

48
정답 ④

유해·위험 방지를 위하여 방호조치가 필요한 기계·기구에는 예초기, 원심기, 공기압축기, 금속절단기, 지게차, 포장기계 등이 해당한다.

49
정답 ③

Hand In Die방식은 작업자가 손으로 금형 안에 소재를 넣는 방식이어서 협착사고 위험이 크다. 따라서 손이 금형 내부에 접근하지 못하도록 차단하는 장치가 필요하며, 이에 해당하는 것이 가드식 방호장치이다.

50
정답 ④

아세틸렌 발생기로부터 5m 이내, 발생기실로부터 3m 이내에서는 흡연 및 화기 사용이 금지된다.

51
정답 ④

「산업안전보건법」상 안전인증대상 기계·기구(9종)에는 크레인, 리프트, 곤돌라, 프레스, 전단기, 사출성형기, 고소작업대, 압력용기, 롤러기가 있다.

52
정답 ②

본로프에 걸리는 하중 = 정하중 + 동하중
= 정하중 + (정하중 × 상승가속도/중력가속도)

$= 2,000kg + \left(2,000kg \times \dfrac{20}{9.8}\right) = 6,081.6kgf$

53

안정조건＝G×b≥W×a

400×b≥200×1이므로

b≥0.5

54

선반의 방호장치에는 칩 브레이커, 덮개(실드), 척 커버, 브레이크가 해당한다.

55

손쳐내기식 방호장치는 슬라이드 행정수가 120spm 미만의 것, 행정길이가 40mm 이상의 것에 사용된다.

56

급정지장치는 앞면 롤러의 속도가 30m/min 이상일 경우, 급정지거리는 앞면 롤러 원주의 $\frac{1}{2.5}$ 이내로 제한된다.

57

양중기에서 화물을 지지하는 와이어로프는 안전율이 5 이상이어야 하며, 근로자가 탑승하는 경우에는 10 이상이 요구된다.

58

역화는 연소가 역방향으로 진행되는 현상으로 보일러 증기 관련 이상현상에 해당하지 않는다. 보일러 발생증기의 이상현상에 관한 설명은 다음과 같다.

- 프라이밍(비수공발): 보일러 급격한 부하, 급격한 압력강하, 고수위 등에 의해 물방울 혹은 물거품이 수면 위로 튀어 올라 관 밖으로 운반되는 현상
- 포밍(거품의 발생): 관수 중의 용존고형물, 유지분에 의해 수면 위에 거품이 발생하고 심하면 보일러 밖으로 흘러넘치는 현상
- 캐리오버(기수공발): 물속에 용해되어 있는 고형분이나 수분의 증기의 흐름에 따라서 발생증기 속으로 운반되어 나오게 되는 현상

59

위험의 5요소에는 함정(Trap), 충격(Impact), 접촉(Contact), 얽힘 또는 말림(Entanglement), 튀어나옴(Ejection) 등이 포함된다.

60

보일러에서 압력방출장치를 2개 설치하는 경우 1개는 최고사용압력 이하에서 작동되도록 하고, 또 다른 하나는 최고사용압력의 1.05배 이하에서 작동하도록 부착한다.

61

등전위접지는 특정한 장소인 병원에서 감전 방지를 위해 사용되는 의료기기용이다.

62

화염일주한계는 화염이 틈을 통해 외부로 전파되지 않도록 하는 최대안전틈새, 안전간극을 말한다.

63

정전기 재해를 방지하기 위해서 정전기 방지용 정전화를 착용해야 한다.

64

정전작업 후에는 감전위험이 남아있지 않도록 하는 조치가 가장 중요하다. 이를 포함하여 정전작업 종료 시 조치사항은 다음과 같다.

- 단락접지기구를 철거한다.
- 표지를 철거한다.
- 작업자에 대한 위험이 있는 것을 확인한다.
- 개폐기를 투입하여 송전을 재개한다.

65

유동대전은 파이프 속에 저항이 높은 액체가 흐를 때 정전기가 발생하는 현상을 말한다.

66

정답 ②

누설전류는 최대공급전류의 $\frac{1}{2,000}$ 이하로 제한한다.

$$누설전류 = \frac{최대공급전류}{2,000} = \frac{300A}{2,000} = 0.15A \times 1,000 = 150mA$$

67

정답 ①

$1.2 \times 50\mu s$에서 1.2는 파두장, 50은 파미장을 의미한다.

68

정답 ④

안전증 방폭구조는 온도를 낮춰 점화원을 방지하고 구조적으로 안전성을 높인다.

69

정답 ④

$$W = I^2RT = (\frac{165 \times 10^{-3}}{\sqrt{T}}A)^2 \times 500\Omega \times 1s$$
$$= 13.6J \times 0.24 = 3.26cal$$

70

정답 ④

내전압성 기준은 7,000V 이하로 규정되어 있다.

71

정답 ②

상온에서 물(H_2O)과 반응하여 수소(H_2)를 발생시키는 대표적 물질은 K(칼륨)이다. 나트륨(Na), 칼륨(K) 등은 반응성이 높아 공기 중의 수분과도 쉽게 반응하므로 석유 속에 보관하여 공기와의 접촉을 차단해야 한다.

72

정답 ②

인화점이 낮은 물질이 반드시 착화점도 낮은 것은 아니다.

73

정답 ④

질소는 불활성 가스로 화재·산화 반응을 억제하는 용도로 사용된다.

74

정답 ②

분말 소화기는 유류화재(B급)와 전기화재(C급) 모두에 적합하여 범용성이 높다. 물 소화기는 전기화재에 사용하면 감전 위험이 있다.

75

정답 ②

열교환기의 부식의 형태 및 정도는 일상점검 항목에 포함되지 않는다. 열교환기의 일상점검 항목은 다음과 같다.
• 보온재 및 보냉재의 파손상태는 어떠한가?
• 도장의 열화상태는 어떠한가?
• 용접부 등으로부터 외부로의 누설은 없는가?
• 기초볼트는 풀려 있지 않은가?
• 기초(특히 콘크리트 기초)는 파손되지 않았는가?

76

정답 ②

급성 독성 물질의 기준 중 쥐에 대한 4시간 흡입실험에 의하여 실험 동물의 50%를 사망시킬 수 있는 물질의 농도, 즉, LC50이 2,500ppm 이하, 증기 10mg/l 이하, 분진 1mg/l 이하인 물질이다.

77

정답 ②

니트로글리세린은 폭발성이 있어 차광되고 서늘한 곳에 저장해야 한다.

78

정답 ①

셀룰로이드류는 인화성 물질이다. 반면 질산에스테르류, 아조화합물, 유기과산화물 등은 대표적인 폭발성 물질이다.

79

정답 ②

$$\frac{1,000L}{22.4} \times 26g = 1,160$$

$$1,160 \times 0.022 = 25.535g$$

80

정답 ②

에어-폼(기계품) 소화기는 거품층이 연소면을 덮어 공기와의 접촉을 차단하여 산소 공급을 억제하는 질식소화방식이다.

81

정답 ④

작업인부의 배치도는 유해·위험방지계획서의 첨부서류에 포함되지 않는다. 유해·위험방지계획서 첨부서류에는 안전관리조직표, 산업안전보건관리비 사용계획, 재해 발생 위험 시 연락 및 대피방법 등을 첨부해야 한다.

82

정답 ④

모터 그레이더(Motor Grader)는 토공의 대패, 정지작업, 얕은 굴착이 가능한 기계이다.

83

정답 ③

추락방호망의 지지점 강도는 600kg이다.

84

정답 ③

조립 시 비계의 최대높이는 밑변 최소폭의 4배 이하여야 한다.

85

정답 ④

선창 내부 작업 시 갑판의 윗면에서 선창 밑바닥까지의 깊이가 1.5m를 초과하는 선창의 내부에서 화물취급작업을 하는 경우에 근로자가 안전하게 통행할 수 있는 통행설비를 설치해야 한다.

86

정답 ①

권과방지장치는 지게차의 안전장치에 해당하지 않는다.

87

정답 ②

공사용 가설도로의 최대 허용 경사도는 일반적으로 10%를 넘어서는 안 된다.

88

정답 ③

낙하물방지망은 10m 이내마다 설치하고 설치각도는 수평면과 20~30° 각도를 유지해야 한다.

89

정답 ③

강재와 강재와의 접속부 및 교차부는 연결철물 또는 전용철물로 튼튼히 결속해야 한다.

90

정답 ④

보호구 착용 상황 감시는 정기점검 사항이 아닌 작업지시 사항에 해당된다. 이 외에 흙막이 지보공의 정기점검 사항은 버팀대의 긴압의 정도도 포함된다.

91

정답 ③

부풀어 솟아오르는 바닥면의 토사를 제거하면 상재하중이 줄어들어 지반이 더 약해지고, 전단파괴가 심해져 히빙현상이 악화된다.

92

정답 ④

바이브로플로테이션 공법은 진동기를 사용하여 모래기둥을 형성하고 밀도를 증가시키는 방법으로 사질 지반에 적합하다.

93

해체계획서에는 악천후 시 작업계획이 포함되지 않으며, 주어진 선지 외에 해체계획서에 포함되는 사항은 다음과 같다.
- 해체물의 처분계획
- 해체작업용 기계·기구 등의 작업계획서
- 해체작업용 화약류 등의 사용계획서
- 가설설비·방호설비·환기설비 및 살수·방화설비 등의 방법

94

정답 ④

버팀대의 긴압상태는 점검사항에 해당되지만, 조사사항에는 해당되지 않는다. 이 외에도 지반굴착작업 시에는 매설물 등의 유무 또는 상태를 조사해야 한다.

95

정답 ①

일반적으로 높이 20m 이상 구조물부터 적용된다. 주어진 선지 외에도 철골구조물 강풍에 대한 검토 확보사항에는 연면적당 철골량이 50kg/m² 이하의 건물, 기둥이 타이 플레이트인 경우도 포함된다.

96

정답 ④

가설계단은 1m²당 500kg 이상의 하중을 견딜 수 있는 강도로 설치해야 하며, 안전율은 4 이상으로 하여야 한다.

97

정답 ②

굴착면의 요철을 줄이면 표면이 평탄해져 응력집중은 완화된다.

98

정답 ②

비계기둥의 제일 윗부분으로부터 31m가 되는 지점 밑부분의 비계기둥은 2가의 강관으로 묶어 세워야하므로, 최고 높이가 51m인 강관비계의 경우 지상으로부터 20m 구간까지를 2본으로 세워야 한다.

99

정답 ②

달비계 작업발판은 안전을 위해 폭 40cm 이상으로 설치해야 한다.

100

정답 ②

매듭방망의 그물코 크기가 5cm인 경우 인장강도는 최소 110kg 이상이어야 한다.

MEMO

2026년 산업안전산업기사 필기

기출변형 모의고사

❖ 본 기출변형 모의고사는 2025년 기출문제를
일부 변형하여 구성하였습니다.

▶ 기출변형 모의고사 1회 · 3

▶ 기출변형 모의고사 2회 · 18

▶ 기출변형 모의고사 3회 · 33

값 37,000원

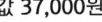

13500

ISBN 979-11-383-9872-5

기출변형 모의고사 1회

정답과 해설 P.003

자격종목	시험시간	문제수	점수
산업안전산업기사	150분	100	

1과목: 산업재해 예방 및 안전보건교육

01 위험예지훈련 4라운드에서 지적확인을 하는 단계는?

① 1, 2라운드 ② 3, 4라운드
③ 1, 3라운드 ④ 2, 4라운드

02 TOOL BOX MEETING(TBM)의 실시 인원으로 적정 인원은?

① 3~5명 ② 5~7명
③ 10~15명 ④ 20~30명

03 노사협의체의 개최주기로 옳은 것은?

① 1개월마다 ② 2개월마다
③ 3개월마다 ④ 반기마다

04 안전보건표지에 사용되는 색상 중 빨간색의 색도기준으로 옳은 것은?

① 5R 4/13 ② 5.5R 4/14
③ 6.5R 4/13 ④ 7.5R 4/14

05 심리검사 적성검사에 있어서 사용되는 기준 중 검사하고자 하는 내용을 적절하게 담고 있는가를 나타내는 기준은?

① 신뢰성 ② 타당성
③ 객관성 ④ 사용성

06 일용근로자의 계약 기간이 1주일~1개월 이하일 경우 채용 시 교육시간은?

① 1시간 이상 ② 2시간 이상
③ 4시간 이상 ④ 8시간 이상

07 법상 중대재해에 해당하지 않는 것은?

① 사당자가 3명 발생한 경우
② 3개월 이상의 요양이 필요한 부상자가 3명 찰생한 경우
③ 업무에 기인하여 질병자가 3명 발생한 경우
④ 6개월 이상의 요양이 필요한 부상자가 3명 발생한 경우

08 무재해운동의 3요소가 아닌 것은?

① 전 구성원의 적극적 참여
② 최고경영자의 안전경영 자세
③ 중간관리자의 엄격한 라인관리
④ 자주활동의 활성화

09 위험성 평가는 안전보건관리에서 중요한 요소이다. 위험성 평가 문서의 보존 기간은?

① 1년   ② 3년   ③ 5년   ④ 7년

10 위험성 평가의 종류가 아닌 것은?

① 수시 평가   ② 임시평가
③ 상시 평가   ④ 최초평가

11 하인리히의 재해손실비에 따라 직접비가 1,000만 원인 경우 총재해비용은?

① 4,000만 원   ② 5,000만 원
③ 6,000만 원   ④ 7,000만 원

12 재해가 발생하면 긴급처리를 실행하여야 한다. 긴급처리의 마지막 순서는?

① 2차재해 방지
② 관계자에게 통보
③ 피재자의 응급처치
④ 현장보존

13 한 사람의 근로자가 평생 근로할 때 재해로 인한 근로손실일수 계산 시 기준시간은 얼마로 계산하는가?

① 80,000시간   ② 90,000시간
③ 100,000시간   ④ 120,000시간

14 재해통계 분석방법 중 원인과 결과를 모두 나타낼 수 있는 분석방법은?

① 파레토도　　② 특성요인도
③ 클로즈 분석도　④ 관리도

15 안전점검의 종류 중 안전강조 기간에 실시되는 점검을 무엇이라 하는가?

① 일상점검　　② 정기점검
③ 특별점검　　④ 임시점검

16 위험요인에 대한 대책 수립에는 원칙이 있다. 다음 중 가장 마지막에 적용되는 대책으로 옳은 것은?

① 안전보호구 사용
② 제거, 대체
③ 관리적 대책
④ 공학적 대책

17 다음 중 불안전한 행동으로 볼 수 없는 것은?

① 보호구의 미착용
② 방호장치의 기능 제거
③ 불안전한 속도 조작
④ 방호장치의 결함

18 하인리히의 재해발생비율에 의한 사망이 3건이라면 경상해는 몇 건이 발생하였겠는가?

① 67건　　② 77건
③ 87건　　④ 97건

19 사고가 일어나면 손실이 발생하기 마련이다. 하지만 손실의 크기는 쉽게 예상할 수 없다는 원칙은?

① 손실예상의 원칙
② 손실우연의 원칙
③ 손실필연의 원칙
④ 손실발생의 원칙

20 하인리히는 사고방지 5단계를 제시하였다. 4단계에 해당하는 것은?

① 시정책의 적용　② 시정책의 선정
③ 분석, 평가　　④ 사실의 발견

21 인간 실수의 형태를 크게 작위(Commission) 실수와 부작위(Omission) 실수로 나눌 수 있다. 다음 중 작위 실수를 바르게 설명한 것은?

① 생략한 형태의 실수
② 다른 것으로 착각하여 실행한 실수
③ 수행해야 할 작업을 수행하지 않는 실수
④ 불안전한 행동에 의한 실수

22 인간 - 기계체계(Man - Machine System)의 구분으로 가장 적합한 것은 무엇인가?

① 자동화 체계, 기계화 체계, 수동 체계
② 전기 체계, 유압 체계, 내연기관 체계
③ 반수동 체계, 반기계 체계, 반자동 체계
④ 자동화 체계, 반자동 체계, 기계화 체계

23 육체작업의 생리학적 부하측정 척도가 아닌 것은?

① 맥박수   ② 근전도
③ 산소소비량   ④ 부정맥

24 다음 시스템의 신뢰도는 얼마인가? (단, 소수점 넷째 자리까지 구하시오.)

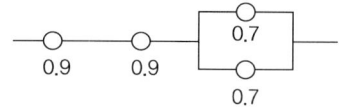

① 0.5441   ② 0.6422
③ 0.7371   ④ 0.8582

25 FTA를 작성하기 위해 사용하는 기본 기호 중 삼각형 기호는 다음 중 어느 것을 나타내는가?

① 결함사상   ② 기본사상
③ 조건기호   ④ 전이기호

26 공장설비의 안전화를 위하여 레이아웃에 대한 검토를 요하는 사항과 거리가 먼 것은?

① 작업의 흐름에 따라 기계설비를 배치시켜 필요 없는 운반작업을 극력 배제
② 안전한 통로를 설정하고 작업장소와 통로는 명확히 구분
③ 재료, 제품, 공구들을 놓아둘 곳을 충분히 확보할 것
④ 필요한 안전장치를 설치할 것

27 위험 및 운전성 검토(HAZOP)의 성패를 좌우하는 중요 요인과 거리가 먼 것은?

① 팀의 무재해운동 추진 실태
② 검토에 사용된 도면이나 자료들의 정확성
③ 팀의 기술능력과 통찰력
④ 발견된 위험의 심각성을 평가할 때 그 팀의 균형감각을 유지할 수 있는 능력

28 디버깅(Debugging)이란?

① 초기고장 기간의 고장원인 도출과정
② 우발고장 기간의 고장원인 도출과정
③ 마모고장 기간의 고장원인 도출과정
④ 고장원인 도출과는 상관없음

29 시각적 표시장치와 청각적 표시장치 중 청각적 표시장치를 사용하는 것이 더 좋은 경우는?

① 전언이 공간적인 위치를 다룬 경우
② 수신자의 청각계통이 과부하 상태일 때
③ 직무상 수신자가 한 곳에 머무르는 경우
④ 수신장소가 너무 밝거나 암조응이 요구될 때

30 '작업설계 시의 딜레마(Dilemma)'란?

① 안전투자와 기업이윤 간의 딜레마
② 작업능률과 작업만족도 간의 딜레마
③ 작업확대와 작업윤택화 간의 딜레마
④ 생산목표와 생산수단 간의 딜레마

31 전신 육체적 작업에 대한 개략적 휴식시간의 산출공식으로 맞는 것은? (단, R은 휴식시간(분), E는 작업의 에너지소비율(kcal/분)이다.)

① $R = E \times \dfrac{60-4}{E-2}$

② $R = 60 \times \dfrac{E-4}{E-1.5}$

③ $R = 60 \times (E-4) \times (E-2)$

④ $R = 60 \times (60-4) \times (E-1.5)$

32 실내에서 사용하는 습구흑구온도(WBGT: Wet Bulb Globe Temperature)지수는? (단, NWB는 자연습구, GT는 흑구온도, DB는 건구온도이다.)

① $WBGT = 0.6NWB + 0.4GT$
② $WBGT = 0.7NWB + 0.3GT$
③ $WBGT = 0.6NWB + 0.3GT + 0.1DB$
④ $WBGT = 0.7NWB + 0.2GT + 0.1DB$

33 다음의 그림과 같이 FTA로 분석된 시스템에서 현재 모든 기본사상에 대한 부품이 고장난 상태이다. 부품 X_1부터 부품 X_5까지 순서대로 복구한다면 어느 부품을 수리 완료하는 순간부터 시스템은 정상가동이 되겠는가?

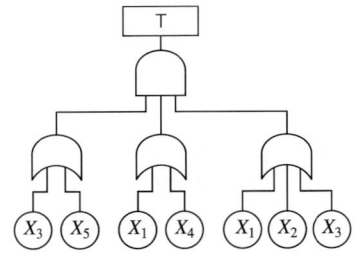

① X_1　　② X_2　　③ X_3　　④ X_4

34 국내 규정상 1일 노출회수가 100회일 때 최대 음압수준이 몇 dB(A)을 초과하는 충격소음에 노출되어서는 아니 되는가?

① 110   ② 120   ③ 130   ④ 140

35 다음 중 위험(Risk)의 개념을 정량적으로 나타내기 위하여 채택되고 있는 정의는 어느 것인가?

① 사고발생빈도×손실
② 사고발생빈도×안전장치
③ 손실÷사고발생빈도
④ 사고발생빈도×안전장치

36 특정조합의 기본사상들이 동시에 결함이 발생하였을 때 시스템의 고장 사상을 일으키는 기본 사상집합을 무엇이라 하는가?

① Cut Sets
② Path Sets
③ Minimal Cut Sets
④ Minimal Path Sets

37 각각 1.2×10^4의 수명을 가진 요소 4개가 병렬계를 이룰 때의 계의 수명은?

① 3×10^3시간   ② 1.2×10^4시간
③ 2.5×10^4시간   ④ 4.8×10^4시간

38 주어진 자극에 대해 인간이 갖는 변화감지역을 표현하는 데에는 Weber의 법칙을 이용한다. 이때 Weber비와 인간의 분별력과의 관계를 설명한 것은?

① Weber비가 클수록 분별력이 좋다.
② Weber비가 작을수록 분별력이 좋다.
③ Weber비와 분별력과는 관계가 없다.
④ Weber비는 모든 사람에 대해 일정하다.

39 근골격계질환의 발생원인과 가장 거리가 먼 것은?

① 반복적인 동작
② 부적절한 작업자세
③ 진동 및 온도
④ 잘못 설계된 계기판

40 F.T.A(Fault Tree Analysis)란 무엇인가?

① 재해발생을 귀납적·정성적으로 해석·예측할 수 있다.
② 재해발생을 연역적·정성적으로 해석·예측할 수 있다.
③ 재해발생을 연역적·정량적으로 해석·예측할 수 있다.
④ 재해발생을 귀납적·정량적으로 해석·예측할 수 있다.

3과목: 기계·기구 및 설비 안전관리

41 일반적으로 보일러에 주로 사용되는 안전밸브 형식으로 가장 적당한 것은?

① 중추식　　　② 스프링식

③ 지렛대식　　④ 벨트식

42 산업용 로봇의 가동영역 내에서 교시 작업을 행할 때 취해야 할 조치사항이 아닌 것은?

① 작업 중의 매니퓰레이터 속도를 정한다.
② 작업자가 이상을 발견할 시는 안전담당자가 올 때까지만 로봇운전을 계속한다.
③ 작업을 하는 동안 기동스위치에 타작업자가 작동시킬 수 없도록 작업 중 표시를 한다.
④ 2인 이상의 근로자에게 작업을 시킬 때의 신호방법을 정한다.

43 선반의 바이트에 설치되는 안전장치는?

① 칩 브레이커　　② 커버

③ 심압대　　　　④ 보안경

44 보일러의 방호장치에 속하지 않는 것은?

① 압력방출장치
② 비상정지장치
③ 압력제한 스위치
④ 고·저수위 조절장치

45 비파괴검사 방법이 아닌 것은?

① 음향방출시험　　② 초음파탐상시험

③ 누수시험　　　　④ 인장시험

46 비파괴검사를 실시해야 하는 고속회전체는 어느 것인가?

① 회전축의 중량이 1톤을 초과하고, 원주속도가 100m/s 이상인 것
② 회전축의 중량이 1톤을 초과하고, 원주속도가 120m/s 이상인 것
③ 회전축의 중량이 0.5톤을 초과하고, 원주속도가 100m/s 이상인 것
④ 회전축의 중량이 0.5톤을 초과하고, 원주속도가 120m/s 이상인 것

47 회전수가 300rpm, 연삭숫돌의 지름이 200mm일 때 원주속도는 몇 m/min인가?

① 78.84m/min　　② 188.4m/min

③ 294.2m/min　　④ 394.2m/min

48 재료의 항복점, 인장강도, 신장 등을 알 수 있는 시험방법은?

① 인장시험　　② 충격시험

③ 경도시험　　④ 마모시험

49 회전 중인 연삭숫돌이 근로자에게 위험을 미칠 우려가 있을 시 해당 부위에 덮개를 설치하여야 하는 숫돌의 최소단위 지름은?

① 지름이 5cm 이상인 것
② 지름이 10cm 이상인 것
③ 지름이 15cm 이상인 것
④ 지름이 20cm 이상인 것

50 양중기에 사용될 수 있는 와이어로프는?

① 이음매가 있는 것
② 꼬인 것
③ 지름의 감소가 공칭지름의 7%를 초과하는 것
④ 와이어로프의 한 꼬임에서 끊어진 소선의 수가 10% 미만인 것

51 역류(逆流)를 방지하여 유체를 한쪽 방향으로만 흘러가게 하는 밸브는?

① 안전밸브   ② 파열판
③ 체크밸브   ④ 언로드밸브

52 용접의 결함으로 볼 수 없는 것은?

① 언더컷(Under Cut)
② 비드(Bead)
③ 용입불량
④ 기공(Blow Hole)

53 반복응력을 받게 되는 기계구조 부분의 설계에서 허용응력을 결정하기 위한 기초강도로 가장 적합한 것은?

① 항복점(Yield Point)
② 극한강도(Ultimate Strength)
③ 크리프한도(Creep Limit)
④ 피로한도(Fatigue Limit)

54 롤러 작업에서 송급대(Feed Table)와 위험 부위에서 가드(Guard)의 적절한 위치까지 거리 X=80mm라고 할 때 적절한 가드 개구부와 간격(Y)으로 다음 중 가장 적합한 것은?

① 6mm   ② 10mm
③ 18mm   ④ 29mm

55 승강기의 방호장치가 아닌 것은?

① 조속기
② 출입문 인터록
③ 이탈방지장치
④ 파이널 리미트 스위치

56 밀링 작업에서 주의해야 할 사항으로 옳지 않은 것은?

① 보안경을 쓴다.
② 일감 절삭 중 치수를 측정한다.
③ 커터에 옷이 감기지 않게 한다.
④ 정지한 상태에서 일감을 고정한다.

57 연삭숫돌에 결합도가 높아 무디어진 입자가 탈락하지 않으므로 숫돌 표면이 매끈해져서 연삭 성능이 떨어지며 절삭이 어렵게 되는 현상을 무엇이라 하는가?

① 자생 현상   ② 부식 현상
③ 글레이징 현상   ④ 드레싱 현상

58 보일러 발생증기의 이상현상이 아닌 것은?

① 역화 현상   ② 프라이밍 현상
③ 포밍 현상   ④ 캐리오버 현상

59 크레인의 방호장치에 해당되지 않는 것은?

① 권과방지장치   ② 과부하방지장치
③ 자동보수장치   ④ 비상정지장치

60 프레스 작업시작 전 점검사항은?

① 제어장치의 이상 유무
② 리미트 스위치, 릴레이 기타 전자 부품의 이상 유무
③ 1행정 1정지기구, 급정지장치 및 비상정지장치의 기능
④ 전자밸브, 압력조정밸브 기타 공압 제품의 이상 유무

4과목: 전기 및 화학설비 안전관리

61 다음 중 정전작업 시 조치사항으로 부적합한 것은?

① 개로된 전로의 충전 여부를 검전기구에 의하여 확인한다.
② 개폐기에 시건장치를 설치하고 통전금지에 관한 표지판은 제거한다.
③ 예비 동력원의 역송전에 의한 감전의 위험을 방지하기 위한 단락접지기구를 사용하여 단락접지를 한다.
④ 잔류전하를 확실히 방전한다.

62 다음에서 전기기기 방폭의 기본개념과 이를 이용한 방폭구조로 볼 수 없는 것은?

① 점화원의 격리 - 내압 방폭구조
② 전기기기 안전도의 증강 - 안전증 방폭구조
③ 폭발성 위험 분위기 해소 - 유입 방폭구조
④ 점화능력의 본질적 억제 - 본질안전 방폭구조

63 피뢰기의 제한전압이 752kV이고 변압기의 기준 충격절연강도가 1,050kV라면, 보호여유도는 약 몇 %인가?

① 18%   ② 30%
③ 40%   ④ 43%

64 전폐형의 구조로 되어 있으며, 외부의 폭발성 가스가 내부로 침입해서 폭발하였을 때 고열 가스나 화염이 협격을 통하여 서서히 방출됨으로써 냉각되는 방폭구조는?

① 내압 방폭구조　　② 유입 방폭구조
③ 압력 방폭구조　　④ 안전증 방폭구조

65 다음 중 정전기 발생에 영향을 주는 요인으로 볼 수 없는 것은?

① 물체의 특성　　② 물체의 표면상태
③ 물처의 이력　　④ 접촉시간

66 통전 경로별 위험도를 나타낸 경우 위험도가 큰 순서로 옳은 것은?

① 왼손 – 오른손 > 왼손 – 등 > 양손 – 양발 > 오른손 – 가슴
② 왼손 – 오른손 > 오른손 – 가슴 > 왼손 – 등 > 양손 – 양발
③ 오른손 – 가슴 > 양손 – 양발 > 왼손 – 등 > 왼손 – 오른손
④ 오른손 – 가슴 > 왼손 – 오른손 > 양손 – 양발 > 왼손 – 등

67 다음 중 분진폭발 위험장소의 분류에 속하지 않는 것은?

① 0종 장소　　② 20종 장소
③ 21종 장소　　④ 22종 장소

68 인체가 100V 전로에 접촉되었을 경우 접촉저항이 500Ω이고, 인체저항이 500Ω일 때 인체에 통과하는 전류는 몇 mA인가?

① 250　　② 200
③ 150　　④ 100

69 인체의 저항을 500Ω으로 볼 때 심실세동을 일으키는 전류에서의 전기에너지는 약 몇 J인가? (단, 심실세동전류는 $\frac{165}{\sqrt{T}}$[mA]이며, 통진시간 T는 1초, 전원은 정현파 교류이다.)

① 3.3　　② 13.0
③ 13.6　　④ 272.2

70 인체운동의 자유를 잃지 않는 최대한도의 전류를 이탈전류(마비한계전류)라 하는데 이 전류의 범위로 가장 알맞은 것은?

① 10~15mA　　② 15~20mA
③ 20~25mA　　④ 25~30mA

71 「산업안전보건법」상 특수화학설비 설치 시 반드시 필요한 장치가 아닌 것은?

① 원재료 공급의 긴급차단장치
② 즉시 사용할 수 있는 예비동력원
③ 화재 시 긴급대응을 위한 자동소화장치
④ 온도계·유량계·압력계 등의 계측장치

72 다음 중 마그네슘의 저장 및 취급에 관한 설명으로 틀린 것은?

① 산화제와 접촉을 피한다.
② 상온의 물에서는 안정하지만, 고온의 물이나 과열 수증기와 접촉하면 격렬히 반응한다.
③ 분진폭발성이 있으므로 누설되지 않도록 포장한다.
④ 고온에서 유황 및 할로겐과 접촉하면 흡열반응을 한다.

73 공정안전보고서 중 공정안전자료에 포함하여야 할 세부 내용에 해당하는 것은?

① 비상조치계획
② 공정위험평가서
③ 각종 건물·설비의 배치도
④ 도급업체 안전관리계획

74 가연성 가스 혼합물을 구성하는 각 성분의 조성과 연소범위가 다음 [표]와 같을 때 혼합가스의 연소하한값은 약 몇 vol%인가?

성분	조성 (vol%)	연소하한값 (vol%)	연소상한값 (vol%)
헥산	1.0	1.1	7.4
메탄	2.5	5.0	15.0
에틸렌	0.5	2.7	36.0
공기	96.0	–	–

① 2.51
② 7.51
③ 12.07
④ 15.01

75 다음 중 「산업안전보건법」상 위험물의 종류와 해당 물질의 연결이 옳은 것은?

① 폭발성 물질: 마그네슘 분말
② 발화성 물질: 중크롬산
③ 산화성 물질: 니트로소화합물
④ 가연성 가스: 에탄

76 메탄(CH_4)이 공기 중에서 연소될 때의 이론혼합비(화학양론조성)는 약 몇 vol%인가?

① 2.21
② 4.03
③ 5.76
④ 9.50

77 다음 [표]의 가스를 위험도가 큰 것부터 작은 순으로 나열한 것은?

	폭발하한값	폭발상한값
수소	4.0vol%	75.0vol%
산화에틸렌	3.0vol%	80.0vol%
이황화탄소	1.25vol%	44.0vol%
아세틸렌	2.5vol%	81.0vol%

① 아세틸렌－산화에틸렌－이황화탄소－수소
② 아세틸렌－산화에틸렌－수소－이황화탄소
③ 이황화탄소－아세틸렌－수소－산화에틸렌
④ 이황화탄소－아세틸렌－산화에틸렌－수소

78 다음 중 주수소화를 하여서는 아니 되는 물질은?

① 금속 분말   ② 적린
③ 유황   ④ 과망간산칼륨

79 다음 중 소화설비와 주된 소화적용방법의 연결이 옳은 것은?

① 스프링클러서버 – 억제소화
② 포 소화설비 – 질식소화
③ 이산화탄소 소화설비 – 제거소화
④ 할로겐 화합물 소화설비 – 냉각소화

80 20℃, 1기압의 공기를 5기압으로 단열압축하면 공기의 온도는 약 몇 ℃가 되겠는가? (단, 공기의 비열비는 1.4이다.)

① 32   ② 191
③ 305   ④ 464

5과목: 건설공사 안전관리

81 롤러의 표면에 돌기를 만들어 부착한 것으로 풍화암을 파쇄하고 흙 속의 간극수압을 제거하는 작업에 적합한 장비는?

① Tandem Roller
② Macadam Roller
③ Tamping Roller
④ Tire Roller

82 가설계단 및 계단참을 설치하는 때에는 매 m² 당 몇 kg 이상의 하중에 견딜 수 있는 강도를 가진 구조로 설치하여야 하는가?

① 200kg   ② 300kg
③ 400kg   ④ 500kg

83 흙막이 지보공을 설치하였을 때 정기적으로 점검하여 이상 발견 시 즉시 보수하여야 할 사항이 아닌 것은?

① 굴착 깊이의 정도
② 버팀대의 긴압의 정도
③ 부재의 접속부·부착부 및 교차부의 상태
④ 부재의 손상·변형·부식·변위 및 탈락의 유무와 상태

84 타워크레인의 설치·조립·해체작업을 하는 때에 작성하는 작업계획서에 포함시켜야 할 사항이 아닌 것은?

① 타워크레인의 종류 및 형식
② 중량물의 운반 경로
③ 작업인원의 구성 및 작업근로자의 역할 범위
④ 작업도구·장비·가설설비 및 방호설비

85 이동식 비계의 사용 시 준수해야 할 사항 중 옳지 않은 것은?

① 안전담당자의 지휘하에 작업한다.
② 최대 적재하중을 표시하여야 한다.
③ 비계의 최대 높이는 밑변 최소폭의 5배 이하이어야 한다.
④ 불의의 이동을 방지하기 위한 제동장치를 갖추어야 한다.

86 추락재해를 방지하기 위하여 사용하는 방망의 지지점이 연속적인 구조물이고 지지점의 간격이 1.0m일 때 외력에 견딜 수 있어야 하는 강도는 최소 얼마 이상이어야 하는가?

① 200kg ② 400kg
③ 600kg ④ 800kg

87 흙막이 벽을 설치하여 기초 굴착 작업 중 굴착부 바닥이 솟아올랐다. 이에 대한 대책으로 옳은 것은?

① 흙막이 벽의 근입깊이를 깊게 한다.
② 굴착작업의 속도를 빨리한다.
③ 수평버팀을 추가하여 흙막이벽의 지지력을 강화시킨다.
④ 흙막이 벽의 변위가 생기지 않도록 시공의 정도를 높인다.

88 유해·위험방지계획서를 제출해야 할 대상 공사에 대한 설명으로 잘못된 것은?

① 지상 높이가 31m 이상인 건축물 또는 공작물의 건설, 개조 또는 해체 공사
② 최대 지간길이가 50m 이상인 교량건설 등의 공사
③ 다목적댐·발전용댐 및 저수용량 2천만톤 이상의 용수전용댐 건설 등의 공사
④ 깊이가 5m 이상인 굴착공사

89 철골작업을 중지하여야 하는 기준으로 옳은 것은?

① 풍속이 초당 1m 이상인 경우
② 강우량이 시간당 1cm 이상인 경우
③ 강설량이 시간당 1cm 이상인 경우
④ 10분간 평균풍속이 초당 5m 이상인 경우

90 부두 등의 하역작업장에서 부두 또는 안벽의 선에 따라 통로를 설치할 때의 폭은?

① 90cm 이상　　② 75cm 이상
③ 60cm 이상　　④ 45cm 이상

91 로드(Rod), 유압잭(Jack) 등을 이용하여 거푸집을 연속적으로 이동시키면서 콘크리트를 타설할 때 사용되는 것으로 사일로(Silo) 공사 등에 적합한 거푸집은?

① 메탈폼　　② 슬라이딩폼
③ 워플폼　　④ 페코빔

92 「산업안전기준에 관한 규칙」에서 정하는 승강기 와이어로프의 안전계수는 최소 얼마인가?

① 4　　② 5　　③ 8　　④ 10

93 풍화암의 굴착면 붕괴에 따른 재해를 예방하기 위한 굴착면의 적정한 경사기준은?

① 1 : 1　　　② 1 : 0.8
③ 1 : 0.5　　④ 1 : 0.3

94 다음 ( )에 알맞은 숫자는?

> 동바리로 사용하는 파이프 서포트는 (㉠) 본 이상을 이어서 사용해서는 안 되고 높이가 (㉡)m를 초과할 때에는 높이 (㉢)m 이내마다 수평연결재를 2개 방향으로 만들고 수평연결재의 변위를 방지한다.

① ㉠: 2, ㉡: 3,　㉢: 1
② ㉠: 3, ㉡: 3.5, ㉢: 2
③ ㉠: 3, ㉡: 3,　㉢: 3
④ ㉠: 2, ㉡: 3.5, ㉢: 1

95 추락방지용 방망의 그물코가 10cm인 신제품 매듭방망사의 인장강도는 몇 kg 이상이어야 하는가?

① 80　　　② 110
③ 150　　④ 200

96 다음 중 가설통로의 설치기준으로 옳지 않은 것은?

① 경사는 30° 이하로 한다.
② 경사가 10°를 초과하는 경우에는 미끄러지지 않는 구조로 한다.
③ 추락위험이 있는 장소에는 안전난간을 설치한다.
④ 건설공사에서 사용되는 높이 8m 이상인 비계다리에는 7m 이내마다 계단참을 설치한다.

97 크레인을 사용하는 경우 작업시작 전에 점검하여야 하는 사항에 해당하지 않는 것은?

① 권과방지장치·브레이크·클러치 및 운전장치의 기능
② 주행로의 상측 및 트롤리가 횡행하는 레일의 상태
③ 와이어로프가 통하는 곳의 상태
④ 붐의 경사 각도

98 하역운반기계에 화물을 적재하거나 내리는 작업을 할 때 작업지휘자를 지정해야 하는 경우는 단위화물의 무게가 몇 kg 이상일 때인가?

① 100kg   ② 150kg
③ 200kg   ④ 250kg

99 다음 중 지게차의 작업시작 전 점검사항이 아닌 것은?

① 권과방지장치, 브레이크, 클러치 및 운전장치 기능의 이상 유무
② 하역장치 및 유압장치 기능의 이상 유무
③ 제동장치 및 조종장치 기능의 이상 유무
④ 전조등·후미등·방향지시기 및 경보장치 기능의 이상 유무

100 크레인 또는 데릭에서 붐각도 및 작업반경별로 작용시킬 수 있는 최대하중에서 후크(Hook), 와이어로프 등 달기구의 중량을 공제한 하중은?

① 작업하중   ② 정격하중
③ 이동하중   ④ 적재하중

기출변형 모의고사 2회

정답과 해설 P.014

자격종목	시험시간	문제수	점수
산업안전산업기사	150분	100	

01 전동식 호흡보호구의 종류가 아닌 것은?

① 전동식 송기마스크
② 전동식 방진마스크
③ 전동식 후드
④ 전동식 방독마스크

02 할로겐용 정화통의 표시색으로 옳은 것은?

① 갈색   ② 회색
③ 노랑색   ④ 녹색

03 할로겐용 방독마스크의 시험가스는 무엇인가?

① 시크로헥산   ② 디메틸에테르
③ 이소부탄   ④ 염소가스

04 턱끈풀림시험에서 성능의 기준으로 옳은 것은?

① 100N 이상 200N 이하에서 턱끈이 풀려야 한다.
② 100N 이상 250N 이하에서 턱끈이 풀려야 한다.
③ 150N 이상 200N 이하에서 턱끈이 풀려야 한다.
④ 150N 이상 250N 이하에서 턱끈이 풀려야 한다.

05 근로자수가 50명인 사업장의 하루 근로시간은 7시간이고 연간 250일을 근로한다. 재해로 인해 근로손실일수는 100일, 장애등급 9급 2명, 의사진단일수 20일이다. 강도율을 구하시오.

① 0.2415   ② 2.415
③ 24.15   ④ 241.5

06 의식레벨의 단계에서 의식수준의 저하상태를 나타내는 단계는?

① Phase 0단계　　② Phase Ⅰ단계

③ Phase Ⅱ단계　　④ Phase Ⅲ단계

07 주의의 3특성이 아닌 것은?

① 선택성　　　　② 집중성

③ 변동성　　　　④ 방향성

08 안내표지 중 녹십자 표지의 바탕색은 무슨 색인가?

① 백색　　　　　② 녹색

③ 노란색　　　　④ 빨간색

09 안전인증심사의 종류가 아닌 것은?

① 예비심사　　　② 서면심사

③ 기능검사　　　④ 제품심사

10 차광보안경의 종류가 아닌 것은?

① 자외선용　　　② 적외선용

③ 복합용　　　　④ 가시광선용

11 학습지도의 원리가 아닌 것은?

① 개별화의 원리　　② 사회화의 원리

③ 통합화의 원리　　④ 일관성의 원리

12 학습목적의 3요소가 아닌 것은?

① 주제　　　　　② 정도

③ 목표　　　　　④ 학습성과

13 허즈버그의 동기요인이 아닌 것은?

① 일 자체　　　　② 도전감

③ 경제적 보상　　④ 책임감

14 알더퍼의 ERG이론에 해당하지 않는 것은?

① 존재욕구   ② 관계욕구

③ 성장욕구   ④ 안전욕구

15 사고를 일으킬 수 있는 성향이 많아 재해를 빈 발하는 누발자는?

① 미숙성 누발자   ② 상황성 누발자

③ 습관성 누발자   ④ 소질성 누발자

16 Y-G 성격검사에서 조화적이며 적응력이 좋은 형의 종류는?

① A형   ② B형

③ C형   ④ D형

17 피로검사방법에 있어 생화학적 방법에 해당하는 것은?

① 호흡순환기능   ② 혈색소 농도

③ 연속반응시간   ④ 전신자각증상

18 교육방법 중 실제 상황과 유사한 상황을 재현하여 작업을 수행하는 과정을 지켜보면서 지적과 개선을 유도하는 방법을 무엇이라 하는가?

① 모의법   ② 토의법

③ 실연법   ④ 반복법

19 TWI(산업 내 훈련)의 교육대상이 누구인가?

① 근로자   ② 초급관리자

③ 중간관리자   ④ 최고경영자

20 새로운 자료를 제시하고 참석자들과 질의응답을 받는 형식의 토의법은?

① 패널디스커션   ② 심포지움

③ 포럼   ④ 버즈세션

21 인간의 과오를 정량적으로 평가하기 위한 기법으로서 인간의 과오율 추정법 등 5개의 스탭으로 되어있는 기법은?

① THERP ② FTA
③ FMEA ④ ETA

22 입식작업을 할 때 중량물을 취급하는 중(重)작업의 경우 적절한 작업대의 높이는?

① 팔꿈치 높이보다 10~20cm 높게 설계한다.
② 팔꿈치 높이에 맞추어 설계한다.
③ 팔꿈치 높이보다 5~10cm 낮게 설계한다.
④ 팔꿈치 높이보다 10~20cm 낮게 설계한다.

23 대안의 발생확률이 동일한 경우에 64가지 대안에 대하여 얻을 수 있는 정보량은 얼마인가?

① 64bit ② 16bit
③ 5bit ④ 6bit

24 인간의 에러 중 불필요한 작업 또는 절차를 수행함으로써 기인한 에러는?

① Omission Error
② Commission Error
③ Sequential Error
④ Extraneous Error

25 회전운동을 하는 조종구와 같은 조종장치의 반경이 10cm가 30°만큼 움직였을 때, 선형표시장치의 눈금이 4.84cm 움직였다. 이때의 통제표시비는?

① 1.256 ② 1.08
③ 0.965 ④ 0.833

26 다음 그림의 설명 중 틀린 것은?

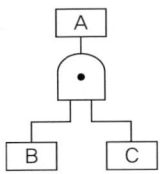

① $P(A) = P(B) \times P(C)$
② B와 C가 동시에 발생하지 않으면 A는 발생하지 않는다.
③ ⌂ 는 AND를 나타낸다.
④ 논리합의 경우이다.

27 산업안전표지에서 경고표지는 삼각형, 안내표지는 사각형, 지시표지는 원형 등으로 부호가 고안되어 있다. 이처럼 부호가 이미 고안되어 이를 사용자가 배워야 하는 부호는 다음 중 무엇이라 하는가?

① 묘사적 부호 ② 추상적 부호
③ 사실적 부호 ④ 임의적 부호

28 원자력 산업의 고도 안전달성을 위해 개발된 분석기법으로 관리, 설계, 생산, 보전 등 광범위한 안전을 도모하기 위하여 개발된 분석기법은?

① MORT   ② DT

③ ETA   ④ FTA

29 FTA에 의한 재해사례 연구순서 중 제1단계는?

① 사상의 재해 원인의 규명
② FT도의 작성
③ 톱(TOP)사상의 선정
④ 개선계획의 작성

30 다음 중 사정효과(Range Effect)를 바르게 설명한 것은?

① 조작자가 움직일 수 있는 속도나 조종장치에 가할 수 있는 힘에는 상한이 있다.
② 조작자는 작은 오차에는 과잉반응, 큰 오차에는 과소반응한다.
③ 조작자는 비우발적인 입력신호는 미리 알 수 있다.
④ 조작자는 오차가 인식의 한계를 넘을 때까지는 반응하지 못한다.

31 위험구역의 울타리 설계 시 인체 측정자료 중 적용해야 할 인체치수로 가장 적절한 것은?

① 구조적 인체 측정치
② 인체 측정 최대치
③ 인체 측정 평균치
④ 인체 측정 최소치

32 실내 공간의 조명을 설계할 때, 조명에 대한 반사율이 낮은 면에서 높은 순으로 올바르게 설계된 것은?

① 바닥 – 창문 – 가구 – 벽
② 바닥 – 가구 – 벽 – 천장
③ 창문 – 바닥 – 가구 – 벽
④ 벽 – 천장 – 가구 – 바닥

33 복잡한 시스템을 설계 · 가동하기 전의 구상단계에서 시스템의 근본적인 위험성을 평가하는 가장 기초적인 위험도 분석기법은 무엇인가?

① 결함수분석법(FTA)
② 예비위험분석(PHA)
③ 고장의 형과 영향분석(FMEA)
④ 운용 안전성 분석(OSA)

34 전기적 생리신호 측정 가운데 근육의 활동도를 측정하는 방법은?

① ECG   ② EMG
③ EEG   ④ GSR

35 작업강도는 에너지 대사율(RMR)로서 측정될 수 있다. 사무작업이나 감시작업 등의 중(中) 작업의 에너지 대사율은?

① 0~1RMR　　② 2~4RMR

③ 4~7RMR　　④ 7~8RMR

36 기계에 고장이 발생하였을 경우 어느 기간 동안 기계의 기능이 계속되어 재해로 발전되는 것을 막는 기구를 무엇이라 하는가?

① Fool－Proof
② Fail－Safe
③ Safe－Life
④ Man－Machine System

37 조작장치와 표시장치의 위치가 상호연관되게 한다는 것은 무슨 양립성인가?

① 개념양립성　　② 공간양립성

③ 운동양립성　　④ 문화양립성

38 음량수준을 측정할 수 있는 세 가지 척도에 해당되지 않는 것은?

① Phon에 의한 음량수준
② 지수에 의한 수준
③ 인식소음 수준
④ Sone에 의한 음량수준

39 소리의 크고 작은 느낌은 주로 강도의 함수이지만 진동수에 의해서도 일부 영향을 받는다. 음량을 나타내는 척도인 Phon의 기준 순음주파수는?

① 1,000Hz　　② 2,000Hz

③ 3,000Hz　　④ 4,000Hz

40 인간의 손이나 발을 이동시켜 조작장치를 조작하는 데 걸리는 시간을 표적까지의 거리와 표적 크기의 함수로 나타내는 모형은?

① 힉(Hick)의 법칙
② 핏츠(Fitts)의 법칙
③ 웨버(Weber)의 법칙
④ 신호탐지이론(SDT)

41 취성재료의 극한강도가 900MPa이며, 허용응력이 50MPa일 경우 안전계수(Safety Factor)는 얼마인가?

① 0.56 　　　　② 1.12
③ 1.40 　　　　④ 1.80

42 기계설비보전에 있어서 기계고장률곡선(모형)의 고장형태 중 고장률이 가장 낮은 것은?

① 우발고장 　　　② 감소고장
③ 초기고장 　　　④ 마모고장

43 앞면 롤러 지름이 600mm이고, 회전수가 20rpm의 경우, 롤러기에 설치하는 급정지장치의 급정지거리는?

① 약 942mm 이내
② 약 753mm 이내
③ 약 802mm 이내
④ 약 993mm 이내

44 연삭기 작업 시 작업자가 안심하고 작업을 할 수 있는 상태는?

① 탁상용 연삭기에서 숫돌과 작업받침대의 간격이 5mm이다.
② 덮개는 인장강도가 18kg/mm² 이상이고, 연신율이 14% 이상인 압연강판이다.
③ 작업시작 전 1분 이상 시운전을 실시하여 당해 기계의 이상 여부를 확인하였다.
④ 숫돌 교체 후 2분 이상 시운전을 실시하여 당해 기계의 이상 여부를 확인하였다.

45 다음 중 연삭숫돌의 상부를 사용하는 것은 목적으로 하는 탁상용 연삭기의 안전덮개 노출 각도로 가장 적합한 것은?

① 90° 이내 　　　② 65° 이상
③ 60° 이내 　　　④ 125° 이내

46 인장강도가 44kgf/mm²이고, 호칭지름이 20mm인 볼트의 안전하중은 약 몇 kgf인가? (단, 안전계수는 5로 한다.)

① 1,381 　　　　② 2,763
③ 11,052 　　　④ 7,040

47 선반에서 돌출하여 회전하고 있는 가공물에 설치하여야 할 방호조치는?

① 칩 브레이커 ② 울, 덮개
③ 방진장치 ④ 클러치

48 하중이 정격을 초과하였을 때 자동적으로 상승이 정지되는 장치는?

① 비상정지장치
② 브레이크장치
③ 과부하방지장치
④ 와이어로프 훅장치

49 프레스기계의 위험을 방지하기 위한 본질 안전화가 아닌 것은?

① 금형에 안전 울 설치
② 안전블록 사용
③ 안전금형의 사용
④ 전용프레스 사용

50 「산업안전기준에 관한 규칙」에서 프레스 금형 조정작업 시 안전블록을 사용하는 경우에 해당되지 않는 것은?

① 금형의 부착 ② 금형의 조정
③ 금형의 해체 ④ 금형의 수리

51 연삭기에서 숫돌의 바깥지름이 180mm일 경우 평형플랜지 지름은 몇 mm 이상이어야 하는가?

① 30 ② 50
③ 60 ④ 90

52 설비보전에 있어서 장치공업의 대부분은 예방보전방법(PM)이 채택되고 있다. 즉, 철강업 등에서는 보통 10일 간격으로 10시간 정도의 정기 수리일을 마련하여 대대적인 수리 · 수선을 하게 되는데 이와 같이 일정 기간마다 보수를 하는 것을 무엇이라 하는가?

① 사후보전(Break Down Maintenance, BM)
② 시간기준보전(Time Based Maintenance, TBM)
③ 개량보전(Concentration Maintenance, CM)
④ 상태기준보전(Condition Based Maintenance, CBM)

53 프레스 작동 후 작업점까지 도달시간이 0.6초 걸렸다면 양수기동식 방호장치의 조작부의 설치거리는 최소 몇 cm 이상이어야 하는가? (단, 인간의 손의 기준 속도는 1.6m/s로 한다.)

① 96 ② 80
③ 70 ④ 60

54 목재 가공용 둥근톱의 방호장치 중 주 안내판과 톱날 사이의 공간에서 나무가 퍼질 수 있게 하여 죄임으로 인한 반발을 방지하는 것은?

① 분할날
② 반발방지 롤
③ 반발창지 핑거
④ 보조안내판

55 기계설계 시 사용되는 안전계수를 나타내는 식에 해당하는 것은?

① $\dfrac{\text{항복응력}}{\text{극한강도}}$
② $\dfrac{\text{허용응력}}{\text{극한강도}}$

③ $\dfrac{\text{극한강도}}{\text{항복응력}}$
④ $\dfrac{\text{극한강도}}{\text{허용응력}}$

56 목재 가공기의 반발예방장치와 같이 위험장소에 설치하여 위험원이 비산하거나 튀는 것을 방지하는 등 작업자로부터 위험원을 차단하는 방호장치는?

① 포집형 방호장치
② 감지형 방호장치
③ 위치제한형 방호장치
④ 접근 반응형 방호장치

57 기계설비가 이상이 있을 때 기계를 급정지시키거나 방호장치가 작동되도록 하는 것과 전기회로를 개선하여 오동작을 방지하거나 별도의 완전한 회로에 의해 정상기능을 찾을 수 있도록 하는 것은?

① 구조브분 안전화
② 기능적 안전화
③ 보전작업 안전화
④ 외관상 안전화

58 기계의 왕복운동을 하는 운동부와 고정부 사이에 형성되는 위험점은?

① 끼임점(Shear Point)
② 절단점(Cutting Point)
③ 물림점(Nip Point)
④ 협착점(Squeeze Point)

59 지게차의 작업상태별 안전도에 관한 내용으로 틀린 것은? (단, V는 최고속도(Km/h)이다.)

① 주행 시의 전후안정도는 18%이다.
② 하역작업 시의 좌우안정도는 6%이다.
③ 하역작업 시의 전후안정도는 20%이다.
④ 주행 시의 좌우안정도는 (15+1.1V)%이다.

60 회전축, 기어, 풀리, 플라이휠 등에는 어떤 고정구를 설치해야 하는가?

① 개방형 고정구
② 돌출형 고정구
③ 묻힘형 고정구
④ 요철형 고정구

4과목: 전기 및 화학설비 안전관리

61 절연성이 높은 도전성 액체를 다룰 때 정전기 재해의 방지대책으로 옳지 않은 것은?

① 가스용기, 탱크롤리 등의 도체부는 접지한다.
② 도전화를 착용하여 접지한 것과 같은 효과를 갖도록 한다.
③ 유동대전이 심하지 않은 도전성 위험물의 배관 유속은 매초 7m 이상으로 한다.
④ 탱크의 주입구는 위험물이 수평방향으로 유입하도록 한다.

62 물체에 정전기가 대전하면 정전에너지를 갖게 되는데 다음 중 정전에너지를 나타내는 식으로 알맞은 것은?

① $\dfrac{Q}{2C}$ ② $\dfrac{Q}{2C^2}$

③ $\dfrac{Q^2}{2C}$ ④ $\dfrac{Q^2}{2C^2}$

63 전압은 저압, 고압 및 특별고압으로 구분되고 있다. 다음 중 저압에 대한 설명으로 가장 알맞은 것은?

① 직류 1,500V 미만, 교류 1,000V 미만
② 직류 750V 이하, 　교류 600V 이하
③ 직류 1,500V 이하, 교류 1,000V 이하
④ 직류 750V 미만, 　교류 600V 미만

64 폭발위험장소의 분류에서 가스폭발 위험장소 중 1종 장소에 해당되는 것은?

① 용기의 내부   ② 맨홀의 주위
③ 개스킷의 주위   ④ 집진장치의 내부

65 폭발한계에 도달한 메탄가스가 공기에 혼합되었을 경우 착화한계전압은 약 몇 V인가? (단, 메탄의 착화최소에너지는 0.2mJ, 극간 용량은 10pF으로 한다.)

① 6,325V   ② 5,225V
③ 4,135V   ④ 3,035V

66 다음 중 직접접촉에 의한 감전방지방법으로 적절하지 않은 것은?

① 충전부가 노출되지 않도록 폐쇄형 외함이 있는 구조로 할 것
② 충전부에 충분한 절연효과가 있는 방호망 또는 절연 덮개를 설치할 것
③ 충전부는 출입이 용이한 전개된 장소에 설치하고 위험 표시 등의 방법으로 방호를 강화할 것
④ 충전부는 내구성이 있는 절연물로 완전히 덮어 감쌀 것

67 건조 시 인체의 전기저항을 피부저항만으로 가정하여 2,500 Ω·cm²라고 할 때 피부에 땀이 나 있을 경우의 전기저항은 약 몇 Ω·cm² 인가?

① 50~100 Ω·cm²
② 125~208 Ω·cm²
③ 550~600 Ω·cm²
④ 800 Ω·cm² 이상

68 내압 방폭구조에서 안전간극(Safe Gap)을 적게 하는 이유로 가장 알맞은 것은?

① 최소점화에너지를 높게 하기 위해
② 폭발화염이 외부로 전파되지 않도록 하기 위해
③ 폭발압력에 견디고 파손되지 않도록 하기 위해
④ 쥐가 침입해서 전선 등을 갉아먹지 않도록 하기 위해

69 교류아크용접기의 자동전격방지장치는 아크 발생이 중단된 후 출력측 무부하 전압을 몇 V 이하로 저하시켜야 하는가?

① 25~30V ② 35~50V
③ 55~75V ④ 80~100V

70 고압용 또는 특별고압용의 개폐기·차단기·피뢰기, 기타 이와 유사한 기기로서 동작 시에 아크가 생기는 경우 목재의 벽 또는 천장, 기타의 가연성 물체로부터 이격하여야 하는데, 다음 중 고압용과 특별고압용의 이격거리로 알맞은 것은?

① 고압용: 0.8m 이상, 특별고압용: 1.0m 이상
② 고압용: 1.0m 이상, 특별고압용: 2.0m 이상
③ 고압용: 2.0m 이상, 특별고압용: 3.0m 이상
④ 고압용: 3.5m 이상, 특별고압용: 4.0m 이상

71 반응폭주 등 급격한 압력상승의 우려가 있는 경우에 설치하는 안전장치로 가장 적합한 것은?

① 파열판 ② 통기밸브
③ 체크밸브 ④ Flame Arrester

72 다음 중 「산업안전보건법」상 산화성 물질에 해당하지 않는 것은?

① 질산 ② 중크롬산
③ 과산화수소 ④ 과산화벤조일

73 다음 중 압축하면 폭발할 위험성이 높아서 아세톤 등에 용해시켜 다공성 물질과 함께 저장하는 물질은?

① 염소   ② 에탄
③ 아세틸렌   ④ 수소

74 유류 저장탱크에서 화염을 차단할 목적으로, 외부로 증기를 방출하거나 탱크 내로 외기를 흡입하는 부분에 설치하는 안전장치는?

① Safety Valve
② Gate Valve
③ Vent Stack
④ Flame Arrester

75 다음 중 위험물의 저장 및 취급방법이 잘못된 것은?

① 칼륨: 알코올 속에 저장한다.
② 피크르산: 운반 시 수분 함유율을 10~20%로 한다.
③ 황린: 반드시 저장용기 중에는 물을 넣어 보관한다.
④ 니트로셀룰로오스: 건조상태에 이르면 즉시 습한 상태로 유지시킨다.

76 다음 중 물과 반응하여 수소가스를 발생시키지 않는 물질은?

① Mg   ② Zn
③ Cu   ④ Li

77 폭발성 물질을 저장·취급하는 화학설비 및 그 부속설비를 설치할 때 단위공정시설 및 설비로부터 다른 단위 공정시설 및 설비 사이의 안전거리는 설비 외면으로부터 몇 m 이상 두어야 하는가?

① 3   ② 5   ③ 10   ④ 20

78 고체의 연소형태 중 증발연소에 속하는 것은?

① 목탄   ② 목재
③ TNT   ④ 나프탈렌

79 물이 관 속을 흐를 때 유동하는 물속의 어느 부분의 정압이 그때의 물의 증기압보다 낮을 경우 물이 증발하여 부분적으로 증기가 발생되어 배관의 부식을 초래하는 경우가 있다. 이러한 현상을 무엇이라 하는가?

① 수격작용(Water Hammering)
② 공동현상(Cavitation)
③ 서어징(Surging)
④ 비말동반(Entrainment)

80 다음 중 용기의 한 개구부로 불활성 가스를 주입하고 다른 개구부로부터 대기 또는 스크러버로 혼합가스를 용기에서 축출하는 퍼지 방법은?

① 진공퍼지   ② 압력퍼지
③ 스위프퍼지   ④ 사이폰퍼지

5과목: 건설공사 안전관리

81 다음 중 소형 개구부의 안전조치 중 옳지 않은 것은?

① 덮거의 재료는 손상·변형·부식이 없는 것으로 한다.
② 덮개의 크기는 개구부보다 10cm 정도 여유 있게 설치한다.
③ 덮개는 유동성이 있어야 하며 바닥과는 밀착되도록 설치한다.
④ 덮개 표면에는 개구부임을 표시하여야 한다.

82 건설공사의 유해·위험방지계획서 제출기준일이 맞는 것은?

① 당해공사 착공 1개월까지
② 당해공사 착공 15일 전까지
③ 당해공사 착공 전일까지
④ 당해공사 착공 15일 후

83 콘크리트 타설 시 거푸집 측압에 대한 설명 중 틀린 것은?

① 타설속도가 빠를수록 측압이 커진다.
② 콘크리트의 온도가 높을수록 측압이 커진다.
③ 타설높이가 높을수록 측압이 커진다.
④ 거푸집의 투수성이 낮을수록 측압은 커진다.

84 터널 굴착작업 시 시공계획에 포함되어야 할 사항으로 거리가 먼 것은?

① 굴착의 방법
② 터널 지보공 및 복공의 시공방법과 용수의 처리방법
③ 환기 또는 조명시설을 하는 때에는 그 방법
④ 계기의 이상 유무 점검

85 흙의 연경도에서 소성상태와 액성상태 사이의 한계를 무엇이라 하는가?

① 에터버그(Atterberg)한계
② 액성한계
③ 소성한계
④ 수축한계

86 로프길이 2m의 안전대를 착용한 근로자가 부상 당하지 않을 지면으로부터 안전대 고정점까지의 최소의 높이로 알맞은 것은? (단, 로프의 신율 30%, 근로자의 신장 180cm)

① 1.5m　　② 2.5m
③ 3.5m　　④ 4.5m

87 옹벽 구조물의 외부 안정조건이 아닌 것은?

① 활동에 대한 안정
② 전도에 대한 안정
③ 지반 지지력에 대한 안정
④ 강도에 대한 안정

88 다음 중 차량계 건설기계에 속하지 않는 것은?

① 불도저 　② 스크레이퍼

③ 항타기 　④ 타워크레인

89 암반을 천공하고 화약을 충전하여 발파한 후 스틸리브(Steel Rib) 및 와이어매쉬(Wire Mesh)를 설치하고 숏크리트(Shot Crete)를 타설하여 시공하는 터널공법은?

① NATM 공법

② TBM 공법

③ 개착식 공법(Open Cut)

④ 실드 공법

90 잠함 또는 우물통의 내부에서 굴착작업을 할 때 급격한 침하로 인한 위험방지를 위해 준수하여야 할 사항은?

① 바닥으로부터 천장 또는 보까지의 높이를 1.8m 이상으로 할 것

② 산소의 농도를 측정하는 자를 지명하여 측정하도록 할 것

③ 근로자가 안전하게 승강하기 위한 설비를 설치할 것

④ 굴착 깊이가 20m를 초과하는 때에는 송기를 위한 설비를 설치할 것

91 「산업안전보건법」상 안전검사 대상 기계·기구가 아닌 것은?

① 프레스 및 전단기

② 크레인(호이스트 포함)

③ 곤도라

④ 지게차

92 옥외에 설치되어 있는 주행크레인에 대하여 이탈방지장치를 작동시키는 등 그 이탈을 방지하기 위한 조치를 하여야 하는 순간풍속에 대한 기준으로 옳은 것은?

① 순간풍속이 매초당 10m를 초과할 때

② 순간풍속이 매초당 20m를 초과할 때

③ 순간풍속이 매초당 30m를 초과할 때

④ 순간풍속이 매초당 40m를 초과할 때

93 비계설치 시 벽연결을 하는 가장 중요한 이유는?

① 비계설치의 작업성을 높이기 위하여

② 비계 점검 및 보수의 편의를 위하여

③ 비계의 도괴방지와 좌굴을 방지하기 위하여

④ 비계 작업발판의 설치를 위하여

94 콘크리트 거푸집 설계 시 고려하여야 할 연직하중과 관련이 없는 것은?

① 콘크리트 하중 　② 풍하중

③ 충격하중 　④ 작업하중

95 강관비계 기둥 간의 적재하중에 대한 기준으로 적절한 것은?

① 400kg을 초과하지 아니하도록 할 것
② 500kg을 초과하지 아니하도록 할 것
③ 800kg을 초과하지 아니하도록 할 것
④ 1,000kg을 초과하지 아니하도록 할 것

96 강관틀비계의 도괴 또는 전도를 방지하기 위하여 사용하는 벽이음에 대한 간격의 기준으로 옳은 것은?

① 수직방향 5m, 수평방향 5m 이내마다 할 것
② 수직방향 6m, 수평방향 7m 이내마다 할 것
③ 수직방향 6m, 수평방향 8m 이내마다 할 것
④ 수직방향 7m, 수평방향 8m 이내마다 할 것

97 차량계 건설기계를 사용하는 작업에 있어 작업계획에 포함되어야 하는 사항이 아닌 것은?

① 차량계 건설기계에 의한 작업방법
② 차량계 건설기계의 운행경로
③ 차량계 건설기계의 방호장치
④ 차량계 건설기계의 종류 및 능력

98 철근콘크리트 구조물의 해체를 위한 장비가 아닌 것은?

① 철제 해머
② 압쇄기
③ 램머(Rammer)
④ 핸드 브레이커(Hand Breaker)

99 굴착, 싣기, 운반, 흙깔기 등의 작업을 하나의 기계로서 연속적으로 행할 수 있으며 비행장과 같이 대규모 정지작업에 적합하고 피견인식과 자주식으로 구분할 수 있는 차량계 건설기계는?

① 항타기(Pile Driver)
② 로우더(Loader)
③ 불도저(Buldozer)
④ 스크레이퍼(Scraper)

100 흙막이공의 파괴 원인 중 보일링(Boiling)현상이 주된 원인이 되는 경우가 있다. 보일링 현상에 관한 기술로 틀린 것은?

① 지하수위가 높은 지반을 굴착할 때 주로 발생한다.
② 연약 사질토 지반에서 주로 발생한다.
③ 시트파일(Sheet Pile) 등의 저면에 분사현상이 발생한다.
④ 연약 점토 지반에서 굴착면의 융기로 발생한다.

기출변형 모의고사 3회

정답과 해설 P.025

자격종목	시험시간	문제수	점수
산업안전산업기사	150분	100	

1과목: 산업재해 예방 및 안전보건교육

01 다른 사람에게서 자신과 비슷한 것을 찾아 함께 어울리고자 하는 심리를 설명하는 것은?

① 동일화   ② 일체화
③ 투사   ④ 공감

02 자율안전확인대상 보호구의 종류가 아닌 것은?

① 잠수기   ② 안전모
③ 보안경   ④ 보안면

03 방독마스크의 성능에 방진마스크의 성능이 포함된 방독마스크의 명칭으로 옳은 것은?

① 복합용 방독마스크
② 겸용 방독마스크
③ 혼합용 방독마스크
④ 결합용 방독마스크

04 산업재해조사표를 작성하여 1개월 이내에 관할 지방노동청장 또는 지청장에게 제출해야 할 기준으로 맞는 것은?

① 2일 이상의 휴업
② 3일 이상의 휴업
③ 4일 이상의 휴업
④ 5일 이상의 휴업

05 아담스의 재해발생 5단계 중 3단계에 맞는 것은?

① 사고   ② 전술적 에러
③ 작전적 에러   ④ 관리구조

06 Y-K 성격검사에 관한 사항으로 틀린 것은?

① C, C'형은 적응이 빠르다.
② M, M'형은 내구성, 지속성이 있다.
③ S, S'형은 담력, 자신감이 약하다.
④ P, P'형은 운동, 결단이 빠르다.

07 리더의 특질이 매우 매력 있고 탁월한 능력이 있어 존경받는 리더십은?

① 변혁적 리더십 　② 지시적 리더십
③ 참여적 리더십 　④ 설득적 리더십

08 타일러(Tyler)의 교육과정 중 학습경험 선정의 원리에 해당하는 것은?

① 다성과의 원리 　② 계속성의 원리
③ 계열성의 원리 　④ 통합성의 원리

09 데이비스의 동기부여이론 중 인간의 성과 식으로 옳은 것은?

① 지식×기능
② 상황×능력
③ 능력×동기유발
④ 인간의 성과×물질의 성과

10 적응기제 중 방어적 기제의 유형이 아닌 것은?

① 투사 　　② 억압
③ 승화 　　④ 합리화

11 안전보건관리책임자의 보수교육 시간은?

① 6시간 이상 　② 8시간 이상
③ 24시간 이상 　④ 34시간 이상

12 손다이크의 시행착오설에 해당하지 않는 것은?

① 목적의 법칙 　② 연습의 법칙
③ 효과의 법칙 　④ 준비성의 법칙

13 리더십의 권한 중 하부에서 부여된 권한은?

① 보상적 권한 　② 위임된 권한
③ 전문성의 권한 　④ 강압적 권한

14 단조로운 업무를 장시간 수행 시 몽롱해지는 현상이 일어나는 원인은?

① 의식의 단절
② 의식의 우회
③ 의식수준의 저하
④ 의식의 지배

15 기차를 타고 있을 때 정지해 있는 배경이 움직이는 것으로 착각하는 현상을 무엇이라 하는가?

① α 운동　　　　② β 운동
③ 유도운동　　　④ 자동운동

16 생체리듬의 주기가 33일인 생체리듬은?

① 육체적 리듬　　② 지성적 리듬
③ 감성적 리듬　　④ 감각적 리듬

17 안전모의 내관통성 시험에서 AB종 안전모의 관통거리는 몇 mm 이하이어야 하는가?

① 9.1mm　　　　② 10.1mm
③ 11.1mm　　　　④ 12.1mm

18 건설업의 경우 산업안전보건위원회를 구성해야 하는 기준 공사금액은?

① 20억 원 이상　　② 50억 원 이상
③ 120억 원 이상　　④ 200억 원 이상

19 재해 분류 항목의 빈도가 큰 순서대로 도식화하여 분석하는 방법은?

① 파레토도　　　　② 관리도
③ 특성요인도　　　④ 클로즈 분석도

20 산업재해보험 적용 근로자가 100명인 사업장에서 작업 중 재해 2건이 발생하였고, 1명이 사망하였을 때 이 사업장의 사망만인율은?

① 1　　　　　　　② 10
③ 100　　　　　　④ 1,000

21 청각 표시장치에서 경계 및 경보 신호를 선택 · 설계할 때에 지침을 잘못 이해한 것은?

① 귀는 중음역에 가장 민감하므로 500~3,000Hz가 좋다.

② 장거리용 신호에는 500Hz 이하의 진동수를 사용한다.

③ 칸막이를 통과하는 신호는 500Hz 이하의 진동수를 사용한다.

④ 배경 소음과 다른 진동수를 갖는 신호를 사용한다.

22 안전성 평가는 6단계 과정을 거쳐 실시되는데, 이에 해당되지 않는 것은?

① 작업 조건의 측정

② 정성적 평가

③ 안전대책

④ 관계자료의 정비검토

23 C/D비(Control – Display Ratio)가 크다는 것의 의미로 옳은 것은?

① 미세한 조종은 쉽지만 이동시간은 상대적으로 길다.

② 미세한 조종이 쉽고 이동시간도 상대적으로 짧다.

③ 미세한 조종은 어렵지만 이동시간은 상대적으로 짧다.

④ 미세한 조종이 어렵고 이동시간도 상대적으로 길다.

24 결함수의 OR 게이트이지만 2개 또는 2 이상의 입력이 동시에 존재하는 경우에는 출력이 생기지 않는 게이트는?

① OR 게이트

② 조합 OR 게이트

③ 배타적 OR 게이트

④ 우선적 OR 게이트

25 인간의 실수 중 '어떤 일의 태만, 수행해야 할 작업 또는 단계를 생략한 형태의 실수'는 어느 형태의 오류로 분류되는가?

① 부작위오류(Omission Error)

② 작위오류(Commission Error)

③ 순서오류(Sequence Error)

④ 시간오류(Timing Error)

26 다음의 FT도에서 각 요소의 발생확률이 요소①은 0.15, 요소②는 0.2, 요소③은 0.25, 요소④는 0.3일 때 A사상의 발생확률은 얼마인가? (단, 소수점 셋째 자리까지 구하시오.)

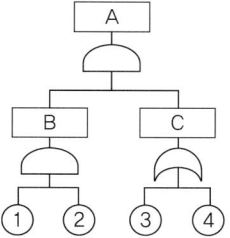

① 0.007

② 0.014

③ 0.071

④ 0.143

27 설비를 수리하면서 사용하는 체계에서 고장과 고장 사이 시간의 평균치를 무엇이라 하는가?

① MTBF   ② MTTR

③ MTTF   ④ MTBH

28 리스크 관리에서 리스크를 통제하는 4가지 방법에 해당하지 않는 것은?

① 회피(Avoidance)

② 감축(Reduction)

③ 보유(Retention)

④ 분배(Distribution)

29 시스템안전 해석방법 중 'HAZOP'에서 '완전 대체'를 의미하는 유인어는?

① NOT   ② REVERSE

③ PART OF   ④ OTHER THAN

30 다음 중 불 대수(Boolean Algebra) 식이 틀린 것은?

① $A \cdot (\overline{A} + B) = \overline{A} + B$

② $\overline{A + B} = \overline{A} \cdot \overline{B}$

③ $A + A = A$

④ $A \cdot (B \cdot C) = (A \cdot B) \cdot C$

31 통제표시비의 설계 시 고려사항이 아닌 것은?

① 계기의 크기   ② 조작거리

③ 조작시간   ④ 공차

32 인간의 생리적 부담 척도 중 국소적 근육활동의 척도로 이용되는 것은?

① 혈압   ② 맥박수

③ 근전도   ④ 점멸융합 주파수

33 화학설비의 안전성 평가단계이다. 순서를 바르게 나타낸 것은?

㉠ 관계자료의 작성준비
㉡ 정량적 평가
㉢ 정성적 평가
㉣ 안전대책

① ㉠ － ㉡ － ㉢ － ㉣

② ㉠ － ㉢ － ㉣ － ㉡

③ ㉠ － ㉡ － ㉣ － ㉢

④ ㉠ － ㉢ － ㉡ － ㉣

34 사고원인 가운데 인간의 과오에 기인된 원인 분석, 확률을 계산함으로써 제품의 결함을 감소시키고, 인간공학적 대책을 수립하는 데 사용되는 분석기법은?

① CA   ② FMEA

③ THERP   ④ MORT

35 주어진 자극에 대해 인간이 갖는 변화감지역을 표현하는 데에는 웨버(Weber)의 법칙을 이용한다. 이때 웨버(Weber)비의 관계식으로 옳은 것은? (단, 변화감지역을 ΔI, 표준자극을 I라 한다.)

① 웨버(Weber)비 $= \dfrac{\Delta I}{I}$

② 웨버(Weber)비 $= \dfrac{I}{\Delta I}$

③ 웨버(Weber)비 $= \Delta I \times I$

④ 웨버(Weber)비 $= \dfrac{\Delta I - I}{\Delta I}$

36 설비의 설계단계에서부터 사용단계까지의 각 단계에서 위험을 분석하는 귀납적·정량적 분석방법은?

① ETA ② FMEA
③ THERP ④ CA

37 인간의 모든 신체 부위의 동작은 기본적인 몇 가지로 분류된다. 몸의 중심선으로부터 밖으로 이동하는 동작을 지칭하는 용어는?

① 외전 ② 외선
③ 내전 ④ 내선

38 어떤 부품의 고장확률 밀도함수는 평균고장률(λ)이 시간당 10^{-3}인 지수분포를 따르고 있다. 이 부품을 2,000시간 작동시켰을 때의 신뢰도는 얼마인가?

① 0.135 ② 0.237
③ 0.348 ④ 0.459

39 다음 FTA기법의 발생확률 G_1값은?

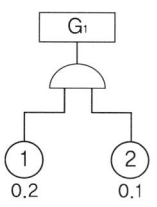

① 0.02 ② 0.15
③ 0.28 ④ 0.3

40 다음 중 소음에 대한 대책과 관계가 먼 것은?

① 소음원을 통제 ② 소음의 격리
③ 소음의 분배 ④ 적절한 배치

41 다음 (   ) 안에 들어갈 용어로 알맞은 것은?

> 사업주는 보일러의 과열을 방지하기 위하여 최고 사용압력과 상용압력 사이에서 보일러의 버너 연소를 차단할 수 있도록 (   )을(를) 부착하여 사용하여야 한다.

① 고저수위 조절장치
② 압력방출장치
③ 압력제한 스위치
④ 파열판

42 용접장치에서 안전기의 설치기준에 관한 설명으로 틀린 것은?

① 아세틸렌 용접장치의 안전기는 취급에 미설치인 경우 주관 및 취관에 가장 근접한 분기관마다 설치한다.
② 아세틸렌 용접장치의 안전기는 가스용기와 발생기가 분리되어 있는 경우 발생기와 가스용기 사이에 설치한다.
③ 가스집합 용접장치의 안전기는 주관 및 분기관에 안전기를 설치하며, 이 경우 하나의 취관에 2개 이상의 안전기를 설치한다.
④ 가스집합 용접장치의 안전기 설치는 화기 사용설비로부터 3m 이상 격리 설치한다.

43 와이어로프의 안전율을 계산하는 공식은? (단, S=안전율, Q=최대사용하중, N=로프의 가닥수, P=와이어로프의 파단하중)

① $S = \dfrac{Q \times P}{N}$

② $S = \dfrac{N \times P}{Q}$

③ $S = N \times Q \times P$

④ $S = \dfrac{Q \times N}{P}$

44 양수기동식 방호장치의 안전거리는 얼마 이상이어야 하는가? (단, 확동클러치의 봉합개소의 수는 8개, 분당 행정수는 250spm을 가진다.)

① 240mm   ② 360mm
③ 400mm   ④ 420mm

45 지름이 D(mm)인 연삭기 숫돌의 회전수가 N(rpm)일 때 숫돌의 원주속도를 옳게 표현한 식은?

① $\dfrac{\pi D N}{1,000}\,(\text{m/min})$

② $\pi D N\,(\text{m/min})$

③ $\dfrac{\pi D N}{60}\,(\text{m/min})$

④ $\dfrac{D N}{1,000}\,(\text{m/min})$

46 압력용기 및 공기압축기에 설치해야 하는 안전장치는?

① 압력방출장치
② 압력제한 스위치
③ 고저수위 조절장치
④ 화염검출기

47 사업주가 보일러의 폭발사고 예방을 위하여 항상 기능이 정상적으로 작동될 수 있도록 유지·관리할 대상이 아닌 것은?

① 폭발검출기
② 압력방출장치
③ 압력제한 스위치
④ 고저수위 조절장치

48 방호조치를 하지 아니하고는 양도, 대여, 진열, 판매를 할 수 없는 기계가 아닌 것은?

① 예초기 ② 공기압축기
③ 원심기 ④ 롤러기

49 동력프레스기 중 Hand In Die방식의 프레스기에서 사용하는 방호대책에 해당하는 것은?

① 자동프레스의 도입
② 전용프레스의 도입
③ 가드식 방호장치
④ 안전울을 부착한 프레스

50 「산업안전기준에 관한 규칙」 중 아세틸렌 용접장치의 안전조치 기준으로서 알맞은 것은?

① 아세틸렌 발생기로부터 3m 이내, 발생기실로부터 5m 이내에는 흡연, 화기 사용금지
② 아세틸렌 발생기로부터 3m 이내, 발생기실로부터 4m 이내에는 흡연, 화기 사용금지
③ 아세틸렌 발생기로부터 4m 이내, 발생기실로부터 3m 이내에는 흡연, 화기 사용금지
④ 아세틸렌 발생기로부터 5m 이내, 발생기실로부터 3m 이내에는 흡연, 화기 사용금지

51 안전인증대상 기계·기구에 해당하지 않는 것은?

① 프레스 ② 전단기
③ 크레인 ④ 승강기

52 크레인 로프에 2ton의 중량을 걸어 20m/sec² 가속도로 감아올릴 때 로프에 걸리는 총하중은 몇 kgf인가?

① 682 ② 6,082
③ 7,082 ④ 7,802

53 화물중량이 200kgf, 지게차의 중량이 400kgf, 앞바퀴에서 화물의 무게중심까지의 최단거리가 1m이면 지게차가 안정되기 위한 앞바퀴에서 지게차의 무게중심까지의 최단거리는 최소 몇 m를 초과해야 하는가?

① 0.2m ② 0.5m
③ 1m ④ 3m

54 선반 작업 시 사용하는 방호장치에 해당하는 것은?

① 풀 아웃(Pull Out)
② 게이트 가드(Gate Guard)
③ 스윕 가드(Sweep Guard)
④ 실드(Shield)

55 프레스의 손쳐내기식 방호장치 설치기준으로 틀린 것은?

① 슬라이드 행정수가 120spm 이상의 것에 사용한다.
② 슬라이드의 행정길이가 40mm 이상의 것에 사용한다.
③ 슬라이드 조절량이 많은 것에는 손쳐내기 봉의 길이 및 진폭의 조절범위가 큰 것을 선정한다.
④ 방호판의 폭이 금형 폭의 2분의 1(최소폭 120mm) 이상이어야 한다.

56 앞면 롤러의 표면원주 속도가 30m/min 이상일 때 「산업안전보건법」상 급정지장치의 설치거리는 앞면 롤러 원주의 얼마 이내로 규정되어 있는가?

① $\dfrac{1}{2}$
② $\dfrac{1}{2.5}$
③ $\dfrac{1}{3}$
④ $\dfrac{1}{3.5}$

57 양중기에서 화물의 하중을 직접 지지하는 와이어로프의 안전율(계수)은 얼마 이상으로 하는가?

① 3
② 5
③ 7
④ 9

58 보일러에서의 이상현상이 아닌 것은?

① 역화(Back Fire)
② 프라이밍(Priming)
③ 포밍(Forming)
④ 캐리오버(Carry Over)

59 재해발생 원인을 나타내는 위험의 5요소가 아닌 것은?

① 충격
② 말림
③ 트랩
④ 탈출

60 다음 ( ) 안의 ㉠, ㉡에 알맞은 것은?

> 보일러에서 압력방출장치를 2개 설치하는 경우 1개는 (㉠) 이하에서 작동되도록 하고, 또 다른 하나는 (㉠)의 (㉡) 이하에서 작동하도록 부착한다.

① ㉠ 평균사용압력, ㉡ 1.05배
② ㉠ 평균사용압력, ㉡ 1.10배
③ ㉠ 최고사용압력, ㉡ 1.05배
④ ㉠ 최고사용압력, ㉡ 1.10배

4과목: 전기 및 화학설비 안전관리

61 접지 목적에 따른 종류에서 사용 목적이 다른 것은?

① 피뢰용접지: 낙뢰로부터 전기기기의 손상 방지
② 등전위접지: 정전기의 축적에 의한 폭발 방지
③ 계통접지: 고·저압 전로 혼촉 시 감전 및 화재 방지
④ 기기접지: 누전이 되고 있는 기기 접촉 시 감전 방지

62 화염일주한계에 대한 설명으로 다음 중 옳은 것은?

① 폭발성 가스와 공기의 혼합기에 온도를 높인 경우 화염이 발생할 때까지의 시간한계치
② 폭발성 분위기에 있는 용기의 접합면 틈새를 통해 화염이 내부에서 외부로 전파되는 것은 저지할 수 있는 틈새의 최대간격치
③ 폭발성 분위기 속에서 전기불꽃에 의하여 폭발을 일으킬 수 있는 화염을 발생시키기에 충분한 교류파형의 1주기치
④ 전기 방폭설비에서 이상이 발생하여 불꽃이 생성된 경우에 그것이 점화원으로 작용하지 않도록 화염의 에너지를 억제하여 폭발하한계가 되도록 화염 크기를 조정하는 한계치

63 인체에 대전된 정전기로 인하여 화재 또는 폭발의 위험이 발생할 우려가 있을 때의 조치 사항으로 옳지 않은 것은?

① 정전기 대전 유도용 안전화 착용
② 제전복 착용
③ 정전기 제전용구의 사용
④ 작업장 바닥 등의 도전성 조치

64 다음 중 정전작업이 끝난 후 필요한 조치 사항으로 가장 옳은 것은?

① 감전위험 요인 제거
② 개로 개폐기의 시건 혹은 표시
③ 단락접지
④ 감독자 선임

65 다음 설명과 가장 관계가 깊은 것은?

- 파이프 속에 저항이 높은 액체가 흐를 때 발생된다.
- 액체의 흐름이 정전기 발생에 영향을 준다.

① 유동대전   ② 박리대전
③ 충돌대전   ④ 분출대전

66 300A의 전류가 흐르는 저압 가공전선로의 한 선에서 허용 가능한 누설전류는 몇 mA를 넘지 않아야 하는가?

① 100   ② 150
③ 1,000   ④ 1,500

67 충격전압시험 시의 표준충격파형을 1.2×50㎲로 나타내는 경우 1.2와 50이 뜻하는 것은?

① 파두장 – 파미장
② 최초섬락시간 – 최종섬락시간
③ 라이징타임 – 스테이블타임
④ 라이징타임 – 충격전압인가시간

68 불꽃이나 아크 등이 발생하지 않는 기기의 경우 기기의 표면온도를 낮게 유지하여 고온으로 인한 착화의 우려를 없애고 기계적·전기적으로 안정성을 높게 한 방폭구조를 무엇이라고 하는가?

① 유압 방폭
② 내압(內壓) 방폭
③ 내압(耐壓) 방폭
④ 안전증 방폭

69 심실세동전류를 $I = \dfrac{165}{\sqrt{T}}$ mA라면 감전되었을 경우 심실세동 시에 인체에 직접 받는 전기에너지는 약 몇 cal인가? (단, T는 통전시간으로 1초이며, 인체의 저항은 500Ω으로 한다.)

① 0.52
② 1.35
③ 2.14
④ 3.26

70 안전모의 '내전압성'이란 몇 V 이하의 전압에서 견딜 수 있는 것을 의미하는가?

① 4,000
② 5,000
③ 6,000
④ 7,000

71 다음 중 상온에서 물과 격렬히 반응하여 수소를 발생시키는 물질은?

① Ti
② K
③ Fe
④ Ag

72 다음 연소이론에 대한 설명으로 틀린 것은?

① 착화온도가 낮을수록 연소위험이 크다.
② 인화점이 낮은 물질은 반드시 착화점도 낮다.
③ 인화점이 낮을수록 일반적으로 연소위험도 크다.
④ 연소범위가 넓을수록 연소위험이 크다.

73 다음 가스 중 독성 가스에 속하지 않는 것은?

① 암모니아
② 황화수소
③ 포스겐
④ 질소

74 다음 중 유류화재와 전기화재에 모두 사용할 수 있는 소화기로 가장 적당한 것은?

① 산·알칼리 소화기
② 분말 소화기
③ 포말 소화기
④ 물 소화기

75 열교환기의 보수에 있어서 일상점검 항목으로 볼 수 없는 것은?

① 보온재 및 보냉재의 파손상황
② 부식의 형태 및 정도
③ 도장의 노후 상황
④ Flange 등의 외부 누출 여부

76 「산업안전보건법」에서 규정한 독성 물질은 쥐에 대한 4시간 동안의 흡입실험에 의하여 실험동물 50%를 사망시킬 수 있는 농도, 즉 LC50이 몇 ppm 이하인 물질을 말하는가?

① 2,000
② 2,500
③ 3,000
④ 3,500

77 다음 각 물질에 대한 저장법으로 잘못된 것은?

① 나트륨 – 석유 속에 저장
② 니트로글리세린 – 유기용제 속에 저장
③ 적린 – 냉암소에 격리 저장
④ 질산은 용액 – 햇빛을 차단하여 저장

78 「산업안전기준에 관한 규칙」에서 정한 위험물질의 종류 중 폭발성 물질이 아닌 것은?

① 셀룰로이드류
② 질산에스테르류
③ 아조화합물
④ 유기과산화물

79 공기 중에서 아세틸렌의 폭발하한계는 2.2vol%이다. 이 경우 표준상태에서 아세틸렌과 공기의 혼합기체 $1m^3$에 함유되어 있는 아세틸렌의 양은 약 몇 g인가? (단, 아세틸렌의 분자량은 26이다.)

① 19.02
② 25.54
③ 29.02
④ 35.54

80 소화방식의 종류 중 주된 작용이 질식소화에 해당되는 것은?

① 스프링클러
② 에어 – 폼
③ 강화액
④ 호스방수

5과목: 건설공사 안전관리

81 유해 · 위험방지계획서 제출 시 첨부서류가 아닌 것은?

① 공사현장의 주변 상황 및 주변과의 관계를 나타내는 도면
② 공사개요서
③ 전체공정표
④ 작업인부의 배치를 나타내는 도면 및 서류

82 굴착과 싣기를 동시에 할 수 있는 토공기계가 아닌 것은?

① 트랙터 셔블(Tractor Shovel)
② 백호(Back Hoe)
③ 파워 셔블(Power Shovel)
④ 모터 그레이더(Motor Grader)

83 추락의 위험이 있는 경우 추락방호망을 설치할 때 일반적으로 방망 지지점은 몇 kg의 외력에 견딜 수 있는 강도를 보유하여야 하는가?

① 400 ② 500
③ 600 ④ 700

84 이동식 비계의 안전에 대한 설명 중 부적당한 것은?

① 승강용 사다리는 견고하게 설치한다.
② 비계의 최상부에서 작업을 할 때에는 안전난간을 설치한다.
③ 조립 시 비계의 최대높이는 밑변 최소폭의 6배 이하여야 한다.
④ 최대 적재하중을 명확하게 표시한다.

85 선창의 내부에서 화물취급작업을 하는 때에는 갑판의 윗면에서 선창 밑바닥까지 깊이가 몇 m를 초과하는 경우에 당해 작업 근로자가 안전하게 통행할 수 있는 설비를 설치하여야 하는가?

① 1.0m ② 1.2m
③ 1.3m ④ 1.5m

86 지게차의 작업시작 전 점검사항이 아닌 것은?

① 권과방지장치, 브레이크, 클러치 및 운전장치 기능의 이상 유무
② 하역장치 및 유압장치 기능의 이상 유무
③ 제동장치 및 조정장치 기능의 이상 유무
④ 전조등, 후미등, 방향지시기 및 경보장치 기능의 이상 유무

87 공사용 가설도로에 대한 설명 중 옳지 않은 도로는?

① 도로는 장비 및 차량이 안전하게 운행할 수 있도록 견고하게 설치한다.
② 부득이한 경우를 제외하는 경우 최대 허용 경사도는 20%이다.
③ 도르와 작업장이 접해 있을 경우에는 방책 등을 설치한다.
④ 도르는 배수를 위해 경사지게 설치하거나 배스시설을 해야 한다.

88 낙하재해 예방을 위한 안전조치 사항으로 부적절한 것은?

① 낙하물방지망, 방호선반 등을 설치한다.
② 출입금지구역의 설정, 보호구의 착용 등의 조치를 취한다.
③ 낙하물방지망은 10m 이내마다 설치하고 설치각도는 수평면과 45° 각도를 유지한다.
④ 낙하물방지망의 내민 길이는 벽면으로부터 2m 이상으로 설치한다.

89 거푸집 및 동바리 조립작업의 기준으로 틀린 것은?

① 조립도를 작성하고 조립도에 따라 조립한다.
② 동바리로 파이프 서포트(Pipe Support)를 사용하는 경우 높이가 3.5m를 초과할 때에는 높이 2m 이내마다 수평 연결재를 2개 방향으로 설치한다.
③ 강재와 강재와의 접속부 및 교차부는 철선 등으로 튼튼히 결속한다.
④ 상하단을 고정하고 동바리 하부에는 침하방지 조치를 한다.

90 흙막이 지보공을 설치한 때에 정기적으로 점검하고 이상을 발견한 때에 즉시 보수하여야 하는 사항이 아닌 것은?

① 부재의 손상, 변형, 변위 및 탈락의 유무와 상태
② 부재의 접속부, 부착부 및 교차부 상태
③ 침하의 정도
④ 작업 중 안전대 및 안전모 등 보호구 착용 상황 감시

91 히빙현상 방지대책으로 틀린 것은?

① 흙막이 벽체의 근입 깊이를 깊게 한다.
② 흙막이 벽체 배면의 지반을 개량하여 흙의 전단강도를 높인다.
③ 부풀어 솟아오르는 바닥면의 토사를 제거한다.
④ 소단을 두면서 굴착한다.

92 연약한 점토 지반의 개량공법으로 적당하지 않은 것은?

① 샌드드레인 공법
② 프리로딩 공법
③ 페이퍼드레인 공법
④ 바이브로플로테이션 공법

93 구조물 해체작업 시 해체계획서에 포함되지 않는 것은?

① 사업장 내 연락방법
② 악천후 시 작업계획
③ 해체방법 및 해체순서 도면
④ 가설설비·방호설비·환기설비 등의 방법

94 지반굴착작업에 있어서 미리 작업장소 및 그 주변의 지반에 대하여 조사하여야 할 사항이 아닌 것은?

① 형상, 지질 및 지층의 상태
② 균열, 함수, 용수 및 동결의 유무 또는 상태
③ 지반의 지하수위 상태
④ 버팀대의 긴압의 상태

95 다음의 철골구조물 중 건립 중 강풍에 의한 풍압 등 외압에 대한 내력이 설계에 고려되었는지 확인하여야 할 구조물이 아닌 것은?

① 높이 10m 이상의 구조물
② 폭과 높이 비가 1 : 4 이상인 구조물
③ 이음부가 현장용접인 구조물
④ 단면구조에 현저한 차이가 있는 구조물

96 가설계단 및 계단참을 설치하는 때에는 매 m² 당 몇 kg 이상의 하중에 견딜 수 있는 강도를 가진 구조로 설치하여야 하는가?

① 200kg   ② 300kg
③ 400kg   ④ 500kg

97 터널 굴착공사에서 뿜어 붙이기 콘크리트의 효과를 설명한 것으로 가장 거리가 먼 것은?

① 굴착면을 덮음으로써 지반의 침식을 방지한다.
② 굴착면의 요철을 줄이고 응력집중을 증대시킨다.
③ Rock Bolt의 힘을 지반에 분산시켜 전달한다.
④ 암반의 크랙(Crack)을 보강한다.

98 최고 51m 높이의 강관비계를 세우려고 한다. 지상에서 몇 미터(m)까지를 2본으로 세워야 하는가?

① 10m   ② 20m
③ 31m   ④ 51m

99 달비계란 와이어로프, 강재 등으로 상부 지점에서 작업용 널판을 매다는 형식의 비계를 말한다. 이러한 달비계에 설치하는 작업발판 폭은 얼마 이상을 기준으로 하는가?

① 30cm   ② 40cm
③ 50cm   ④ 60cm

100 추락방지용 방망 중 그물코의 크기가 5cm인 매듭방망 신품의 인장강도는 최소 몇 kg 이상이어야 하는가?

① 60   ② 110
③ 150   ④ 200

기분좋은 #정종대
산업안전산업기사 필기

기분좋은 #정종대
산업안전산업기사 필기

MEMO